园林工程项目负责人培训教材

中国风景园林学会　编著

中国建筑工业出版社

图书在版编目(CIP)数据

园林工程项目负责人培训教材/中国风景园林学会编
著.—北京:中国建筑工业出版社,2019.4
ISBN 978-7-112-23450-9

Ⅰ.①园… Ⅱ.①中… Ⅲ.①园林-工程施工-项目
管理-教材 Ⅳ.①TU986.3

中国版本图书馆 CIP 数据核字(2019)第 045855 号

园林工程项目管理是保证园林工程顺利实施的必要条件,园林工程建设的核心人物。本书涵盖了项目负责人必需的技术、项目管理和创新思维三大方面的内容设计。主要包括:园林绿化建设工程项目管理概论,园林工程施工组织管理,质量与安全生产管理,园林绿化工程项目合同与成本管理,园林工程,园林建筑,种植工程。

本书适用于园林工程项目负责人培训,也可供相关院校教学使用。

责任编辑:李 杰 葛又畅
责任校对:芦欣甜

园林工程项目负责人培训教材
中国风景园林学会 编著
*
中国建筑工业出版社出版、发行(北京海淀三里河路9号)
各地新华书店、建筑书店经销
北京红光制版公司制版
北京京华铭诚工贸有限公司印刷
*
开本:787×1092毫米 1/16 印张:38¼ 字数:950千字
2019年7月第一版 2019年7月第一次印刷
定价:**168.00**元
ISBN 978-7-112-23450-9
(33754)

编 写 单 位：广东省风景园林协会

顾　　　　问：李　敏　周琳洁

编写委员会主任：杨学波

编写委员会副主任：刘宗金

参 编 人 员：（按姓氏笔画顺序）

　　　　　　　宁　艳　刘豫明　周贱平　唐秋子

　　　　　　　陶　青　傅卫民　谭广文

参 加 人 员：陈艳华　方　婷　杨前晖　黄斯孟

前　　言

园林工程项目管理是保证园林工程顺利实施的必要条件，园林工程项目负责人是园林工程建设的核心人物。园林工程要在项目负责人科学有效的管理下，才能保证工程的质量、安全、工期、效益和艺术水平。多年来，园林工程项目管理一直是建筑、市政等建造师资格的从业者来实施，由于没有园林自己的工程序列的管理人才队伍，这种状况与风景园林行业在建设美丽中国中的重要地位和作用不相适应。在新时代，风景园林事业的健康发展应当建立园林工程自己的管理人才序列。为此，中国风景园林学会在全行业开展人才评价工作，园林工程项目负责人就是其中一项内容。为了搞好园林工程项目负责人的评价，特在全国择优选择培训教材，广东省风景园林协会的培训教材相对比较完整并且内容符合发展变化的情况，经过专家审核完善，特选定为全国园林工程项目负责人的培训教材。广东省风景园林协会贡献了本书的全部版权，特在此表示衷心感谢！

由于多种原因，本书可能还存在不足和错误，请广大培训老师和受训学员随时发现问题并及时反馈给我们（请在《生态园林城市》微信公众号下进行反馈）。另外，随着时代的发展，需要不断补充完善新的内容，欢迎大家随时帮助我们提升本书的质量和水平。

中国风景园林学会

2019 年 2 月 28 日

目　　录

第一篇　园林绿化建设工程项目管理概论

第二篇　园林工程施工组织管理

第三篇　质量与安全生产管理

第七篇　种　植　工　程

第一篇　园林绿化建设工程项目管理概论

第一章　项目管理的基本概念

建设项目管理，是 20 世纪 60 年代初在西方一些发达国家中逐步发展起来的一门工程建设管理技术，经过多年的有关理论研究和实践应用，建设项目管理形成了理论体系。特别在建筑工程项目中应用与发展，形成了"建筑工程管理学"，成为管理科学的一门分支。

20 世纪 70 年代末，建筑工程项目管理开始在我国工程建设行业中不断传播和推广。经过试点企业的实践证明，在现代建设项目的开发和建设中，项目管理越来越发挥其重要的管理作用。

随着我国社会主义现代化建设的发展、改革的深化，对建设项目的建设提出时间短、质量高、效益好的更高要求。而开展符合工程建设客观规律的工程建设项目管理，是保证项目顺利建设的途径。因此，建设单位与施工企业都要适应市场经济形势的发展，努力改革内部管理体制，推行项目管理，才能在激烈的市场竞争中立于不败之地。

第一节　建设项目与施工项目

一、项目的概念

（一）项目的概念

"项目"是作为被管理对象，并在一定的约束条件下（主要是限定时间、限定预算、限定质量标准）完成的一次性任务。

项目的概念包括许多内容：可以是建设一项工程，比如建造一座大型立交桥，一条给水、雨污水或煤、热、电信等管线，也可以是完成某项科研课题，或研制一项设备。这些都是一个项目，都有一定时间、质量要求，也都是一次性任务。

（二）项目的特征

1. 项目的一次性

项目的一次性是项目的最主要特征，项目的一次性也称作项目的单件性。

项目的一次性具有双重含义：

一是从纵向上看，某项目一旦完成，就不会再有完全相同的项目出现，也就是说每个项目都不会同于其前后时期的其他项目；

二是从横向上看，某项目从时间、地点及投入产出诸要素上总有不同于同期其他项目的方面。

项目的一次性特征表明：一定的管理主体所遇到的项目总是互不相同、不断变化的，不能用固定的组织方式和生产要素配置去管理项目，项目的管理主体应从项目一次性的特点出发，采取弹性的、动态的施工组织和全过程管理，以确保项目任务的有效完成。

2. 项目的目标性

项目从立项、规划设计到施工，每一个阶段都有不同的、明确的目标性。项目目标由成果性目标和约束性目标构成。成果性目标是表示该项目的功能性要求，是规划、设计部门和建设单位（甲方）尤为关注的。作为施工单位的乙方，必须把实现功能性目标作为最重要的任务来完成。

约束性目标是指项目的约束条件或限定条件。约束性目标是建设单位和施工单位签订工程承包合同的主要指标，也是工程项目招标投标文件的核心。工程项目中标后确定的造价、工期、质量标准，称作约束性目标的三要素，招标文件和承包合同的一切内容，都是以这三项约束性目标为主体的。约束性目标的三要素是一个不可分割的整体，无论采取怎样的承包形式和施工管理方式，都不能脱离这三个内容，努力实践约束性目标，是施工项目管理的关键性任务。这三个指标的完成情况，是衡量施工项目管理效果和企业综合效益的主要依据。

3. 项目的整体性

一个项目，是一个整体管理对象，在按其需要配置生产要素时，必须以总体效益的提高为标准，以项目目标的优化为原则。项目活动中局部的优化、阶段的优化，都不是真正的、最后的优化，只有全过程的优化，整体优化，才是项目管理的最高准则。在项目管理中，局部必须服从整体，阶段必须服从全过程。

（三）项目的分类

项目分类按其最终成果划分，有建设项目、科研项目、军事项目、航天项目等。

二、建设项目与施工项目

（一）建设项目的定义

建设项目是作为建设单位的被管理对象的一次性建设任务，一个建设项目就是一项固定资产投资项目。

建设项目的管理主体是建设单位，此项目是建设单位实现其目标的一种手段；建设项目的管理客体是一次性建设任务，即投资者为实现投资目标而进行的一系列工作（包括投资前期工作、投资实施的组织管理工作及投资总结工作）。

（二）建设项目的特征

（1）由建设单位进行统一管理，实行统一核算，在一个总体设计（或初步设计）范围内，由一个或多个有内在联系的单项工程组成。

（2）有一定的约束条件，并最终形成固定资产为特定目标。约束条件包括投资总额、建设工期和质量标准。

（3）具有项目的·次性特征，即具有投资、建设地点、设计、施工管理等程序的一次性。

（4）遵循必要的建设程序，从项目建议书到可行性研究、勘察设计、招标投标、施工、竣工，以至投入使用，是一个有序的全过程。

（三）施工项目的定义

施工项目是作为施工企业的被管理对象的一次性施工任务。

施工项目的管理主体是施工企业，施工项目是施工企业实现目标的一种手段；施工项目的管理客体对象是一次性的施工任务，即施工企业为实现其经营目标而进行的投资决策、施工组织及施工总结工作。

（四）施工项目的特征

（1）施工项目既然是项目的一种，就具备项目的一切特征。

（2）施工项目是建设项目或建设项目中的单项工程（或单位工程）的施工任务，其管理主体是施工企业。

（3）施工项目的商品特征：企业搞施工项目是以项目经营者身份出现的，所要求的不是项目成果本身，而是项目的价值，具体表现为要通过项目经营实现企业的利润，因此施工企业的施工项目是作为商品存在的。

（4）施工项目施工地点的固定性和生产要素的流动性：每个施工项目的施工地点都是固定的，但不同施工项目的施工地点总是变动的，这就带来施工生产要素的流动性。施工地点的固定性和生产要素的流动性要求施工组织管理活动要具有灵活性，生产要素的组织管理要便于调整、易于流动，要精干和能打硬仗。

（5）施工项目任务的复杂性和环境的多变性：施工项目的施工地点固定，占地面积大、战线长，又露天作业，受自然环境和社会环境影响制约，给施工任务带来复杂性。在管理上就要求管理主体不仅要处理好企业内部各专业部门、各工种、各生产要素管理部门的协作配合；还要处理好企业外部建设单位、设计单位、施工单位以及材料运输、交通市容等各方面的关系。

施工项目任务的复杂性和环境的多变性要求强化各方面的协调工作，强化规划设计工作及建设系统的责权利保证体系，按施工项目的特点和规律办事。

（五）施工项目的分类

建设工程的施工项目通常按以下方法进行分类：

（1）按项目的建设性质划分

有新建、扩建、改建、恢复和拆建项目。

（2）按固定资产的投资性质划分

有基本建设项目和技术改造项目。

（3）按项目的用途划分

有生产性项目和非生产性项目。其中，生产性项目主要包括工业、农业、交通、邮电等；非生产性项目主要包括居民住宅、公用生活服务等。

（4）按项目的规模划分

可分大、中、小型项目。项目规模的大、中、小，是以项目的总规模或总投资确定的。按照国家有关部门规定，长度在1000m以上的独立公路桥梁、库容1.5亿斤以上的粮库和规模在3000名学员以上的高等院校等，都属于大中型项目。

（5）按照项目的投资效益和市场需求划分

按照项目的投资效益，建设项目可划分为竞争性项目、基础性项目和公益性项目三种。

① 竞争性项目：指投资效益比较高，竞争性比较强的建设项目。这些项目进入容易、市场调节作用明显。如商务办公楼、酒店、度假村、高档公寓等项目。

② 基础性项目：指具有自然垄断性、建设周期长、投资额大而收益较低的基础设施或需要政府重点扶持的一部分基础工业项目，以及直接增强国力的符合经济规模的支柱产

业项目。如交通、能源、水利、城市公用设施等。

③ 公益性项目：指为社会发展服务、难以产生经济效益的建设项目。主要包括科技、文化、卫生、体育和环保等设施，公、检、法等政权机关以及政府机关、社会团体、办公设施、国防建设等项目。

（6）按照项目的投资来源划分

按照项目的投资来源，建设项目可划分为政府投资项目和非政府投资项目两类。

① 按照其盈利性不同，政府投资项目又可分为经营性政府投资项目和非经营性政府投资项目，经营性政府投资项目是指具有盈利性质的政府投资项目，政府投资的水利、电力、铁路等项目都属于经营性项目。非经营性政府投资项目一般是指非盈利性的，主要追求社会效益最大化的公益性建设项目。学校、医院以及各行政、司法机关的办公楼等项目都属于非经营性政府投资项目。

② 非政府投资项目：指企业、集体单位、外商和私人投资建设的工程项目。

（六）建设项目与施工项目的联系

（1）二者都是项目，具备项目的一切特征，遵循项目管理的一般规律。

（2）一次性的工程建设活动本身是一个有机的整体，建设项目在工程建设活动中一般是前期的、全局的、总体的任务，它为施工项目提供了必要的基础和前提，建设项目制约影响着施工项目，施工项目在组织管理等方面必须适应建设项目的要求。建设项目和施工项目必须相互配合，才能有效地实现工程建设的目标。

（3）建设项目和施工项目的管理主体分别是建设单位和施工企业。施工项目的组织管理必须适应建设项目的需要，因为施工任务来源于建设任务，施工任务的最终成果又要交付建设单位使用管理。

（七）建设项目与施工项目的区别

（1）建设项目与施工项目二者的管理主体不同，项目目标有着根本的区别。建设项目的管理主体是建设单位，它所追求的目标是以最少的投资取得最有效的满足功能要求的使用价值。它以投资额、建设新产品质量、建设工期为主要目标，这种目标为成果性目标。

施工项目的管理主体是施工企业，它所追求的目标是：如何在保证消费者使用功能要求的情况下，实现建筑和市政产品的最大价值，即实现施工企业的利润。它以利润、成本、工期、质量为主要目标，这种目标属效率性目标。

（2）二者所管理的客体对象不同，所采取的管理方式和手段不同。建设项目的客体是投资活动，其工作重点是如何选择投资项目和控制投资费用，所以一般不需要掌握具体进行设计施工的方法，其对设计施工活动的控制方式主要是间接的。施工项目的客体是施工活动，其工作重点是如何利用各种有效的手段完成施工任务，所以其管理是直接的、具体的。

（3）二者的范围和内容不同，所涉及的环境和关系也不同。建设项目所涉及的范围包括一个项目从投资意向开始到投资回收全过程各方面的工作，而施工项目所涉及的范围仅仅是从施工投标意向开始至施工任务交工终结过程的各方面施工活动。建设项目立项后的客体范围一般由设计任务书界定，施工项目中标后的工作范围一般由工程承包合同界定。

建设单位要对参与建设活动的各种主体进行监督、控制、协调等管理工作，其中包括设计单位、施工企业、材料设备供应单位、工程咨询管理单位等。施工企业只是对参与施工活动的各种主体进行监督、控制、协调等管理工作，其中包括施工分包单位、材料供应单位等。二者同属于施工阶段的任务，建设项目和施工项目的内容也是根本不同、互不交叉的。建设单位是对施工企业的施工活动进行监督控制和协助，施工企业的任务是具体组织实施施工活动。

明确建设项目与施工项目的区别，有助于我们科学地界定各自的任务范围和主体利益，落实各自的经济责权利关系，研究利用符合各自特点的规律、理论和方法。

三、项目管理概述

（一）项目管理

项目管理是在一定约束条件下（限定时间、限定预算、限定质量标准），为高效率地实现项目目标所进行的全过程、全方位的计划、组织、控制与协调的系统管理方法。

项目的一次性，要求项目管理要具备程序性、全面性和科学性。项目管理的目标就是项目的目标。项目管理的主要内容是控制进度、控制质量、控制费用，并注重进行合同管理、信息管理以及项目完成过程中的组织协调工作。

（二）建设项目管理

1. 建设项目管理的定义

在建设项目的生命周期内，按项目既定的投资总额、工期和质量标准，用系统工程的理论、观点和方法，进行有效的决策、计划、组织、协调、控制、监督等科学管理活动，以圆满地实现建设项目目标的全过程，称为建设项目管理。

2. 建设项目的职能

（1）决策职能

建设项目的建设过程是一个系统的决策过程，每一建设阶段的启动皆靠决策。前期决策对设计阶段、施工阶段和项目建成后的运行，均产生重要影响。

（2）计划职能

即把项目全过程、全部目标和全部活动统统纳入计划轨道，用一个动态的计划系统来协调控制整个项目，以便提前揭露矛盾，使项目协调有序地达到预期目标。

（3）组织职能

即通过职责划分、授权、合同的签订与执行和运用各种规章制度的方式，建立一个高效率的组织保证系统，以确保项目目标的实现。

（4）协调职能

项目不同阶段、不同部门、不同层次之间存在着大量结合部，这些结合部之间的协调和沟通是项目管理的重要职能。各种协调之中，以人际关系的协调最为重要，项目经理在人际关系的协调中处于核心地位。

（5）控制职能

项目管理要通过决策、计划、反馈、调整来对项目实行有效的控制。项目控制往往是通过目标的分解、阶段性目标的提出与检查，各种指标、定额的贯彻与执行以及实施中的反馈与决策来实现的。工程项目的控制往往以质量控制、工期控制和造价（成本）控制作为中心内容。

（6）监督职能

建设单位对施工单位、总承包单位对分包单位、管理层对作业层都有一个监督的问题。监督的依据是工程项目合同、计划、制度、规范、规程、各种质量和工作标准，监督的职能是通过巡视、检查以及各种反映工程进度情况的报表、报告等信息来发现问题，及时纠正偏离目标的现象来实现的，目的是保证项目计划及目标的实现。有效的监督是实现项目控制的重要手段。

对于自带施工队的建设单位进行建设项目管理，对施工队伍的施工还有直接指挥的职能。

（三）施工项目管理

1. 施工项目管理的定义

施工项目管理是指施工项目的主体（施工企业）为了实现项目目标，利用各种有效的手段，对施工项目的寿命周期全过程和各种施工生产要素所进行的计划、组织、指挥、控制协调的行为过程。

2. 施工项目管理的特点

（1）施工项目的管理主体是施工企业。建设单位、设计单位、监理单位均与施工项目管理有关，但都不是施工项目管理的主体。

（2）施工项目管理的对象是施工项目。施工项目管理的周期也是施工项目的生命周期，其中包括工程投标、签订工作承包合同、施工准备、工作实施及竣工验收等。

（3）施工项目管理的内容是在施工项目管理的全过程中按阶段变化的。施工阶段的变化带来了施工内容的变化，管理的内容也必须随之变化，要实行有针对性的动态管理，使资源优化组合以提高施工效益。

（4）施工项目管理要求强化组织协调工作。由于施工项目的一次性，施工人员的流动性和施工作业的露天性，以及施工活动涉及经济关系、技术关系、行政和法律关系的复杂性，使施工项目管理中的组织协调工作极为艰难多变，必须通过强化组织协调的办法，才能保证施工顺利进行。主要强化方法是优选项目经理，配备得力的施工人员及计划、质量、安全、材料、机械、成本等方面的管理人员。

3. 施工项目管理与建设项目管理的区别

施工项目管理和建设项目管理的管理主体、管理对象、管理内容和管理的最终结果都是不同的，其区别点见表 1-1-1。

建设项目与施工项目管理的区别　　　　　　表 1-1-1

区别点	建设项目管理	施工项目管理
管理主体	建设单位	施工企业
管理对象	由可行性研究报告确定的工程范围即建设项目	由工程承包合同确定的工程范围，即施工项目，可为一个建设项目，也可为一个建设项目中的单项工程或单位工程
管理内容	涉及投资和建设全过程的管理	涉及投标开始到竣工为止的全部施工组织和施工管理
管理的最终结果	取得符合既定要求并能发挥应有效益的固定资产	生产出产品并获得利润

四、项目建设的基本程序

(一) 项目建设的基本程序

　　建设项目的系统性不仅表现为项目自身的逻辑构成及组织管理的整体性，而且突出表现在项目建设时间上的阶段性、连续性和节奏性。这就要求项目建设要按一定阶段、步骤和程序逐步展开。近些年，我国建设项目的基本建设程序发生了较大变化，按照建设项目的生命周期和项目开展的时间顺序，并根据现行基本建设程序和改革以来的新情况，可将建设项目划分为决策阶段、组织计划、设计阶段、实施阶段和竣工阶段。各阶段内容详见图 1-1-1。

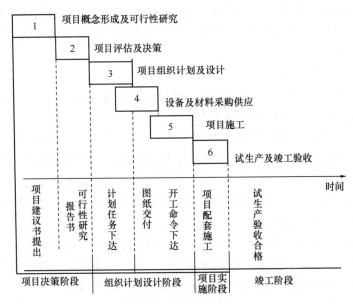

图 1-1-1　项目阶段划分示意图

　　1. 项目决策阶段

　　项目决策阶段是项目管理中最重要的阶段，在该阶段要对投资机会进行选择，做可行性研究和项目评估后报上级主管部门审批。如果项目研究结论是肯定的，经主管部门批准后即可立项，下达计划任务书。因此，项目决策阶段对项目长远经济效益起决定性作用。

　　2. 项目组织、计划及设计阶段

　　项目组织、计划与设计阶段在项目实施过程中，对项目的成败亦起着关键性作用，它的重要性仅次于决策阶段。因此，本阶段可称为战役决策阶段，主要工作包括：

　　(1) 项目初步设计和施工图设计；

　　(2) 项目经理的选配和项目管理班子的组织；

　　(3) 项目招、投标及承包商的选定；

　　(4) 项目合同签订；

　　(5) 项目总体计划的制订；

　　(6) 项目征地及建设条件准备。

　　3. 项目实施阶段

工程项目实施阶段主要指工程项目的施工阶段。本阶段的主要任务是将工程项目的设计施工图变为实际的工程，同时还要采取各种措施在规定的工期、质量、造价的控制范围内，高效率地实现项目目标。

4. 项目竣工及试生产（或交付使用）阶段

对于工业建设项目，本阶段任务除项目竣工验收外，还要进行试生产，待生产正常并经业主认可后，项目才能结束；对于民用建设项目，竣工验收后，一般即可交付使用。

（二）我国现行基本建设程序的三大变革

改革开放以来，我国的基本建设程序与传统模式相比，现行程序模式有以下三大变革：

（1）在项目决策与实施的管理机制中，从原来的以行政手段为主，按隶属关系进行管理，变为以经济手段为主，行政干预为辅，按合同进行管理。

（2）在可行性研究、设计、施工、物资供应等决定项目效益的几个关键环节，引入了招标投标和竞争机制，给项目建设有关各方以更大的经营管理自主权，同时也给予了建设有关各方以更大的动力和压力。

（3）突出了基本建设程序、合同、法规的地位和作用。

由于国家的基本建设管理体制正处在新旧交替之中，基本建设程序也将在改革中不断完善和调整。

（三）施工项目管理在建设程序中的地位

在建设程序的各个阶段中，施工阶段具有特别重要的地位。其原因如下：

（1）只有施工阶段，才是将设计变为建设产品的阶段。

（2）施工阶段是各个阶段中唯一的生产活动阶段。

（3）施工阶段投资最多，所需资源也最多。

（4）施工阶段时间长、变化性大，特别要求实行科学系统的动态管理。

施工阶段的重要位置，势必使施工项目管理在建设程序中也具有同样特殊的重要位置。在建设程序的施工阶段必须进行科学的施工项目管理，才能取得良好的经济效益。

第二节　建设工程的项目管理

一、建设工程项目管理的产生

古今中外都有建设工程的存在，即有工程项目的存在。如我国都江堰水利工程、北京的故宫工程及驰名中外的万里长城工程等。有工程项目的存在，就必然有项目管理的存在。所以，从历史上看，项目管理是人类生产实践的需要，也是人类生产实践的必然产物。第二次世界大战后，国际范围的科学管理方法不断出现，开始形成管理科学体系，比如系统论、控制论、行为科学、价值工程、数理统计等，都已逐渐发展成熟，被广泛应用于生产和管理实践并获得成功。

在生产实践中，由于工程项目管理的需要，人们便把成功的管理方法和理论引进到工程项目管理之中并作为动力，使项目管理越来越具有科学性。

到了 20 世纪 60 年代初，大型复杂的建设项目、科研项目大量出现（如北极星导弹研制项目、阿波罗登月火箭等航天项目等），国际承包事业迅速发展，竞争十分激烈。实践使人们逐步认识到，取得成功必须加强管理，加强管理才能在竞争中立于不败之地。于是项目管理作为一门学科首先在西方一些发达国家产生并发展起来。

20 世纪 70 年代在美国出现了"CM"公司，并在国际上得到广泛承认。"CM"公司的管理特点是：业主委派项目经理并授予其权力，项目经理有丰富的管理经验，并能熟练地掌握和运用各种管理技术。承包商也进入了项目管理工作，并在设计阶段就介入了，为了降低成本、缩短工期和提高质量，业主、设计人和承包商有权协商改变设计和施工。"CM"公司可提供计划控制、预算分析、质量和投资优化、材料和劳动力估价，并能提供财务管理、决算跟踪等系列服务。在英国出现的"QS"管理咨询公司可以进行多种管理咨询服务，如投资匡算、合同管理、编制招标文件、价值分析、竣工结算、索赔处理等。

20 世纪 80 年代中期，在土耳其出现了"BOT"投资方式，即由承包商和银行共同发展建设项目，并负责筹集资金、组织实施和经营管理。这种管理方式实质是先将国家的建设项目和经营管理过程市场化，待建设项目完成后，由建设者负责经营，向用户收费，以回收投资、还贷、盈利，待达到特许权经营期限时，再将项目产权交回政府。

从此，项目管理作为一门具有综合性、应用性的学科在世界各国迅速发展起来。

二、建设工程项目管理的发展

（一）我国建筑业概况

新中国成立以来，我国的建筑业经过几十年的发展，已经成为一个重要的产业，具有从事各种工业建筑、公共建筑和民用建筑的综合建设能力，在国民经济中占有十分重要的地位，是振兴经济，推动社会进步必不可少的重要条件，国民经济各行各业的发展，都离不开建筑业的发展，同时建筑业还可带动其他关联产业，为国家积累资金，适应人民生产、生活的需要。改革开放以来，随着国民经济的腾飞，特别是固定资产投资规模的不断扩大，建筑业有了新的发展。尤其是，1984 年国家工程建设实行招标承包后，将建筑业逐步推向了市场，建筑业的经营机制发生了变化，正朝着良性循环的状态发展。

（二）施工管理体制的历史演变

我国的施工管理体制从形成到现在，主要经历了四个阶段。

1. 创业阶段（1949～1957 年）

新中国成立以后，我国面临着长期战争造成的经济困难，首要的任务是迅速恢复和发展生产，对工业与民用建筑的需求与日俱增，建设规模相应扩大，使旧中国遗留的濒于崩溃的营造业开始复苏。到 1952 年，施工队伍由 1949 年的 20 万人增加到 105 万人。这支队伍绝大多数是由分散的个体劳动者组织起来的，其中相当一部分人聚集在私营营造厂中，但当时在施工管理方面尚未形成明确的施工管理体制。在筑路和水利工程上，基本上采用战时动员征集民工的类似方法，由主管部门配备专业队伍组织施工。在矿山、冶金、电力等重工业建设工程上，多采用自营方式，逐渐发展各自的专业施工队伍。一般的工业厂房、公共建筑、职工住宅、文教卫生设施、商业服务设施等工程，主要依靠私营的营造厂商承包。1952 年，中央人民政府开始着手对私营营造商进行社会主义改革，并注重国营施工队伍的建设，将中国人民解放军的八个陆军师集体转业，改编为建筑师。随即改属建筑工程部，承担国家重点工程和工业基地的建设任务，促进了国营施工企业的兴起。到1956年底社会主义改造全面完成，全国全民所有制和城镇集体所有制施工企业职工达到426.2万人。这个时期，我国施工管理体制业已形成，影响这个时期的施工管理体制主要有三个方面的因素。

一是国民经济恢复时期刚刚结束，我国面临着生产力水平低下，生产资源极为短缺的形势，而主观上又急待振兴和发展国民经济以巩固刚刚建立不久的社会主义国家，所以急于寻求一种能够较快地集中施工力量搞好国家重点建设的管理体制。

二是当时的国际环境十分恶劣，所有西方资本主义国家对我国实行严密的经济封锁。而我们又缺乏经济建设方面的经验，一切几乎都得从零开始，所以只能学习和借鉴甚至照搬当时苏联的整套做法。特别是当时苏联帮助我国建设156项工业建设项目，在资金、设备、科技和管理等方面给予了我们很大支持，同时也把他们一整套建筑业和施工队伍管理模式带到了我国。当时苏联的以产品经济思想为基础的集中计划管理体制对我国产生了极为深远的影响。

三是当时我国的许多经济管理干部都是经过长期战争锻炼的，他们在战争年代积累了不少打仗和管理士兵的经验。尤其是那些指挥大兵团作战和集中优势兵力打歼灭战的经验，难免要移用到和平时期的经济建设中来，因此，施工管理体制也受到了这方面的影响。

基于上述条件，逐步形成了一种以产品经济思想和施工企业没有独立产品的思想为基础的高度集中计划和条块分割的行政性管理体制。这在当时历史条件下有其必然性，也曾发挥过巨大的作用，使我国经济以较高的速度发展，在较短时间内建立起较完整的工业体系和国民经济体系，顺利完成了"一五"期间的经济建设任务，施工队伍也随着逐步发展壮大。在高度集中的管理体制的情况下，施工管理体制也逐步形成。

2. 经济调整阶段（1958～1965年）

1958年的"大跃进"浪潮使我国基本建设投资额成倍增长，施工队伍也相应地急剧膨胀。仅这一年，国营施工队伍人数从1956年的300万人猛增到640万人，净增了1倍多。这一增长势头一直保持了3年。到1960年，全国国营施工队伍职工总人数已达到693万人，这是国营施工队伍发展的最高峰期。

20世纪60年代初，我国国民经济遇到暂时困难，中央提出了对国民经济进行"调整、巩固、充实、提高"的方针，决定缩短基本建设战线，减少预算内投资，停缓建限额以上工程项目。与此相适应，从1961年开始，采取了下放中央各部所属国营施工企业和精减固定工的措施。到1962年国营施工队伍缩减到245万人，减少了三分之二。

1963年以后，随着国民经济形势的好转，国营施工队伍又出现了稳步增长的势头。1963年一下增加了21万人，使国营施工队伍总人数达到266万人。以后几年又陆续有所增长，到1966年底，全国国营施工队伍又达到418万人。

在这个阶段，在单一计划经济思想指导下，依靠单一行政手段的调整，是经济调整的基本特征。无疑施工管理的调整也是采取行政手段来进行的，所以问题也比较鲜明，其经验教训我们将在本节后部分作专题研究。

3. "文化大革命"阶段（1966～1976年）

"文化大革命"给我国国民经济带来巨大损失，全国市政、建筑与园林行业队伍建设及施工管理体制都遭受了严重的破坏。

4. 改革开放以后（1977 年后）

1978 年党的十一届三中全会以来，全国施工管理进入全面整顿和改革阶段。随着全国性的拨乱反正工作的进行和工作重点转移到经济建设上来，在全国施工企业中开展了全面的建设性整顿工作，有效地促进了施工企业管理水平和队伍素质的提高。整顿工作首先从创全优工作活动开始，大力扭转了"文化大革命"造成的工程建设工期长、质量差、亏损严重的混乱局面，推动了各项管理工作的改善，使我国施工管理面貌很快发生了重大的变化。

随着改革的展开与深入，施工管理工作有了新的发展，城镇集体施工队伍和农村建筑队发展迅速。这两支队伍的发展，使施工企业所有制结构发生了变化，形成了三种施工力量平分秋色的格局。

（三）建设工程项目管理的发展

1. 项目管理的引进

项目管理是 20 世纪 60 年代初在西方一些发达国家首先发展起来的，到了 20 世纪 70 年代末，开始从西德和日本引入我国，后来美国、英国、土耳其等发达国家的项目管理理论和实践也陆续传入我国。因此，在全国范围内的许多建设单位和施工企业都结合施工企业管理体制改革和工程招标投标的推行，开始对工程项目管理进行尝试。1984 年国家把建筑业的改革作为城市经济体制改革的突破口，按照社会主义商品经济的发展要求，一方面实行招标承包制，采用市场竞争的办法，使施工企业由原来行政分配任务的计划体制转向面向社会揽取任务的市场调节轨道；一方面以乡镇建筑队伍为代表的建筑安装施工队伍迅速发展，在开放的建筑市场上十分活跃，显示了一定的优势。在这种情况下，国营施工企业如何适应这种形势，如何走出在自身基础上发展改革的路子，是当时研究的一个急迫的课题。原国家计委施工管理局受命在河北省邯郸召开了一个座谈会，请来了若干专业部门的大型施工企业的领导进行了座谈。在这个会议上，重点总结了中国石油化学公司第四建设公司"关于建立生活培训、教育、生产多功能基地的经验"，同时，也总结了化学工业部第十二建设公司"精干一线，搞活二线，发展第三产业的经验"。总结这两条经验并向全行业推广，其目的是这样做可把国营大中型施工企业多年形成的包袱和社会负担脱卸下来，明示施工企业只有建立稳定的多功能大本营和发展多种经营，积极安置富余人员，才是适应建筑市场的发育、转化历史留给大企业的不利因素、实行精兵强将上前线的必要条件。

项目法施工，包含两个方面的内容：一是转换施工企业的经营机制，二是加强工程项目管理。这也是企业经营管理方式和生产管理方式的变革，目的是建立以工程项目管理为核心的企业经营管理体制。

从此，建筑业的管理体制发生了明显变化：一是建筑施工企业的任务揽取方式发生了变化，由过去按企业固有规模、专业类别和企业组织结构状况分配任务，转变为企业通过市场竞争揽取任务，并按工程项目的状况调整组织结构和管理方式，以适应工程项目管理的需要；二是建筑施工企业的责任关系发生了明显变化，过去企业注重与上级行政主管部门的竖向关系，转变为更加注重对建设单位（用户）的责任关系；三是建筑施工企业的经营环境发生了明显的变化，由过去封闭于本地区、本企业的闭塞环境，转变为跨地区、跨部门、远离基地和公司本部去揽取施工任务。

以上三项变化，促进了我国市政—建筑市场的形成，工程项目管理也具备了广泛推行的土壤。

2. 鲁布革水电站工程管理经验的推广

1986年底，在北京召开了全国施工处长座谈会，研究施工管理体制总体改革思路。正在这个时候，传达了中央有关领导同志视察云南鲁布革水电站工程后对我国施工管理体制的改革提出的要求，并责成负责施工管理方面工作的原国家计委认真总结鲁布革工程管理经验，研究我国施工队伍的改革方向。

鲁布革水电站的工程管理经验主要有下列方面：

（1）引进竞争机制、明确了经营思想

鲁布革水电站引水工程进行国际投标，首次将竞争机制引入我国市政建筑业，引起强烈的反响。习惯于"画地为牢，与人无争，等米下锅"的单位，开始有了危机感，开始树立了竞争观念，从而提高了加快施工企业改革的自觉性。由于引入了竞争机制，鲁布革水电站工地出现了各种各样的竞争形式。国家与国家之间、单位与单位之间、人与人之间形成了近距离竞争、面对面较量的场面。

（2）实行全过程的总承包和项目管理

鲁布革工程实行了从项目筹备到项目完成的全过程的总承包，有一个精干、高效的项目领导班子，并按照项目管理的内容、要求组织施工和优化配置生产要素。

（3）设置了精干的管理机构，配备了严密的劳动组织

鲁布革工程根据工程建设项目的特点设置管理机构，配备管理人员。把"现场第一"作为管理机构的工作宗旨。各级领导以主要的时间和精力研究解决现场问题，及时为现场施工生产服务。这样一项较大的工程，只派30多名管理人员、技术人员和技术工人组成大成公司鲁布革工程事务所，并全权负责。从所长到课、系长，只设正职，不设副职，人、财、物统管，各司其职，有职有权。各级人员一专多能，办事效率高。上级充分信任下级，下级绝对服从上级，上下级之间凝聚力强，组织指挥得力。

作业层所需要的劳务人员，由水电部十四工程局就地推荐，大成公司严密地组织300～500人的精干作业层，采取"先培训、考核，后上岗作业"的办法，并进行严格的劳动纪律、工艺纪律、安全作业等教育。他们按一专多能、工种配套、混合编班、工班搭接的原则合理使用劳务作业人员。充分挖掘了劳务工人的潜力，创造出了高效率和高效益。

（4）制订科学的施工措施，选择适用的技术设备

鲁布革工程制订计划认真，执行计划严格。先后提出了25份施工设计和各项措施文件。他们制订的施工原则和选用的施工方法能全面深入地考虑到生产力要素的合理配置和优化组合，综合经济效益的观点十分明确。

在鲁布革工程施工中，不过多地追求最新技术、最先进设备，而是选用投资小、效益高、使用可靠、操作简便、适合工程具体情况的技术设备。如：三点激光准直测量技术、隧洞欠挖岩石凿除技术、现场制作通风管新工艺、早强固缩锚杆新材料、履带式液压凿岩台车、液压反铲、汽车转向盘等。这些适合施工需要的技术、设备，对正确、有效地施工

作业、提高进度、降低消耗、保证质量发挥了重要作用，也收到了明显的经济效益。

在推广鲁布革工程经验的活动中，原国家计委把项目法施工的"概念"和"鲁布革工程管理经验"结合起来，提出在我国施工生产组织方式上应按管理层与作业层两个层次组织施工，精兵强将上一线，逐步改变我国单一施工的劳务密集型施工企业格局，要建造一批具有科研开发、工程设计、物资采购和建筑安装施工等综合能力的工程总承包公司。1987年召开了全国施工工作会议。在这次会议上正式提出了我国施工企业组织结构总体改革思路。这个思路的主要内容是：逐步建立智力密集型的工程总承包公司为龙头，以专业施工队伍为依托，全民与集体、总包与分包、前方与后方、分工协作、互为补充，具有中国特色的施工企业组织结构。

3. 施工项目管理的推进

1994年9月建设部召开"全国建筑工程项目管理工作会议"，明确提出，要把项目法施工所包含的两方面内容的工作（即转换建筑施工企业的经营机制和加强工程项目管理）向前推进一步，强化工程项目管理，继续推行并不断扩大工程项目管理体制改革。要围绕建立现代企业制度，搞好"二制"建设：一是完善项目经理责任制，解决好项目经理与企业法人之间、项目层次与企业层次之间的关系。项目经理是企业法人代表的代表人，他们之间是委托与被委托关系，企业层次要服务于项目层次，项目层次要服从于企业层次，企业层次对项目层次主要采取项目经理责任制。二是完善项目成本核算制，切实把企业的经营管理和经济核算工作的重心落到工程项目上。会议强调：项目管理使国民经济基础管理的重要内容；项目管理是工程建设和建筑业改革的出发点、立足点和着眼点；项目管理是建筑业成为支柱产业的支柱，项目管理将随社会的进步而进步，随经济的发展而发展。加强项目管理是各级建设主管部门和建筑市场各主体单位所面临的紧迫任务。同时，为了使"项目法施工"这种提法与国际通称的"项目管理"取得一致性，以利于强化项目管理和利于国际交流，1994年初，建设部就开始酝酿成立中国市政协会工程项目管理专业委员会，并进行工程项目管理的理论研究和经验交流，促进市政施工企业强化工程项目管理，以及进一步开展在工程项目管理方面的国际交流。

在全国范围内的工程项目管理工作将迅速纳入系统化、规范化、科学化和国际化的轨道，使作为支柱产业的建筑业对国民经济的发展起到更为重要的作用。

4. 认真做好建筑施工企业项目经理培训工作和项目经理的资质认证工作

建设部1992年印发了《施工企业项目经理资质管理试行办法》，决定对项目经理进行培训，实行持证上岗制度。这是提高项目经理素质、加强工程项目管理、推动企业转换经营机制的大事。各地区、各部门按照建设部的统一要求，广泛开展了培训工作。项目经理通过参加培训，在理论水平和管理能力方面都有不同程度的提高。

5. 建立我国建造师制度，培养和造就一支与国际惯例接轨的职业化工程项目管理队伍

为了使我国的工程建设项目管理尽快与国际惯例接轨，培养和建立一支懂技术、会管理、善经营的工程项目管理专业人才，提高工程建设项目管理水平，高质量、高水平、高效益地搞好工程建设，建设部决定从2004年起逐步建立建造师制度，对责任较大、社会通用性强、关系公共利益的工程项目管理者实行准入控制，并作为独立开业或从事工程项目管理知识、技术、能力和职业实践的必备标准。

我国建立建造师制度的必要性表现在以下方面：

（1）建立建造师制度是社会发展的需要

随着我国社会主义市场经济体制的进一步建立和完善，工程建设活动越来越体现出商品生产活动的特征，企业必须参与市场竞争。然而要在竞争中处于不败之地，企业需要有一批高水平、高素质并取得专业资格的人。此外，建设项目管理人员的素质或资格已成为建筑工程项目各方——业主、承包商、政府等共同关注的问题。因此，建立建造师制度是为了满足社会发展对这方面专业人才的需要。

（2）建立建造师制度是工程建设本身的需要

随着科学技术的不断发展，我们面临的建筑工程建设环境也发生了很大的变化。现代建筑工程项目具有规模大、结构复杂、投资高、风险大、技术要求高以及受外界环境影响大等特征，无疑对工程项目管理提出了新的和更高的要求。因此，建立一支懂技术、会管理、善经营、精合同管理的工程项目管理专门人才队伍——建造师队伍，对于进一步提高我国工程建设管理水平，搞好工程建设具有重大的现实意义。

（3）建造师制度是从事工程项目管理专业人员的需要

一个人是否取得某种专业资格，是衡量其专业知识和技能的一个重要标志。市场竞争除了反映在企业之间外，也反映在人才之间，谁拥有更多的人才，谁就能在竞争中取胜，这种竞争将在今后更加突出和明显。因此，个人的专业能力也需要得到社会的公认，并以此作为个人就业以及参加其他有关活动的一个重要参与因素。

（4）建立建造师制度是与国际惯例接轨的需要

我国建筑业的从业人数约占全世界建筑业总人数的四分之一，但在国际工程承包中占据的市场份额较低。因此，开拓国际建筑市场是振兴我国建筑业的一项重要工作，而培养懂国际惯例的管理人才就更为重要。建立我国建造师制度，并使之尽快与那些在国际上有影响的专业资格，如英国特许建造师（中国香港、马来西亚、新加坡等均实行 CIOB 会员制）、美国营造工程师（ AIC）、德国注册工程师等建立相互认可的关系，是我国建筑业实现的"输出兴业"的一个重要方面。另外，我国加入世界贸易组织后，越来越多的外国承包商将按照有关规定进入我国的建筑市场参与竞争，外国承包商也需要我国有一支规范的建造师队伍来满足他们的建设要求。

三、施工项目管理与现代企业制度

施工项目管理是建筑施工企业对某项具体建设项目施工全过程的管理，其范围包括：投标承包、签订承包合同、施工准备、组织施工、交工验收。其目的是有效地实现施工项目的承包合同目标，使企业取得经济效益。施工项目管理的主体是建筑施工企业所属的项目经理部。

现代企业制度是以"适应市场经济要求，产权清晰、责权明确、政企分开、管理科学"为特征的企业制度。建立现代企业制度的目的是使企业按市场法则运行，形成社会主义市场经济体制的基础，进而使市场经济体制对企业的资源配置发挥基础性作用。建立现代企业制度是企业改革的方向。

实行施工项目管理，要求建立现代企业制度。施工项目管理是现代企业制度的重要组成部分。建筑施工企业建立现代企业制度必须进行施工项目管理。只有搞好施工项目管理才能够完善现代企业制度，使之管理科学。施工项目管理和现代企业制度两者的关系，主要表现在以下几个方面。

1. 施工项目管理是建筑施工企业现代企业制度的重要组成部分

建筑施工企业建立现代企业制度，目的是缔造建筑市场的基础，确立建筑施工企业独立的生产建筑商品（施工项目）的承包商地位。根据现代企业制度的特点要求，建筑施工企业建立现代企业制度有以下内容，且每项内容均与施工项目管理有密切关系。

（1）完善企业法人制度，确立法人财产权，对企业进行公司制改造，可以使建筑施工企业真正成为独立的商品生产者，摆脱企业作为国家行政机构附属物的地位。于是建筑施工企业便可以自主地参与市场竞争，从市场上获得施工项目，以卖方的身份与业主签订承包合同。企业在项目施工中自担风险，自我约束，按照市场供求关系和价值规律谋求利益最大化，实现企业的自我发展。

（2）现代企业制度要求建立现代治理结构。施工项目管理对企业的治理结构提出了很高的要求，例如要求建立项目经理部，以加强企业作业层；要求项目经理部与企业经营管理层分离，使经营管理层强化经营和企业管理，项目经理部强化作业管理；要求企业经理向项目经理授权，由项目经理作为企业经理代理全权负责施工项目的管理；要求企业为施工项目的资源配置提供市场性服务，要求使内部管理市场化等等。

（3）建立与现代企业制度相适应的财务制度、人事制度、分配制度和施工管理制度。项目经理部是企业的组成部分，亦应在企业制度约束下运行，按需要建立相应的制度，重点是项目经理部的财务制度、分配制度和施工管理制度，尤其是后两者。而施工管理制度的重点应是质量管理制度、进度管理制度、成本核算制度和安全保障制度。建立各种制度都应注意与市场经济的要求相适应，彻底摆脱计划经济体制弊端的束缚。

（4）建立新的生产经营方式。对企业来说，新的经营方式体现履约经营、规模经营（集团化经营和专业化经营）和多元化经营的特点。对项目管理层来说，它是一种生产方式，同时也进行履约经营，即承包到手的工程，都要按照合同条件签订具有法律效力的、可以约束项目管理全过程行为的合同文件，在项目实施中加强合同管理，按照合同办事，以合同规范行为，强化索赔意识，提高索赔水平，保护好自身的利益等等。

（5）以施工项目管理为重点，实现现代企业制度"管理科学"的要求。因此要总结十几年来我国进行施工项目管理的经验，吸收国外施工项目管理的精华，规范施工项目管理的思想、组织、方法和行为，建立我国施工项目管理的崭新科学体系，构成现代企业制度的重要组成部分，使施工项目管理成为建筑施工企业现代化的基础，发挥建筑施工企业的生产潜力，极大地提高企业的经济效益。

2. 进行施工项目管理必须建立现代企业制度

进行施工项目管理，必须通过建立现代企业制度，创造施工项目管理的条件。

（1）通过建立现代企业制度为施工项目管理创造市场条件。施工项目是产品，也是商品。施工项目管理既管施工过程，也管施工结果。施工项目的生产和销售离不开市场，施工项目管理必须以市场为"舞台"。从生产来讲，建筑施工企业要从市场上取得项目所需的生产要素，进行资源配置，形成生产能力；从销售来讲，建筑施工企业要通过投标竞争，从市场上取得施工项目的承包权，又根据市场经济下履约经营的要求，通过签订项目承包合同明确承发包双方的关系，最后以验收交工的方式实现项目"销售"。因此，施工项目管理是市场化的管理，市场是施工项目管理的环境和条件。企业是市场的主体，又是市场的基本经济细胞。细胞核，主体行为规范，市场才能发育和运行。建立现代企业制度，可以搞活企业，规范企业行为，使企业按市场法则运行，形成社会主义市场经济体制的基础，让市场在企业资源配置上起基础作用。

（2）建立现代企业制度，确立企业法人财产权，使产权主体多元化、社会化，使资产所有者和资产经营者分离、经营管理层和作业层分离。这样，企业可以真正做到自主经营、自负盈亏、自谋发展、自我完善，具备进行施工项目管理的组织条件。因为，企业进行施工项目管理，要求政企分开，两层（经营管理层和作业层）分离，按照项目的特点建立项目经理部，且要求项目经理部能够按合同要求独立地实现各项目标。不建立现代企业制度，企业便不能彻底摆脱计划经济体制的束缚，便没有真正的自主权，也无法进行项目管理。

（3）建立现代企业制度，包括了建立现代企业管理制度，其中有财务制度、劳动人事制度、分配制度及施工管理制度等，用以调节所有者、经营者和生产者之间的关系，形成激励和约束相结合的经营机制，有利于资源优化配置和动态组合的项目管理机制，从而极大地调动职工的生产积极性，最优地实现生产力标准的要求。所以，建立现代企业制度可为进行施工项目管理创造制度上的条件。

3. 切实进行科学的施工项目管理，推进现代企业制度管理科学化

（1）每个建筑施工企业都应具有一批素质符合要求的施工项目经理。项目经理是受企业经理委托、全权负责施工项目管理的核心人物，是项目实施的最高责任者和组织者，在项目管理中起决定性作用。因此，项目经理的素质便决定着施工项目管理的水平。项目经理应具有政治、知识、能力和体质等各方面的合格素质。在现代企业中，应该有一批在企业经营管理人员中占规定比例的人才，能够接受企业经理的委派，担负起对施工项目进行科学管理的任务。因此，施工项目经理的产生要按规范化的程序，有计划地进行选拔、培养与培训，要坚持持证上岗，按工程的规模和管理科学化的需要委派项目经理。项目经理人选确定后，企业经理要按规定和需要授予充分的权力，使之具备进行项目承包和进行科学管理的条件。

（2）企业内部进行两层分离，强化经营管理层和施工作业层，提高企业的项目管理能力。在两层分离后，建立事业部制和公司与项目之间构成的矩阵组织。以矩阵组织实现市场化的、弹性的用人制度。应防止项目经理部成为固化的组织结构，更不应形成企业的一个固定管理层次，劳务作业层可以向包括劳务企业的专业分包企业发展。这样，一个施工项目可以由一个项目管理班子总包，子项目或分部分项工程可进行企业内部劳务分包或社会劳务分包。

（3）实行施工项目资源配置市场化，建立企业内部生产要素市场，发挥市场机制对优化项目资源配置的作用。企业内部应建立劳动力市场、材料供应市场、机械设备租赁市场、资金市场和技术开发服务市场。在培育建筑施工企业内部市场中，应创造条件，发挥市场机制的作用，使项目经理部有一个适当的市场环境，以利于降低工程成本，提高工程质量，加快施工速度。在建立企业内部生产要素市场的同时，应实现现代后勤保障方式，后勤供应、生活福利要通过内部综合服务市场解决，或进行物业化管理、社会化服务。应由企业或社会承担的劳动保险、离退休费用，不分配给项目管理层，政工、人事由企业统

筹负责。这样，使得项目经理部减轻负担、精干机构、集中精力于施工项目的管理，以提高工作效率。

（4）在施工项目管理中大力推行行之有效的现代管理技术。施工项目管理的重点，集中在合同管理、质量管理、进度管理、成本管理、安全管理和信息管理六个方面。在这六个方面，国际上都有惯例或成功的技术，我国经过了十多年的引进和开发，也已有了相当多经验和创造。因此，随着现代企业制度的建立，应使施工项目管理中应用现代管理技术方面有一个大进步，乃至实现一次飞跃。

（5）应充分发挥施工组织设计在施工项目管理中的规划作用。施工项目管理的一项重要工作就是编制施工组织设计，通过施工组织设计对施工项目管理的全过程和管理目标进行全面规划与导控。

复习思考题：

1. 项目管理、建设项目与施工项目的基本概念和工作特点如何？
2. 简述施工项目管理的概念及其与建设项目管理的区别。
3. 简述建设项目的基本建设程序。
4. 施工项目管理的发展历程如何？各有哪些特点？
5. 在我国，施工项目管理与建造师制度的建立具有哪些意义？

第二章　园林绿化建设工程营造程序

第一节　建设工程设计程序

按国家现行规定，承担园林绿化建设工程项目的设计单位，其设计资质水平应与项目大小与复杂程度相匹配。园林绿化工程设计单位的资质分为风景园林设计专项资质甲、乙两级，分级标准以及所允许承担设计任务的范围都有明确的规定，低等级的设计单位不得越级承担工程项目的设计任务，设计单位必须严格保证设计质量。设计须经过方案比较，以保证方案的合理性。工程设计所使用的基础资料、引用的技术数据、技术条件等要确保准确真实。

园林建设工程的设计程序一般分为：

一、总体规划

项目总体规划的设计文件，由图纸和文字说明书两部分组成。

（一）图纸部分

图纸部分应包括：

（1）建设场地的规划和现状位置图。图中要标明绿线轮廓、现状及规划中建筑物位置和周围环境。图的比例尺为 1：10000～1：2000。

（2）近期和远期用地范围图。标明具体位置，有明确尺寸及坐标，图的比例尺为 1：2000～1：500。

（3）总体规划平面图，要在用地范围内标明道路、广场、河湖、建筑、园林植物类型、出入口位置及地形竖向控制标高等。图的比例尺见表 1-2-1。

园林工程总体规划平面图的适宜比例　　　　　　　　　　　　　表 1-2-1

公园、绿地面积（hm²）	比例尺	公园、绿地面积（hm²）	比例尺
<10	1：500～1：200	>50～<100	1：2000～1：1000
>10～<50	1：1000～1：500	>100	1：5000～1：2000

必要时可用适当比例尺的图示功能分区、人流集散、游览流向分析。

（4）整体鸟瞰图。

（5）重点景区、园林建筑或构筑物、山石、树丛等主要景点或景物的平面图或效果图。比例尺为 1：100～1：20。

（6）公用设施、管理用设施、管线的位置和走向图。

（7）重点改造地段的现状照片。

（二）说明书

总体规划图设计文件文字说明部分应包括：

1. 主要依据

批准的任务书或摘录。

所在地的气象、地理、地质概况。

风景资源及人文资料。

能源、公共设施、交通利用情况等。

2. 规模和范围

规模、面积、游人容量。

分期建设情况。

设计项目组成。

对生态环境、游憩、服务设施的技术分析。

3. 艺术构思

主题立意。

景区、景点布局的艺术效果分析。

游览、休息线路布置。

4. 种植规划概况

立地条件分析。

天然植被与人工植被的类型分析。

种苗来源情况。

园林植物选择的原则。

5. 功能与效益

执行国家政策、法令及有关规定的情况。

对城市绿地系统和城市生活影响的预测。

各种效益的估价。

6. 技术、经济指标

用地平衡表。

土石方概数、主要材料和能源消耗概数。

总概算。

7. 需要在审批时决定的问题

与城市规划的协调、拆迁、交通情况。

施工条件、季节。

投资。

（三）总体规划文件编排顺序

（1）总体规划图设计文件封面。

（2）总体规划图设计文件目录。

（3）说明书。

（4）规划总图与分项规划图。

（5）投资概算。

二、初步设计

初步设计应在总体规划图设计文件得到批准及待定问题得以解决后进行。初步设计文件包括设计图纸、说明书、工程量总表和概算。设计图表示的高程和距离均以 m 为单位，数字写到小数点后两位。

（一）图纸部分

初步设计文件的图纸部分应包括：

1. 总平面图

（1）用具体尺寸、标高表明道路、广场、河湖、建筑、假山、设备、管线等各专业设计或单独的子项目工程相互关系、周围环境的配合关系，必要时可用断面图加以明确。

（2）总平面图必须有准确的放线依据。

（3）总平面的比例尺有 1：500～1：200，简单的工程设计可用 1：1000。

2. 在总平面图以外，必要时可分别增加竖向设计图、道路广场设计图、种植设计图、建筑设计图。

（1）竖向设计图

① 分别表示现状和设计高程。

② 在不同比例图纸上，用等高线表示地形时，其等高距则要求不同。见表 1-2-2。

不同比例尺图纸适用等高距　　　　　　　　　　　　表 1-2-2

图纸比例	等高距要求（m）
1：200	0.2
1：500	0.5
1：1000	1.0

③ 图纸比例尺同总平面图。

（2）道路广场设计图

① 广场外轮廓、道路宽度用具体尺寸标明。

② 用方格网（或轴线、中心线）控制位置或线型。

③ 广场标高应标明中心部位和四周标高，道路转弯处应标出标高。

④ 标明排水方向，用地下管道排水时，要标明雨水口位置。

⑤ 比例尺同总平面图。

（3）种植设计图

① 标明树林、树丛、孤立树和成片花卉位置。

② 定出主要树种。

③ 重点树木或树丛要标出与建筑、道路、水体的相对位置。

④ 比例尺同总平面图。

（4）建筑设计图

① 注明建筑轮廓及其周围地形标高。

② 与周围构筑物距离尺寸。

③ 与周围绿化种植的关系。

（5）综合管网图

标明各种管线平面位置和管线中心尺寸。

（二）初步设计说明书

（1）对照总体规划图文件中文字说明部分提出全面技术分析和技术处理措施。

（2）各专业设计配合关系中关键部位的控制要点。

（3）材料、设备、造型、色彩的选择原则。

（三）工程量总表

（1）各园林植物种类、数量。

（2）平整地面、堆山、挖填方数量。

（3）山石数量。

（4）广场、道路、铺装面积。

（5）驳岸、水池面积。

（6）各类园林小品数量。

（7）园灯、园椅等设备数量。

（8）园林建筑、服务、管理建筑、桥梁的数量、面积。

（9）各种管线长度，并尽可能标注出管径。

（四）设计概算

（1）根据概算定额，按照工程量计算工程基本费。

（2）按照有关部门规定，计算增加的各种附加费。

（3）公园、绿地范围以外市政配套所用的附加费。

（五）初步设计文件编排顺序

（1）初步设计文件封面。

（2）初步设计文件扉页。

（3）初步设计文件目录。

（4）初步设计文件说明书。

（5）图纸目录。

（6）总图与分图。

（7）工程量表。

（8）概算。

三、施工图设计

在工程初步设计批准后，就可转入施工图设计阶段。施工图设计文件包括施工图、文字说明和预算。施工图尺寸和高程均以 m 为单位 ，要写到小数点后两位。施工图设计分为种植、道路、广场、山石、水池、驳岸、建筑、土方、各种地下或架空线的施工设计。有两个以上专业工种在同一地段施工，需要有施工总平面图，并经过审核会签，在平面尺寸关系和高程上取得一致。在一个子项目内，各专业工种要同时按照专业规范进行审核会签。

（一）施工总平面图

（1）应以详细尺寸或坐标标明各类园林植物的种植位置、构筑物、地下管线位置外轮廓。

（2）施工总平面图中要注明基点、基线。基点要同时注明标高。

（3）为了减少误差，整形式平面要注明轴线与现状的关系；自然式道路、山丘种植要以方格网为控制依据。

（4）注明道路、广场、台承、建筑物、河湖水面、地下管沟上皮、山丘、绿地和古树根部的标高，它们的衔接部分亦要作相应的标注。

（5）图的比例尽为 1：500～1：100。

（二）种植施工图

1. 平面图

（1）在图上应按实际距离尺寸标注出各种园林植物品种、数量。

（2）标明与周围固定构筑物和地上地下管线距离的尺寸。

（3）施工放线依据。

（4）自然式种植可以用方格网控制距离和位置，方格网用 2m×2m～10m×10m，方格网尽量与测量图的方格线在方向上一致。

（5）现状保留树种，如属于古树名木，则要单独注明。

（6）图的比例尺为 1：500～1：100。

2. 立面、剖面图

（1）在竖向上标明各园林植物之间的关系、园林植物与周围环境及地上地下管线设施之间的关系。

（2）标明施工时准备选用的园林植物的高度、体形。

（3）标明与山石的关系。

（4）图的比例尺为 1：50～1：20。

3. 局部详图

（1）重点树丛、各树种关系、古树名木周围处理和覆层混交林种植详细尺寸。

（2）花坛的花纹细部。

（3）与山石的关系。

4. 做法说明

（1）放线依据。

（2）与各市政设施、管线管理单位配合情况的交代。

（3）选用苗木的要求（品种、养护措施）。

（4）栽植地区客土层的处理，客土或栽植土的土质要求。

（5）施肥要求。

（6）苗木供应规格发生变动的处理。

（7）重点地区采用大规格苗木采取号苗措施、苗木的编号与现场定位的方法。

（8）非植树季节的施工要求。

5. 苗木表

（1）种类或品种。

（2）规格、胸径以 cm 为单位，写到小数点后一位；冠径、高度以 m 为单位，写到小数点后一位。

（3）观花类标明花色。

（4）数量。

6. 预算

根据有关主管部门批准的定额，按实际工程量计算，内容包括：

（1）基本费。

（2）不可预见费。

（3）各种管理、附加费。

（4）设计费。

（5）其他。

（三）竖向施工图

1. 平面图

（1）现状与原地形标高。

（2）设计等高线，等高距为 0.25～0.5m。

（3）土山山顶标高。

（4）水体驳岸、岸顶、岸底标高。

（5）池底高程用等高线表示，水面要标出最低、最高及常水位。

（6）建筑室内外标高，建筑出入口与室外标高。

（7）道路、折点处标高、纵坡坡度。

（8）绿地高程用等高线表示，画出排水方向、雨水口位置。

（9）图的比例尺为 1∶500～1∶100。

（10）必要时增加土方调配图，方格为 2m×2m～10m×10m，注明各方格点原地面标高、设计标高、填挖高度，列出土方平衡表。

2. 剖面图

（1）在重点地区、坡度变化复杂地段增加剖面图。

（2）各关键部位标高。

（3）图的比例尺为 1∶50～1∶20。

3. 做法说明

（1）夯实程度。

（2）土质分析。

（3）微地形处理。

（4）客土处理。

4. 预算（略）

（四）园路、广场施工图

1. 平面图

（1）路面总宽度及细部尺寸。

（2）放线用基点、基线、坐标。

（3）与周围构筑物、地上地下管线距离尺寸及对应标高。

（4）路面及广场高程、路面纵向坡度、路中标高、广场中心及四周标高、排水方向。

（5）雨水口位置，雨水口详图或注明标准图索引号。

（6）路面横向坡度。

（7）对现存物的处理。

(8) 曲线园路线形标出转半径或以方格网 2m×2m～10m×10m。

(9) 路面面层花纹。

(10) 图的比例尺为 1：100～1：20。

2. 剖面图

(1) 路面、广场纵横剖面上的标高。

(2) 路面结构：表层、基础做法。

(3) 图的比例尺为 1：50～1：20。

3. 局部放大图

(1) 重点结合部。

(2) 路面花纹。

4. 做法说明

(1) 放线依据。

(2) 路面强度。

(3) 路面粗糙度。

(4) 铺装缝线允许尺寸，以 mm 为单位。

(5) 路牙与路面结合部做法、路牙与绿地结合部高程做法。

(6) 异型铺装块与道牙衔接处理。

(7) 正方形铺装块折点、转弯处做法。

5. 预算（略）

（五）假山施工图

1. 平面图

(1) 山石平面位置、尺寸。

(2) 山峰、制高点、山谷、山洞的平面位置、尺寸及各处高程。

(3) 山石附近地形及构筑物、地下管线及与山石的距离尺寸。

(4) 植物及其他设施的位置、尺寸。

(5) 图的比例尺为 1：50～1：20。

2. 剖面图

(1) 山石各山峰的控制高程。

(2) 山石基础结构。

(3) 管线位置、管径。

(4) 植物种植池的做法、尺寸、位置。

3. 立面或透视图

(1) 山石层次、配置形式。

(2) 山石大小与形状。

(3) 与植物及其他设备的关系。

4. 做法说明

(1) 堆石手法。

(2) 接缝处理。

(3) 山石纹理处理。

（4）山石形状、大小、纹理、色泽的选择原则。

（5）山石用量控制。

5．预算（略）

（六）水池施工图

1．平面图

（1）放线依据。

（2）与周围环境、构筑物、地上地下管线的距离尺寸。

（3）自然式水池轮廓可用方格网控制、方格网 2m×2m～10m×10m。

（4）周围地形标高与池岸标高。

（5）池岸岸顶标高、岸底标高。

（6）池底转折点、池底中心、池底标高、排水方向。

（7）进水口、排水口、溢水口的位置、标高。

（8）泵房、泵坑的位置、尺寸、标高。

2．剖面图

（1）池岸、池底进出水口高程。

（2）池岸、池底结构、表层（防护层）、防水层、基础做法。

（3）池岸与山石、绿地、树木接合部做法。

（4）池底种植水生植物做法。

3．各单项土建工程详图

（1）泵房。

（2）泵坑。

（3）给水排水、电气管线。

（4）配电装置。

（5）控制室。

四、园林建筑设计

与其他类型的建筑设计一样，园林建筑工程也要由建筑、结构和设备等工种的设计人员组成设计项目组，按照各自工种的分工不同，共同完成设计任务。

建筑设计：负责确定总图，建筑物的平、立、剖面图，鸟瞰图，透视图及模型制作等，以及建筑物设计和室内外、墙面、地面、顶棚、门窗装修等构造设计，并编写工程总说明书及工程概算、预算。

结构设计：负责确定结构承重体系（砖木结构、混合结构、框架结构）、地基基础的做法、墙柱的截面尺寸、大梁楼板的断面和配筋等。

设备设计：包括电气设计，确定供电方式、按要求布置各类电路系统；给水排水设计，确定上水、下水、雨水的管网系统；暖气空气调节的方式及管理系统等。

园林建筑工程设计一般也要分为三个阶段：

（1）初步设计：是设计的第一阶段，它主要是根据批准的可行性研究报告和必要而准确的设计基础资料而进行。

初步设计书、总图及建筑物的平、立、剖面图及工程概算是上报上级主管单位审批的主要文件，并作为技术设计与施工设计的主要依据。

初步设计由主要投资方审批或由投资方组织有关专家组进行评审。

（2）技术设计：在初步设计经审批通过的基础上，技术设计时要进一步解决工程设计中各项具体技术问题和工种间相互配合与交叉的矛盾。

建筑设计要求确定各项具体尺寸、构造做法等。结构设计则要进行结构计算、确定墙、柱、梁板等构件的静力学计算、截面尺寸及配筋数量等。设备设计主要根据各工种进行种类管线的管径截面计算。

（3）施工图设计：各设计工种根据技术设计阶段所确定的数据，用图纸的方式表达出来，成为完整的施工工程图纸。

园林建筑设计的图纸要求为：

① 建筑设计的图纸要求

A. 1：500 的总图。

B. 1：200～1：100 的建筑分区分层平面图。

C. 建筑物的正立面及主要侧立面图。

D. 各部位有代表性的剖面图。

E. 门、窗、墙、地面、天花等装修的细部构造做法及节点大样图，各类做法数量的明细表。

② 结构设计的图纸要求。

A. 1：200～1：100 的基础平面及剖面图。

B. 1：200～1：100 的柱网、楼盖平面图。

C. 1：200～1：100 的屋顶平面图以及各类柱子、大梁、楼板、阳台、过梁等构件的模板和配筋图。

③ 设备工种设计的图纸要求

A. 各类管线系统图。

B. 各类管线平面布置图。

C. 各类节点大样及详图等。

④ 建筑工程设计文件

A. 经技术审核并有各设计工种会签后的硫酸纸底图。

B. 工程设计总说明书、结构计算书、设备各工种管线截面计算书。

C. 工程预算书。

有了以上图纸及有关设计文件作为施工的技术依据，即可进行工程招标投标、施工组织与建设等一系列工序，将平面的设计意图转化为符合人民生活要求、社会要求以及生态环境保护要求的园林绿化建设成果。

第二节　建设工程建设程序

园林绿化建设工程作为城市建设项目中的一个类别，也要遵循建设程序，即：建设项目从设想、策划、选择、评估、决策，进入设计、施工，再到竣工验收、投入使用，发挥社会与经济效益，整个过程中的各项工作必须遵循先后次序的原则，即：

(1) 根据地区发展需要，提出项目建议书。

(2) 在踏勘、现场调研的基础上，提出可行性研究报告。

(3) 有关部门（如建委、计委等）进行项目立项。

(4) 根据可行性研究报告编制设计文件，进行初步设计。

(5) 初步设计批准后，做好施工前的准备工作。

(6) 组织施工，竣工后经验收可交付使用。

(7) 经过一段时间的运行，一般是1~2年，应进行项目后评价。

一、项目建议书

项目建议书是根据当地的国民经济发展和社会发展的总体规划或行业规划等要求，经过调查、预测分析后所提出的。它是投资建设决策前对拟建设项目的轮廓设想，主要是说明该项目立项的必要性、条件的可行性、可获取效益的可能性，以供上一级机构进行决策之用。

在园林建设项目中其内容一般有：

(1) 建设项目的必要性和依据。

(2) 拟建设项目的规模、地点以及自然资源、人文资源情况。

(3) 投资估算以及奖金筹措来源。

(4) 社会效益、经济效益的估算。

按现行规定，凡属大中型或限额以上的项目建议书，首先要报送行业归口主管部门，同时抄送国家计委。行业归口部门初审后再由原国家计委审批。而小型和限额以下项目的项目建议书应按项目隶属关系由部门或地方计委审批。

二、可行性研究报告

当项目建议书一经批准，即可着手进行可行性研究，其基本内容为：

(1) 项目建设的目的、性质、提出的背景和依据。

(2) 建设项目的规模、市场预测的依据等。

(3) 项目建设的地点位置、当地的自然资源与人文资源的状况，即现状分析。

(4) 项目内容，包括面积、总投资、工程质量标准、单项造价等。

(5) 项目建设的进度和工期估算。

(6) 投资估算和奖金筹措方式，如国家投资、外资合营、自筹资金等。

(7) 经济效益和社会效益。

三、规划设计

设计是对拟建工程实施在技术上和经济上所进行的全面而详尽的安排，是园林建设的具体化。设计过程一般分为三个阶段，即初步设计、技术设计和施工图设计。但对园林工程一般仅需要进行初步设计和施工图设计即可。

四、建设准备

项目在开工建设前要切实做好各项准备工作，其主要内容为：

（1）征地、拆迁、平整场地，其中拆迁是一件政策性很强的工作，应在当地政府及有关部门的协助下，共同完成此项工作。

（2）完成施工所用的供电、水、道路设施工程。

（3）组织设备及材料的订货等准备工作。

（4）组织施工招、投标工作，精心选定施工单位和工程监理单位。

五、工程施工

（一）工程施工的方式

工程施工方式有两种，一种是由实施单位自行施工，另一种是委托承包单位负责完成。目前常用的是通过公开招标以决定承包单位。其中最主要的是订立承包合同（在特殊的情况下，可采取订立意向合同等方式）。承包合同主要内容为：

（1）所承担的施工任务的内容及工程完成的时间。

（2）双方在保证完成任务前提下所承担的义务和权利。

（3）甲方支付工程款项的数量、方式以及期限等。

（4）双方未尽事宜应本着友好协商的原则处理，力求完成相关工程项目。

（二）施工管理

开工之后、工程管理人员应与技术人员密切合作，共同搞好施工中的管理工作，即工程管理、质量管理、安全管理、成本管理及劳务管理。

（1）工程管理：开工后，工程现场行使自主的施工管理，对甲方而言，是如何在确保工程质量的前提下，保证工程的顺利进行，以在规定的工期内完成建设项目。对于乙方来说，则是以最少的投入以取得最好的效益。工程管理的重要指标是工程速度，因而应在满足经济施工和质量要求下，求得切实可行的最佳工期（图 1-2-1）。

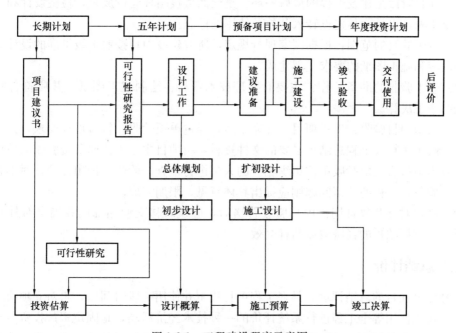

图 1-2-1 工程建设程序示意图

为保证如期完成工程项目，应编制出符合上述要求的施工计划，包括合理的施工顺序、作业时间和作业均衡、成本等。在制订施工计划过程中，要将上述有关数据图表化，编制出工程进度图表。当然，工程上也会出现预料不到的情况，因此，施工计划应可补充或修正，以利于灵活运用。

（2）质量管理：其目的是为了有效地建造出符合甲方要求的高质量的项目，因而需要确定施工现场作业标准量，并测定和分析这些数据，把相应的数据填入图表中并加以研究运用，即进行质量管理。有关管理人员及技术人员正确掌握质量标准，根据质量管理图进行质量检查及生产管理，确保质量稳定。

（3）安全管理：这是杜绝劳动伤害、创造秩序井然的施工环境的重要管理业务，应在施工现场成立相关的安全管理组织，制订安全管理计划以便有效地实施安全管理，严格按照各工种的操作规范进行操作，并应经常对工人进行安全教育。安全生产是施工项目重要的控制目标之一，也是衡量施工项目管理水平的重要标志。

（4）成本管理：园林绿化建设工程是社会公共事业，甲方乙方的目标应是一致的，即将高质量的园林作品交付给社会。因而必须提高成本意识。成本管理不是追逐利润的手段，企业的合理利润应是成本管理的结果。提高核心竞争力，人才、技术、设备固然重要，但关键的还是成本，成本往往是决定企业兴衰的关键。以管理促效益杜绝了无计划性造成的质量等问题的返工，进度的滞后，与偷工减料及工艺不合理造成的经济损失、企业信誉损失，以及业务流失等潜在的经济损失。

（5）劳务管理：应包括招聘合同手续、劳动伤害保险、支付工资能力、劳务人员的生活管理等，它不仅是为了保证工程劳务人员的权益，同时也是项目顺利完成的必要保障。

六、竣工验收

竣工验收阶段是建设工程的最后一环，是全面考核园林建设成果，检验设计和工程质量的重要步骤，也是园林建设转入开放及使用的标志。

（1）竣工验收的范围：根据国家现行规定，所有建设项目按照上级批准的设计文件所规定的内容和施工图纸的要求全部建成。

（2）竣工验收的准备工作：主要有整理技术资料、绘制竣工图纸，并应符合归档要求、编制竣工决算。

（3）组织项目验收：工程项目全部完工后，经过单项验收，符合设计要求，并具备竣工图表、竣工决算、工程总结等必要的文件资料，由项目主管单位向负责验收的单位提出竣工验收申请报告，由验收单位组织相应的人员进行审查、验收、做出评价，对不合格的工程不予验收，工程的遗留问题则应提出具体意见，限期完成。

（4）确定对外开放日期：项目验收合格后，应及时移交使用部门并确定对外开放时间，以尽早发挥项目的经济效益与社会效益。

七、总结评价

园林建设项目的总结评价，是在工程项目竣工并使用一段时间后，再对立项决策、设计施工、竣工使用等全工程进行系统评价的一种技术经济活动，是固定资产投资管理的一项重要内容，也是固定资产管理的最后一个环节，通过建设项目的后评价，肯定成绩、总结经验、研究问题、吸取教训、提出建议、改进工作，不断提高项目决策水平。

目前我国开展建设项目的竣工后总结评价，一般按三个层次组织实施，即项目单位的自我评价、行业评价、主要投资方或各级主管部门的评价。

复习思考题：

1. 园林绿化建设工程的设计程序包含哪些内容？
2. 园林绿化工程的施工图设计的工作要求如何？
3. 简述园林建筑工程设计的图纸要求。
4. 简述园林绿化工程的建设程序及其各阶段的工作要点。

第三章　园林绿化建设工程项目管理内容与方法

第一节　项目管理的原则

一、工程项目管理的科学性

（一）工程项目管理是一门科学

工程项目管理是一门科学，因为它反映了项目管理的客观规律，是在实践的基础上总结出来的，反过来又用来指导实践活动。

20 世纪 60 年代初，工程项目管理在西方一些发达国家逐步发展起来，20 世纪 70 年代末开始引入我国。经过世界各国科技工作者的不断研究和实践，已使工程项目管理具有了一整套比较完整的理论体系，并用以指导大量的项目管理实践活动，使许多大中型项目获得了成功。

（二）科学技术是第一生产力

把科学技术放到生产力发展的首位，首先要求有一个观念上的转变，把提高行业的科技含量作为促进社会生产力发展的第一要素，从重视人力资源和技术装备更新向重视科学技术应用转移。

我们通常说的"技术"，是指在现有技术条件下产生的硬件和软件。但是，如果把科学与技术联系起来，其概念就有了很大的扩展，它包含了科学研究来带动技术进步的动态发展的内涵。要实现园林绿化建设事业的科技进步，就要向科研进行智力投资，促进智力密集程度的提高，用尽量少的劳动消耗获得较多的劳动成果。要对生产要素进行优化配置，根本途径在于发展科研、提高管理水平，在管理政策上要鼓励科技进步，鼓励新材料、新工艺、新产品、新技术的开发，要鼓励经营方面的开拓，对各种有利于发展生产力的科技创新实行必要的利益保护和优惠扶持政策。

二、树立现代化和系统化管理的思想

（一）现代化管理

现代化管理包含管理观念现代化和管理原理现代化。

管理观念现代化，是指改变传统生产性内向管理观念，提倡经营性外向管理观念。经营性外向管理观念包括：

（1）战略观念：即在推行施工项目管理活动中要有系统全面和发展的观念。

（2）市场观念：即要面向市场需求和市场竞争，力求了解和占领市场。

（3）效益和竞争观念，要在项目管理中提高利润，首先要赢得市场和信誉，以质量和工期取得竞争优势，向管理求效益。

（4）创新和变革的观念，管理现代化是一个过程，是从企业的现状出发向管理现代化迈进的过程。对于国外前人的经验不能只是引进和照搬，要吸收、消化，并要结合自身现状进行变革和创新，这样才能在万变的项目管理中不断取胜。

开拓经营管理思路是适应市场发展的需要。随着园林行业发展，为适应市场需求，需要转变经营管理模式和理念，开展区域化、多元化管理模式。通过发挥区域资源优势，多种经营管理模式并存，更好地适应市场的变化，扩大企业经营范围。同时建立与之相匹配的经营管理制度，在扩大市场的同时，保证企业的产品品质。

管理原理的现代化，包括系统、信息反馈、弹性、能级、分工协作和封闭原理。

（1）系统原理，施工项目是一个复杂的开放系统，作为一系统，其整体性的规律是不可违背的。一个施工项目的实施除了要受各生产要素的限制，要求系统内部管理必须协调有序外，还要受到施工项目外部环境的影响与制约（比如：指令性的投资额、开工、竣工日期、材料供应、设备供应、运输条件等，上述的系统内外环节，无论哪一个出现问题，项目都不能达到预期目标），因此在施工项目管理原理的现代化上首先提出系统原理。

（2）信息反馈原理，即对施工和施工管理中的偏差信息要及时反馈到控制系统，使之进行有效的控制和纠正。对施工项目外部的有关信息也要及时反馈，使控制系统及时掌握有关生产要素和施工活动的各种信息动态，从而达到科学控制施工，实现管理目标。

（3）弹性原理，由于客观事物的多变性，管理活动必须保持充分的弹性，尤其是施工计划、材料供应等都要留有充分的余地。

（4）能级原理：指施工项目管理中的管理能力是随管理组织的级别（或层次）而变化的，要根据能级确定责权利，以发挥每个人员的作用。

（5）分工协作原理：在项目管理中要分工明确，但必须协作有序、顾全整体。

（6）封闭原理：要遵照管理活动的循环顺序（即计划、执行、检查、总结的顺序）进行每个循环的封闭，总结后继续进行下一循环。

（二）系统化管理

系统的方法，归根结底是分析和综合的方法。它要求对表面上看来错综复杂或不可分割的整体进行合理的分解，而各部分的结合，又可形成一个整体结构，其中各种制约因素发挥其应有的作用，以实现系统的目标。经分解形成的分系统及分系统中相互制约的子系统，应在总体目标的引导下确立自己的目标。

系统论认为，局部最佳并不等于总体最佳。衡量系统工作成效的标准有两个，即效率和效果。对于系统的各个局部，必须尽力提高效率。但是，局部的效率优化并不一定导致整体的高效率。衡量整体的成果，是以整体效果为标准。整体效果是由总体目标表示的效果，系统方法谋求各部分的优化组合，以形成总体上的合理结构，使系统有效地实现总体目标。

如果把园林绿化建设项目管理作为一个大系统，施工项目管理就是一个分系统；如果把施工项目管理作为一个大系统，其中又包括了如下分系统：

（1）技术系统：相关的园林绿化工程技术活动。

（2）经济系统：经济系统是与技术系统相伴产生的，是一个投入产出的系统。园林绿化施工项目本身就是一种经济活动。为了实现项目目标，要对所有的生产要素进行动态的优化组合。这种组合，既是技术问题，又是经济系统的管理活动。

（3）社会系统：园林绿化施工项目的技术系统、经济系统都要由人来操作，必须产生人与人之间的关系，这就是项目的社会系统。人是系统中最活跃、最复杂又最弹性的因素，这是项目实施的关键因素。

从系统理论来看，作为开放系统的项目，在项目的内外环境之间、项目内各子系统之间、各子系统内部各构成要素之间，都存在众多的结合部。例如，工程项目的结合部可以表现在不同层次、不同部位和不同阶段之间。首先，项目自身作为一个整体，与其外部环境之间存在着各种结合部，如项目与设计部门、承包商、材料设备供应商、政府或主管部门、银行等单位之间。这类结合部协调的好坏，对项目影响最大，有些甚至是项目经理权限难以控制的。此外，在项目内部，各子系统之间、土建、绿化与水电安装之间、地下与地上工程之间、各工种之间、各工序之间、各阶段之间等都存在各种复杂的结合部，都有大量的指令、信息、资源的交换。如果结合部出现职责不清、相互扯皮、配合不当、反馈失真、质量失控、停工待料等问题，都会造成项目管理失控，达不到预期的项目目标。因此，结合部的协调管理，通常是项目经理工作的重要管理点。

在企业的发展中，伴随着技术水平的不断提高，管理水平的不断提升，专业化的服务要求，人才的因素在企业中的比重不断提升，如何建立合理的人才晋升、人才培养机制，是摆在人力资源管理起步较迟缓的园林企业面前的又一个现实问题。我们要关注以下问题：

（1）在责、权、利一致的原则下，完善经营者激励约束机制，建立一套科学、公正的考核、晋升体系，使各管理层的个人利益与企业的经济效益挂钩。

（2）引进竞争机制，建立经营者人才市场，通过市场机制合理配置。

（3）调整组织结构的目标，通过破除传统的自上而下垂直多层的结构，减少管理层次，压缩职能机构，增加管理幅度，建立一种紧缩的横向组织，加快信息传递和反馈的速度，以提高管理效率。

（4）通过建立临时性组织来摆脱原有组织形式束缚，实现灵活性与多样性的统一，以增强企业适应内外环境变化的能力。

面对知识经济时代，知识量仅仅是获得知识和信息，更重要的是应高度重视建立职业化的人才队伍，使企业管理成为施工企业共有的目标、价值观和经营使命。

项目组织设计的原则主要有：

1. 目标体系专业化整合原则

实现项目的整体目标，必须加强在高度分解的基础上进行高度的综合。高度分解是现代生产力和科学技术发展的必然结果，是为了实现专业化以求高质量和高效率。在高度分化基础上的高度综合，则是以共同的目标统一各部门、各单位的思想和行动，使各分项的子目标构成综合目标体系，以提高管理绩效和发挥整体功能（图1-3-1）。

2. 协调控制的相关性原则

项目法施工的系统管理原理，在于协调控制各项工作之间和各种生产要素之间的关系。任何一项工作或要素在系统中的存在与有效运行，都与其他工作或要素有内在联系；任何一个要素的变化，都涉及其他要素的相应变化，这样才能保证系统的整体功能优化。这一相关性原则，决定了在工作中要注意观测和分析系统中各构成要素的变化情况，发挥全体员工的主观能动性，促进系统的协调发展，才有可能获得好的管理绩效。相关性原则

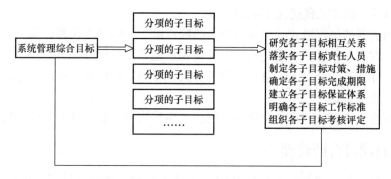

图 1-3-1　项目施工系统管理的专业化整合模型

指导我们深入研究和正确处理目标和条件的关系，包括人与人之间、人与物之间、物与物之间的各种关系和活动信息。

3. 整体功能的有序性原则

首先，项目法施工必须按照工程特点和要求分部、分项的合理顺序组织施工，才能保持生产要素的稳定和产生特定的功能。系统管理的这种有序性，包括空间有序性和时间有序性两个方面。工作面的科学安排和充分利用，以及各生产要素的活动时间和工序搭接，必须遵循一定的生产秩序和合理配置，减少交叉干扰，力求实现项目的最佳效益。

其次，项目法施工的有序性原则，还体现在项目的目标结构层层分解后子系统的目标，也要按其对整体绩效的影响和轻重缓急程度来排列它们的次序，进而构成目标体系的有序性。

第三，在项目实施过程的组织系统中也体现了有序性原则，包括人位相应、能位相应、权责相应的正常工作秩序，以及上传下达、左右协调、前后衔接的正常信息传递秩序，都是系统管理的重要内容。因人设事、有岗无人、大材小用、重用庸才、有责无权、滥用职权等情况，都将造成管理系统的混乱，最终导致项目的失败。

4. 应变能力的动态性原则

项目法施工能有效地提高施工企业的应变能力，是由于项目的实施过程中重视了目标保证系统内外条件的变化和对策措施的时间关系。项目施工过程中各系统要素的动态变化是绝对的，动态管理原则要求我们随时预测和掌握系统内外各种变化，提高应变能力，取得工作的主动权，加强战略研究，取得未来的主动权。项目法施工管理的实质，就是通过以人为核心的动态系统进行整体控制来实现预定的项目合同目标。

第二节　项目管理的内容

一、建立项目管理组织

（1）由施工企业优选称职的施工项目经理

项目经理是实施项目管理的基础，是决定项目成败的关键人物。项目经理的知识结构、经验水平、管理素质、组织能力和领导艺术，都对项目的成败起决定作用。因此，施工企业要通过适当的方式优选施工项目经理。

（2）选用适当的组织形式，组建高效率的项目班子并明确责任和权限

要组建高效项目班子，人员的选择至关重要，尤其是工程技术负责人、概预算及成本控制负责人、计划进度负责人、材料供应负责人、合同管理负责人及行政管理负责人，必须经反复认真考察选定。

（3）根据施工项目的特点，制定相应的施工项目管理制度，以保证项目目标的实现。

二、进行项目合同管理

要依法签订项目管理合同并信守合同，认真严肃地处理合同履行中的工程变更和洽商，并要处理好合同纠纷和索赔。其工作要点为：

（1）对施工项目进行分解，以形成施工项目的分解体系，从而便于从局部到整体进行施工项目管理。

（2）建立施工项目管理工作体系和信息流程。

（3）编制好施工项目管理规划，即施工组织设计。

三、优化配置项目生产要素

园林绿化工程项目的生产要素包括：工、料、机、资金、技术五个方面的内容。对生产要素进行优化配置和动态管理包含：

（1）用尽量少的投入来实现项目目标。

（2）对施工项目的全过程实行生产要素的动态管理。

四、项目工作阶段目标控制

目标控制的主要内容有：

1. 计划进度控制目标

建设工程项目进度控制是一个动态的管理过程，它包括：进度目标分析和论证；进度计划的编制；进计划的跟踪检查与调整（它包括定期跟踪检查所编制进度计划的执行情况，若其执行有偏差，则采取纠偏措施，并视必要调整进度计划）。

计划进度控制的目的是通过控制以实现工程的进度目标。在工程施工实践中，必须树立和坚持一个最基本的工程管理原则，即在确保工程质量的前提下，控制工程的进度。

建设单位和项目各参与方进度控制的任务是各不相同的。建设单位主要是控制整个项目实施阶段的进度。设计单位主要依据设计任务委托合同对设计工作进度的要求控制设计进度。施工企业主要依据施工任务承包合同对施工进度的要求控制施工进度。供货方则依据供货合同对供货的要求控制供货进度。

建设工程项目进度计划系统是由多个相互关联的进度计划组成的系统，其建立和完善有一个过程，是逐步形成的。根据项目进度控制不同的需要和不同的用途，建设单位和项目各参与方可以构建多个不同的建设工程项目进度计划系统，如：由多个相互关联的不同计划深度的进度计划组成的计划系统；由多个相互关联的不同计划功能的进度计划组成的计划系统；由多个相互关联的不同项目参与方的进度计划组成的计划系统；由多个相互关联的不同计划周期的进度计划组成的计划系统。

在建设工程项目进度计划系统中，各进度计划或各子系统进度计划编制和调整时必须注意其相互间的联系和协调。

在控制计划进度目标时，需善用计算机辅助建设工程项目进度控制。计算机辅助工程网络计划编制可解决计算量大的困难、确保计算的准确性、有利于及时调整和编制资源需求计划等。项目各参与方为实现项目的进度目标协同工作，方便快捷地获取进度信息，可利用项目信息门户作为基于互联网的信息处理平台辅助进度控制。

2. 技术质量控制目标

首先，施工企业应当依法取得相应等级的资质证书，并在其资质等级许可的范围内承揽工程。建立、健全教育培训制度，加强对职工的教育培训；未经教育培训或者考核不合格的人员，不得上岗作业。

其次要建立质量责任制，确定工程项目的项目经理、技术负责人和施工管理负责人。

在工程项目实施过程中必须按照工程设计图纸和施工技术标准施工，不得擅自修改工程设计，不得偷工减料。在施工过程中发现设计文件和图纸有差错的，应当及时提出意见和建议。施工单位必须按照工程设计要求、施工技术标准和合同约定，对建筑材料、建筑构配件、设备和商品混凝土进行检验，检验应当有书面记录和专人签字；未经检验或者检验不合格的，不得使用。

建立、健全施工质量的检验制度，严格工序管理，做好隐蔽工程的质量检查和记录。隐蔽工程在隐蔽前，施工单位应当通知建设单位和建设工程质量监督机构。施工人员对涉及结构安全的试块、试件以及有关材料，应当在建设单位或者工程监理单位监督下现场取样，并送具有相应资质等级的质量检测单位进行检测。对施工中出现质量问题的建设工程或者竣工验收不合格的建设工程，应当负责返修。

3. 施工安全控制目标

安全生产是施工项目重要的控制目标之一，也是衡量施工项目管理水平的重要标志。

直接从事施工操作的人，随时随地活动在危险因素的包围之中，随时受到自身行为失误和危险态的威胁或伤害。因此，为保障施工现场的人、机环境系统的可靠性，必须进行经常性的检查、分析、判断、调整、强化动态中的安全管理活动，以预防为主，防患于未然，把安全问题消灭于萌芽之中。

4. 工程成本控制目标

追求利润最大化是企业的目标，市场价格企业不能左右，控制成本的主动权却在企业自身。没有一个成功的企业，是管不好成本的。相反，管不好成本的企业，没有一个是成功的。提高核心竞争力，人才、技术、设备固然重要，但关键的还是成本，成本往往是决定企业兴衰的关键。

要多渠道、多方式控制成本。依据市场导向，建立"市场开发、生产运行、财务管理""三位一体"动态成本控制体系，切实把成本、费用控制的责任和指标落实到单位、岗位、人头，形成全员、全过程、全方位降低成本、降低费用机制，不断扩大降低成本的广度和深度，实行"成本一票否决"制。

以管理促效益，通过全过程的系统管理，策划好产品的质量目标、管理目标、进度目标等，合理设置工艺流程，过程管理严谨，通过过程指标设置，建立科学的过程纠偏，最终达到目标要求，形成一套适用于同类产品的工作经验。杜绝了无计划性造成的质量等问题的返工，进度的滞后，与偷工减料及工艺不合理造成的经济损失、企业信誉损失，以及业务流失等潜在的经济损失。

五、建设工程项目信息管理

当今时代，施工项目管理要依靠信息管理。信息管理必须靠电子计算机辅助进行，逐步建立及时的信息流通机制。国外许多建设工程企业都建立起施工工地、施工企业（公司）、业主、设计单位以及供应商等联网的计算机信息系统。比如：任何设计改动都会同时迅速地传到施工单位及设备和材料的供应单位。应建立一个及时、有效的记录、报告流通系统，为构建完整的信息流通机制打下基础。

（1）加强数据管理是实施有效管理的基本保证。企业进行精细管理，很重要的一点就是加强数据管理。数据管理很重要，是企业的信息资源、决策的依据。要建立数字化企业，就必须把数据管理纳入企业管理的轨道。

（2）企业信息化是企业利用现代信息技术，通过对信息资源的深化开发和广泛利用，不断提高企业生产、经营、管理、决策的效率和水平，进而提高企业经济效益和企业市场竞争力的过程。企业信息化技术现已日趋成熟，被众多的企业所采用和接受，并在企业的经营活动中发挥着越来越大的作用。企业信息化的实施是企业的变革，是新型技术的引入，是管理观念的创新，是人的思想的彻底改变，是提高企业竞争力和效率的根本保证。

1）随着企业信息化改变企业的传统管理模式，实行扁平化管理和网络化管理，实现面向客户的集成化管理目标。这就要求对企业管理进行重组和变革，重新设计和优化企业的业务流程，使企业内部和外部的信息传输更为便捷，实现信息资源的共享，使管理者与员工、各部门之间以及企业与外部之间的交流和沟通更直接，提高管理效率，降低管理成本。

2）运用信息技术对企业的商流、物流、资金流和信息流进行有效控制和管理，逐步实现商流、物流、资金流和信息流的同步发展，通过四流系统将原来管理金字塔体系打破，实现扁平化的流水线管理方式，通过这个主线条衔接并重建每个员工、每道工序、每个部门的数字化基础，达到规范化、标准化的要求，企业领导和管理人员可随时调用生产、采购、财务等部门所有数据，既实现资源共享，又实现实时监控，同时防微杜渐。这样，在新的管理思想基础上建立起来的新的数字化管理才能成为企业走向网络化、信息化的坚实基础。

3）通过信息化管理提升企业管理形象；通过网络上传数据，实时收集信息，检索信息，存储信息。随着外地市场的拓展，信息化管理的建立刻不容缓。信息化管理不仅为企业带来便捷的管理平台，还能将项目的实时信息随时掌控，缩短管理的距离。

第三节　项目管理的方法

一、现代管理方法概述

现代管理方法具有科学性、综合性和系统性，能够适应工程项目管理的需要。凡是现代管理方法，均可以适应工程项目管理方法的选用。

园林绿化建设工程项目管理的现代化，是要求施工企业能适应现代生产力发展的客观需要，按照社会主义市场经济发展规律，在现有的管理水平的基础上，运用现代自然科学、技术科学和社会科学的成果，达到先进的管理水平，从而促进园林绿化事业的发展。

工程项目管理现代化的具体内容包括：管理思想现代化、管理组织现代化、管理方法现代化、管理手段现代化和管理人才现代化。它是以系统论、信息论、控制论、组织论、决策论、弹性论、动力论等现代科学管理理论为基础，树立以提高经济效益为中心的经营管理指导思想，建立起适合于建设工程企业特点的管理体制、组织机构和管理制度，运用现代科学技术成果和方法，采用先进的检测、控制、传递、处理设备，启用一大批素质好、能力强、知识面广、经验丰富、具有开拓进取精神的管理人才，把建设工程企业生产经营活动全过程置于有效的管理之中，从而形成与现代科学技术发展、劳动社会化的客观要求相适应的现代化管理。

工程项目的现代管理方法，是项目管理现代化的主要内容。它要求在现代项目管理原理的基础上，运用最新的科学技术研究成果，综合分析和研究建设项目管理中的数量关系和操作技巧而逐步形成的应用性学科。

二、现代项目管理方法

（一）系统工程方法

系统工程主要依据系统论原理，从企业经营或工程项目的整体出发，应用现代科学技术方法和手段，揭示系统的功能特性和内部结构，预测系统的发展变化，提出并优化解决问题的方案，为对系统进行最优的组织与管理、最优的实施与控制提供实用的工具。

（二）经营分析方法

主要依据预测和决策原理，从企业经营的过去和现在的状态出发，采用一套科学的方法对企业经营活动的未来发展变化趋势予以估计，并从形成的若干方案中选择一个最佳方案，制订出计划贯彻实施。包括预测方法、决策技术、滚动计划。

（三）目标管理方法

主要依据目标管理学原理，对企业在项目活动中所追求的目标实行科学、有效的组织实施和全面控制。

（四）统筹规划方法

主要依据运筹学原理，系统地分析企业经营（包括项目工程施工等）过程中的计划及计划实施中的统筹规划和最优运行问题，其方法包括线性规划方法、目标规划方法和网络计划技术。

（五）施工管理方法

主要依据控制原理，以具体工程和施工现场为对象，对工程项目施工全过程中的人、财、物及施工质量进行全面有效控制的技术方法，包括 ABC 分类管理法、价值工程、全面质量管理、全员设备维修、量本利分析法等。

（六）信息管理方法

主要依据信息论原理，对建设工程企业经营管理活动中的内外信息进行科学的收集、贮存、处理和传递，通过生产过程的控制，科学计算以及辅助智力劳动等，使之成为建设项目管理的现代化手段和重要的动力。

（七）行为激励方法

主要依据行为科学基本原理，以项目工作人员为主要对象，对其在工程企业生产经营活动过程中的行为进行分析，寻求充分调动人的积极性，挖掘潜在能力的基本方法。

上述几种方法，充分考虑了建设工程特点和企业经营管理实际，构成了建设项目现代管理方法的主体。它们一方面能为解决建设项目管理中的决策与控制问题提供比较系统的解决方法和工具，另一方面也为进一步研究和完善建设项目现代管理方法体系打下了坚实的基础。

三、施工项目管理方法

（1）按管理目标划分，施工项目管理方法主要有进度管理、质量管理、成本管理、安全管理、现场管理等。

（2）按管理方法的量性分类，施工项目管理方法主要有定性方法、定量方法和综合管理方法。

（3）按管理方法的专业性质分，施工项目管理方法有行政管理、经济管理、技术管理和法律管理等方法。

行政管理方法，是指上级单位及上级领导人，包括项目经理和职能部门，利用其行政上的地位和权力，通过发布指令、进行指导、协调、检查、考核、激励、审批、监督、组织等手段进行管理的方法。其优点是直接、迅速、有效，但应注意科学性，防止武断、主观、官僚主义和命令主义的瞎指挥。一般地说，用行政方法进行施工项目管理，指令要少些，指导要多些。作为项目经理，应主要使用行政管理方法。

经济管理方法，是指用经济类手段进行管理，如实行经验承包责任制，编制项目资金收支计划，制订经济分配与激励办法以调动从业人员的积极性等。

技术管理方法内容多样，主要有：网络计划方法、价值工程方法、数理统计方法、信息管理方法、线性规划方法、ABC 分类方法、目标管理方法、行为科学和领导科学、控制论、系统分析方法等。技术管理方法是项目管理中的硬方法，以定量方法居多，科学性更高，产生的管理效果会更好。

法律管理方法，主要是通过贯彻有关建设法规、制度、标准等加强管理。合同是依法签订的明确双方权利、义务关系的协议，广泛用于施工项目管理进行履约经营，故亦属于法律方法。在市场经济中，这是最重要的法律管理方法。

四、现代管理方法应用

建设项目现代管理方法的研究和运用，应该注意其系统性、综合性、实用性、配套性、衔接性。

（一）要注重全面的系统的研究

对建设项目现代管理方法的研究，既要考虑建筑行业的特点和传统管理方法的改进、发展，又要吸收国内外先进的管理经验和方法。对于建筑活动的每一个侧面、每一个环节的分析研究，都应该建立在建设工程企业这个整体上；对每一个问题的分析、每一个方法的阐述都应力求全面、完整和系统。

（二）要强调科学性与实用性的结合

对建设项目现代管理方法的研究，既要综合地反映现代科学技术最新成果在建设项目管理中的应用，又要体现实用性的特点。把各种科学方法阐述得通俗易懂，既能被广大从事建设项目管理的实际工作者所接受，又便于在管理工作中运用。

（三）要提倡灵活、系统配套地运用

建设项目现代管理方法中有的适用面较广，有的在一个问题上也可采用不同的技术方法，这就需要灵活运用，与此同时，有目的、有组织系统配套地应用现代管理方法，才能充分发挥综合性管理对有关各项专业管理的横向联系和综合协调作用，提高其整体功能。

（四）要立足于现在，着眼于未来

对建设项目现代管理方法的研究，既要考虑我国建设行业管理的现实情况，尽可能阐述有利于指导当前建设项目管理工作的方法，又要考虑到我国建设项目管理现代化的发展要求，有利于促进和加速我国建设项目管理现代化的进展。

随着我国经济体制改革的不断深入，建设工程企业管理工作正在经历一个历史性的转变，由过去高度集中体制下形成的封闭式的单纯生产型，逐步转变为开放式的生产经营型，由过去传统管理逐步转变为现代化管理。在我国，建设项目管理已从个别或局部运用现代化管理方法、手段，逐步转向比较系统地推广、运用、探索具有中国特色的社会主义建设项目管理现代化体系的模式。

第四节　项目管理的程序

一、工程投标和签订合同

此阶段工作程序如图 1-3-2 所示。

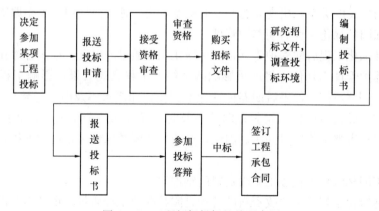

图 1-3-2　工程招标投标签约程序图

二、施工准备

施工单位中标并签订工程承包合同后，要立即成立项目经理部，开始进行施工准备阶段的工作。包括项目建设方的初步了解，工程现场条件的勘察，招标文件的阅读，设计图纸和预算报价的复核，合同条款的斟酌等方面。

（1）选拔项目经理，并根据工程项目的特点建立相应机构，配备计划、技术、质量、经济、成本、安全、材料及机械等项工作的负责人和管理人员。

（2）编制中标后的施工组织设计，绘制施工平面图，确定施工方案和施工方法，编制施工计划和施工网络，计算主要工程量，提出材料和机械设备的供应计划等。

（3）进行施工现场准备，搭设生活区、布置三临、进行交通倒行准备等，创造现场开工条件。

（4）制订施工项目管理规划

对施工项目进行分解，建立施工项目管理工作体系，绘制施工项目管理工作体系图和信息流程图，编制施工项目管理规划，确定管理的关键部位，形成文件。

（5）编写开工报告，报上级机关。

三、施工管理

此阶段是在项目经理部的指挥下实施工程承包合同规定的全部施工任务，并具备竣工验收的条件。该阶段主要有以下工作：

（1）按施工组织设计组织施工。

（2）施工中按规划进行施工目标的动态控制，保证计划、质量、安全、成本各目标的实现。

（3）履行合同、信守合同，及时做好工程变更和洽商，并做好文件的记录和保存。要依法签订项目管理合同并信守合同，认真严肃地处理合同履行中的工程变更和洽商，并要处理好合同纠纷和索赔。

（4）任何时候安全都是首要考虑的问题，做好现场文明施工，努力做到不影响市容，不影响人民生活，并按规定做好环境保护工作。

（5）处理好和建设单位、设计单位、管理验收单位、监理单位以及交通、市容、街道及附近单位与居民的关系，出现问题要及时协调解决。善于协调但不失于原则。

（6）加强园林绿化工程后期养护管理

加强园林绿化工程后期养护管理是园林绿化工程质量的保证。如园林绿化工程施工优良，但绿化养护管理不到位，将严重影响园林绿化工程景观效果，影响工程质量。俗话说："三分栽，七分管"，如果后期养护管理不到位，如浇水不及时，导致树木成活率低；树木支架不牢，导致栽植树木歪斜；除草不及时，导致绿地杂草丛生；病虫害防治不及时，导致病虫危害严重等质量问题。因此，必须加强园林绿化工程后期养护管理工作，确保工程质量。

（7）完善园林绿化工程竣工验收资料的整理

完善园林绿化工程竣工验收资料的整理是园林绿化工程质量不可缺少的部分。竣工验收是施工阶段的最后环节，也是保证合同、提高质量水平的最后一道关口，通过竣工验收，全面综合考察工程质量，保证竣工项目符合设计标准、规范等规定的质量标准要求，因此，竣工验收必须有完整的工程技术资料和经签署的工程保养书或保修书。通过绿化工程竣工验收资料档案整理，既能总结园林绿化工程建设过程、施工过程和养护过程，又能为建设单位提供完整的变更、竣工资料、后期使用及维修的依据。项目经理必须重视完善园林绿化工程竣工资料的整理工作，确保工程圆满结束，质量合格。

四、竣工验收

此阶段属工程建设项目的结束阶段。多年施工经验证明：竣工阶段工作若不抓紧，往往形成现场收尾工程源源不断，竣工图及竣工文件迟迟完成不了，结算、决算不能向下进行，对外债务还不清等问题。因此，竣工阶段工作必须抓紧抓好。

（1）工程收尾：包括施工的尾活，比如各种管线的试运行，闭水试验，勾头、还土等。

（2）进行工程自检和初验，并及时修复初验不合格的局部工程部位，尽快创造交工验收条件。

（3）组织正式对外验收。

（4）整理竣工资料，移交竣工图及竣工文件并做好竣工总结。

（5）进行工程结决算，并进行实际成本分析，弄清工程的收支情况和经济盈亏情况。

（6）进行施工总结，包括：技术方面、经济方面和管理方面的总结。总结工作要实事求是，并用数据说话。

五、用后服务

该阶段主要是对施工产品进行回访和修复，对市政工程来说，要观察地下管线施工特别是顶管施工、盖挖法施工常遇到的沉陷、抗震性能等问题。一旦发现问题要及时返修，并总结经验，以利下一个工程项目的顺利运行。

施工项目管理（图 1-3-3）归纳总结如下：

```
▶ 项目进度延迟——做好项目计划      ▶ 相互推卸责任——建立明确责任矩阵

▶ 计划难以执行——加强进度控制      ▶ 部门沟通困难——制定完善沟通计划

▶ 出现突发问题——做好风险管理      ▶ 项目资源冲突——制定项目优先级

▶ 人员永远不够——进行资源调配      ▶ 效率低下，员工懒散——进行考核与激励
```

图 1-3-3　提升项目管理效率与效益的秘密武器

（一）工作习惯

牢记项目管理的主要流程、关键节点以及最终目标。凡事做到心中有数，尤其是要养成预期管理和过程管理的习惯。有好的计划、好的过程一定会有好（或相对已经是最好）的结果。

（二）工作思维

凡事都要讲求认真，始终以积极、正面的心态用心对待。遇到问题或困难要第一时间有反应，自己解决不了及时上报，不要回避或隐藏问题，要相信没有解决不了的问题。

复习思考题：

1. 工程项目管理的基本原则包括哪些内容？

2. 为什么要在项目管理工作中提倡运用系统管理方法？

3. 简述项目组织设计的基本原则。

4. 简述工程项目管理的基本内容。

5. 工程项目管理的程序一般包括哪些工作阶段？

6. 简述工程项目现代管理方法的基本内容。

第四章 园林绿化建设工程项目招标投标管理

第一节 工程项目招标投标简介

采用招标投标的交易方式在国外已有 200 多年的历史。市场经济国家的大额采购活动，特别是使用公共财政资金进行的采购活动，大多是采用招标投标方式。我国在 1978 年改革开放之前，实行高度集中统一的计划经济体制，产品购销和工程建设任务都按照指令性计划统一安排，不存在引起卖方竞争的买方市场，因此也不存在招标投标的交易方式。自 20 世纪 80 年代开始，我国逐步在工程建设、进口机电设备、机械成套设备、政府采购、利用国际金融组织和外国贷款项目以及科技开发、勘察设计、工程监理、证券发行等服务项目方面，推行投标招标制度，取得了明显成效。

一、招标投标与建筑市场

（一）招标投标

招标投标，是在市场经济条件下进行大宗货物买卖、工程建设项目的发包与承包以及服务项目的采购与提供时所采用的一种交易方式。在这种交易方式下，通常是由项目采购（包括货物的购买、工程的发包和服务的采购）的采购方作为招标方，通过发布招标公告或向一定数量的特定供应商、承包商发出招标邀请等方式发出招标采购的信息，提出需采购项目的性质及其数量、质量、技术要求，交货期、竣工期或提供服务的时间，以及对供应商、承包商的资格要求等招标采购条件，表明将选择最能够满足采购要求的供应商、承包商与之签订采购合同的意向，由各有意提供采购所需货物、工程或服务项目的供应商作为投标方，向招标方书面提出自己拟提供的货物、工程或服务的报价及其他响应招标要求的条件，参加投标竞争。经招标方对各投标者的报价及其他条件进行审查比较后，从中择优选定中标者，并与其签订采购合同。

（二）建筑市场的主体

我国建筑市场的主体主要包括：业主、承包商和中间服务机构。业主是指建设单位，是投资者，在建筑市场中处于招标采购方（即买方）的地位。承包方是勘察设计单位、工程施工单位和材料设备供应单位，在建筑市场中处于投标卖方的地位。中间服务机构是指工程咨询单位、工程监理单位、建筑工程法律事务所和仲裁机构等，在建筑市场中处于服务的地位，主要从事项目的可行性研究、组织招标、指定招标文件、审核标底、代替业主实施工程管理、解决合同纠纷等工作。

（三）建筑市场主体的相互关系

国际上通用的工程建设项目实施阶段的管理体制（我国现行的工程项目建设监理制），一般有三个角色，即业主、承包商、工程师（在我国称监理工程师）。他们之间都受一定合同条件的约束，在建筑市场中共求生存和发展。

业主是指建设单位，在我国一般指各级政府有关部门、国营或集体企业、中外合资企业、国外独资或私人企业等，在国外也有政府部门和国营企业或私营公司以至个人。

承包商是按与业主签署合同的规定，执行和完成合同中规定的各项任务。在我国承包商一般均是国有企业、集体企业以及股份制企业等单位，在国外有不少私人的公司企业。

工程师是接受业主的授权和委托，对工程项目实行管理性服务，执行与业主签订的合同中规定的任务。

业主与承包商是合同关系，业主和工程师也是合同关系。工程师与承包商不是合同关系，其任务是按照与业主的合同中赋予自己的权限对承包商工作实施监督和管理，工程师在业主和承包商之间是相对独立的第三方。由此可见，业主、承包商和工程师之间都不是领导和被领导的关系，这是招标投标承包制、建设监理制与计划经济体制下的政府自营制之间的本质区别。

二、招标投标的法律依据

工程项目建设招标投标是国际通用的、比较成熟的且科学合理的工程发包方式。在我国社会主义市场经济条件下推行工程项目招标投标制，对于健全市场竞争机制，促进资源优化配置，提高企业的管理水平及经济效益和保证工期及质量都有十分重要的意义。

招标投标的原则是鼓励竞争，防止垄断。为了规范招标投标活动，保护国家利益、社会公共利益和招标投标活动当事人的合法权益，提高经济效益，保证项目质量，1999 年 8 月 31 日，第九届全国人民代表大会常务委员会第十一次会议通过了《中华人民共和国招标投标法》，自 2000 年 1 月 1 日起实施。《中华人民共和国招标投标法》以法律的形式规范了我国的招标投标活动，规定了法定强制招标项目的范围，确立了我国招标投标必须遵守的基本规则和程序。

三、招标与投标方式

招标是招标人提出招标项目、采用招标方式、进行招标的活动。

(一)招标人

招标人是提出招标项目、进行招标的人。工程建设项目招标发包的招标人，通常为该项建设工程的投资人即项目业主；国家投资的工程建设项目，其招标人通常为依法设立的项目法人或者项目的建设单位。货物招标采购的招标人，通常为货物的买主。服务项目的投标人，通常为服务项目的需求方。其次，法人或其他组织（包括合伙企业、个人独资企业和外国企业以及企业的分支机构等）可以作为招标人，自然人不能成为招标人。

我国自 20 世纪 80 年代初期开始推行招标投标制度以来，至今已在基本建设项目、成套机械设备、进口机电设备、科技项目、政府机关办公设备和大额办公用品的采购等领域都开展了招标投标活动，招标主体主要是工程建设项目的建设单位（项目法人）、企业以及实行政府采购制度的国家机关。在国外，法律规定必须进行招标的项目主要是政府采购项目，所规定的招标主体通常为国家机关、地方当局和公营企业；此外还包括从事水、能源、交通运输和电信等事业的由国家授予专营权的企业以及受国家政府资助的不具有工、商业性质的其他法人。

（二）招标项目

所谓"招标项目"，即采用招标方式进行采购的工程、货物或服务项目。

在《中华人民共和国招标投标法》中，规定了法定强制招标项目的范围有两类：

一是《中华人民共和国招标投标法》明确规定必须进行招标的项目；

二是依照法律或者国务院的规定必须进行招标的项目。

《中华人民共和国招标投标法》第三条，规定了必须进行招标采购的有关工程建设项目，包括工程建设项目的勘察、设计、施工和监理及有关的重要设备、材料等的采购。所谓"工程建设项目"，是指各类土木工程的建设项目，既包括房屋建设工程建设项目，也包括铁路、公路、机场、港口、矿井、水库、通信线路等专业工程项目；既包括土建工程项目，也包括有关的设备、线路、管道的安装工程项目。"与建设项目有关的重要设备、材料等的采购"包括用于工程建设项目本身的各种建筑材料、设备的采购；项目所需的电梯、空调、消防设施的设施、设备的采购；工业建设项目的生产设备的采购。

并非所有的工程建设项目采购都必须进行招标投标。但属于以下情形之一，符合国务院有关部门依法规定的具体范围和规模标准以内的建设项目，就必须进行招标：

（1）大型基础设施、公用事业等关系到社会公共利益、公众安全的项目；

（2）全部或部分使用国有资金投资或者国家融资的项目；

（3）使用国际组织或者外国政府贷款、援助资金的项目。

招标项目按照国家有关规定需要履行项目审批手续的，应当先履行审批手续，取得批准。我国目前大多数招标项目，包括大型基础设施、公用事业等关系到社会公共利益、公众安全的项目，全部或者部分使用国有资金投资或国家融资的项目，以及使用国际组织或者外国政府贷款、援助资金的项目，多数项目根据国家有关规定需要立项审批。该审批工作应当在招标前完成。

第二节 工程项目招标方式与合同分类

招标是以业主或业主委托的招标代理机构为主体进行的活动，投标是以承包商为主体进行的活动，因为招标活动是与投标活动联系在一起的，是两个不可分割的方面。了解招标程序时，应将业主和承包商的活动联系在一起，更容易理解和掌握。

一、招标方式

招标活动按照不同的标准可以划分为多种形式，比如：按其性质划分，可分为公开招标即无限竞争性招标和邀请招标即有限竞争性招标；按竞争范围分，可分为国际竞争性招标和国内竞争性招标；按价格确定方式划分，可分为固定总价项目招标、成本加酬金项目招标和单价不变项目招标。无论哪种招标方式，都离不开招标的基本特性，即招标的公开性、竞争性、公平性。招标的公开性是指招标具有公开发布投标邀请，公开开标的特点；其招标程序、投标商资格审查标准和中标评选标准均依法事先确定，并通过法定形式向潜在投标商公开，从而使招标活动具有较高的透明度。招标的竞争性是指招标人通过向较多的人招标，最大限度地吸引潜在投标商报价，通过货比多家的办法，采购到价格最低、质量最好、效益最高的工程、货物或服务。这种市场经济的办法，使众多的投标商经历了竞争、优化和残酷的淘汰过程，使招标活动变得更为科学，更市场化。招标的公平性是指参加投标的投标人之间的法律地位平等，他们将在大家共知的同一评标标准下接受考评，并且不允许招标人与投标人进行一对一的谈判。招标投标法从上述招标活动的基本性质出发，结合我国招标投标活动的实际，规定了招标分为公开招标和邀请招标两种形式。

（一）公开招标

公开招标是指招标人以招标公告邀请不特定的法人或者其他组织投标。公开招标也称无限竞争性招标，是一种由招标人按照法定程序，在公开出版物上发布招标公告，所有符合条件的供应商或承包商都可以平等参加投标竞争，从中择优选择中标者的招标方式。

公开招标需符合如下条件：

（1）招标人需向不特定的法人或者其他组织发出投标邀请。招标人应当通过全社会所熟悉的公共媒体公布其招标项目、拟采购的具体设备或工程内容等信息，向不特定的人提出邀请。任何认为自己符合招标人要求的法人或其他组织、个人都有权向招标人索取招标文件并届时投标。

（2）公开招标必须采取公告的方式，向社会公众明示其招标要求，使尽量多的潜在投标商获取招标信息，前来投标，从而保证公开招标的公开性。

招标公告的发布有多种途径，如可以通过报纸、广播、网络等公共媒体。公开招标的优点在于能够在最大限度内选择投标商，竞争性更强，择优率更高，同时也可以在较大程度上避免招标活动中的贿标行为，因此，国际上政府采购通常采用这种方式。

（二）邀请招标

邀请招标是指招标人以投标邀请书的方式邀请特定的法人或其他组织投标。邀请招标也称有限竞争性招标，是一种由招标人选择若干供应商或承包商，向其发出投标邀请，由被邀请的供应商、承包商投标竞争，从中选定中标者的招标方式。

邀请招标有如下特点：

（1）邀请招标不需向不特定的人发出邀请，招标人应向三个以上的潜在投标人发出邀请。

（2）邀请招标不需发布公告，招标人只要向特定的潜在投标人发出投标邀请书即可。接受邀请的人才有资格参加投标，其他人无权索要招标文件，不得参加投标。

应当指出，邀请招标虽然在潜在投标人的选择上和通知形式上与公开招标有所不同，但其所使用的程序和原则与公开招标是相同的，其在开标、评标标准等方面都是公开的，因此，邀请招标仍不失其公开性。

邀请招标，由于被邀请参加竞争的投标者为数有限，不仅可以节省招标费用，而且能够提高每个投标者的中标率，对招标投标都有利。此种招标方式一般可以保证参加投标的承包商有此项工程经验，信誉可靠，有能力完成该工程项目，但由于经验和信息资料的局限，可能会漏掉一些在技术上、报价上有竞争力的后起之秀。邀请招标可以采取两阶段方式进行。当招标人对新建项目缺乏足够经验，对其技术指标尚无把握时，可以通过技术交流会等方式广泛摸底，博采众议，在收集了大量的技术信息并进行评价后，再向选中的特定法人或组织发出招标邀请书，邀请被选中的投标商提出详细的报价。

(三) 议标

议标不是一种法定招标方式。目前，我国的建筑领域里使用较多的一种采购方法被称为"议标"，实质上即为谈判性采购，是采购人和被采购人之间通过一对一的谈判而最终达到采购目的的一种采购方式，不具有公开性和竞争性。从实践看，公开招标和邀请招标的采购方式要求对报价及技术性条款不得谈判，议标则允许就报价等进行一对一谈判。因此有些小型建筑项目采用议标方式目标明确，省事省力，比较灵活；对服务招标而言，由于服务价格难以公开确定，服务质量也需要通过谈判解决，采用议标不失为一种恰当的采购方式。但议标因不具公开性和竞争性，采用时容易产生幕后交易，暗箱操作，滋生腐败，难以保障采购质量。1992 年 12 月 30 日建设部发布了建设部第 23 号令《工程建设施工招标投标管理办法》对议标做了限制性的规定："对不宜公开招标或邀请招标的特殊工程，应报县级以上地方人民政府建设行政部门或授权的招标投标办事机构，经批准后可以议标。参加议标的单位不得少于两家（含两家）。"

二、合同分类

招标程序可分为资格预审，得到招标文件和递交投标书，开标、评标和签订合同三大主要步骤。三大主要步骤依次连接就是整个招标投标的全过程。业主在招标前，要根据招标项目准备工作的情况，主要是设计工作的深度和发包策略，来认真研究合同的形式。

合同的形式和类别可按承包方式、合同内容及合同支付方式（或计价方式）等不同的角度进行不同的分类。目前较常用的一般形式是按合同支付方式（或计价方式）分类的合同，概述如下：

(一) 总价合同

总价合同也称"总价固定合同"。这种合同要求投标人按照招标文件的要求报一个总价。采用这种合同，对业主比较简单，评标时易于确定报价最低的承包商，业主按合同规定的方式付款，在施工过程中可集中精力控制工程质量和进度。总价合同一般有以下三种形式：

(1) 固定总价合同。承包商的报价以准确的设计图及计算为基础，在图纸及工程要求不变的情况下，合同总价固定不变。这种合同承包商将承担工程的全部风险，报价时要考虑许多不可预见的因素，因此一般报价较高。这种合同形式适用于工期较短（一年内），对工程项目要求十分明确的项目。

(2) 调值总价合同。在报价及订合同时，按招标文件的要求及当地的物价计算总价。但在合同条款中规定，由于通货膨胀引起的工料成本增加达到某一限度时，合同总价应作相应调整。这种合同业主承担了通货膨胀的风险因素，一般工期较长（一年以上）的工程，适合采用这种形式。

(3) 固定工程量总价合同。投标人在报价时按工程量清单分别填报分项工程量单价，计算出工程总价，据此签订合同。如有设计变更或新项目，则用合同中已确定的单价项来列出新的工程量和调整工程总价，这种方式适用于工程量变化不大的项目。这种报价方式对业主非常有利，一是可以了解承包商投标总价是如何计算出来的，有利于谈判时的压价。二是不承担任何风险。

（二）单价合同

当工程项目的内容和设计指标一时不能十分确定或工程量预计出入较大，则采用单价合同形式为宜。

单价合同又分为三种形式：

（1）估计工程量单价合同。业主在准备此类合同的招标文件时，应委托咨询单位按分部分项工程列出工程量表及估算的工程量，投标时投标人在工程量表填入相应的单价，据此计算出的报价作为合同总价。业主每月按承包商的实际完成工程量向承包商支付月度工程款。工程全部完成时以竣工图为依据最终结算工程价款。

估计工程量单价合同应在合同中规定单价调整的条款，当某一单项工程的实际工程量比招标文件中工程量表列明的工程量相差某一百分数（如 25%）时，应由合同双方讨论对单价的调整。

采用这种合同，业主和承包商共同承担风险，是较常见的一种合同形式。

（2）纯单价合同。设计单位来不及提供施工详图或因某种原因不能较准确的计算工程量时，业主在准备此类招标文件时，只提出各分项工程的工作项目一览表、工程范围及必要的相关说明，而不提供详细的图纸和工程量，投标人仅需填出相应项目的单价即可作为投标报价。施工时，业主按承包商实际完成的工程量付款。有时也可由业主一方在招标文件中列出单价，投标一方提出修正意见，双方磋商确定最后的承包单价。

（3）单价与包干混合式合同。此种合同是以单价合同为基础，对其中不宜计算工程量的分项工程采用包干的形式。投标时投标人对容易计算工程量的工作项目报出单价，施工时业主按承包商实际完成的工程量付款。采用包干形式的项目，一般在合同中规定：开工后数周内，由承包商向工程师递交一份包干项目分析表，在分析表中将包干项目分解为若干子项，列出每个子项的合理价格，该分析表经工程师批准后即可作为包干项目实施的支付依据。

（三）成本加酬金合同

成本加酬金合同也称成本补偿合同或成本加费用合同。即业主向承包商支付实际工程成本中的直接费，按事先协议好的某种方式支付管理费及利润的一种合同方式。对工程内容及其技术经济指标尚未完全确定而又急于上马的工程，或是完全崭新的工程，以及施工风险很大的工程，可采用这种合同。其缺点是发包单位对工程造价不易控制，承包商在施工中也不重视精打细算。

（四）合同主要条件

合同的作用，一是使投标单位明确中标后作为项目承包人应承担的义务和责任；二是作为洽商签订正式合同的基础。为了事先使投标单位对作为承包单位应承担的义务和责任及应享有的权利有明确的理解，有必要把合同条件列为招标文件的重要组成部分。

合同主要条件应包括下列各项：

（1）合同所依据的法律、法规；

（2）工程内容（附工程项目一览表）；

（3）承包方式（包工包料、包工不包料、总价合同、单价合同或成本加酬金合同等）；

（4）总包价；

（5）开工、竣工日期；

（6）图纸、技术资料供应内容和时间；

（7）施工准备工作；

（8）材料供应及价款结算办法；

（9）工程款的结算方式；

（10）工程质量及验收标准；

（11）工程变更；

（12）停工及窝工损失的处理办法；

（13）提前竣工奖励及拖延工期罚款；

（14）竣工验收与结算；

（15）保修期内维修责任与费用；

（16）分包；

（17）争议的处理。

三、合同示范文本

1999 年 12 月 24 日中华人民共和国建设部、国家工商行政管理局正式颁布了《建设工程施工合同示范文本》。合同示范文本由《协议书》《通用条件》《专用条件》三部分组成。其中《协议书》是参照国际惯例编制的，《通用条件》是适用于各类建设工程施工的条款，《专用条件》是结合具体工程双方约定的条款。

《通用条件》和《专用条件》的条款依据其不同内容包含了依据性条款、责任性条款、程序性条款和约定性条款：

（1）依据性条款。示范文本的主要内容是依据《合同法》《建筑法》《担保法》《保险法》等有关法律制订的。

（2）责任性条款。这类条款主要是为了明确建设工程施工中发包人和承包人各自应负的责任。如"发包人工作"、"承包人工作"、"发包人供应材料设备"和"承包人采购材料设备"的条款。

（3）程序性条款。这类条款主要是规定在施工中发包人或承包人的一些工作程序，而通过这些程序性规定，制约双方的行为，也起到一定分清责任的作用。如："工程师""项目经理""延期开工""暂停施工"以及"隐蔽、中间验收和试车"等条款。

（4）约定性条款。这类条款是指通过发包人和承包人在谈判合同时，结合《通用条款》和具体工程情况，经双方协商一致的条款。这些条款分别反映在协议书的专用条款内。如工程开、竣工日期，合同价款，施工图纸提供套数和提供日期、合同价款调整方式，工程款支付方式，分包单位等条款。

第三节　工程项目招标文件的编制

招标文件是招标投标活动中最重要的法律文件，它不仅规定了完整的招标程序，而且还提出了各项具体的技术标准和交易条件，规定了拟订立的合同的主要内容，是投标人准备投标文件和参加投标的依据，评审委员会评标的依据，也是拟订合同的基础。

一、招标文件的编制原则

1. 招标文件的编制应遵守国家的法律法规及有关贷款组织的要求

招标文件是签订合同的基础文件。按合同法规定，凡违反法律、法规和国家有关规定的合同属无效合同。因此，招标文件必须符合国家的经济法、合同法、招标投标法等多项有关法规。如招标项目使用国际组织贷款，则必须遵守该组织的各项规定和要求，特别应注意各种规定的审批程序应遵照国际惯例。

2. 招标文件的内容应公正、合理地处理业主和承包商的关系，保护双方的利益

要让承包商获得合理的利润。如不恰当地将过多的风险转移给承包商一方，势必迫使承包商加大风险费，提高投标报价，最终还是业主一方增加支出。

3. 招标文件应正确、详尽地反映项目的客观、真实的情况

据此，投标人的投标才能建立在客观、可靠的基础上，减少履约过程中的争议。

4. 招标文件各部分的内容要力求统一，避免各份文件之间的矛盾

招标文件包括许多内容，从投标者须知、合同条件到技术规范、图纸、工程量清单，这些内容很容易产生矛盾，招标文件的矛盾易导致合同履行过程的争端，甚至影响工程的顺利实施，造成经济损失。

二、招标文件的主要内容

《招标投标法》第十九条规定："招标人应当根据招标项目的特点和需要编制招标文件。招标文件应当包括招标项目的技术要求、对投标人资格审查的标准、投标报份要求和评标标准等所有实质性要求和条件以及拟订合同的主要条款"。

招标文件应当包括下列主要内容：

（一）投标须知

在投标须知中应包含：招标的资金来源；对投标人的资格要求；资格审查标准；招标文件和投标文件的澄清程序；对投标文件的内容、使用语言、格式、签署等的要求；投标报价的具体项目范围及使用货币币种；投标保证金的规定；投标的程序、截止日期、有效期；开标的时间、地点；投标书的修改与撤回的规定；评标的标准及程序等。

（二）合同协议书

合同协议书是按照国际惯例，由招标人与投标人在中标书发出后签署的一份法律文件。按照我国合同法的有关规定，采用合同协议书订立合同的，自合同协议书签订时合同生效。因此，合同协议书签订后，其自身便作为发包人与承包人订立的施工承包合同的组成部分。

（三）合同条件

招标文件中应当包括招标人就招标项目拟签订合同的合同条件，主要论述在合同执行过程中当事人双方的职责范围，权利和义务，监理工程师的职责和授权范围，遇到各类问题（诸如工程、进度、质量、检验、支付、索赔、争议、仲裁等）时，各方应遵循的原则及采用的措施等。国际上通用的工程合同条件一般分为两大部分，即"通用条件"和"专用条件"，前者不分具体工程项目，不论项目所在国均可适用；后者则是针对某一特定工程项目合同的有关具体规定，将通用条件中的相关条款进行某些修改和补充。这种将合同条件分为两个部分的做法，既节省了招标文件编写的工作量，又节省了投标人研读投标文件的时间。建设部和国家工商行政管理局制订的《建设工程合同示范文本》包括"合同条件"和"协议条款"两部分，也是运用了国际上通用的合同条件编写方法，结合我国的特点编写而成。

（四）技术规范、图纸、工程量清单

招标文件应对招标项目提出相应的遵照技术规范和标准。按照工程类型和合同方式用文字说明工程技术内容的特点和要求，通过附加工程技术图纸及工程量清单等对投标人提出详细、准确的技术要求。技术规范、图纸、工程量清单三者是投标人编制投标文件的重要依据，也是施工过程中承包控制质量、监理工程师检查验收、业主结算工程价款的主要依据。

技术规范一般包含的内容：工程的全面描述、工程所用材料的要求、施工质量要求、工程计量方法、验收标准和规定、其他不可预见因素的规定。

图纸的详细程度取决于设计的深度和合同的类型。施工过程中补充和修改的图纸须经监理工程师签字后正式下达，才能作为施工和结算的依据。

工程量清单是招标人提供给投标人对合同工作进行报价的格式化文件。其中的工程量由招标人给出。

工程量清单的计价办法一般分两类：一类是单价计价项目，如直接费项目。另一类是按项包干计价项目，如一般要求和开办项目。

（五）附件

附件中包括招标投标过程中必需的一些具有法律效力的格式化文件样本，包括：投标书、投标书附件、投标保函。其中的某些文件在中标后将构成承发包双方签订的施工合同的组成部分。

第四节 工程项目招标条件与工作程序

招标投标是一种商品交易行为，它包括招标和投标两方面的内容。工程招标投标是国际上广泛采用的达成建设工程交易的主要方式。它的特点是由唯一的买主（或卖主）设定标的，招请若干个卖主（或买主）通过秘密报价进行竞争，从中选择优胜者与之达成交易协议，随后按协议实现标的。

实行招标的目的是为计划兴建的工程项目选择适当的承包单位，将全部工程或其中某一部分工作委托这个（些）单位负责完成。承包单位则通过投标竞争，决定自己的施工生产任务和服务销售对象，使产品得到社会的承认，从而完成施工生产计划并实现盈利计划。为此，承包单位必须具备一定的条件，才有可能在投标竞争中获胜，为招标单位所选中。这些条件主要是：一定的技术、经济实力和施工管理经验，足能胜任承包的任务；效率高；价格合理；信誉良好。

一、建设项目招标条件

（一）建设单位招标应具备的条件

（1）建设单位是法人或依法成立的其他组织；

（2）建设单位有与招标工程相适应的资金或资金已落实以及技术管理人员；

（3）建设单位有组织编制招标文件的能力；

（4）建设单位有审查投标单位资格的能力；

（5）建设单位有组织开标、评标、定标的能力；

（6）建设单位不具备上述（2）～（5）项条件的，须委托具有相应资质的咨询、监理等单位代理招标。

（二）招标的建设项目应具备的条件

（1）概算已经批准；

（2）建设项目已正式列入国家、部门或地方的年度固定资产投资计划；

（3）建设用地的征用工作已经完成；

（4）有能够满足施工需要的施工图纸及技术资料；

（5）建设资金和主要材料、设备的来源已经落实；

（6）已经建设项目所在地规划部门批准，施工现场已经完成"四通一清"或一并列入施工项目招标范围。

施工招标可采用项目的项目工程招标、分项工程特殊专业工程招标等方法。但不得对分项工程的分部、分项工程进行招标。

二、招标工作机构

（一）基本职能

（1）确定工程项目的发包范围。

（2）确定承包方式和承包内容。

（3）选择发包方式。

（4）确定标底。

（5）决标并签订合同或协议。

（6）发布招标及资格预审通告或邀请投标函。

（7）编制和发送招标文件。

（8）审查投标者资格。

（9）组织勘察现场和解答投标单位提出的问题。

（10）开标、审核标书并组织评价。

（11）谈判签订合同或协议。

（二）招标工作机构的组织

招标工作机构通常由三类人员组成：

（1）决策人，即主管部门任命的建设单位负责人或其授权的代表。

（2）专业技术人员，包括风景园林师、建筑师、结构、设备、工艺等专业工程师和造价工程师等。他们的职能是向决策人提供咨询意见和进行招标的具体事务工作。

（3）一般工作人员。

我国招标工作机构主要的形式有：

（1）由建设单位的基本建设主管部门或实行建设项目法人责任制的业主单位负责有关招标的全部工作。

（2）专业咨询机构受建设单位委托，承办招标的技术性和事务性工作，决策仍由建设单位做出。

（三）建设工程招标的一般程序

从招标人的角度看，建设工程招标的一般程序主要经历以下几个环节：

（1）设立招标组织或者委托招标代理人；

（2）申报招标申请书、招标文件、评标定标办法和标底（实行资格预审的还要申报资格预审文件）；

（3）发布招标公告或者发出投标邀请书；

（4）对投标资格进行审查；

（5）分发招标文件和有关资料，收取投标保证金；

（6）组织投标人踏勘现场，对招标文件进行答疑；

（7）成立评标组织，召开开标会议（实行资格后审的还要进行资格审查）；

（8）审查投标文件，澄清投标文件中不清楚的问题，组织评标；

（9）择优定标，发出中标通知书；

（10）将合同草案报送审查，签订合同。

三、标底和招标文件

（一）标底

标底是招标工程的预期价格。标底的作用：一是使建设单位预先明确自己在拟建工程上应承担的财务义务；二是给上级主管部门提供核实投资规模的依据；三是作为衡量投标报价的准绳，也就是评标的主要尺度之一。工程招标必须编制标底。标底由招标单位自行编制或委托主管部门认定具有编制标底能力的咨询、监理单位编写。标底必须报经招标投标办事机构审定。标底一经审定应密封保存至开标时，所有接触过标底的人员均负有保密责任，不得泄露。

1. 编制标底应遵循的原则

（1）根据设计图纸及有关资料、招标文件，参照国家规定的技术、经济标准定额及规范，确定工程量和编制标底。

（2）标底价格应由成本、利润、税金组成，一般应控制在批准的总概算（或修正概算）及投资包干的限额内。

（3）标底价格作为建设单位的期望计划价，应力求与市场的实际变化吻合，要有利于竞争和保证工程质量。

（4）标底价格应考虑人工、材料、机械台班等价格变动因素；还应包括施工不可预见费、包干费和措施费等。工程要求优良的，还应增加相应费用。

（5）一个工程只能编制一个标底。

2. 标底的编制方法

标底的编制方法与工程概、预算的编制方法基本相同。但应根据招标工程的具体情况，尽可能考虑下列因素，并确切反映在标底中：

（1）根据不同的承包方式，考虑适当的包干系数和风险系数。

（2）根据现场条件及工期要求，考虑必要的技术措施费。

（3）对建设单位提供的以暂估价计算但可按实际调整的材料、设备，要列出数量和估价清单。

（4）主要材料数量可在定额用量基础上加以调整，使其反映实际情况。

3．实践中应用的标底编制方法

（1）以施工图预算为基础，即根据设计图纸和技术说明，按预算定额规定的分部分项工程子目，逐项计算出工程量，再套用定额单价确定直接费，然后按规定的系数计算间接费、独立费、计划利润以及不可预见费等，从而计算出工程预期总造价，即标底。

（2）以概算为基础，即根据扩大初步设计和概算定额计算工程造价。概算定额是在预算定额基础上将某些次要子目归并于主要工程子目之中，并综合计算其单价。用这种方法编制标底可以减少计算工作量，提高编制工作效率，且有助于避免重复和漏项。

（3）以最终成品单位造价包干为基础。这种方法主要适用于采用标准设计大量兴建的工程，例如通用住宅、市政管线等。一般住宅工程按每平方米建筑面积实行造价包干；园林建设中的植草工程、喷灌工程也可按每平方米面积实行造价包干。具体工程的标底即以此为基础，并考虑现场条件、工期要求等因素来确定。

（二）招标文件

招标文件是作为建设项目需求者的建设单位向可能的承包商详细阐明项目建设意图的一系列文件，也是投标单位编制投标书的主要客观依据。通常包括下列基本内容：

1．工程综合说明

其主要内容为：工程名称、规模、地址、发包范围、设计单位、场地和地基土质条件（可附工程地质勘察报告和土壤检测报告）、给水排水、供电、道路及通信情况以及工期要求等。

2．设计图纸和技术说明书

目的在于使投标单位了解工程的具体内容和技术要求，据此拟定施工方案和进度计划。设计图纸的深度可与招标阶段相应的设计阶段有所不同。园林建设工程初步设计阶段招标，应提供总平面图，园林用地竖向设计图，给水排水管线图，供电设计图，种植设计总平面图，园林建筑物、构筑物和小品单体平面、立面、剖面图和主要结构图，以及装修、设备的做法说明等。施工图阶段招标，则应提供全部施工图纸（可不包括大样）。技术说明书应满足下列要求：

（1）必须对工程的要求做出清楚而详尽的说明，使各投标单位能有共同的理解，能比较有把握地估算出造价。

（2）明确招标工程适用的施工验收技术规范，保修期及保修期内承包单位应负的责任。

（3）明确承包单位应提供的其他服务诸如监督分承包商的工作，防止自然灾害的特别保护措施、安全保护措施。

（4）有关专门施工方法及指定材料产地或来源以及代用品的说明。

（5）有关施工机械设备、临时设施、现场清理及其他特殊要求的说明。

3．工程量清单和单价表

（1）工程量清单

工程量清单是投标单位计算标价和招标单位评标的数据。工程量清单通常以每一个体工程为对象，按分项、单项列出工程数量。

工程量清单由封面、内容目录和工程量表三部分组成，其基本格式如下：

① 封面

×××工程工程量清单

工程地址：

建设单位：

设计单位：

造价师：　　　（签名）　　　年　　月　　日

② 内容目录

A. 准备工作

B. ××××（分项工程甲）

C. ××××（分项工程乙）

D. 直接合同（指定分包工程）

E. 允许调整的工程项目

F. 室外工程

G. 其他工程和费用

H. 不可预见费用

③ 工程量表（表 1-4-1）

××××（分项工程甲）工程量表　　　　　　　　表 1-4-1

编号	项目	简要说明	计量单位	工程数量	单价（元）	总价（元）
1	2	3	4	5	6	7

说明：

① 第 1～5 栏由招标单位填列；第 6、7 两栏由投标单位填列。每一页应标明页码，并在页末写明该页所列各项目总价的汇总金额。

② 工程项目应按地下（±0.000 以下）工程和上部工程分列，例如平整场地，人工湖挖土方，混凝土基础，砖砌体等。各项目的技术要点在简要说明栏列出，例如混凝土基础 C20，砖砌体厚 24cm，M5 混合砂浆，劈离砖贴面等。

③ 工程单价按我国习惯做法，一般仅列直接费，待汇总后再加各项独立费和不可预见费，并按规定百分比计算间接费和利润。国际通行做法与我国不同，工程单价都包括直接费、间接费和利润。

④ 计算工程量所用的方法和单价的组成应在工程量表的开头或末尾加以说明。

（2）单价表

单价表是采用单价合同承包方式时投标单位的报价文件和招标单位评标的依据，通常由招标单位开列分部分项工程名称（例如土方工程、石方工程、植草工程等），交投标单位填列单价，作为标书的重要组成部分。也可先由招标单位提出单价，投标单位同意或另行提出自己的单价。考虑到工程数量对单价水平的影响，一般应列出近似工程量供投标单位参考，但不作为确定总标价的依据。

单价表的基本格式（表 1-4-2，表 1-4-3）如下：

×××××工程单价表　　　　　　　　　　　　　　　　表 1-4-2

编号	项目	简要说明	计量单位	近似工程量	单价（元）
1	2	3	4	5	6

注：近似工程量仅供投标单位报价参考。

×××××工程工料单价表　　　　　　　　　　　　　　表 1-4-3

编号	工种或材料名称	规格	计量单位	单价（元）

四、建设工程招标、投标的一般程序

从投标人的角度看，建设工程投标的一般程序，主要经历以下几个环节：

（1）向招标人申报资格审查，提供有关文件资料；

（2）购领招标文件和有关资料，缴纳投标保证金；

（3）组织投标班子，委托投标代理人；

（4）参加踏勘现场和投标预备会；

（5）编制、递送投标书；

（6）接受评标组织就投标文件中不清楚的问题进行的询问，举行澄清会谈；

（7）接受中标通知书，签订合同，提供履约担保，分送合同副本。

1. 标书的投送

全部投标文件编好之后，经校对无误，应按规定加盖单位公章和法人代表印章，并按规定密封好，派专人在招标文件规定的时间内送交招标单位指定地点，并取得收据；如系外埠投标，应通过招标文件或答疑会了解标书编好是否可以通过邮局投送。如果允许，也必须保证在规定的时间内能够寄到方可通过邮局投送。同时还要注意：凡通过邮局投送的标书，均应在密封好的标书外面另加封套，写明收件单位名称、地址、邮政编码和收件人姓名，并注明"投标书"字样。以确保密封好的标书完整无损。避免因信封处理不慎而形成废标。如果投标书密封后又发现内容或所报数额不妥，也不允许拆封改写。而是应另写补充说明，并加盖单位公章和法人代表章后密封，在招标文件规定的送达标书的时间内，与标书一起或单独送交招标单位。

在编制标书的同时，投标单位应注意将有关报价的全部计算、分析资料汇编归档，妥为保存。此外，应注意防止发生无效标书的工作漏洞，如未密封、未加盖单位和负责人的印章、寄达日期已超过规定的开标时间、字迹涂改或辨认不清等。也不得改变标书的格式及任意修改标书中所列工程量，如有修改，应另附附加说明，补充和更正写在投标文件中另附的专用纸上。

投送标书时一般需将招标文件包括图纸、技术规范、合同条件等全部交还建设（招标）单位，因此这些文件必须保持完整无缺，切勿丢失。

投送标书应严格执行各项规定，不得行贿、营私舞弊；不得泄露自己的标价或串通其他投标者哄抬标价；不得有损害国家和他人利益的行为。否则，将被取消投标资格，并受到经济的甚至法律的制裁。

编完标书并投送出去之后，还应将有关报价的全部计算分析资料加以整理汇编，归档备查。

2. 编写标书注意事项

（1）投标文件中的每一填写空白都必须填写，不得空下不填。否则，即被视为放弃。重要的数字不填写，可能作为废标处理。

（2）填报文件应当反复校对，保证分项和汇总计算和加减均无错误。

（3）递交的全部文件每页均需签字，如填写中有错误而不得不修改，应在修改处签字并加盖法人印章。

（4）最好是用打字方式填写标书，或者用墨笔正楷书写。

（5）投标文件应当保持整洁，纸张统一，字迹清楚，装帧美观大方，不要给评审人员一种"该公司不重视质量"的印象。

（6）应当按规定对标书进行分装和密封，按规定的日期和时间报送投标文件。不要分次递交，应当检查投标文件的完整性后，一次递交。

总之，不要因为细节的疏忽和技术上的缺陷而使投标书失效。

五、开标、评标和决标

（一）开标

开标应按招标文件确定的提交投标文件截止时间的同一时间公开进行。开标地点应当为招标文件中预先确定的地点。开标由招标单位的法定代表人或其指定的代理人主持，邀请所有的投标人参加，也可邀请上级主管部门及银行等有关单位参加，有的还请公证机关派公证员到场。开标的一般程序是：

由招标单位工作人员介绍参加开标的各方到场人员和开标主持人，公布招标单位法定代表人证件或代理人委托书及证件。

开标主持人检验各投标单位法定代表人或其指定代理人的证件、委托书，确认无误。

开标时，由投标人或其推选的代表检查投标文件的密封情况，也可以由招标人委托的公证机构检查并公证；经确认无误后，由工作人员当众拆封，宣读投标人名称、投标价格和投标文件的其他主要内容。开封过程应当记录，并存档备查。

启封标箱，开标主持人当众检验启封标书，如发现无效标书，须经评标委员会半数以上成员确认，并当场宣布。

按标书送达时间或以抽签方式排列投标单位唱标次序，各投标单位依次当众予以拆封，宣读各自投标书的要点。

当众公布标底。如全部有效标书的报价都超过标底规定的上下限幅度时，招标单位可宣布全部报价为无效报价，招标失败，另行组织招标或邀请协商。此时则暂不公布标底。

按我国法律现行规定，有下列情况之一者，投标书宣布无效：

标书未密封；

无单位和法定代表人或其指定代理的印鉴；

未按规定的格式填写标书，内容不全或字迹模糊、辨认不清；

标书逾期送达；

投票单位未参加开标会议。

（二）评标

评标的原则是保护公平竞争，公正合理，对所有投标单位一视同仁。评标工作由招标人依法组建的评标委员会负责，评标委员会由招标人的代表和有关技术、经济方面的专家组成，成员人数为5人以上单数，其中技术、经济等方面的专家不得少于成员总数的三分之二。专家应当从事相关领域工作满8年并具有高级职称或者具有同等专业水平，由招标人从国务院有关部门或者省、自治区、直辖市人民政府提供的专家名册或者招标代理机构的专家库的相关专业的专家名单中确定；一般招标项目可以采取随机抽取方式，特殊招标项目可以由招标人直接确定。召集人一般由招标单位法定代表人或其指定代理人担任。视评标内容的繁简，可在开标后立即进行，也可在随后进行，一般应对各投标单位的报价、工期、主要材料用量、施工方案、工程质量标准和保证措施以及企业信誉等进行综合评价，为择优确定中标单位提供依据。常用的评标方法主要有：

（1）加权综合评分法。先确定各项评标指标的权数，例如报价40%，工期15%，质量标准15%，施工方案、主要材料用量、企业实力及社会信誉各10%，合计100%；再根据每一投标单位标书中的主要数据评定各项指标的评分系数；将各项指标的权数和评分系数相乘，然后加总，即得加权综合评分。得分最高者为中标单位。这种方法可用下式表达：

$$WT = \sum_{i}^{n} B_i W \qquad (1\text{-}4\text{-}1)$$

式中　WT——每一投标单位的加权综合评分；

　　　B_i——第 i 项指标的评分系数；

　　　W——第 i 项指标的权数。

评分系数可分两种情况确定：

① 定量指标，如报价、工期、主要材料用量，可通过标书数值与标底数值之比值求得。令标底数值为 B_{i_0}，标书数值为 B_{i_t}，则

$$B_i = B_{i_0} / B_{i_t} \qquad (1\text{-}4\text{-}2)$$

② 定性指标，如质量标准、施工方案、投标单位实力及社会信誉，可由评标委员会根据各投标单位的具体情况，逐项审议，分别确定评分系数，使定性指标量化。评分系数可在一定范围内（如0.9~1.1）浮动。

（2）接近标底法。以报价为主要尺度，选报价最接近标底者为中标单位。这种方法比较简单，但要以标底详尽、正确为前提。

（3）加减综合评分法。以标价为主要指标，以标底为评分基数，例如定为50分，合理标价范围为标底的±5%，报价比标底每增减1%扣2分或加2分，超过合理标价范围的，不论上下浮动，每增加或减少1%都扣3分；以工期、质量标准、施工方案、投标单位实力与社会信誉为辅助指标，例如满分分别为15分、15分、10分、10分；每一投标单位的各项指标分值相加，总计得综合评分，得分最高者为中标单位。

（4）定性评议法。以报价为主要尺度，综合考虑其他因素，由评标委员会做出定性评

价，选出中标单位。这种方法除报价是定量指标外，其他因素没有定量分析，标准难以确切掌握，往往需要评标委员会协商，主观性、随意性较大，现已少有运用。

（三）决标

决标又称定标。评标委员会按评标办法对投标书进行评审后，应提出评标报告，推荐中标单位，经招标单位法定代表人或其指定代理人认定后报上级主管部门同意。当地招标投标管理部门批准后，由招标单位发出中标和未中标通知书，要求中标单位在规定期限内签订合同，未中标单位退还招标文件，领回投标保证金，招标即告圆满结束。

从开标至决标的期限，小型园林建设工程一般不超过 10d，大、中型工程不超过 30d，特殊情况可适当延长。中标单位确定后，招标单位应于 7d 内发出中标通知书。中标通知书发出 30d 内，中标单位应与招标单位签订工程承发包合同。

评标报告、中标通知书和未中标通知书的参考格式（表 1-4-4～表 1-4-6）如下：

工程评标报告 表 1-4-4

建设单位：					建设地址：				
建筑面积： m²					开标日期： 年 月 日				
主要数据									
序号	投标单位	总造价（元）	总工期（日历天）	计划开工日期	计划竣工日期	工程质量标准	主要材料用量及单价		
							钢材	水泥	草坪
1									
2									
……									
核定标底									
评定中标单位					评标日期： 年 月 日				
评标情况及评定中标理由： 评标委员会代表（签名）									
招标单位（印） 法定代表人（签名） 上级主管部门（印） 招标投标管理部门（印）									

工程中标通知书（A） 表 1-4-5

中标单位：	
中标工程内容：	
中标条件：	1. 承包范围及承包方式： 2. 中标总造价： 3. 总工期及开竣工时间： 4. 总工期： 日历天；开工 ；竣工 5. 工程质量标准： 6. 主要材料用量及单价：
签订合同期限： 年 月 日以前	
决标单位（印） 法定代表人（签名） 年 月 日	

工程中标通知书（B）　　　　　　　　　　　　　　　　　　　　表 1-4-6

（投标单位名称）：

　　我单位（招标工程名称）工程，经评标委员会评议、上级主管部门核准，已由（中标单位名称）中标。请接到本通知后，于　　年　　月　　日以前，来我单位交换全部招标文件和图纸，并领回投标保证金，以清手续。

招标单位（印）
年　　月　　日

　　★详细评审内容：评标方法（最低投标价法、综合评价法、其他评标方法）；备选标确定；决定招标项目是否作为整体合同授予中标人；投标有效期可否延长。

　　★评标报告内容：基本情况和数据表；评标委员会名单；开标记录；符合要求的投标一览表；废标情况说明；评标标准；评标方法或者评标因素一览表；经评审价格或评分比较一览表；经评审投标人排序；推荐的中标候选人名单与签订合同前要处理的事宜；澄清、说明、补正事项纪要。

　　★中标候选人 1～3 人，标明排列顺序。

　　★中标人条件：最大限度满足规定的各项综合评价标准；满足实质性要求，经评审投标价格最低；投标价格低于成本的除外。

　　★评标委员会提出书面评标报告后，招标人应当在 15d 内确定中标人，最迟应在投标有效期结束前 30d 内确定。

　　★招标人和中标人自中标通知书发出 30d 内订书面合同。订合同后 5d 内，向中标人和未中标的投标人退还投标保证金。

　　★招标人应当自发出中标通知书 15d 内，向有关行政监督部门提交招标投标情况的书面报告。

　　★书面报告内容：招标范围；招标方式和发布招标公告的媒介；投标人须知、技术条款、评标标准和方法、合同主要条款；评标委员会组成和评标报告；中标结果。

　　★招标人可以在招标文件中要求投标人提交投标保证金，投标保证金（现金、银行保函、保兑支票、银行汇票、现金支票）。

　　★投标人在招标文件要求提交投标文件的截止时间前，可以补充、修改或撤回已提交的投标文件，并书面通知招标人。补充、修改的内容为投标文件的组成部分。

　　★合同的标的是合同最基本的要素，建设工程合同的标的量化就是工程承包内容和范围。合同款支付方式：预付款、工程进度款、最终付款和退还保留金。

　　★建设工程合同文件构成：协议书；工程量及价格单；合同条件；投标人须知；技术条件；授标通知；合同补遗；投标时所递交的主要技术和商务文件；其他。

　　★建设工程合同类型：按建设阶段：勘察、设计、施工。承发包方式：勘察、设计或施工总承包；单位工程施工承包；工程项目总承包；BOT（特许权协议书）。计价方式：总价；单价；成本加酬金。

　　★单位工程施工承包合同常见于大型工业建筑安装工程，大型、复杂的建设工程。

　　★BOT 承包，由政府或政府授权的机构授予承包人在一定的期限内，以自筹资金建设项目并自费经营和维护，向东道国出售项目产品或服务，收取价款或酬金，期满后将项目全部无偿移交东道国政府。

★总价合同分：固定总价、调价总价。

★单价合同分：估计工程量单价；纯单价；单价与包干混合式。

★与建设工程有关其他合同：委托监理；物资采购；保险；担保。

第五节　工程项目投标管理

一、建设工程投标的一般程序

从投标人的角度看，建设工程投标的一般程序，主要经历以下几个环节：

（1）向招标人申报资格审查，提供有关文件资料；

（2）购领招标文件和有关资料，缴纳投标保证金；

（3）组织投标班子，委托投标代理人；

（4）参加踏勘现场和投标预备会；

（5）编制、递送投标书；

（6）接受评标组织就投标文件中不清楚的问题进行的询问，举行澄清会谈；

（7）接受中标通知书，签订合同，提供履约担保，分送合同副本。

二、资格预审（后审）文件的编制

招标过程中如果报名参加投标或者预计可能参加投标的单位较多时，业主通常会在招标公告中说明参与投标的投标人应具备的资质、业绩、类似工程经验以及财务状况、企业其他资信情况、项目经理（负责人）等条件及要求进行资格预审或后审，并注明资格预审或后审的办法以及资格预审文件的编制要求。编制资格预审（后审）文件应注意的问题如下。

（1）严格按照招标公告或招标文件的要求编制资格预审（后审）文件，包括文件的格式、表格的格式、装订要求等均应与之一致。

（2）资格预审（后审）文件的内容与资格预审（后审）文件编制要求的内容一致，所提供的复印件都必须有原件提供给招标单位核对，否则最好不要提供。

（3）资格预审（后审）文件要求填写的表格，若无该项内容，一般不宜留空，应作无该项内容填写；文件中要求投标单位做出承诺的，应按照实际情况给予回应，如不作回应往往导致资格预审无法通过。

（4）资格预审（后审）文件应按照要求签署，提供所要求的数量，并注明正、副本。

（5）资格预审（后审）文件必须按照规定的时间送达。

三、编制工程投标文件的步骤

投标人在领取招标文件以后，就要进行投标文件的编制工作。

编制投标文件的一般步骤是：

（1）熟悉招标文件、图纸、资料，对图纸、资料有不清楚、不理解的地方，可以用书面或口头方式向招标人询问、澄清；

  （2）参加招标人施工现场情况介绍和答疑会；

  （3）调查当地材料供应和价格情况；

  （4）了解交通运输条件和有关事项；

  （5）编制施工组织设计，复查、计算图纸工程量；

  （6）编制或套用投标单价；

  （7）计算取费标准或确定采用取费标准；

  （8）计算投标造价；

  （9）核对调整投标造价；

  （10）确定投标报价。

四、工程施工投标报价

（一）工程施工投标报价的编制标准

  工程报价是投标的关键性工作，也是整个投标工作的核心。它不仅是能否中标的关键，而且对中标后的盈利多少，在很大程度上起着决定性的作用。

（二）工程投标报价的编制原则

  （1）必须贯彻执行国家的有关政策和方针，符合国家的法律、法规和公共利益。

  （2）认真贯彻等价有偿的原则。

  （3）工程投标报价的编制必须建立在科学分析和合理计算的基础之上，要较准确地反映工程价格。

（三）影响投标报价计算的主要因素

  认真计算工程价格，编制好工程报价是一项很严肃的工作。采用哪一种计算方法进行计价应视工程招标文件的要求。但不论采用哪一种方法都必须抓住编制报价的主要因素。

  （1）工程量。工程量是计算报价的重要依据。多数招标单位在招标文件中均附有工程实物量。因此，必须进行全面的或者重点的复核工作，核对项目是否齐全、工程做法及用料是否与图纸相符，重点核对工程量是否正确，以求工程量数字的准确性和可靠。在此基础上再进行套价计算。另一种情况就是标书中没给工程量数字，在这种情况下就要组织人员进行详细的工程量计算工作，即使时间很紧迫也必须进行计算。否则，影响编制报价。

  （2）单价。工程单价是计算标价的又一个重要依据，同时又是构成标价的第二个重要因素。单价的正确与否，直接关系到标价的高低。因此，必须十分重视工程单价的制定或套用。制定的根据：一是国家或地方规定的预算定额、单位估价表及设备价格等；二是人工、材料、机械使用费的市场价格。

  （3）其他各类费用的计算。这是构成报价的第三个主要因素。这个因素占总报价的比重很大，少者占 20%～30%，多者占 40%～50% 左右。因此，应重视其计算。

  为了简化计算，提高工效，可以把所有的各种费用都折算成一定的系数计入报价中。计算出直接费后再乘以这个系数就可以得出总报价。

  工程报价计算出来以后，可用多种方法进行复核和综合分析。然后，认真详细地分析风险、利润、报价让步的最大限度，而后参照各种信息资料以及预测的竞争对手情况，最终确定实际报价。

（四）工程投标报价的构成

1. 工程报价的构成

投标报价的费用构成主要有直接费、间接费、利润、税金以及不可预见费等。

直接费由直接工程费和措施费组成。直接工程费是指在工程施工中耗费的构成工程实体上的各项费用，包括人工费、材料费和施工机械使用费。措施费是指为完成工程项目施工，发生于该工程施工前和施工过程中非工程实体项目的费用。

间接费由规费和企业管理费组成。规费是指政府有关权力部门规定必须缴纳的费用。企业管理费是指施工企业组织施工生产和经营管理所需费用。

利润和税金是指按照国家有关部门的规定，工程施工企业在承担施工任务时应计取的利润，以及按规定应计入工程造价内的增值税、城市建设维护税和教育费附加。

2. 各项费用的计算

（1）直接费

直接费由直接工程费、措施费组成。

1）直接工程费

直接工程费是指施工过程中耗费的构成工程实体的和有助于工程形成的各项费用，它包括人工费、材料费和施工机械使用费。

① 人工费

人工费是指直接从事建筑安装工程施工的生产工人开支的各项费用。构成人工费的基本要素有两个，即人工工日消耗量和日工资单价。

A. 概预算定额中的人工工日消耗量

预算定额中人工工日消耗量是指在正常施工生产条件下，生产单位假定建筑安装产品（即分部分项工程或结构件）必须消耗的某种技术等级的人工工日数量；它由分项工程所综合的各个工序施工劳动定额包括的基本用工、其他用工以及施工劳动定额同预算定额工日消耗量的幅度差三部分组成，构成人工定额消耗量。

B. 生产工人的日工资单价的组成

生产工人的日工资单价由生产工人基本工资、生产工人工资性补贴、生产工人辅助工资、职工福利费、生产工人劳动保护费组成。

人工费的基本计算公式为：

人工费 $= \Sigma($工日消耗量 $\times$ 日工资单价$) = \Sigma($工程量 $\times$ 人工定额消耗量 $\times$ 日工资单价$)$

② 材料费

材料费是指工程施工过程中耗用的构成工程实体的原材料、辅助材料、构配件、零件、半成品的费用。内容包括：

材料原价（或供应价）。

材料运杂费：是指材料自来源地运至工地仓库或指定堆放地点所发生的全部费用。

运输损耗费：是指材料在运输装卸费过程中不可避免的损耗。

采购及保管费：是指为组织采购、供应和保管材料过程中所需要的各项费用。包括采购费、仓储费、工地保管费、仓储损耗。

检验试验费：是指对建筑材料、构件和建筑安装物进行一般鉴定、检查所发生的费用，包括自设试验室进行试验所耗用的材料和化学药品等费用。

材料费 ＝Σ（材料消耗量×材料基价）＋检验试验费

＝Σ（工程量×材料定额消耗量×材料基价）＋检验试验费

A. 材料定额消耗量

预算定额中的材料消耗量是指在合理和节约使用材料的条件下，生产单位假定建筑安装产品（即分部分项工程或结构件）必须消耗的一定品种规格的材料、半成品、构配件等的数量标准。它包括材料净耗量和不可避免损耗量。

B. 材料基价

材料基价 ＝（材料原价＋运杂费）×（1＋运输损耗率）×（1＋采购保管费率）

C. 检验试验费＝Σ（单位材料量检验试验费×材料消耗量）

③ 施工机械使用费

施工机械使用费是指施工机械作业所发生的机械使用费以及机械安拆费和场外运费。构成施工机械使用费的基本要素是机械台班消耗量和机械台班价格。

A. 概预算定额中的机械台班消耗量

概预算定额中的机械台班消耗量是指在正常施工条件下，生产单位假定建筑安装产品（分部分项工程或结构件）必须消耗的某类某种型号施工机械的台班数量。它由分项工程综合的有关工序施工定额确定的机械台班消耗量以及施工定额同预算定额的机械台班幅度差组成。

B. 机械台班价格组成

机械台班价格包括折旧费、大修理费、经常修理费、安拆费及场外运输费、燃料动力运输费、人工费（指机上司机、司炉和其他操作人员的工作日工资以及上述人员在机械规定的年工作台班以外的基本工资和工资性质的津贴）、运输机械养路费等组成。

施工机械使用费的基本计算公式为：

施工机械使用费 ＝Σ（工程量×机械定额台班消耗量×机械台班价格）

2）措施费

措施费的内容包括：

① 环境保护费：是指施工现场为达到环境保护部门要求所需要的各项费用。

环境保护费＝直接工程费×环境保护费费率（％）

② 文明施工费：是指施工现场文明施工所需要的各项费用。

文明施工费＝直接工程费×文明施工费费率（％）

③ 安全施工费：是指施工现场安全明施工所需要的各项费用。

安全施工费＝直接工程费×安全施工费费率（％）

④ 临时设施费：是指施工企业为进行建筑工程施工所必须搭设的生活和生产用的临时建筑物、构筑物和其他临时设施费用等。

临时设施包括：临时宿舍、文化福利及公用事业房屋与构筑物，仓库、办公室、加工厂以及规定范围内道路、水、电、管线等临时设施和小型设施。

临时设施费用包括临时设施的搭设、维修、拆除费或摊消费。

临时设施费由以下三部分组成：

A. 周转使用临建（如活动房屋）

B. 一次性使用临建（如简易建筑）

C. 其他临时设施（如临时管线）

临时设施费＝（周转使用临建费＋一次使用临建费）×（1＋其他临建设施所占比例(％)）

⑤ 夜间施工增加费：是指因夜间施工所发生的夜班补助费、夜间施工降效、夜间施工设备摊销及照明用电等费用。

夜间施工增加费＝（1－合同工期/定额工期）×直接工程费中的人工费合计×每工日夜间施工费开支/平均日工资单价

⑥ 二次搬运费：是指施工场地狭小等特殊情况而发生的二次搬运费用。

二次搬运费＝直接工程费×二次搬运费费率(％)

⑦ 大型机械设备进出场及安拆费：是指机械整体或分体自停放场地运至施工现场或由一个施工地点运至另一个施工地点，所发生的机械进出场运输转移费用及机械在施工现场进行安装、拆卸所需的人工费、材料费、机械费、试运转费和安装所需的辅助设施的费用。

大型机械设备进出场及安拆费＝一次进出场及安拆费×年平均安拆次数/年工作台班

⑧ 混凝土、钢筋混凝土模板及支架费：是指混凝土施工过程中需要的各种钢模板、木模板、支架等的支、拆、运输费用及模板、支架的摊销（或租赁）费用。

A. 模板及支架费＝模板摊销量×模板价格＋支、拆、运输费

摊销量＝一次使用量×（1＋施工损耗率）×[1＋（周转次数－1）×补损率/周转次数－（1－补损率)50％/周转次数]

B. 租赁费＝模板使用量×使用日期×租赁价格＋支、拆、运输费

⑨ 脚手架费：是指施工需要的各种脚手架搭、拆、运输费用及脚手架的摊销（或租赁）费用。

A. 脚手架搭拆费＝脚手架摊销量×脚手架价格＋支、拆、运输费

脚手架摊销量＝单位一次使用量×（1－残值率）/耐用期÷一次使用期

B. 租赁费＝脚手架每日租金×搭设周期＋支、拆、运输费

⑩ 已完工程及设备保护费：是指竣工验收前，对已完工程及设备进行保护所需费用。

已完工程及设备保护费＝成品保护所需机械费＋材料费＋人工费

⑪ 施工排水、降水费：是指为确保工程在正常条件下施工，采取各种排水、降水措施所发生的各种费用。

施工排水、降水费＝Σ排水降水机械台班费×排水降水周期＋排水降水使用材料费、人工费

（2）间接费

1）间接费的组成

① 规费：包括：

A. 工程排污费：是指施工现场按规定缴纳的工程排污费。

B. 工程定额测定费：是指按规定支付工程造价（定额）管理部门的定额测定费。

C. 社会保障费

养老保险费：是指企业按规定标准为职工缴纳的基本养老保险费。

失业保险费：是指企业按照国家规定标准为职工缴纳的失业保险费。

医疗保险费：是指企业按照规定标准为职工缴纳的基本医疗保险费。

D. 住房公积金：是指企业按照规定标准为职工缴纳的住房公积金。

E. 危险作业意外伤害保险：是指按照建筑法规定，企业为从事危险作业的建筑安装施工人员支付的意外伤害保险费。

② 企业管理费

内容包括：

A. 管理人员的工资：是指管理人员的基本工资、工资性补贴、职工福利费、劳动保护费。

B. 办公费：是指企业管理办公用的文具、纸张、账表、印刷、邮电、书报、会议、水电、烧水和集体取暖（包括现场临时宿舍取暖）用煤等费用。

C. 差旅交通费；是指职工因公出差、调动工作的差旅费、住勤补助费，市内交通费和误餐补助费，职工探亲路费，劳动力招募费，职工离退休、退职一次性路费，工伤人员就医路费，工地转移费以及管理部门使用的交通工具的油料、燃料、养路费及牌照费。

D. 固定资产使用费：是指管理和试验部门及附属生产单位使用的属于固定资产的房屋、设备仪器等的折旧、大修、维修或租赁费。

E. 工具用具使用费：是指管理使用的不属于固定资产的生产工具、器具、家具、交通工具和检验、试验、测绘、消防用具等的购置、维修和摊销费。

F. 劳动保险费：是指由企业支付离退休职工的易地安家补助费、职工退职金、六个月以上的病假人员工资、职工死亡丧葬补助费、抚恤费、按规定支付给离休干部的各项经费。

G. 工会经费：是指企业按职工工资总额计提的工会经费。

H. 职工教育经费：是指企业为职工学习先进技术和提高文化水平，按职工工资总额计提的费用。

I. 财产保险费：是指施工管理用财产、车辆保险费。

J. 财务费：是指企业为筹集资金而发生的各种费用。

K. 税金：是指企业按规定缴纳的房产税、车船使用税、土地使用税、印花税等。

L. 其他：包括技术转让费、技术开发费、业务招待费、绿化费、广告费、公证费、法律顾问费、审计费、咨询费等。

2）间接费的计算

间接费的计算方法按取费基数的不同分为以下三种：

① 以直接费为计算基础

间接费＝直接费合计×间接费费率（％）

② 以人工费和机械费合计为计算基础

间接费＝人工费和机械费合计×间接费费率（％）

③ 以人工费为计算基础

间接费＝人工费合计×间接费费率（％）

间接费费率＝规费费率（％）＋企业管理费费率（％）

（3）利润

利润是指施工企业完成所承包工程获得的盈利。

（4）税金

税金，企业所得税法术语，指企业发生的除企业所得税和允许抵扣的增值税以外的企业缴纳的各项税金及其附加。即企业按规定缴纳的消费税、营业税、城乡维护建设税、关税、资源税、土地增值税、房产税、车船税、土地使用税、印花税、教育费附加等产品销售税金及附加。

营改增以后建筑工程营业税改征为增值税，税率为11％。建筑业"营改增"，涉及建筑业及其上下游产业链，施工企业的实际税负很可能会增加。

建筑业营改增后，建筑安装工程费用按"价税分离"计价规则计算。水利水电工程建筑及安装工程单价的计算公式不变。税前工程造价为人工费、材料费、机械使用费、措施费、间接费、利润、主材价差、主材费（或未计价装置性材料费）之和，各费用项目均以不包含增值税进项税额的价格计算，并以此为基础计算计入建筑安装工程单价的增值税销项税额。

（五）工程投标报价计算的依据

（1）招标文件，包括工程范围、质量、工期要求等。

（2）施工图设计图纸和说明书、工程量清单。

（3）施工组织设计。

（4）现行的国家、地方的概算指标或定额和预算定额、取费标准、税金等。

（5）材料预算价格、材差计算的有关规定。

（6）工程量计算的规则。

（7）施工现场条件。

（8）各种资源的市场信息及企业消耗标准或历史数据等。

（六）工程施工投标报价的编制

1. 工程量清单计价模式下的报价编制

根据自 2003 年 7 月 1 日起实施的《建设工程工程量清单计价规范》GB 50500—2013 进行投标报价。依据招标人在招标文件中提供的工程量清单计算投标报价。

2. 工程量清单计价的投标报价的构成

工程量清单计价的投标报价应包括按招标文件规定完成工程量清单所列项目的全部费用，包括分部分项工程费、措施项目费、其他项目费、规费和税金。

工程报价＝分部分项工程费＋措施项目费＋其他项目费＋规费＋税金

工程量清单应采用综合单价计价。综合单价指完成一个规定计量单位的工程所需的人工费、材料费、机械使用费、管理费和利润，并考虑风险因素。

（1）分部分项工程费是指完成"分部分项工程量清单"项目所需的工程费用。投标人根据企业自身的技术水平、管理水平和市场情况填报分部分项工程量清单计价表中每个分项的综合单价，每个分项的工程数量与综合单价的乘积即为合价，再将合价汇总就是分部分项工程费。

（2）措施项目费用是指为完成工程项目施工，发生于该工程施工前和施工过程中技术、生活、安全等方面的非工程实体项目所需的费用。

（3）其他项目费是指分部分项工程费和措施项目费以外的在工程项目施工过程中可能发生的其他费用。其他项目清单包括招标人部分和投标人部分。

① 招标人部分：预留金、材料购置费等。这是招标人按照估算金额确定的。预留金指招标人为可能发生的工程量变更而预留的金额。

② 投标人部分：总承包服务费、零星工作项目费等。

总承包服务费是指为配合协调招标人进行的工程分包和材料采购所需的费用。其应根据招标人提出的要求所发生的费用确定。零星工作项目费是指完成招标人提出的，不能以实物量计量的零星工作项目所需的费用。其金额应根据"零星工作项目计价表"确定。

3. 工程量清单计价格式填写规定：

（1）工程量清单计价格式应由投标人填写。

（2）封面应按规定内容填写、签字、盖章。

（3）投标总价应按工程项目总价表合计金额填写。

（4）工程项目总价表。

① 表中单项工程名称应按单项工程费汇总表的工程名称填写。

② 表中金额应按单项工程费汇总表的合计金额填写。

（5）单项工程费汇总表。

① 表中单位工程名称应按单位工程费汇总表的工程名称填写。

② 表中金额应按单位工程费汇总表的合计金额填写。

（6）单位工程费汇总表中的金额应分别按照分部分项工程量清单计价表、措施项目清单计价表和其他项目清单计价表的合计金额和按有关规定计算的规费、税金填写。

（7）分部分项工程量清单计价表中的序号、项目编码、项目名称、计量单位、工程数量必须按分部分项工程量清单中的相应内容填写。

（8）措施项目清单计价表。

① 表中的序号、项目名称必须按措施项目清单中的相应内容填写。

② 投标人可根据施工组织设计采取的措施增加项目。

（9）其他项目清单计价表。

① 表中的序号、项目名称必须按其他项目清单中的相应内容填写。

② 招标人部分的金额必须按招标人提出的数额填写。

（10）零星工作项目计价表。

表中的人工、材料、机械名称、计量单位和相应数量应按零星工作项目表中相应的内容填写，工程竣工后零星工作费应按实际完成的工程量所需费用结算。

（11）分部分项工程置清单综合单价分析表和措施项目费分析表，应由招标人根据需要提出要求后填写。

（12）主要材料价格表。

① 招标人提供的主要材料价格表应包括详细的材料编码、材料名称、规格型号和计量单位等。

② 所填写的单价必须与工程置清单计价中采用的相应材料的单价一致。

（七）定额计价方式下投标报价的编制

一般是采用预算定额来编制，即按照定额规定的分部分项工程子目逐项计算工程量，套用预算定额基价或当时当地的市场价格确定直接费，然后再套用费用定额计取各项费用，最后汇总形成初步的标价。

（八）招标投标文书编写工具

招标投标文书视所在行业不同有不同的编写规则，如化学化工行业、建筑行业、教育系统等。不同的行业因产品规格不同，对标书的要求不同，编写工具也不尽相同。但就建筑行业而言，建筑业项目招标投标软件就内设建筑行业中常用到的基本信息，用户可根据个人需要等情况录入相关信息，自动生成符合规范的标书。

常见招标投标管理工具有建筑业项目招标投标软件、招标投标评价管理软件。

五、投标文件的编制与签署

（一）投标文件的组成

投标文件一般由以下几部分组成：

（1）投标函；

（2）投标报价；

（3）施工组织设计；

（4）商务和技术偏差表；

（5）招标单位要求提供的其他文件。

（二）投标文件的编制与签署

投标文件应当在企业经营负责人的组织下进行编制，参加投标文件编制的人员至少应包括：单位技术负责人、造价工程师、材料供应部门人员、拟派出项目经理以及项目部相关技术人员。投标文件编制应注意的主要问题有以下几点：

（1）仔细研究招标文件后，及时将招标文件中的疑问书面递送给招标单位。

（2）必须完全按照招标文件的要求编制投标文件。

（3）施工组织设计中有关人力、材料、机械以及资金等资源的安排，必须与所承诺的工期、工程质量、安全文明生产目标等相适应，并满足施工要求。

（4）按照招标文件的要求提供企业资信、业绩、财务等方面的证明材料，不能有任何遗漏。

（5）项目经理（负责人）必须与资格预审文件中载明的拟派人选一致；项目经理（负责人）及项目部其他人员的资历证明资料必须按照规定提供。

（6）投标函中有关工期、质量、安全文明生产目标承诺与施工组织文件中的必须一致。

（7）投标文件章节排列顺序应与招标文件规定一致，所包括的内容必须符合招标文件的规定。

（8）投标文件中的每一填写空白都必须填写，不得空下不填。否则，即被视为放弃意见，重要的数字不填写，可能作为废标处理。

（9）商务表述中的数据应当反复校对，保证分项和汇总计算和加减均无错误。

（10）投标文件中如文字或填写有错误而不得不修改，应在修改处签字。

（11）投标文件的装订、签署、印章加盖、包装、密封以及封面格式等均必须按照规定办理。

（12）按规定的日期和时间报送投标文件，不要分次递交，应当检查投标文件的完整性后，一次递交。

总之，投标文件的编制是一项极其复杂、艰苦、细致的工作，最重要的是要准确、细致，可以说是细节决定成败。

六、投标文件的送达

全部投标文件编好之后，经校对无误，应按规定加盖单位公章和法人代表印章，并按规定密封好，派专人在招标文件规定的时间内送交招标单位指定地点，并取得收据；如系外埠投标，应通过招标文件或答疑会了解标书编好是否可以通过邮局投送。如果允许，也必须保证在规定的时间内能够寄到方可通过邮局投送。同时还要注意：凡通过邮局投送的标书，均应在密封好的标书外面另加封套，写明收件单位名称、地址、邮政编码和收件人姓名，并注明"投标书"字样。以确保密封好的标书完整无损。避免因信封处理不慎而形成废标。如果投标书密封后又发现内容或所报数额不妥，也不允许拆封改写。而是应另写补充说明，并加盖单位公章和法人代表章后密封，在招标文件规定的送达标书的时间内，与标书一起或单独送交招标单位。

在编制标书的同时，投标单位应注意将有关报价的全部计算、分析资料汇编归档，妥为保存。此外，应注意防止发生无效标书的工作漏洞，如未密封、未加盖单位和负责人的印章、寄达日期已超过规定的开标时间、字迹涂改或辨认不清等。也不得改变标书的格式及任意修改标书中所列工程量，如有修改，应另附附加说明或补充和更正写在投标文件中另附的专用纸上。

投送标书时一般需将招标文件包括图纸、技术规范、合同条件等全部交还建设（招标）单位，因此这些文件必须保持完整无缺，切勿丢失。

投送标书应严格执行各项规定，不得行贿、营私舞弊；不得泄露自己的标价或串通其他投标者哄抬标价；不得有损害国家和他人利益的行为。否则，将被取消投标资格，并受到经济的甚至法律的制裁。

编完标书并投送出去之后，还应将有关报价的全部计算分析资料加以整理汇编，归档备查。

复习思考题：

1. 招标有哪几种方式？招标合同有哪些形式和类别？
2. 施工招标文件的编制原则是什么？应包括哪些主要内容？
3. 简述园林建设工程项目招标应具备的条件、招标方式和招标程序。
4. 招标工作机构的组成和基本职能是什么？
5. 编制标底应遵循哪些原则，实践中应用的标底编制方法主要有哪几种？
6. 招标文件主要包含哪些基本内容？
7. 常用的评标方法主要有哪些？

第六节　园林绿化建设工程项目施工招标投标工作实例

本节以××园林绿化建设工程项目施工招标投标为例，说明招标投标工作的实际操作情况。

一、投标邀请书

××公司：

××公司工程由××市××区人民政府投资兴建。工程建设前期准备工作已经完成，施工现场四通一清，建设资金已经落实，施工图设计已全部完成，具备工程施工招标条件。为加快建设速度，确保工程质量，本工程现采取邀请招标方式，择优聘请施工单位。

工程简要情况如下：

1. 工程概况　××公园位于××市××区××路，为居住区级公园，由××园林工程设计所设计，总建设面积 67991m²。公园用地平衡见招标文件之"图纸"部分；工程地质勘察报告和土壤检测报告及该市气象、水文条件等资料见招标文件之"参考资料"部分。

2. 工程内容　依据设计图纸，本招标工程内容包括××公园建设工程的：

(1) 土山及整理地形工程；

(2) 假山工程；

(3) 给水排水及喷灌工程；

(4) 供电及照明工程；

(5) 水池及暗池工程；

(6) 喷泉工程；

(7) 铺装广场及园路工程；

(8) 园林小品及设施工程；

(9) 管理房及公厕工程（单层砖混结构）；

(10) 仿古亭工程；

(11) 绿化工程。

3. 工程承包及结算方式：本工程采取包工包料的承发包制，中标后另行签订发包合同；按中标价一次包死。对于建设过程中发生的设计变更，根据增减数量按实调整。在合同履行期内，如遇国家统一调整预算定额和材料价格时，承包单位按文件规定及时交发包单位签订后双方按规定执行。

4. 材料供应：工程所有建筑材料、绿化材料等由承包单位自行组织采购、加工订货。

5. 工期：本工程从××年××月整理地形工程开工日起，按日历天计算，工期不超过 12 个月。

6. 工程质量：本工程严格按我国现行施工验收规范和质量评定标准检查验收。全部工程质量合格，中心广场铺装、水池、暗池及喷泉工程质量要求达到优良。

7. 请贵公司接到邀请书后，前往____购买招标文件（____元/套）。

8. 所有投标书必须于____年____月____日____时之前送达下列地址；并必须同时交纳数量为 2‰投标价的投标保证金。

9. 开标仪式定于____年____月____时在下列地点举行：____，投标人可派代表出席。

××单位（盖章）

年　　月　　日

二、投标须知

1. 招标时间表

(1) 发售招标文件：日期：____时间：____地点：____

(2) 标前会：日期：____时间：____地点：____

(3) 现场考察：日期：____时间：____地点：____

(4) 投标截止：日期：____时间：____地点：____

(5) 开标：日期：____时间：____地点：____

2. 投标保证金金额：(2%) 投标价。

3. 预付款百分比：(20%) 合同价。

4. 废标条件

(1) 标书未密封；

(2) 无单位和法定代表人或其指定代理的印鉴；

(3) 未按规定的格式填写标书，内容不全或字迹模糊、辨认不清；

(4) 标书逾期送达；

(5) 投票单位未参加开标会议。

三、工程量清单

1. 说明

(1) 本工程量清单应与投标须知、合同条件、技术规范及图纸同时使用。

(2) 工程量清单列明的数量是根据设计图纸计算的。支付以设计图纸和接监理工程师指示完成的实际数量为依据。

(3) 有标价的工程量清单中的单价与费用，应包括所有的材料费、设备费、人工费、劳务费、监理费、管理费、临时工程、安装费、维护费、所有税款、利润以及合同明示或暗示的所有一般风险、责任和义务等的费用。

(4) 有标价的工程量清单中的每一项目须填入单价或费用。承包人没有填写单价或费用的项目，其费用视为已分配在相关工程项目的单价与费用之中。

(5) 有标价的工程量清单所列各项目中，应计入符合合同条件规定的全部费用。未列项目其费用应视为已分配在相关工程项目的单价与费用之中。

2. 工程量清单包含下列各工程量分表

表 1-4-7：土山及整理地形工程

土山及整理地形工程工程量表　　　　　　　　　　　　　　　表 1-4-7

编号	项目名称	简要说明	计量单位	工程数量	单价（元）	总价（元）
1	土山及整理地形工程	堆土经碾压后达到设计的标高和坡度要求；土质要求见设计说明	m³	42000		

合计金额：

表1-4-8：假山工程

假山工程工程量表　　　　　　　　　　　　　　　　　　　表 1-4-8

编号	项目名称	简要说明	计量单位	工程数量	单价（元）	总价（元）
1	假山工程	石材为花岗石	1	1127		

合计金额：

表1-4-9：给水排水及喷灌工程

给水排水及喷灌工程工程量表　　　　　　　　　　　　　　表 1-4-9

编号	项目名称	简要说明	计量单位	工程数量	单价（元）	总价（元）
1	给水排水及喷灌管线	埋深 1m	m	3150		
2	喷灌喷头	伸缩式	个	125		
3	排水井		座	1		
4	防冬给水井		座	12		

合计金额：

表1-4-10：供电及照明工程

供电及照明工程工程量表　　　　　　　　　　　　　　　　表 1-4-10

编号	项目名称	简要说明	计量单位	工程数量	单价（元）	总价（元）
1	电缆敷设	$6mm^2$ 内	m	4470		
2	电缆敷设	$16mm^2$ 内	m	60		
3	配电箱		台	6		
4	庭院灯		盏	62		
5	射灯	造型见设计	盏	2		
6	草坪灯		盏	37		
7	地灯		盏	48		

合计金额：

表1-4-11：水池及暗地工程

水池及暗池工程工程量表　　　　　　　　　　　　　　　　表 1-4-11

编号	项目名称	简要说明	计量单位	工程数量	单价（元）	总价（元）
1	水池（池底、池壁贴广场砖）		m^2	2033.8		
2	水池（池底铺砌卵石）		m^2	296.5		
3	喷泉暗池		m^2	21		

合计金额：

表1-4-12：喷泉工程

喷泉工程工程量表　　　　　　　　　　　　　　　　　　　表 1-4-12

编号	项目名称	简要说明	计量单位	工程数量	单价（元）	总价（元）
1	管道安装		m	292		

续表

编号	项目名称	简要说明	计量单位	工程数量	单价（元）	总价（元）
2	喷泉全套设备安装及调试	管线、喷头型号见设计	套	1		
3	水处理（净化）设备	处理能力见设计说明	套	1		

合计金额：

表 1-4-13：铺装广场、园路工程

铺装广场、园路工程工程量表 表 1-4-13

编号	项目名称	简要说明	计量单位	工程数量	单价（元）	总价（元）
1	广场砖路面		m²	2336		
2	花岗岩路面		m²	655		
3	水刷豆石路面		m²	2467		
4	混凝土砖路面		m²	11028		
5	青石板路面		m²	470		
6	混凝土路牙		m	1947		

合计金额：

表 1-4-14：园林小品及设施工程

园林小品及设施工程工程量表 表 1-4-14

编号	项目名称	简要说明	计量单位	工程数量	单价（元）	总价（元）
1	汀步	花岗岩剁斧面	m²	62.55		
2	挡墙、花池、坐凳	花岗石砌筑	m²	530		
3	装饰石球		个	12		
4	景墙		座	1		
5	步桥		座	1		
6	儿童游戏设施		套	2		
7	树池覆盖铸铁格栅		个	75		
8	路椅		个	20		
9	果皮箱		个	15		
10	公用电话亭		座	2		

合计金额：

表 1-4-15：管理房及公厕工程

管理房及公厕工程工程量表 表 1-4-15

编号	项目名称	简要说明	计量单位	工程数量	单价（元）	总价（元）
1	管理房及公厕工程		m²	339		
2	化粪池		座	1		

合计金额：

表1-4-16：仿古亭工程

仿古亭工程工程量表　　　　　　　　　　　表1-4-16

编号	项目名称	简要说明	计量单位	工程数量	单价（元）	总价（元）
1	仿古亭工程		座	1		
合计金额：						

表1-4-17：绿化工程

绿化工程工程量表　　　　　　　　　　　表1-4-17

编号	项目名称	简要说明	计量单位	工程数量	单价（元）	总价（元）
1	罗汉松高 3～3.5m		株	33		
2	湿地松高 3～3.5m		株	26		
3	龙柏高 3～3.5m		株	70		
4	水松高 3～3.5m		株	24		
5	细叶榕胸径 9～10cm		株	19		
6	银杏胸径 7～8cm		株	92		
7	杜英胸径 7～8cm		株	135		
8	无患子胸径 7～8cm		株	56		
9	复羽叶栾树胸径 6～7cm		株	53		
10	人面子胸径 7～8cm		株	12		
11	大叶榕胸径 7～8cm		株	57		
12	垂柳胸径 7～8cm		株	23		
13	白兰花胸径 7～8cm		株	53		
14	榄仁胸径 6～7cm		株	18		
15	大叶合欢胸径 6～7cm		株	28		
16	广玉兰胸径 7～8m		株	53		
17	桃花胸径 5～6cm		株	33		
18	紫薇胸径 4～5cm		株	6		
19	柿子胸径 5～6cm		株	3		
20	狗牙花高 1.2～1.5m		株	12		
21	夹竹桃高 1.2～1.5m		株	21		
22	桃花高 1.2～1.5m		株	23		
23	假连翘高 1.2～1.5m		株	19		

续表

编号	项目名称	简要说明	计量单位	工程数量	单价（元）	总价（元）
24	勒杜鹃高 1.2～1.5m		株	26		
25	红绒球高 1.5～1.8m		株	13		
26	朱槿高 1.2～1.5m		株	12		
27	肖黄栌高 0.8～1m		株	35		
28	四季桂花高 1.5～2m		株	41		
29	黄榕球高 1.0～1.2m		株	50		
30	大王龙船花高 0.8～1.0m		株	792		
31	蜘蛛兰 5 斤袋		袋	1408		
32	花叶良姜 5 斤袋		袋	1408		
33	春芋 7 斤袋		袋	1408		
34	白蝴蝶 3 斤袋		袋	1408		
35	蚌兰 3 斤袋		袋	1408		
36	黄金叶 3 斤袋		袋	1408		
37	马尼拉草		m²	45383		

合计金额：

3. 工程量清单汇总表（表 1-4-18）

工程量清单汇总表　　　　　　　　　　表 1-4-18

序号	项目名称	金额（人民币元）	备注
1	土山及整理地形工程		
2	假山工程		
3	给排水喷灌工程		
4	供电及照明工程		
5	水池及暗池工程		
6	喷泉工程		
7	铺装广场、园路工程		
8	园林小品及设施工程		
9	管理房及公厕工程		
10	仿古亭工程		
11	绿化工程		

合计金额：

投标总价：

四、设计图纸及技术说明书（部分图纸见附图）

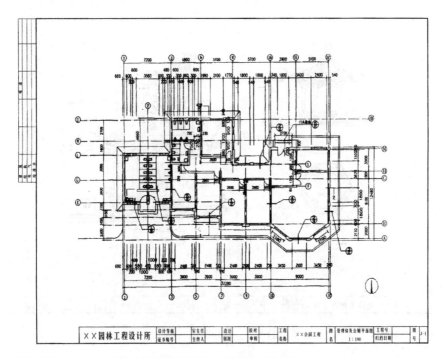

图 1-4-1　部分图纸（1）

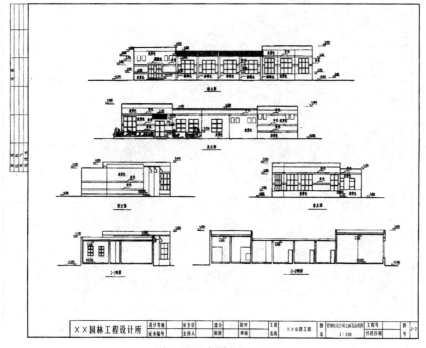

图 1-4-2　部分图纸（2）

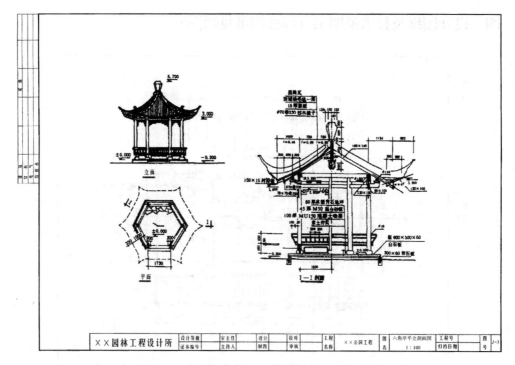

图 1-4-3　部分图纸（3）

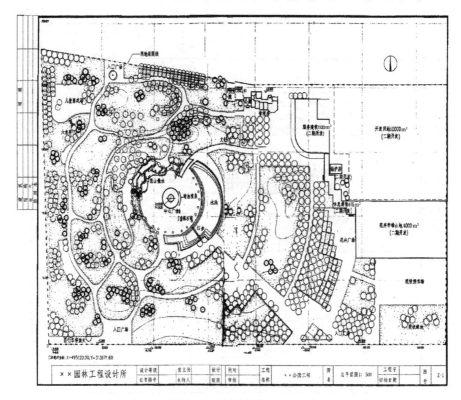

图 1-4-4　部分图纸（4）

第五章　园林绿化建设工程项目管理人员的职业素养

建设工程管理的项目经理（或建造师），是开展项目管理的人力基础，也是决定项目成果优劣的关键因素。项目经理从职业角度，是指企业建立以项目经理责任制为核心，对工程建设实行质量、安全、进度、成本、环保管理的责任保证体系和全面提高工程管理水平设立的重要的管理岗位；从专业角度，是指受企业法人代表委托对工程施工过程全面负责的项目管理者，是企业法人代表在工程项目上的代表人。建造师是以专业技术为依托，以工程项目管理为主业的执业注册人员，是懂管理、懂技术、懂法规，综合素质较高的复合型人员，既有理论水平，也有丰富的实践经验和较强的组织能力。项目经理必须是施工经验丰富、有领导能力、组织能力、管理能力、沟通协调能力，且取得建造师资格的人担任。

项目经理（或建造师）的知识结构、经验水平、管理素质、组织能力、领导艺术等方面的职业素养，都对项目管理的成败有决定性影响。

第一节　项目经理的地位和作用

建设工程项目经理部的组织特征是严格的个人负责制，其核心人物是项目经理。项目经理作为项目实施的最高责任人和组织者，在项目管理中起着决定性作用。

一、项目经理的地位

项目经理地位的重要性取决于项目活动的特殊性。工程项目作为一种特殊而复杂的一次性活动，要求在限定的时间、空间、预算和质量范围内，恰当地将各种资源、人力、技术、设备和设计、采购、施工、生产等各种活动有条不紊地组织协调在一起。对于工程项目这个复杂的开放系统，要求有一个管理保证系统。这个管理保证系统的最高全权负责人就是项目经理。他们必须是项目管理活动中最高决策者、管理者、组织者、协调者和责任者。只有这样，才能保证项目建设按照客观规律和统一意志高效率地达到预期目标。

对于项目经理的地位，可从下面几个方面予以阐明：

（1）从组织结构上看，项目经理是工程项目有关各方协调配合的桥梁和纽带，处于项目组织的核心地位。工程项目管理，说到底是人的管理与协调。设计项目的是人，实施项目的是人，造成矛盾、事故、冲突的是人，解决和协调这些矛盾的还是得靠人。处在矛盾、冲突、纠纷旋涡之中，负责沟通、协商，解决这些矛盾的关键人物是项目经理。作为业主和承包商的全权代理人，甲、乙双方项目经理既代表着双方的利益，对项目行使管理权，也对项目目标的实现承担全部责任。其所扮演的角色是任何其他人不可替代的。

（2）从合同关系上看，项目经理作为法人代表，是履行合同义务、执行合同条款、承担合同责任、处理合同变更、行使权力的最高合法当事人。他们的权力、责任、义务受到法律的约束和保护。按合同履约是项目经理一切行动的最高准则，拒绝承担合同以外的其他各方面强加的干预、指令、责任是项目经理的基本权利。当然，合同的签订与执行必须遵守法律。在合同与法律范围内组织项目建设也是项目经理的基本义务。

（3）从项目沟通与控制的角度看，项目经理又是项目实施中各种重要信息、指令、目标、计划、办法的发源地和控制者。在项目实施过程中，来自项目外部如业主、政府、甲乙方企业、当地社会环境、国内外市场的有关重要信息、指令，要通过项目经理来汇总、沟通和交涉；对于项目内部，项目经理则是各种重要目标、决策、计划、方案、措施、制度的决策人和制定者，其担负着组织、带领项目班子全体成员高效率地实现项目目标的重任。对于业主和项目经理的企业主管上级，项目经理需要把他们的期望值在项目实施中变成具体目标，通过计划措施和方案予以落实，并在实施中不断反馈调整。

二、项目经理的作用

根据项目经理在项目管理中的特殊地位，可以看出：项目经理对项目的成败起着重要的作用。古语道："千军易得，一将难求"。现代大型项目建设，不仅有千军万马的壮观场面，更有在有限的时间、空间范围内必须默契配合的复杂逻辑关系以及多种现代化工业技术、施工技术、管理技术的交叉运用。因此，能够集专业技术、管理科学、领导艺术和丰富经验于一身的将帅之才（项目经理），就是决定建设项目成败的最宝贵的人才。

对于任何甲方、项目管理经济实体和大型承包商企业来说，训练有素的项目经理都是极为稀缺的宝贵财富。围绕项目经理的选拔与培养，世界发达国家管理理论界和实业界普遍十分重视理论研究和实践探索。例如，美国大型承包商企业中，工资待遇仅次于企业总裁的不是企业经理，更不是企业职能部门的负责人，而是项目经理。不少项目管理专著都把项目经理的选拔与培养作为项目管理的首要任务，可见其作用之重要。

我国建设行业深化体制改革的重要内容之一，就是要推行设计、施工、物资供应、试生产一体化的项目管理模式。这势必对适应这种项目管理体系的项目经理的素质和数量提出迫切需求。由于历史上项目建设的阶段分割、专业划分过细、技术与经济分家、部门壁垒等原因，项目经理的人才稀缺与需求量猛增的矛盾势必日益尖锐。因此，对项目经理的选拔与职业培训，当前已经受到国家有关部门的高度重视。

第二节　项目经理的选拔

一、项目经理的工作性质及特点

项目经理作为一种通才，其工作负担之重，知识面要求之广，工作能力要求之高，领导艺术及组织才能要求之全，体力要求之强，为其他类型人才所不可比拟。这是由项目经理的工作性质和特点所决定的。从项目经理的职责及任务可以看出，其始终处在所在项目的矛盾和问题旋涡之中。

（1）日理万机，是所有经理工作的共同特征。但是，项目经理工作的繁忙程度，要远远超过一般的经理人员。因此，这就要求项目经理必须具有很高的工作效率和运用科学管理手段驾驭复杂局面的高超能力。

（2）负担繁重。美国著名项目管理专家哈洛德·科兹挪博士在《项目管理系统方法》书中写道："美国项目经理每周工作时间远不止 60 小时（以每周 5 天工作计）。特别是碰到风险大的项目或者进展不顺利的项目，潜心于工作的项目经理往往没有工作日与节假日之分，以致常常冷淡了朋友和家庭，生活狼狈，甚至导致家庭破裂"。据统计，美国导弹和航天项目的项目经理和项目工程师家庭的离婚率，是全国家庭平均离婚率的两倍。可见繁重的工作要求项目经理不仅要有强健的体魄，而且要有顽强的毅力和献身精神。

（3）工作的挑战性和开创性。项目经理所面临的工作都是开创性的工作。项目建设的一次性，项目工作的风险性，项目条件的千变万化，加上项目质量、工期、造价的严密约束和承包商之间的激烈竞争以及项目经理职位的特殊性，都使项目经理工作带有很强的挑战性。即使是经验丰富、应变能力很强的项目经理，一碰到棘手的新问题，也感到经验不足以应付。因而，不断地学习和培训就显得至关重要。

二、项目经理的知识结构和素质特征

项目经理的特殊职责和工作性质，对其知识结构、领导艺术、经验水平和组织协调能力提出了特殊的要求。掌握这些要求对项目经理本人、主管企业领导、业主和承包商都是必要的。如何成为一名称职的项目经理，如何选拔、培训、使用、考察项目经理，什么人适合做项目经理，对这些问题的回答，都要基于对项目经理知识结构和素质特征的研究与考察。

图 1-5-1 直观地表达了项目经理必备的知识和能力，三方面缺一不可，否则就不能很好地胜任项目经理工作。一般来说，项目经理通常应是 T 形知识结构的通才。既要有专业技术知识的深度，又要有经济管理等社会科学知识的广度。

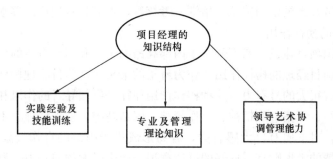

图 1-5-1　项目经理知识结构示意图

（一）专业技术知识的深度

项目经理必须是精通本项目专业知识的内行专家，其专业特长应和项目专业技术相"对口"。特别是大型复杂工业项目，其工艺、技术、设备专业性很强，非一朝一夕能吃透。作为项目实施最高决策人不懂技术，就无法按照项目的工艺逻辑、施工逻辑来组织实施，更难以鉴别项目工艺设计、设备选型、安装调试及施工技术方案的优劣，对项目实施中的重大技术决策就没有发言权。外行当项目经理是致命弱点，往往成为项目失败的主要原因之一。例如，某钢铁厂扩建工程绿化施工，项目经理只熟悉民用建筑，不懂绿化。当进入绿化施工阶段时，大树进场与园路、水电施工同步展开、项目实施碰到了难题，项目经理一筹莫展。

当然，不能要求项目经理对所有技术都很精通，但必须熟悉项目主要技术，再借助于技术专家的帮助，就可以应付自如。

（二）管理知识的广度

管理作为边缘学科的软科学，具有交叉渗透、覆盖面宽等特点。项目经理的主要职能是管理专家角色，而不是技术专家角色。只精通技术、不熟悉管理的人不宜作项目经理。这正如第一流的教授可能是个很蹩脚的校长、出色的总工程师未必是个好厂长一样。项目经理必须在管理理论和管理技术上训练有素，并且能灵活地加以运用。

从纵向看，项目经理应对决策理论、项目管理、系统工程、施工、管理、网络技术、价值工程、全面质量管理有较深的训练；从横向看，项目经理应对行为科学、管理心理学、合同法、经济法、概预算、建筑经济、技术经济、工业工程、计算机等实用管理技术和管理知识有较全面的了解。对于质量、成本、工期能进行有效控制的各种管理技术和社会科学知识，也应有所了解。

（三）领导艺术和组织协调能力

项目管理中的一切管理，都可以归结为人的管理。人的管理比任何设备、材料等物资的管理都要重要和复杂得多。项目经理要带领项目班子圆满实现项目目标，要与上上下下的人合作共事，要与不同地位和知识背景的人打交道，要把各方面的关系协调好，要调动项目各方的积极性。这一切都离不开高超的领导艺术和良好的组织协调能力。

1. 项目经理的理论修养

高超的领导艺术和良好的组织协调能力首先来源于良好的管理理论修养。除此以外，现代化行为科学和管理心理学应作为项目经理研究和应用的理论武器。其中的组织理论、需求理论、授权理论、激励理论，应作为项目经理潜心研究的理论方法，结合项目组织设计、选择下属职员及人员使用奖惩、培训、考核等，提高自身理论修养水平。

2. 项目经理的榜样作用

项目经理组织项目建设，离不开班子内部高昂的士气和团结奋斗的作风。士气和作风的培养又离不开项目经理的榜样作用。作为班子的带头人，项目经理榜样作用的本身就是无形的命令，具有很大的号召力。这种榜样作用往往是靠领导者的作风和行动体现的。项目经理的实干精神、开拓进取精神、合作精神、团结精神、牺牲精神、不耻下问的精神和雷厉风行的作风，对下属有巨大感召力，容易形成班子内部的合作气氛和奋斗进取的作风。这是符合国情的宝贵财富。良好的群体意识会产生巨大的向心力，温暖的集体本身对成员就是一种激励。国外许多企业家近年来都十分注重这种群体意识的培养。适度的竞争气氛与和谐的共事气氛互相补充，才易于保持良好的人际关系和人们心理的平衡。

3. 项目经理的素质与能力特征

项目经理作为统帅项目班子、指挥作战的帅才，要在苛刻的条件下圆满完成项目，离不开良好的组织才能和优秀的个人素质。这种才能和素质具体表现如下：

（1）决策应变能力：项目实施情况多变。及时决断，灵活应变就可以抓住战机；优柔寡断、瞻前顾后就会酿成失误。在投标报价、合同谈判、纠纷处理、方案选择等重大问题处理上，项目经理的决策应变水平显得特别重要。

（2）组织指挥能力：项目经理作为项目的责任和指令的发源地，每天都要行使组织指挥权。这就要求其必须能高屋建瓴，指挥若定。因而良好的组织指挥才能成为项目经理的必备素质。这种才能的产生需要阅历的积累和实践的磨炼，这种才能的发挥需要以充分的授权为前提。项目经理要避免组织指挥失误，特别需要统筹全局，防止陷入事务圈子或把精力过分集中于某一专门性问题，许多工程师和技术专家出任项目经理时最容易犯这种毛病。

（3）协调控制能力：项目经理要确保项目目标的实现，就势必要对项目的进度、造价、质量和所有重大活动进行严格控制。项目经理要把项目各方的孤立活动组成一个整体，要处理各种矛盾、纠纷，就要求具备良好的协调能力和控制能力。协调是手段，控制是目的，两者缺一不可，互相促进。

（4）其他能力：项目经理经常扮演多重角色，处理各种人际关系。因而还必须具备交际沟通能力、谈判能力、说服他人的能力、必要的妥协能力等。这些能力的取得主要靠在实践中磨炼，而不是在课堂上灌输。

4. 项目经理的用人艺术

项目经理是项目管理班子的龙头，不可能事事亲自过问，用人可以调动下属积极性，减轻项目经理的负担，培养锻炼后备人才。用人得当可以事半功倍。用人不当则会压制人才，产生离心倾向。因此，下列原则是用人之本。

（1）知人之长，用人之长，容人之短；

（2）疑人不用，用人不疑，不以个人好恶取人；

（3）不用多余的人，对潜力大的下属以挑战性目标压担子，使任务略大于能力，令其跳起来摘桃子，在其力不从心时给以指导，这本身既是一种激励，又是一种对下属的最好培养方式；

（4）对下属将目标、职务、权力、责任配套下放，充分授权，充分信任，不越级指挥；

（5）恰当地运用竞争机制；

（6）不要强迫下属做其力所不能及的事；

（7）切不可失信于下属，不轻易许诺，许了诺则必定实现，言必信，行必果。

5. 项目经理的开会艺术

会议是项目经理下达指令、沟通情况、协调矛盾、反馈信息、制定决策的主要方式，也是项目经理对项目进行有效管理控制的重要工具。如何高效率地召开会议、掌握会议组织与控制的技巧，是项目经理的基本功之一。

（1）项目会议类型

1）关键性会议：项目经理要对项目实施有效控制，就必须在项目所在阶段转换时召开关键性会议，如图1-5-2所示。这类会议应由项目经理亲自主持，其主要目的是下达有关指令，进行阶段性验收；制定并发布下阶段目标、任务、分工、计划；重要信息沟通及问题澄清交底。

2）协调管理例会：在项目各阶段运行过程中，要定期（每月或每旬一次）召开由项目经理主持、项目有关各方参加的协调管理例会（图1-5-2）。其主要目的是在项目实施中

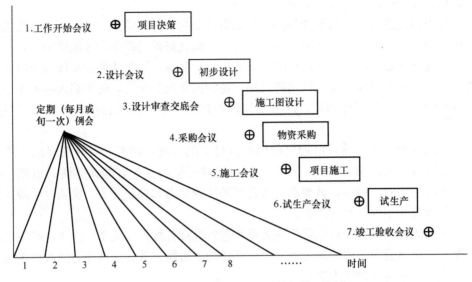

图 1-5-2　项目关键性会议和协调管理例会

由各方报告工作进展情况及存在问题，沟通信息，检查项目进程，讨论并确定问题解决办法。这类会议是统一项目实施步调、控制项目进程和解决共性问题的有效方式。

3）特殊会议：根据项目进展需要不定期召开解决专题性问题的特殊会议，比如大型设备订货会、重大技术问题决策讨论会、项目开标大会等。

（2）会议组织及控制技巧

可以看出，众多类型的会议有着不同目的、不同参加人员和专门议题。项目经理要提高会议效率，防止陷入会海之中，就必须掌握会议组织和控制艺术，学会利用会议解决矛盾，推动项目顺利进行。下列开会技巧对项目经理是很有帮助的。

1）反复确认会议目的及目标：为什么要开这个会议，是否一定要开，有无其他替代方式解决问题，重点解决什么问题，有没有把握在会上解决，哪些人必须参加，对这些问题要在会前反复确认，并需在会上交代清楚。

2）会议准备：会议准备要充分，包括确认会议议程是否明确，如何让与会者了解会议重点议题；必要的文件、资料是否齐备；哪些问题必须解决到什么程度，是否要请示上级等。

3）会议控制技巧：

① 讨论离题怎么办？

A. 冷静分析迅速判断离题原因；

B. 将发言者的议论与议题联系起来，引导其归入主题，并重申讨论重点；

C. 提出与议题密切相关的新话题吸引与会者；

D. 提出停止与议题无关的讨论；

E. 总结讨论内容并导入正题。

② 会议中发生纠纷怎么办？

A. 以更有吸引力的话题使纠纷转向；

B. 用目光进行控制；

C. 示意与会者中有威信的人作调停发言；

D. 要求当事人从他人立场考虑问题；

E. 提出休会。

③ 每会有决议，每事必落实：项目经理应围绕会议目标和主要议题，借助 5WH 法明确决议内容，务求做出决断。5WH 法的具体内容是：

A. What——要解决什么问题？

B. Why——为什么要解决这个问题，目的何在？

C. Where——在何处执行？

D. Who——谁去执行？谁是责任者、领导者和执行者？

E. When——要求何时开始？何时完成？

F. How——如何执行？采用什么方法执行？有哪些保证措施？必要条件是否具备？

④ 会议八戒：要防止会议失败、提高会议效率，以下几种情况务必谨记。

A. 不开没有明确议题的会；

B. 不开议题太多的会；

C. 不开没有准备的会；

D. 不开可开可不开的会；

E. 不要无关的人参加会；

F. 不做离题的发言；

G. 不做重复性发言；

H. 不开议而不决的会。

三、项目经理的选拔与培训

项目经理的选拔与培训是各国项目管理界普遍关注的问题。由于对项目经理人才的素质、资历、知识结构、经验水平等方面均有较高要求。因而造成项目经理人才的稀缺和培训的特殊性。至今还没有哪一所大学可以完成对项目经理的全部培训工作，美国只有一所大学开设了系统的项目管理课程并培训项目管理硕士和学士，其余大部分都是在工程院校里开设少量项目管理课程。

美国项目经理培训主要有两种方式：一种是大量开设的在职项目经理的短期项目管理研讨班（Short Period Lectures of Project Management）．一般由各州项目管理研究会（Project Management Institue，简称 PMI）和各大学组织，主要请有关专家讲授网络技术、成本预测及控制技术、计算机应用及项目组织等专题项目管理技术；另一种是由PMI组织的学术交流活动，由经验丰富的项目管理专家介绍经验或宣读论文，发表研究成果，供项目经理们借鉴共享。

项目经理的培养主要靠在工作中培训，这是由其人才成长规律所决定的。

由图 1-5-3 可以看出，项目经理人才都是从项目管理实际工作中选择、培养和成长起来的。

项目经理一般多是从最基层的施工员做起，慢慢做到骨干施工员，项目副经理再到项目经理，这样发展的好处是可以了解和掌握最基层、最基本的项目操作经验，做起一定的管理工作来不会脱离实际，也能不断地带动和培养新人。

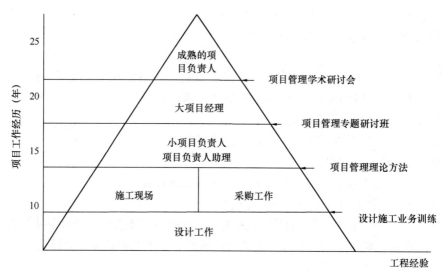

图 1-5-3　项目经理的成长过程

从管理角度来说，需要不断加强和提高的是管理者的经营管理能力和潜在的领导素质，而不应该仅仅停留在行业知识和专业技能方面。具备重大管理职责和一定领导身份的项目经理，日常工作最为主要的即是通过对各项环境条件和各方面资源的不断整合、优化、运用和提高，来实现预定的工程项目管理目标。

（一）项目经理的选拔

（1）项目经理应具备的知识水平

项目经理一般应具备大学或专科工程技术教育的知识背景，这一点只能在高等院校里完成。没经过工程专业训练的人难以在工作中成为内行专家。经济管理类毕业生一般难以在工作中弥补这方面知识，他们可以作为项目经理的参谋人才。

（2）项目经理应具备的工作阅历和实际训练

设计、施工和采购是项目实施阶段的三大支柱。项目经理应取得这方面实际工作经验和基本训练。如果只熟悉其中某一方面工作，其经验覆盖范围过窄，在项目经理在岗位上势必难以适应复杂而多变的项目管理的实际需要。过去我国人才属部门和单位所有，专业面窄，分配到岗位上以后便从一而终，很难取得全面训练，不利于项目经理的成长。

项目经理的培训，首先可从设计部门的年轻大学生或工程师中，注意发现那些除熟悉专业技术以外，又表现出具有较强组织能力、社会活动能力和兴趣比较广泛的人。这些人经过基本素质考察后，可作为项目经理苗子来定向培养。取得 3～5 年施工经验之后，通过调动工作给其从事工程施工和材料设备采购的实际锻炼机会，压担子给他，在实践中进一步指导和考察，以锻炼其独立工作能力。一般说来，设计、施工、采购基层实际工作阅历不应少于 5～10 年，以打下坚实的实际经验基础。没有足够深度和广度的项目管理实际阅历项目经理会先天不足。在这一阶段，除实际的工作锻炼之外，还应给予项目经理具体业务的培训与考核。比如，项目计划、网络、编排、工程预算、投标报价、合同业务、施工生产、质量检验、财务结算等环节，均可结合压担子和调动工作岗位进行专门业务培训，使之全面打好基础。

（3）项目经理的见习与培养

取得了上述实际经验和基本训练之后，对比较理想和有培养前途的对象，在经验丰富的项目经理带领下，令其以助理或见习项目经理的身份从事项目经理工作，或者将小项目独立压给他，令其独立主持小项目的项目管理，并给予指导和考察。此阶段是项目经理锻炼才干的重要阶段。除了实际工作锻炼之外，还应有针对性地进行项目管理基本理论和方法的培训。

（4）项目经理的全面培养

对在小项目经理或助理项目经理岗位上表现出较强的组织管理能力者，可令其挑起大型项目经理的重担，并给予指导、培养与考核，创造条件让其参加项目管理研讨班和有关学术活动，使其从理论和管理技术上进一步开阔眼界。经过大项目经理的考验之后，即可逐步成长为经验丰富的项目经理。以上成长和培训过程是必不可少的，试图在短期内培养出合格的项目经理是不现实的。根据美国 Kellogg 公司统计，该公司成就比较突出的项目经理有 30 名，平均年龄都在 50 岁左右，一般都具有 20～30 年项目管理的阅历，担任项目经理都在 10 年以上。

（5）目前我国选择施工项目经理的几种方式

① 竞争招聘制

招聘的范围可面向社会，但要本着先内后外的原则，其程序是：个人自荐，组织审查，答辩讲演，择优选聘。这种方式既可选优，又可增强项目经理的竞争意识和责任心。

② 经理委任制

委任的范围一般限于企业内部在聘干部，其程序是经过经理提名，组织人事部门考察，党政联席办公会议决定。这种方式要求组织人事部门严格考核，公司经理知人善任。

③ 内部协调、基层推荐

这种方式一般是建设单位、企业各基层施工队或劳务作业队向公司推荐若干人选，然后由人事组织部门集中各方面意见，进行严格考核后，提出拟聘用人选，报企业党政联席会议研究决定。

项目经理一经任命产生后，其身份是公司经理在工程项目上的全权委托代理人，直接对企业经理负责，其与公司经理存在双重关系：既是上下级关系，又是工程承包中利益平等的经济合同关系。双方经过协商，签订《工程项目经营承包合同》。如无特殊原因，在项目未完成前不能更换。项目经理每年按项目年度分解指标分别向公司交纳一定比例的风险责任抵押。

图 1-5-4 为项目经理的选拔程序。

（二）项目经理的培训

1. 培训内容

项目经理作为一种通才，其知识面要求既宽又深。其工程专业知识应在大学里完成。这里主要指从事项目管理的管理知识的系统培训。根据我国现状，项目经理培训应包括下列内容：

（1）现代项目管理基本知识培训

这一内容着重介绍项目及项目管理的特点、规律、管理思想、管理程序、管理体制及组织机构、项目计划、项目合同、项目控制、项目经理、项目谈判等。

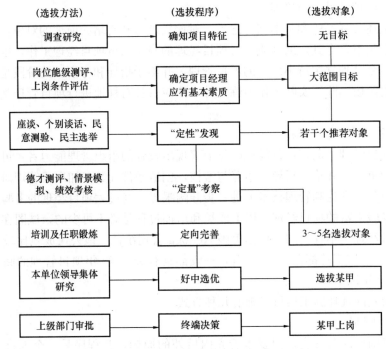

图 1-5-4 项目经理的选拔程序

（2）项目管理技术培训

这一内容着重介绍项目管理技术，如网络技术及项目计划管理、项目预算及成本控制、项目合同管理、项目组织理论、项目协调技术、行为科学、系统工程、价值工程、计算机及项目管理信息系统等。

2. 培训方法

（1）讲授

对于项目管理基本知识和管理技术以及理论性较强的部分，适合采用系统地进行理论讲授的方式。

（2）经验交流

对于管理技术应用，一般以经验交流或学术会议方式，采取研究讨论、成果发表会、试点经验推广、重点项目参观等方式，把项目经理们组织起来，发挥他们的专长，有针对性地进行专题交流。

（3）案例解剖

项目管理案例解剖是培训的最好形式之一。培养将军的最好方式是战例研究；培养医生的最好方式是病例解剖；培养项目经理的最好方式则是管理案例的研究，这符合管理教学的客观规律。管理安全教学首创于美国哈佛大学，如今已成为各国管理教育共同推崇的最好方式。项目实施与战役的组织十分相似，其复杂性、随机性、多变性和灵活性都不是靠讲授条条的方法所能描述。解剖一个好的管理案例，可以使学员从不同角度得到综合训练。日本企业界把对我国古代军事思想和著名战例的研究应用于企业经营管理实践，就是最生动的说明。

（4）模拟训练

这种方式有点像部队的战术演习。它采取模拟项目实际情况的方式，让与会者分别充当或扮演不同角色，由主持人设想各种情况，与会者相应制订对策并做出反应，所有人都如身临其境，可培养综合判断能力和灵活应变能力。比如谈判技术和能力的培养，最好是由学员扮演谈判双方不同角色进行模拟训练。

（5）美国的项目经理培训方法

美国项目经理培训不重视系统理论讲授，而把主要精力放在案例研究和模拟训练上，培训方式灵活机动，培训时间较短。每期的研讨班只解决一两个专题，为期不过一周（图1-5-5）。

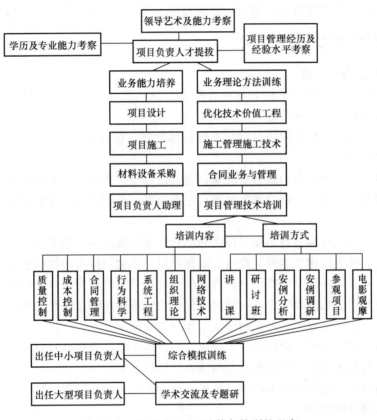

图 1-5-5 美国项目经理选拔与培训的程序

第三节 项目经理的责权利

一、建立健全项目经理责任制

建立健全项目经理责任制是园林绿化工程质量的重要保证，项目经理之所以能对工程项目承担责任，就是因为有项目经理责任制作为基础。

（一）园林绿化项目经理与企业经理（法人代表）签订目标责任制

项目经理要与园林绿化企业经理就工程项目全过程管理签订《项目管理目标责任书》，

这种责任书是项目经理的"任职目标"，是对施工项目从开工到竣工交付使用全过程及项目经理部建立、解体和善后处理期间重大问题的办理而事先形成的具有企业法规性的文件，主要内容应包括：施工效益、工程形象进度、工程质量、成本降低率、文明施工、安全生产要求等内容。

（二）项目经理部与本部其他人员签订管理目标责任制

项目经理在实行个人负责制的过程中，还必须按"管理的幅度"和"能位匹配"的原则，将"一人负责"转变为"人人尽职尽责"，在内部建立以项目经理为主的分工负责岗位目标管理责任制，明确每一业务岗位的工作职责，将岗位职责具体化、规范化，将各业务人员之间的分工协作关系规定清楚，明确各自的责、权、利，落实到具体责任人。

二、项目经理的任务与职责

（一）项目经理的任务

（1）确定项目管理组织机构的构成并配备人员，制订规章制度，明确有关人员的职责，组织项目经理班子开展工作。

（2）确定管理总目标和阶段目标，进行目标分解，制订总体控制计划，并实施控制，确保项目建设成功。

（3）及时、适当地做出项目管理决策，包括投标报价决策、人事任免决策、重大技术措施决策、财务工作决策、资源调配决策、进度决策、合同签订及变更决策，严格管理合同执行。

（4）协调本组织机构与各协作单位之间的协作配合及经济、技术关系，代表企业法人进行有关签证，并进行相互监督、检查、确保质量、工期及投资的控制和节约。

（5）建立完善的内部及对外信息管理系统。项目经理既作为指令信息的发布者，又作为外源信息及基层信息的集中点，同时要确保组织内部横向信息联系、纵向信息联系、本单位与外部信息联系畅通无阻，从而保证工作高效率地展开。

（6）实施合同，处理好合同变更、洽商、纠纷和索赔，处理好总分包关系。

（7）搞好与有关单位的协作配合，与建设单位相互监督。

（8）实施进度、质量和成本控制，组织工程的竣工交验和工程结算。

（二）项目经理的职责

1. 项目经理的职责宗旨

（1）认真贯彻执行国家和工程所在地政府的有关法律、法规和有关方针政策，执行企业的各项管理制度。全面负责施工组织管理和施工质量，深入研究工程承包合同，制订施工项目总体管理规划，严格履行合同，并主持资金回收工作。

（2）主持或参与制订施工组织设计和质量计划，负责编制总体进度计划、各项施工方案及质量、安全的保证控制措施并组织实施。对工程项目施工进行有效控制，执行有关技术规范和标准，积极推广应用新技术，确保工程质量和工期，实现安全、文明生产，努力提高经济效益。

（3）执行项目承包合同中由项目经理负责履行的各项条款。科学地组织和管理进入施工现场的人、财、物等各生产要素，协调好与建设单位、设计单位、监理单位、地方主管部门、分包单位等各方面的关系，及时解决施工中出现的问题，并对分包工程的进度（工期）、质量、安全、成本和文明施工等实施监督、协调、管理并全面负责，确保施工项目管理目标的实现。

（4）接受有关职能部门、上级单位、地方主管部门等对工程项目的监督、检查和审计，定期向企业法定代表人（或委托人）报告工作。建立施工项目核算制度，加强成本管理、预算管理，注重成本信息反馈，发现问题并及时采取措施。每月召开一次成本分析或按分部工程完成情况适时进行成本分析，使项目班子有关人员对项目经营情况、计划收入或支出情况有全面了解，使各项开支按计划进行有效控制。

（5）加强项目经济技术资料的管理，及时办理各种签证和向建设单位、其他有关单位办理结算、索赔。

2. 项目经理的具体职责

（1）项目经理要向有关人员解释和说明项目合同、项目设计、项目进度计划及配套计划、协调程序等文件。

（2）落实建设条件，做好实施准备，包括组织项目班子落实征地、拆迁、五通一平、资金、设计、队伍等建设条件，在总体计划落实的基础上，进一步落实具体计划，形成切实可行的实施计划系统。

（3）落实设备、材料的供应渠道。

（4）协调项目建设中甲乙方之间、部门之间、阶段与阶段之间、地上与地下之间等关系，减少扯皮和梗阻。同时要通过职责划分把项目结构和组织结构对应起来，尽量减少这些关系（结合部），以便提高管理效率。

（5）建立高效率的通信指挥系统。即理顺指挥调度渠道，配备现代化通信工具，强化调度指挥系统，提高信息流转速度，提高管理效率。

（6）预见问题，处理矛盾。项目建设中发生矛盾也是有规律可循的，是可以预见的，但要求项目经理有丰富的经验。预见到矛盾以后，预先采取措施，以减少矛盾。有了矛盾，解决时也要抓住关键，项目经理不可充当"消防员"的角色。

（7）监督检查工期、质量、成本、技术、管理、执法等，发现问题及时通报业主或建设单位，防止施工中出现重大反复。

（8）注意在工作中开发人才、培养下属。

（9）及时做好竣工收尾和施工项目的技术总结。

三、项目经理的职权

项目经理职务范围内的权力，是相对于职责而言的。权力的大小程度取决于责任的分量轻重。在现阶段，我国园林绿化施工企业中所推行的项目管理模式与国际惯例及通用标准差距还很大。至少是施工项目经理还不可能对项目的一切经营效果承担全部责任。施工项目经理部在生产经营活动中，还不能直接面向社会大市场，一般都处在企业内职能管理部门的统一计划下。因此，施工项目经理的职权也受多方面的制约。但作为施工企业应积极创造条件，为尽职尽责的项目经理授予必要的管理权力。按有些地方和企业现行管理办法规定，项目经理的职权主要有：

（1）在企业法人代表授权范围内，与建设单位、设计单位及有关部门洽谈业务，签署合同或补充协议、洽商设计等。

（2）依照企业管理制度，行使对工程项目的生产指挥和经营决策权。一是在总工期控制内，有权根据施工实际情况，对速度进行适当调整；二是有权批准重大技术方案和重大技术措施，必要时召开技术方案论证会并主持重大事务的处理；三是有权就本施工项目的管理和经理部管理，制订相应的补充规定或实施细则。在不违反国家和企业原则规定的基础上，结合施工项目特点，可就部分管理办法进行补充或调整。

（3）依照现行用工制度，项目经理有对项目的劳务用工选择、考核、辞退权和项目班子人员的聘任、解聘权。在企业年综合计划前提下，项目经理可就劳务用工对象和形式提出申请，并对输入项目的劳务人员有权调配、管理、考核和按合同规定奖罚。对组阁的项目班子人员有权进行管理、奖惩或解聘。

（4）参照国家或地方概预算标准对分包工程的价格和劳务费用有商定权，并按分包合同进行奖罚。对企业劳务作业职工有权按公司规定和劳务合同进行奖罚兑现，和对本经理部人员的工资、奖金、承包进行兑现奖罚等，并有权决定其分配形式和制订具体标准（但上限不得超过企业有关规定）。

（5）对施工项目所需的材料、设备在内部市场无法调剂并经同意后，有权向外采购、租赁并签订合同。有权对项目配置的施工材料、机具进行统一调配、使用和管理。

（6）对项目资金有权使用。项目施工生产经营中一切经费支出，须经过项目经理"一支笔"审批。

（7）对企业法人代表和企业有关部门违反合同的要求和做法有权提出意见，对因违约而造成的重大损失有权要求赔偿。

四、项目经理的利益

项目经理的利益，是指按承包合同和企业规定，项目经理在完成其职责后应获取的正当收益。这是社会主义按劳分配的直接体现，也是对超额劳动或业绩突出者实行奖励。获取正当的利益绝不是"金钱至上"或"个人利益第一"，必须受到保护。

目前，因多方面原因造成某些企业经营者和施工项目经理责权利关系歪曲的现象，主要表现在两个方面：一是过分夸大了经营承包者的个人功绩，在收入上人为地追求"重奖"，造成分配明显不公，干群关系紧张。二是不敢大胆地提出、强调经营承包者的个人利益，影响了一部分人的积极性。这两种矛盾反映的现象，都是对责权利关系的歪曲。工程项目经理作为企业高层次的管理人员，在对企业做出突出贡献时有权利获得相应的利益。当然，这种奖罚办法应通过企业职代会讨论通过，并严格按规定考核，有奖有罚，奖罚对应。

项目经理相关利益的获取，不是以从事的项目规模、工期或本人原职别为标准确定的，而应以该施工项目的经营结果为依据确定。项目经理在全面完成承包指标时，应有权获得以下利益：

（1）荣誉奖励。从全国到地方、企业，近几年来陆续开展优秀项目经理评比活动，就是对优秀项目经理的肯定和鼓励。对胜任领导工作的，也可晋升。

（2）物质利益。在企业职工同等条件下，对贡献特别突出的项目经理（也含其他方面的人员）可优先分配住房或获得其他物质利益。对超额利润较多、社会信誉好的项目经理，也可提前晋升。

（3）经济利益。在全面完成承包合同时，在项目经理部解体时按规定应给予一次性奖励。至于奖励的标准，可按企业的实际情况事先确定。

五、项目经理的日常工作

1. 项目经理的工作原则

（1）从实际出发，按经济规模和基本建设程序办事。

（2）以提高项目管理经济效益为中心。

（3）在技术经济活动中，要十分重视科技进步，采用新技术、新工艺、新设备、新材料。

2. 项目经理的基本工作

（1）规划工程项目管理目标

建设单位的项目经理所要规划的是该项目建设的最终目标，即增加或提供一定的生产能力或使用价值，形成固定资产。这个总目标的分目标有投资控制目标、设计控制目标、施工控制目标、时间控制目标等。作为建设工程施工单位的项目经理，应当对工程质量、工期、成本目标做出规划，组织项目管理班子成员对目标系统做出详细计划，绘制展开图，进行目标管理。这件事做得如何，从根本上就决定了项目管理的效能，这是因为：

$$管理效能＝目标方向×工作效率$$

再者，确定了项目管理目标，就可以使工程项目的各项活动有了中心，可以把团队的活动都扭到一股绳上。

（2）制定项目管理规范

制定规范，就是建立合理而有效的项目管理组织机构及制定重要规章制度，从而保证规划目标的实现。规章制度必须符合现代管理基本原则，其特点是"系统原理"和"封闭原理"。规章制度必须面向全体职工，使他们乐意接受，以有利于推进规划目标的实现。当然，项目管理的规章制度并不需要都由项目经理制定，绝大多数应由项目管理班子或执行机构制定，项目经理给予督促和效果考核。项目经理应亲自主持制定的制度，通常为岗位责任制度和奖罚制度。

（3）选用人才

一个优秀的项目经理，必须下功夫去选择好项目管理班子成员及主要的业务人员。项目经理在选人时，首先要掌握"用最少的人干最多的事"的基本效率原则，要选得其才，用得其所。

3. 项目经理的经常性工作

（1）确保项目目标实现，保证业主满意。这一项基本职责是检查和衡量项目经理管理成败、水平高低的基本标志。

（2）制定项目阶段性目标和项目总体控制计划。项目总目标一经确定，项目经理的职责之一就是将总目标分解，划分出主要工作内容和工作量，确定项目阶段性目标的实现标志如形象进度控制点等。

（3）组织精干的项目管理班子。这是项目经理管好项目的基本条件，也是项目成功的组织保证。

（4）及时决策。项目经理需亲自决策的问题包括实施方案、人事任免奖惩、重大技术措施、设备采购方案、资源调配、进度计划安排、合同及设计变更、索赔等。

（5）履行合同义务，监督合同执行，处理合同变更。项目经理以合同当事人的身份，运用合同的法律约束手段，把项目各方统一到项目目标和合同条款上来。

（6）负责项目的管理工作、工序及资源的（宏观）调配以及资金掌握分配。具体明细工作由项目经理的下属岗位负责人负责。

4. 项目经理的具体工作

（1）适时决策

项目经理对重大决策必须按照完整的科学方法进行。项目经理不需要包揽一切决策，只有如下两种情况要项目经理做出及时明确的决断：

一是出现了非规范事件，即例外性事件。例如，特别的合同变更，或者对某种特殊材料的购买，或领导重要指示的执行决策等。

二是下级请示的重大问题，即涉及项目目标的全局性问题，项目经理要明确及时做出决断。项目经理可以不直接回答下属的问题，只直接回答下属的建议。决策要及时、明确，不要模棱两可，更不可遇到问题绕着走。

（2）联系群众

项目经理必须密切联系群众，经常深入实际。这样才能体察下情，了解实际，能够发现关键问题，便于开展领导工作。要把问题解决在群众前面，把关键工作做在最恰当的时候。

（3）项目经理与客户的沟通

沟通对项目成败至关重要，项目经理有 $75\%\sim90\%$ 的时间用于沟通。包括项目组内部的沟通与项目外部的沟通。在沟通中宜谦虚礼让，忌据理力争；宜换位思考，忌刻意说服；宜留有缓冲，忌当场回绝；宜主题明确，忌海阔天空；宜当面沟通，忌背后议论。

（4）不断学习

项目管理涉及现代生产、科学技术、经营管理，它往往集中了这三者的最新成就。因此项目经理必须事先学习，干中学习。知识日益更新，项目经理如果不学习提高，就不能很好地提高领导水平，也不能很好地解决出现的新问题。项目经理必须不断学习新知识、新思想、新方法和新工艺。

项目经理是项目管理的核心人物，其个人素质水平的高低，往往直接影响甚至决定了项目管理操作结果的好坏，因此，在不断学习项目管理理论知识和操作经验的同时，不要忽视自身综合素质能力的全面提高。

①健康的身体——勤奋、锻炼、节制、有规律。

②良好的品德——诚信、正直、善良、理性。

③广泛的学识——兴趣、学习、思考、借鉴。

④一定的领悟性——总结、归纳、领会、融会贯通。

⑤正确的人生观——乐观、积极、向上、正视现实。

复习思考题：

1. 简述建设工程项目经理的地位和作用。

2. 项目经理的工作性质与特点如何？

3. 简述项目经理应具备的知识结构和素质特征。

4. 项目经理应具备怎样的开会艺术？

5. 项目经理的选拔与培训需把握哪些要点？

6. 项目经理的任务与职责主要包括哪些方面？

7. 项目经理可以行使哪些职权？

8. 项目经理的利益包括哪些方面？如何实现？

9. 简述项目经理的日常工作内容与特点。

第二篇　园林工程施工
组织管理

第一章　园林工程施工组织管理概述

园林工程项目，如一个风景区、一座公园、一个游乐园、一组居住小区绿地等，它都具有完整的结构系统、明确的使用功能、工程质量标准、确定的工程数量、限定的投资数额、规定的建设工期以及固定的建设单位等基本特征。园林工程项目建设过程主要包括项目论证、项目设计、项目施工、项目竣工验收、养护与保修等五个阶段。

第一节　园林工程项目施工概述

一、园林工程施工的概念

园林工程施工过程通常分为施工准备、施工组织设计、施工、竣工验收和养护等四个阶段，都统称为园林工程施工。

园林工程施工是指园林工程项目承包企业，在合法获得园林工程项目施工承包权后，根据与业主签订的工程承包合同，按照设计图纸及其他设计文件的要求，根据施工企业自身的条件与类似工程施工的经验，采取规范的施工程序，按照现行的国家及行业相关技术标准或施工规范，以先进科学的工程实施技术和现代科学管理手段，进行施工组织设计、施工准备，进度、质量、安全、成本控制，以及合同管理、现场管理等施工管理步骤，至工程竣工验收、交付使用和园林种植养护管理等一系列工作。

二、园林工程施工的作用

（一）使园林工程建设工程项目得以实施

任何理想的园林工程项目计划，再美好、先进科学的园林工程设计，其目的都必须通过现代园林工程施工企业的科学实施，才能得以实现，否则就成为一纸空文。

（二）施工是设计创作的延续和深化，也是创作园林艺术精品的主要途径

不管设计者的水平多么高超、经验多么丰富，园林工程的施工图及其他设计文件，都难免会有遗漏和不足之处。通过园林工程的施工，施工专业技术人员以及技术工人在施工过程中的修正、完善、再创作与提高，使工程项目达到或超过设计预期的游憩功能、生态效益与景观效果，从而实现设计创作的延续与深化。

只有把学习、研究、发掘的历代园林艺匠精湛的施工技术和巧夺天工的手工工艺，与现代科学技术和管理手段相结合，运用于现代园林工程施工实践之中，才能创造出符合时代要求的现代园林艺术精品；也只有通过这一实践，才能促使园林艺术不断提高。

（三）提高园林工程施工水平，培养现代园林工程施工队伍

一切理论均来自广泛的生产实践活动。园林工程建设的理论也只能来源于园林工程建

设实施。园林工程施工的实践过程，就是发现施工中存在的技术问题、解决问题，总结、提高园林工程施工水平的过程；它也是不断提高园林工程施工理论、技术的基础。

园林工程施工队伍，不论其自身的施工技术与管理水平如何，如果不通过不断的施工实践的锻炼与提高，其施工技术与管理水平的提升显然只是一句空话。

三、园林工程施工的特点

（一）施工现场复杂

园林工程施工现场地理位置、地形、地貌、气候条件复杂多变，水电供给差异较大，使得园林工程施工场地多处于特殊复杂的立地条件之上，给园林工程施工带来许多困难，也给施工单位提出了更高的要求。

（二）施工工艺要求高

园林工程融园林建筑、园林工程与园林绿化于一体，既有植物造景要求，也有建筑造景艺术，还有假山乃至景观照明艺术，这就决定了园林工程施工工艺的高标准要求。园林工程要建成具有游览、观赏和游憩功能的场所，以及精品园林的工程，就必须用高水平的施工工艺与技艺才能实现。

（三）施工技术复杂

园林工程尤其是仿古园林建筑工程，因其有许多传统民间工艺，如彩绘、油漆、木装修、屋顶瓦作、灰塑、石雕、砖雕等，其复杂性远非其他建设工程可以比拟。因而，对施工管理人员和技术人员的施工技术以及艺术修养要求很高。作为植物造景为主的园林工程施工人员，还应掌握大量的树木、花卉、草坪的知识和施工技术。没有较高的施工技术很难达到园林工程的设计要求。

（四）施工专业性强

园林工程的内容繁多，涉及的施工专业也众多，而且各种工程的专业性极强，同时园林工程的审美特征要求高，因而施工人员的专业知识要求面要广，还要有相当的艺术修养。园林工程不仅涉及建筑施工、市政道路施工、室内装修施工、电气施工，还涉及给水排水施工、假山施工以及园林绿化施工等数个专业领域的施工技术，因此，园林建设施工的专业性要求极强。

（五）要求多专业工种密切协作

现代园林工程相对而言，其规模总体有增大的趋势，项目走向集园林绿化、生态、环境、休闲、娱乐、体育锻炼于一体，使得园林工程的大规模化和综合性特点更加突出。因而，在其建设施工中涉及众多的工程类别和工种技术，同一工程项目施工生产过程中，往往要由不同的施工单位和不同工种技术人员相互密切配合、协作施工才能完成。

（六）通常是施工期短

由于我国建筑市场的节奏普遍较快，园林工程项目在这种氛围中，施工工期通常较短。而且，相当部分的园林配套工程，包括道路绿地、居住区绿地以及附属绿地的建设，往往由于前期开工的专业施工工期拖后，导致后期园林建设计划工期均大大缩短。

第二节　园林工程施工组织与管理

一、园林工程施工组织的内容

园林工程施工组织的内容一般包括施工准备与施工实施两大部分。施工准备则是指施工组织设计、技术准备、现场准备、物资准备、人力资源准备等方面的内容；施工实施则包括以进度控制、质量控制和成本控制为核心的施工组织与管理，此外，还包括现场管理、信息管理、生产要素管理与组织协调等内容。园林工程施工组织的主要内容和目的是：

（1）按照园林工程施工管理的客观规律科学地组织施工；

（2）积极创造良好的施工条件，保证施工的正常与顺利进行；

（3）优化施工方案，提高施工项目的经济效益；

（4）施工方案应在保证质量和安全的前提下，做到优化施工方案、缩短工期、降低能耗、保护环境、文明施工；

（5）运用先进的管理方法与管理理论来指导施工组织设计。

二、园林工程施工组织与施工管理

（一）园林工程施工管理的基本任务

园林工程建设施工管理是城市园林绿化施工企业对园林工程施工项目进行的综合性管理活动。即城市园林绿化施工企业，或其授权的项目经理部，采取有效方法对施工全过程包括投标签约、施工准备、施工、验收、竣工结算和用后服务等环节所进行的决策、计划、组织、指挥、控制、协调、教育和激励等措施的综合事务性管理工作。

园林工程建设施工管理的基本任务是根据企业管理的普遍规律与园林工程施工的特殊规律，以工程施工生产及施工现场作为管理对象，优化施工过程中劳动力、劳动对象以及机械设备等资源配置，应用组织与协调等管理手段，使施工项目到达工期、质量、成本、安全与文明生产等目标，为业主交付合格的工程产品。

（二）园林工程施工组织与施工管理的关系

园林工程施工组织既可以是园林建设项目的施工、单项工程或单位工程的施工组织，也可以是分部工程或分项工程的施工组织。施工管理不仅包括施工组织的内容，而且还包括施工管理规划、投标决策与管理、签订施工合同、选定项目经理与组建项目经理部、竣工验收与后期管理、项目考核以及进行经济分析等工作。

三、园林工程施工管理的意义

园林工程施工的科学组织与管理，是保证园林工程在符合工程质量要求以及景观效果的情况下，又能使成本最低的关键，其重要意义表现为：

（1）有助于实现项目中标，完成施工合同签订，是施工管理的重要内容之一。

（2）是保证项目按计划顺利完成的必要条件，是在施工全过程中落实施工方案，达到施工质量、进度与成本控制目标的基础。

（3）是保证园林设计意图的实现、确保园林艺术通过工程手段充分表现出来的关键。

（4）是实施劳动力、物资、机械设备和资金等资源有效管理，减少资源浪费，降低施工成本，实现项目施工目标的手段。

（5）是实现安全生产目标、保护环境、实现文明施工目标的保证。

四、园林工程施工组织的原则

（一）遵循法律法规、规章以及规范性文件要求

施工组织首先应当遵循我国或园林工程所在地国家有关建设工程以及园林工程方面的法律，如我国的《建筑法》《招投标法》《城市规划法》《安全生产法》等。

其次要遵照有关建设工程的法规或地方法规，如《建设工程质量管理条例》《城市绿化条例》《安全生产许可证条例》《城市道路管理条例》等。

再次要遵循与园林工程施工有关的地方规范性文件。这些包括文明施工管理有关规定等。如建设部颁布的《建设工程施工现场管理规定》《建筑工程施工许可管理办法》《房屋建筑工程和市政基础设施工程竣工验收备案管理暂行办法》等。

此外，还应遵循与建筑工程施工相关的一些法律、法规、部门规章以及规范性文件的要求。例如，与环境保护、卫生防疫有关的规定。

（二）遵循与园林工程施工有关的行业规范

包括与园林建筑施工有关的技术规范、质量标准、临时用电规范等，与园林工程施工中有关的国家标准、行业规范等，以及与园林绿化工程施工及验收有关的技术规范等。

（三）遵循科学施工

园林工程施工与建筑工程一样，应遵循建设工程基本建设程序。也即项目自立项至竣工验收与交付使用的整个程序。没有规划，设计就无从谈起；同样，没有施工图也就没有施工图预算，招标或施工也就无法进行。建设工程基本程序的每个环节紧密衔接，按照顺序进行，不能跳跃或颠倒。

施工工艺的顺序也影响施工组织。如园林建筑的干粘石施工，其操作工艺应为：基层打底→弹线嵌条→抹粘结层→撒石子→压石子；每道工序之间衔接有序，不可颠倒。

（四）符合园林工程施工生产规律

由于园林工程施工露天作业、施工现场流动、产品多样、工程的工艺要求高、装饰材料种类多且批量小、涉及工种多、园林种植涉的季节性以及生产工人流动大等特点，因此，施工组织就应充分考虑这些规律，合理地进行施工组织设计以及施工管理。

（五）充分应用科学技术

施工组织应在充分研究园林工程特点与施工现场，以及当地的气候、水文以及社会经济状况的前提下，充分应用流水作业、网络技术的基础上，合理组织施工。施工中还可以采用一些新技术、新工艺、新材料等措施来缩短工期，提高质量。应用合理的栽培技术提高园林种植的成活率，使园林工程项目能提前发挥其景观效益与生态效益。

（六）充分应用先进的管理科学技术进行施工管理

施工组织过程中，要充分引入先进的企业管理科学与激励机制，调动全体工程技术人员以及生产工人的积极性与创造性，群策群力，发挥人的积极因素，科学地组织施工。

五、园林工程施工管理目标控制措施

园林工程施工管理的目标主要有：施工进度、质量、成本、安全与文明施工等。

依照控制的类型，按照控制措施制定的出发点不同，可分为主动控制与被动控制；按照控制措施作用与控制对象的时间，可分为事前控制、事中控制和事后控制；按照控制信息的来源，可分为前馈控制和反馈控制；按照控制过程是否形成闭合回路，可分为开环控制和闭环控制。事实上，同一控制措施可以表述为不同的控制类型。

1. 主动控制

主动控制是指在预先分析各种风险及其导致控制目标偏离的可能性和程度的基础上，拟定和采取有针对性的预防措施，从而减少乃至避免目标偏离。主动控制是事前控制、前馈控制、开环控制，也是面向未来的控制。

2. 被动控制

是指从计划的实际输出中发现偏差，通过对产生偏差的原因进行分析，研究制订纠偏措施，以使偏差得以纠正，工程实施恢复到原来的计划状态，或者虽然不能恢复到计划状态，但可以较少偏差的严重程度。被动控制是事中控制、事后控制、反馈控制、闭环控制，是面对现实的控制。

园林工程施工的目标控制应将主动控制与被动控制结合使用，期间应处理好两方面的问题：一是要扩大信息来源，即不仅要从本工程获得工程特点、施工难点以及实施情况的信息，而且要从外部环境获得有关信息，如已完工同类工程信息，这样纠偏才会有针对性；二是把握好输入这个环节，即要输入两类纠偏措施，纠正已发生偏差的措施与预防和纠正可能发生偏差的措施。

第三节　园林工程施工管理的基本内容

园林工程施工管理的基本内容。主要有以下几个方面：

一、施工准备

俗话说，"三军未动，粮草先行"。园林工程的施工也一样，施工开始之前就应充分做好各项的准备工作，这样，才能实现项目管理的各项预期目标。

施工准备工作是在园林工程施工前，为更好地开展施工事先对施工力量、施工机械设备、施工材料和施工现场进行统筹安排所做的工作。它是施工企业或其授权的项目经理部在施工管理过程中的一项重要工作，是企业或项目部落实目标管理的必备步骤。

施工准备工作按照施工阶段可以划分为开工前的施工准备与施工阶段的施工准备。开工前的施工准备是拟施工的园林工程开工前，为开工所进行的一切准备工作，它涉及整个施工过程，是全局性的、全面的准备工作。施工阶段的施工准备也称为作业条件的施工准备，或叫做作业准备。它是为某一施工阶段、分部分项工程或某个施工环节正式施工创造必要的作业条件而做的准备工作，是局部性的、经常性的准备工作。

二、进度计划管理

进度计划管理是施工组织管理的核心之一。园林施工企业根据施工项目的实际情况和建设工程施工合同，以及组织施工的规律与经验，对拟施工的项目进行科学合理的安排与部署，充分考虑各种施工不利因素，编制切实可行的施工进度中、长、短期计划以及各专业施工计划，并进行综合平衡；组织进度计划的执行，并运用动态原理，对进度进行动态检查、对比、分析与调整，使进度计划得以实现。

对于较复杂的园林工程，施工企业或其授权的项目经理部，还应编制单项工程、分部分项工程施工进度计划，施工月度、旬（周）、日计划。进度计划管理的任务就是要根据施工合同中规定的工期，合理地组织与部署施工，按照施工顺序、工艺搭接关系、开工与完工的时间合理地安排施工，并应用流水作业、网络计划技术以及资源优化技术等组织施工，按照各类进度计划，进行控制动态与协调，确保工程按照合同工期或提前完成施工任务并完成竣工（完工）验收工作。

三、现场管理

所谓现场管理是指对施工现场内施工活动及空间所进行的管理活动。现场管理的目标是场容规范、整洁卫生、文明施工、安全有序，做到施工不扰民，不损害社会公众利益。现场管理的内容主要包括以下几个方面：

（一）施工现场的平面布置与管理

现场的平面布置要做到解决施工所需要的各种设施、材料堆放与园林建筑、园林假山、大型场地以及主要的乔木种植区之间的合理布置。要按照总体施工部署、施工方案以及施工进度的要求，对施工用的临时建筑物、构筑物，临时加工场地，材料仓储及堆场，临时水电管线，临时施工道路等做出合理的规划与布置。现场平面管理的原则是根据施工进度的不同阶段，在施工过程中对平面布置进行调整，以满足施工进度及安全文明施工的要求。

（二）现场成品、半成品的保护

由于施工过程是一个多专业、多工种、对部位的反复交叉作业的过程，施工过程中不同专业、不同部位不断形成半成品、成品，但可能其他专业还在该部位施工，如果对它们不进行保护，将严重影响质量与进度，导致施工成本失控。因此，半成品、成品的保护就成为现场管理的重要内容。

（三）现场安全文明施工管理

现场安全文明施工是有关建筑工程法律与部门规章，以及当地建设行政主管部门的要求，也是保障施工得以顺利进行的条件。其主要内容包括：场容场貌、环境保护、卫生防疫以及消防安全等管理内容。

（四）施工现场 CI 管理

CI 管理即企业形象视觉识别规范管理。企业要树立良好的企业品牌形象，就应当对施工现场进行视觉形象规范化、标准化管理，把 CI 管理与安全文明施工管理工作结合起来，树立良好的企业品牌形象。

四、竣工验收管理

园林工程施工验收管理工作在施工管理中是一个相当重要的环节，及时的竣工验收不仅可以按时履行施工合同，而且可以提前进入保质期管理、竣工结算，从而实现降低企业经营风险，提高企业的经济效益。

竣工验收管理包括竣工验收技术资料的收集、整理与装订、竣工预验收、竣工验收前的整改、竣工验收资料的提交以及竣工验收等管理工作。

五、用户服务管理

用户服务管理是指园林工程项目从投标开始，开工、施工，至竣工验收交付使用后，按照与业主签订的合同及有关法规规定，在整个建设的前期、中期、后期的全过程服务管理工作。

（一）用后服务管理

用后服务管理是施工管理的最后阶段，即交工验收后，按照承包合同以及法规中规定的责任期进行用后服务、回访和保修所必须进行的工作。

（二）用后服务管理的主要工作

（1）必要的用户使用指导、技术咨询和服务工作；

（2）听取使用单位的意见与建议，从中总结经验、汲取教训；

（3）定期针对使用中发现的问题，组织必要的维护、维修、保修与补种；

（4）责任期满后，及时会同合同签约单位收回保修金，解除合同。

复习思考题：

1. 园林工程施工的作用与特点是什么？
2. 园林工程施工组织的概念如何？它与园林工程施工管理有何异同？
3. 园林工程施工组织应遵循哪些原则？
4. 园林工程施工管理的内容主要包括哪几个方面？

第二章　园林工程的进度控制

第一节　施工进度计划概述

一、施工进度计划的概念与类别

（一）施工进度计划的概念

施工进度计划是施工单位对全工地所有施工项目根据施工合同、资源状况、施工现场以及设计文件所做出的时间上的安排，是施工现场各施工活动在时间上的体现。其作用在于确定各个施工项目及其主要工程、工种、准备工作和全工程的施工期限及开工与竣工日期，从而便于确定园林工程施工现场上的劳动力、材料、成品、半成品、施工机械（机具）的需要数量及调配情况，以及现场临时设施的数量、水电供应负荷及能源交通需求数量等，以满足施工要求，从而确保如期竣工。实践证明，科学合理地编制施工进度计划是保证工程如期交付使用、降低施工成本的重要手段。

（二）施工进度计划的类别

园林工程进度计划按照编制时间、编制对象、编制内容等不同可以按照以下情况分类：

1. 按照编制时间不同划分

可以分为以下五类，即年度施工进度计划、季度施工进度计划、月度施工进度计划、旬施工进度计划、周施工进度计划等。由于园林工程通常工期较短，所以，项目经理部应更加重视月度、旬计划乃至周进度计划的编制。

2. 按照编制对象不同划分

可划分为：施工总进度计划、单项（单位）工程进度计划、分阶段工程进度计划、分部分项工程进度计划。

施工总进度计划是以一个园林项目或以园林建筑、园林工程、园林种植为对象，用以指导整个项目，或园林建筑、园林工程、园林种植施工全过程进度控制的指导性文件。施工总进度计划通常在园林工程总承包企业总工程师或技术负责人的领导下进行编制。单项（单位）工程进度计划是以一个单位工程、单体工程或单项工程为对象，在项目总进度计划控制目标的前提下编制而成。如亭、廊、榭，土方工程、给水排水工程、乔木种植工程等进度计划。它们用以指导单项（单位）工程施工进度的控制。一般由项目经理部组织，在项目技术负责人的领导下于单位工程开工前编制完成。

分阶段工程进度计划是以工程阶段目标，如基础施工阶段、主体结构施工阶段、室内装饰阶段等为编制对象，用以该施工阶段进度控制的指导性文件。一般与单位工程进度计划一起编制，由负责该施工的专业工程师编制。

分部分项工程施工进度计划是以分部分项工程为对象而编制的用以指导分部分项工程施工进度控制的专业性文件。它是在分阶段工程进度计划控制下，由负责该工程施工的专业技术人员编写。

3. 按照编制内容的繁简程度不同划分

可分为完整的项目施工进度计划和简单形式的施工进度计划。

完整的施工进度计划适用于工程规模大、专业多、艺术要求高、交叉施工复杂的工程项目进度计划的控制。如大型的公园、大型的居住小区园林工程、仿古建筑等。

简单的进度计划则仅适用于工程规模小、施工简单，技术要求不复杂、种植设计简单的园林种植等工程施工进度计划的编制。

二、施工进度计划编制的要求与原则

（一）施工进度计划编制的基本要求

园林工程进度计划编制有以下基本要求：

（1）满足施工合同的总工期、开工日期与竣工日期或分段竣工工期的要求；

（2）施工过程顺序合理，衔接关系适当；

（3）实现施工的连续性与均衡性，节约施工费用。

（二）施工进度计划编制的原则

园林工程进度计划的编制应符合以下原则：

1. 符合施工程序与施工顺序

园林工程的施工程序与施工顺序有其固有的技术规律。应遵循先地上后地下，先深后浅；先主体后结构；先基层后面层；先大树后小树；先乔木后地被等先后施工顺序。还应遵循施工工艺顺序以及施工工艺间隔规律。此外，还应合理安排工种之间的间隔与搭接。

2. 采用先进的施工组织技术组织施工

可以采用流水施工方法和网络计划技术，组织有节奏、均衡、连续的施工。

3. 保证重点工程施工，统筹安排

施工应抓重点工程或工序，做到先重点后一般。重点工程一般是整个项目的控制工程，施工难度最大、工程量最大或工期最长，因此，要集中主要力量搞好重点工程或工序的施工，这对大型园林项目建设尤为重要。

4. 充分考虑雨期与冬期施工特点，合理安排冬雨期施工项目，保证施工的连续性与均衡性

由于园林工程施工均在露天进行，受天气影响大，因此，编制进度计划时就应充分考虑这一特点，采取相应的组织及技术措施，以保证整个施工过程的连续性与均衡性，从而达到进度控制的目标。

5. 科学地安排园林种植的施工时间

由于某些植物种类的种植有其季节性，因此，在安排进度计划时应考虑不同种类园林植物种植的季节性，将这些植物安排在整个施工期内适宜种植的季节种植，或者采取其他技术手段克服季节对植物种植的影响。

6. 贯彻"早、全、实、细"

在进度计划的编制时应贯彻"早、全、实、细"的原则。

（1）早。即影响施工进度计划控制的所有工作都应强调计划先行。针对影响施工进度的因素，逐一进行分解与分析，制订相应的组织与技术措施，减少其对进度的影响。同时，必须根据进度控制目标，尽早制订施工项目整体和阶段性工作目标与计划，尽早地依照进度计划完成施工准备的各项工作，使计划得以落实。

（2）全。强调进度计划的全面配套。把施工项目的全部管理活动、施工全过程以及参与施工的所有人员，均纳入计划管理控制系统，并使各种计划、各施工过程衔接紧密，施工连贯。

（3）实。强调进度计划安排实事求是。首先，进度计划安排要准确，既要考虑进度计划的总目标，又要实事求是地安排进度计划的季度、月度等计划目标，充分考虑分目标计划实现的可能性，计划既要先进又要留有余地，从而通过采取及时的措施顺利完成。其次，施工方案要先进合理，简单实用，便于操作。

（4）细。强调编制进度计划要细致、细化。一是要在总体进度计划的基础上编制分进度计划，包括年、季、月、旬、周，以及单位工程、单项工程、单体工程、分部分项工程，乃至各施工工序的进度计划；二是要编制多管理层次的进度计划，使进度计划层层落实。如编制施工专业队伍、施工班组进度计划等。

三、施工进度计划编制的依据和内容

（一）施工进度计划编制的依据

1. 编制施工总进度计划的主要依据

（1）施工项目承包合同与投标文件。

（2）施工图纸及其他设计文件。包括施工图纸、设计说明、设计变更等。

（3）工程量清单、施工图预算、企业定额、劳动定额、机械台班定额及工期定额等。

（4）施工项目所在地的自然条件和社会经济技术条件。包括气象、地形地貌、水文地质状况、地区施工能力、交通、水电等条件。

（5）施工部署与拟采用主要施工方案及措施，施工工艺关系、组织关系、搭接关系、施工顺序及流水段划分等。

（6）施工企业本身的人力、施工机械设备、技术及管理水平等状况。

（7）项目施工所需要的资源以及当地的资源供应状况。包括劳动力、机械设备的租赁状况、物资供应状况等。

（8）当地建设行政主管部门（特定业主）对建设工程施工的要求。

（9）现行的施工及验收技术规范、规程和有关技术规定。

（10）施工企业对类似工程施工的经验及经济指标。

2. 单项工程施工进度计划编制的资料依据

（1）施工项目管理目标责任书。

（2）施工总进度计划。

（3）施工方案。

（4）主要材料和设备的供应能力。

（5）施工人员的技术素质和劳动效率。

（6）施工现场条件，气候条件，环境条件。

（7）已建成同类工程的实际进度及经济指标。

（二）施工进度计划编制的主要内容

1. 编制施工总进度计划的主要内容

（1）编制说明。包括：园林工程项目的基本情况，如工程性质、建设地点、建设规模、总建设面积、园林建筑规模、单体建筑数量、建筑艺术特色、土方工程量、道路及场地铺装面积、水体面积、园林绿化面积及主要乔木的种植数量、草皮及地被植物面积等。

（2）各种进度计划表。包括：施工总进度计划表、分期分批施工工程的开工日期、完工日期以及工期一览表，资源需要量及供应平衡表等。

（3）进度计划目标。包括：施工总进度控制目标，单位工程的分阶段控制目标等。

（4）施工部署和主要采取的施工方案。

（5）施工总平面布置和各阶段施工平面调整方案以及主要经济技术指标。

2. 编制单项工程进度计划的内容

相当部分的园林工程项目仅需要编制总施工进度计划或单项工程施工进度计划，但大型或技术复杂的园林工程项目也应编制单项工程施工进度计划。单项工程进度计划的编制内容包括：

（1）编制说明。包括：拟建工程的基本情况，如建设单位、工程名称、工程投资、开工与竣工日期、施工合同要求、单位工程竣工时间要求等。

（2）进度计划图。通常用横道图或网络计划图表示。

（3）单项工程进度计划及风险分析与控制措施。

（4）劳动力、主要材料、预制件、半成品及机械设备需要量计划与供应计划。

（5）主要施工方案及流水段划分。

第二节　施工进度计划的编制

一、施工进度计划编制的步骤与方法

（一）施工总进度计划的编制方法与步骤

规模不大或技术不复杂的园林工程项目，只要编制施工总进度计划即可满足要求。施工总进度计划的编制方法与步骤如下：

1. 工程项目分类与计算工程量

园林工程项目通常规模不会十分浩大，所以，工程项目分类不宜过于复杂，应根据工程项目的特点进行分类。如仅有园林建筑工程，或园林工程，或种植工程部分的工程项目，可按照单位或单项工程，或按照分部分项工程来分类；如项目包含了上述两类或三类工程则项目分类可按照下列方式进行，并列入工程项目一览表，如表 2-2-1 所示。

工程量应根据建设单位（业主）批准的施工图及其他设计文件、现场核对情况进行准确计算，将计算的工程量填入表 2-2-1。

工程项目分类与工程量一览表　　　　　　　　　表 2-2-1

工程项目分类	工程名称	建设规模（m³/m²）	预算投资（万元）	实物工程量					
				土方工程	场地平整	…	混凝土工程	钢筋工程	…
土方工程									
亭									
廊									
榭									
种植工程									
…									

2. 确定总工程及各单项工程的施工期限

总工程及各单项工程的施工期限应根据施工合同工期确定，同时，还应考虑建筑规模、建筑类型、建筑艺术风格、结构特征、施工方法、施工管理水平、施工机械化程度以及施工现场条件等因素。

3. 协调各单项工程的开竣工时间和相互搭接关系

（1）保证重点，兼顾一般。在安排进度计划时，要分清主次，抓住重点工程、关键工程。同一时期进行施工的项目不宜过多，以免分散有限的人力、物力。

（2）尽量做到均衡施工与连续施工。在安排进度计划时，应尽量使各类施工人员、施工机械在工地内连续施工；同时，使劳动力、施工机具和物资消耗在施工工地达到均衡，避免出现突出的高峰与低谷，以利于劳动力的调度、材料的供应以及临时设施的充分利用。

（3）满足施工工艺要求。要根据施工工艺确定的施工方案，合理安排施工顺序，使园林建筑施工、园林工程各单项工程施工以及园林种植施工相互衔接，从而缩短施工工期。

（4）充分考虑施工总平面与空间布置对施工进度的影响。施工用的临时设施尽量设置在对施工进度影响小的位置，如临时设施对工期造成影响，则应在编制计划时予以充分的考虑。

（5）全面考虑其他主要影响因素

① 甲方提供设计图纸的时间进度；

② 设计变更；

③ 不利天气因素；

④ 不利施工季节（主要影响物资以及劳动力的供应）；

⑤ 环境保护因素。

4. 编制初步施工总进度计划

施工总进度计划应安排全工地性的流水作业。全工地性的流水作业安排应以工程量大、工期长的单项或单位工程为主导，组织若干条流水线。再根据相关资料，先编制初步施工总进度计划。

5. 编制正式施工总进度计划

初步施工总进度计划编制后，要对其进行检查、比对。主要看总工期是否符合合同工期要求，资源是否均衡且供应能否得到保证，如出现异常，应进行调整。调整的主要方法是该变某些工程项目的起止时间或调整主导工程的工期。如果是网络计划，则可利用计算机分别进行工期、费用以及资源优化。一旦初步施工总进度计划调整符合要求，则可编制正式的施工总进度计划。

6. 编制劳动力需求计划

编制劳动力需求计划首先根据工种工程量汇总表中分别列出的各个园林建筑物、构筑物主要工种的劳动量；再根据总进度计划表中单位工程工种的持续时间，得出某单位工程在某段时间里的平均劳动力数量。将总进度计划表纵坐标上各单位工程同工种所需要的人数叠加在一起，并连成一条曲线，即为某工种的劳动力动态曲线图和计划表。劳动力需要量计划表如表 2-2-2 所示。通常在表的下端画出分月劳动力动态曲线，曲线纵坐标表示人数，横坐标表示时间。表中的人数还应包括辅助工人的数量，以及服务与管理用工的数量。

劳动力需要量计划表　　　　　　　　　　　　　　　　表 2-2-2

序号	工程名称	施工高峰所需的工种及人数	××××年					现有人数	增加或减少人数
			一月	二月	三月	…	十二月		
1									
2									
……									

7. 材料、构件和半成品需求计划

根据工程量汇总表各工种工程量、概算指标，可以算出各种园林建材及绿化材料、构件和半成品的需求数量，然后根据施工总进度计划表，可以大致估算出某月各种材料、构件和半成品的需求量，从而编制出材料、构件和半成品需求计划表。

8. 施工机械需求量计划

主要施工机械，如挖掘机、运输车辆、起重机等的需求量，可以根据施工进度计划、主要单位工程的工程量与施工方案，并套用机械产量定额求得；运输车辆可以根据运输量求得。

（二）单项工程施工进度计划的编制

1. 单项工程施工进度计划的编制步骤

单项或单位工程施工进度计划的编制步骤如图 2-2-1 所示。

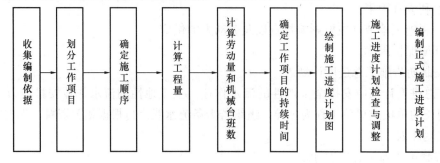

图 2-2-1　单项工程进度计划编制步骤

2. 单项工程施工进度计划的编制方法

（1）划分工作项目

所谓工作项目就是包括一定工作内容的施工过程，它是施工进度计划的基本组成单元。项目内容的多少与划分的粗细程度，应根据计划的需要来决定。对于大型的工程项目，经常需要编制控制性施工进度计划，此时，工作项目可划分得粗一些，一般仅明确到分部工程。如某仿古多层亭的控制性施工进度计划，可以仅列出土方工程、基础工程、主体结构工程、装饰工程等分部工程项目。如果编制实施性施工进度计划，工程项目就要划分得细一些。一般情况下，单位工程施工进度计划的工作项目划分应明确到分项工程或更具体，以满足指导施工作业、控制施工进度的要求。如前述的工程施工，其基础工程又可划分为挖基础、做垫层、扎钢筋、捣制基础梁、捣制柱体、回填土等。

工作项目的划分应在熟悉施工图的基础上，根据单位工程的特点和已经确定的施工方案，按照施工顺序逐项列出，以防止漏项或重复。工作项目的划分还应注意以下事项：

① 要结合所选择的施工方案进行；

② 注意适当简化单位工程进度计划的内容，避免工程项目划分过细，造成重点不突出；

③ 电气工程、暖通工程等对外分包工程，在进度计划中仅需反映与其他工程如何配合即可，无须再细分项目；

④ 施工项目应大致按照施工先后次序排列，所采用的施工项目名称可参考相关定额手册。

园林工程常见分部分项工程如表 2-2-3 所示。

园林工程常见分部工程项目 　　表 2-2-3

工程项目	工程项目	工程项目	工程项目
1 准备及临时设施工程	7 给水工程	13 防水工程	
2 平整建筑用地工程	8 排水工程	14 脚手架工程	19 栽植整地工程
3 基础工程	9 安装工程	15 木工工程	20 掇山工程
4 模板工程	10 地面工程	16 油饰工程	21 栽植工程
5 混凝土工程	11 抹灰工程	17 供电工程	22 收尾工程
6 土方工程	12 瓷砖工程	18 灯饰工程	

（2）确定施工顺序

确定施工顺序是为了按照施工技术的规律和合理的组织关系，解决各工作项目之间在时间上的先后和搭接问题，以达到充分利用空间，争取时间，实现合理安排工期的目的。

施工顺序通常受施工工艺和施工组织两方面的制约。当施工方案确定后，工作项目之间的工艺关系也随之确定了。如果违背这种关系，将不可能施工，或者导致工程质量事故和安全事故的出现，或者造成返工及浪费。

在确定施工顺序时，必须根据工程特点、技术组织要求以及施工方案等进行研究，不能拘泥于某种固定的顺序。

（3）计算工程量

工程量的计算应根据施工图、工程量清单和工程量计算规则，针对所划分的每个工作项目进行。如果已有工程预算文件，且工作项目的划分与施工进度计划一致时，可以直接套用施工预算的工程量。如果某些项目有出入，但出入不大时，应结合工程的实际情况进行某些必要的调整。计算工程量时还应注意以下问题：

①工程量的计算单位应与现行的定额工程量计算规则中的单位一致，以便计算劳动力、材料和机械数量时直接套用定额，而不必进行换算。

②要结合具体的施工方法和安全技术要求计算工程量。如计算柱基础土方工程量时，应根据所采用的施工方法（单独基坑开挖、基槽开挖还是大开挖）和边坡稳定要求（放坡还是加支撑）进行计算。

③应结合施工组织要求，按照已划分的施工段分层、分段进行计算。

（4）计算劳动量和机械台班数

当某工作项目是由若干个分项工程合并而成时，则应分别根据各分项工程的时间定额或产量定额以及工程量，按照公式（2-2-1）计算出合并后的综合时间定额或综合产量定额。

$$H = \frac{Q_1 H_1 + Q_2 H_2 + \cdots + Q_i H_i + \cdots + Q_n H_n}{Q_1 + Q_2 + \cdots + Q_i + \cdots + Q_n} \tag{2-2-1}$$

式中　H——综合时间定额（工日/m³，工日/m²，工日/t，……）；

　　　Q_i——工作项目中第 i 个分项工程的工程量；

　　　H_i——工作项目中第 i 个分项工程的时间定额。

根据工作项目的工程量和所采用的定额，即可按照公式（2-2-2）或公式（2-2-3）计算出各工作项目所需要的劳动量和机械台班数。

$$P = Q \cdot H \tag{2-2-2}$$

$$P = Q/S \tag{2-2-3}$$

式中　P——工作项目所需要的劳动量（工日）或机械台班数（台班）；

　　　Q——工作项目的工程量（m³，m²，t，……）；

　　　S——工作项目所采用的人工产量定额（m³/工日，m²/工日，t/工日，…或机械台班产量定额（m³/台班，m²/台班，t/台班，……）。

其他符号同前。

零星项目所需要的劳动量可结合实际情况，根据承包单位的经验进行估算。

专业分包工程可以不计算劳动量和机械台班数，仅安排与自身施工的工程施工配合的进度。

（5）确定工作的持续时间

根据工作项目所需要的劳动量或机械台班数，以及该工作项目每天安排的工人数或配备的机械台数，即可按照公式（2-2-4）计算出各工作的持续时间。

$$D = \frac{P}{R \cdot B} \tag{2-2-4}$$

式中　D——完成工作项目所需要的时间，即持续时间（d）；

　　　R——每班安排的工人数或机械台班数；

　　　B——每天工作班数。

其他符号同前。

在安排每班工人数或机械台班数时，应综合考虑以下问题：

① 要保证各个工作项目上工人班组中每一个工人拥有足够的工作面（不少于最小工

作面），以发挥效率并保证施工安全。

② 要使各个工作项目上的工人数不低于正常施工时所必需的最低限度（不能小于最小劳动组合）。

每天工作班数应根据工作项目施工的技术要求和组织要求来确定。例如，浇筑大的水池时，要求不留施工缝连续浇筑时，必须根据混凝土工程量决定采用双班制或三班制。

如果根据组织要求（如组织流水施工时），需要采用倒排的方式来安排进度，即先把公式（2-2-4）换成公式（2-2-5）。利用公式（2-2-5）即可确定各工作项目所需要的工人数或机械台数。

$$R = \frac{P}{D \cdot B} \tag{2-2-5}$$

如果根据上式求得的工人数或机械台数已超过承包单位现有的人力、物力，除了寻求其他途径增加人力、物力外，承包单位应从技术上和施工组织上采取措施加以解决。

（6）绘制施工进度计划图

目前，用来表达建设工程施工进度计划的方法有横道图和网络图两种方式。两种表达方式各有千秋，这将在下述文中介绍。

（7）劳动力、材料、机具需要量等计划的落实

施工进度计划编制后即可落实劳动资源的配置。组织劳动力，调配各种材料和机具并确定劳动力、材料、机械进场时间表。现介绍劳动力需要量计划（表2-2-4），各种材料（建筑材料、植物材料）、配件、设备需要量计划（表2-2-5），工程机械需要量计划（表2-2-6）。

劳动力需要量计划 表 2-2-4

序号	工程名称	人数	月 份												备注
			1	2	3	4	5	6	7	8	9	10	11	12	

各种材料（建筑材料、植物材料）、配件、设备需要量计划 表 2-2-5

序号	各种材料、配件、设备名称	单位	数量	规格	月 份												备注
					1	2	3	4	5	6	7	8	9	10	11	12	
	...																

工程施工机械需要量计划 表 2-2-6

序号	机械名称	型号	数量	使用时间	退场时间	供应单位	月份						备注
							1	2	3	...	11	12	
	...												

二、施工进度的表示方法

园林工程施工进度计划的表示方法有多种，但园林工程施工进度计划通常使用横道图和网络图两种。

（一）横道图

横道图也称为条形图，或甘特图，是 20 世纪 20 年代由美国人甘特（Gantt）提出的。其优点是形象、直观，且易于编制和理解；因而长期以来被广泛用于建设工程进度控制之中。

用横道图表示的建设工程进度计划，一般包括两个基本部分。即左侧的工作项目名称及工作的持续时间等基本数据部分，右侧的横道线部分，如图 2-2-2 所示的某庭院工程施工进度计划横道图，工程包括种植工程 1800m²，其中乔木、灌木 135 株，地被植物 235m，草皮 950m²；园路及小桥 350m²，单层钢筋混凝土结构单层琉璃瓦亭 1 个，450m² 水池一个。该计划明确表示了各工作项目的划分、工作的开始时间、完成时间和持续时间，以及各工作之间的相互搭接关系，整个工程项目的开工时间、完工时间和总工期。

序号	工作项目名称	持续时间 (d)	进 度 (d)						
			7	14	21	28	35	42	49
1	施工准备	2							
2	亭基础	4							
3	亭主体	18							
4	亭装饰	14							
5	水池基础及结构	15							
6	水池装饰	10							
7	园路及小桥基础及结构	15							
8	园路及小桥装饰	15							
9	土方工程	4							
10	场地平整	7							
11	乔灌木种植	5							
12	草皮铺装	3							
13	收尾	4							

图 2-2-2　某庭院园林工程施工进度横道图

但利用横道图表示工程进度计划，也存在以下缺点：

（1）不能明确地反映出各项工作之间错综复杂的相互关系，因而在计划的执行过程中，当某些工作的进度由于某种原因提前或拖延时，不便于分析其对其他工作及总工期的影响程度，不利于园林工程进度的动态控制。

（2）不能明确地反映出影响工期的关键工作和线路，也无法反映出整个工程项目的关键所在，因而不便于进度控制人员抓住主要矛盾。

（3）不能反映出工作所具有的机动时间，看不到计划潜力所在，无法进行最后合理的组织与指挥。

（4）不能反映工程费用与工期之间的关系，因此，不便于缩短工期和降低成本。

（二）网络图

利用网络计划控制建设工程进度，与横道图相比，有以下优点：

（1）能够明确表达出各工作施工顺序之间的先后顺序的逻辑关系。这对于分析各工作之间的相互影响及处理它们之间的协作关系具有非常重要的意义，这也是网络计划比横道计划先进的主要特征。

（2）通过网络计划时间参数的计算，可以找出关键线路和关键工作，从而明确找出工程进度控制中的工作重点，这对于提高园林工程进度控制的效果具有重要意义。

（3）通过网络计划时间参数的计算，可以明确各工作的机动时间，从而用于网络的优化。

（4）网络计划可以利用电子计算技术计算、优化与调整。

网络图的缺点是没有横道图直观、明了，但如果绘制时标网络计划也可以弥补这种不足。

图 2-2-2 中的进度计划，如果用网络图来表示，就可以绘成如图 2-2-3 所示的网络图。

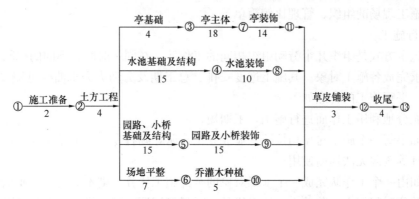

图 2-2-3　某庭院园林工程施工进度计划网络图

第三节　流水施工与网络计划技术

一、流水施工

流水施工是一种科学、有效的工程项目施工组织方法之一。它可以充分利用工作时间和操作空间，减少非生产性劳动消耗，提高劳动生产力，缩短工期、提高工程质量及降低造价。

（一）组织施工的方式

根据施工项目的施工特点、工艺流程、资源利用、平面或空间布置等要求，其施工可以采用依次、平行、流水等组织方式来组织施工。

如某风景名胜区拟建的休息服务区为三幢建筑物，其编号分别为Ⅰ、Ⅱ、Ⅲ，各建筑物的基础工程均可分解为挖土方、浇混凝土基础和回填土三个施工过程，分别由相应的专业队按照施工工艺要求依次完成，每个专业队在每幢建筑物的施工时间均为 5 周，各专业队的人数分别为 10 人、16 人和 8 人。三幢建筑物基础工程施工的不同组织方式如图 2-2-4 所示。

1. 依次施工

依次施工是将拟建工程项目中的每一个施工对象分解为若干个施工过程，按施工工艺要求依次完成每一个施工过程；当一个施工对象完成后，再按照同样的施工顺序完成下一个施工对象，依此类推，直至完成所有施工对象。如图 2-2-4 中依次施工栏所示。其特点如下：

（1）没有充分地利用工作面进行施工，工期长；

（2）如果按照专业成立专业工作队，则各专业队不能连续作业，有时间间歇，劳动力及施工机具等资源无法均衡及充分使用；

（3）如果由一个工作队完成全部施工任务，则不能实现专业化施工，不利于提高劳动生产率和施工质量；

（4）单位时间投入的劳动力、施工机具、材料等资源较少，有利于资源供应的组织；

（5）施工现场的组织、管理比较简单。

2. 平行施工

平行施工方式是组织几个劳动组织相同的工作队，在同一时间、不同的空间，按照施工工艺要求完成各施工对象。其施工进度安排、总工期及劳动力需求曲线见图 2-2-4 中平行施工栏。平行施工的特点如下：

（1）充分地利用工作面进行施工，工期短；

（2）如果每一个施工对象均按照专业成立工作队，则各专业队不能连续作业，劳动力及施工机具等资源无法均衡使用；

（3）如由一个工作队完成一个施工对象的全部施工任务，则不能实现专业化施工；

（4）单位时间投入的劳动力、施工机具、材料等资源成倍地增加，不利于资源供应的组织；

（5）施工现场的组织、管理比较复杂。

3. 流水施工

将施工中的每一个施工对象分解为若干个施工过程，并按照施工过程成立相应的专业队伍，各专业队按照施工顺序依次完成各个施工对象的施工过程，同时保证施工在时间和空间上连续、均衡和有节奏地进行，使相邻两个专业队能最大限度地搭接作业。其施工进度安排、总工期及劳动力需求曲线见图 2-2-4 中流水施工栏。

流水施工的特点如下：

（1）尽可能地利用了工作面进行施工，工期比较短；

（2）各专业队实现了专业化施工，从而有利于提高过程质量和劳动生产率；

（3）相邻专业队的开工时间能够最大限度地搭接；

（4）单位时间内投入的劳动力、施工机具、材料等资源较均衡，有利于资源供应的

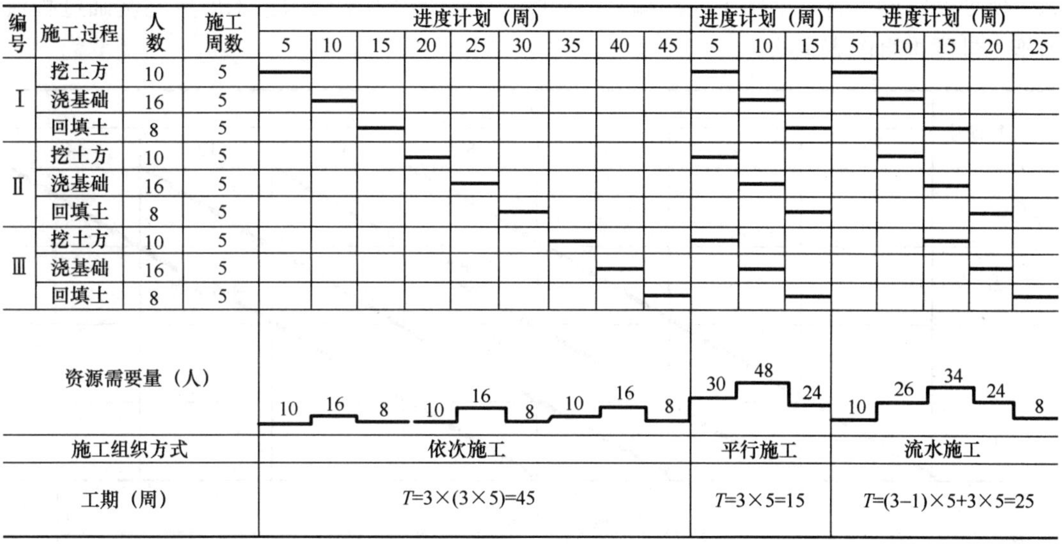

编号	施工过程	人数	施工周数	进度计划（周）									进度计划（周）			进度计划（周）				
				5	10	15	20	25	30	35	40	45	5	10	15	5	10	15	20	25
Ⅰ	挖土方	10	5																	
	浇基础	16	5																	
	回填土	8	5																	
Ⅱ	挖土方	10	5																	
	浇基础	16	5																	
	回填土	8	5																	
Ⅲ	挖土方	10	5																	
	浇基础	16	5																	
	回填土	8	5																	

资源需要量（人）：10　16　8　　10　16　8　　10　16　8　　　30　48　24　　　10　26　34　24　8

施工组织方式	依次施工	平行施工	流水施工
工期（周）	$T=3\times(3\times5)=45$	$T=3\times5=15$	$T=(3-1)\times5+3\times5=25$

图 2-2-4　施工方式比较图

组织。

（二）流水施工的表达方式

流水施工进度计划的表达方式除网络图外，还有横道图和垂直图两种。

1. 流水施工进度计划的横道图表示法

某公园艺术展览室基础过程流水施工的横道图表示法如图 2-2-5 所示。图中横坐标表示流水施工的持续时间；纵坐标表示施工过程的名称或编号。n 条带有编号的水平先端表示 n 个施工过程或专业工作队的施工进度安排，其编号①、②······表示不同施工段。

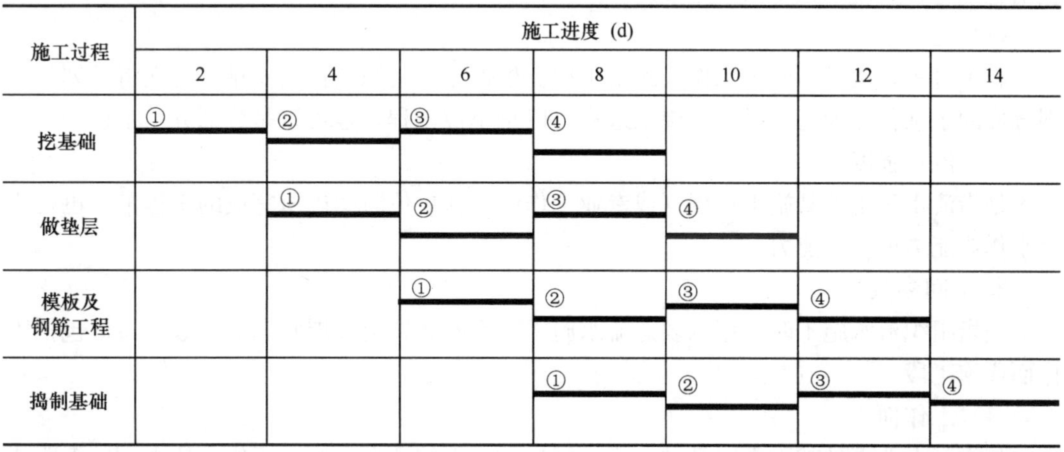

施工过程	施工进度 (d)						
	2	4	6	8	10	12	14
挖基础	①	②	③	④			
做垫层		①	②	③	④		
模板及钢筋工程			①	②	③	④	
捣制基础				①	②	③	④

图 2-2-5　某艺术展览室基础工程流水施工进度横道图表示法

横道图的优点是绘图简单，施工过程及其先后顺序表达清楚，时间和空间状况形象直观，使用方便，因而被广泛用于表达施工进度计划。

2. 流水施工的垂直图表示法

流水施工进度的垂直图表示法中，横坐标表示流水施工的持续时间；纵坐标表示流水施工所处的空间位置，即施工段的编号。如图 2-2-6 所示为某公园艺术展览室基础过程流水施工进度垂直图表示法。

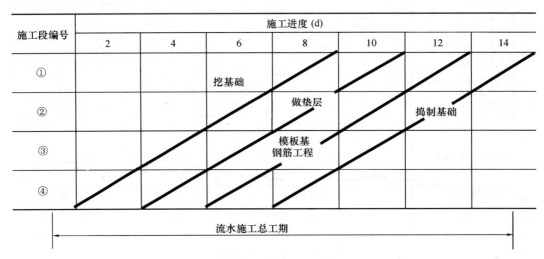

图 2-2-6 某艺术展览室基础工程流水施工进度垂直表示法

垂直图表示法的优点是施工过程及其先后顺序表达清楚，时间和空间状况形象直观，斜向进度计划的斜率可以直观地表示出各施工过程的进展速度。缺点是编制实际工程进度计划不如横道图方便。

（三）流水施工参数

1. 工艺参数

主要是指组织流水施工时，用以表达流水施工在施工工艺方面进展状态的参数，通常包括施工过程和流水强度两个参数。

（1）施工过程

施工过程，也可为施工工作或施工工序。根据施工组织及计划安排需要而将计划任务划分成的子项称之为施工过程。施工过程可以是单位工程，也可以是分部分项工程。

（2）流水强度

是指流水施工的某施工过程（或专业工作队）在单位时间内所完成的工程量。也称为流水作业能力或生产能力。

2. 空间参数

是指组织流水施工时，用以表达流水施工在空间布置上开展状态的参数。通常包括工作面或施工段。

（1）工作面

是指某专业工种的工人或某种施工机械进行施工的活动空间。工作面的大小，表明能安排施工人数或机械台数的多少。

（2）施工段

将施工对象在平面或空间上划分成若干个劳动量大致相等的段落，称为施工段或流水段。划分施工段是组织流水施工的基本条件。

划分施工段应注意以下基本原则：

①同一专业工作队在各个施工段上的劳动量大致相等，相差幅度不宜超过10％~15％；

②每个施工段内要有足够的工作面，以保证相应数量的工人、主导施工机械的生产效率，满足合理劳动组织的要求；

③施工段界线应尽可能与结构界限（如沉降缝、伸缩缝等）相吻合，或设在对建筑结构整体影响小的部位；

④施工段的数目要满足合理组织流水施工的要求。施工段数目过多，会降低施工速度，延长工期；施工段过少，不利于充分利用工作面，可能造成窝工。

（3）时间参数

① 流水节拍

是指组织流水施工时，某专业工作队在某一施工段上的施工时间。

② 流水步距

是指组织流水施工时，相邻两个施工过程或专业工作队相继开始施工的最小时间间隔。

③ 流水施工工期

是指组织流水施工时，第一个专业工作队投入流水施工开始，到最后一个专业工作队完成流水施工为止的整个持续时间。由于一项工程可能包括多个流水组，也并非所有工作都参加流水作业，所以流水施工工期一般均不是整个工程的总工期。

（四）流水施工的基本组织方式

1. 有节奏流水施工

有节奏流水施工是指在组织流水施工时，每一个施工过程在各个施工段上的流水节拍都各自相等的流水施工。它可分为等节奏流水施工和异节奏流水施工。

（1）等节奏流水施工

是指在组织流水施工时，有节奏流水施工中各施工过程的流水节拍都相等的流水施工。也称为固定节拍流水施工或全等节拍流水施工。如图 2-2-6 所示的流水施工。

（2）异节奏流水施工

异节奏流水施工是指在有节奏流水施工中，同一施工过程的流水节拍各自相等而不同施工过程之间的流水节拍不尽相等的流水施工。在组织异节奏流水施工时，又可以采用等步距和异步距两种方式。

①等步距异节奏流水施工

是指在组织异节奏流水施工时，按照每个施工过程流水节拍之间的比例关系，成立相应数量的专业工作队而进行的流水施工，也称之为成倍节拍流水施工。如图 2-2-7 所示。

② 异步距异节奏流水施工

是指在组织异节奏流水施工时，每个施工过程成立一个专业工作队，由其完成各施工段的流水施工。如图 2-2-8 所示。

2. 无节奏流水施工

无节奏流水施工是指在组织流水施工时，全部或部分施工过程在各个施工段上的流水节拍不相等的流水施工。这种施工是流水施工中最常见的一种。如图 2-2-9 所示。

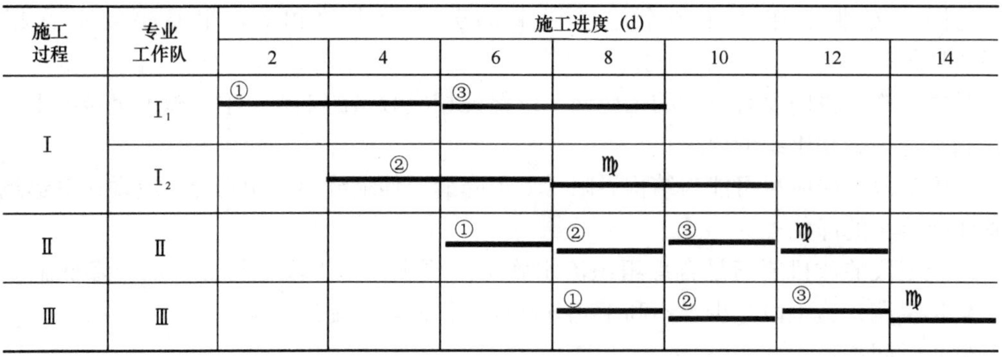

施工过程	专业工作队	施工进度 (d)						
		2	4	6	8	10	12	14
I	I₁	①		③				
	I₂		②		㎳			
II	II			①	②	③	㎳	
III	III				①	②	③	㎳

图 2-2-7　等步距异节奏流水施工进度计划示意图

施工过程	专业工作队	施工进度 (d)						
		2	4	6	8	10	12	14
I	I₁	①		③				
II	II			①	②	③	㎳	
III	III				①	②	③	㎳

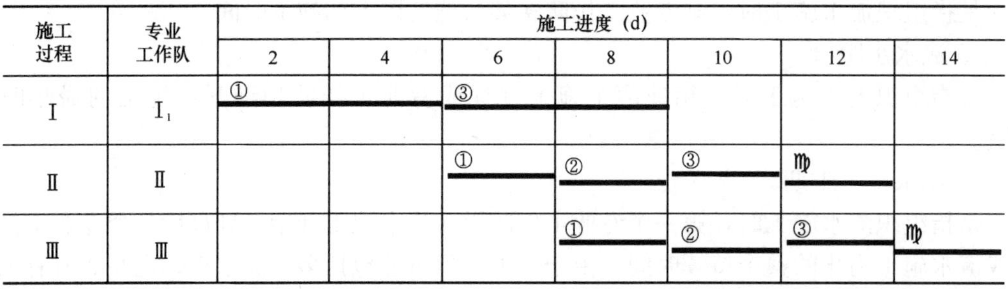

图 2-2-8　异步距异节奏流水施工进度计划示意图

施工过程	施工进度 (d)						
	2	4	6	8	10	12	14
I	①	②	③	㎳			
II		①	②	③	④		
III			①	②	③	④	
IV			①	②	③	④	

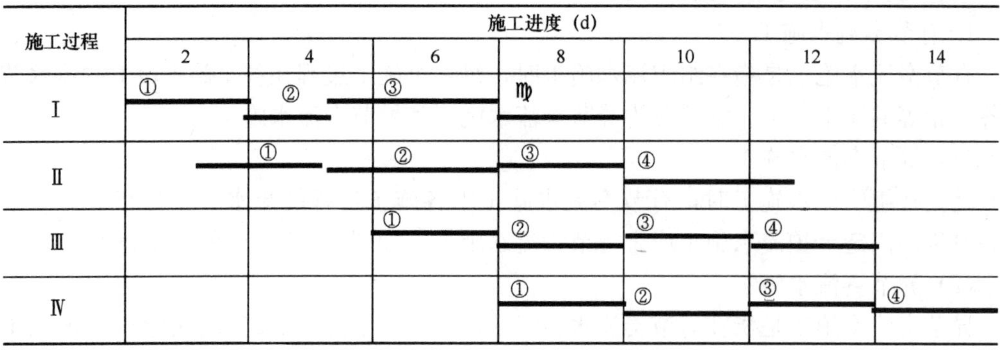

图 2-2-9　无节奏流水施工进度计划示意图

二、网络计划技术

网络图法又称统筹法，它是以网络为基础用来指导施工的进度计划管理方法。此处不再展开细述。

第四节　施工进度控制

一、施工进度控制的概念

施工进度控制是指在既定的工期内，编制出最优的施工进度计划，在执行计划的过程中，经常组织检查施工时间进度情况，并将其与实际进度比较，若出现偏差，则通过分析产生偏差的原因和对工期影响的程度，制订出必要的调整措施，修改原进度计划，执行新的进度计划，不断如此循环，直至竣工验收合格。

施工进度控制的最终目标是实现合同中确定的交工日期。施工进度控制总目标是确保施工项目的既定目标的实现，也就是在保证施工质量和不因此增加施工实际成本的前提下，适当缩短工期。

施工进度控制是一个动态的管理过程，它包括进度目标的分析与论证，在收集资料和调查研究的基础上编制进度计划和进度计划的跟踪检查与调整。由于施工进度总目标是由各分目标进度计划组成，因此，进度控制应将总目标层层分解，形成实际进度控制相互制约的目标体系。进度计划控制就应建立在以项目经理为首的控制体系，各子项目负责人、计划人员、调度人员、作业队长和班组长都是该体系的成员，各自承担其相应的进度计划控制目标任务。

二、影响施工进度的因素

影响园林工程施工进度的因素有很多，但归结起来，主要有以下几个方面：

（一）工程建设相关单位的影响

参与工程建设的相关单位很多，许多单位的工作进展都会对施工进度产生影响。相比其他建设工程，对园林工程影响最大的相关单位主要有业主（或总承包单位）、设计单位、政府、监理单位和建设工程质量监督部门。影响最大的往往是业主，通常是在场地的移交、资金的拨付、发包方应做的工作、发包方的物资供应等方面工作滞后引起；其次是设计单位，设计单位的影响主要是设计图纸的提供不及时，或设计图纸遗漏、与现场的出入等造成。

此外，还有资金供应部门及通信、电力、供水及供气等管线单位的影响也常常造成工期的拖后。因此，作为承包单位，必须充分依靠监理单位与业主代表，发挥他们在协调各种关系中的作用；同时，承包单位也应积极主动与各方沟通、协调，从而达到进度计划控制的目标。

（二）设计变更的影响

由于园林工程自身的赶工特点，施工中的设计变更非常多。当遇到设计变更时，施工单位应当积极与设计及监理配合，及时提供现场第一手资料，提出合理化建议，使设计变更的出图时间周期缩短。

（三）施工条件的影响

施工中一旦遇到水文、地质条件与设计不相符合的情况，如地下障碍物、地下文物、断层、溶洞、软弱基础、未标明的地下管线等，以及连续的雨天、热带风暴、连续异常高温、异常低温等不利因素，均对施工进度造成极大的影响。

（四）各种风险因素的影响

包括政治、经济、技术以及自然等方面的各种不可预见因素。政治方面如战争、内乱、罢工、拒付债务、制裁等；经济方面如延迟付款、汇率浮动、外汇控制、通货膨胀、分包单位违约等；技术方面如工程事故、试验失败、标准变化等；自然方面如地震、洪水等；此外，还有如传染病流行等其他因素。

（五）施工单位自身的原因

包括自身的技术失误、采取的措施不当而造成的技术事故，特别是在应用新技术、新材料、新结构、新方法等方面缺乏经验，不能达到施工质量要求造成对施工进度的影响。

施工单位施工组织管理不力，也会造成对施工进度的影响。如施工组织不合理、施工方案不当、计划不周、劳动力和施工机械调配不当、施工平面布置不合理、半成品与中间产品保护不当、养护管理不力等。

三、施工进度控制方法

施工进度控制方法包括动态控制与事前控制。动态控制即：计划—实施—检查—资料收集—对比分析—纠偏—计划的循环过程。事前控制就是将困难考虑在前，从而事先做好预防措施的方法。施工进度控制的主要措施有：组织措施、管理措施、经济措施、技术措施等几个方面。

（一）组织措施

（1）充分重视建立健全项目管理组织体系。包括根据项目的特点及施工现场实际，确定合理的项目经理部组织架构，明确职能分工与职责，在组织结构中要有专门负责进度控制的人员，同时在职能分工表中予以表明并落实。

（2）编制主要施工环节、施工过程的进度计划，并定期跟踪、检查落实情况，及时发现偏差，分析偏差产生的原因，及时纠正偏差。

（3）编制项目进度控制的工作流程。包括确定进度计划系统的组成，各类进度计划的编制程序、审批程序与进度计划调整程序等。

（4）编制应急预案。对于异常气候、质量事故等对施工进度影响较多的风险，编制应急预案，使其一旦变成风险事件时，能较快地应对。

（5）组织协调工作。包括重视会议协调的手段，经常召集有关协调会议。

（二）管理措施

（1）重视管理学科理论的应用。包括运用动态控制的原理、组织系统的原理、弹性原理来进行进度控制。

（2）应用网络计划技术，运用关键线路、时差等组织施工。

（3）选择合理的分包模式、物资采购模式。

（4）重视信息技术的应用。应用信息技术进行资料的收集、整理、统计与网络优化，加快信息的传递与处理，从而提高效率，利于施工进度控制。

（三）经济措施

（1）应编制与进度计划相适应的资源需求计划，包括资金需求计划、人力资源与物力资源需求计划，从而做到及时地为施工提供各种物资及资金供应。

（2）制定可行的激励制度，做到奖罚分明。

（四）技术措施

（1）通过采用先进的技术方法进行施工。

（2）通过应用某些新技术、新材料或新工艺，缩短施工间歇时间。

（3）改变原有的施工方案。

第五节　施工进度计划的实施、检查与调整

一、施工进度计划的实施要点

施工进度计划的实施实际上就是进度目标的过程控制，是PDCA（即计划—实施—检查—处理）循环阶段。在这一阶段中主要应做好以下工作。

（一）施工进度计划的审核

项目经理应进行施工进度计划的审核，主要审核以下几个方面内容：

（1）进度计划安排是否符合施工合同确定的总工期目标和单项工程的进度计划分目标，是否符合其开工、竣工日期的规定；

（2）施工进度计划中的内容是否有遗漏，分期施工是否满足分批交工的需要和配套交工的要求；

（3）施工顺序安排是否符合施工程序的要求；

（4）主要园建或苗木等材料供应计划是否能保证施工进度计划的实现，供应是否均衡，业主（或总包单位）、分包人供应的资源是否满足施工进度计划的要求；

（5）甲方提交的施工设计图纸的进度是否满足施工进度计划的要求；

（6）总分包单位之间的进度计划是否相互协调，专业分工与计划的衔接是否明确合理；

（7）对施工进度计划的风险是否分析清楚，是否有相应的风险防范对策，对策是否可行、合理；

（8）各项保证进度计划实现的措施是否全面、可行及有效。

（二）施工进度计划的贯彻

1. 进度计划的分解

项目经理应当根据施工总进度计划、单项工程施工进度计划以及分部分项工程进度计划，将进度计划目标层层分解至各施工专业工作队、施工班组。但在进度目标分解时应注意分目标进度计划之间的相互衔接。

2. 签订进度计划目标责任书

待进度计划目标分解后，项目经理应与施工作业队伍和作业班组之间签订分进度目标计划完成责任书，按照计划目标规定的施工质量标准、施工工期以及安全生产责任目标，明确其承担的责任、权限与利益。

3. 进行进度计划交底

施工进度计划的实施是全体工程技术人员以及操作工人的共同责任，施工前要使企业或项目经理部有关部门人员明确各项计划的目标、任务、实施方案和措施，使管理层和作业层协调一致，使进度计划得以实施。

（三）进度计划的实施

1. 编制旬（周）作业计划

由于园林工程的施工总工期较短，在实施进度计划时通常编制旬或周作业计划即可满

足进度控制的要求。通常将规定的任务结合现场施工的状况、劳动力、机械等资源条件和实际的施工进度，在开工前或施工过程中不断地编制本旬或本周施工作业计划，使施工计划更具体、更实际、更可行，从而更好地落实与实现。旬或周进度计划的主要内容应包括：本旬或周应完成的施工工程量、所需要的各种资源量、主要技术措施与方案、提高劳动生产率和节约措施，以及施工进度延误应急计划。

2. 签发施工任务书

编制好旬（周）作业计划后，将每项具体作业任务通过签发施工任务书的方式下达班组进一步落实。施工任务书应由专业施工负责人编制下达。它包括的主要内容有施工任务单、限额领料单和考勤表。其中，施工任务单包括：分项工程施工任务书、工程量、劳动量、开工日期、完工日期、工艺、质量与安全要求。限额领料单是根据施工任务书编制的控制班组领用材料名称、规格、型号、单位、数量和领用记录、退料记录等。

3. 做好施工进度记录以及施工进度统计

在完成施工任务书中的施工任务的同时，各级施工进度计划的执行者都应跟踪做好施工记录，记载每项工作开始时间、每日完成数量和完成日期，以及施工现场发生的各种对施工进度与质量有影响的因素、排除干扰因素的情况；记录工程形象进度、工程量、总产量，耗用的人工、材料和机械台班数等。

4. 做好施工调度

施工调度工作的主要任务是根据施工进度计划的实施情况，采取措施，协调各方面的关系排除各种对进度有影响的干扰，加强薄弱环节，保证施工作业计划的完成和实现进度计划目标。

调度工作的主要内容有：督促进度作业计划的实施、调整协调各方面的进度关系；监督检查施工准备工作；督促资源供应单位按照计划供应各种施工资源；对临时出现的问题采取调配措施；按照施工平面管理好施工现场，同时，结合实际情况进行必要的调整，做到文明施工；了解气候、水电供应等情况，采取相应的防范和保障措施；及时发现和处理施工中出现的各种事故和意外事件；定期及时召开现场调度会议，贯彻施工项目管理部门的决策，发布调度令。

二、施工进度计划的检查与调整

经常地、定期地对施工进度计划实施情况进行检查的目的是，收集施工进度材料，进行统计、整理和对比分析，确定实际进度与计划进度之间的复杂情形，为进度控制服务。其主要工作内容包括：

（一）施工进度计划的检查

1. 检查施工实际进度

（1）检查的时间间隔。检查的时间间隔应根据施工项目的类型、规模、施工条件和对进度执行要求程度等而定。在实际操作中，通常可以确定每月、半月、旬或周进行一次。若施工中遇到天气、资源供应等不利因素，或者赶工期，次数应频繁，乃至每日进行一次检查，或派人进行现场督促。

（2）检查与收集资料的方式。一般采用现场实际察看与进度报表结合的方式。收集的资料包括报表资料、影像资料等。

（3）进行日检或定期检查的内容。检查的主要内容包括：

① 检查期内实际完成和累计完成工程量；

② 实际参加施工的人力、机械数量及生产效率；

③ 窝工人数，窝工机械台班数及其原因分析；

④ 进度偏差情况；

⑤ 进度管理情况；

⑥ 影响进度的特殊原因及分析。

（4）整理统计检查数据。及时将收集的资料进行整理与统计，统计的项目应与进度计划控制的工作项目一致，从而形成具有可比性的数据、相同的量纲和形象进度。实物工程量、工作量和劳动消耗量一般按照累计百分比统计，以便与相应的计划完成量相对比。

2. 对比实际进度与计划进度

通常的比较方法有：横道图比较法、S形曲线比较法、"香蕉"形曲线比较法、前锋线比较法以及列表比较法。通过比较得出实际进度与计划进度相一致、超前或拖后三种情况。

3. 施工进度计划检查结果的处理

（1）进度控制报告的汇报方式

施工进度检查的结果，按照检查报告制度的规定，形成施工进度控制报告，并向有关主管人员及部门或项目经理部汇报。进度控制报告根据不同的报告对象，可以分为以下几种：

① 概要级进度控制报告。它报告的对象是项目经理、企业经理或业务部门以及建设单位。它是以整个施工项目为对象说明进度计划执行的报告。

② 项目管理级进度控制报告。它报告的对象是项目经理及企业业务部门。它是以单位工程或项目分区为对象说明进度计划执行的报告。

③ 业务级进度控制报告。它报告的对象是项目管理部门和各业务部门。它是以某个重点施工部位或重点问题对象说明进度计划执行的报告，为采取应急措施而使用的。

进度报告通常由计划负责人或进度管理人员与其他项目管理人员协作编写。

（2）进度控制报告的内容

施工进度控制报告的内容主要包括：

① 进度执行情况的综合描述；

② 实际施工进度图；

③ 工程变更、价格调整、索赔及工程款收支情况；

④ 进度偏差的状况和导致偏差的原因分析；

⑤ 解决问题的措施；

⑥ 计划调整意见。

（二）施工进度计划的调整与总结

1. 施工进度计划的调整

根据施工进度计划检查的结果，结合实际情况，采取科学的方法对进度计划进行调整，并编制调整后的施工进度计划，作为进度控制的新依据。

（1）进度计划调整的内容

施工进度计划的调整应包括以下内容：① 施工内容；② 工程量；③ 起止时间；④ 持续时间；⑤ 工作关系；⑥ 资源供应。

（2）进度计划调整的方法

1）压缩关键工作的持续时间。在不改变工作之间的先后顺序关系的前提下，通过缩短网络计划中关键线路上工作的持续时间来缩短工期。要达到此目的，通常需要采取一定的措施。具体措施包括：

①组织措施

A. 增加工作面，组织更多的施工队伍参与施工；

B. 增加每天的施工时间，如采用三班制等；

C. 增加劳动力和施工机械的数量。

②技术措施

A. 改进施工工艺和施工技术，缩短工艺技术时间间歇；

B. 采用更先进的施工方法，以减少施工过程的数量；

C. 采用更先进的施工机械。

③经济措施

A. 实行包干奖励；

B. 提高奖金数额；

C. 对所采取的技术措施给予相应的经济补偿。

④其他配套措施

A. 改善外部配合条件；

B. 改善劳动条件；

C. 实施强有力的调度制度。

由于赶工会导致费用的增加，因此，在调整施工进度计划时，应利用费用优化的原理，选择费用增加最小的关键工作为压缩对象。

2）组织搭接作业或平行作业。这种方法的特点是不改变工作持续的时间，只改变工作的开始时间与完成时间。对于项目比较大、施工面比较宽、单位或单项工程多、相互之间制约比较小的工程项目，比较容易采用平行作业的方法来调整施工进度计划。而对于单位工程项目，由于受工作之间的工艺限制，可调的幅度比较小，所以通常采用搭接作业的方法来调整施工进度计划。但不论采取搭接作业还是平行作业，建设工程在单位时间内的资源需求量将会大幅度地增加。

如果有必要，可以采用以上两种办法同时进行，以加快施工进度。

2. 施工进度控制的总结

项目经理部应在施工进度计划完成后，及时进行施工进度控制总结，为进度控制提供反馈信息。总结时应依据以下资料：

（1）施工进度计划；

（2）施工进度计划执行的实际记录；

（3）施工进度计划检查结果；

（4）施工进度计划的调整资料。

施工进度计划控制总结的内容应包括：

（1）合同工期目标和计划工期目标完成情况；

（2）施工进度控制经验；

（3）施工进度控制中存在的问题；

（4）科学的施工进度计划方法的应用情况；

（5）施工进度控制的改进意见。

复习思考题：

1. 园林工程施工进度计划编制的要求与原则是什么？

2. 施工进度计划有哪几种表示方法？其优缺点如何？

3. 通常有哪几种施工组织方式？它们的优缺点是什么？

4. 影响施工进度的主要因素有哪些？怎样进行施工进度控制？

5. 怎样进行施工进度计划调整？

6. 何谓关键线路？如何利用网络技术进行施工进度控制？

第三章 园林工程施工组织协调与现场管理

第一节 园林工程施工组织协调

园林工程项目施工组织协调是指施工项目管理者以一定的组织形式、手段和方法，对项目施工管理中产生的关系进行疏通，对产生的干扰和障碍予以排除的过程。施工管理中关系的不畅通，有多方面的因素，包括：人为的干扰、资金供应、材料供应、机械设备、工艺与技术方面以及环境方面的干扰因素。组织协调的目的是排除障碍、解决矛盾、支持目标控制、确保项目目标的实现。

一、施工组织协调的内容

(一) 施工组织协调的分类

1. 根据组织协调的关系进行分类

根据组织协调的关系进行分类，可以将组织协调分成三类：

(1) 内部关系的协调。内部关系的协调是指园林工程施工企业为项目管理所建立的内部关系，包括企业各层的关系、专业主管部门之间的关系、人员之间的关系等。

(2) 近外层关系的协调。近外层关系是指企业在进行项目管理时，遇到的由合同建立起来的与外单位或自然人之间的关系。这些关系包括：业主、设计单位、监理单位、融资单位、公用单位、分包单位、材料供应单位等。

(3) 远外层关系的协调。所谓远外层关系是指在施工项目管理中，园林工程施工企业遇到的除上述两种关系之外的其他关系，是由法律法规和社会公德等决定的关系。项目的社会性越强，这种关系就越多。包括：政府、环境保护部门、建设行政主管部门、城市绿化行政主管部门、社区街道、新闻单位、司法部门、公证机关等。

2. 根据组织协调的对象不同分类

根据组织协调的对象不同，可以分为三类。即"人员/人员"界面的协调；"系统/系统"界面的协调；"系统/环境"界面的协调。

(二) 施工组织协调的内容

(1) 人际关系包括项目组织内部的人际关系，施工项目组织与关联单位的人际关系。协调对象是相关工作结合部中人与人之间在管理工作中的联系和矛盾。

(2) 组织机构关系应包括协调项目经理部与企业管理层以及劳务作业层之间的关系。

(3) 供求关系的协调应包括企业物资供应部门与项目经理部以及生产要素供需单位之间的关系。

(4) 协作配合关系的协调则应包括协调远外层单位的协作配合，内部各部门、上下级、管理层与劳务作业层之间的关系。

组织协调的内容应根据施工项目运行的不同阶段中出现的主要矛盾做动态调整。

二、施工组织协调的方法

（一）组织协调的方法

（1）会议协调法。就是利用各类会议进行对内与对外协调。对内的有企业内部和项目经理部内部，针对建设工程施工而召开的各种协调会、通报会；另一类是内部与外界利用各种会议进行的协调，如图纸会审会议、第一次工地会议、监理例会以及专业监理召开的各类例会或专项会议。

（2）交谈协调法。包括面对面交谈以及电话交谈。

（3）书面协调法。包括施工中近外层单位、远外层单位发给施工单位，以及施工单位发给近外层与远外层单位的各类书面申请、联系单、通知书等；企业与项目经理部之间的书面沟通等。

（4）访问协调法。访问协调主要用于项目经理部或施工企业与外部之间的协调。有走访和邀请两种形式。

（5）情况介绍法。情况介绍法通常与其他协调方法紧密结合在一起运用。

（二）内部关系的协调方法

（1）内部关系的协调应主要使用行政的方法。包括：利用企业的规章制度，利用各级人员和各岗位人员的地位和权力，做好思想政治工作，多与职工沟通，及时了解他们的思想动态，多给他们以关怀与鼓励；搞好教育培训，提高人员的素质，加强内部管理等。

（2）项目经理部与企业管理层关系的协调，应严格执行《项目目标管理责任书》以及《承包合同书》；同时，及时汇报项目部施工进展等情况，经常利用各种沟通手段进行沟通。

（3）项目经理部与劳务作业层关系的协调首先应依靠劳务合同与项目管理设施规划来开展，同时，也应当利用其他协调手法进行协调。

（4）项目经理部进行内部供求关系的协调，包括人力资源、材料和构配件、机械设备、技术和资金，首先要利用好各类供应计划与合同；其次，要充分发挥调度人员的管理作用，随时解决各种供应障碍。

（三）与近外层关系的协调方法

近外层关系的协调主要依靠合同方法。

（1）项目经理部与发包人之间的关系协调

项目经理部与发包人之间的关系协调贯穿于施工项目管理全过程。协调的方法除了全面、真实地履行施工合同以外，还应加强沟通与协作，及时向发包人提供生产计划、统计资料和工程事故报告等。发包人也应及时向项目经理部提供技术资料，积极配合项目经理部解决问题，排除障碍。要紧紧抓住资金、质量、进度等重点问题进行协调。

（2）项目经理部与监理机构关系的协调

项目经理部与监理机构关系的协调要按照《建设工程监理规范》GB/T 50319-2013的规定和施工合同的要求，接受监理机构的监督和管理，搞好协作与配合。

（3）项目经理部与设计单位关系的协调

项目经理部与设计单位关系的协调主要是在设计交底、图纸会审、设计洽商变更、地基处理、隐蔽工程验收和交工验收等环节中的密切配合，接受发包人和监理机构的协调。

（4）项目经理部与供应人关系的协调

项目经理部与供应人关系的协调应充分依靠供应合同，运用价格机制、竞争机制和供求机制搞好协作配合，还要充分发挥企业法人的社会地位和作用。

（5）项目经理部与公用部门有关单位间的协调

项目经理部与公用部门有关单位间的协调应通过加强计划进行协调，还要接受发包人或监理机构的协调。

（6）项目经理部与分包人之间的协调

项目经理部与分包人之间的协调应按照分包合同执行，处理好目标控制和各项管理的技术关系、经济关系和协作关系，支持并监督分包单位的工作。

（四）与远外层关系的协调方法

1. 与远外层关系的协调应注意的问题

（1）严格守法。包括遵守国家有关建设工程以及其他相关的法律法规。项目经理部要在法律的框架下展开施工管理活动，利用法律保护自己和解决问题。

（2）遵守公共道德。公共道德是处理公共关系的依据。遵守公共道德就是要求项目经理部在矛盾面前以社会公德约束自己，尊重公共利益，将矛盾在公共道德的标准下解决。

2. 协调方法

（1）充分利用中介组织和社会管理机构的力量。中介组织包括：监理组织、咨询机构、律师事务所、会计师事务所等代理机构；社会机构包括：质量监督、安全监督、司法机关、环境监督等的力量进行远外层关系的协调。

（2）充分利用各种协调方法进行协调。在与远外层关系协调时，应重视访问与邀请、情况介绍等方法进行协调。

第二节　施工现场管理的概念、特点与方法

一、施工现场管理的概念与意义

（一）施工现场管理的概念

施工现场是指用于该项目的施工活动，经有关部门批准占用的场地。它包括红线以内用地和施工用地，也可能包括红线以外施工现场附近经批准临时占用的施工用地。

施工现场管理是指对施工现场内的活动及空间使用所进行的管理。包括对施工场地和空间进行科学安排与合理规划使用，以及对临时设施进行维护、作业协调以及清理整顿等管理工作，使在施工场地从事施工活动的单位与个人严格遵守国家有关施工现场管理规定所做的管理工作的总称。

（二）施工现场管理的意义

（1）施工现场管理是施工项目管理的一部分。良好的现场管理能使场容美观整洁，道路通畅，材料放置有序，从而利于施工有条不紊地开展，安全、消防均得到有效的保障，使与项目有关的各方均满意。

（2）施工现场管理是施工活动正常有序地进行的基本保证。园林建设施工现场是大量劳动力、材料、设备、施工机具与机械以及资金、信息的汇集地。这些生产要素能否按照计划有序地畅通流动，关乎施工生产活动能否正常有序地进行；所以，良好的现场管理为所有施工活动和管理活动提供了一个好的场所，从而保证了现场各项活动良好地开展。

（3）施工现场管理是施工企业体现实力和树立良好形象的场所。施工现场管理是一项科学的、综合的系统管理工作。施工企业的施工管理能力、精神风貌、企业文化等都会通过现场管理向社会与公众展现。良好的现场管理，会产生重要的社会效益，为企业赢得良好的社会声誉和企业形象。

（4）施工现场管理是施工活动各主体贯彻执行有关法律法规的集中体现。从事施工活动各主体对施工现场管理，涉及许多城市管理与社会管理的法律法规，如城市规划、环境保护、文物保护、消防保卫、劳动保障、市政管理、城市绿化、交通运输等。这就使得施工现场管理成为集中贯彻执行有关法律法规的管理，体现管理的守法、执法与护法。

（5）施工现场管理为参与施工的各方提供了沟通的纽带。由于施工现场是施工各项管理工作的集中地，参与施工的各方都可以在这里相互沟通，交流与合作，所以良好的现场管理为参与施工的各方提供了沟通的场所，成为各项管理工作的纽带。

（三）施工现场管理的依据

（1）依据各相关的法律法规。包括：《建筑法》《环境保护法》《消防法》《城市土地管理法》《文物保护法》《安全生产法》《食品卫生法》以及《城市绿化条例》《城市道路管理条例》及《城市市容和环境卫生管理条例》等。

（2）依据相关的部门管理规章以及规范性文件。包括：《建筑工程施工现场管理规定》以及各地有关建设工地管理的规范性文件。

（3）依据相关的技术规范和标准。如工程施工安全、消防、环保、卫生防疫、食品卫生、临时用电等国家标准、技术规范及规程等，以及建设工程项目管理规范等。

（4）依据施工平面布置图。施工平面布置图也是施工现场的规划图，是施工现场管理的蓝图，施工现场管理工作应根据施工现场平面布置来规划。

二、施工现场管理的特点

施工现场管理与施工的其他管理工作相比，有如下特点：

（1）基础性。施工现场管理属于项目施工管理的基础性管理工作，企业要按照合同规定来完成各项施工目标，必须通过加强现场管理来实现。而施工现场管理的许多基础性工作，如标准化工作、定额工作、计量工作、原始记录、统计核算、会计工作以及巡视检查等，均与项目目标的实现密切相关。

（2）综合性。施工现场管理既有目标性管理，又有生产要素的组织管理；既有技术性管理，又有经济性管理；既有企业行政管理，又有政府法规性管理，所以施工现场管理是一项综合性管理工作。综合性管理就必须运用系统管理的方法进行管理。

（3）动态性。施工现场的人力资源、施工材料、机械设备、施工技术、环境条件、资金投入等生产要素始终处在一个动态的变化之中，施工的平面布置也可能因施工的需要在施工过程中做出调整，因此，施工现场管理也应进行动态管理与控制，不断依据变化的情况进行调整，重新优化各种要素组合来适宜新的变化。

（4）群众性。由于施工过程包含了多专业、多工种，同时，可能这些工种与专业中间经常交叉作业，因此，施工现场时间与空间上的综合利用与充分利用就显得十分必要。施工现场的管理仅仅依靠现场专职管理人员来完成显然是不可能的，必须依靠全体建设员工共同遵守现场管理规定，共同参与现场管理，各自做好本职、本岗位的工作来实现施工现场管理目标。

（5）服务性。施工现场管理工作虽然是项目经理部的主要管理工作之一，但其管理的目的是服务于项目主要目标的实现，为项目施工管理提供良好的施工场所、施工环境与施工秩序，从而为项目管理服务。

三、施工现场管理的总体要求

施工现场管理的总体要求有如下几个方面：

（1）项目经理部做到文明施工、安全有序、整洁卫生、不扰民、不损害社会公众利益。

（2）项目经理部在现场出入口的醒目位置公示"五牌""二图"。即安全纪律、防火须知牌、安全无重大事故计时牌、安全生产牌、文明施工牌，以及施工总平面图、项目经理部组织构架及主要管理人员名单图。

（3）项目经理部经常巡视检查施工现场管理，认真听取各方意见和反映，及时抓好施工现场的整改。

四、施工现场管理的方法

施工现场管理的基本方法主要有以下几点：

（1）标准化管理方法。即通过制定施工现场管理的各种管理规定与办法，对施工现场按照标准和制度进行严格管理，使管理程序标准化、管理方法标准化、考核方法标准化、管理效果标准化。其核心是对施工现场的各具体管理工作制定针对性的管理标准程序和制度，并贯彻执行。使施工现场从事施工活动的各主体责任单位和全体员工遵守规章制度，执行管理程序，严格考核，做到有章可循，有法可依，一切管理工作按照标准实施。

（2）动态检查考核方法。即在施工现场的整个生命周期内，对施工活动的动态变化，不断进行跟踪检查，按照实际情况与计划和标准进行对比分析，寻找差距，制订整改措施并实施整改，再到跟踪检查环节的循环工作过程。

（3）综合性管理方法。即对现场实行既定量也定性的管理方法，兼采用组织、经济、技术等管理方法等对施工现场进行管理。这种管理方法的灵魂是针对具体的管理任务、管理对象以及所处的环境条件、氛围，选择适当的方法与手段，使之产生管理实效，并不断总结提高管理水平。

第三节　施工现场管理

一、施工现场管理的内容

按照建设部《建设工程施工现场管理规定》（1991 年 12 月 5 日中华人民共和国建设

部第 15 号令）以及《建设工程项目管理规范》要求，施工现场管理的内容主要包括：施工现场场容规范管理、施工现场环境保护管理、施工现场防火与保安管理以及卫生防疫等文明施工管理等内容。其核心是围绕着建设工程现场的安全、文明生产，以及保护环境等展开管理工作。它是狭义的管理内容，与传统意义上的施工现场管理包括各施工过程的现场监督与管理的内涵不同。

二、施工现场的场容管理

（一）施工平面设计

施工平面设计是施工现场管理的基础，好的施工平面布置不仅能方便施工的组织，有利于推进施工进度、保证施工质量，而且利于创造一个良好的施工现场环境与面貌，展现一个规范、文明的场容。

施工现场平面布置图是用以指导工程现场施工的平面图，它主要解决施工现场的合理布局，使施工现场的人员、物资运输以及施工操作等有条不紊，减少相互之间的交叉干扰，有利于施工总目标的实现。施工现场平面图的设计主要依据工程施工图、本工程施工方案和施工进度计划。布置平面图比例一般采用 1∶500～1∶200。

1. 施工现场平面设计图的内容

（1）工程临时范围和相邻的四周环境；

（2）建造临时性建筑的位置、范围；

（3）各种已有的确定建筑物和地下管道；

（4）施工临时道路、进出口位置；

（5）测量基线、监测监控点位置；

（6）材料、设备和机具堆放场地、机械安置点；

（7）临时供水供电线路、加压泵房和临时排水设备位置；

（8）一切安全和消防设施的位置等；

（9）施工车辆临时清洗场地位置。

2. 施工现场平面设计的原则

（1）应根据施工条件，施工进度计划要求以及施工方案来综合考虑。

（2）在满足现场施工的前提下，应布置紧凑，使平面空间合理有序，尽量减少临时用地。

（3）在保证施工顺利的条件下，为节约资金，减少施工成本。应尽可能减少临时设施和临时管线，尽量利用工地周边可利用的原有建筑物作临时用房；供水、供电等系统管网应最短；临时道路土方量不宜过大，路面铺装应简单，合理布置进出口；为了便于施工管理和日常生产，新建临时房应视现场情况多做周边式布置，且不得影响正常施工。

（4）最大限度减少现场运输，尤其避免场内多次搬运。场内多次搬运会增加运输成本，影响工程进度，应尽量避免。方法是将道路尽可能采用环形设计，合理安排工序、机械和机具位置及材料堆放地点；选择适宜的运输方式和运距；按施工进度组织生产材料等。

（5）要符合劳动保护、技术安全和消防的要求。场内的各种设施不得有碍于现场施工，且应确保安全，保证现场道路畅通。各种易燃物品和危险品存放应满足消防安全要求，严格管理制度，配置足够的消防设备，并易于识别。某些特殊地段，如易塌方路段或陡坡要有明显的警示标志和措施。

(6) 主要活动场地宜做硬底化处理，周围环境宜做绿化美化处理。

3. 现场施工布置图设计方法

一个合理的现场施工布置不仅要遵循上述基本原则，同时还要采取有效的设计方法，才能设计出切合实际的施工平面图。

(1) 现场勘察，认真分析施工图、施工进度和施工方法。

(2) 布置道路出入口，临时道路做环形设计，并注意承载能力。

(3) 选择大型机械安装点，材料堆放等。园林工程山石以及大树等吊装需要起重机械，应根据置石位置做好停靠地点的选择。各种材料应就近堆放，以利于运输和使用。混凝土配料，如砂石、水泥等应靠近搅拌站。植物材料可直接按计划送到种植点；如需假植时，就地、就近假植，以减少搬运次数，提高成活率。

(4) 设置施工管理和生活临时用房。施工业务管理用房应靠近施工现场，并注意考虑全天候管理的需要。生活临时用房可利用原有建筑，如需新建，应与施工现场明显分开，可沿工地周边布置，以减少对景观的影响。

(5) 供水供电管网布置。施工现场的给水排水是施工的重要保障。给水应满足正常施工、生活和消防需要，合理确定管网。如自来水无法满足工程需要时，则要布置泵房抽水，管网宜沿路埋设。施工场地应修筑排水沟或利用原有地形满足排水需要，雨期施工时还要考虑洪水的排除即防洪问题。

现场供电一般由当地电网接入，并设置临时配电箱，采用三相四线供电，保证动力设备所需容量。供电线路必须架设牢固、安全，不影响交通运输和正常施工。

实际工作中，可制订几个现场平面布置方案，经过分析比较，最后选择最合理、技术可行、方便施工、经济安全的方案。

(二) 施工现场场容规范的要求

(1) 建立健全施工现场物料及苗木假植地和机具管理办法与标准，并按照标准进行管理，使现场的各种物资堆放及管理规范化、标准化；使施工物料和机具能够按照不同特点和性质规范布置，摆放整齐、规格分类清晰，易于识别和取用。

(2) 施工现场周边按照规范设置临时围护设施。市区工地的周边围护设施高度不低于1.8m。临街的脚手架、高低压电缆伸至街道的，均应设置安全隔离棚。危险品仓库附近应设立明显的标志及围挡设施。

(3) 施工现场排水通畅，场地不积水，不积泥浆，保持道路干燥坚实。

(4) 按照要求在项目部的入口处设立"五牌"和"二图"。

(5) 统一施工现场的各类标识。主要包括：

①施工现场的标识牌规范、统一；

②标识图形、色彩与企业形象一致；

③施工人员着装一致；

④施工人员佩戴统一的可以识别身份的胸卡、安全头盔。

三、施工现场的环境保护

施工现场的环境保护是文明施工的核心内容之一。企业文明施工除要做到场容规范之外，还应充分重视施工现场环境保护。环境保护的基本要求是应按照 ISO 14000 环境管理系列标准建立环境监控体系，不断反馈监控信息，采取整改措施，使施工现场环境保持良好。

（一）施工现场环境保护的意义

（1）保护和改善施工环境是保障人们身体健康和社会文明的需要。采取专项措施防止粉尘、噪声和水污染，保护好作业现场及其周围的环境，是保障工地员工和相关人员身体健康的前提，是体现社会文明的一项重要工作。

（2）保护和改善施工环境是消除对外部干扰、保证施工顺利进行的需要。

（3）保护和改善施工环境是现代化大生产与现代化企业管理的需要。

（4）节约能源、保护人类生存环境是保证社会和企业可持续发展的需要。

（二）园林工程施工环境保护的原则

（1）实行经济与环境协调发展的原则。既要搞好园林工程的施工，又要切合实际地保护环境，既要经济效益，又要环境效益。

（2）实行以防为主，防治结合的原则。这是一条积极有效的途径，避免重蹈"先破坏，后治理"的覆辙。

（3）自然资源综合利用的原则。园林工程施工中应实现废弃物处理后再利用，实现"化害为利，变废为宝"。

（4）园林工程施工中采取减少污染的新工艺、新技术、新设备，这是防治污染、保护环境的重要途径。

（5）注意全面规划、合理布局，控制或减少对环境的污染。

（三）施工环境保护的基本要求

（1）园林工程施工单位领导必须高度重视，严格把关，把环境保护工作纳入计划，建立环境保护责任制度。

（2）园林工程建设施工单位在施工的现场管理体制中，除了保护施工场地的自然条件和环境设施外，还要对周围的环境进行保护，不得肆意破坏和污染。

（3）妥善处理泥浆水，未经处理不得随意排入城市排水设施、河流和绿地内，造成排水设施的堵塞、河流水质和绿地污染。

（4）只有安装了符合规定的装置，才可以在施工现场熔融沥青或者焚烧油毡、油漆以及其他产生有毒有害烟尘和恶臭气体的物质；否则，不得随意熔融产生有害气体和烟尘的物质。

（5）使用密封式的圈筒或者采取其他措施处理高空废物弃物，不得随意抛撒。

（6）采取有效措施控制施工过程中的扬尘，经常清扫施工现场和道路的垃圾，喷洒自来水，以减少施工过程中的扬尘。

（7）禁止将有毒（农药）、有害废弃物用作土方回填。

（8）对产生噪声、振动的施工机械，应采取有效控制措施，减轻噪声扰民。

（四）施工现场环境保护的措施

1. 大气污染的防治

（1）除尘

①工地烧煤的茶炉、锅炉、炉灶等应选用装有除尘装置的设备；

②工地的其他粉尘可以采用遮盖淋水等方式除尘。

（2）空气污染的防治

①施工现场的垃圾、渣土要及时清理出现场；

②高空清理垃圾时，要使用密封的容器或者采用其他措施处理高空废弃物，严禁凌空抛撒；

③施工现场道路应指定专人定期洒水清扫，形成制度，防止道路扬尘；

④对于细颗粒散体材料（如水泥、粉煤灰、白灰等）的运输、储存，要注意遮盖、密封，防止和减少飞扬；

⑤车辆开出工地要清洗，做到不带泥沙，基本做到不扬尘、不撒漏；

⑥工地茶炉应尽量采用电热水器；

⑦尽量采用商品混凝土，如在工地设置搅拌装置时，应将搅拌站封闭严密，并在进料仓上方安装除尘装置；

⑧拆除旧建筑物时，应适当洒水，防止扬尘。

2. 水污染的防治

（1）禁止将有毒、有害的废弃物用作土方回填。

（2）施工现场搅拌站废水、现制水磨石的废水、石材切割废水、电石废水等必须经过沉淀池沉淀合格后再排放，最好将沉淀水用于工地洒水降尘或采取措施回收利用。

（3）现场存放的油料，必须对库房做防渗处理。

（4）施工现场100人以上的食堂，污水排放时可设置简易的隔油池，并定期清理。

（5）工地临时厕所、化粪池应采取防止渗漏的措施。市区施工现场的临时厕所宜采用随冲式厕所，并定期杀灭蚊蝇，防止污染水体与环境。

（6）农药、化学用品、外添加剂等要妥善保管，库内存放，防止污染环境。

3. 控制噪声

（1）从声源控制方面而论，可以通过降低噪声，以及每天在不影响人们休息的时段施工两方面着手。

（2）还可以通过传播途径的控制，来达到噪声控制的目的。如应用吸声、消声和隔声材料来降低噪声的转播，也可通过减振来实现。

（3）通过接收者的防护来控制。

4. 固体废弃物的处理

（1）回收利用。对于建筑渣土可视其情况加以利用；废钢可作为其他用途的材料或回收；废电池应分散回收、集中处理。

（2）减量化处理。对固体废弃物进行分类、破碎、压实浓缩、脱水等，以减少其最终处理量，再分门别类地进行处理。或无害的焚烧，或热解，或堆肥。

（3）焚烧处理。但应避免对大气的二次污染。

（4）稳定和固化处理。利用水泥、沥青等胶结材料，将松散的废物包裹起来，减少废物的毒性和可迁移性，使得污染减少。

（5）填埋。

四、施工现场的防火保安

（一）施工现场防火安全管理措施

施工单位应当严格按照《中华人民共和国消防法》的规定，在施工现场建立和执行防火管理制度，设置符合消防要求的消防设施，并使其保持好备用状态。在容易发生火灾的地区施工或者储存、使用易燃易爆器材时，施工单位应当采取特殊的消防安全措施。消防安全管理措施如下：

1. 成立消防安全领导小组

（1）签订《消防安全责任状》，在公司技术质量安全科领导下，把施工现场的消防安全工作纳入生产管理的轨道。

（2）负责工地消防安全教育工作，普及消防知识，确保消防安全制度的贯彻执行。对生产施工人员进行消防法规培训。

（3）建立消防检查制度，发现隐患及时整改，并报公司有关科室备案。

（4）负责配置消防器材，并按期检查，确保完整好用。

（5）发生消防事故，应立即上报公司和公安消防机关，并提交事故报告和处理意见。

2. 健全消防安全管理制度

（1）严格遵守国家和地方有关建设工地消防管理的规定，认真做好消防管理工作。

（2）与各施工作业组签订《消防管理责任书》，明确各工种消防责任，防患于未然。

（3）木质工棚、木料仓库、油漆等易燃易爆品储存处严禁吸烟。

（4）施工现场严禁吸烟，并张贴有明显警告字样的标识牌。

（5）动用明火必须先办妥有关手续，严格遵守工地动火制度。

（6）施工现场设立醒目的防火警示牌，以预防为主，将消防工作放到日常工作的重要位置。

（二）施工现场应设立保安员

（1）现场应设立门卫，根据需要设置保安小组或保安队，负责施工现场的保卫工作。

（2）施工现场工作人员出入必须佩戴证明其身份的卡证。

（3）工地办公室应有夜班执勤人员执勤，以保证工地资料及档案的安全。

五、施工现场卫生防疫及其他事项

（一）施工现场环境卫生管理

1. 施工现场环境卫生管理的内容

施工现场卫生管理就是在整个施工过程中，依据《城市市容和环境卫生管理条例》的规定，以创建文明施工现场为标准，对施工现场环境卫生进行整洁清理，创造整齐、清洁的施工环境，促进城市精神文明和物质文明建设。

2. 施工现场环境卫生管理的原则

（1）实行统一领导，分区负责，专业人员管理与群众管理相结合的原则。

（2）与建设单位、施工单位共同协作，负责管理施工现场的环境卫生。

（3）将施工现场环境卫生的管理纳入施工组织计划，并组织实施。

（4）加强现场环境卫生的科学知识的宣传，提高施工人员的环境卫生知识，养成良好的公共与个人卫生习惯。

（5）结合自己单位情况、施工特点，建立卫生管理责任制，提高环境卫生管理人员的积极性和责任心。

3. 施工现场环境卫生管理措施

（1）在施工现场必须配有专门负责施工现场卫生的管理人员，负责环境卫生，清除各种垃圾和粪便，逐步做垃圾、粪便的无害化处理和综合利用，以及对污染施工环境的行为的管理。

（2）在施工现场设有厕所和垃圾处理场地，定期清理，保持卫生清洁，对污水、废水、废气、废渣等废弃物，按照国家有关标准进行处理，做到日产日清，不得随意排放乱弃。

（3）建设单位或施工单位应当做好施工现场与周边环境卫生的处理，可以在现场周边设立围护设施；施工现场在市区的，周围应当设置护栏或用围布遮挡，临街的脚手架也应当设置相应的围护设施。

（4）停工现场应当及时整理并做必要的覆盖，避免长时间放置无人管理，从而影响城市市容和环境卫生。

（5）施工现场的临时建筑、植物材料、物资、机械设备等应当按照施工总平面布置图规定的位置或线路设置，摆放整齐，不得随意设置和乱放，从而破坏施工现场的环境卫生。

（6）施工现场必须设置明显的标牌，标明工程项目名称、建设单位、设计单位、施工单位、项目经理和施工现场总代表人的姓名，开工竣工日期，施工许可证批准文号等。施工单位负责施工现场标牌的保护工作。

（7）施工现场的用电线路、用电设施的安装和作用必须符合安装规范和安全操作规程，并按照施工组织设计进行架设，严禁任意拉线接电。施工现场必须设有保证施工安全要求的夜间照明；危险潮湿场所的照明以及手持照明灯具，必须采用符合安全要求的电压。

（8）园林工程竣工后，应当按照国家规定，及时清理和处理场地各种垃圾，并平整好场地，为竣工验收做准备。

（二）人力资源健康状况的管理和卫生防疫

1. 人力资源健康状况的管理和卫生防疫的内容

人力资源是园林工程施工开始到结束的组织者、执行者、操作者，其健康状况是影响工程建设质量和工期的关键因素。因此，做好园林工程施工中人力资源健康状况的管理和卫生防疫，可以保障工程建设的人员稳定，保证工程建设的施工速度和质量，尽快完成园林工程施工任务。其内容包括人力资源的健康状况，饮食卫生和个人卫生防疫，人居环境的通风照明、卫生消毒等工作。

2. 人力资源健康状况管理和卫生防疫的措施

（1）定期定点对人力资源的健康进行检查，摸清人力资源的健康状况，及时发现引起人力资源健康的各种疾病，做到以防为主，防治结合，进而控制疾病，保证人力资源身体健康，提高工程建设的质量和速度。

（2）在自然疫源地和可能是自然疫源地的地区，进行园林工程项目施工前，建设或施工单位应当申请卫生防疫机构对施工环境进行卫生调查，并根据卫生防疫机构的意见，采取必要的卫生防疫措施。

（3）严格执行国家颁布的卫生防疫制度，建设或施工单位应设专人负责施工现场的卫生防疫工作，控制各种疫情发生，若有发现，及时上报上级防疫部门，保证工程建设和社会稳定。

（4）根据《中华人民共和国食品卫生法》的有关规定，食堂工作人员应注意个人卫生，生产、销售食品时，必须将手洗干净，穿戴清洁的工作服。采购施工人员食品时，必须符合国家卫生标准和卫生管理办法，保证人力资源的膳食安全。

（5）生活用水必须符合国家生活饮用水卫生标准，使用的洗涤剂、消毒剂应当对人体无毒、无害。

（6）施工现场应当设置一些必要的职工生活设施，其居住条件符合卫生、通风照明等规定要求；定期给职工生活设施进行消毒工作，消灭蚊子、苍蝇、老鼠等有害动物，保证人力资源的居住条件干净、卫生、通风。

（7）施工现场的物资、材料、机械设备和工具必须堆放整齐，定期对机械设备和工具进行打扫和卫生消毒，杜绝一切能传染疾病的渠道，减少各种疾病的发生，提高人力资源的健康免疫力。

（三）植物材料的检疫

园林工程施工材料包括土建材料、绿化材料、构配材料等，其中，绿化材料是园林工程最主要的材料之一。因此，为了提高园林工程建设的质量，提高绿化工程的成活率，防止检疫性病虫害传入该地区，项目部应做好以下工作：

（1）材料管理人员要熟悉国家颁布的《植物检疫条例》，根据检疫需要，进入施工现场的施工材料，实行疫情检测、调查和疫情监管制度。

（2）材料管理人员对进入施工现场的植物材料在没有检疫证的情况下，拒绝验收绿化材料。

（3）做好植物材料的入场检验与登记工作。

（4）专业施工技术人员要对进场的植物材料进行病虫害检查，特别是对检疫性病虫害更应加以注意，严禁带有检疫性病虫害的植物材料进入施工现场。

（5）发现有带有检疫对象的植物材料，就地销毁，不得扔掉或拉运到其他地方，防止检疫对象的传播和蔓延。

（6）若发现植物材料带有检疫对象，应及时向管理部门汇报，并配合有关部门销毁被感染的植物材料。

复习思考题：

1. 施工组织协调的内容与方法主要有哪些？
2. 施工现场管理的特点与方法如何？
3. 施工现场管理的总体要求与主要内容有哪些？
4. 怎样进行施工现场的场容与环境管理？

第四章 园林工程施工生产要素管理

第一节 生产要素管理的概念与基本内容

一、生产要素管理的概念及难点

(一) 生产要素管理的概念

生产要素是指形成生产力的各种要素，包括劳动者、劳动对象、劳动工具、生产技术。就园林工程施工而言，其生产的产品是园林设施，或者说绿地，参与这一产品生产的生产要素包括劳动者即劳动力，属于劳动对象的各种施工材料，属于劳动工具的各种机械设备与施工机具，属于生产技术的施工技术，此外，还包括资金。

施工项目生产要素管理是指对施工中使用的人力资源、材料、机械设备、技术和资金等资源进行的计划、供应、使用、控制、检查、分析和改进等过程。施工生产资源的费用通常占施工企业工程总费用的 70% 以上，所以资源消耗的节约与管理对于施工企业来说十分重要，通过资源管理降低资源的消耗是降低施工成本的重要途径。施工生产要素管理的目的就是要将资源进行优化配置，使各种资源适时、适量按照比例配置资源，并投入到施工生产中以满足施工需要；同时，做到合理地使用资源，节约资源消耗，从而达到完成施工目标，降低成本，提高施工企业经济效益的目标。

(二) 园林工程施工生产要素管理的难点

(1) 生产要素的种类多及标准化程度低。园林工程与其他建设工程不同，其最大的特点是单项、单项工程量不大，但其装饰所使用的材料种类十分多，有的项目工程造价可能仅几十万元，但仅建筑材料的种类与规格就多达上 100 种；材料的需要量大小差异较大，有的装饰材料的需求量还不到 $1m^2$。园林植物作为园林工程的主要材料之一，也是施工的一大特点。园林植物不仅种类规格多、标准化程度低，而且是活的生命体，因此，在施工中要素管理与其他建设工程有明显的差异。

(2) 生产要素需求不均衡。由于工程施工过程的不均衡性，使得生产要素在整个施工过程中的需求出现不均衡，导致供应的不均衡。表现为不同时期物资种类、需求量、劳动力、施工机械以及投入的资金均不均衡，从而导致生产要素的供应不平衡，给物资供应与管理带来困难。

(3) 生产要素供应过程复杂。各生产要素的需求量按照施工进度计划以及物资供应计划编制完成后，要对所有生产要素进行组织、供应，整个过程经历的环节多、工作复杂。如劳动力的组织，在劳动力的招聘后，还需要一个培训与教育的过程；材料则需要经过采购、运输、储存的过程。园林植物的供应过程就更加复杂，因为在整个供应过程中要求园林植物不出现不利于其种植后成活的情况，以保证其成活率。整个供应过程只要有一个环节出现问题，均直接影响施工的进度与质量。

（4）生产要素受设计的影响大。设计对施工中生产要素的影响主要包括以下两个方面：一是设计与市场脱节，造成施工中所需要的材料和设备的供应不足，或者该材料已经没有在生产从而无法找到该种材料；二是设计文件偏差、漏项或错误，导致已经订购或定做的材料或设备积压，使采购变成无效采购、多进、早进或错进与漏进相关材料，从而影响施工的顺利开展。这一点，在园林工程施工中尤其突出。一方面目前园林工程设计行业的从业人员水平参差不齐，导致设计质量不高；另一方面，园林工程的艺术特性导致设计变更较多。这些，都给施工中生产要素的管理带来困难。

（5）园林工程艺术性要求高。由于园林工程本身有较高的艺术性要求，使其各个施工过程，特别是装饰阶段的工艺要求特别高，所以一方面要求装饰材料要在运输、储存过程中不能有丝毫的破损，另一方面要求从业人员的工艺水平要比较高，同时具有一定的艺术修养，才能把工程顺利完成。这些，使得在材料采购与供应过程中的管理要特别细心，人员的培训要有所不同。

（6）资源的供应受外界的影响大。由于园林植物材料标准化程度低，不能像其他建筑材料一样是工业化生产，使得植物材料的种类、规格供应上受到相当程度上的制约，且材料个体之间的差异较大，从而使材料的供应带来困难；另一方面，由于熟悉园林施工的、具有一定艺术素养的操作工人不多，特别是一些在施工中需要现场再创作的某些施工环节，如仿古建筑的绘画、假山叠石与塑山、绿化种植中的盆景修剪等均需要较高素养的技工，导致技工难求。

二、生产要素管理的基本内容

（一）生产要素的种类

园林工程施工的生产要素包括：

（1）物资。包括原材料、设备以及周转材料。常见的原材料如砂石、水泥、砖、钢筋、木材、园林植物材料以及需要安装的设备等。周转材料如模板、支撑材料等。

（2）机械设备。包括施工机械及施工机具。如挖掘机、起重机、运输车辆、搅拌机、打桩机、切割机等，施工用的临时用房、现场办公设备等。

（3）劳动力。包括施工中所需要的各类工种的普工、技术工以及技师等，以及不同管理层次的管理人员、专业技术人员。

（4）资金。包括为确保工程顺利进行的各项资金。

（5）技术信息。包括施工中所应用的管理软件、信息系统或专利技术等。

（二）生产要素管理的基本内容

（1）物资管理。园林工程施工企业在材料计划的基础上，做好材料的供应、保管和使用的组织与管理工作，具体内容包括材料定额的制定与管理、材料计划的编制、材料的库存管理以及材料的成本管理等方面的工作。

（2）机械设备管理。机械设备的配备，既要保证施工的需要，又要使每台机械设备发挥最大的效率，以达到最佳的经济效益。总的原则是机械设备技术上要先进，经济上合理，生产上适用。机械设备的管理包括机械设备的装备、机械设备的对比与选型、机械设备的调配，以及机械设备的操作管理、维修与保养等方面的内容。

（3）劳动力管理。施工项目劳动力的管理内容主要包括：根据劳动定额确定所需要的劳动力数量、进退场的时间以及劳动力的管理。中心任务是劳动力的任用与激励管理，使劳动力得到优化配置，每一个参与建设的劳动者的积极性与创造性得到充分的发挥，从而达到项目管理的目标。

（4）资金管理。资金管理的基本内容就是要做到保证收入、节约开支、风险得到防范以及提高经济效益，就是要做好项目的资金运作，使资金在符合财会制度的前提下，项目能顺利完成，并且取得良好的经济效益。

（5）技术信息管理。施工中所涉及的各项技术信息，都应当建立专人保管和收集的制度。

第二节 园林工程施工人力资源管理

一、人力资源管理概述

园林工程施工不仅在资金上是大的投入，而且在人力上也是大的投入。人的因素在园林建设施工中在一定程度上说，往往会成为企业生存与发展的决定性因素，因此，人力资源的管理是园林建设施工中资源管理的极其重要方面。通过好的管理，使人力资源的潜能得到充分的发挥，从而使施工企业的经济效益得以提高。

（一）人力资源管理的概念、任务与发展趋势

1. 人力资源管理的概念

施工项目的人力资源是指所有参与项目施工的所有人员所具有的劳动力。包括项目部施工管理人员、施工一线的工人以及项目部其他后勤辅助人员。人力资源管理就是如何有效地使用参与项目施工的人员所需要的过程。

2. 人力资源管理的任务

人力资源管理的主要任务包括：

（1）组织和编制人力资源规划。组织和编制人力资源规划是人力资源管理的基本工作之一。项目部首先应当根据项目的规模、施工进度计划、特点来确定人员需要，建立项目组织架构，组建项目管理队伍，并确定管理人员的分工与职责；编制人力资源规划，根据规划组织人力资源。

（2）组织人力资源。组织人力资源主要包括员工的招聘与解聘、进行人员的甄选、进行员工的定向等工作。

（3）进行人员的培训与教育。包括对人员的安全施工进项目部、进施工队以及进班组三级教育，相关技术培训以及施工过程中每个施工过程开始前的技术交底等。

（4）建立健全人力资源管理机制。项目部人力资源管理的最重要工作之一，就是要建立一套有利于充分调动人力资源积极性、创造性的机制，做到人尽其才。

（5）人员绩效评估。人员的绩效评估直接关系到人员的切身利益，要形成一套科学的绩效评估机制，使人员各得其所。

3. 人力资源管理的发展趋势

（1）人员管理更规范化。目前，我国正处于建设社会主义市场经济的进程中，所有的

经济与管理活动均要纳入法制化的轨道，人员的法律意识也越来越强。因此，管理措施首先要符合法律与法规的要求，做到管理的规范化。

（2）人员管理更趋人性化。作为一个国家要建立和谐社会才能使社会长远发展与稳定。作为一个企业，其管理在严格的同时，也要体现人性化，使员工对企业有吸引力和归属感，从而形成合力、形成团队。

（3）劳务分包将成为趋势。目前正在推行建筑市场的劳务分包制度，由于专业的劳务分包公司有其突出的工人素质优势与管理优势，使得劳务分包可能将成为未来劳动力资源管理的主要模式之一。

（二）劳动力的来源与管理方式

（1）全部来源于外部。工程所需要人力资源全部来自公司之外。项目经理通过与劳务分包单位签订外包、分包劳务合同进行管理，或通过在劳务市场招聘，自行管理。

（2）全部来源于内部。工程所需人力资源（个人、班组、施工队）全部来自公司内部，项目经理部在公司内直接选择或供需双向选择。其管理方式是由项目经理部提出要求、标准，负责检查、考核。方式分为以下3种：对提供的人力资源以个人、班组、施工队为单位直接管理；与劳务原属组织部门共同管理；由劳务原属组织部门直接管理。

（3）混合来源。工程中所使用人力资源部分来自公司内，部分在外部劳务市场招聘的临时工，或部分劳务分包。这是目前大部分园林施工企业人力资源的现状。

（三）园林工程施工人力资源管理的特点

（1）园林工程施工的主要劳动对象之一是园林植物，由于园林植物的种植由一定的季节性，所以人力资源的需求具有较强的季节性。

（2）园林工程施工后要获得较好的园林景观效果，需要的周期长，实行人力资源管理与考核劳动生产率时，要注意阶段考核，并要从全过程考核。

（3）园林工程建设施工工种繁多，且性质差异性大，所以员工的差异也大。

（4）园林工程施工基本都是露天操作，对人力资源的安排和评价，要注意客观因素的影响。

（5）园林工程建设施工以手工操作为主，机械作业为辅。

二、人力资源的管理方法

（一）项目经理部人力资源的管理

项目经理部是项目施工的指挥中枢，一个高效的项目经理部，才能使项目顺利完成，达到施工项目管理的目标。

1.选择合适的项目经理部架构形式

目前，常用的组织架构形式主要有职能式、矩阵式和线形式三中模式。三种模式各有利弊，适应不同的施工项目。

（1）职能组织架构。职能组织架构是一种传统的组织结构模式（图2-4-1）。它的特点是在组织结构中，每个工作部门职能分工明晰、专业性强；缺点是职能部门可

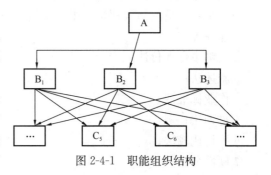

图2-4-1　职能组织结构

能会得到多个相互矛盾的指令，协调工作困难。仅适宜特大型项目的建设管理，在园林工程施工中较少使用。

（2）线形组织架构。线形组织结构源自军事组织系统（图2-4-2）。优点是每个工作部门只有一个指令源，避免了由于矛盾指令影响组织的运行；缺点是部门之间缺少相互制约，如果在一个大的组织系统中，往往由于组织系统的指令路线过长而导致组织系统运行困难。这种模式比较适用于园林工程施工组织管理架构的运行模式。

（3）矩阵组织架构。矩阵组织结构设纵向和横向两种不同类型的工作部门，在矩阵组织结构中，指令来自纵向和横向工作部门，因此，指令有两个（图2-4-3）。矩阵组织结构适宜于大型的项目施工管理。

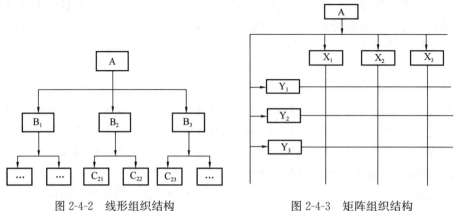

图 2-4-2　线形组织结构　　　　　　　图 2-4-3　矩阵组织结构

2. 合理地进行职务设计

进行组织职务设计时要注意以下原则与方法：

（1）职务专业化设置原则；

（2）职务轮换原则；

（3）职务扩大化原则，就是适当扩大与拓宽一个职务所需要完成的任务数量，从而避免过度专业化对人心理的负面影响；

（4）职务丰富化原则，就是要考虑给予组织人员更多的自主工作权，更多参与管理机会，更多对如何解决问题的发言权，使他们具有更大的自主权、工作的独立性以及责任感；

（5）强调团队的力量。

3. 建立合理的组织人员绩效评价机制

（1）组织人员的绩效评价。组织人员的绩效评价有以下几种方式：

①业绩评定表；

②关键事件评价法；

③叙述法；

④作业标准法；

⑤排列法；

⑥平行比较法；

⑦硬性分布；

⑧行为固定业绩评定表；

⑨目标管理法。

在实际操作中，通常是几种方法同时应用。

（2）绩效评价的主体。对于员工的评价，通常由人力资源部门负责实施，项目经理以及部门负责人参与绩效评价工作。可以由其直接领导、下属、同事对其做出评价，也可以是小组评价、自我评价以及各种方式的组合评价。

（二）劳动力的管理方法

1. 劳动力计划管理

（1）编制劳动力使用计划

劳动力使用计划应根据工程的实物量、劳动定额标准以及施工进度计划来编制。确定总工日，生产工人、工程技术人员以及其他辅助工人的比例，以便对人员有计划地组织、调整与培训，以满足施工需要。

（2）组织劳动力资源并落实

2. 人员培训与持证上岗

（1）人员培训的内容

①现代管理理论常识与经营管理知识；

②园林艺术和企业文化知识；

③最新园林机械操作技术。

（2）持证上岗

所有工人均应经过操作技术培训后才能上岗，部分国家法律法规要求持证上岗的工种，必须有相关部门核发的上岗证才能上岗。

（3）培训的方法

培训的方法应因地制宜，结合施工生产实际进行，形式多样，注重实效。培训时间可长可短，因事而论。

3. 劳动过程管理

（1）建立健全各类规章制度，用制度来管人。

（2）额定工作任务，并适时进行考核。

（3）开展劳动竞赛。

（4）做好劳动保护与安全卫生工作。

（5）奖罚分明。

4. 劳动组织管理的优化

（1）劳动组织优化的目标

①数量合适；

②结构合理；

③素质匹配；

④协调一致；

⑤效益提高。

（2）劳动组织优化的原则

①精干高效；

②竞争择优；

③双向选择

④优胜劣汰。

（3）严格劳动纪律，保证正常生产秩序

包括组织纪律、时间纪律、生产纪律以及技术纪律等。

三、劳动定额管理

（一）劳动定额

劳动定额是指在正常生产条件下，为完成单位工作所规定的劳动消耗的数量标准。其表现形式有两种：时间定额和产量定额。时间定额指完成合格工程（工件）所必需的时间。产量定额指单位时间内应完成合格工程（工件）的数量。两者在数值上互为倒数。

1. 劳动定额的作用

劳动定额是劳动效率的标准，是人力资源管理的基础，其主要作用如下：

（1）劳动定额是编制施工项目人力资源计划、作业计划、工资计划等各项计划的依据。

（2）劳动定额是项目经理部合理定编、定岗、定员及科学地组织生产劳动推行经济责任制的依据。

（3）劳动定额是衡量考评工人劳动效率的标准，是按劳分配的依据。

（4）劳动定额是施工项目实施成本控制和经济核算的基础。

2. 制定劳动定额水平应注意的问题

（1）劳动定额水平必须先进合理并符合当时的市场行情。在正常生产条件下，定额应控制在多数工人经过努力能够完成、少数先进工人能够超过的水平上。定额要从实际出发，充分考虑到达到定额的实际可能性，同时还要注意保持不同工种定额水平之间的平衡。

（2）必须确定明确的质量标准，确定质量标准在施工管理过程中有重要意义。在确定数量定额之前，必须明确质量要求，把质量标准放在第一位。质量标准应根据施工的基本特点提出，同时要考虑人力资源的技术水平和生产条件，在总结历史经验的基础上，做出具体规定。

（3）劳动定额要简单明了，易为员工理解和接受。因此，劳动定额要由粗到细，由局部到全面，逐步前进。推行定额管理，一般应从容易做的工种开始，逐步提高。

3. 制定劳动定额的方法

（1）估工法。就是根据劳动者历来劳动的实践经验，结合生产条件和自然条件的变化情况，经过领导、技术人员和生产工人三结合的讨论，估计制定定额的方法。这种方法简便易行，易为群众接受，但准确性较差，特别是较复杂的综合性定额更不易估计。

（2）试工法。就是通过劳动者实地操作实验来确定定额的方法。对参加试工的劳动者，使用的生产工具劳动条件等都应有一定的代表性。同时，试工应分几次，分几组同时进行，才能总结出适当标准作为定额。这种方法简便易行，比较切合实际。

（3）技术测定法。就是对一种机械作业过程所消耗的时间进行仔细观察记录，并对影响工作数量和质量的各个因素进行分析研究，然后再确定定额的方法。

（4）劳动定额的修订。分为定期和不定期修订两种。定期修订是全面系统的修订，为了保持定额的相对稳定性，修订不宜过于频繁，一般以一年修订一次为宜。不定期修订是当生产条件如操作工艺、技术装备、生产组织、劳动结构发生重大变化时，对定额进行局部修订或重新制定。修订定额和制定定额一样，必须经过调查研究，认真分析，反复平衡，要报请上级领导批准后执行。

（二）劳动定员

劳动定员是指根据施工项目的规模和技术特点，为保证施工的顺利进行，在一定时期内（或施工阶段内）项目必须配备的种类人员的数量和比例。

1. 劳动定员的作用

（1）劳动定员是建立各种经济责任制的前提。

（2）劳动定员是组织均衡生产、合理用人、实施动态管理的依据。

（3）劳动定员是提高劳动生产率的重要措施之一。

2. 劳动定员时要注意的问题

（1）生产工人与非生产工人的比例关系。严格掌握非生产工人比额不突破，确保生产第一线生产工人配备的优势，这是做好生产业务工作、加强工人队伍建设的重要环节。

（2）控制主业与副业人员配备的比例关系。贯彻主业、副业兼顾的原则，要合理安排和使主业保持充分的劳动配备。

（3）严格控制管理干部与工人的比例，防止"因人设事或者因人设岗"的弊病。

3. 劳动定员的方法

由于各个单位的具体情况不同，种类人员工作性质的特点也不同，定员的方法也不一样，一般有以下几种：

（1）按劳动效率定员。根据劳动定额计算每人可以承担的工作量，计算出完成工作总量所需要的人员数。

（2）机器设备定员。根据机器设备的数量和工人的看管定额，确定需要人员数。

（3）按岗位定员。根据工作岗位数确定人员数。

（4）按比例定员。按职工总数或某一类人员总数的比例，计算某些人员的定额。

（5）按照业务分工定员。在一定机构条件下，根据职责范围和业务分工来确定人员数。这种方法主要适用于管理人员和工程技术人员的定员。

四、施工现场经济承包责任制与激励机制

（一）建立施工现场经济承包责任制

建立经济承包责任制是巩固人力资源组织、加强劳动力管理、提高劳动生产率的基础工作，是园林工程施工单位加强管理的一项重要制度。建立经济承包责任制就是把工程建设施工中各项任务，以及对这些任务的数量、质量、时间要求，分别交给所属部门、专业施工队、施工班组乃至个人。承包人按照规定的要求保证完成任务，要求人力资源对自己所应负担的任务全面负责，并建立相应的考核制度和奖惩制度。建立责任制，可以把单位内错综复杂的各种任务，按照分工协作的要求落实到基层，使人力资源明确自己的工作任务和工作目标，保证全面、及时地完成各项任务。

1. 建立现场经济承包责任制的作用

（1）建立承包责任制，有利于将劳动者、劳动手段、劳动对象合理地组织起来，有利于加强经济核算，节约人力、物力、财力，提高经济效益。

（2）建立承包责任制，有利于考核劳动成绩，有利于实行按劳分配的原则。

（3）建立承包责任制是对劳动成果实行考核和监督的基础，是贯彻"统一领导，分级管理"原则的措施。

（4）建立责任制，能够将人力资源组织、劳动定额、人力资源管理和工资奖励制度，与计划财务等经营管理的各个环节有机地结合起来，调动职工的积极性，提高劳动生产率。

2. 建立现场经济承包责任制的内容

（1）确定承包主体

施工现场承包主体可以是作业专业队、作业班组或者个人。一般施工个人承包主要是对某一施工过程进行承包；而施工专业队或作业班组则可对分部分项工程进行承包。

（2）确定承包指标

人力资源和物资消耗指标是承担责任的单位和个人完成工程任务的重要条件，劳动消耗指标规定了劳动用工数量。确定承包指标主要是要确定完成工作的数量与质量、其他资源的消耗量。

（3）确定奖惩制度

奖惩制度是贯彻责任制的重要措施，有利于承担任务的单位和个人从物质利益上关心工程建设成果。

以上三方面内容体现了责、权、利的结合，承担工程任务、规定责任的单位或个人，在规定活劳动和物化劳动消耗指标内，有权支配劳动力，因地制宜、因时制宜地安排施工。奖惩制度使劳动与劳动成果联系起来，体现职工的物质利益原则。所以生产责任制中"责、权、利"三项内容是互为条件的。缺少任何一个内容，都不能充分发挥责任制的作用。

（二）班组劳动激励机制

激励就是在分析现场员工的合理需要的基础上，通过优化管理，采取措施尽量满足这些合理需求，从而不断激发员工内在的潜力核能力，以及工作积极性与创造性，达到不断提高施工生产水平，增强企业竞争力，创造良好经济效益的目的。

1. 劳动者需求的内容

按照需求的重要性以及发生发展的先后次序，劳动者的需求排列为：生理上的需求→安全上的需求→归属与相爱的需求→尊重的需求→自我实现的需求，共五个层次。其中，生理上的需求是员工最基本、最原始的需求，如吃饭、穿衣、居住等。

2. 激励的种类

（1）**物质激励**。包括工资激励与奖金激励，以及福利、培训、工作条件和环境激励等。

（2）**精神激励**。主要体现为企业的荣誉奖励，如年度优秀员工、各类先进奖项。

3. 实施方法

（1）深入了解员工的工作动机、性格特点和心理诉求；

（2）组织目标设置充分考虑员工的需求，尽量与满足员工需求相一致，使员工在实现自身目标的同时，实施组织目标；

（3）让员工参与企业的管理，使他们在制定现场管理制度中发挥作用，实现他们的参与愿望；

（4）从现场员工需求的满足和员工自我期望、目标两方面进行激励；

（5）激励的方式要因人而异，因时而异，还应掌握好力度；

（6）建立良好的人际关系，加强与员工的沟通；

（7）创造良好的施工与生活环境，保障员工的身心健康。

第三节　园林工程施工材料管理

一、材料管理概述

园林工程施工材料管理是项目经理部为顺利完成工程项目施工任务与目标，合理使用和节约材料，努力降低成本，所进行的材料计划、采购、运输、库存保管、供应、加工、使用、回收等一系列的组织和管理工作。

（一）施工项目材料分类

园林工程所需要的材料与其他建设工程不同，种类众多，分类方法多样，就施工管理而言，园林工程施工材料按照材料量与是否为生物材料，可以有如下分类：

1. 按照对工程质量和对成本的影响程度分类

（1）主要材料和大宗材料。也称之为 A 类材料，这类材料对工程质量有直接影响，占工程成本较大的物资（表 2-4-1）。这类材料通常由施工企业物资部门订货或市场采购，按照计划供应给项目经理部。

（2）特殊材料。也称为 B 类材料，对工程质量有间接影响，是工程实体消耗性材料（表 2-4-1）。

（3）零星材料。这类材料为施工辅助材料，也称为 C 类材料（表 2-4-1）。

园林工程施工材料分类　　　　　　　　　　　　　　　　表 2-4-1

类别	序号	材料名称	具　体　材　料　种　类
A类	1	钢材	各类钢筋、型钢
	2	水泥	各等级、各类包装的水泥、特种水泥
	3	混凝土	各等级商品混凝土
	4	木材	各类板材、方材，模板材料，装饰用的各类木制品、木支撑材料
	5	装饰材料	各类石材、建筑陶瓷材料、各类金属门窗、高级五金材料
	6	雕刻材料	木雕、石雕、砖雕、陶塑、五金蚀刻材料等
	7	植物材料	乔木、大宗的灌木与地被、大宗的一二年生花卉、草皮或种子
	8	施工机械、机具	施工用的各类机械、机具
	9	给水排水材料	各类给水排水管、阀门、
	10	机电材料	工程用电线、电缆，各类开关、插座以及电箱、灯具
	11	喷泉材料	各类喷头、控制设备
	12	景石	各类景石

续表

类别	序号	材料名称	具 体 材 料 种 类
B类	1	防水材料	室内外各类防水材料
	2	保温材料	内外墙保温材料、施工用混凝土保温材料、施工用管道保温材料
	3	地方材料	各类砂石、砌筑材料
	4	安全防护材料	安全网、安全帽、安全带
	5	租赁设备	各类用于施工的租赁设备
	6	建材	各类建筑胶、石灰
	7	小批量一般植物材料	包括小批量灌木、地被以及草坪或种子
	8	五金	电焊条、火烧丝、圆钉、钢钉、钢丝绳
	9	工具	单价较低的手用工具
C类	1	油漆	临时设施用油漆、机械维修用油漆
	2	小五金	
	3	杂品	
	4	劳保用品	按照施工企业规定购买

Б、C类材料一般由施工单位授权项目经理部负责采购。

2. 按照是否为生物材料分类

可以分成生物材料与非生物材料。生物材料包括绿化种植材料和部分动物材料，如乔木、灌木、地被、一二年生花卉以及草坪植物，观赏鱼类、观赏动物等。

非生物材料主要是用于园林建筑、园路、假山、土方工程等的材料。

（二）材料管理体系

施工材料的管理从施工企业至劳务层形成不同层次的管理体系。不同的管理层次有不同的管理任务。

1. 管理层材料管理任务

管理层即企业的主管领导和总部有关各部门。管理层的主要任务是确定并考核施工项目的材料管理目标，承办材料资源开发、订购、储运等业务；负责报价、定价及价格核算；制定材料管理制度，掌握供求信息，形成监督网络和验收体系，并组织实施，具体任务有以下几个方面：

（1）建立稳定的供货关系和资源基地。在广泛搜集信息的基础上，发展多种形式的横向联合，建立长远的、稳定的、多渠道可供选择的货源，以便获取优质低价的物质资源，为提高工程质量、缩短工期、降低工程成本打下牢固的物质基础。

（2）建立材料管理制度。随着市场竞争机制的引进及项目施工的推广，必须相应建立一套完整的材料管理制度，包括材料目标管理制度，材料供应和使用制度，以便组织材料采购、加工、运输、供应、回收和利废，并进行有效地控制、监督和考核，以保证顺利实现承包任务和材料使用过程效益。

（3）负责材料供应的监督与协调。深入施工现场检查、监督材料的使用情况和材料管理制度的执行情况，使之不断完善。

（4）建立材料价格信息体系。建立高效、灵敏的价格信息体系，有利于施工企业在招标投标中报出合理的价格。

2. 执行层材料管理任务

执行层是指施工单位材料职能管理部门和项目有关职能部门，其主要管理任务如下：

（1）编制材料进场计划并组织实施。根据管理层制定的材料管理制度和施工进度计划，编制材料进场计划，选择材料供应商，并组织按照施工进度顺利进场。

（2）编制企业材料消耗定额。根据材料定额以及本公司实际操作的经验，编制本公司企业材料消耗定额，并按照定额监督施工消耗。

（3）材料消耗统计与成本核算。及时准确地对已经完工的工程，进行材料消耗统计与成本核算。

（4）剩余物资的管理。对剩余物资进行回收、统计入册，以便其他工地使用。

3. 劳务层材料管理的任务

劳务层即各类材料的直接使用者，其主要任务是管理好领料、用料及核算工作，具体如下：

（1）属于限额领用时，要在限定用料范围内，合理使用材料，对领出的料具要负责保管，在使用过程中遵守操作规程；任务完成后，办理料具的领用或租用，节约归己，超耗自付。

（2）接受项目管理人员的指导、监督和考核。

4. 材料管理保证体系

园林工程施工企业材料管理保证体系如图 2-4-4 所示。

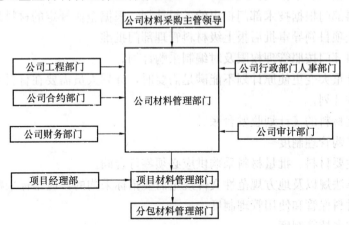

图 2-4-4　项目材料管理保证体系

二、材料管理的要求

（一）材料管理的要求

项目经理部材料管理应满足的要求如下：

（1）按照材料供应计划、保质、保量及时供应所有材料。

（2）材料需要量计划应包括材料需要量总计划、年计划、季计划、月计划和日计划。

（3）材料仓库的选址应有利于材料的进出和存放，符合防火、防雨、防盗、防风、防变质的要求。

（4）进场的材料应进行数量验收和质量认证，做好相应的验收记录和标识。不合格的材料应更换、退货或让步接受（降级使用），严禁使用不合格的材料。

（5）材料的计量设备必须经过有资格的机构定期检验，确保计量所需要的精确度。检验不合格的设备不允许使用。

（6）进入现场的材料应有生产厂家的材质证明（包括厂名、品种、出厂日期、出厂编号、试验数据）和出厂合格证。要求复检的材料要有取样送检证明报告。新材料未经过试验鉴定，不得用于工程中。现场配制的材料应经过试配，使用前应经认证。

（7）材料存储应满足下列要求：

①入库的材料应按照型号、品种分区堆放，并编号、标记；

②易燃易爆的材料应专门存放、专人负责保管，并有严格的防火、防爆措施；

③有防湿、防潮要求的材料，应采取防潮、防湿措施，并做好标记；

④有保质期的库存材料应定期检查，防止过期，并做好标记；

⑤易损坏的材料应保护好外包装，防止损坏。

（二）建立材料管理的主要管理制度

项目经理部应建立的材料管理制度包括：

（1）材料计划管理制度

①由技术部门根据工程施工进度计划编制下月度的材料需要计划，即备料计划。计划要明确材料的类别、名称、品种、规格、数量、质量要求、技术标准、编制日期、送达日期、编制人、审核人、审批人。

②项目材料部门根据技术部门报出的备料计划，根据企业规定的材料采购管理权限编制申请计划，经项目领导审批后报上级材料管理部门批准。

③各级材料部门按照管理权限及时编制采购计划。

④由于设计重大变更使原计划不能满足需要时，计划人员需要在材料采购前或采购过程中，重新修改计划。

⑤建立各类材料的《计划收发台账》。

（2）材料采购管理制度

①原则上主要材料、批量材料采购供应必须签订合同。

②按照法律法规以及地方规范性文件规定需要招标采购的，应招标采购。

（3）现场材料保管和使用管理制度

（4）材料成本核算制度

（5）易燃易爆材料管理制度

（6）材料仓库消防制度

（7）材料使用限额领料制度

（8）材料使用台账，记录使用和节约与超用状况管理制度

（9）材料使用监督制度

（10）班组办理剩余材料退料手续制度

（11）周转材料保管、使用制度

（12）项目材料消耗管理制度

三、现场材料管理

(一) 园林工程施工现场材料的管理内容

1. 材料消耗定额管理

(1) 应以材料施工定额为基础，向基层队、班组发放材料，进行材料核算。

(2) 经常考核和分析材料消耗定额异常的情况，重视定额与实际用料的差异、非工艺损耗的构成等，及时反馈定额达到的水平和节约用料的进行情况，不断提高定额管理水平。

(3) 根据实际执行情况积累和提高修订和补充材料定额的数据。

2. 材料进场验收管理

(1) 根据现场平面布置图，认真做好材料的堆放和临时仓库的搭设，存放地要求做到方便，避免或减少场内二次运输。

(2) 植物材料要随到随栽，必要时要挖假植沟，应注意植物材料的成活率。

(3) 在材料进场时，根据进料计划、送料凭证、质量保证书或产品合格证，进行验单据、验品种、验规格、验质量、验数量的"五验"制度。

(4) 对不符合计划要求或质量不合格的材料，应拒绝验收。

(5) 验收时要做好记录，办理验收手续。

3. 材料储存与保管

(1) 进库的材料须验收后入库，并建立台账。

(2) 现场堆入的材料，必须有相应的防火、防盗、防雨、防变质、防损坏措施。

(3) 现场材料要按平面布置图定位放置、保管处理得当、遵守堆放保管制度。

(4) 对材料要做到日清、月结、定期盘点、账物相符。

4. 材料领发

(1) 严格限额领发料制度，坚持节约预扣，余料退库。收发料具要及时入账上卡，手续齐全。

(2) 对于施工设施用料，以设施用料计划进行总监控，实行限额发料。

(3) 超限额用料，须事先办理手续，填限额领料单，注明超耗原因，经批准后，方可领发材料。

(4) 建立发料台账，记录领发状况和节约超支状况。

5. 材料使用监督

(1) 组织原材料集中加工。

(2) 坚持按分部工程进行材料使用分析核算，以便及时发现问题，防止材料超额领用。

(3) 现场材料管理责任者应对现场材料使用进行分工监督、检查。

(4) 检查是否认真执行领发料手续，记录好材料使用台账。

(5) 检查是否严格执行材料配合比，合理用料。

(6) 每次检查都要做到情况有记录，原因有分析，明确责任，及时处理。

6. 材料回收

(1) 回收和利用废旧材料，要求实行交旧 (废) 领新、包装回收、修旧得废。

（2）设施用料、包装物及容器等，在使用周期结束后组织回收。

（3）建立回收台账。

7. 周转材料现场管理

（1）各种周转材料均应按规格分别整齐摆放，垛间留有通道。

（2）露天堆放的周转材料应有限制高度，并有防水等防护措施。

（二）园林工程施工现场材料管理应注意的问题

对园林工程施工材料管理应注意的问题如下：

（1）对于需要加工定做的材料，包括按照设计的图案制作的各类石材、雕刻材料等，应在中标后，根据材料计划立即组织订购。

（2）各类根据设计图案制作的材料，如果是批量材料应先将加工的样品与业主、设计、监理确认后，再按照样品生产；如果是单件材料，则应在制作的工程中进行查看，以便修改、调整。

（3）所有装饰材料均应先与业主、设计、监理确认样板后，才能确认订购。

（4）植物材料的进场要与施工现场充分协调，做到随到随种，尽量减少二次运输和二次种植，以确保成活率。

（5）施工时的剩余材料要及时妥善保管或退库，并做好退库登记以及退库单。

（6）材料管理员要及时做好记账、算账、报账工作。月末、季末、年末要对库存物资进行全面清点。清点结果，如有多余或缺少情况，要查明原因，报告领导，要根据领导批准的处理决定，调查账目，使账物相符。

（7）材料管理员每月要根据领料单或料账，按施工队分类汇总，公布领用物资报表，同时要抄送核算部门。

（8）财务核算部门与料务要密切配合，要根据计划预算和采购、收料、领发单等凭证以及购销合同，核查材料账目。要做到账物相符，账卡相符，账表相符。

（9）材料管理员要按照规定向上级物资部门报送报表，报表要保质、保量、及时正确。报表要经财务会核，领导签名或盖章。

第四节　园林工程机械设备管理

一、机械设备管理概述

（一）机械管理的概念

园林工程施工离不开施工机械、机具之类的生产工具，通常称为施工机械设备。园林工程施工机械设备管理，就是对机械设备从设备的选购、验收、保管、使用、维修、更新、更新改造和设备的处理等；以及机械设备的最初投资、维修费用支出，折旧、更新改造资金的筹措与支出等进行的管理活动。施工机械设备管理是园林工程施工管理的组成部分。机械设备管理水平高低，直接影响施工质量和经济效益。

生产工具的先进程度是生产力和社会发展水平的标志。在生产力诸因素中，生产工具最能显示时代特征。目前，园林工程施工行业的装备比较落后，机械化程度不高。由于劳动力成本不断上涨，因此，逐步用机械替代人力，推行机械化施工，减少人力操作，降低劳动强度，提高劳动生产率，提高工程质量和服务质量。

（二）机械设备管理的任务

园林工程施工企业机械设备管理的任务是：科学地做好机械设备的选择、管理、保养与维修等工作，在使用期限或寿命周期内，提高设备的完好率与使用率，以及设备的劳动生产率，充分发挥设备的效能，稳定提高工程质量，取得良好的经济效益。

（三）机械设备管理的内容

1. 施工单位机械设备管理的内容

机械设备管理的内容包括：建立健全机械设备管理的机构、建立机械设备管理的制度、机械设备的装备管理、机械设备的使用管理等。

2. 项目经理部机械管理的内容

项目经理部机械管理的内容包括：编制机械设备使用计划并报企业批准、进行机械设备的租赁，以及施工现场的机械设备管理工作。

二、机械设备管理要求与方法

（一）建立机械设备管理体系

1. 建立管理组织机构

大型的园林工程施工企业应当建立专门的机械设备管理机构，负责公司施工机械、机具的计划、选购、管理制度的建立与健全，进行施工机械管理效果的评估，监督施工现场施工机械设备的管理等。组织机构中要配备机械管理、机械维修等方面的专业技术人员。

2. 建立机械设备管理制度

这些相关的管理制度包括：设备购置招标管理制度、设备配置计划管理制度、设备资产管理制度、设备使用、保养与维修管理制度、设备安全管理制度、设备租赁管理制度、设备资产报废制度，以及操作人员培训教育与持证上岗制度等。

（二）机械设备管理要求与方法

1. 机械设备购置管理

合理地购置设备，是设备管理的基础。在购买设备时必须严格把关，不购质量不过关、品种不适用的机械设备，根据技术的全面评价，确定机具设备的选择，是机械设备管理的第一个环节。选择机械设备应考虑的主要因素如下：

（1）考虑机械设备的适应性。一般说，机械设备的生产效率越高，产量越大，劳动生产率越高，经济效益就越好。但是，必须切合实际，不能脱离园林工程施工的自身特点，离开本身的需要，片面追求先进的机械设备。

（2）考虑机械设备的可靠性。要考虑设备本身的质量是否经久耐用，以及使用寿命的长短，同时要考虑设备对工程质量的保证程度如何，不能因设备的质量问题而导致经常不能正常运行，甚至不能连续作业一定的时期，影响施工进度与施工质量。

（3）考虑机械设备的安全性。主要是指机械设备预防事故的能力。

（4）考虑机械设备的能耗。是指机械设备节省能源消耗的性能，尽量选择能耗低的设备，减少水、电、气、油的用量，降低施工成本。

（5）考虑机械设备易维修。选择结构简单，零部件组合标准合理，易检修、易拆卸，备件互换性好，零部件市场容易采购，供应方技术服务好的机械设备。

（6）考虑机械设备的环保。这一点在园林工程建设方面尤其重要。它是指机械设备的噪声和排放的有害物质对环境污染的程度，应选择各项指标在环境保护标准允许范围以内的设备。

2. 机械设备装备的原则

（1）机械化与半机械化组合。应根据园林工程施工的特点，在施工的不同过程实行机械化或半机械化施工的要求，以及部分施工过程只能人工操作的特点，来选择机械设备。

（2）减轻劳动强度。主要减轻土方工程、部分木工加工工序、装卸、打桩、混凝土搅拌、灌溉、磨制、场内装运等方面的劳动强度。

（3）充分挖掘企业现有机械的设备能力。

（4）充分利用社会机械设备租赁资源。

（三）施工现场机械设备的使用管理

1. 机械设备的合理使用

（1）建立机械设备使用管理制度

1）制定机械设备操作人员持证上岗制度，并实现岗位责任制，严格按照操作规程作业。岗位责任制是从组织上、制度上规定基层机具队或班组每个成员的工作岗位及其所负的职责，以明确分工，各负其责。对驾驶员、机械操作员、修理工等生产人员，要分别规定他们的职责范围和工作要求，建立维修保养制度、交接班制度和安全生产制度，并且把责任落实到人。

2）制定机械定额，实现定额管理。要因地制宜地制定各种不同型号，不同机具的定额。例如，各项作业的班次工作量定额、油料消耗定额、保养修理定额等。并通过日常的统计资料和经验总结，及时地对不合理的定额加以修订，以保持定额的准确和合理。

3）制定考核与奖励管理制度。在制定各种施工定额、油耗定额、维修定额的基础上，建立相应的考核制度，对施工的质量和数量、油料消耗、维修费用指标、技术保养质量、安全生产等进行考核，对完成和超额完成任务的，按照多劳多得的原则，给予一定的奖励。对违章作业、造成事故、损坏机械设备的要给予处罚。实行责任制，可以使机械设备人员明确自己的工作任务，有利于调动职工的积极性和主动性；合理使用机械设备，发挥机械设备效能，保证各项工程按时按质完成，达到精打细算、降低成本的要求。

（2）提高机械设备完好率与利用率措施

在实际工作中，影响机械设备出勤作业的因素很多，如季节、阴雨、冰冻等自然因素和技术因素以外，管理调度方面的因素尤其重要，如机械设备不配套，有动力没有作业工具和其他工程的协作配合等的问题，都直接影响机械设备工作效率的发挥。提高机械设备完好率与利用率的主要措施如下：

1）加强机械设备进场管理。对于进场的机械设备必须进行按照验收，并做到资料齐全。进场机械应具有的技术文件如下：

①设备安装、调试、使用、拆除以及试验图示程序和详细文字说明书；

②各种安全装置及行程限位器装置的调试和使用说明书；

③维护保养及运输说明书；

④安全操作规程；

⑤产品鉴定书与合格证书；

⑥配件及配套工具清单；

⑦其他重要注意事项。

2）采取技术、经济、组织、合同措施保证施工机械设备合理使用。

3）培养高素质的机械设备管理队伍。培养一支掌握园林机械的专业队伍，是管好、用好园林机械设备的基本条件。有一定机械装备的施工单位，都应该建立专业机械设备队或班组。所有专业都要经过专业培训，严格地执行考核认证制度。按照国家规定，取得合法证书后，才能担任相应的技术岗位。

4）根据时间情况，合理配备机械设备，保持机械施工的连续性，在整个机械施工过程中，充分发挥各种施工机械的功效。

5）坚持机械设备的"例保"制度。操作者在开机前、使用中、停机后必须按照规定的项目和要求，对机械设备进行检查和保养，严格执行设备的清洁、润滑、调整、紧固与防腐工作，即"十字"作业法，以保证机械设备完好与正常工作。

①清洁。即清除机械设备上的污垢，保持机械设备整洁。

②调整。检查动力部分与转动部分运转是否正常；行走部分和工作装置是否有变形、脱焊、裂纹或松动等现象；操作系统和安全装置以及仪器仪表工作是否正常；油、气、水、电等部分是否足够；以及间隙与连接情况是否正常。如发现不正常现象，应进行调整至正常为止。

③紧固。紧固各处松动的螺栓。

④润滑。按照规定做好润滑、注油工作。

⑤防腐。采取适当措施做好机身防腐工作。

6）严格按照操作规程操作机械设备。

7）做好机械设备强制计划的检修工作。

8）合理储备机械零部件，保证机械设备的例行保养，缩短设备保养检修的停机时间，提高设备的利用率。

2. 机械设备安全管理

（1）建立安全管理岗位责任制。必须建立机械设备安全使用岗位责任制，明确机械使用与维修、保养过程中的安全责任人与责任，并签订相关的责任书。

（2）建立健全安全检查、监督制度，并定期和不定期进行设备安全检查。

（3）制订设备的安全操作规程，并对操作人员进行岗前培训。

（4）设备操作和维护人员必须严格遵守机械设备的安全操作规程操作或维护保养。

（5）对于国家规定需要持证上岗的，操作人员必须获得相应上岗证才能上岗。

（6）各种机械设备必须按照国家标准安装安全保险装置。

（7）需要取得由具有相应资质单位检测、调试的机械设备，应当按照国家规定执行。

（8）机械设备的使用，应确定专人负责，未经许可，不得任意操作、驾驶，不得任意拆改机械设备。

3. 机械设备的检查维护与修理管理

（1）建立健全机械设备的检查与维护保养制度，实行例行保养、定期检修、强制保养，小修、中修、大修与专项修理相结合的保养维修制度。

（2）对于大型机械、成套设备，要实行每日检查与定期检查相结合的方式。

（3）本身的修理力量与社会修理力量相结合的方式进行维修与保养。

（4）应建立设备修竣检查验收制度。

4．机械设备报废管理

（1）做好机械设备定期报废时间表，并与机械设备添置时间表对应。机械设备报废宜与设备更新改造相结合。

（2）对于机械设备是否报废，应考虑是否已经达到报废时间、修理是否合算、是否存在无法修复的安全隐患、是否已经不适用且无法改造升级等。

（3）报废设备的残值率应为 3％～5％。

（4）已经报废的汽车、起重机等，不得继续使用，也不得转让他人。

（5）机械设备如需报废，必须由单位组织有关人员进行鉴定，并办理报废手续，报上级审批。

（6）机械设备的报废应当按照法定程序进行，并做好财务上的账目调整。

第五节　园林工程施工技术管理

一、施工技术管理的内容

科学技术是第一生产力。技术一方面通过施工技术以及施工管理技术来起到促进生产力的作用；另一方面通过融入其他生产要素中，并成为企业在市场上立于不败之地的核心竞争力。

施工企业的技术管理工作的主要内容包括：施工技术基础管理工作与施工技术管理工作，以及技术经济评价与分析。施工技术基础管理工作包括：建立健全技术责任体系、制定与贯彻技术标准与技术规范制度、建立与健全技术原始记录管理制度、建立健全技术档案管理制度。施工技术管理主要由施工技术准备、施工过程技术工作、技术开发工作三个方面组成，园林工程施工技术管理的组成如图 2-4-5 所示。

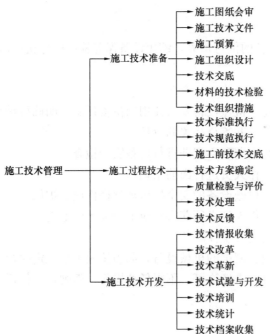

图 2-4-5　园林工程施工技术管理的组成

二、施工技术管理的方法

（一）施工技术管理的总体要求

1．总体要求

（1）项目经理部应根据项目规模设项目技术负责人。

（2）项目经理部必须在企业总工程师和技术管理部门的指导下，建立技术管理体系。

（3）项目经理部的技术管理严格执行国家技术政策和企业的技术管理制度。项目经理部可自行制定特殊的技术管理制度，并得到企业总工程师的批准。

2. 建立健全技术管理体系

施工项目的技术管理体系应当包括：技术管理组织架构、技术管理制度、技术管理工作程序以及技术组织措施。

（1）技术管理组织构架

技术管理组织构架是建立在项目经理部组织框架内，专门负责技术管理工作的分支机构。根据项目的大小可能设立技术管理专门机构，也可能不设立专门机构。施工技术管理架构如图 2-4-6 所示。

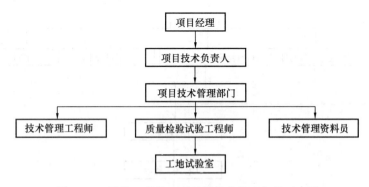

图 2-4-6 园林工程施工项目部技术管理架构示意图

技术管理组织架构中，项目经理或项目负责人对施工项目的技术管理负总责，项目技术负责人全面负责项目的技术管理工作。项目技术负责人应履行的技术管理职责包括：

①主持项目的技术管理；

②主持制订项目技术管理工作计划；

③组织有关人员熟悉与审查图纸，主持编制项目管理实施规划的施工方案并组织落实；

④负责技术交底；

⑤组织做好测量以及核定工作；

⑥指导质量检验和试验；

⑦审定技术措施计划并组织落实；

⑧参加工程验收，处理质量事故；

⑨组织各项技术资料的签证、收集、整理和归档；

⑩组织技术培训、交流技术经验；

⑪组织专家进行技术攻关。

（2）技术管理工作程序

项目部的技术管理工作应当遵循一定的工作程序，按照工作程序开展技术管理工作。技术管理工作程序如图 2-4-7 所示。

（二）项目技术管理制度的建立

1. 施工图纸管理制度

项目经理部应当建立与项目施工相适应的施工图管理制度。施工图纸、技术文件由项

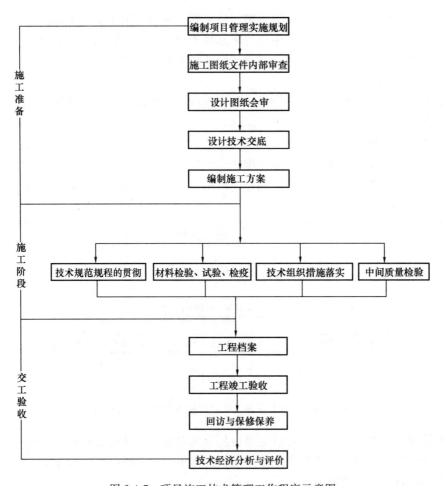

图 2-4-7 项目施工技术管理工作程序示意图

目技术管理部门统一负责收发、登记、保管与回收；属于国家大中型项目或带有机密、秘密、绝密字样的图纸，要指定专人负责，并建立相应的保密管理制度。施工图管理制度应当包括以下管理内容：

（1）索取图纸

工程施工合同签订后，由项目技术管理部门负责向建设单位索取施工图，图纸的套数由施工合同确定，包括标准图、通用图和地质勘探资料等。

（2）分发图纸

技术管理部门留下四套图纸后，将其余的分发给相关的施工管理技术人员。

（3）设计变更

设计变更通知单与变更文件由技术部门统一收发。

（4）竣工图

工程竣工后，技术管理部门根据要求完成竣工图纸的绘制。竣工图纸经项目技术负责人审核后，一份交公司存档，其他按照要求送至相关单位。竣工图绘制要求：

①完整且能真实反映施工变更，与设计变更、工程洽商相一致。

②按照洽商内容，逐条在原施工图上进行修改，在修改处加盖变更图章。

③设计变更不能说明问题时，应用文字说明或修改原图。

④变更较大，原图无法修改时应另绘变更详图。

⑤设计变更很大，应由建设单位组织绘制；也可由建设单位委托施工单位绘制后，报建设单位审核。

⑥总目录上加盖竣工图图章。

2. 施工图的自审和会审制度

（1）施工图自审。施工图的自审由项目经理或技术负责人组织，本项目部单位工程技术负责人和有关专业技术人员参加。主要目的是通过施工图的自审，熟悉图纸，了解项目设计的特点、艺术表现，以及土建、安装、绿化种植各工种之间的矛盾，了解设计缺陷、遗漏与错误；提出相应的意向性变更。自审的技术要点：

①设计标准与技术经济指标。

②有关技术文件是否齐全、清楚、明确。

③结构方案和形式，是否适应企业设备和当地的生产能力。

④新型材料与特殊材料的技术条件。

⑤基础设计与地质构造有无问题，与施工现场情况是否相符。

⑥内外装修与复杂装修方案是否可行。

⑦新技术项目和特殊工程技术实施的可能性和必要性。

⑧水、电、暖通以及设备是否可行、合理。

⑨结构图与其他专业图纸之间有否重大遗漏、差错和矛盾，所用的标准图和设计图之间是否存在矛盾。

⑩各专业图纸之间主要尺寸、位置、标高是否相符，标注与说明是否齐全、清楚。

⑪单位工程的工艺条件和艺术上的特殊要求对施工的技术要求，施工技术能力的可能性与必要性。

⑫建筑结构、设备安装程序的穿插、管线的穿插有否矛盾。

⑬工程结构在施工中有无足够的强度和稳定性，对施工安全有无影响。

⑭主要构件的型号、规格以及现场生产、工厂生产的可能性。

⑮主要植物材料在市场上是否有充足的供应，植物的配置是否符合植物的生长习性；植物种类是否与本地区气候相适应。

⑯提出上述问题的应变意向和合理化建议。

（2）图纸会审。在项目部内部学习与自审后，于项目开工前，由监理工程师组织建设单位、设计单位和施工单位共同对全套图纸进行会审，共同检查与核对，设计单位进行技术交底。图纸会审后，由组织会审单位将会审中提出的问题及解决办法记录，并形成会审会议纪要，正式会签并成文。

3. 技术交底制度

技术交底是施工技术准备工作的重要内容，是项目部各专业技术负责人或专业施工技术人员，将有关工程的各项技术要求逐级向下贯彻，直至施工班组。技术交底应在单位工程和分部分项工程施工前进行，并形成制度。

技术交底的目的是使参与施工的管理人员、技术人员和工人，熟悉工程特点、设计意图、技术要求、艺术特点、施工措施，做到心中有底，从而科学地组织施工，保证工程的顺利进行。

（1）技术交底的依据

①经会审、认定和批准的设计图纸；

②有关技术文件，包括技术核定单、工程洽商记录、标准图、模型等；

③施工组织设计或施工方案；

④相关施工与验收技术规范、安装工程操作规程等。

（2）技术交底方法。可以采取口头形式，文字与图表形式，模型示意形式或示范操作形式。各级技术交底应形成文字记录，关键项目、质量控制点以及新技术项目的技术交底应作文字交底。

（3）技术交底的重点

1）项目部技术交底

①重点和特殊工程的施工图及审查设计中决定的有关问题；

②施工组织总设计中的关键施工问题、主要施工工艺、特殊的技术要求；

③技术和材料试验项目以及要求等；

④施工图的内容、工程特点、艺术特色、图纸会审纪要和工程关键部位；

⑤施工组织设计的施工方案，主要分部分项工程的施工方法、顺序、质量标准、安全要求和提高工效的措施；

⑥推广新技术、新工艺的措施；

⑦冬期、雨期以及特殊条件下施工的技术、安全措施；

⑧图纸对分部分项部位的标高、轴线尺寸、预留洞、预埋件的位置、结构设计意图等有关说明；

⑨新结构、新材料、新工艺的操作工艺；

⑩对材料的规格、型号、标准、种类、品种的质量要求；

⑪各种混合材料的配合比和添加剂的要求；

⑫各工种、工序穿插交接时间与可能发生的技术问题预测；

⑬降低施工成本措施中的技术要求；

⑭种植材料检疫性病虫害及其处理办法；

⑮假山的艺术特点以及施工要求。

2）施工员技术交底

①交底的对象是施工班组长；

②交底在分项工程开工前进行；

③主要落实施工任务，交代关键部位、质量要求、安全施工和操作要点。

4. 技术核定制度

技术核定是指在施工工程中，发现施工图仍然存在错误，或施工条件有所变化，或对材料的规格、品种、型号、质量与设计不符时，以及采用新技术、新工艺等原因，必须对施工图修改时，应按照核定程序，办理技术核定工作联系函，提请监理、设计批准，方可施工的设计变更签证制度。

所有设计变更和技术核定单，具有与施工图同等的效力，应由项目技术管理部门妥善保管，作为施工和结算依据。工程竣工后，一并纳入工程档案。

5. 技术复核制度

技术复核是指在施工过程中，为避免发生重大差错，保证工程质量和施工的顺利进行，依据设计文件和有关技术标准、现场实际情况，对涉及工程全局的技术工作而进行的复查与核对。

技术复核的主要内容如表 2-4-2 所示。

园林工程施工技术复核内容与参与人员表 　　　　　　　　表 2-4-2

序号	复核项目	参加人员	复核内容
1	建设范围、建筑物、构筑物、假山	项目技术负责人、施工员、测量员	红线坐标、建筑物、构筑物、假山位置坐标，建筑物、构筑物、假山位置尺寸
2	标高与验线	项目技术负责人、施工员、测量员和有关施工班组长	各类标高、建筑（构筑）物、假山的全高，建筑物、铺装广场的轴线、尺寸，门窗位置、尺寸，种植位置
3	模板	施工员、模板工、钢筋工、混凝土工班组长	标高、尺寸、位置、预埋件、预留孔、牢固性，以及内部清洁、湿润情况
4	结构吊装	施工员与吊装人员	各类构件的类别、型号、位置、搭接长度、标高、吊装偏差以及支点
5	屋面、瓦作工程、现浇混凝土及砂浆	施工员与有关施工班组长	屋面平整度、找平层做法、坡度等，瓦的盖法、瓦脊的标高，翘角的位置、标高等，水泥标号、配合比、砂石质量
6	预制件、构件	施工员与有关施工班组长	预制件尺寸、钢筋、混凝土标号、形状、纹饰
7	管道工程	施工员与有关施工班组长	各类管道的尺寸、型号、材料的合格证、位置、标高、坡度、防腐处理、管径、清洗、通水试验、试运转
8	电气工程	施工员与有关施工班组长	管线电线、电缆，各类配电箱、开关、插座等，其规格、尺寸、位置、标高、防腐、配管、接头与接线、接地装置、材料的合格证
9	给水排水工程	施工员与有关施工班组长	位置、标高、坡度、尺寸、接头、管径、防腐与防锈、设备型号、各类喷头型号与规格
10	土方工程	施工员与有关施工班组长	地形造型的形状、最高点标高、等高线复核，表层种植土的理化性状
11	园路工程	施工员与有关施工班组长	园路的宽度、标高、坡度、转弯半径、曲折情况、混凝土标号、装饰图案的放样等
12	种植工程	施工员与有关施工班组长	种植穴的尺寸、位置、植物种（变种、变型、品种）、植物材料的规格、树形等。

6. 材料检验试验制度

为了确保每个施工过程以及全工程项目的质量以及进度，就必须对工程中使用的材料、构件、配件和设备的质量进行控制，建立健全材料试验检验机构与检验制度，加强材料的质量控制工作。

材料检验试验的基本要求是：凡用于施工的原料、材料、构件、设备以及种植土、植物材料，项目材料负责人应向有关材料供应单位索取产品合格证、出厂证，不得使用三无产品；凡外地购入的植物材料应具有植物检疫证。材料检验试验要求如下：

（1）水泥、钢筋、结构钢材、焊条、砖、沥青等材料，凡有合格证明文件的，原则上不需要复检。

（2）下列情况必须复试：

①直径大于 12mm 的钢材；

②用于搭接焊、坡口焊、帮条焊的钢材；

③进口钢材，尤其是用于冬期施工或冷弯部位的；

④水泥已经进场 3 个月以上的；

⑤防水材料；

⑥用于"四新"结构工程的材料。

（3）构件检验要求。指定专人对构件逐件进行外观检查，并按照规定与合同条款进行结构性能抽查。

（4）试块要求

①混凝土、砂浆、防水材料按照规定做试块检验；

②试块应采用现场材料制作，当材料改变时，应再做试块进行检验；

③试块制作应由试验员实施；

④施工过程中应经常测定砂石含水率、混凝土坍落度和砂浆稠度；

⑤凡属于吊装、拆卸、增荷的机构部位，应做好同条件养护试块。

（5）机电试验要求。变压器、电机、避雷针、高压绝缘材料、加热器等暖卫、电气材料，不论有无合格证明，在使用前均应进行检验或试验；否则，不得敷设或安装。

（6）表层种植土检验。种植土必须符合设计要求，应检验土壤的容重、导电率、有机质含量、酸碱度等基本指标。

（7）植物材料的检验。植物材料主要检查病虫害的感染情况，土球与根系情况，有无检疫性病虫等。

7. 工程质量检验与验收制度

要建立健全工程质量的检验与验收制度，包括材料、成品设备的验收，地基基础、钢筋工程、焊接施工、模板工程、防水工程、管道工程、电气线路、给水排水管道、土方工程、种植穴等隐蔽工程的验收，分部分项工程验收、分期工程验收以及竣工验收等。

8. 其他技术管理制度

其他技术管理制度包括：

（1）施工日记管理制度；

（2）技术质量问题的处理制度；

（3）技术措施制度；

（4）技术档案管理制度。

（三）技术组织措施

1. 概念

技术组织措施就是在施工生产中，为克服薄弱环节，挖掘生产潜力、保证完成施工任务，获得良好的经济效益，在提高施工技术与施工管理方面采取的各项手段或方法。

2. 技术组织措施的重要内容

技术组织措施的内容包括：

（1）保证与提高工程质量的措施；

（2）加快施工进度的措施；

（3）节约原材料、材料、动力与燃料的措施；

（4）推广新技术、新工艺、新结构、新材料和新设备的措施；

（5）改进施工工艺和操作技术、提高劳动生产力的措施；

（6）改进施工机械、劳动力组织与管理的措施；

（7）保证安全生产的措施；

（8）提高园林植物成活率的措施；

（9）加强绿化养护管理的措施。

3. 技术组织措施的编制

（1）技术组织措施的种类。项目部编制的技术组织措施包括按照时间编制的季度、月度技术组织措施，以及根据工程项目编制的项目技术组织措施、单位工程技术组织措施以及分部分项工程技术组织措施。

（2）技术组织措施编制的主体。项目的季度与月度技术组织措施计划，或项目的技术组织措施计划由项目技术负责人负责编制，报项目经理批准。单位工程、分部分项工程技术组织措施计划由项目技术部门编制，项目技术负责人批准。

第六节　园林工程项目资金管理

一、项目资金管理概述

（一）园林工程施工资金管理的概述

1. 园林工程施工资金管理的概念

园林工程施工资金的管理，是指园林工程施工企业在整个园林工程的施工过程中，对项目资金进行预测、计划、筹集、运用、监督等进行的管理。资金管理工作的全过程要紧紧围绕着园林工程施工过程进行。

2. 资金管理的环节

项目资金管理的主要环节有：项目资金的预测、项目资金计划、项目资金的筹集、项目资金的调配与使用、项目资金的监督以及项目资金的核算等环节。

项目资金的预测包括资金收入和资金支出的预测。项目资金计划包括工程施工资金支出计划、工程款收入计划、现金流量的管理以及融资计划。

项目资金的筹集渠道一般有预收工程备料款、已完成工程款的结算、索赔款、银行贷款、企业自有资金、其他项目资金的调剂占用。

（二）项目资金管理的原则

1. 计划管理的原则

项目资金管理应以项目建设为中心，通过编制资金来源计划与使用计划，合理地调配资金与使用资金，保证项目的资金供给，从而为实现项目的预期目标，提高项目的经济效益服务。

资金计划管理的总体要求是：既要保证项目施工正常资金的需要，又要防止资金闲置过多；既不因为资金供给不足造成施工进度的滞后，又要使资金的供给在时间上相互衔接，并做到收支平衡，从而提高资金的使用效率。

2. 依法管理的原则

资金管理必须遵守国家有关财经方面的法律法规，按照专项资金管理的规定，做到专款专用。

3. 勤俭节约的原则

在施工管理中应树立精打细算与勤俭节约的原则，加强施工管理，杜绝返工，减少材料浪费，提高资金使用效果，提高园林工程施工的效益。

4. 民主理财的原则

通过建立工程承包责任制，使资金管理层层落实到人，做到责、权、利相结合，充分调动全体人员的积极性，使人人都参与工程管理，自觉当理财、管财的主人，关心并分享施工经营成果。

二、项目资金管理要点

（1）项目资金管理应保证收入、节约支出、防范风险和提高施工项目的经济效益。

（2）园林工程施工企业应在财务部门设立项目专用账号进行项目资金的收支预测，统一对外收支与结算。项目经理部负责项目资金的使用管理。

（3）为搞好项目资金管理，项目经理部应编制与项目施工周期相适应的年、季或月度资金收支计划，上报企业财务部门审批后实施。

（4）项目经理部要按照企业的授权，配合企业财务部门及时进行资金计收。资金计收应符合以下要求：

①新开工的项目按照施工合同收取预付备料款；

②根据月度统计报表编制"工程进度款结算单"，并在合同规定的日期内报监理工程师审批、结算。如发包人不能按期支付工程进度款且超过合同支付的最后期限，项目经理部应向发包人出具违约通知书，并按银行的同期贷款利率计息。

③根据工程变更记录和证明发包人违约的材料，及时计算赔偿金额，列入工程进度款结算单。

④发包人委托代购的工程设备或材料，必须签订代购合同，收取设备或材料订货预付款或代购款。

⑤工程材料价差应按照规定计算，并请发包人技术确认，与工程进度款一起收取。

⑥工期奖、质量奖、措施奖、不可预见费以及索赔款应根据合同规定与工程款同时收取。

⑦工程尾款应根据发包人认可的工程结算金额及时回收。

（5）项目经理部应按照企业下达的用款计划控制资金的使用，以收定支，节约开支；按照会计制度设立财务台账，以记录资金支出情况，加强财务核算，及时盘点盈亏。

（6）项目经理部应坚持做好项目的资金分析，进行计划收支对比，找出差距，分析原因，改进资金管理。

（7）项目竣工后，结合成本核算与分析，进行资金收支情况与经济效益总分析，并将分析结果报企业财务主管部门备案。

（8）企业应根据项目的资金管理效果对项目经理部进行奖励，项目经理部在此基础上对相关参与施工的工程施工管理人员进行奖励。

复习思考题：

1. 施工生产要素管理包括哪几方面的内容？
2. 如何开展施工人力资源管理工作？
3. 施工材料管理有什么要求？
4. 施工技术管理的内容包括哪些？如何进行施工技术管理？
5. 简述施工资金的管理原则与要点。

第五章　园林工程施工组织设计

第一节　施工组织设计的基本概念

园林工程不是单纯的园林种植工程，而是一项与土木建筑、市政工程、安装工程等其他行业施工结合在一起的综合性工程。因而，精心做好园林工程的施工组织设计是施工前的必要环节。

园林工程施工组织设计，是园林工程施工单位在组织施工前必须完成的一项技术管理工作。是以施工项目作为编制对象，编制的用以指导其建设全过程各项施工活动的技术、经济、组织、协调和控制的综合性文件。施工组织设计与项目施工管理不同，前者仅涉及施工准备和现场施工管理工作；而后者则包括施工项目管理全过程，即包括投标管理、施工合同签订、施工准备、现场施工和竣工验收各个阶段的管理工作。

一、施工组织设计的作用

园林工程施工组织设计是以园林工程为对象进行编制，用来指导工程施工的技术性文件，是施工单位为在投标中夺标或指导建设工程施工的指导性、控制性技术文件，是开展项目施工、组织资源供应、安排施工生产与生活的主要依据；也是建设单位和监理单位监督施工与合同履行的重要依据。

施工组织设计的主要作用包括：

（1）是编制项目施工投标书和签订园林工程施工合同的基本资料；

（2）园林工程项目施工准备和施工实施过程中，帮助施工企业对工程施工实施科学管理做出合理技术、经济和组织方面的安排。

（3）明确施工重点和影响施工进度的关键施工过程，并拟出各种施工技术措施与方案，在保证施工安全、质量和工期的前提下，使消耗尽可能少。

（4）为有效地协调施工过程的各项工作做出安排。

二、施工组织设计的类型

园林工程施工企业编制的施工组织设计有两种类型：即投标前编制的园林工程施工组织设计，也称为"标前设计"，任务是满足编制投标书和签订施工合同的需要，目的是使施工企业能够顺利中标并与发包人签订施工合同；另一类是施工前编制的施工组织设计，也称为"标后设计"，任务是指导项目施工准备与施工实施，目的是为更好地组织施工，达到施工项目目标。

园林工程施工组织设计一般由五个部分构成：

（1）叙述本项园林工程设计的基本情况、要求和特点、难点，使其成为指导施工组织设计的指导思想，贯穿于全部施工组织设计之中。

（2）在此基础上，充分结合施工企业和施工场地的条件，拟定出合理的施工方案、施工部署。在方案中要明确施工顺序、施工进度、施工方法、劳动组织及必要的技术措施等内容。

（3）在确定了施工方案后，在方案中按施工进度对材料、机械、工具及劳动等资源的配置做出安排。

（4）根据场地实际情况，进行施工总平面设计，科学地布置临时设施、材料堆置及进场实施方法和路线等。

（5）组织设计出协调好各方面关系的方法和要求，统筹安排好各个施工环节，使各施工环节在时间上搭接良好，做到连续施工。

两类施工组织的特点见表 2-5-1 所示。

标前和标后两类施工组织设计的特点比较　　　　　　　　　　表 2-5-1

种类	服务范围	编制时间	编制者	审核者	主要特征	主要任务
标前设计	投标、签约	投标书编制前	企业工程技术人员	企业技术负责人	规划性	中标、经济效益
标后设计	施工准备至竣工验收	签约后、开工前	项目技术负责人	项目经理	作业性	施工效率、效益

（一）投标前施工组织设计

标前施工组织设计，主要内容包括如下：

（1）施工方案、施工方法的选择，对关键部位、工序采用新技术、新工艺、新机械、新材料以及投入的人力、机械设备的决定等。

（2）施工进度计划，包括单项工程或分部分项工程进度计划、开竣工日期及说明。

（3）施工平面布置，水、电、路、生产、生活用地及施工现场的平面布置。

（4）主要技术组织措施，保证质量、进度、安全文明施工等必须采取的措施。

（5）其他有关投标和签约的措施。

（二）中标后施工组织设计

标后施工组织设计一般又可分为：园林建设施工组织总设计、单项（单位）园林工程施工组织设计和分部分项园林工程作业设计 3 种。

1. 园林工程施工组织总设计

建设项目施工组织总设计是以一个园林工程项目为对象进行编制，用以指导其建设全过程各项全局性施工活动的技术、经济、组织、协调和控制的综合性文件。它是整个施工项目的战略部署，其编制范围广，内容比较概括。在项目初步设计或扩大初步设计批准、明确承包范围后，由施工项目总包单位的总工程师主持，会同建设单位、设计单位和分包单位的负责工程师共同编制，它是编制单项（单位）工程施工组织设计或年度施工规划的依据。重点是解决施工期限、施工顺序、施工方法、临时设施、材料设备以及施工现场总体布局等关键问题。

2. 单项（单位）工程施工组织设计

单项（单位）工程施工组织设计是以一个园林施工中的分项工程为对象进行编制的文

件。它是建设项目施工组织总设计或年度施工规划的具体化，其编制内容更详细。它是在项目施工图纸完成后，在项目经理组织下，由项目工程师负责编制。作为编制分部（项）工程施工设计或季（月）度施工计划的依据。

3. 分部分项工程施工设计

分部分项工程施工设计是以一个分部分项工程或冬雨期施工项目为对象进行编制，用以指导其各项作业活动的文件。它是单项（单位）工程施工组织设计和承包单位季（月）度施工计划的具体化，其编制内容更具体，是在编制单项（单位）工程施工组织设计的同时，由项目主管技术人员负责编制、作为指导该项目具体专业工程施工的依据。

三、施工组织设计的原则

园林工程施工组织设计要做到科学、实用，这就要求在编制思路上应吸收多年来工程施工中积累的成功经验；在编制技术上要遵循施工规律、管理理论和方法；在编制方法上应集思广益，逐步完善。为此，园林工程施工组织设计的编制应遵循下列基本原则：

（一）遵循国家法律法规、政策的原则

国家有关建设工程的政策、法规对施工组织的编制有很大的影响，因此，在实际编制中要分析这些政策对工程施工有哪些积极影响，要遵循相关的法规，如《合同法》《环境保护法》《森林法》《城市绿化条例》《城市市容和环境卫生管理条例》及各种设计规范等。严格遵守合同中对施工工期、工程质量以及安全文明施工等的约定。

同时，在施工组织设计中要认真执行工程中所采用的技术规范、标准，以及施工与验收规范、技术规程等。

（二）符合园林工程施工的特点的原则

园林工程大多是综合性工程，并具有随着时间的推移其艺术特色才慢慢发挥和体现的特点，园林工程种植工程的面积大，植物种类多。因此，组织设计的编制既要考虑园林建筑、园林工程各工种之间的衔接与交叉穿插施工，又要考虑园林种植工程中部分园林植物种植季节的特点，使各类工种施工之间做出必要的交叉施工安排。另外，基于园林工程本身对艺术再现与艺术再创作的要求，施工中对于设计变更与调整要做出一定的安排。

（三）采用先进的施工技术，合理选择施工方案的原则

园林工程施工中，要提高劳动生产率、缩短工期、保证工程质量、降低施工成本、减少损耗，关键是采用先进的施工技术、合理选择施工方案以及利用科学的施工组织方法。因此，应充分考虑工程的实际情况，现有的技术力量、经济条件，采用先进的施工技术与施工组织管理技术组织施工。同时，提高施工的机械化与工业化水平。

施工方案应进行技术经济比较，比较时数据要准确，实事求是。要注意在不同的施工条件拟定不同的施工方案，努力达到"五优"标准，即达到所选择的施工方法和施工机械最优，施工进度和施工成本最优，劳动资源组织最优，施工现场调度组织最优和施工现场平面最优。

（四）周密而合理的施工计划，做到均衡施工的原则

周密而合理的施工计划要求合理安排人力、物力与资金。要按照施工规律配置工程时间和空间上的次序，做到相互促进，紧密搭接；施工方式上可视实际需要采用流水施工、交叉施工或平行施工，以加快速度。计划中还要正确反映临时设施设置及各种物资材料、

设备的供应情况，以节约为原则，充分利用固有设施，减少临时性设施的投入；正确合理地进行经济核算，强化成本意识。所有这些都是为了保证施工计划的合理有效，使施工保持连续均衡。

（五）充分考虑特殊施工环境的原则

要考虑施工的季节性，特别是雨期或冬期的施工条件；合理地安排施工顺序，以保证施工质量与工期。

（六）确保施工质量和施工安全，重视园林工程收尾工作的原则

施工质量直接影响工程质量，必须引起高度重视。施工组织设计中应针对工程的实际情况，制订切实可行的保证措施。

施工中必须切实注意安全，要制订施工安全操作规程及注意事项搞好安全教育，加强安全生产意识，采取有效措施作为保证。同时应根据需要配备消防设备，做好防范工作。

园林工程的收尾工作是施工管理的重要环节，但有时往往难以引起人们的注意，使收尾工作不能及时完成，而园林工程的艺术性、生物性特征，又使得收尾工作中的艺术再创造与生物管护显得尤为重要。这实际上将导致资金积压，增加成本，造成浪费。因此，应十分重视后期收尾工程，尽快竣工验收，交付使用。

第二节 施工组织设计的编制

一、施工组织设计的编制依据

（一）园林工程施工组织总设计编制依据

园林工程施工组织总设计编制依据如表 2-5-2 所示。

园林工程施工组织总设计编制依据　　　　　　　　　　表 2-5-2

序号	编制依据	主　要　内　容
1	园林建设工程基础文件	（1）建设项目可行性研究报告及其批准文件
		（2）建设项目规划红线范围和规划许可证
		（3）建设项目勘察设计任务书、图纸和说明书
		（4）建设项目初步设计或技术设计批准文件，以及设计图纸和说明书
		（5）建设项目总概算、修正总概算或设计总概算
		（6）建设项目施工招标文件、中标通知书和工程承包合同文件
2	工程建设政策法规、规范和标准	（1）关于工程建设报建程序有关规定
		（2）关于动迁工作有关规定
		（3）关于园林工程项目实行施工监理有关规定
		（4）城市绿化行政主管部门关于资质管理有关规定
		（5）当地造价管理部门关于工程造价管理有关规定
		（6）关于工程设计、施工和验收有关规定

续表

序号	编制依据	主　要　内　容
3	工程建设地区原始调查资料	(1) 当地的地区气象资料
		(2) 工程所在地的地形、地貌、地质和水文等地质资料
		(3) 土地利用情况
		(4) 地区交通运输能力和价格资料
		(5) 地区绿化材料、建筑材料、构配件和半成品供应状况资料
		(6) 地区供水、供电、供热和电讯能力和价格资料
		(7) 地区园林施工企业状况资料
		(8) 施工现场地上、地下的现状，如水、电、电讯、煤气管线等状况
4	类似施工项目经验资料	(1) 类似施工项目成本控制资料
		(2) 类似施工项目工期控制资料
		(3) 类似施工项目质量控制资料
		(4) 类似施工项目技术新成果资料
		(5) 类似施工项目管理新经验资料

（二）单项（单位）工程施工组织设计的编制依据

园林单项（单位）工程施工组织设计编制依据如下：

(1) 单项（单位）工程全部施工图纸及相关标准图；

(2) 单项（单位）工程地质勘察报告、地形图和工程测量控制网；

(3) 单项（单位）工程预算文件和资料；

(4) 建设项目施工组织总设计对本工程的工期、质量和成本控制的目标要求；

(5) 承包单位年度施工计划及本工程开竣工的时间要求；

(6) 有关国家方针、政策、规范、规程和工程预算定额；

(7) 类似工程施工经验和技术新成果。

二、施工组织设计的编制程序

施工组织设计的编制应遵循一定的程序，才能保证其科学性和合理性。

常用施工组织设计的编制程序如下：

(1) 熟悉园林工程施工图，领会设计意图，收集有关资料，认真分析，研究施工中问题。

(2) 将园林工程合理分项并计算各自工程量，确定工期。

(3) 确定施工方案、施工方法，进行技术经济比较，选择最优方案。

(4) 编制施工进度计划（横道图或网络图）。

(5) 编制施工必需的设备、材料、构件及劳动力计划。

(6) 布置临时施工、生活设施，做好"四通一平"工作。

(7) 编制施工准备工作计划。

(8) 绘制施工平面布置图。

(9) 计算技术经济指标，确定劳动定额，加强成本核算。

（10）拟定技术安全措施。

（11）成文报审。

施工组织设计编制程序示意图如图 2-5-1 所示。

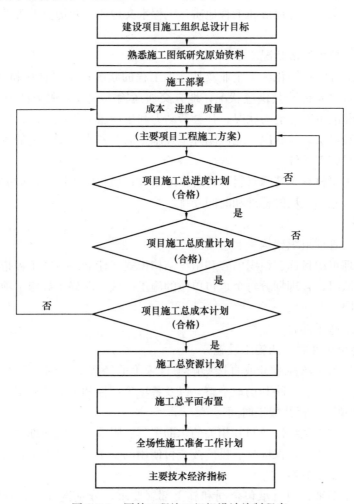

图 2-5-1 园林工程施工组织设计编制程序

三、施工组织设计的编制

（一）园林工程施工组织总设计编制

1. 工程概况

（1）工程构成状况

主要内容：建设项目名称、性质和建设地点；占地总面积和建设总规模；每个单项工程占地面积。

（2）建设项目的建设、设计和施工承包单位

主要内容：建设项目的建设、勘察、设计、总承包和分包单位名称，以及建设单位委托的施工监理单位名称及其组织状况。

（3）施工组织总设计目标

主要内容：建设项目施工总成本、总工期和总质量等级，以及每个单项工程施工成本、工期和工程质量等级要求。

（4）建设地区自然条件状况

主要内容：气象、工程地形和工程地质、工程水文地质以及历史上曾发生的地震级别及其危害程度。

（5）建设地区技术经济状况

主要内容：地方园林绿化施工企业及其施工工程的状况；主要材料和设备供应状况；地方绿化、建筑材料品种及其供应状况；地方交通运输方式及其服务能力状况；地方供水、供电、供热和电讯服务能力状况；社会劳动力和生活服务设施状况；以及承包单位信誉、能力、素质和经济效益状况；地区园林工程施工的新技术、新工艺的运用状况。

（6）施工项目施工条件

主要内容：主要材料、特殊材料和设备供应条件；项目施工图纸供应的阶段划分和时间安排；以及提供施工现场的标准和时间安排。

2. 施工部署

（1）建立项目管理组织架构

明确项目管理组织目标、组织内容和组织结构模式，建立统一的工程指挥系统。组建综合或专业工作队组，合理划分每个承包单位的施工区域，明确主导施工项目和穿插施工项目及其建设期限。

（2）认真做好施工部署

① 安排好为全场性服务的施工设施

应优先安排好为全场性服务或直接影响项目施工的经济效果的施工设施，如现场供水、供电、供热、通信、道路和场地平整，以及各项生产性和生活性施工设施。

② 合理确定单项工程开竣工时间

根据每个独立交工系统以及与其相关的辅助工程、附属工程完成期限，合理地确定每个单项工程的开竣工时间，保证先后投产或交付使用的交工系统都能够正常运行。

（3）主要项目施工方案

根据项目施工图纸、项目承包合同和施工部署要求，分别选择主要景区、景点的绿化、建筑物和构筑物的施工方案，施工方案内容包括：确定施工起点流向、确定施工程序、确定施工顺序和确定施工方法。

3. 全场性施工准备工作计划

根据施工项目的施工部署、施工总进度计划、施工资料计划和施工总平面布置的要求，编制施工准备工作计划。其表格形式如表 2-5-3 所示。具体内容包括：

（1）按照总平面图要求，做好现场控制网测量；

（2）认真做好土地征用、居民迁移和现场障碍物拆除工作；

（3）组织项目采用的新结构、新材料、新技术试验工作；

（4）按施工项目施工设施计划要求，优先落实大型施工设施工程，同时做好现场"四通一清"工作；

（5）根据施工项目资源计划要求，落实绿化材料、建筑材料、构配件、加工品（包括植物材料）、施工机具和设备；

（6）认真做好工人上岗前的技术培训工作。

主要施工准备工作计划表　　　　　　　　　　表 2-5-3

序号	准备工作名称	准备工作内容	主办单位	协办单位	完成日期	负责人

4. 施工总进度计划

根据施工部署要求，合理确定每个独立交工系统及单项工程控制工期，并使它们相互之间最大限度地进行衔接，编制出施工总进度计划。在条件允许的情况下，可多出几个方案进行比较、论证，以采用最佳计划。

（1）确定施工总进度表达形式

施工总进度计划属于控制性计划，用图表形式表达。园林工程施工进度常用横道图表达。如图 2-5-2 所示。

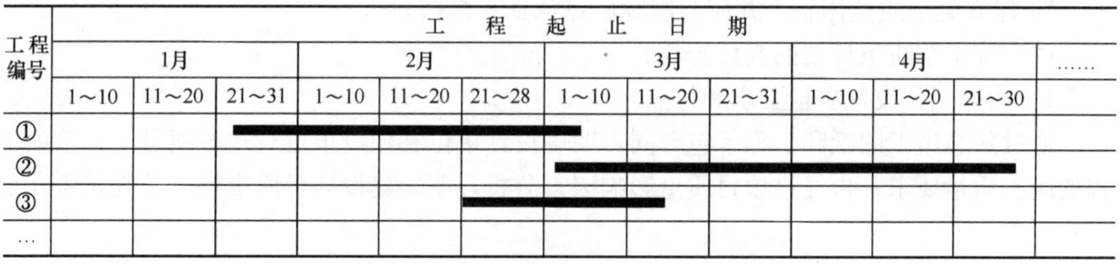

工程编号	工　程　起　止　日　期											
	1月			2月			3月			4月			……
	1～10	11～20	21～31	1～10	11～20	21～28	1～10	11～20	21～31	1～10	11～20	21～30	
①			■■■	■■■	■■■								
②						■■■	■■■	■■■	■■■	■■■			
③					■■■	■■■							
…													

工程编号：①整理地形工程；②绿化工程；③假山工程；……

图 2-5-2　施工总进度横道图

（2）编制施工总进度计划

①根据独立交工系统的先后次序，明确划分施工项目的施工阶段；按照施工部署要求，合理确定各阶段及其单项工程开竣工时间；

②按照施工阶段顺序，列出每个施工阶段内部的所有单项工程，并将它们分别分解至单位工程和分部工程；

③计算每个单项工程、单位工程和分部工程的工程量；

④根据施工部署和施工方案，合理确定每个单项工程、单位工程和分部工程的施工持续时间；

⑤科学地安排各分部分项工程之间的衔接关系，并绘制成控制性的施工网络计划或横道计划；

⑥安排施工进度计划时，要认真遵循编制施工组织设计的基本原则。

⑦可对施工总进度计划初始方案进行优化设计，以有效地缩短建设总工期。

（3）制订施工总进度保证措施

①组织保证措施。从组织上落实进度控制责任制，建立进度控制协调制度。

②技术保证措施。编制施工进度计划实施细则；建立多级网络计划和施工作业周计划体系；强化施工工程进度控制。

③经济保证措施。确保按时供应奖金；奖励工期提前有功者；经批准紧急工程可采用较高的计件单价；保证施工资源正常供应。

④合同保证措施。全面履行工程承包合同；及时协调各分包单位施工进度；按时提取工程款；尽量减少建设单位提出工程进度索赔的机会。

5. 施工总质量计划

施工总质量计划是以一个建设项目为对象进行编制，用以控制其施工全过程各项施工活动质量标准的综合性技术文件。应充分掌握设计图纸、施工说明书、特殊施工说明书等文件上的质量指标，制订各工种施工的质量标准，制订各工种的作业标准、操作规程、作业顺序等，并分别对各工种的工人进行培训及教育。

（1）施工总质量计划内容

① 工程设计质量要求和特点；

② 工程施工质量总目标及其分解；

③ 确定施工质量控制点；

④ 制订施工质量保证措施；

⑤ 建立施工质量体系，并应与国际质量认证系统接轨。

（2）施工总质量计划的制订步骤

1）明确工程设计质量要求和特点

通过熟悉施工图纸和工程承包合同，明确设计单位和建设单位对建设项目及其单项工程的施工质量要求；再经过项目质量影响因素分析，明确建设项目质量特点及其质量计划重点。

2）确定施工质量总目标

根据建设项目施工图纸和工程承包合同要求，以及国家颁布的相关的工程质量评定和验收标准，确定建设项目施工质量总目标：优良或合格。

3）确定并分解单项工程施工质量目标

根据建设项目施工质量总目标要求，确定每个单项工程施工质量目标，然后将该质量目标分解至单位工程质量目标和分部工程质量目标，即确定出每个分部工程施工质量等级：优良或合格。

4）确定施工质量控制点

根据单位工程和分部工程施工质量等级要求，以及国家颁布的相关的工程质量评定与验收标准、施工规范和规程有关要求，选定各工种的质量特性（以土方工程为例，见表2-5-4），确定各个分部分项工程质量标准和作业质量标准；对于影响分部分项工程质量的关键部位或环节，要设置施工质量控制点，以便加强对其进行质量控制。

土方工程的质量特性 表 2-5-4

物理特性（施工前）		力学特性（施工中）		地基土壤的承载力（施工后）	
质量特性试验	质量特性	试 验	质量特性	试 验	质量特性
颗粒度 液限 塑限 现场含水量	颗粒度 液限 塑限 含水量	（1）最大干燥密度 （2）最优含水量 （3）捣固密实度	捣固 捣固 捣固	（1）贯入指数 （2）浸水 CBR （3）承载力指数	各种贯入试验 CBR 平板荷载试验

5）制订施工质量保证措施

①组织措施

建立施工项目的施工质量体系，明确分工职责和质量监督制度，落实施工质量控制责任。

②技术措施

编制施工项目施工质量计划实施细则，完善施工质量控制点和控制标准，强化施工质量事前、事中和事后的全过程控制。

③经济措施

保证奖金正常供应；奖励施工质量优秀的有功者，惩罚施工质量低劣的操作者，确保施工安全和施工资源正常供应。

④合同措施

全面履行工程承包合同，严格控制施工质量，及时了解及处理分包单位施工质量，热情接受施工监理，尽量减少建设单位提出工程质量索赔的机会。

6）建立施工成本计划

6. 施工总成本计划

施工总成本计划是以一个园林建设项目为对象进行编制，用以控制其施工全过程各项施工活动成本额度的综合性技术文件。由于园林工程施工的内容多，牵涉的工种亦多，计算标准成本很困难，但随着园林事业的发展，体制改革的不断进行和规章制度的日益完善，以及园林建设行业日趋现代化与市场化，园林行业也会和其他部门一样，朝着制订标准成本的方向努力。

（1）施工成本分类

① 施工预算成本

施工预算成本是工程的成本计划，是根据项目施工图纸、工程预算定额和相应收费标准所确定的工程费用总和，也称建设预算成本。制订工程预算书是进行成本管理的基础，它是根据设计书、图表、施工说明书等实行预算及成本计算（表2-5-5）。

施工预算成本管理表

表2-5-5

预算成本计算		施工计划成本计算		施工实际成本计算
基本计算	估算成本	不同工种计算	不同因素计算	预算成本与完成工程成本实行预算报告比较研究
		直接工程费 ×××作业 ×××作业 间接工程费 一般管理费	材料费 劳务费 转包费 经　费	
确定预算				
编制实行预算书		执行预算	中途分析实行预算差异	
计　　划		实　　施	调　　整	评　价

② 施工计划成本

施工计划成本是在预算成本基础上，经过充分发掘潜力、采取有效技术组织措施和加强经济核算努力下，按企业内部定额，预先确定的工程项目计划费用总和，也称项目成本。施工预算成本与施工计划成本差额，称为项目施工计划成本降低额。

③ 施工实际成本

施工实际成本是在项目施工过程中实际发生，并按一定成本核算对象和成本项目归集的施工费用支出总和。施工预算成本与施工实际成本的差额，称为工程成本降低额；成本降低额与预算成本比率，称为成本降低率。施工管理人员应找出成本差异发生的原因，在控制成本的同时，及时采取正确的施工措施，一般说来，在比较成本时应保证工程数量与成本都准确。该指标可以考核建设项目施工总成本降低水平或单项工程施工成本降低水平（表 2-5-6）。

成本差异分析表 表 2-5-6

工种区分	施工预算成本		施工实际成本		成本差异				摘　要
	数量	单价	金额	数量	单价	金额	增	减	
××									成本差异
××									大的作业
××									
合计									

（2）施工成本构成

施工成本由直接费和间接费构成，此处不再细述。

（3）编制施工总成本计划步骤

1）确定单项工程施工成本计划

①收集和审查有关编制依据

包括：上级主管部门要求的降低成本计划和有关指标；施工单位各项经营管理计划和技术组织措施方案；人工、材料和机械等消耗定额和各项费用开支标准；历年有关工程成本的计划、实际和分析资料。

②做好单项工程施工成本预测

通常先按量、本、利分析法预测工程成本降低趋势，并确定出预期成本目标，然后采用因素分析法，逐项测算经营管理计划和技术组织措施方案降低成本的经济效果和总效果。当措施的经济总效果大于或等于预期工程成本目标时，就可开始编制单项工程施工成本计划。

③编制单项工程施工成本计划

首先由工程技术部门编制项目技术组织措施计划，然后由财务部门编制项目施工管理计划，最后由计划部门会同财务部门进行汇总，编制出单项工程施工成本计划，即项目成本计划表。工程预算成本减去计划（降低）成本的差额，就是该项目工程成本指标。

2）编制建设项目施工总成本计划

根据园林建设项目施工部署要求，其总成本计划编制也要划分施工阶段，首先要确定每个施工阶段的各个单项工程施工成本计划，并编制每个施工阶段组成的项目施工成本计划，再将各个施工阶段的施工成本计划汇总在一起，即成为该园林建设项目施工总成本计划，同时也求得该建设项目工程计划成本总指标。

3）制订建设项目施工总成本保证措施

①技术措施

园林工程中有大量的园林植物，品种各异，来源不同，必须精心优选各种植物材料、各种建筑材料、设备的质量和价格，合理确定其供货单位；优化施工部署和施工方案以节约成本；按合理工期组织施工，尽量减少赶工费用。

②经济措施

经常对比计划费用与实际费用差额，分析其产生原因，并采取改善措施，及时奖励降低成本有功人员。

③组织措施

建立健全项目施工成本控制组织，完善其职责分工和有关规章制度，落实项目成本控制者的责任。

④合同措施

按项目承包合同条款支付分包工程款、材料款；全面履行合同，减少建设单位索赔条件和机会；正确处理施工中已发生的工程赔偿事项，尽量减少或避免工程合同纠纷。

7. 施工总资源计划

（1）劳动力需要量计划

施工劳动力需要量计划是编制施工设施和组织工人进场的主要依据。劳务费平均占承包总额的 30%～40%，它是施工管理人员实施管理的重要一环，在管理过程中要执行国家相关的法律法规。劳动力需要量计划是根据施工总进度计划、概（预）算定额和有关经验资料，分别确定出每个单项工程专业工种、工人数和进场时间，然后逐项汇总直至确定出整个建设项目劳动力需要量计划，是一项政策性很强的工作。

工程的劳动力可实行招聘制，并要订立相关合同，合同双方都要遵守劳动合同，认真地履行各自的权利与义务。

（2）主要材料需要计划

主要材料需要量计划是组织施工材料和部分原材料加工、订货、运输、确定堆场和仓库的依据。它是根据施工图纸、施工部署和施工总进度计划而编制的。然而，园林施工中的特殊材料如掇山、置石的材料需要根据设计所要求的体态、体量、色泽、质地、纹理等经过相石、采石、运输等环节，故需事先做好需要量计划。

（3）施工机具和设备需要量计划

施工机具和设备需要量计划是确定施工机具和设备进场、施工用电量和选择施工用临时变压器的依据。它可根据施工部署、施工方案、工程量而确定，一般而言，园林施工中的大型施工机械不太多见，但在地形塑造、土方工程、水景施工中所用的一些中、小机械设备不容忽视。

8. 施工总平面布置的原则

（1）施工总平面布置的原则

① 在满足施工需要前提下，尽量减少施工用地，不占或少占用公共空间，施工现场布置要紧凑合理，保护好施工现场的古树名木、文物以及需要保留的原有树木等。

② 合理布置各项施工设施，科学规划施工临时道路，尽量降低运输费用。

③ 科学确定施工区域和场地面积，尽量减少专业工种之间交叉作业。

④ 尽量利用永久性建筑物、构筑物或现有设施为施工服务，降低施工设施建造费用，

尽量采用装配式施工设施，提高其安装速度和设施的利用率。

⑤ 各项施工设施布置都要满足有利于施工、方便生活，达到安全防火和环境保护的要求。

（2）施工总平面布置的依据

① 园林建设项目总平面图、竖向布置图和地下设施布置图。

② 园林建设项目施工部署和主要项目施工方案。

③ 园林建设项目施工总进度计划、施工总质量计划和施工总成本计划。

④ 园林建设项目施工总资源计划和施工设施计划。

⑤ 园林建设项目施工用地范围和水、电源位置，以及项目安全施工和防火标准。

（3）施工总平面布置的内容

① 园林建设项目施工用地范围内地形和等高线；全部地上、地下已有和拟建的道路、广场、河湖水面、山丘、绿地及其他设施位置的标高和尺寸。

② 标明园林植物种植的位置、各种构筑物和其他基础设施的坐标。

③ 为整个建设项目施工服务的施工设施布置，包括生产性施工设施和生活性施工设施两类。

④ 建设项目必备的安全、防火和环境保护设施布置。

（4）编制建设项目施工设施需要量计划

① 确定工程施工的生产性设施。生产性施工设施包括：加工、运输、储存、供水、供电和通信等6种设施。通常要根据整个园林建设建设项目及其每个单项工程施工需要，统筹兼顾、优化组合、科学合理地确定每种生产性施工设施的建造量和标准，编制出项目施工的生产性施工需要量计划。

② 确定工程施工的生活性设施。生活性施工设施包括：行政管理用房、临时居住用房和文化福利用房3种。通常要根据整个建设项目及其每个单项工程施工需要，统筹兼顾、科学合理地确定每种生活性施工设施的建造量和标准，编制出项目施工的生活性施工设施需要量计划。

③ 确定项目施工设施需要量计划核心部分，即以上两项"需要量计划"之和，然后在其前面写明"编制依据"，在其后面写明"实施要求"。这样便形成了"建设项目施工设施需要量计划"。

（5）施工总平面图设计步骤

① 确定仓库和堆场的位置，特别注意植物材料的假植地点应选在背风、背阴处。

② 确定材料加工场地位置。

③ 确定场内运输道路位置。

④确定生活用施工设施位置。

⑤ 确定水、电等管网和动力设施位置。

⑥ 评价施工总平面指标。

为了优化施工工程，应从多个施工总平面图方案中，结合施工占地总面积、土地利用率、施工设施建造费用、施工道路总长度和施工管网总长度等评价指标，在分析计算基础上，对每个可行方案进行综合评价。

9. 主要技术经济指标

为了评价每个建设项目施工组织总设计各个可行方案的优劣，以便从中确定一个最优方案，通常采用以下技术经济指标进行方案评价：

（1）建设项目施工工期。

（2）建设项目施工总成本和利润。

（3）建设项目施工总质量。

（4）建设项目施工安全。

（5）建设项目施工效率。

（6）建设项目施工其他评价指标。

（二）单项（单位）工程施工组织设计编制

单项（单位）工程施工组织设计是根据施工图和施工组织总设计来编制的，也是对总设计的具体化，由于要直接用于指导现场施工，所以内容更加详细和具体。

1. 单项（单位）工程施工组织设计编制依据

（1）单项（单位）工程全部施工图纸及相关标准图；

（2）单项（单位）工程地质勘察报告、地形图和工程测量控制网；

（3）单项（单位）工程预算文件和资料；

（4）建设项目施工组织总设计对本工程的工期、质量和成本控制的目标要求；

（5）承包单位年度施工计划对本工程开竣工的时间要求；

（6）有关国家方针、政策、规范、规程和工程预算定额；

（7）类似工程施工经验和技术新成果。

2. 单项（单位）工程施工组织设计编制程序

单项（单位）工程施工组织设计的编制程序如图 2-5-3 所示。

3. 单项（单位）工程施工组织设计编制内容

单项（单位）工程施工组织设计编制内容主要有：

（1）工程特点

简要说明工程结构和特点，对施工的要求，并附以主要工程量一览表。

（2）工程施工特点

结合园林工程具体施工条件，

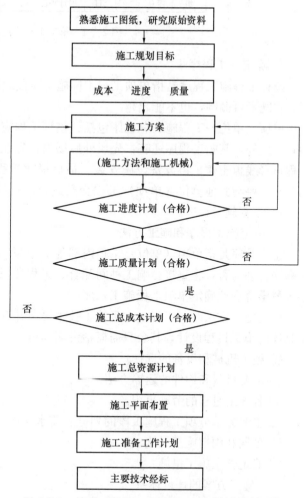

图 2-5-3　单项（单位）工程施工组织设计编制程序

183

找出其施工全过程的关键工程，并从施工方法和措施方面给予合理解决。如在水池工程施工中，要重点解决防水工程和饰面工程。

（3）施工方案（单项工程施工进度计划）

① 用图表的形式确定各施工过程开始的先后次序、相互衔接的关系和开竣工日期（图 2-5-4）。如确定施工起点流向，它是指园林建设单项工程在平面上和竖向上的施工开始部位和进展方向，它主要解决施工项目在空间上的施工顺序合理问题，要注意该单项（单位）工程的工程特点和施工工艺要求。如是绿化工程，则要注意不同植物对栽植季节及对气候条件的要求、工程交付使用的工期要求、施工顺序、复杂程度等因素。

绿化工种	单位	数量	开工日	完成日	4月					
					5	10	15	20	25	30
准备作业	组	1.0	4月1日	4月5日	▬					
定　线	组	1.0	4月6日	4月9日		▬				
地形作业	m³	1500	4月10日	4月15日			▬			
栽植作业	棵	150	4月15日	4月24日				▬		
草坪作业	m²	600	4月24日	4月28日					▬	
收　尾	组	1.0	4月28日	4月30日						▬

图 2-5-4　单项工程进度计划

② 确定施工程序

园林工程施工程序是指单项工程不同施工阶段之间所固有的、密不可分的先后施工次序。它既不可颠倒，也不能超越。

单项（单位）工程施工总程序包括：签订工程施工合同、施工准备、全面施工和竣工验收。此外，其施工程序还有：先场外后场内，先地下后地上，先主体后装修，先土石方工程再管线再土建、再设备设施安装、最后绿化工程。绿化工程因为受到栽植季节的限制，常常要与其他单位（单项）工程交叉进行。在编制施工方案时，必须认真研究单项（单位）工程施工程序。

③ 确定施工程序和施工方法

施工顺序是指单项（单位）工程内部各个分部（单项）工程之间的先后施工次序。施工顺序合理与否，将直接影响工种间配合、工程质量、施工安全、工程成本和施工速度，必须科学合理地确定单项工程施工顺序。

确定施工方法时，工程量大且施工技术复杂并有新技术、新工艺或特种结构工程需编制具体的施工过程设计，其余只需概括说明即可。

④ 施工机械和设备的选择。

⑤ 主要材料和构件的运输方法。

⑥ 各施工过程的劳动组织。

⑦ 主要分部分项工程施工段的划分和流水顺序。

⑧ 冬期和雨期施工措施。

⑨ 确定安全施工措施。

（4）施工方案的评价体系

主要从定性和定量两方面进行评价：

① 定性评价指标

主要是施工操作难易程度和安全可靠性、为后续工程创造有利条件的可能性、利用现有或取得施工机械的可能性、冬雨期施工的可能性以及为现场文明施工创造有利条件的可能性。

② 定量评价指标

主要是单项（单位）工程施工工期、施工成本、施工质量、工程劳动力使用情况以及主要材料消耗量。

（5）施工准备工作

1）施工准备工作内容

组建管理机构、确定各部门职能、确定岗位职责分工和选聘岗位人员等建立工程管理组织的工作。

①施工技术准备

包括编制施工进度控制目标；编制施工作业计划；编制施工质量控制实施细则并落实质量控制措施；编制施工成本控制实施细则，确定分项工程成本控制目标以采取有效成本控制措施；做好工程技术交底工作，可以采用书面交底、口头交底和现场示范操作交底等方式，通常自上而下逐级进行交底。

②劳动组织准备

主要指建立工程队伍，并建立工程队伍的管理体系，队（班组）内部的技术工人等级比例要合理，并满足劳动力优化组合的要求；做好劳动力培训工作，并安排好工人进场后生活，然后按工程对各工种编制，组织上岗前培训，培训内容包括：规章制度、安全施工、操作技术和精神文明教育四个方面。

③施工物资准备

包括建筑材料准备和植物材料准备及施工机具准备，有时还要有一些预制加工品的准备。

④施工现场准备

主要包括：清除现场障碍物，实现"四通一清"；现场控制网测量；建造各项施工设施；组织施工物资和施工机具进场等。

2）编制施工准备工作计划

为落实各项施工准备工作，加强对施工准备工作监督和检查，通常施工准备工作计划采用表格形式，如表 2-5-7 所示。

单项工程施工准备工作计划　　　　　　　　　　表 2-5-7

序号	准备工作名称	准备工作内容	主办单位	协办单位	完成时间	负责人

（6）施工进度计划

1）编制施工进度计划依据

主要有：单项（位）工程承包合同和全部施工图纸；建设地区相关原始资料；施工总进度计划对本工程有关要求；单项（位）工程设计概算和预算资料以及施工物质供应条件等。

2）施工进度计划编制步骤

①熟悉审查施工图纸，研究原始资料；

②确定施工起点流向，划分施工段和施工层；

③分解施工过程，确定工程项目名称和施工顺序；

④选择施工方法和施工机械，确定施工方案；

⑤计算工程量，确定劳动力分配或机械台班数量；

⑥计算工程项目持续时间，确定各项流水参数；

⑦绘制施工横道图；

⑧按项目进度控制目标要求，调整和优化施工横道计划。

3）制订施工进度控制实施细则

主要是编制月、旬或周施工作业计划，从而落实劳动力、原材料和施工机具供应计划；协调同设计单位和分包单位的关系，协调同建设单位的关系，以保证其供应材料、设备和图纸及时到位。

（7）施工质量计划

1）编制施工质量计划主要依据。施工图纸和有关设计文件；设计概算和施工图预算文件；该工程承包合同对其造价、工期和质量有关规定；国家现行施工验收规范和有关规定；施工作业环境状况，如劳动力、材料、机械等情况。

2）施工质量计划内容。基本可参照施工总质量计划的内容。

3）编制施工质量计划步骤

①施工质量要求和特点。根据园林工程各分项工程特点、工程承包合同和工程设计要求，认真分析影响施工质量的各项因素，明确施工质量特点及其质量控制重点。

②施工质量控制目标及其分解。根据施工质量要求和特点分析，确定单项（单位）工程施工质量控制目标"优良"或"合格"，然后将该目标逐级分解为：分部工程、分项工程和工序质量控制子目标"优良"或"合格"，作为确定施工质量控制点的依据。

③确定施工质量控制点。根据单项工程、分部分项工程施工质量目标要求，对影响施工质量的关键环节、部位和工序设置质量控制点。

④制订施工质量控制实施细则。它包括：建筑材料、绿化材料、预制加工品和工艺设备、设施质量检查验收措施；分部工程、分项工程质量控制措施；以及施工质量控制点的跟踪监控办法。

⑤建立工程施工质量体系。

（8）施工成本计划

1）施工成本分类和构成。单项工程施工成本也分为：施工预算成本、施工计划成本和施工实际成本3种，其中施工预算成本由直接费和间接费两部分费用构成。

2）编制施工成本计划步骤

①收集和审查有关编制依据；

②做好工程施工成本预测；

③编制单项（单位）工程施工成本计划；

④制订施工成本控制实施细则。

它包括优选材料、设备质量和价格；优化工期和成本；减少赶工费；跟踪监控计划成本与实际成本差额，分析产生原因，采取纠正措施；全面履行合同，减少建设单位索赔机会；健全工程成本控制组织，落实控制者责任；保证工程施工成本控制目标实现。

（9）施工资源计划

单项（单位）工程施工资源计划内容包括：编制劳动力需要量计划、建筑材料和绿化材料需要量计划、预制加工成品需要量计划、施工机具需要量计划和各种设备设施需要量计划。

① 劳动力需要量计划

劳动力需要量计划根据施工方案、施工进度和施工预算，依次确定专业工种、进场时间、劳动量和工人数，然后汇集成表格形式。它可作为现场劳动力调配的依据。

② 施工材料需要量计划

建筑材料和绿化材料需要量计划根据施工预算工料分析和施工进度，依次确定材料名称、规格、数量和进场时间，并汇集成表格形式。它可作为备料、确定堆场和仓库面积，以及组织运输的依据。

③ 预制加工品需要量计划

较大的园林工程中的很多材料、设施需要预制加工，如石材、喷泉、座椅、电话亭、指示牌等。预制加工品需要量计划根据施工预算和施工进度计划而编制，它可作为加工订货、确定堆场面积和组织运输的依据。

④ 施工机具需要量计划

施工机具需要量计划根据施工方案和施工进度计划而编制，它可作为落实施工机具来源和组织施工机具进场的依据。

（10）施工平面布置

大中型的园林工程施工要做好施工平面布置。

1）施工平面布置依据

①建设地区原始资料；

②一切原有和拟建工程位置及尺寸；

③全部施工设施建造方案；

④施工方案、施工进度和资源需要计划；

⑤建设单位可提供的房屋和其他生活设施。

2）施工平面布置原则

①施工平面布置要紧凑合理，尽量减少施工用地；

②尽量利用原有建筑物或构筑物，降低施工设施建造费用；尽量采用装配式施工设施，减少搬迁损失，提高施工设计安装速度；

③合理地组织运输，保证现场运输道路畅通，尽量减少场内运输费；

④各项施工设施布置都要满足方便生产、有利于生活、环境保护、安全防火等

要求。

3）施工平面布置内容

①设计施工平面图。它包括：总平面图上的全部地上、地下构筑物和管线；地形等高线，测量放线标桩位置；各类起重机构停放场地和开行路线位置；以及生产性、生活性施工设施和安全防火设施位置。平面图的比例一般为1：500～1：200。

②编制施工设施计划。它包括：生产性和生活性施工设施的种类、规模和数量，以及占地面积和建造费用。

（11）主要技术经济指标

单项（单位）工程施工组织设计的评价指标包括：施工工期、施工成本、施工质量、施工安全和施工效率，以及其他技术经济指标。

第三节　施　工　准　备　工　作

一、施工准备工作的分类

（一）按照施工准备工作范围分类

施工准备工作按照范围不同，可以分成全场性施工准备、单项（单位）工程施工条件准备和分部分项工程作业条件准备三种。

1. 全场性施工准备

是以一个施工工地为对象而进行的各项施工准备。

其特点是施工准备工作的目的、内容都是为全场性施工服务的，而且还要兼顾单位工程施工条件的准备。

2. 单项（单位）工程施工条件准备

是以一个建筑物或某单项工程为对象而进行的施工条件准备。

特点是施工准备工作的目的、内容都是为单项或单位工程施工服务的，在为单项、单位工程施工做好准备的同时，也为分部分项工程做好施工准备。

3. 分部分项工程作业条件准备

分部分项工程作业条件准备是以一个分部分项工程，或者冬、雨期施工项目为对象而进行的作业条件准备。

（二）按照施工准备工作所处的施工阶段分类

按照施工准备工作所处的施工阶段分类，可以将施工准备工作分为开工前的施工准备和各施工阶段前的施工准备两种。

1. 开工前的施工准备

开工前的施工准备是指在拟建设工程正式开工前为本工程施工所进行的施工准备工作。目的是为施工项目正式开工创造必要的施工条件。它既可能是全场性的施工准备，也可能是单项或单位工程施工条件的准备，但不会是分部分项工程施工的准备工作。

2. 各施工阶段前的施工准备

各施工阶段前的施工准备是指在施工项目正式开工之后，每个施工阶段正式开工前所进行的一切准备工作。目的是为施工阶段正式开工创造必要的条件。如园林绿化工程乔木种植、灌木种植或一二年生花卉种植等不同施工阶段所做的施工准备工作。

施工准备工作贯穿于整个施工过程，项目经理部要实现施工目标，不仅要做好开工前的施工准备工作，而且随着施工的进展，在各个施工阶段开始前都要做好相应的施工准备工作。各类施工准备工作之间既有阶段性，又有连贯性，因此，施工准备工作必须有计划、有步骤、分阶段地进行，贯穿整个施工阶段。

（三）按照施工准备工作性质内容分类

施工准备工作按照施工准备工作的性质内容分类，可以分为技术准备、物资准备、劳动组织准备、施工现场准备和施工现场外准备五种。

二、施工前期准备

园林工程项目的施工不仅涉及施工总承包企业内部的方方面面，而且还涉及社会许多部门。因此，施工企业必须与他们保持密切的联系、沟通与协作，才能将项目施工顺利完成。

（一）与外部单位的联系与协作

1. 与业主和业主代表的协调

施工准备前期，施工企业应向业主和业主代表通报施工准备工作情况，并与之协调与施工开展有关的事项，商定议事规则和程序，确立工地例会制度等。同时，落实现场施工条件，并与业主商定临时占道、占地及外租临时场地，以解决临时生产以及生活用地、临时周转库房场地、大宗材料堆场和加工运输方案，以及植物的临时假植地等。

2. 与社会有关部门的协调

施工准备前期，施工单位应主动与当地建设、园林、市政、城市管理、公安、交通、环卫、造价、供水、供电、供热、供气、通信等部门联系，了解当地建设和城市绿化等行政主管部门相关的新规定和信息，按照有关要求办理施工报建手续、施工备案手续；制定相应的管理制度，使施工行为符合当地政府和主管部门的管理规定，以取得他们的信任与支持。

3. 施工环境的协调

首先要做好施工现场周围环境的调查研究工作，掌握情况，增强环境保护工作的预见性、针对性与及时性，尽可能减少自然或人为不利因素对正常施工的影响。

4. 与供应商、专业分包商的协调

在施工前期准备时，施工企业应根据材料的情况与大宗材料供应商洽谈有关材料的供应计划，对大宗材料的采购与供应做好安排。同时，应选定专业分包商。与业主一起和各专业分包商、大宗材料供应商召开协调会，明确要求各分包商、材料供应商要密切配合总包单位的施工工作。

5. 与设计单位的协调

与勘探、设计单位协调的目的是落实施工图纸供应计划，研究处理地基基础施工、降水、基坑支护、结构安全、新技术应用、新工艺试验等有关问题。与他们保持密切的协作，从而加快施工中设计变更的处理，提高施工质量，实现施工工期目标。

（二）施工现场环境的调查处理

为了充分做好施工准备工作，对于与施工开展有关的施工现场环境的调查处理是十分必要的。需要调查处理的施工现场环境主要有以下几个方面：

（1）自然条件的调查。

（2）技术经济条件的调查：包括当地园林施工企业状况、施工现场区域内动迁状况、当地的材料供应状况、地方能源交通状况、劳动力及其技术水平状况、当地生活供应状况等。

（3）地下障碍物的调查处理。

（三）承包合同的研究

掌握合同条款的要点与内涵，重点研究与掌握总工期、单位工程工期、工程质量、安全文明生产要求与承诺；明确施工范围与施工内容；明确违约索赔程序与要求以及投标报价中的不平衡报价情况等。

（四）提出准备工作计划

在施工前期准备工作中，项目经理部要安排好人力编制施工准备工作计划，使施工准备工作落到实处。

三、施工技术准备

（一）认真做好扩大初步设计方案的审查工作

园林工程施工任务确定以后，应提前与设计单位接洽，掌握扩大初步设计方案的编制情况，使方案的设计，在质量、功能、艺术性等方面均能适应当前园林建设发展水平，为其工程施工扫除障碍。

（二）熟悉和审查施工工程图纸

园林工程在施工前，项目经理部应组织有关人员研究熟悉设计图纸的详细内容，以便掌握设计意图，确认现场状况以便编制施工组织设计，提供各项依据。审查工程施工图纸通常按图纸自审、会审和现场签证三个阶段进行。

（1）图纸的自审由施工单位主持，并要求写出图纸自审记录。

（2）图纸会审由建设单位主持，设计和施工单位共同参加，并应形成"图纸会审纪要"，由建设单位正式行文、三方面共同会签并加盖公章，作为指导施工和工程结算的依据。

（3）图纸现场签证是在工程施工中，依据技术核定和设计变更签证制度的原则，对所发现的问题进行现场签证，并作为指导施工、竣工验收和结算的依据。在研究图纸时，特别需要注意的是特殊施工说明书的内容、施工方法、工期以及所确认的施工界限等。

（三）原始资料调查分析

原始资料调查分析，不仅要对工程施工现场所在地区的自然条件、社会条件进行收集、整理分析和不足部分补充调查，还包括工程技术条件的调查分析。调查分析的内容和详尽程度以满足工程施工要求为准。

（四）编制施工图预算和施工预算

（1）施工图预算应按照施工图纸所确定的工程量、施工组织设计拟定的施工方法、建设工程预算定额和有关费用定额，由施工单位编制。施工图预算是建设单位和施工单位签订工程合同的主要依据，是拨付工程价款和竣工决算的主要依据，也是实行招标投标和工程建设包干的主要依据，是施工单位安排施工计划、考核工程成本的依据。

（2）施工预算是施工单位内部编制的一种预算。在施工图预算的控制下，结合施工组织设计的平面布置、施工方法、技术组织措施以及现场施工条件等因素编制而成。

（五）编制施工组织设计

拟建的园林工程应根据其规模、特点和建设单位要求，编制指导该工程施工全过程的施工组织设计。

四、物资准备

园林工程施工所需要的原材料、材料、构（配）件、机具和设备是保证施工完成的必要物质基础，这些物资的准备应当在正式施工前完成。然后，根据施工进度，按照物资供应计划安排物资的进场，满足连续施工的需要。

（一）物资准备工作的内容

物资准备工作内容包括土建材料准备、绿化材料准备、构（配）件和制品加工准备、园林施工机具准备四部分。

1. 土建材料的准备

土建材料的准备应当根据施工预算进行分析、计算，确定项目施工所需要的主要建筑材料的种类、规格、数量，需要的时间，包括：水泥、钢材、石材、陶瓷饰面材料、商品混凝土等，再编制物资需要量计划，为组织备料、确定仓库、堆放场地所需要的面积和组织运输提供依据。

2. 绿化材料准备

绿化材料的准备包括根据施工预算与设计图纸，确定施工所需要的植物种类（品种）、规格、数量以及特殊要求、所需要的时间，编制绿化材料供应计划，根据计划采购苗木。在施工开始前，对主要乔木进行确认；对于需要做出根系处理的应迅速处理，以保证绿化材料供应正常。

3. 构（配）件和制品加工准备

根据施工图纸和施工预算确定施工所需要的构（配）件和制品的种类、规格、数量、质量和消耗量，之后确定加工方案、供应渠道以及加工地点、存放场地等，编制出需要与供应计划。

4. 园林施工机具准备

根据项目所采用的施工方案、施工进度安排，确定施工机械与机具的类型、数量和进场时间，编制施工机械、机具的需求计划，确定机具的供应方式以及存放场地等。

（二）物资准备工作程序

物资准备工作程序如下：

（1）根据施工图纸、施工预算、企业定额，以及分部分项工程施工方案与施工进度安排，编制物资需求量计划。

（2）根据各种物资需求量计划，组织货源，确定加工、供应地点、供应方式，签订物资供应合同。

（3）根据物资需求量计划和供货合同，拟定物资运输计划和方案。

（4）根据施工总平面图的要求，组织物资按照计划与施工实际进度时间安排物资进场，并在指定地点进行储存和堆放。

五、劳动组织准备

（一）劳动力组织准备内容

劳动力组织准备主要有以下工作内容：

1. 建立施工项目的领导机构

根据施工项目的特点、规模建立与之相应的项目经理部，确定组织架构形式以及人员职责分工。

2. 建立精干的施工队伍

建立施工队伍时，应根据施工工种的不同，采取不同的组织方式，可组织各种专业施工班组，也可部分进行劳务分包，但必须坚持施工队伍素质至上的原则，还应考虑各施工班组之间的协调与衔接问题。

3. 组织劳动力进场

按照开工日期和劳动力需求计划组织劳动力进场。劳动力进场后，要按照计划进行安全、防火与文明施工方面的教育。

4. 进行技术交底

在正式开工前以及分部分项工程开工前，按照计划向施工班组、工人进行技术交底以及必要的技术培训与操作示范教育，使施工进度与质量均得到保证。

5. 建立各项管理制度

包括出入现场管理制度、考勤制度、奖罚制度等。

（二）劳动力组织准备应注意的事项

（1）劳动力进场后应及时按照规定做好各种劳动保障工作；

（2）需要持证上岗的工种，招聘的劳动力应具有相应的专业操作证书；

（3）技术性比较强的施工过程，在招聘工人时应尽量使用熟练工人，以保证工程的质量。

六、施工现场准备

大中型的综合园林工程建设项目应做好完善的施工现场准备工作。

（一）施工现场

1. 设置施工现场测量控制网

根据给定永久性坐标和高程，按照总平面图要求，进行施工场地测量控制网，设置场区永久性控制测量标桩。

2. 做好"四通一清"

确保施工现场水通、电通、道路通、通信畅通和场地清理；应按消防要求，设置足够数量的消火栓。园林工程建筑中的场地平整要因地制宜，合理利用竖向条件，既要便于施工，减少土方搬运量，又要保留良好的地形景观，创造立体景观效果。

（二）施工设施准备

1. 施工房屋设施

施工房屋设施应结合施工现场具体情况，统筹安排，合理布置。施工房屋设施包括生产性设施、物资储存设施和生活用房设施。

2. 施工供水设施

园林工程施工用水，包括现场施工用水、施工机械用水、生活用水、灌溉用水、水景工程造景用水和消防用水。建设工地附近没有现成的给水管道，或现有管道无法利用时，才宜另选天然水源。

（1）天然水源的种类有：地面水，如江水、湖水、水库蓄水等；地下水，如泉水、井水等。

（2）选择水源必须考虑下列因素：

① 水量充沛可靠；

② 生活饮用水、生产用水的水质要求，应符合有关标准；

③ 与农业、水利综合利用；

④ 取水、输水、净水设施要安全经济；

⑤ 施工、运转、管理、维护方便。

3. 施工供电设施

园林工程工地临时供电，包括动力用电与照明用电两种。

（1）选择工地临时供电电源时必须考虑的因素

① 施工现场周围电力网供电情况；

② 现有电气设备的容量、负荷等及各用电设备在工地上的分布情况；

③ 园林工程中各分项工程及设备安装工程的工程量和施工进度；

④ 施工现场规模和各个施工阶段的电力需要量。

（2）临时供电电源的几种方案

① 完全由工地附近的电力系统供电；

② 工地附近的电力系统只能供给一部分，尚需增设临时供电系统以补充其不足；

③ 利用附近高压电力网，申请临时变压器。

4. 施工机械与材料进场

（1）组织施工机具进场

根据施工机具需要量计划，按施工平面图要求，组织施工机械、设备和工具进场，按规定地点和方式存放，并应进行相应的保养和试运转等准备工作。

（2）组织施工材料进场

根据各项材料需要量计划，组织其有序进场，按规定地点和方式存货堆放；植物材料一般应随到随栽，无须提前进场，若进场后不能立即栽植的，要选择好假植地点，严格按假植技术要求，做好假植工作，认真落实雨期施工和季节性施工项目的施工设施和技术组织措施。

第四节 园林工程施工管理注意事项

作为园林工程施工总承包单位，在项目中标后，即要进行施工项目管理的实质性准备工作。项目施工正式开始后，整个施工过程的质量、进度与成本控制是整个施工项目管理中的最重要环节。施工管理按照施工组织设计来开展，但为了达到项目管理目标，在施工管理中有许多需要注意的事项。本节就园林工程施工前、园林工程施工中以及竣工检查及竣工后应注意的事项展开讨论。

一、园林工程施工准备注意事项

园林工程施工准备阶段，广义上说还应包括合同的谈判与签订，本节仅讨论施工准备阶段的技术、资源、现场等方面的准备过程中应注意的问题。

（一）技术准备阶段

在技术准备阶段，园林工程施工企业或项目经理部应注意的事项如下：

1. 详细考查与核对施工现场

对施工现场进行详细考查与核对的目的是在施工组织设计时予以充分考虑施工条件，具体体现在该施工条件下的不同施工方案，将最终导致施工措施的不同，而使施工结算出现变化，施工单位在施工中的付出得到补偿。应注意的事项主要有：

（1）施工范围核对

由于附属绿地的园林工程通常都是在主体建筑工程完工后实施，建筑工程的工程变更往往导致园林工程的施工范围与业主在投标时所提供的施工图以及工程量清单与现场出现偏差，有时可能施工范围缩小，有时可能变大。

施工范围的缩小可能导致某些原本计划的单项工程缩小或取消，相对而言施工单位的管理成本的比率上升；而施工范围的增大也会导致施工工期的延长，这些都将对结算带来影响。因此，在开工前就这些问题与业主充分地沟通，寻求解决的办法。

（2）对现场状况的核对

① 业主提供的现场状况与招标文件中所阐述的是否一致，包括平整状况、土壤状况、供水（供电）状况等，如与招标文件所述不同，是否会对施工成本造成影响；若然，则可以与业主就相关事宜达成治商既要，作为结算依据。

② 现场运输道路状况

现场运输道路是否与招标文件相同，是否要另修建临时便道，若这些在投标文件中施工单位并未承诺，则可以与业主洽商处理办法。

（3）障碍物状况

可见障碍物现状与业主描述是否有差异，对施工的影响如何。

（4）现场状况资料的形成

现场状况不仅要有文字资料，还要形成影像资料。

2. 施工图纸及设计文件的审核

对业主提供的施工图纸以及其他设计文件的审核主要应注意以下问题：

（1）设计图纸有无遗漏、错误、相互矛盾之处，标注是否完整、清晰；

（2）当地的技术经济条件是否能够满足施工需要；

（3）材料的供应是否能够满足；

（4）结构方案是否能满足业主对工期的要求；

（5）设计工艺要求与是否会对工期和质量造成影响；

（6）图纸以及设计文件歧义的澄清。

3. 对自身施工队伍及人员素质的考虑

（1）项目经理部的施工管理人员的专业结构、人员素质、组织架构与项目施工要求是否相适应，是否要考虑重新调整项目经理部管理人员。

（2）操作工人的技术水平能否满足施工需要，主要是一些技术要求高的工种是否能满足，如木雕工、石雕工、砖雕工、假山工、花街工、油漆工、彩绘工、木工、盆景工等。

4. 施工组织设计

标后施工组织设计应予以充分地重视，施工组织设计的施工方案与措施应充分考虑施工图纸与施工现场的状况，做出合理的安排。施工组织设计一旦送达监理且得到批准后，就必须按照施工组织设计进行施工，施工中由于施工措施考虑不充分导致成本增加，业主将不予考虑。

5. 现状坐标与标高

（1）应复核业主交收的坐标点与水准点，并与监理进行书面交收。交收后，施工单位即以此为依据进行施工测量与放线。

（2）现场底标高应在监理的监督下进行测量，并对测量结果进行验收，以此作为土方施工结算的依据。

6. 专业分包单位的选定

专业分包单位应根据投标文件承诺进行选定，初步选定之后，要征得业主的书面同意。

7. 技术交底

施工前应对施工队进行技术交底。

（二）物资准备

1. 原材料、材料、构配件

（1）所有的建筑材料均应符合设计要求，或有合格证，或经过检测；

（2）所有装饰材料均应将样品送达监理确认；

（3）所有构配件均需有合格证书，质量符合设计要求；

（4）乔灌木应送达样板，或与监理、业主共同去确认；

（5）假山材料需要确认后进行采购。

2. 机械设备

（1）机械设备的型号、种类能够满足施工需要；

（2）切割类的机械设备尽量选择技术先进、效率高的；

（3）如属于租赁机械，则仅可能选择性能、状态好以及安全性高的机械。

（三）劳动力准备

（1）劳动力要进行安全文明施工三级教育；

（2）普通工种要进行技术培训；

（3）技术工种要持证上岗。

（四）现场准备

（1）施工总平面的布置要有利于施工的开展，缩短材料运输距离，避免对施工造成影响；

　　（2）热带风暴经常影响的地区，临时设施要注意防风；

　　（3）临时用电设施要符合相关技术规范要求；

　　（4）注意雨季的排水沟的设置。

二、园林工程施工中的注意事项

　　园林工程施工中，应针对施工问题形成施工状况的资料有：工程照片、核对目录、材料收发票据、质量管理试验结果、工程表及其他记录等，施工中除需要按照施工方案实施施工外，应注意的主要事项还有：

　　（1）施工进度的控制要采用网络技术，并对网络进行优化管理以缩短工期；

　　（2）注意流水施工、平行施工等施工组织技术的运用，尽量做到施工的连续性；

　　（3）每个施工过程开始前均应做足施工前的技术、物资以及现场、安全准备工作；

　　（4）重视半成品、成品的养护与保护工作，提高施工质量，降低施工成本；

　　（5）所有的进场材料均应经过监理的检验，并得到书面认可后才能使用；

　　（6）所有的隐蔽工程都要经过验收后才能隐蔽；

　　（7）大树应在地形造型完成后，先安排进行种植；

　　（8）移栽受季节影响大的乔木，应根据施工工期情况安排在相对适宜的季节种植；

　　（9）材料应建立进场台账，与财务部门的管理相衔接；

　　（10）账要形成施工日志、施工联系单，与现场影像资料相互印证、说明；

　　（11）尽量减少对周围环境的影响；

　　（12）在进行施工管理的同时，还要对工地周围的居民做宣传解释工作，处理群众意见；

　　（13）施工事故应按照程序及时报告，并保护好现场，营救涉险人员以及伤员；

　　（14）重视施工索赔工作。

三、交工与竣工验收前后的注意事项

（一）交工验收

　　（1）工程完工后，项目经理部应首先进行内部质量、工程量验收，以确定是否已经完成所有施工作业，质量是否符合施工规范要求，需要整改的迅速整改；

　　（2）尽快完成交工验收所需要的资料；

　　（3）条件成熟后，应尽快申请组织交工验收，以使工程尽快进入质量缺陷期与养护期；

　　（4）交工验收后，加强园林绿化的养护管理，提高园林植物的成活率。

（二）竣工验收

　　（1）尽快完成竣工验收资料的整理，资料整理完毕后交监理审核；

　　（2）竣工资料监理审核合格后，迅速申请组织竣工验收；

　　（3）竣工验收后，应及时进行质量保修，履行保修责任。

复习思考题:

1. 施工组织设计的类型有哪几种? 内容如何?
2. 施工组织设计编制应遵循什么原则?
3. 简述施工组织设计的编制程序。
4. 简述施工准备工作的主要内容。
5. 园林工程施工管理应注意的事项有哪些?

第五节　园林建设工程施工组织设计实例

本节以××花园园林建设工程施工组织设计为例,说明施工组织设计的实际操作情况。

一、编制依据

(1) ××花园园林工程建设招标文件以及招标答疑,包括:投标邀请书、招标公告、投标须知以及投标须知附表、投标文件的编制、投标文件的组成、评标办法、合同文件格式、投标文件格式、工程量清单以及投标报表等。

(2) ××花园园林工程建设施工图纸以及其他设计文件;

(3) 国家有关工程施工规范和验收标准,包括:

① 《建筑地基基础工程施工质量验收规范》GB 50202—2002;

② 《沥青路面施工及验收规范》GB 50092—1996;

③ 《市政道路工程质量检验评定标准》CJJ 1—1990;

④ 《给水排水管道工程及验收规范》GB 50268—1997;

⑤ 《施工现场临时用电安全技术规范》JGJ 46—2005;

⑥ 《城市道路照明工程施工及验收规程》CJJ 89—2001;

⑦ 《城市绿化工程施工及验收规范》CJJ/T 82—1999;

⑧ 《砌体工程施工质量验收规范》GB 50203—2002。

以及其他相关的施工及验收规范。

(4) 建设部关于《建设工程施工现场管理规定》以及当地建设行政主管部门关于建筑或市政工程安全文明施工现场管理的规定等。

二、工程概述

(一) 工程位置及范围

××花园园林建设工程是××居住小区的配套工程,总占地面积21000m²。××花园位于××市的北部,北面的××路是市区主干道之一,南面的××路是市区的次干道,东面为××住宅区道路,西面为××次干道。本工程的主要施工内容有:一条宽5m的环形沥青路,结构为水泥石屑混合层30cm+中粒改性沥青+细粒改性沥青混凝土,长度为350m;地形土方工程、园路以及地面铺装工程、给水排水工程、树(花)池、溪流、木亭、水池、木平台及其他附属设施。

（二）工程特点

（1）本工程工期短、施工项目多。

（2）环境保护以及安全文明施工要求高。

（三）工程量

主要工程的工程量见表 2-5-8 所示。

××花园园林建设工程主要工程量表　　　　　表 2-5-8

序号	项　目　名　称	单位	数量
土方与市政工程			
1	土方造型	m³	4600.00
2	块石	m³	525.00
3	细粒改性沥青混凝土	m³	95.60
4	中粒改性沥青混凝土	m³	215.90
5	水泥石屑混合料	m³	350.00
6	道牙石（花岗石）	m	650.70
7	挖沟槽土方（排水管沟槽）	m³	290.00
8	挖沟槽土方（给水管沟槽）	m³	130.00
9	喷头	个	15.00
10	混凝土管铺设（DN300）（污水管）	m	250.00
11	混凝土管铺设（DN300）（雨水管）	m	350.00
12	镀锌钢管铺设（DN20）	m	65.00
13	镀锌钢管铺设（DN60）	m	106.00
14	镀锌钢管铺设（DN100）	m	150.00
15	阀门安装（DN20）	个	15.00
16	阀门安装（DN60）	个	10.00
17	阀门安装（DN100）	个	3.00
18	镀锌钢管铺设（DN100）	个	8.00
19	水表（DN100）	个	1.00
20	检查井（Φ700）	座	35.00
21	雨水口	座	25.00
22	阀门井	座	13.00
园林工程			
1	挖基础土方	m³	480.00
2	块石基础	m³	75.00
3	水泥石屑混合料	m³	50.00
4	C20 混凝土	m³	250.00
5	黄色洗水鱼眼砂路面	m²	350.00
6	块料地面 300×150×20 青石板	m²	56.00
7	块料地面 500×200×30 火烧面芝麻灰石板	m²	580.00

续表

序号	项 目 名 称	单位	数量
园林工程			
8	Φ40～Φ50 黑色鹅卵石路面	m²	25.00
9	Φ40～Φ50 黄色鹅卵溪流铺底	m²	65.00
10	现浇钢筋混凝土水池（C30）	m³	13.00
11	水池贴面（200×100×10 陶瓷片）	m²	310.00
12	木平台（600×100×20 杂木地板）	m²	130.00
13	木亭（底面积 20m²，高 450cm）	座	1.00
14	树（花）池	个	13.00
园林种植工程			
1	大树种植（胸径 35～40cm）	株	5.00
2	乔木种植（胸径 9～12cm）	株	215.00
3	灌木种植	株	410.00
4	地被种植	m²	2500.00
5	草皮铺装	m²	13000.00

（四）施工条件

1. 自然条件

××花园位于××市内，该市地处我国华南南亚热带季风气候区，施工期的 8～9 月份日照时间长，日平均气温 28℃左右。主导风向为东南风，施工季节常有热带风暴经过。

2. 现场施工条件

现场已经平整至±0.00，土壤质地较好，可作为种植用途。临时供水、供电与工期设施均已经接至施工现场一侧。交通便利，施工中常用的建筑材料均在本市可以解决。该市已经全部采用商品混凝土，且对施工现场环境保护要求较高。

三、施工总体部署

（一）施工组织架构

项目经理部的组织架构如图 2-5-5 所示。

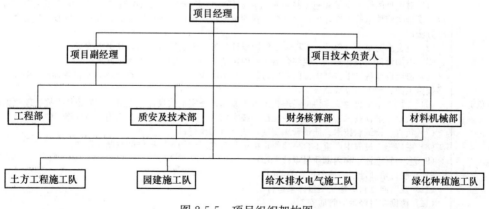

图 2-5-5 项目组织架构图

(二) 施工部署与管理原则

1. 完善机构、明确职能分工

项目经理部设立正副项目经理各一名、技术负责人一名，设立工程部、质安及技术部、财务核算部、材料机械部，组织专业施工队伍4个如下：

(1) 土方工程施工队负责回填土方达到设计图基本标高；

(2) 给水排水电气施工队负责给水排水及电器施工；

(3) 园建施工队负责所有园路、铺装地面以及亭、平台、溪流等施工；

(4) 绿化种植由绿化种植施工队负责。

项目经理部经理、项目副经理以及技术负责人的职责如表2-5-9所示。

2. 实行专业化施工

为了提高工程质量、加快施工进度，拟组织专业队伍进行施工，按照工程量清单情况组织上述4个专业施工队伍进场施工。

项目组织架构职能分工表　　　　　　　　　　　　　　　　表2-5-9

职务或部门	职　责　分　工
项目经理	(1) 贯彻国家、地方有关法律法规及企业的规章制度，确保企业下达的各项技术、进度、安全、质量、经济指标的完成，对项目负全面责任； (2) 协助企业向地方政府办理本项目的施工报建等事宜，代表企业履行与建设单位所签订的工程承包合同； (3) 协助企业对项目中的分包工程选定分包单位，签订分包合同；对分包单位按合同的约定实行有效的管理；协调好自行施工的队伍和分包单位的关系和工作； (4) 组织设计承包部管理机构，建立各级管理人员的岗位责任制和各项管理制度，组织精干的管理班子； (5) 组织制订项目实施的总体部署和施工组织设计、质量计划； (6) 合理调配生产要素，实施对项目全面的计划、组织、协调和控制； (7) 保持与企业机关各部门的业务往来，定期向企业经理报告工作； (8) 主持项目经理部的定期和不定期办公会议，研究确定项目的重大决策问题； (9) 组织项目经理部管理人员对拟报竣工验收的工程进行预检并记录； (10) 协助公司有关部门对项目管理进行评审和内部质量审核，及时向公司移交质量体系运行记录； (11) 组织工程保修工作
项目副经理	(1) 协助项目经理对项目进行有效管理； (2) 对施工现场管理全面负责； (3) 协助项目经理对工程及技术部、材料机械部进行管理； (4) 负责项目经理交办的其他工作
技术负责人	(1) 对项目的施工质量和施工技术负直接责任，负责技术部人员配置的提议，提交承包部讨论确定。安排实施技术的工作计划，对整个工程的技术特点难点向各标段交底，并对重要技术问题提出解决方法； (2) 负责编写单项 (单位) 工程施工组织设计，参与编写质量计划，并组织落实； (3) 参加设计交底和图纸专业综合会审，确定施工体系，制订施工整体方案； (4) 协调设计院、甲方技术部门和项目部的技术协作关系。贯彻设计意图，监督各标段、各部门严格按施工图、施工验收规范施工； (5) 参加质量事故会议，协助经理找出事故原因；查实事故责任；提出改进措施和事故处理意见； (6) 及时了解新技术、新方法、新规范的技术信息，并结合实施情况应用于项目施工中； (7) 负责主持编制技术、质量管理制度，认真贯彻执行； (8) 主持施工过程中严重不合格项纠正措施和潜在因素的预防措施的编制和批准； (9) 参与管理评审和内部质量审核工作； (10) 制订培训计划，报公司有关部门； (11) 及时向资料室移交质量体系运行记录； (12) 协助项目经理分管质安部

3. 精心组织、合理安排

由于本工程工期短、工程工种多、质量要求高，对环境保护要求严，因此，在施工组织时就必须对此有充分的考虑，精心组织、统筹、合理地安排施工作业；同时，部分安排交叉作业，才能完成合同质量与工期目标以及项目经理部的经营目标。在组织安排施工时做如下考虑：

（1）组织人员尽快完成临时设施的布置；

（2）组织施工机械尽早入场施工；

（3）突出重点与难点，保证重点工程施工的人力、机械等；

（4）流水施工与平行施工交叉应用，加快施工进度；

（5）按照公司的各项技术管理制度组织施工；

（6）妥善安排好雨期施工；

（7）做好热带风暴防护应急预案。

4. 加强工程协调管理

工程施工的协调管理包括项目经理部内部的协调、近外层关系的协调以及远外层关系的协调三个方面，这三个方面的协调工作均应高度重视，积极管理，以提高工作效率。

（三）施工总平面和临时设施的布置

施工总平面和临时设施的布置根据实际情况做出布置，在布置时应注意以下问题：

1. 平面布置原则

（1）按照施工段划分施工区域和场地，保证道路的畅通，满足材料运输要求。

（2）符合施工流程以及分段施工的要求，减少各施工段之间以及机械场地等方面的干扰。

（3）最大限度减少现场运输，尤其避免场内多次搬运。

（4）要符合劳动保护、技术安全和消防的要求。

（5）在保证施工顺利的条件下，为节约资金，减少施工成本。

2. 平面布置概况

（1）临时设施的布置

根据现场情况，拟在工地西北角业主第二期发展地设立临时设施，用于解决临时办公、材料堆放以及工人住宿问题，临时设施场地约 $650m^2$。办公室采用标准组合活动板房，食堂以及厕所等采用砖砌平房结构，厕所与食堂的间隔距离要符合规范要求。

（2）临时用水、用电

临时用水、用电从业主提供的接驳口接驳。用电线路采用五线三相制，架空 5m 进入施工现场，施工用电的接驳要符合相关技术规范要求。生活用水接至办公室门口以及食堂、厕所内。

（3）临时排水及污水排放

现场的雨水直接排入城市雨水收集、排放系统，污水则设置沉淀池沉淀后，排入城市污水排放系统中；若非雨污分流，则直接排入城市下水道中。

（4）施工围闭

在施工场地外设置符合规范的施工围闭设施。拟用彩色镀锌板进行围闭，高度 2m。

（5）宣传布置

在工地大门外入口处设立"五牌"和"二图"。

（6）洗车槽

在各个工地出入口设置洗车槽，进出车辆必须进行清洗后方能出入，污水经过沉淀后排入市政下水道中。

（7）警示灯的设置

临时围闭设施的拐角处均设立警示灯，防止晚上经过车辆发生意外。

3. 总平面布置图（略）

（四）施工总体流程

施工总体流程如图 2-5-6 所示。

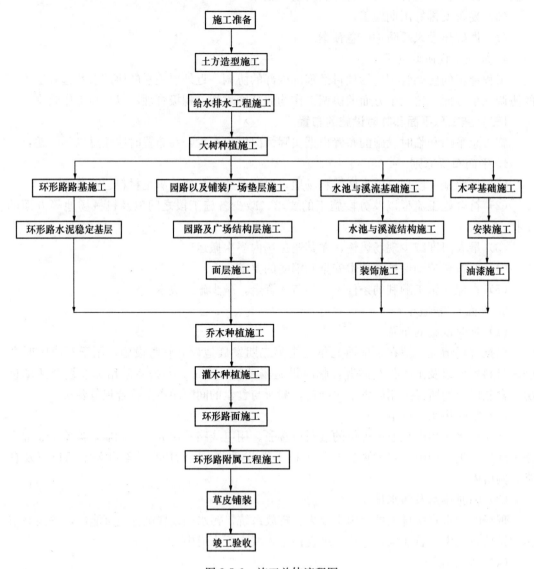

图 2-5-6　施工总体流程图

（五）工期、质量与安全文明施工总体目标

（1）本工程总工期目标为 63 个日历天。

（2）本工程质量目标为合格。

（3）本工程安全文明施工目标是：无质量事故发生，安全文明施工管理合格。

四、施工准备计划

（一）施工技术准备

（1）勘察现场，根据业主和监理单位的平面控制点和水准点，按园林建筑总平面图要求，在工程施工区域设置测量控制网，并做好控制轴线和水平基准点的测量。

（2）通过图纸会审，熟悉图纸内容以及设计意图，了解设计要求施工达到的技术标准，明确工艺流程。对图纸进行自审，组织各工种的施工管理人员对本工种的有关图纸进行审查，掌握和了解图纸中的细节。在自审的基础上，组织市政、园建、绿化种植等专业的有关技术人员，共同核对图纸，消除差错，协商施工配合事项。

（3）在项目技术负责人的组织下，认真编制该施工组织设计，并作为工程施工生产的指导文件，报公司有关部门审核后，报建设单位和监理公司审批。

（二）劳动力准备与计划

（1）选择高素质的施工班组，参加本工程施工。根据施工组织设计的施工程序和施工总进度计划要求，确定各段劳动力的需用量。

（2）为进场做准备，对工人进行技术、安全和法制教育，教育工人树立"质量第一，安全第一"的正确思想。使施工班组明确有关质量、技术、安全、进度等要求，遵守有关施工和安全技术法规和地方治安规定。

（3）做好后勤工作安排，为进场工人解决食、住等问题，以便进场人员能够迅速地投入施工，充分调动职工的生产积极性。

（4）施工劳动力计划如表 2-5-10 所示。每周在工地施工的劳动力人数变化情况如图 2-5-7 所示。

日均施工劳动力计划表　　　　　　　　　　　　　　表 2-5-10

工种	施工进度计划（d）								
	1～7	8～14	15～21	22～28	29～35	36～42	43～49	50～56	57～63
绿化工/杂工	20	50	10	15	10	13	30	30	30
混凝土工	0	15	21	25	5	0	0	3	1
钢筋工	0	7	10	0	0	0	0	0	0
木工	5	10	10	10	10	5	2	0	0
砌筑工	5	15	15	8	5	2	3	10	3
电工	2	1	1	1	1	1	1	1	1
焊工	2	2	2	2	2	1	1	1	1
水工	6	10	2	1	1	1	1	1	1
装饰工	0	0	2	2	30	25	15	5	5
沥青摊铺工	0	0	0	0	0	0	0	10	0
合计	40	110	73	64	64	48	53	60	42

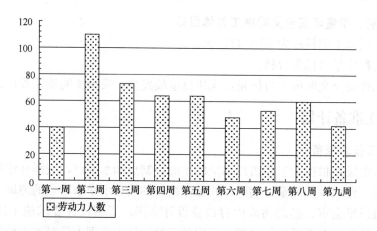

图 2-5-7　劳动力进场计划图

（三）材料与机械进场计划

（1）根据施工组织设计中的施工进度计划和施工预算中的工料分析，编制工程所需绿化材料用量计划；根据用量计划做好备料、供料工作，做好材料的进场准备。

（2）根据施工总平面布置要求，确定和准备进场材料的暂放场地，并做好保管工作。

（3）根据施工组织设计，按照工程进度控制计划要求，进行工料深化分析，编制相应材料进场和资金使用计划，以保证工程提前或节假日运输困难时工程对各种材料的需要。

（4）物资材料计划应明确材料的品种、规格、数量和进场时间，现场工料储备应有一定的库存量，以保证工程提前或节假日运输困难时工程对各种材料的需要。

（5）按施工组织设计中确定的施工方法，为需进场安装的机械设备做好准备工作。机械设备进场后按规定地点和需要布置，并进行相应的保养和试运转等工作，以保证施工机械能正常运转。机械进场计划表如表 2-5-11 所示。

施工机械进场计划表　　　　　表 2-5-11

序号	设备名称	型　　号	规　格	数量/台
1	挖土机	X-150	1.5m³	2
2	运输汽车	东风牌	5t	5
3	打夯机	ZB-5	HW-50	6
4	混凝土搅拌机	HZS25	45kW	2
5	砂浆搅拌机	J12-AD-16A	700W	3
6	台式运石机	ZIE-AD2-110B	1200W	1
7	水泥地面切割机	×××××	×××××	1
8	套丝机	J3-400	ϕ100mm	1
9	吊车	QLM10T/18M	16t	1
10	钢筋切割机	JIG-AD-355	2000W	1
11	钢筋弯钩机	AD3028	ϕ40mm	1
12	斗车	WLT-1	0.25m³	10
13	电焊机	G-30	5kW	2

续表

序号	设备名称	型　号	规　格	数量/台
14	砂轮切割机	YW-51	$\phi 2.5$mm	1
15	沥青路面摊铺机	×××××	×××××	1
16	手动煨弯机	STC-10	$\phi 15$mm	1
17	液压煨弯机	YS-160	$\phi 15$mm	1
18	电动除锈机	RX-50-13	$3^3/min$	1
19	空气压缩机	JG515	$10^3/min$	1
20	压路机	XG×××××	12t	2

五、主要分项工程的施工方案与方法

(一) 施工方案

根据工程图纸要求和现场情况，准备组织园建施工队伍进场流水施工，工期按常规编排，共 63d，其中可以根据甲方对工程进度的特殊要求及与其他施工队伍的配合，灵活调整、增加施工队伍数量，保证总体工期进度。

1. 施工准备

(1) 熟悉图纸、及时与设计沟通进行技术交底，掌握图纸内容进行深化设计。

(2) 与甲方协调，按照甲方要求及时调整施工进度计划。

(3) 提出临时设计计划与甲方协商，进行临时搭建施工用水、用电的布置及现场土方平衡工作。

(4) 组织劳动力、材料及施工机械进场。

2. 施工过程布置

(1) 本工程涉及园建、水电、绿化工程等多种专业，结合本工程特点在施工队伍的组织上考虑队伍进场。园建施工队负责整个景区园建工程。

(2) 施工时各专业交叉流水作业，互不干扰，以园建施工队的施工顺序为主线，各专业相互配合，如图 2-5-6 所示。

具体原则是：先地下，后地上；先地形造型，后给水排水；先基础后结构施工；先基层后面层施工；先园建后绿化种植施工。

(二) 主要分项工程的施工方法

1. 土方工程

(1) 施工流程

图纸会审→现场踏查→编制施工组织方案→现场清理→现场排水→定点放线→挖方→土方转运→填方→地形造型。

(2) 施工方法

1) 土方工程

① 小型土方工程施工应进行土方平衡计算，按照土方运距最短与各个工程项目的施工顺序做协调，减少重复搬运。

② 土方开挖时，应防止附近已有建筑物或构筑物、道路、管线等发生下沉和变形。

必要时应与设计单位、建设单位协商采取保护措施。

③ 平整场地的表面坡度应符合设计要求，如设计无要求时，一般应向排水沟方向做成不小于 2‰ 的坡度。平整后的场地表面应进行逐点检查，检查点的间距不宜大于 20m。

④ 土方工程施工中，应经常测量和校核平面位置、水平标高和边坡坡度等是否符合设计要求，对于平面控制木桩和水准点也应分期复测，检查其是否正确。

⑤ 夜间施工时，应合理安排施工项目，防止错挖或超挖或铺填超厚。施工场地应根据需要安设照明设施，在危险地段应设明显标志。

⑥ 采用机械施工时，必要的边坡修理和场地边角、小型沟槽的开挖或回填等，可用人工或小型机具配合进行。

⑦ 结合施工现场实际情况，采取挖方或填方工程。

2）挖方工程

① 永久性挖方边坡坡度应符合设计要求。当工程地质与设计资料不符需修改边坡坡度时，应由设计单位确定。

② 土方开挖宜从上到下分层分段依次进行，随时做成一定的坡势，以利于泄水，并不得在影响边坡稳定的范围内积水。

③ 在挖方的弃土时，应保证挖方边坡的稳定。弃土堆坡脚至挖方上边缘距离，应根据挖方深度、边坡坡度和土方性质确定。弃土堆应连续堆置，其顶面应向下倾斜，防止水流入挖方场地。

④ 在挖基础土方时发现文物应马上报告并保护好文物。

⑤ 若采用机械挖应设专职人员指挥。

⑥ 暂停施工时，所有人员及施工机械撤至指定地点。

⑦ 应做好地面和地下排水设施。

3）填方工程

① 填方基底的处理应符合设计要求。若无设计要求，应符合下列要求：基底上的树墩及主根应拔除，坑穴积水淤泥和杂物应清除，并分层回填夯实；在土质较好的平坦地上填方时，应分层碾压夯实，当填方基底为耕作土或松土时，应将其基底碾压密实。

② 填方前，应对填方基底和已完的隐蔽工程进行检查和中间验收，并做好记录。

③ 碎石类土或石渣用作埋料的，其最大粒径不得超过铺填厚度的 2/3，铺填时块料不应集中，且不得填在分段接头处。

④ 填方施工前，应根据工程特点、填料种类、设计压实系数、施工条件与合理压实机具，确定填料含水量控制范围、铺土厚度和压实遍数的参数。

⑤ 在填方夯实时，发现裂缝应洒水花，拌均整平再次压实。

⑥ 在填方夯实时，发现局部含水量过高或软地基时，应将其挖出，换填含水量适当的土后重新夯填处理。

⑦ 绿化种植地块填方时，其表层 60～90cm 土壤不宜压得过实。

2. 路基工程

（1）路基工程施工方法

1）路基施工测量

根据设计图纸、施工测量控制网，进行道路中线放样、边线以及道路标高，钉好中线桩和边桩，在桩上标注高程。

2）施工准备

① 清除阻碍施工的障碍物，现状无须保留的植被以及垃圾。

② 进行表面以及地下水的排除，使施工不受影响。

3）路基挖掘

按照设计高程，将高于设计高程的土方挖出，运往需要填方的地块，挖方时要留有余地，以防压实后标高低于设计标高。

① 挖方时根据道路测量中线和边桩开挖，每侧比路面宽 30～50cm。

② 路基标高 60cm 以下的杂物，必须清除并以好土等测量回填夯实。

③ 压路机不小于 12t 级，碾压自路两边向中心进行，直至表面无明显轮迹为止。

④ 视土的干湿程度而决定采取洒水或换土、晾晒等措施。

4）路基填方

现状标高低于设计标高的地段，需要进行填方作业。

① 路基填土不得使用腐殖土、生活垃圾、淤泥、冻土块和盐渍土。填土内不得含有草、树根等杂物，颗粒超过 10cm 的土块应打碎。

② 填方段内应事先找平，并按照设计设置台阶，每层台阶高度不宜大于 30cm，宽度不小于 1m。

③ 根据中心线桩和下坡脚桩，分层填土，压实。

④ 填土长度达 50m 左右时，检查铺筑土层的宽度与厚度，合格后即可碾压，碾压先轻后重，最后碾压不应小于 12t 级压路机。

⑤ 到填土最后一层时，应按照设计断面、高程控制土方厚度，并及时碾压修整。

5）路基压实

① 合理选择压实机械。考虑因素有路基土壤性质、工程量大小、施工条件、密实度要求和工期要求等。

② 压实方法与压实厚度。路基压实的原则：先轻后重、先稳后振、先低后高、先慢后快、轮迹重叠。压路机碾压不到的部位采用小型压路机夯实，防止漏夯，要求夯击面积重叠 1/4～1/3。土层的摊铺厚度按照技术规程要求。

③ 在土壤最佳含水量±2%时进行碾压。

④ 质量检查。检查平整度、坡度、高程、宽度、密实度。

（2）路基施工工艺

路基施工工艺流程如图 2-5-8 所示。

3. 环形路基层工程

（1）毛石垫层

① 按照设计要求确定毛石材料，包括毛石的大小、质地等。

② 毛石摊铺。毛石摊铺要均匀，使大小石块相互搭配，填筑到设计厚度。

③ 毛石垫层压实。毛石摊铺好之后，空隙处用建筑砂充实；再用压路机压实 1～2 遍。

（2）水泥稳定层施工

① 配料。要求根据设计进行水泥与石屑的比例配合。

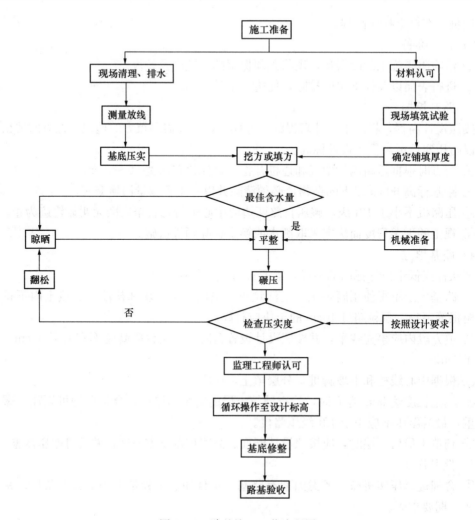

图 2-5-8　路基施工工艺流程图

② 搅拌。混合料的含水量应稍大于最佳含水量，混合时应做到均匀。

③ 摊铺。尽快将混合料摊铺完毕，根据松铺系数，严格控制摊铺厚度。

④ 碾压。先进行整形，之后立即用 12t 以上的三轮压路机压实。

⑤ 养护。压实合格后，立即进行养护，采用地膜进行遮盖。养护期不少于 7d，期间禁止通行。

4. 沥青混凝土面层施工

（1）施工工艺要点

① 基本要求。施工应符合《沥青路面施工及验收规范》GB 50092—1996 和设计图纸的要求。

② 沥青混凝土材料的选择。选择符合设计要求与施工规范的商品沥青混凝土进行面层施工。

③ 摊铺。沥青混合料随拌随用，储存时间不应超过 24h，储存期间温度下降不应超过 10℃，且不得发生结合料老化、滴漏以及粗细集料离析现象；运输途中用帆布覆盖，

施工中保持连续、均匀、不间断摊铺。摊铺混合料温度不低于 110℃，不高于 165℃。雨天以及表面有积水时，停止摊铺作业。

④ 碾压。摊铺后立即跟着碾压，充分利用集料高温时进行碾压。初压和复压采用同类压路机进行碾压。振动压路机碾压时，压路机轮迹的重叠宽度不超过 20cm；静载钢轮压路机碾压时，轮迹重叠宽度不少于 20cm。

⑤ 接缝。纵向接缝的宽度搭接 15cm，在摊铺时采用热接缝。

5. 道路附属工程施工

(1) 道牙施工

1) 道牙施工的质量要求

① 道牙稳固、线条顺直、无明显折角，顶面平整，道牙勾缝严密。

② 道牙背后混凝土部分振捣严实。

③ 破损、变形、规格不一、色泽差异较大的道牙石不得使用。

2) 道牙的安装

① 安装前，先按照测量标线进行挂线，每隔 5m 设立桩位，在测放桩位的同时，在桩顶上测放标高。

② 挂线后，路面凸出部分用挖路机将多余部分切去，使道牙靠近道路一侧的线条顺直、流畅。

③ 之后，在水泥混合料垫层上铺一层 2cm 厚、标号符合设计要求的水泥砂浆，安装道牙，经校核边线以及标高无误后，再将后座混凝土捣实即可。

(2) 雨水口施工

1) 雨水口施工质量要求

严格按照《给水排水管道工程及验收规范》GB 50268—1997 的要求进行施工。质量要求主要有：

① 位置符合设计要求，不得歪扭。

②井圈与井墙吻合，允许偏差控制在±10mm 内。

③井圈与道路边线相邻边的距离相等，偏差控制在±10mm 内。

④ 雨水支管的管口与井墙平齐。

2) 雨水口施工

① 施工在基层完工后进行。

② 先测定雨水口的位置以及完成标高，设置雨水口中心线桩，挂好标高控制线以及中心控制线。

③ 雨水口开挖至设计深度，再砌筑井墙，安装支管以及井圈。

④ 复核安装位置以及标高、与道牙的距离以及整齐度。

(3) 井盖安装

井盖安装按照设计要求进行，做到安装整齐、平稳。

6. 给水排水施工

(1) 给水施工

1) 施工准备

① 熟悉图纸和现场情况。施工前要熟悉和核对管道平面图、断面图、附属构筑物图

以及有关资料，了解精度要求和施工进度安排；熟悉现场地形，找出各桩点的位置。

② 施工放线。根据设计图纸的要求，放出管道中线，并设立桩点，表明施工标高。对每一块独立的喷灌区域，放线时先确定喷头的位置再确定管道的中线位置、拐点位置，再根据设计要求放出沟槽开挖边线以及附属设施的位置以及施工标高。

③ 设立地下管道中线测设龙门板。

2）沟槽开挖

沟槽的宽度按照管的外径两侧加 0.4m 确定，沟槽的深度按照设计要求，槽床底部至少要有 0.2% 的坡度。

3）管道安装

安装应符合《给水排水管道工程及验收规范》GB 50268—1997 的规定。管道安装应注意以下事项：

① 钢管的安装、焊接、除锈、防腐应按照设计及有关规定执行。

② 安装管件、闸门等，应位置准确，轴线与管道线一致，无倾斜、偏扭现象。

③ 在管道敷设过程中，应注意保持管子、管件、闸门等内部的清洁，必要时进行洗刷或消毒。

④ 当管道敷设中断或下班时，应将关口堵好，以防杂物进入。

4）水压试验与泄水试验

管道安装完成后，按照规范的要求进行水压与泄水试验，试验合格后再进入下一道工序。

5）回填土方

水压及泄水试验合格后，可进行沟槽回填。给水管道沟槽的回填应符合《给水排水管道工程及验收规范》GB 50268—1997 的规定。

（2）排水工程

1）施工流程

施工前准备→测量放线→沟槽开挖→沟槽支撑（视情况而定）→沟槽验收→基础垫层→垫层验收→管道安装→安装检查验收→接口、检查井施工→闭水试验→回填。

2）排水工程施工

① 测量放线

组织测量人员按照设计图纸进行测量放线，并复核坐标、高程无误后建立工程测量控制网，对工程进行点面相结合的测量控制。

② 沟槽开挖与支护

A. 沟槽开挖前应根据业主提供的地下管线分布图，同时，自行用人工探坑调查开挖位置的地下管线情况，如有发现应做好保护并迅速与有关部门联系处理，处理后方可进行施工。

B. 施工临时排水：管槽外两侧筑小土堤截水，以防地表水倒灌入施工管槽内；管槽内一侧设 30cm×30cm 排水沟及集水井，并用 3～5cm 碎石填充，用水泵在集水井抽水，保证管槽不受浸泡。

C. 沟槽开挖用挖掘机进行，人工配合进行开挖。在开挖前，沟槽的断面、开挖的次序和堆土的位置由现场施工员向司机及土方工详细交底。在挖土过程中管理人员应在现场指挥并应经常检查沟槽的净空尺寸和中心位置，确保沟槽中心偏移符合规范要求。为保证槽底土壤不被扰动或破坏，在用机械挖土时为防止超挖，挖至设计标高前 30cm 时用人工开挖，检修平整。开挖要保证连续作业，衔接工序流畅，分段开挖，每段长约 20m，以减少塌方或破坏土基，减少意外事故。

③ 沟槽支护

工程地质条件相对较好地层，可以直接开挖，若土质相对较差或容量受地下水影响的地段可采用板桩加支撑的支护结构。若施工条件许可，也可采用放坡与板桩加内撑相结合的施工方案；具体施工过程中应分层、分段开挖，同时管基槽内分段设集水坑，以疏解基槽内地下水，保证施工的正常进行。若放坡或板桩加内撑等方案不能解决施工中的问题，必要时，特殊地段还可采用拉森钢板桩支护，以保证施工安全。

④ 垫层、混凝土基础施工

A. 基础施工前应对基底承载力进行检测，如果基底承载力小于设计要求，应及时知会设计人员进行处理后方可进行下一步施工。

B. 测量中心轴线，标高，并放出基础边线。在沟底设置水平小木桩，桩顶标高为管道平基混凝土面的标高。

C. 碎石垫层应先将碎石、砂拌匀然后铺设，铺筑时应边铺边平整，并用平板振动器在垫层面上予以振动压实。

D. 按照测出的基础边线安装平基侧模板，模板内外打撑钉牢，并在模板内侧弹线控制混凝土浇筑高度。

E. 模板安装时要注意板面平整，拼缝严密，模板与混凝土相接触的表面应涂扫脱模剂以利模板的拆除。

F. 平基浇筑混凝土时应严格按水平控制桩取面，振捣密实。浇筑时注意在管中线至两侧各 20cm 左右取平，其余可留粗糙面以便和管座混凝土接合。浇筑管基混凝土时应预留后浇段。

⑤ 管道安装

A. 下管前，要清理管坑内杂物，混凝土平基要清洗干净，然后在垫层上弹放管道中线，复核垫层面标高。

B. 采用吊车下管，下管时应将管道排好，然后对线校正，严格控制中线和标高，对中方法采用中心线法和边线法。承插式管在安装时，应备有厚度为（承口外径－管有外径）/2 的混凝土垫块将管身垫高，然后在承口下部铺上接口砂浆，再将管插入承口，对线校正，垫稳管身。

C. 管道稳定后应再复核一次流水位高程，符合设计标高后方可进行下一工序。

⑥ 接口、管带

本工程管道接口形式主要有橡胶密封圈接口或油浸麻丝接口、水泥砂浆抹带接口。主要施工工艺如下：

A. 水泥砂浆抹带接口

管道就位前对抹带宽度范围内管壁先凿毛，抹带前，先刷净润湿凿毛部分，再用水泥砂浆抹带。水泥砂浆的配合比必须满足施工技术规范要求。抹接完成后必须以湿润麻袋覆盖保养，并定期淋水，保养不少于 3d。

B. 油浸麻丝填塞

将油麻加工成麻辫，其麻辫直径为接口环形间隙的 1.5 倍，其长度为接口环形间隙周长，并稍有搭接。油麻填打程序为：将承插口用毛刷刷净→用铁牙将接口间隙背匀→用麻錾将油麻塞入接口→开始锤打第一圈油麻，打麻一錾挨一錾打，打实后再卸铁牙，然后再填 2～3 圈油麻，打法同上，填塞时要注意将油麻接头错开。

C. 橡胶圈的填塞

下管将胶圈套在插口上，然后用毛刷将承插口工作面清洗干净，对好管口，用铁牙背好环形间隙，再自下而上移滚至承口水线，再分 2～3 遍将胶圈打至插口小台，当插口无小台时，胶圈打至距插口边缘 1～2cm 为止，以防胶圈掉入管缝。

⑦ 进水井、检查井的砌筑

A. 砌筑各种井前必须将基础面先洗涮干净，并定出中心点，划上砌筑位置并标出砌筑高度，便于操作人员掌握。

B. 砌筑检查圆井应挂线校核井内径及圆度，收口段高度应事先确定，可按规定每皮砖缩入 2cm，即每圈缩入 4cm 计算，砌一皮砖必须检查一次，看有无偏差。圆井井身及其收口段，必须避免上下层砖对缝。

C. 检查井内壁用 1∶2 水泥砂浆批荡 2cm。考虑到井外工作位置狭窄，操作较为困难，应砌筑到 50～70cm 就批荡一次，以后随砌随批；井内壁批荡考虑到排水的配合，流槽的砌筑和批荡，宜在砌筑后立即进行，批荡前必须复测井底高程。

⑧ 闭水试验

A. 本工程污水管道在覆土前要按规范的要求进行闭水试验。

B. 闭水试验段宜选在两检查井之间，为节省试验工作，亦可选取数井一起进行闭水试验。

C. 由于混凝土或砂浆本身有吸水作用，因此在灌满水后不应立即做渗水量记录，而应在管道灌满水后至少相隔 24h，使混凝土或砂浆本身含水饱和后再开始做渗水量记录。

D. 根据井内水平的下降值计算渗水量，渗水量不超过规定的允许值即为合格。

⑨ 回填

A. 管道安装完毕并经检查验收合格后，进行回填工作，管道在覆土前应进行闭水试验，合格后方可覆填。

B. 在回填中需拆除固壁支撑时应采取先下后上的办法拆除。

C. 管坑两侧填石屑至管顶上 10cm，回填时两侧同时进行，以防管道位移，并用水冲实，管顶以上回填坚土，分层夯实，每层 30cm，密实度应按路基设计要求。回填时，槽内应无积水，不得回填淤泥、腐殖土及有机物质。回填土中不得夹有大块砖石，大块土必须敲碎至 10cm 以下。

D. 沟槽回填顺序应按沟槽排水方向由高向低进行，虚铺层厚 30cm。

7. 其他园建工程的施工

（1）施工工艺流程

① 花池

测量定位→开槽→素土夯实→混凝土垫层→砖砌体→面层。

② 溪流、水池

测量定位→开槽→素土夯实→垫层→支模→扎钢筋→浇筑→养护→拆模→面层。

③ 园路与铺装。按图纸设计分为卵石健康步道、石材地台及其他铺装。

测量定位→地基处理→垫层→混凝土层→面层。

④ 木亭与木平台

测量定位→基础挖掘→素土夯实→垫层施工→模板施工→钢筋绑扎→基础捣制→拆模→木亭或平台安装→油漆。

（2）主要分项工程施工方法

1）钢筋、模板工程

① 模板工程

A. 应保证工程结构和构件各部分形状尺寸和相互位置的正确。

B. 具有足够的承载能力、刚度和稳定性，能可靠地承受新浇混凝土的自重、侧压力，以及施工过程中所产生的荷载。

C. 构造简单，拆装方便，并便于钢筋的绑扎、安装、混凝土的浇筑和养护的要求。

D. 模板的接缝不得造成漏浆。

E. 模板与混凝土的接触面应刷隔离剂，严禁隔离剂污染钢筋与混凝土接触处。

F. 竖向模板和支架部分安装在基土上时应加设垫板，且基土必须坚实并有排水措施。

G. 模板及其支架在安装过程中，必须设置防倾斜临时固定设施。

H. 模板在拆除时应符合拆除条件，且混凝土达到规定强度后方可拆除。

I. 侧模。在混凝土强度能保证其表面棱角不因拆除模板而受损坏后，再拆除。

J. 底模。在混凝土强度符合施工的要求时方可拆除。

② 钢筋工程

A. 按施工平面图规定的位置清理，平整好钢筋堆放场地以及准备的垫木，按绑扎顺序分类堆放钢筋，如有锈蚀预先进行除锈处理。

B. 核对图纸，配料单，料牌区实物，钢材号、规格尺寸、形状、数量是否一致，如有问题及时解决。

C. 清理好垫层，弹好墙线、柱边线。

D. 熟悉图纸，确定研究好钢筋绑扎安装顺序。

E. 墙筋绑扎

a. 底板混凝土上放线后应再次校正预埋插筋，位移严重时需按规定认真处理，必要时应与设计单位共同商定。墙模宜"跳间支模"以利钢筋施工。

b. 先绑 2～4 根竖筋，并画好分档标志，然后于下部及齐胸处绑两根模筋定位，并在横筋上画好分档标志，然后绑其余竖筋，最后绑其余横筋。

c. 墙筋应逐点绑扎，其搭接长度和位置应符合设计和规范要求，搭接处应在中心和两端用铁丝绑牢。

d. 双排钢筋之间应绑间距支撑。

e. 在双排钢筋外侧绑扎砂浆垫块，以保证保护层厚度。

f. 配合其他工种安装预埋铁及管件。预留洞口其位置、标高均应符合设计要求。

g. 必须清洁钢筋的表面。带有颗粒状或片状老锈，经除锈后仍留有麻点的钢筋严禁按原规格使用。

h. 钢筋的规格、形状、尺寸、数量、间距、锚固长度、接头设置必须符合设计和施工规范要求。

i. 焊接接头力学性能试验结果必须符合钢筋焊接及验收专门规定。

F. 柱筋绑扎

a. 按图纸要求间距，计算好每根柱箍筋数量，先将箍筋都套在下层伸出的搭接筋上，然后立柱子的钢筋，在搭接长度内，绑扎扣不少于 3 个，绑扣要向里。如果柱子主筋采用光圆钢筋搭接时，角部弯钩应与模板成 45°，中间钢筋的弯钩应与模板成 90°。

b. 绑扎接头的搭接长度按设计要求，如无设计要求时，应符合表 2-5-12 的规定。

绑扎接头的搭接长度　　　　　　　　　　表 2-5-12

钢筋级别	受拉区	受压区
I	30d	20d
II	35d	25d
III	40d	30d

注：d 为钢筋直径。

c. 绑扎接头的位置应错开，在受力钢筋直径 30 倍区段范围内（且不小于 500mm），有绑扎接头的受力钢筋截面面积占受力钢筋总截面面积，应符合受拉区不得超过 25%，受压区不得超过 50% 的规定。

d. 在立好的柱子钢筋上用粉笔画好箍间距，然后将已套好的箍筋往上移动，由上往下宜采用缠扣绑扎。箍筋与主筋垂直，箍筋转角与主筋交点均需绑扎，主筋与箍筋非转角部分的相交点成梅花式交错绑扎。箍筋的接头（即弯钩叠合处）应沿柱子竖向交错布置。有抗震要求的地区，柱箍筋端头应弯成 135°，平直长度不小于 10d；如箍筋用 90° 搭接，搭接处应焊接，单面焊缝深度不小于 10d。

e. 柱筋保护层。垫块应绑在柱立筋外皮上，间距一般为 100mm，以保证主筋保护层厚度的正确。

f. 当柱截面尺寸有变化时，柱钢筋收缩位置、尺寸要符合要求。

g. 如设计要求箍筋设拉筋，拉筋应钩住箍筋。

2）混凝土工程

① 混凝土搅拌

A. 根据测定砂石含水率调整配合比中的用水量。雨天应增加测定次数。

B. 根据搅拌机每盘各种材料用量及车皮质量等，分别固定好水泥、砂、石各个磅秤的数量。磅秤应定期校验维护以保护计量的准确。搅拌机相同应设置混凝土配合比的标志牌。

C. 正式搅拌前搅拌机先空车试运转，正常后方可正式装料搅拌。

D. 砂、石、水泥必须严格按需用量分别过秤，加水也必须严格计量。

E. 加料顺序。一般先倒石子，再倒水泥，后倒砂子，最后加水。如掺入粉煤灰的拌和物，应在倒水泥时一并倒入，如需要掺入添加剂，应按规定与水同时掺和。

F. 搅拌第一盘可以在装料时适当少装一些石子或适当增加水泥或水。

G. 混凝土搅拌时间，400L 自落式搅拌机一般不应少于 1.5min。

H. 混凝土坍落度一般控制在 5～7cm，每台班应做两次试验。

② 混凝土运输

A. 混凝土自搅拌机卸出后，应及时用翻斗车、手推车或吊斗运至浇灌地点。运送混凝土时，应防止水泥浆流失。若有离析现象应在浇灌前进行人工拌和。

B. 混凝土从搅拌机中卸出后到浇灌完毕的延续时间，当混凝土强度等级为 C30 及其以下，气温高于 25℃时不得大于 90min，C30 以上时不得大于 60mm。

③ 混凝土浇筑、振捣

A. 施工缝在浇筑前，宜先铺 5cm 厚与混凝土配合比相同的水泥砂浆豆石混凝土。

B. 浇筑方法。对柱浇灌时应先将振捣棒插入柱底根部，使其振动，再灌入混凝土。应分层浇灌振捣，每层厚度不超过 60cm，边下料边振捣，连续作业浇灌到顶。

C. 混凝土振捣。振捣柱子时，振捣棒尽量靠近内墙插入。

D. 浇灌混凝土时应注意保护钢筋位置，随时检查模板是否变形、位移，螺栓、吊杆是否松动、脱落以及漏浆现象，并派专人修理。

E. 表面抹平。对振捣完毕的混凝土，应用木抹子将表面压实、抹平，表面不得有松散混凝土。

④ 混凝土养护

在混凝土捣完 12h 以内，应对混凝土加强覆盖井养护。常温时每日浇水两次养护，养护时间不得少于 14d。

3）砌筑工程

① 砌块浇水

粘土砖必须在砌筑前一天浇水湿润，一般以水浸入砖四边 1.5cm 为宜，含水率为 10％～15％，常温施工不得用干砖，雨季不得使用含水率达到饱和状态的砖砌墙。

② 砂浆搅拌

砂浆配合比应采用质量比，计量精度水记为±2％，砂、灰膏控制在±5％以内，宜采用机械搅拌，搅拌时间不少于 1～5min。

③ 组砌方法

A. 组砌方法应正确，一般采用满丁满条排砖法。

B. 砌筑时，必须里外留踏步蹉，上下层错缝，宜采用"三一"砌砖法（一铲灰、一块砖、一挤揉），严禁用水冲灌缝的操作方法。

④ 排砖摞底

A. 基础大放脚的摞底尺寸及收退方法，必须符合设计图纸规定。如是一层一退，里外均应砌丁砖，如是两层一退，第一层为条，第二层砌丁。

B. 基础大放脚的转角处，应按规定放土分头，其数量为一砖半厚墙放 3 块，两砖厚墙放 4 块，以此类推。

⑤ 砌筑

A. 基础墙砌筑前，其垫层表面应清扫干净，洒水湿润。再盘墙角，每次盘墙角高度不应超过 5 层砖。

B. 基础大放脚砌到墙身时，要拉线检查轴线及边线，保证基础墙身位置正确。同时要对照皮数杆的砖层的标高，如有高低差时，应在水平灰缝中逐渐调整，使墙的层数与皮数杆相一致。

C. 基础墙的墙角每次砌高度不超过 5 层砖，随盘随靠平吊直，以保证墙身横平竖直，砌墙应挂通线，二四墙反手挂线，三七墙以上应双面挂线。

D. 基础垫层标高不等或有局部加深部位，应从低处往上砌筑，并经常拉通线检查，保持砌体平直通顺，防止砌成螺钉墙。

E. 砌体上下错缝，每处无 4 层砖通缝。

F. 砖砌体接槎处灰缝砂浆密实，缝、砖平直，每处接槎部位水平灰缝厚度不小于5mm 或透亮的缺陷不超过 5 个。

G. 预埋拉结筋数量、长度均符合设计要求、施工规范，留置间距偏差不超过 1 层砖。

⑥ 防潮层

抹灰前应将基础墙顶面清扫干净、浇水湿润，随即抹防水砂浆，一般厚为 20mm，防水粉用量约为水泥质量的 3%～5%。

4）面层施工

① 卵石饰面

A. 经测量人员测量定位后方可施工。

B. 颜色及图案应符合设计要求，经设计方认可后方可施工。

C. 卵石应粒径均匀，表面平整且间距均匀。

② 石材饰面

A. 石材的技术等级、光泽度、外观等质量要求应符合国家现行标准。

B. 石材颜色及图案应符合设计要求，经设计方认可后方可施工。

C. 在铺设前，板材应按设计要求试拼编号，如板材有缺陷应予剔除，品种不同的板材不得混杂使用。

D. 在铺砌时，板材应先用水浸湿，待擦干或晾干后方可铺砌；结合层与板材应分段同时铺砌。

E. 铺砌的板材应平整，线条顺直，镶嵌正确；板材间、板材与结合层均应紧密砌合，不应有空隙。

F. 石材表面应洁净、平整、坚实。

8. 园林种植工程施工

（1）园林种植工程施工流程

园林种植工程施工流程如图 2-5-9 所示。

（2）园林种植工程施工

1）种植工程施工质量要求

① 施工质量要符合《城市绿化工程施工与验收规范》CJJ/T 82—1999 的规定。

② 种植土的 pH 值位于 5.5～7.5 之间，有机质含量以及电导率符合设计要求。

③ 种类、品种纯正，符合设计要求。

2）种植工程施工应注意的问题

① 大树移植

A. 大树移植的时间应在给水排水工程完工之后进行。

B. 大树移植前应做好充分的准备，包括：疏枝修剪、断根缩坨、方位标记等措施。

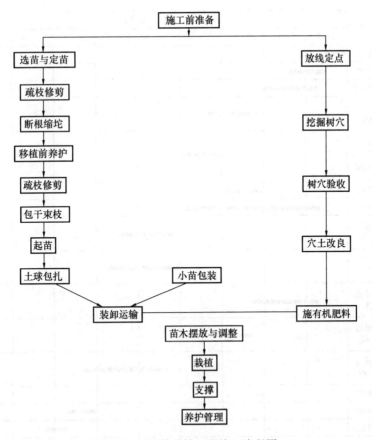

图 2-5-9 园林种植工程施工流程图

选择已经假植了两年以上的大树，作为大树移植的苗木。

C. 大树移植施工应特别注意施工安全管理。

D. 大树移植拟设置树穴排水与透气设施。

② 其他乔木的种植

A. 种植时间选择在每天的上午 9：30 之前或下午 4：30 之后。

B. 乔木应进行疏枝修剪，保留骨干枝，删剪其他枝条。

C. 种植时注意主要观赏面的要求。

D. 非本地苗木应有植物检疫证明文件。

E. 定根水一定要浇透。

F. 浇水前应做好支撑。

六、施工进度控制

（一）进度控制计划

本工程施工工期为 63 个日历天，施工进度控制计划横道图如图 2-5-10 所示。

（二）进度控制方法

施工进度控制的采取主要方法有：动态控制、主动控制、事前控制、事中控制。在施工中以主动控制与事前控制为主，事中控制与事后控制为辅，全面对进度进行动态控制。

工　序	施　工　进　度（d）								
	1～7	8～14	15～21	22～28	29～35	36～42	43～49	50～56	57～63
施工准备	━								
地形造型		━━							
给水排水工程		━━━							
道路和广场路基垫层			━━━━						
道路和广场路水泥稳定层或结构层				━━					
木亭基础			━━						
木亭制作		━━━━━━							
木亭安装、装饰					━━━				
园路、广场装饰					━━━━				
水池与溪流基础工程		━━━							
水池与溪流结构工程			━━━━						
水池与溪流装饰工程					━━━━				
大树种植			━						
乔木种植							━━		
灌木种植								━	
环形路附面层								━	
环形路附属工程								━━	
草皮铺装									━
场地清理									━
竣工验收准备									━━━

图 2-5-10　施工进度控制横道图计划

在进度控制时，把握好以下几个关键环节：

（1）编制切合实际的施工总进度计划和单项（单位）工程进度计划，以及部分分部分项工程进度计划，并编制网络进度计划，运用网络技术进行工期优化。

（2）施工进度计划的实施。在实施进度计划时做好以下工作：

① 编制并严格执行月、旬、周等周期计划；

② 用施工任务书或劳务分包合同把任务落实到班组；

③ 进行施工进度过程控制。跟踪、检查、对比施工进度，落实进度控制措施，处理进度索赔，确保资源供应进度计划的实现，及时进行进度统计分析；

④ 加强分包工程进度控制；

⑤ 进行进度计划检查与监督；

⑥ 根据检查对比结果进行进度计划的调整。

（3）进度控制总结分析。项目经理部每月向企业提供月度进度报告，对进度检查结果进行总结分析。施工进度计划完成后，进行进度控制最终总结，总结进度控制经验与教训，提出进度控制改进意见。

（三）进度控制措施

（1）按照总工期要求编制施工总进度计划，确定工期目标控制点，严格进度计划组织施工。

（2）按照施工总进度控制计划，编制单项（单位）工程进度计划以及分部分项工程进度计划，抓住关键线路的工序和工期目标控制点，编制切实可行的操作方案，用以保证总体控制计划的实现。

（3）可以互相穿插施工的项目，应明确场地交接日期，争取工序提前插入，力争缩短作业的时间。

（4）项目经理通过每天的班前会和每周的现场协调会，跟踪、检查计划和实施情况，及时反馈信息，采取相应措施，调整实施进度计划，解决施工过程中存在问题。

（5）做好与业主、设计单位、监理单位的配合，尽早把变更修改的内容决定；及早解决图纸中所存在的各种技术问题，以便能够早日把做法和标准定下，以使施工场面能够提早进入大面积施工。

（6）落实资金管理，以工程合同为准则，搞好资金的管理，督促、检查工程总包合同和各专业单位分包合同的情况，使财力能够准时投入，专款专用，保证施工生产正常进行。

（7）按经济规律办事，公司与项目经理签订协议，根据工程合同条款实行奖罚，项目经理部为调动项目部全体员工的积极性，对各工期控制点制订奖罚措施，将工程的施工进度的奖罚与工程质量、安全、文明施工及各方协调配合的施工情况挂钩，以带动整个工程进展顺利，保证工期按时完成。

（8）采取组织、合同、经济、技术等综合措施，加强信息反馈，对施工进度进行动态控制。

七、质量保证措施

为了保证项目施工质量，项目经理部建立有效的质量保证体系。

（一）质量目标

本工程质量目标为：合格。项目经理部在保证施工总体质量目标实现的前提下，争取工程目标达到"优良"。单项、分部分项工程质量目标如下：

道路工程——合格，分部分项工程合格率100%；

给水排水工程——合格，分部分项工程合格率100%；

水池、溪流工程——合格，分部分项工程合格率100%；

木平台与木亭——合格，分部分项工程合格率100%；

园路与铺装工程——合格，分部分项工程合格率100%；

种植工程——合格，分部分项工程合格率100%。

（二）质量保证体系

1. 质量保证机构

建立公司与项目经理部共同参与的质量保证机构，质量保证以项目经理部为主体，公司进行质量监督。质量保证机构架构图如图 2-5-11 所示。

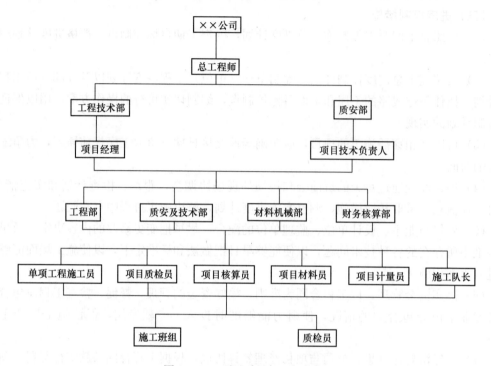

图 2-5-11 项目质量保证架构图

2. 质量保证体系

质量保证体系包括：组织质量保证、制度质量保证以及施工质量保证。

（1）组织质量保证

在图 2-5-11 的质量保证架构下，项目经理部成立质量领导小组，专门负责质量控制，质量领导小组，由项目技术负责人直接领导，小组包括：质检组、技术组、测量组、试验组、材料组、机械组、核算组以及宣传员，他们的具体职责如表 2-5-13 所示。

质量领导小组各组职责表   表 2-5-13

组 别	职 责
质检组	负责组织制定质量检查、监督制度；协调、监督、检查各部门以及施工专业队的质量活动以及信息反馈；组织、参与隐蔽验收检查
技术组	组织图纸自审与会审；实施技术交底；组织技术交流与培训
测量组	做好工程测量，建立与维护测量控制网；进行施工过程的测量复核；完工的测量复核
试验组	做好测量进场试验与检验；进行试验段的试验与评估
材料组	采购符合设计与规范要求的优质材料；对材料的合格证或检疫证进行复核；对入库材料进行妥善保管；按照规定限额发放材料

续表

组　别	职　责
机械组	做好机械的维护与维修，使机械处于良好的工作状态，并做好检修记录
核算组	核算各阶段完成的分部分项工程数量与质量；将施工量、质量与奖励挂钩
宣传员	宣传质量优先、服务至上的公司理念

（2）制度质量保证

① 广泛开展 QC 小组活动，将质量管理理念深入基层，深入到每个施工工人。

② 定期开展有针对性的质量教育活动，进行操作示范与演示。

③ 开展经常性的工程质量检查与评比活动。

④ 不定期进行质量评定分析会。

（3）施工保证

施工保证就是对分部分项工程质量进行过程控制，施工质量不过关的施工过程不放过。施工过程质量控制程序如下：

施工放线复核→材料与设备检验→工序质量检验→分项工程质量检验→分部工程质量检验→单项（单位）工程质量检验→工程质量评定→项目目标实现。

（三）质量保证措施

（1）严格按照质量保证体系进行质量保证运作，项目经理部的各相关部门、专业技术管理人员、施工队长（班长）各司其职、各负其责，把质量控制的每个环节抓好。

（2）严格按照 ISO 9002 质量体系要求，进行过程控制，保证各分项工程质量一次成活，避免返工。

（3）严格把好每个施工工序和隐蔽工程的施工质量关。

每个施工工序的施工质量均应按照图 2-5-12 所示进行质量控制。

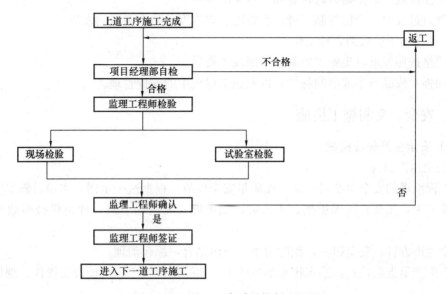

图 2-5-12　施工工序质量控制流程图

隐蔽工程的施工质量对施工质量的影响巨大，因此，隐蔽工程在隐蔽前必须严格按照

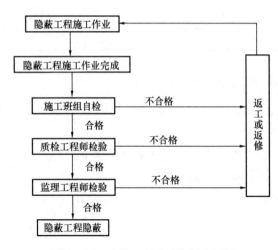

图 2-5-13　隐蔽工程质量控制流程图

程序进行隐蔽工程的质量检验。隐蔽工程质量自检合格后，申请监理工程师进行检验，必要时还应请质量监督部门参与检验，检验合格后才能进入下一道工序。隐蔽工程质量检查程序如图 2-5-13 所示。

（4）对施工环境进行控制，选择好的施工时段进行施工。

（5）质量控制的技术措施

① 严格对材料把关。严格控制材料的订货、加工质量，在订货、加工时应由技术部门和材料部门、项目部门共同完成。材料进场前应送样品，报厂家和相关的材料质量证明给业主批准后方可进场，进场材料严格执行"三检"制度，发现不合格品立即退场。

② 严格控制回填土质量，控制好回填土的含水量，使之接近最佳含水量。防止回填土开裂或软弹现象，防止其影响路基或地基的稳定。

③ 在水泥石屑稳定层施工中，严格把关水泥与石屑的材料质量，严格控制配合比及压实度。

④ 按照设计图纸进行模板设计，模板及其支架必须具备足够的强度、刚度和稳定性，板缝应严密，缝隙应妥善堵塞或钉好油毡条，预埋件安置准确、牢固。

⑤ 严格控制钢筋的规格、形状、尺寸、数量、间距、锚固长度、接头位置、保护层的厚度，使之符合设计与规范要求。

⑥ 加强混凝土的振捣，防止有漏振现象的发生。

⑦ 砌筑过程中，严格控制灰缝、平整度、垂直度，防止通缝的发生。

（6）加强施工的后期管理工作

① 严格按照要求收集施工资料，编制竣工资料。

② 加强对成品与半成品的保护，以及施工过程中的养护管理。

八、安全、文明施工措施

（一）安全生产保证措施

1. 安全生产目标

本工程承诺的安全生产目标是：无质量安全事故。根据这一承诺，本项目施工安全生产目标确定为：无死亡、无重伤、无火灾、无中毒、无倒塌事故，杜绝机械事故与交通事故。

安全生产方针：安全第一，预防为主，防治结合，综合治理。

安全生产重点监控点：给水排水基坑施工、木亭基础施工、机械设备操作、现场施工用电。

2. 安全生产保障体系

（1）安全生产组织管理架构

成立以项目经理为首，有施工员、安全员、技术员、班组长等参加的安全生产管理小组，负责检查监督施工现场及班组安全制度的贯彻执行，做好安全日检记录，并对违反安全规定的人员进行处罚。

（2）安全生产保障体系

建立健全安全生产组织架构，落实安全生产责任制，建立安全生产制度，在实际操作中贯彻执行安全技术措施与方法。

1）落实安全生产责任制

项目经理是安全第一责任人，主管施工生产的项目副经理是安全生产直接责任人，项目总工程师对劳动保护和安全生产的技术工作负责。项目经理部与相关责任人以及各施工队签订安全生产责任书，明确安全生产责任以及奖罚措施，使安全生产层层落实。

2）落实安全制度

① 安全生产制度

建立和认真执行安全生产责任制，做到分级负责，分片负责，事事有人负责，把"安全第一、预防为主"的安全生产方针贯彻到日常生产的各个环节中去。

② 安全教育制度

项目部经常利用各种有效形式，广泛开展安全生产宣传活动。员工上岗前要接受安全生产"三级"教育，并组织职工学习有关安全生产的政策、法令、教育职工树立安全和生产统一的思想，自觉遵守安全生产规章制度。

③ 安全技术措施制度

安全技术措施是施工设计的重要组成部分，是指导安全生产的技术文件，也是进行安全生交底的重要依据，因此，没有编制安全技术措施的工程一律不准施工。

④ 安全交底制度

各级领导在布置生产任务时，对施工安全要提出明确的要求，把施工技术和安全技术同时交底，并组织工人讨论，制订安全保证措施，使人人心中有数，做到安全的落实。

⑤ 安全检查制度

建立安全生产检查制度。项目部每周检查一次，施工班组每天检查一次。非定期检查视工程进度进行，在施工准备前、危险性大、季节变化、节假日前后要加强检查，并根据施工和季节变化的特点，定期进行2～4次全面安全检查。

⑥ 事故分析制度

发生工伤事故后，项目经理部应组织实地调查，找出事故原因，掌握事故发生的规律，采取预防措施。

3）安全技术措施

① 项目开工前，编制实施性安全技术措施。

② 对施工难度大、危险性高的分项工程编制专项安全技术措施，确保施工安全。

③ 严格执行逐级安全技术交底制度。施工前由项目技术负责人组织有关人员进行详细的安全技术交底和现场管线状况及其保护措施，并履行签字手续备案待查。各施工队安全员组织对施工班组及具体操作人员进行安全技术交底。专职安全员对安全措施的执行情况进行监督，并做好记录。

④ 施工现场实施机械安全管理及安装验收制度，施工机械、机具和电气设备，在安

装前按照安全技术标准进行检测，经检测合格后方可安装，经验收确认状况良好后方可运行。机械操作人员定期维护、保养机械，确保完好率和使用率，严禁带病工作。

⑤ 施工用电按《施工现场临时用电安全技术规范》JGJ 46—2005 要求进行设计、检测。所有电力设备设专人检查维护，并设立警示标志。

4）落实安全管理措施

① 现场安全管理措施

A. 根据各工种特点，有计划按时配发劳动保护用品。进入施工现场人员，必须佩戴安全帽，特殊工种按规定要佩戴好防护用品。

B. 施工现场的布置符合防火、防爆、防雷电等安全规定和文明施工的要求，施工现场的生活办公用房、仓库、安全技术管理办法，经监理、业主审批同意后实施。材料堆放场、停车场、修理厂等按批准的总平面布置图进行布置。

C. 仓库、材料堆场等的消防安全距离符合《消防法》的规定。室内禁止堆放易燃品；严禁在木材加工场、料场等处吸烟；现场的易燃杂物随时清除，严禁在有火种的场所附近堆放。

D. 夜间施工须配备足够的照明灯具，保证有足够的照明度。

E. 施工现场不能及时回填的基坑、树穴，应做好警示标志，晚上设置警示灯。

② 机械挖土安全管理措施

A. 机械挖土时，必须严格遵守施工挖土机械的安全技术操作规程。挖土前，在挖土机臂杆回转半径范围内，不允许进行其他工作。

B. 基坑内施工人员未离开挖土机臂杆旋转半径范围内，机械操作人员不可从事挖土作业。

C. 在地下管线附近工作时，顺着管线走向严格保持在 1m 以外的距离操作。

③ 安全防火管理措施

A. 了解现场用火规定，制订用火、防火措施。

B. 消防器材定位，标志醒目，防火道畅通，在醒目位置设立消防火警电话号码。

④ 安全用电管理措施

A. 临时用电必须有方案，并符合相关技术规程。

B. 电线按规范架设整齐，架空线也必须用绝缘导线。

C. 配电系统实行分级配电，独立的配电箱必须采用三相五线制，保护系统有效良好。

D. 电焊机设单独开关，外壳做接地保护。

E. 洒水点必须远离电源，过路管应用钢管保护。

5）切实执行检查制度

① 项目部每周检查一次，施工班组每天检查一次。非定期检查视工程进度进行，在施工准备前、危险性大、季节变化、节假日前后要加强检查。

② 对检查中发现的安全问题、安全隐患，要建立登记、整改、消项制度。

（二）文明施工保证措施

1. 文明施工目标

文明施工达到合格标准，争创市级文明施工样板工地。具体如下：

（1）生产、生活污水达标排放。

（2）减少粉尘排放，预防大气污染，施工现场目测无明显扬尘；主要施工道路硬化处理。

（3）固体废物分类管理，预防土壤污染。

2. 文明施工保证措施

（1）控制扬尘

① 混凝土搅拌站和循环车道适时洒水，并在工地出入口设立洗车池，车辆冲洗后才能外出工地。

② 土方运输出入现场要遮盖，并设专人清扫撒漏泥土，冲洗地面。

③ 切割机切割时要用水消除粉尘。

（2）控制排污

① 混凝土搅拌站设清洗池，池水沉清后方可排入市政管道。

② 废水设处理池，沉清后方可排入市政管道。

③ 厕所要水冲、有盖板，并设专人管理，定期打药灭蝇。

（3）控制烟尘

对于会产生烟尘的施工（如熔融沥青等），要用专门的设备处理。

（4）控制噪声

在居住区附近施工时，夜间不得浇筑混凝土和进行开凿施工。

（5）工地围闭

施工工地按照规定设置高度不低于 1.5m 的镀锌板围闭墙，外墙安排工地宣传以及公益宣传。

九、雨期施工组织措施

由于施工工地所处的××市属亚热带季风性气候，施工期间经常会有热带风暴降临，从而导致降水过程的发生。通常降雨量大，地表水水量大，对工程施工影响较大。因此，必须对雨期施工给予周密考虑，统筹安排，以尽可能减少雨期对施工进度与质量带来大的影响。

（一）建立应急预案

项目经理部针对这一气候特点，在施工开始前就要建立雨期施工应急预案，以及抗击热带风暴的应急预案，以确保施工期间的措施充分。

（二）做好防洪抗汛的准备工作

本工程在施工前，首先解决好排水问题，低洼地段增设临时排水沟，保证雨期排水畅通，在设备上多考虑抽水机等排水机械；生活设施、材料堆放等不放置在低洼处，积极加强与当地防洪机构的联系，及时掌握天气和雨情变化情况，早作安排准备，防患于未然。

（三）统筹好各单项（单位）工程的施工计划

针对本工程项目较多的特点，并考虑到有的项目施工受雨期影响较小，而有的项目受雨期影响较大的实际情况，在工期上综合多方面因素予以安排，即使不可避免地要遇到雨期，尽量抢晴天施工，雨天采取满足施工技术、质量和安全要求的针对性措施。

（四）雨期施工中的技术措施

（1）根据工期安排，要灵活机动，积极抢晴天、战雨天、见缝插针。若遇到大风、大雨而不能正常施工，则利用这些时间进行设备检修，开展学习、培训，为下步投入施工做好充分的准备。

（2）对于低洼地段的基础开挖、淤泥的清运等项目施工，原则上都安排在无水的情况下进行，因此施工充分利用晴天时间，配备足够的施工机械，周密组织，在满足安全质量的前提下，将工期尽量缩短。

（3）少量的路基填筑工程在雨期施工时，注意集中力量，分段突击，做到挖、装、运、卸、压等工序衔接紧凑，一气呵成。若预报有雨时，随挖、随运、随铺、随压实，根据土的透水性能每层表面留有 2‰～5‰的横向坡并整平。雨前和收工前将铺散的松土压实完毕，避免积水。

复习思考题：

1. 施工组织设计的类型有哪几种？内容如何？
2. 施工组织设计编制应遵循什么原则？
3. 简述施工组织设计的编制程序。
4. 简述施工准备工作的主要内容。
5. 园林绿化建设工程施工管理应注意的事项有哪些？

第六章　园林工程施工后期管理

第一节　园林工程施工验收阶段管理

一、竣工验收概述

(一) 园林工程竣工验收的概念和作用

当园林工程按设计要求完成施工并可供开放使用时，施工单位就要及时向建设单位申请办理移交手续，这种接交工作称为项目的竣工验收。因此竣工验收既是对项目进行接交的必需环节，又可以通过竣工验收对建设项目的成果的工程质量、经济效益等进行全面考核和评估。

园林建设项目的竣工验收是园林工程施工全过程的一个阶段，它是由投资成果转为使用、对公众开放、服务于社会、产生效益的一个标志。因此，竣工验收对促进建设项目尽快投入使用、发挥投资效益、全面总结建设过程的经验都具有重要的意义。

竣工验收一般是在整个建设项目全部完成后进行一次集中验收，也可以分期、分批地组织验收，即一些分期建设项目、分项工程建成后，只要相应的辅助设施能予以配套，并能够正常使用，就可组织验收，以使其及早发挥投资效益。因此，凡是一个完整的园林建设项目，或是一个单位工程建成后达到正常使用条件均应及时组织竣工验收。

(二) 工程竣工验收的依据和标准

1. 竣工验收的依据

(1) 上级主管部门审批的计划任务书、设计文件等。

(2) 招标投标文件和工程合同。

(3) 竣工图纸和说明、设备技术说明书、图纸会审记录、设计变更签证和技术核定单。

(4) 国家或行业颁布的现行施工验收规范及工程质量检验评定标准。

(5) 有关施工记录及工程所用材料、构件、设备质量合格文件及检验报告单。

(6) 承接施工单位提供的有关质量保修书等文件。

(7) 国家颁发的有关竣工验收的文件。

(8) 引进技术或进口成套设备的项目，还应按照签订的合同和国外提供的设计文件等资料进行验收。

2. 竣工验收的标准

园林建设项目涉及多种门类、多种专业，且要求的标准也各异，加之其艺术性较强，故很难形成国家统一标准，因此对工程项目或一个单位工程的竣工验收，可采用分解成若干部分，再选用相应或相近工种的标准进行。一般园林工程把它简单分为园林建筑、绿化和水电工程三部分。

（1）园林建筑和水电工程的验收标准

凡园林建设和水电工程的游憩、服务设施及娱乐设施等园林建筑应按照设计图纸、技术说明书、验收规范及建筑工程质量检验评定标准验收，并应符合合同所规定的工程内容及合格的工程质量标准，不论是游憩性建筑还是娱乐、生活设施建设，不仅建筑物室内工程要全部完工，而且室外工程的明沟、踏步斜道、散水以及应平整建筑物周围场地，都要清除障碍物，并达到水通、电通、道路通。

（2）绿化工程的验收标准

施工项目内容、技术质量要求及验收规范和质量应达到设计要求、验收标准的规定及各工序质量的合格要求，如园林植物的成活率和品种、数量，园林植物的配植方式，草坪铺设的质量等。

（三）竣工验收管理的内容

（1）竣工验收准备。包括：施工单位自检、竣工验收资料准备以及竣工收尾等。

（2）编制竣工验收计划。包括：竣工收尾计划、施工保修与保养管理计划以及竣工阶段其他工作计划。

（3）组织现场验收。首先由监理单位组织竣工预验收，提出竣工验收评估报告，承包人提交竣工报告，发包人进行审定，做出竣工验收决策。

（4）进行竣工结算。竣工结算预竣工验收工作同时进行。

（5）移交竣工资料。

（6）办理交工手续。

二、竣工验收准备

竣工验收前的准备工作，是竣工验收工作顺利进行的基础，承接施工单位、建设单位、设计单位和监理单位，均应尽早做好准备工作，其中以承接施工单位和监理单位的准备工作尤为重要。

（一）工程档案资料的汇总整理

工程档案是园林工程的永久性技术资料，是园林工程项目竣工验收的主要依据。因此，档案资料的准备必须有关规定及规范的要求，必须做到准确、齐全，能够满足园林工程进行维修、改造和扩建的需要。工程档案资料一般包括以下内容。

（1）部门对该工程的有关技术决定文件。

（2）竣工工程项目一览表，包括名称、位置、面积、特点等。

（3）地质勘察资料。

（4）工程竣工图、工程设计变更记录、施工变更洽谈记录、设计图纸会审记录。

（5）建筑基础点位置和坐标记录，建筑物、构筑物沉降观察记录。

（6）新工艺、新材料、新技术、新设备的试验、验收和鉴定记录。

（7）工程质量事故发生情况和处理记录。

（8）建筑物、构筑物、设备使用注意事项文件。

（9）竣工验收申请报告、工程竣工验收报告、工程竣工验收证明书、工程养护与保修证书等。

（二）施工自验

施工自验是施工单位资料准备完成后在项目经理组织领导下，由生产、技术、质量、预算、合同和有关的队（班）长或施工员组成预验小组。根据国家或地区主管部门规定的竣工标准、施工图和设计要求，对竣工项目按分段、分层、分项地逐一进行全面检查。预验小组成员按照自己所主管的内容进行自检，并做好记录，对不符合要求的部位和项目，要制订修补处理措施和标准，并限期修补好。施工单位在自检的基础上，对已查出的不足全部修补处理完毕后，项目经理应报请上级再进行复检，为正式验收做好充分准备。

园林工程中的竣工验收检查主要有以下方面的内容：

（1）对园林建设用地内进行全面检查。

（2）对场区内外邻接道路、管线（特别是排水系统）进行全面检查。

（3）临时设施工程。

（4）整地工程。

（5）管理设施工程。

（6）服务设施工程。

（7）园路铺装。

（8）运动设施工程。

（9）游乐设施工程。

（10）绿化工程（主要检查乔木栽植作业，灌木栽植、移植工程，地被植物栽植等）包括以下具体内容：

① 对照施工图纸，是否按设计要求施工，检查植株数有无出入，种类(品种)是否正确；

② 支撑是否牢靠与符合设计要求，外观是否美观；

③ 有无病虫害或枯死的植株；

④ 栽植地周围的整地状况是否良好；

⑤ 草坪的栽植是否符合规定，草的纯度、平整度、覆盖率是否达到要求；

⑥ 草皮和其他植物或设施的接合是否美观；

⑦ 地形的造型是否符合设计要求，灌溉设施是否符合规范及设计要求。

（三）编制竣工图

竣工图是如实反映施工后园林工程现状的图纸，这是工程竣工验收的主要技术文件。园林施工项目在竣工前，应及时组织有关人员进行测定和绘制竣工图，以保证工程档案的完备和满足维修、管理养护、改造或扩建的需要。

（1）竣工图编制的依据。施工中未变更的原施工图、设计变更通知书、工程联系单、施工洽商记录、施工放样资料、隐蔽工程记录和工程质量检查记录等原始资料。

（2）竣工图编制的要求

① 施工中未发生设计变更，按图施工的施工项目，应由施工单位负责在原施工图纸加盖"竣工图"标志，可作为竣工图使用。

② 施工过程中有一般性的设计变更，即没有较大结构性的或重要管线等方面的设计变更，而且可以在原施工图上进行修改和补充，可不再绘制新图纸，由施工单位在原施工图纸上注明修改和补充后的实际情况，并附以设计变更通知书、设计变更记录和施工说明。然后加盖"竣工图"标志，亦可作为竣工图使用。

③ 施工过程中凡有重大变更或全部修改的，如结构形式改变、标高改变、平面布置改变等，不宜在原施工图上进行补充时，应重新实测，绘制竣工图，施工单位负责人在新图上加盖"竣工图"标志，并附上记录和说明作为竣工图。

竣工图必须做到与竣工的工程实际情况完全吻合，不论是原施工图还是新绘制的竣工图，都必须是新图纸，必须保证绘制质量，完全符合技术档案的要求，坚持竣工图的校对、审核制度，重新绘制的竣工图，一定要经过施工单位技术负责人的审核签字。

（四）工程与水电设备的试运转和试验的准备工作

工程与设备的试运转和试验的准备工作一般包括：安排各种设施、设备的试运转和考核计划；尤其各种水景及游乐设施关系到人身安全的设施，如缆车等的安全运行应是试运行和试验的重点；编制各运转系统的操作规程；对各种设备、电气、仪表和设施做全面的检查和校验；进行电气工程的全面负责试验，管网工程的试水、试压试验；喷泉工程试运行等。

三、竣工资料

（一）竣工验收的主要审查资料

竣工资料是园林工程项目竣工验收的重要依据之一。实体工程完成后，竣工资料的准备，就变成了竣工验收的前提。竣工资料不仅是企业与业主的档案材料，也是城市基础建设工程的档案收集材料。市政基础建设工程的档案资料，通常是由业主在竣工验收后，收集、整理再交给城市建设档案管理机构。竣工资料是其中的主要部分之一。市政基础及其工程档案资料主要由以下几个方面的资料组成：

1. 施工准备阶段的文件

（1）立项文件。

（2）建设用地和征地拆迁文件。

（3）勘察、测绘与设计文件。

（4）招标投标及合同文件。

（5）开工审批文件。包括：项目纳入计划文件、规划许可证、施工许可证、投资许可证、质监手续等。

（6）财务文件。包括：投资估算、设计概算、施工图预算、施工预算等。

（7）建设、施工、监理机构以及负责人相关文件。

2. 监理文件

监理文件通常由监理单位整理，主要包括监理规划、监理计量资料、监理日志方面的文件。

3. 施工文件

（1）施工技术准备文件。包括：施工组织设计、开工申请报告、图纸会审与设计交底、施工预算的编制与审查等文件。

（2）现场准备文件。包括：水准点、坐标点等交收与复核记录，现场交验记录（现场底标高、地下管线以及其他障碍物情况、临时供水（电）、施工道路情况等），施工安全措施、施工环保措施等。

（3）设计变更、洽商文件。

（4）原材料、成品、半成品、构配件、设备出厂质量合格证及试验报告。

（5）施工试验记录、检验报告。

（6）工程质量事故调查和处理资料。

（7）施工记录。包括：地基与基槽验收记录、桩基施工记录、构配件安装与调试记录、预应力张拉记录、沉井工程下沉记录、混凝土浇灌记录、管道推进记录、施工测温记录、施工日志等。

（8）预检记录。

（9）功能型试验记录。

（10）隐蔽工程记录。

（11）竣工测量资料。

4.竣工图

包括：园林建筑工程、园林工程以及园林种植工程的竣工图。

5.竣工验收文件

（1）工程竣工总结。包括：工程概况表、工程竣工总结。

（2）竣工验收记录。包括：单项（单位）工程质量评定表及报验单、竣工验收证明书、竣工验收报告、竣工验收备案表、工程质量保修书。

（3）财务文件。包括：结算文件、决算文件、交付使用财产总表和财产明细表。

（4）声像、微缩、电子档案。包括：工程照片、录音、录像材料、微缩品、光盘、磁盘等电子文件。

（二）竣工资料整理要求

（1）施工技术资料的整理应始于工程开工，终于工程竣工，真实记录施工全过程，可按形成规律收集，采用表格方式分类组卷。

（2）工程质量保证资料的整理应按照专业特点，根据工程内在要求进行分类组卷。

（3）工程检验评定资料的整理应按照单位工程、分部工程、分项工程划分的顺序，进行分类组卷。

（4）竣工图的整理应区别情况，按照竣工验收的要求组卷。

（三）工程项目交接的技术资料

正式验收时，应该提供完整的工程技术档案。而整个工程档案的归整、装订则留在竣工验收结束后，由建设单位、承接施工单位和监理工程师来共同来完成。在整理工程技术档案时，通常是建设单位与监理工程师将保存的资料交给承接施工单位来完成，最后交给监理工程师校对审阅，确认符合要求后，再由承接施工单位档案部门按要求装订成册，统一验收保存，并按照要求将需要提交城建档案部门的竣工资料，向城建档案部门提交一份。此外，在整理档案时一定要注意份数备足，移交技术资料内容见表2-6-1。

移交技术资料内容一览表

表 2-6-1

工程阶段	移交档案资料内容
项目准备及施工准备	① 申请报告，批准文件； ② 有关建设项目的决议，批示及会议记录； ③ 可行性研究，方案论证资料，土地使用证、规划许可证、施工许可证； ④ 征用土地、拆迁、补偿等文件； ⑤ 工程地质（含水文、气象）勘察报告； ⑥ 概（预）算； ⑦ 承包合同、协议书、招标投标文件； ⑧ 企业执照及规划、园林、消防、环保、劳动等部门审核文件

续表

工程阶段	移交档案资料内容
项目施工	① 开工报告； ② 工程测量定位记录； ③ 图纸会审、技术交底； ④ 施工组织设计等； ⑤ 基础处理、基础工程施工文件；隐蔽工程验收记录； ⑥ 施工成本管理的有关资料； ⑦ 工程变更通知单，技术核定单及材料代用单； ⑧ 建筑材料、构件、设备质量保证单及进场试验记录； ⑨ 栽植的植物材料名录、栽植地点及数量清单； ⑩ 种类植物材料的已采取的养护措施及方法； ⑪ 假山等工程的养护措施及方法； ⑫ 古树名木的栽种地点、数量、已采取的保护措施等； ⑬ 水、电、暖气等管线及设备安装施工记录和检验记录； ⑭ 工程质量事故的调查报告及所采取处理措施的记录； ⑮ 分项、单项工程质量评定记录； ⑯ 项目工程质量检验评定及当地工程质量监督站核定的记录； ⑰ 其他（如施工日志）； ⑱ 竣工验收申请报告。
竣工验收	① 竣工项目的验收报告； ② 竣工决算及审核文件； ③ 竣工验收的会议文件、会议决定； ④ 竣工验收质量评价； ⑤ 工程建设的总结报告； ⑥ 工程建设中的照片、录像以及领导、名人的题词等； ⑦ 竣工图（含土建、设备、水、电、暖、绿化种植等）

四、竣工验收管理

（一）竣工验收程序

一个园林工程项目的竣工验收，一般按以下程序进行：

竣工资料审查 1（监理）→竣工资料审查 2（质监）→竣工资料登记备案（城建档案）→竣工预验收→整改→竣工验收→移交→竣工资料送交档案。

（1）单独签订施工合同的单位工程，竣工后可单独进行竣工验收。在单位工程中满足竣工验收的专业工程，在征得发包人同意后，分阶段进行竣工验收。

（2）单项工程符合设计文件要求、满足开放需要或具备使用条件，并符合其他竣工条件，便可按照合同规定进行竣工验收。

（3）整个项目按照设计要求全部完成施工任务并符合验收标准，可按照合同规定进行竣工验收。中间已经竣工已办理移交手续的单项工程，可不再进行竣工验收。

（二）竣工预验收

竣工预验收，是在施工单位完成自检自验并认为符合正式验收条件的情况下，在申报工程验收之后和正式验收之前的这段时间内进行的。委托监理的园林工程项目，总监理工程师组织其所有各专业监理工程师来完成。竣工预验收要吸收建设单位、设计单位等单位的人员参加，施工单位应积极配合竣工验收工作。

由于竣工预验收的时间较长，又多是各方面派出的专业技术人员，因此对验收中发现的问题多在此时解决，为正式验收创造条件。为做好竣工预验收工作，总监理工程师要提出一个预验收方案，这个方案包含预验收需要达到目的和要求；预验收的重点；预验收的组织分工；预验收的主要方法和主要检测工具等，并向参加预验收的人员进行必要的培训，使其明确以上内容。

预验收工作大致可分为以下两大部分：

1. 竣工验收资料的审查

（1）技术资料主要审查的内容

即前述"园林工程施工竣工资料"的内容。

（2）技术资料审查方法

① 审阅。把有不当的及遗漏或错误的地方记录下来，然后再对重点仔细审阅，做出正确判断，并与承接施工单位协商更正。

② 校对。监理工程师将自己日常监理过程中所积累的数据、资料，与施工单位提交的资料一一校对，凡是不一致的地方都记载下来，然后再与承接施工单位商讨，如果仍然不能确定的地方，再与当地质量监督站及设计单位来核定。

③ 验证。若出现几个方面资料不一致而难以确定时，可重新测量实物予以验证。

2. 竣工预验收

园林工程的竣工预验收，在某种意义上说，它比正式验收更为重要。因为正式验收时间短促，不可能详细、全面地对工程项目一一查看，而主要依靠对工程项目的预验收来完成。因此所有参加预验收的人员均要以高度的责任感，并在可能的检查范围内，对工程数量、质量进行全面确认，特别对那些重要部位、易于遗忘检查的部位都应分别登记造册，作为预验收的成果资料，提供给正式验收中的验收委员会参考和承接施工单位进行整改。预验收主要进行以下几方面工作：

（1）组织与准备

参加预验收的监理工程师和其他人员，应按专业或区段分组，并指定负责人。验收检查前，先组织预验收人员熟悉有关验收资料，制订检查方案，并将检查项目的各子项目及重点检查部位以表或图列示出来。同时准备好工具、记录、表格，以供检查中使用。

（2）预验收

检查中，分成若干专业小组进行，按天定出各自工作范围，以提高效率并可避免相互干扰。园林工程的预验收，全面检查各分项工程检查方法有以下几种。

① 外观检查

外观检查是一种定性的、客观的检查方法，采用手摸眼看的方式，需要有丰富经验和掌握标准熟练的人员才能胜任此工作。

② 测量检查

对上述能实测实量的工程部位都应通过实测实量获得真实数据。

③ 数量统计

对各种设施、器具、配件、栽植苗木都应一一点算、查清、记录，如有遗缺不足的或质量不符合要求的，都应通知承接施工单位补齐或更换。

④ 操作检查

实际操作是对功能和性能检查的好办法，对一些水电设备、游乐设施等应进行启动检查。

⑤ 上述检查之后，各专业组长应向总监理工程报告检查验收结果。如果查出的问题较多、较大。则应指令施工单位限期整改，并再次进行复验，如果存在的问题属于一般性的，除通知承接施工单位抓紧整修外，总监理工程师即应编写预验报告一式三份，一份交施工单位自存。这份报告除文字论述外，还应附上全部预验收检查的数据。与此同时，总监理工程师应填写竣工验收申请报告送项目建设单位。

（三）正式竣工验收

正式竣工验收是由建设单位、勘探与设计单位、监理单位、质量监督单位与施工单位领导和专家参加的最终整体验收，大中型园林建设项目的正式验收，一般由竣工验收委员会（或验收小组）的主任（组长）主持，具体的事务性工作可由总监理工程师来组织实施。正式竣工验收的工作程序如下。

1. 准备工作

① 向各验收委员会单位发出请柬，并书面通知设计、施工及质量监督等有关单位。

② 拟定竣工验收的工作议程，报验收委员会主任审定。

③ 选定会议地点。

④ 准备发一套完整的竣工和验收的报告及有关技术资料。

2. 正式竣工验收程序

① 由各验收委员会主任（组长）主持验收委员会会议。会议首先宣布验收委员会名单，介绍验收工作议程及时间安排，简要介绍工程概况，说明此次竣工验收工作的目的、要求及做法。

② 由设计单位汇报设计施工情况及对设计的自检情况。

③ 由施工单位汇报施工情况以及自检自验的结果情况。

④ 由监理工程师汇报工程监理的工程情况和预验收结果。

⑤ 在实施验收中，验收人员可先后对竣工验收技术资料及工程实物进行验收检查；也可分为两组，分别对竣工验收的技术资料及工程实物进行验收检查，在检查中可吸收监理单位、设计单位、质量监督人员参加。在广泛听取意见、认真讨论的基础上，统一提出竣工验收的结论意见，如无异议，则予以办理竣工验收证书和工程验收鉴定书。

⑥ 验收委员会主任宣布验收委员会的验收意见，举行竣工验收证书和鉴定书的签字仪式。

⑦ 建设单位代表发言。

⑧ 验收委员会会议结束。

五、竣工结算

工程竣工结算是指项目或单项工程完成并达到验收标准，取得竣工验收合格签证后，园林施工企业与建设单位（业主）之间办理的工程财务结算。

单项工程竣工验收后，由园林施工企业及时整理交工技术资料。主要工程应绘制竣工图和编制竣工结算以及施工合同、补充协议、设计变更洽商等资料，送建设单位审查，经承包双方达成一致意见后办理结算。但属于中央和地方财政投资的园林工程的结算，需经财政主管部门委托的造价中介机构或造价管理部门审查，有的工程还需经过审计部门审计。

（一）工程竣工结算编制依据

工程竣工结算的编制是一项政策性较强，反映技术经济综合能力的工作，既要做到正确地反映工人创造的工程价值，又要正确地贯彻执行国家有关部门的各项规定，因此，编制工程竣工结算必须提供如下依据：

(1) 施工合同；

(2) 中标投标报价单；

(3) 施工图以及设计变更通知单，施工现场工程变更洽商记录、签证；

(4) 有关施工及资料；

(5) 工程竣工验收报告；

(6)《工程质量保修书》；

(7) 工程预算定额、取费定额以及调价规定；

(8) 经过批准的施工组织设计；

(9) 其他有关资料。

（二）工程竣工结算方式

(1) 竣工验收报告书完成后，承包人应立即在合同规定的时间内向发包人递交工程竣工结算报告以及完整的竣工资料。

(2) 结算周期与结算方式通常在合同中有明确规定，按照合同条款规定办理结算。如无规定，当年开工、当年竣工的工程，一般实行竣工后一次结算；跨年度工程可分阶段结算；工程实行总承包的，总包人统一向分包人按照合同办理结算。

(3) 合同竣工结算方式通常有以下几种：

1)"固定总价"合同结算方式

这种合同的结算价以固定总价为依据，如果施工期间的施工任务没有增减，则按照合同价执行，如果有增减则需要做出调整。结算价分为合同价与变更增减调整部分。

① 合同价

经过建设单位、园林施工企业、招标投标主管部门对标底和投标报价进行综合评定后确定的中标价，以固定总价的合同形式确定的标的价。

② 变更增减调整

A. 合同以外增加的施工任务而发生的结算增加部分。结算时其单价的计算方法按照合同的规定执行；如合同中无明确规定，则可按照当地的定额执行。

B. 如合同内的施工任务减少，则按照合同价执行，或者按照调价条款调增清单子目的单价计算。

2)"固定单价"合同结算方式

① 按照合同单价结算

这种结算方式一般是大型园林工程，以投标时的单价作为结算依据，工程量则按照实际发生的施工工程量结算。

② 变更增减调整

A. 投标价中没有的子目，结算价按照合同规定执行，或按照定额执行。

B. 工程量减少过多，达到调价条款规定的，结算单价按照调价后的执行。

3)"成本＋酬金"合同结算方式

这种方式一般是，业主提供所有建设施工所需要的材料、设备、构配件等，施工单位按照合同规定的酬金计算酬金部分。

（三）工程结算的编制要求

(1) 编制原则

① 以单位工程或合同约定的专业项目为基础，对原报价单的主要内容进行检查核对；

② 对漏算、多算、误算及时进行调整；

③ 汇总单位工程结算书，编制单项工程综合结算书；

④ 汇总综合结算书，编制建设项目总结算书；

⑤ 按照合同的调价内容对工程结算进行调价处理。

(2) 逐项核对工程结算书，检查设计变更签证，核对工程数量，检查计价水平是否合理。

(3) 项目经理部编制的工程结算报告要经过企业主管部门审定后，加盖公章，在竣工验收报告认可后，在规定的期限内送发包人审查。

(4) 项目经理部按照"项目管理责任书"的规定配合企业主管部门及时办理竣工结算手续。

(5) 竣工报告及竣工结算资料应作为竣工资料及时归档保存。

(6) 竣工结算要预防价格和支付风险，利用合同、保险和担保等手段防止拖欠工程款。

第二节　园林工程的回访、养护及保修、保活

园林工程项目交付使用后，在一定期限内施工单位应与建设单位进行回访，对该项工程的相关内容实行养护管理和维修。对由于施工责任造成的使用应由施工单位负责修理，直至达到能正常使用为止。

回访、养护及维修，体现了承包者对工程项目负责的态度和优质服务的作风。通过回访听取用户意见与建议，提高服务质量，改进服务方式。在回访、养护及保修的同时，进一步发现施工中的薄弱环节，以便总结经验、提高施工技术质量管理水平。

一、回访的组织与安排

回访要纳入施工企业或项目经理部的工作计划、服务控制程序和质量体系文件，并编制回访工作计划。回访工作计划应包括以下工作内容：

(1) 主管回访保修业务的部门；

(2) 回访保修执行单位；

（3）回访对象及工程名称；

（4）回访时间安排和主要内容；

（5）回访工程的保修期限。

在项目经理领导下，由生产、技术、质量及有关方面人员组成回访小组，必要时，邀请科研人员参加。回访时，由建设单位组织座谈会，听取各方面的使用意见，认真记录存在的问题并查看现场，落实情况，写出回访记录，全部回访结束后，应编写"回访服务报告"。主管部门依据回访记录对回访服务的实际效果进行验证。

通常采用下面 3 种方式进行回访。

（1）季节性回访

一般是雨季回访屋面、墙面的防水情况，自然地面、铺装地面的排水组织情况，植物的生长情况；冬季回访植物材料的防寒措施搭建效果，池壁驳岸工程有无冻裂现象等。

（2）技术性回访

主要了解园林施工中所采用的新材料、新技术新工艺、新设备的技术性能和使用后的效果；新引进的植物材料的生长状况等。

（3）保修期满前的回访

主要是保修期将结束，提醒建设单位注意各设计的维护、使用和管理，并对遗留问题进行处理。

（4）绿化工程的日常管理养护

保修期内对植物材料的浇水、修剪、施肥、打药、除虫、搭建风障、间苗、补植等日常养护工作，应按施工规范经常性地进行。

二、保修、保活的范围和时间

（一）保修、保活范围

一般来讲，凡是园林施工单位的责任或者由于施工质量不良而造成的问题，都应该实行保修。

（二）养护、保修、保活时间

自竣工验收完毕次日起，绿化工程一般为一年。由于竣工当时不一定能看出栽植的植物材料的成活，需要经过一个完整的生长周期考验，因而一年是最短的期限。

园建工程和水、电、卫生、通风等工程，一般保修期为一年。保修期长短也可依据承包合同为准。

三、保修经济责任

园林工程一般比较复杂，修理项目往往由多种原因造成，所以，经济责任必须根据修理项目的性质、内容和修理原因诸多因素，由建设单位、施工单位和监理工程师共同协商处理。经济责任一般分为以下几种：

（1）养护、修理项目确实由于施工单位施工责任或施工质量不良遗留的隐患，应由施工单位承担全部检修费用。

（2）养护、修理项目是由建设单位和施工单位双方的责任造成的，双方应实事求是地共同商定各自承担的修理费用。

（3）养护、修理项目是由于建设单位的设备、材料、成品、半成品等的不良等原因造成的，应由建设单位承担全部修理费用。

（4）养护、修理项目是由于用户管理使用不当，造成建筑物、构筑物等功能不良或苗木损伤死亡时，应由建设单位承担全部修理费用。

（5）养护、修理项目是由于设计造成的质量缺陷，应由设计人承担经济责任。

四、养护、保修、保活期阶段的管理

保修、保活期内，施工企业应进行以下管理工作：

（1）定期检查

当园林建设项目投入使用后，项目经理部应派出专门人员进行检查与巡查。开始时的检查频率可高一些，如3个月后未发现异常情况，则可每3个月检查1次，如有异常情况出现时则缩短检查的间隔时间。但绿化工程的巡视工作必须每天坚持进行，特别是当经受暴雨、台风、地震、严寒来临前，应做好防护措施；之后，应及时赶赴现场进行观察和检查。

（2）绿化日常管理工作

绿化的日常养护管理工作主要抓住的管理环节有：水分管理、施肥、病虫害防治、补种，以及异常气候的防御。

（3）保修管理

按照合同规定，及时进行责任保修。

第三节　园林工程施工考核评价

施工考核是建设工程项目管理的规范要求。其目的是规范施工项目管理，鉴定项目施工管理水平，确认施工管理成果，对项目经理部的管理进行全面的考核和评价，为执行项目管理奖罚提供依据。同时，通过考核评价积累施工管理资料，推动提高施工管理水平，推选优秀项目经理，推选施工项目管理优秀项目以及优良工程。

一、施工考核评价概述

（一）施工考核评价的主体、客体、依据与内容

项目施工考核的主体是派出项目经理的单位，也就是项目的承包单位，即园林施工企业。项目施工完成后，承包人通常组织由单位主管领导牵头，企业相关业务部门从事项目管理的工作人员组成的考核评价小组或委员会承担。必要时，企业也可聘请外单位的专家、学者参加。

项目考核评价的客体是项目经理部，其中重点考核的是项目经理的管理工作。

项目施工考核的依据是施工项目经理与承包单位签订的"项目管理目标责任书"或"合同书"所载的内容，包括：完成工程施工合同、经济效益、回收工程款、执行承包人各项管理制度、各种资料归档、用户意见、景观等，以及"项目管理目标责任书"中其他要求内容的完成情况等。

（二）施工考核评价的种类

按照施工进程来划分，施工考核通常有：年度考核评价、阶段性考核评价。按照工程的划分不同也可分为：单项工程考核评价、工程终结性考核评价。

年度考核评价是针对大型施工项目而言，对施工时间跨度超过一年以上的项目，比较适宜在年度结束时进行年度考核评价。也可以按照施工进度计划安排分段的阶段性考核评价。如第一期工程施工考核评价，或第一施工段施工考核评价等。

也可按照单项工程进行考核评价，这类考核评价可以发现不同项目经理对单项工程施工管理的专业程度。

工程验收合格后，项目经理部在完成资料整理与移交、疏散人员、退还机械、结清账目后，及时进行项目施工的终结性考核评价。

终结性考核评价的主要内容包括：

（1）确认阶段性考核结果；

（2）确认项目施工管理的最终结果；

（3）确认项目经理部是否具备"解体"的条件；

（4）兑现"项目管理目标责任书"中确定的奖励与处罚。

二、施工考核评价方法

（一）考核评价程序

1. 组织

成立专门的考核委员会或小组后，应进行成员的明确分工，制定制度与章程，熟悉考核工作标准，统一认识与标准。

2. 程序

（1）制订考核评价方案。内容包括：考核评价工作时间、具体要求、工作方法与结果处理等。

（2）听取项目经理汇报。主要内容包括：管理情况、目标实现结果以及用户反馈意见。

（3）查看项目经理部的相关资料。包括：施工记录、试验与检验记录、检查记录、统计资料、核算资料、各种报表和报告、变更资料、各种合同，以及项目经理部提供的其他资料。

（4）与项目管理层和劳务层进行座谈、交谈及约谈。

（5）对已完成工程进行考察。主要考察施工质量和施工现场管理，进度与工期的吻合情况、阶段性目标的完成情况。

（6）对项目的实际运作进行考核。对各定量指标进行评分，对定性指标确定评价结果，得出综合评价意见与结果。

（7）提出考核评价报告。考核评价报告应全面具体，实事求是，结论明确，说服有力。

（8）向被考核评价的项目经理部公布考核评价意见与结论。

3. 协作

（1）项目经理部向考核评审小组提供的资料

施工项目管理实施规划、各种计划、方案及其完成情况；有关文件、函件、签证、记录、鉴定、证明等；各项技术经济指标的完成情况及分析资料；项目管理的总结报告；签订的各种合同、制度和工资发放情况。

（2）考核小组向项目经理部提供的考核评价资料

考核评价方案与程序；考核评价指标、评分与计分办法和有关说明；考核评价依据以及考核评价结果。

（二）项目考核评价指标

考核评价指标包括定量与定性评价指标两部分。

1. 定量指标

（1）工程质量指标

按照国家现行的施工与验收规范对各专业的施工做出检查与验收，根据验收情况确定施工质量等级。

（2）工程成本降低率

比较项目经理责任书中规定的责任成本与实际施工成本之间的差异，再进行折算即可。

（3）工期及提前工期率

这里的工期即实际工期。提前工期率由实际工期与合同工期之差除以合同工期即可。

（4）安全考核指标

即根据安全管理标准评定为优良、合格与不合格。

2. 定性指标

（1）执行企业各项制度情况

通过调查评价项目经理部是否能够及时、准确、严格、持续地执行企业制度，是否有成效，能否做到令行禁止。

（2）项目资料收集、整理情况

检查资料管理情况与有效性。

（3）思想工作方法与效果

主要考察思想政治工作是否有成效，是否适应和促进企业领导体制建设，是否提高了职工素质，是否有利于提高工作效率。

（4）发包人及用户评价

（5）应用四新（新技术、新材料、新设备、新工艺）情况

（6）采用现代化管理方法与手段情况

（7）环境保护情况

包括：环境保护意识，环境保护措施，环境保护效果，杜绝破坏和污染环境的情况。考核时定性指标通常占有更大的权数，且将之尽量量化。

第四节　施　工　总　结

园林工程全部竣工后，施工企业应该认真进行总结，目的是积累经验和吸取教训，以

提高经营管理水平。施工总结的中心内容是工期、质量和成本 3 个方面。

一、工期

主要根据工程合同和施工总进度计划，从以下几方面总结分析：

（1）对工程项目建设总工期、单位工程工期、分部工程工期和分项工程工期，以计划工期同实际完成工期进行分析对比，并对各主要施工阶段工期控制进行分析。

（2）检查施工方案及进度控制方案是否先进、合理、经济，并能有效地保证工期。

（3）分析检查工程间的均衡施工情况、各分项工程的协作及各主要工种工序的搭接情况。

（4）劳动力组织和工种结构、各种施工机械的配置是否合理，是否达到定额要求。

（5）各项技术措施和安全措施的实施情况，是否能满足施工的需要。

（6）各种原材料、预制构件、设备设施、各类管线和加工订货的实际供应情况。

（7）关于新工艺、新技术、新结构、新材料和新设备的应用情况及效果评价。

二、质量

主要根据设计要求和国家规定的质量检验标准，从以下几方面进行总结分析：

（1）按国家有关规定的标准，评定工程质量达到的等级。

（2）对各分项工程进行质量评定分析。

（3）对重大质量事故进行总结分析。

（4）各项质量保证措施的实施情况，及质量责任制的执行情况。

三、工程成本

主要根据承包合同、国家和企业有关成本核算及管理办法，从以下几方面进行对比分析：

（1）总收入和总支出的对比分析。

（2）计划成本和实际成本的对比分析。

（3）人工成本和劳动生产率；材料、物质耗用量和定额预算的对比分析。

（4）施工机械利用率及其他种类费用的收支情况。

复习思考题：

1. 竣工验收的依据有哪些？竣工验收管理的主要内容包括哪些方面？
2. 如何进行竣工图的编制？
3. 竣工结算编制的依据以及要求有哪些？
4. 园林工程的回访与保修管理有何意义？保修与保养的经济责任如何界定？
5. 园林工程施工项目考核评价包括哪些内容？
6. 如何开展施工总结？

第三篇　质量与安全生产管理

第一章 质量管理概述

第一节 基本概念

一、质量

质量（Quality）是"反映实体满足明确和隐含需要能力的特性之总和"。

质量主体是"实体"。实体可以是活动或过程，如承建商履行施工合同的过程；也可以是活动或过程结果的有形产品，如建成的公园，或无形产品，如施工组织设计；也可以是某个组织体系或人，以及以上各项的组合。

需要，通常被转化为有规定准则的特性。明确需要，是指在合同环境中，用户明确提出的要求或需要，通常是通过合同、标准、规范、图纸、技术文件做出明确规定；隐含需要，是指在非合同环境（即市场环境）中，用户未明确提出，需由供方加以识别和确定的要求或需要，一是指顾客或社会对实体的期望；二是指那些人们所公认的、不言而喻的、不必做出规定的需要。

二、工程项目质量

工程项目质量（Construction Project Quality）是国家现行的有关法律、法规、技术标准、设计文件及工程合同中对工程的安全、可靠、适用、耐久、经济与环境的协调等特性的综合要求。安全性是指工程建成后在使用过程中保证结构安全、保证人身和环境免受危害的程度。可靠性是指工程在规定的时间和规定的条件下完成规定功能的能力。适用性即功能，是指工程满足使用目的的各种性能。耐久性即寿命，是指工程在规定的条件下，满足规定功能要求使用的年限，也就是工程竣工后的合理使用寿命周期。经济性是指工程从规划、勘察、设计、施工到整个产品使用寿命周期内的成本和消耗的费用。与环境的协调性即指工程与其周围生态环境协调，与所在地区经济环境协调以及与周围已建工程相协调，以适应可持续发展的要求。

工程项目质量不仅包括活动或过程的结果，还包括活动或过程的本身，即还要包括生产产品的全过程。

工程项目质量的特点是由工程项目的特点决定的。工程项目的特点一是具有单项性，二是具有一次性与寿命的长期性，三是具有高投入性，四是具有生产管理方式的特殊性。由于上述工程项目的特点形成了工程质量本身的特点，即：影响因素多、质量波动大、质量变异大、质量隐蔽性、终检局限大。

三、质量管理

质量管理（Quality Management）是指"指导和控制组织的与质量有关的相互协调的活动"。即一个组织确定质量方针、目标和职责并在质量体系中通过诸如质量策划、质量控制、质量保证和质量改进使其实施的全部管理职能的所有活动。

质量管理，是一个组织全部管理职能的一个组成部分，其职能是质量方针、质量目标和质量职责的制定与实施。质量管理是有计划、有系统的活动，为实施质量管理需要建立质量体系，而质量体系又要通过质量策划、质量控制、质量保证和质量改进等活动发挥其职能，可以说，这四项活动是质量管理工作的四大支柱。

质量管理的目标是组织总目标的重要内容，质量目标和责任应按级分解落实，各级管理者对目标的实现负有责任。

质量管理是各级管理者的职责，但必须由最高管理者领导，质量管理需要全员参与并承担相应的义务和责任，质量管理还必须考虑经济因素。

四、质量方针

质量方针（Quality Policy）是指由最高管理者正式发布的与质量有关的组织总的意图和方向。

质量方针是组织在较长时期中经营活动和质量活动的指导原则及行动指南，是组织内各职能部门全体人员质量活动的根本准则。因此，质量方针在组织内应具有严肃性和相对稳定性。

五、质量目标

质量目标（Quality Objective）是质量方针的具体化，是落实质量方针的具体要求，它从属于质量方针。质量目标是企业经营目标的组成部分，应与其他目标（如利润目标、成本目标等）相协调。

六、质量策划

质量策划（Quality Planning）是指确定质量以及采用质量体系要素的目标和要求的活动。

质量策划是一项活动或一个过程，质量策划包括产品策划与管理和作业策划。产品策划是一项确定产品质量目标和要求的活动，产品策划的内容是对质量特性进行识别、分类和比较，并制定其目标、质量要求和约束条件，如产品规格、性能、等级及有关特殊要求（如安全性、互换性等）是通过产品策划来实现的；管理和作业策划是一项确定质量体系要素的目标和要求的活动，策划的内容是为实施质量体系进行准备，包括组织和安排、为产品质量的实现配备必要的资源和管理支持。质量策划还包括质量计划和作业质量改进的规定的内容，质量计划可以是质量策划的一项结果。

质量计划是针对具体产品、项目或合同规定专门的质量措施、资源和活动顺序的文件，质量计划可用于组织内部以确保相应产品、项目或合同的特殊质量要求，也可用于向顾客证明其如何满足特定合同的特殊质量要求，因此，质量计划是质量手册和质量程序的一种补充，质量计划一般包括的主要内容有：应达到的质量目标和对所有特性的要求；确定质量控制程序并配备必要的资源；确定采用的控制手段、合适的验证手段和方法；确定和准备质量记录等。

七、质量控制

质量控制（Quality Control）是指为达到质量要求所采取的作业技术和活动。

质量控制贯穿于质量形成的全过程、各环节。质量控制的活动包括：确定控制对象；规定控制标准；制定具体的控制方法；明确所采用的检验方法，包括检验手段；实际进行检验；说明实际与标准之间有差异的原因；为解决差异而采取的行动等七个方面。

八、质量保证

质量保证（Quality Assurance）是指为了提供足够的信任表明实体能够满足质量要求，而在质量体系中实施并根据需要进行证实的全部有计划和有系统的活动。

质量保证是通过提供证据表明实体满足质量要求，从而使人们对这种能力产生信任，根据目的不同可将质量保证分为内部质量保证和外部质量保证。内部质量保证指的是在一个组织内部向管理者提供证据，以表明实体满足质量要求，取得管理者的信任，让管理者对实体的质量放心；外部质量保证指的是在合同或其他情况下，向顾客或其他方提供足够的证据，表明实体满足质量要求，取得顾客或其他方的信任，让他们对实体的质量放心。

为了达到预期的质量要求并提供足够的信任，这种信任应在订货前就建立起来，信任的依据是质量体系的建立和有效的实施，质量保证是一种有目的、有计划和有系统的活动，而某些质量控制和质量保证的活动是相互关联的。

质量保证的目的是提供信任，而信任是通过提供证据来达到的，证据证实的程度应以满足需要和能够提供信任为准则。

九、质量改进

质量改进（Quality Improvement）是指为向本组织及顾客提供更多的收益，在整个组织内所采取的旨在提高活动和过程的效益和效率的各种措施。

随着科技进步和人们物质文化水平的提高，对质量的要求也在不断地发生变化，为了适应市场的需求，向顾客提供价值更高和使他们更满意的产品，增强组织的竞争力，为本组织和顾客提供更多的效益，组织应不断地进行质量改进，通过提高活动和过程的效益和效率，不断减少质量损失，使质量达到新的水平。

质量改进是组织长期坚持不懈的奋斗目标，因此可以说质量改进是更高层次的质量管理。

在质量改进中，为提高活动和过程的效益和效率所采取的具体措施主要是预防措施和纠正措施。预防措施是为了消除潜在的不合格、缺陷或其他不良情况的原因，以防止其发生而采取的措施，积极主动地采取预防措施可最大限度地提高过程的效率；纠正措施则是为了消除已存在的不合格、缺陷或其他不良情况的原因，以防止再发生而采取的措施。

为了使质量改进工作取得成效，必须以客观的数据资料为基础，运用数理统计的方法，整理分析有关资料，制订相应的措施，同时，应有计划地对人员进行培训，不断提高人员的素质，使他们能正确地使用有关的工具和技术，这有助于质量改进项目和活动的成功。

第二节 工程质量目标管理

一、目标管理的含义及其作用

（一）目标管理的含义

目标管理是企业根据工作目标来控制经营管理活动，对企业实行全面综合性管理的一种科学管理方法。它是企业现代化管理的一个重要内容。具体地说，目标管理是企业全员参加工作目标制定，并在各自工作中实行"自我控制"，以使工作目标能得以实现的管理方法。

目标管理首先由美国管理专家杜拉克（P. E. Drucker）提出。杜拉克于1954年在他的《管理实践》一书中首先提出目标管理的思想。他提出，让企业每个部门、每个成员根据企业总目标要求，分别肩负实现一定分目标的任务，并创造条件让其努力实现它。他的这一思想，在其提出以后又被充实、完善，形成了现今科学管理体系的独立一支——目标管理（MBO）。

我国在长时期实行计划经济体制管理的情况下，施工企业都是按照国家或上级的指令性计划，制订企业的各项经济技术指标计划，并在一定的时间内检查其完成情况。这样做，由于较少根据企业各业务系统及基层的具体情况将目标展开，以及保证其实现的措施比较简单，因此就决定了其系统性、完整性不强，各级目标不明确，责任不清，因而对完成企业目标计划的保证性很差。目标管理可以有效地克服以上问题，从而提高企业的经营管理水平及效果。目标管理的含义是：企业根据上级和本单位发展总体规划的要求，制定某一时期总方针及管理目标，并将其按业务（专业）系统逐层展开，落实到各级、各部门，直至施工生产班组或每一职工；在一定的组织手段下，制订有效对策措施，明确相应部门、单位、人员的职、责、权，实施有效监控和采取必要的经济奖惩等办法，通过各分目标、具体目标的逐步完成，以确保企业总管理目标的实现。简言之，目标管理是企业发动和组织各个管理部门的广大职工制定目标，并努力工作来确保企业管理目标实现的系统性、综合性管理的全部活动。

（二）目标管理的特点

目标管理的主要特点是：

1. 工作目的明确

企业从领导层至基层单位、各部门、岗位人员的工作目的十分明确，各自活动效果与企业总目标紧密相连。

2. 发挥企业全员作用

实行权限下放与和谐的民主协商，充分发挥企业全员的主观能动性和创造性。

3. 系统性强

为完成某一管理目标，涉及这一目标的整个系统均要有效地行动起来。通过各部门、各岗位的自主控制来独自完成各自的任务及分目标。

4. 管理层次清晰

企业的管理目标和具体目标要逐层分解，企业在向基层各级下放权力的同时，基层各层次均应制订确保各自分目标实现的对策措施，在活动过程中和期末要逐层次进行目标完成情况的检查、考核和评价。

（三）目标管理的作用

实施目标管理的主要作用有：

1. 充分调动企业各部门及职工的积极性

由于企业的领导者将企业的方针、任务以目标形式提出并逐级转化为相应管理部门及工作者的工作目标，这样不但使企业全体职工的个人工作目标与企业的目标方向一致，而且因为各自的目标明确，有利于实行"自我控制"，进而充分调动他们的积极性。

2. 有效地克服企业管理的不均衡问题

实行目标管理可以使企业自上而下紧紧围绕企业管理目标均衡地开展管理，可以克服企业以抓进度、工作量为主的经营偏向，达到工作量、工程质量、工程成本等管理工作均衡开展，全面提高企业经营水平的效果。

3. 提高企业的素质

实行目标管理，由于各部门、各类人员的工作目标明确，可以促进自主控制及管理能力的提高。企业目标管理的不断推进，必然促进企业素质的提高。

4. 提高工作成效

因为各项工作都有了明确目标、检查标准及考核方法，所以，工作系统性加强，可以大大提高工作的综合成效。

5. 有利于推行经济责任制

推行经济责任制的重点是要将职工的工作效果与其经济利益挂钩，而开展目标管理可根据各自目标值进行准确的考核及奖惩，促进和保证经济责任制的推行。

图 3-1-1 质量管理循环图

目标管理是以调动企业全员的积极性和创造性去完成既定目标为目的的管理方法。目标管理的全过程是在全面质量管理思想指导下，目标明确的一种管理循环。著名质量管理专家石川馨教授在论述目标管理时，将其分为 PDCA（Plan—Do—Check—Action）四个阶段、六个步骤（图 3-1-1），即：

（1）P 阶段，包括确定目标和确定达到目标的方法两个步骤；

（2）D 阶段，包括进行教育训练、实行工作两个步骤；

（3）C 阶段，包括检查实行结果一个步骤。

（4）A 阶段，包括采取措施一个步骤。

石川馨教授将这个 PDCA 循环称为质量管理的循环。可以看出，质量管理的循环中包括了目标管理，而目标管理则依赖质量管理不断地从一个目标前进到一个更高水平的目标。

　　企业有企业的管理目标，其基层单位乃至施工班组也各有自己的管理目标。为实现这些目标，必须运用全面质量管理思想，建立全面的目标管理体系，开展 PDCA 循环和有效的质量控制。只有这样才能以最快的速度和最佳的效率稳步实现预期目标。

二、目标管理的内容

　　园林绿化施工企业目标管理的内容主要包括四个组成部分，一是制定企业总方针及管理目标，二是制订保证目标实现的对策措施，三是目标展开，四是目标实施的考核及评价。目标管理的内容及过程可参见图 3-1-2。

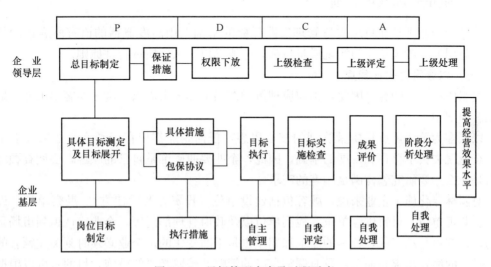

图 3-1-2　目标管理内容及过程示意

第三节　质量管理体系

一、概述

　　体系（System）是"相互关联或相互作用的一组要素"，是在管理科学中对"系统"的习惯称呼。体系是由多个按照一定规律运动的事物（要素）相互联系、相互制约而构成的有机整体。体系要强调其关联性、协调性和适应性。

　　质量管理体系（Quality Management System）是指为实施质量管理所需的组织结构、程序、过程和资源。

　　质量管理体系包括四个部分，即组织结构、程序、过程和资源。组织结构是一个组织为行使其职能按某种方式建立的组织机构、职责、权限及相互关系，它是质量体系的组织和人事保障；程序是为进行某项活动所规定的途径，程序可分为管理性的和技术性的，程序可以形成文件也可以不形成文件，但质量管理体系程序通常都要求形成文件；过程是将输入转化为输出的一组彼此相关的资源和活动，质量管理体系的所有活动都是通过过程来完成的，产品质量形成全过程的每一个阶段都可视为一个过程，称为直接过程，此外还有一些与质量形成相关的间接过程或支持过程，保证过程的质量是实现质量要求的基础；资源可以包括人才资源和专业技能、设计和研制设备、制造设备、检验和试验设备、仪器仪表和计算机软件等。

质量管理体系的各个组成部分是相互关联的，质量管理体系的内容要以满足质量目标的需要为准，质量管理体系是实施质量方针和目标的管理系统，是组织经营管理体系的核心部分，因此，质量管理体系的建立和运行要以质量方针和质量目标的展开和实施为依据。一个组织只有一个质量体系，它在组织内外发挥着不同的作用，对内实施质量管理，对外实施外部质量保证。

二、质量管理八项原则

质量管理原则是在总结质量管理实践经验的基础上用高度概括的语言所表述的最基本、最通用的一般规律。为实现质量目标，应遵循以下八项质量管理原则。

（一）以顾客为关注焦点

组织依存于其顾客，因此，组织应理解顾客当前和未来需求，满足顾客要求并争取超越顾客的期望。

以顾客为关注焦点是质量管理的核心思想，任何企业都依存于顾客，如果失去了顾客，企业就失去了存在和发展的基础。因此，企业要明确谁是自己的顾客，要调查顾客的需求是什么，要研究怎样满足顾客的需求。

对园林绿化施工企业来说，顾客包括建设单位（投资方及代建方）、勘察单位、设计单位、监理单位、材料供应单位、检测单位以及政府管理部门等。企业应认识到市场是变化的，顾客也是动态的，顾客的需求和期望也是不断变化的。企业必须时刻关注顾客的动向、顾客的潜在需求和期望，及时调整自己的策略并采取必要的措施，目的是可以根据顾客的要求和期望做出改进，以取得顾客的信任。

（二）领导作用

领导者应建立组织统一的宗旨及方向，并创造使员工能够充分参与实现组织目标的内部环境。

企业最高管理者的领导、承诺和积极参与，对建立并保持一个有效的质量管理体系是必不可少的。最高管理者应做好发展规划，为企业勾画出一个清晰的远景，为整个企业及各有关部门设定奋斗目标。最高管理者要在企业内创建一种共同的价值观，树立职业道德榜样，形成自身的企业文化，使全体员工在一个比较宽松、和谐的环境中工作，相互信任，消除忧虑。

（三）全员参与

各级人员是组织之本，只有他们充分参与，才能使他们的才干为组织带来最大收益。

员工是企业的基础，首先要让员工了解他们在企业中的作用及工作的重要性，明白为完成目标自己应干什么，然后给予机会提高他们的知识、能力和经验，使他们对企业的成功有使命感，使其能够全身心地投入到工作中。

（四）过程方法

将相关的资源和活动作为过程进行管理，可以更高地得到期望的结果。

任何利用资源并通过管理，将输入转化为输出的活动，都可视为过程。系统地识别和管理企业的所有过程，特别是这些过程之间的相互作用，就是过程方法。

以过程为基本单元是质量管理考虑问题的一种基本思路。质量管理体系是通过一系列过程来实现的，过程方法鼓励企业要对其所有的过程有一个清晰的理解。过程包含一个或多个将输入转化为输出的活动，通常一个过程的输出直接成为下一个过程的输入，但有时多个过程之间也形成比较复杂的过程网络。

企业要识别质量管理体系所需的过程，找出过程的顺序和相互作用，确定每个过程所必需的关键活动，并明确为管理好关键过程的职责和权限。进而确定对过程的运行实施有效控制的原则和方法，并实施对过程的监控以及对监控结果的数据分析，发现存在的问题，确定采取改进措施的途径，实现持续的改进，以提高过程的有效性。

（五）管理的系统方法

将相互关联的过程作为系统加以识别、理解和管理，有助于组织提高实现目标的有效性和效率。

系统方法包括系统分析、系统工程和系统管理三大环节。它以系统地分析有关数据、资料或客观事实开始，确定要达到的优化目标；然后通过系统工程，设计或策划为达到目标而应采取的各项措施和步骤，以及应配置的资源，形成一个完整的方案；最后在实施中通过系统管理而取得有效性和高效率。在质量管理体系中采用系统方法，就是要把质量管理体系作为一个大系统，对组成质量管理体系的各个过程加以识别、理解和管理，以达到实现质量方针和质量目标的目的。

（六）持续改进

持续改进整体业绩应是组织的一个永恒目标。

质量管理体系的充分性是相对的，从不够充分到比较充分，再由比较充分到相当充分是一个持续改进过程。持续改进不是指预防发生错误，而是在现有水平上不断提高服务质量、过程及体系的有效性。通过贯彻方针、目标，利用内审、数据分析、纠正等手段促进质量管理体系的持续改进。持续改进一般分为渐进式持续改进和突破性项目两种途径。

（七）基于事实的决策方法

对数据和信息的逻辑分析或直觉判断是有效决策的基础。

决策就是针对预定目标，在一定的约束条件下，从诸方案中选择最佳的一个付诸实施。达不到目标的决策就是失策。决策是企业各级领导的职责之一。基于事实的决策方法就是指企业的各级领导在做出决策时要有事实根据，这是减少决策不当和避免决策失误的重要原则。数据是事实的表现形式，信息是有用的数据。企业要确定所需的信息及其来源、传输途径和用途，确保数据是真实的。

（八）与供方的互利关系

组织与供方是相互依存的，通过互利的关系，增强组织及其供方创造价值的能力。

企业在与供方建立关系时，应考虑到短期和长远利益的平衡，要营造一个合作与沟通的气氛，与他们共享必要的信息和利益，确定联合的改进活动，可使成本和资源进一步优化，能对变化的市场做出更灵活和快速一致的反应。

三、ISO 9000 族质量管理体系标准

（一）ISO 9000 族标准的发展历程

ISO 是一个国际标准化组织，成立于 1947 年 2 月，是非政府机构，其成员由来自世

界上 100 多个国家的国家标准化团体组成，代表中国参加 ISO 的国家机构是中国国家技术监督局（CSBTS）。ISO 的主要功能是为人们制订国际标准达成一致意见提供一种机制。ISO 担负着制订全球协商一致的国际标准的任务。

ISO 9000 族标准是适应国际市场竞争日趋激烈和满足顾客的要求而产生发展起来的。这套国际标准由 ISO 于 1987 年 3 月正式发布。根据 ISO 9000—1：1994 的定义："'ISO 9000 族'是由 ISO/TC176 制订的所有国际标准。"TC176 即 ISO 中第 176 个技术委员会，它成立于 1980 年，全称是"品质保证技术委员会"，1987 年又更名为"品质管理和品质保证技术委员会"。TC176 专门负责制订品质管理和品质保证技术的标准。ISO 9000 族标准并不是产品的技术标准，而是针对企业的组织管理结构、人员和技术能力、各项规章制度和技术文件、内部监督机制等一系列体现企业保证产品及服务质量的管理措施的标准。

现已有 90 多个国家和地区将 ISO 9000 族标准等同转化为国家标准。我国 1988 年等效采用了 ISO 9000 族标准，国家标准编号为 GB/T 10300，1992 年 10 月又等同采用了 ISO 9000 族标准，国家标准编号为 GB/T 19000。该标准是国际标准化组织承认的中文标准。2000 版 ISO 9000 族标准的面世，标志着该标准族进入了一个新的历史发展阶段。

（二）ISO 9000 族标准的组成

到目前为止，ISO 9000 族标准已发展为一个系列家族，包括五个类型：

1. 术语标准 ISO 8402

术语标准是质量管理和质量保证的技术术语。共包含 67 个术语。

2. **标准的使用或实施指南 ISO 9000**

ISO 9000 共有四个分标准，目的是为质量管理和质量保证两类标准的选择和使用或如何实施提供指南。

ISO 9000—1　质量管理和质量保证标准　选择和使用

ISO 9000—2　质量管理和质量保证标准　9001～9003 的实施

ISO 9000—3　质量管理和质量保证标准　9001 在软件中的使用

ISO 9000—4　质量管理和质量保证标准　可信性大纲管理

3. 质量保证标准 ISO 9001～ISO 9003

ISO 9001　质量体系　设计、开发、生产、安装和服务

ISO 9002　质量体系　生产、安装和服务

ISO 9003　质量体系　最终检验和试验

4. 质量管理标准 ISO 9004

ISO 9004—1　质量管理和质量体系要素　指南

ISO 9004—2　质量管理和质量体系要素　服务

ISO 9004—3　质量管理和质量体系要素　流程性材料

ISO 9004—4　质量管理和质量体系要素　质量改进

5. 支持性技术标准 ISO 10000

ISO 10000 是对质量管理和质量保证中的某个专题的实施方法提供指南。

（三）ISO 9000 族标准的作用

具体地讲 ISO 9000 族标准就是在四个方面规范质量管理：

（1）机构：标准明确规定了为保证产品质量而必须建立的管理机构及其职责权限。

（2）程序：企业组织产品生产必须制定规章制度、技术标准、质量手册、质量体系操作检查程序，并使之文件化、档案化。

（3）过程：质量控制是对生产的全部过程加以控制，是面的控制，不是点的控制。从根据市场调研确定产品、设计产品、采购原料，到生产检验、包装、储运，其全过程按程序要求控制质量。并要求过程具有标识性、监督性、可追溯性。

（4）总结：不断地总结、评价质量体系，不断地改进质量体系，使质量管理呈螺旋式上升。

（四）ISO 9000 族标准的特点

（1）标准的目的是提供指导。

（2）标准是规范的补充。

（3）灵活应用，内容可以调整。

（4）推荐性标准被法规或合同确定采用后就是"强制性标准"。

（五）ISO 9000 族标准认证

ISO 9000 族标准认证，也可以理解为质量体系注册，就是由国家批准的、公正的第三方机构——认证机构依据 ISO 9000 族标准，对企业的质量体系实施评定，向公众证明该企业的质量体系符合 ISO 9000 族标准，提供合格产品，公众可以相信该企业的服务承诺和企业产品质量的一致性。

复习思考题：

1. 简述质量、工程项目质量、质量管理、质量控制的基本概念。

2. 简述质量体系、质量策划、质量保证和质量改进的基本内容。

3. 简述质量管理的原则。

4. 工程质量目标管理的特点与内容如何？

5. 简述 ISO 9000 族标准的组成、作用和特点。

第二章　园林绿化建设工程质量管理体制

第一节　园林绿化建设工程质量管理体制

一、我国园林绿化建设工程市场体系

随着我国市场经济体制的逐步建立和完善，我国园林绿化建设工程市场逐步形成了以业主为主的工程发包体系和以工程设计、施工和设备材料供应单位为主的工程承包体系，以及监理、检测单位为主的技术服务体系所组成的三元建设市场体系。

二、园林绿化建设工程质量管理体制

我国建设工程按照"政府监督、社会监理、企业自控"的质量管理体制来确保每一项建设工程的建设质量。

政府监督，又称为工程质量监督，是政府建设行政主管部门或其委托的工程质量监督机构（统称监督机构）根据国家的法律、法规和工程建设强制性标准，对责任主体和有关机构履行质量责任的行为以及工程实体质量进行监督检查，维护公众利益的行政执法行为。

社会监理，又称为工程建设监理，是指针对工程项目建设，社会化、专业化的工程建设监理单位接受业主的委托和授权，根据有关工程建设的法律、法规和工程建设监理合同以及其他工程建设合同所进行的旨在实现项目投资目的的微观监督管理活动。

企业自控，又称企业内控，是指工程承包单位旨在实现施工图和工程承包合同规定的工程内容和质量技术要求，而开展的一系列企业内部的针对所承包工程项目的质量管理和质量控制活动的总称。

第二节　建设工程各责任主体的质量责任和义务

《建设工程质量管理条例》（国务院令第 279 号）对建设工程中，影响工程质量的责任主体的质量责任和义务做了明确规定。

一、建设单位的质量责任和义务

（1）建设单位应将工程发包给具有相应资质等级的单位。建设单位不得将建设工程肢解发包。

（2）建设单位应当依法对工程建设项目的勘察、设计、施工、监理以及与工程建设有

关的重要设备、材料等采购进行招标。

（3）建设单位必须向有关的勘察、设计、施工、工程监理等单位提供与建设工程有关的原始资料。原始资料必须真实、准确、齐全。

（4）建设工程发包单位不得迫使承包方以低于成本的价格竞标，不得任意压缩合理工期。建设单位不得明示或者暗示设计单位或者施工单位违反工程建设强制性标准，降低建设工程质量。

（5）建设单位应当将施工图设计文件报县级以上人民政府建设行政主管部门或者其他有关部门审查。施工图设计文件审查的具体办法，由国务院建设行政主管部门会同国务院其他有关部门制定。施工图设计文件未经审查批准的，不得使用。

（6）实行监理的建设工程，建设单位应当委托具有相应资质等级的工程监理单位进行监理，也可以委托具有工程监理相应资质等级并与被监理工程的施工承包单位没有隶属关系或者其他利害关系的该工程的设计单位进行监理。

（7）建设单位在领取施工许可证或者开工报告前，应当按照国家有关规定办理工程质量监督手续。

（8）按照合同约定，由建设单位采购建筑材料、建筑构配件和设备的，建设单位应当保证建筑材料、建筑构配件和设备符合设计文件和合同要求。建设单位不得明示或者暗示施工单位使用不合格的建筑材料、建筑构配件和设备。

（9）涉及建筑主体和承重结构变动的装修工程，建设单位应当在施工前委托原设计单位或者具有相应资质等级的设计单位提出设计方案；没有设计方案的，不得施工。

（10）建设单位收到建设工程竣工报告后，应当组织设计、施工、工程监理等有关单位进行竣工验收。建设工程经验收合格的，方可交付使用。

（11）建设单位应当严格按照国家有关档案管理的规定，及时收集、整理建设项目各环节的文件资料，建立健全建设项目档案，并在建设工程竣工验收后，及时向建设行政主管部门或者其他有关部门移交建设项目档案。

二、勘察、设计单位的质量责任和义务

（1）从事建设工程勘察、设计的单位应当依法取得相应等级的资质证书，并在其资质等级许可的范围内承揽工程。禁止勘察、设计单位超越其资质等级许可的范围或者以其他勘察、设计单位的名义承揽工程。禁止勘察、设计单位允许其他单位或者个人以本单位的名义承揽工程。勘察、设计单位不得转包或者违法分包所承揽的工程。

（2）勘察、设计单位必须按照工程建设强制性标准进行勘察、设计，并对其勘察、设计的质量负责。注册建筑师、注册结构工程师等注册执业人员应当在设计文件上签字，对设计文件负责。

（3）勘察单位提供的地质、测量、水文等勘察成果必须真实、准确。

（4）设计单位应当根据勘察成果文件进行建设工程设计。设计文件应当符合国家规定的设计深度要求，注明工程合理使用年限。

（5）设计单位在设计文件中选用的建筑材料、建筑构配件和设备，应当注明规格、型号、性能等技术指标，其质量要求必须符合国家规定的标准。除有特殊要求的建筑材料、专用设备、工艺生产线等外，设计单位不得指定生产厂、供应商。

（6）设计单位应当就审查合格的施工图设计文件向施工单位做出详细说明。

（7）设计单位应当参与建设工程质量事故分析，并对因设计造成的质量事故，提出相应的技术处理方案。

三、施工单位的质量责任和义务

（1）施工单位应当依法取得相应等级的资质证书，并在其资质等级许可的范围内承揽工程。禁止施工单位超越本单位资质等级许可的业务范围或者以其他施工单位的名义承揽工程。禁止施工单位允许其他单位或者个人以本单位的名义承揽工程。施工单位不得转包或者违法分包工程。

（2）施工单位对建设工程的施工质量负责。施工单位应当建立质量责任制，确定工程项目的项目经理、技术负责人和施工管理负责人。建设工程实行总承包的，总承包单位应当对全部建设工程质量负责；建设工程勘察、设计、施工、设备采购的一项或者多项实行总承包的，总承包单位应当对其承包的建设工程或者采购的设备的质量负责。

（3）总承包单位依法将建设工程分包给其他单位的，分包单位应当按照分包合同的约定对其分包工程的质量向总承包单位负责，总承包单位与分包单位对分包工程的质量承担连带责任。

（4）施工单位必须按照工程设计图纸和施工技术标准施工，不得擅自修改工程设计，不得偷工减料。施工单位在施工过程中发现设计文件和图纸有差错的，应当及时提出意见和建议。

（5）施工单位必须按照工程设计要求、施工技术标准和合同约定，对建筑材料、建筑构配件、设备和商品混凝土进行检验，检验应当有书面记录和专人签字；未经检验或者检验不合格的，不得使用。

（6）施工单位必须建立、健全施工质量的检验制度，严格工序管理，做好隐蔽工程的质量检查和记录。隐蔽工程在隐蔽前，施工单位应当通知建设单位和建设工程质量监督机构。

（7）施工人员对涉及结构安全的试块、试件以及有关材料，应当在建设单位或者工程监理单位监督下现场取样，并送具有相应资质等级的质量检测单位进行检测。

（8）施工单位对施工中出现质量问题的建设工程或者竣工验收不合格的建设工程，应当负责返修。

（9）施工单位应当建立、健全教育培训制度，加强对职工的教育培训；未经教育培训或者考核不合格的人员，不得上岗作业。

四、工程监理单位的质量责任和义务

（1）工程监理单位应当依法取得相应等级的资质证书，并在其资质等级许可的范围内承担工程监理业务。禁止工程监理单位超越本单位资质等级许可的范围或者以其他工程监理单位的名义承担工程监理业务。禁止工程监理单位允许其他单位或者个人以本单位的名义承担工程监理业务。工程监理单位不得转让工程监理业务。

（2）工程监理单位与被监理工程的施工承包单位以及建筑材料、建筑构配件和设备供应单位不得有隶属关系或者其他利害关系的，不得承担该项建设工程的监理业务。

（3）工程监理单位应当依照法律、法规以及有关技术标准、设计文件和建设工程承包合同，代表建设单位对施工质量实施监理，并对施工质量承担监理责任。

（4）工程监理单位应当选派具备相应资格的总监理工程师和监理工程师进驻施工现场。未经监理工程师签字，建筑材料、建筑构配件和设备不得在工程上使用或者安装，施工单位不得进行下一道工序的施工。未经总监理工程师签字，建设单位不拨付工程款，不进行竣工验收。

（5）监理工程师应当按照工程监理规范的要求，采取旁站、巡视和平行检验等形式，对建设工程实施监理。

第三节 园林绿化建设工程质量监督

一、质量监督机构的性质

建设工程质量监督机构是经省级以上建设行政主管部门或有关专业主管部门考核认定的独立法人。

建设工程质量监督机构接受县级以上地方人民政府建设行政主管部门或有关专业部门的委托，依法对建设工程质量进行强制性监督，并对委托部门负责。

二、质量监督机构的监督依据

（一）国家颁发的有关建设工程质量的法律、法规及规范性文件

（1）人大常委会和政府颁发的有关工程质量的法律、行政法规。

（2）省、自治区、直辖市等地方政府颁发的有关工程质量的地方性法规。

（3）各级建设主管部门颁发的有关工程质量的规范性文件。

（二）国家颁发的有关建设工程质量的规范、规程、标准

（1）国家建设主管部门会同技术监督局等主管部门颁发的建筑工程规范、规程和标准。

（2）地方政府建设主管部门会同地方标准主管部门颁发的建设工程规范、规程与标准。

（3）地方行业协会颁发的建设工程规范、规程与标准。

三、质量监督机构的主要职责

（1）贯彻国家有关建设工程质量的法律、法规、政策，协助政府主管部门制定本地区建设工程质量监督管理的有关规定和实施细则。

（2）根据政府主管部门委托，受理建设工程项目质量监督。

（3）对建设各方工程质量违规行为采取行政措施；对需要实施行政处罚的工程建设各方，报告政府主管部门或接受政府主管部门委托进行行政处罚。

（4）对工程实体质量进行检测，并监督检查检测单位的工作情况。

（5）向政府报送受委托的建设工程的质量监督报告。

（6）协助政府主管部门组织本地区建设工程质量检查。

四、质量监督机构的监督工作程序与内容

（一）办理建设工程质量监督注册手续

（1）建设工程质量监督机构根据建设行政主管部门的委托，依法办理建设工程项目质量监督注册手续。

（2）凡新建、改建、扩建的建设工程，在工程项目施工招标投标工作完成后，建设单位申请领取施工许可证之前，应携有关资料到工程项目所在地建设工程质量监督机构办理工程质量监督注册手续。

（3）建设单位办理建设工程质量监督注册时，应向工程质量监督机构提交以下有关资料：

① 规划许可证；

② 施工、监理中标通知书；

③ 施工、监理合同及其单位资质证书（复印件）；

④ 施工图设计文件审查意见；

⑤ 其他规定需要的文件资料。

（4）工程质量监督机构在 7 个工作日内审核完毕，符合规定的发放《建筑工程质量监督书》和《工程质量监督计划》。

（5）建设单位凭《建筑工程质量监督书》，向建设行政主管部门申领施工许可证。

（二）开工前的监督准备工作

（1）确定质量监督人员。

（2）制订质量监督工作方案。

（3）检查施工现场工程建设各方主体的质量行为。

核查施工现场工程建设各方主体及有关人员的资质或资格。检查勘察、设计、施工、监理单位的质量保证体系和质量责任制落实情况，检查有关质量文件、技术资料是否齐全并符合规定。请有关单位填写《工程质量保证体系审查表》。

（三）对工程参建各方主体质量行为的监督

1. 对建设单位质量行为的监督

（1）工程项目报建审批手续是否齐全。

（2）基本建设程序及有关要求执行情况。

2. 对勘察、设计单位质量行为的监督

（1）依法承揽的工程勘察、设计任务与本单位资质是否相符。

（2）主要项目负责人执业资格证书与承担任务是否相符。

（3）图纸及设计变更勘察、设计人员签字出图章手续是否齐全。

（4）设计单位有无指定材料、设备生产厂家或供应商的行为。

3. 对监理单位质量行为的监督

（1）监理的工程项目有无监理委托手续及合同，监理人员资格证书与承担任务是否相符。

（2）工程项目的监理机构专业人员配套，责任制落实情况。

（3）现场监理采取旁站、巡视和平行检验等形式执行情况。

（4）按照国家强制性标准或操作工艺，对分项工程或工序及时进行验收签认的执行情况。

（5）对现场发现使用不合格材料、构配件、设备的现象和发生的质量事故，是否及时督促配合责任单位调查处理。

4. 对施工单位质量行为的监督

（1）所承担的任务与其资质相符，项目负责人与中标书中相一致，有施工承包手续及合同。

（2）项目负责人、技术负责人、质检员等专业技术管理人员是否配套，并具有相应资格及上岗证书。

（3）施工组织设计或施工方案是否经过批准，贯彻执行情况如何。

（4）按有关规定进行各种检测，对工程施工中出现的质量事故按有关文件要求及时如实上报和处理的执行情况。

（5）有无违法分包、转包工程项目的行为。

（四）对建设工程的实体质量的监督

实体质量监督以抽查方式为主，并辅以科学的检测手段。

（五）工程竣工验收的监督

第四节　园林绿化建设工程监理

一、工程建设监理的性质和依据

（一）工程建设监理的性质

1. 服务性

监理单位是智力密集型的，它不是建设产品的直接生产者和经营者，它为建设单位提供的是智力服务。一方面，监理单位的监理工程师通过对工程建设活动进行组织、协调、监督和控制，保证建设合同的顺利实施，达到建设单位的建设意图；另一方面，监理工程师在工程建设合同的实施过程中，有权监督建设单位和承建单位必须严格遵守国家有关建设标准和规范，贯彻国家的建设方针和政策，维护国家利益和公众利益。从这一层意义上理解，监理工程师的工作也是服务性的。

2. 独立性

监理单位独立性表现在：监理单位在人际关系、业务关系和经济关系上必须独立，其单位和个人不得同参与工程建设的各方发生利益关系。监理单位与建设单位的关系是平等的合同约定关系。监理单位所承担的任务不是由建设单位随时指定，而是由双方事先按平等协商的原则确立于合同之中，监理单位可以不承担合同以外建设单位随时指定的任务。监理委托合同一经确定，建设单位不得干涉监理工程师的正常工作。监理单位在实施监理的过程中，是处于工程承包合同签约双方，即建设单位和施工单位之间的独立一方，它以自己的名义，行使依法成立的工程承包合同所确认的职权，承担相应的职业道德责任和法律责任，而不是以建设单位的名义，即不是作为建设单位的"代表"行使职权。否则它在法律上就变成了从属于建设单位一方，而失去了自身的独立地位，从而也就失去了调解建设单位和工程承包单位利益纠纷的合法资格。监理单位不得参与承包单位工程造价承包的盈利分配，否则，它实际上又变成了承包单位经营的合作者。

3. 公正性

监理单位在工程建设监理中必须具备组织各方协作配合，以及调解各方利益的职能。为使这一职能得以顺利实施，它必须坚持自己的公正性，而公正性又必须以独立性为前提。

4. 科学性

监理单位必须具有能发现与解决工程设计和承建单位所存在的技术与管理方面问题的能力，能够提供高水平的专业服务，所以它必须具有科学性，而科学性又必须以监理人员的高素质为前提。按照国际惯例，监理单位的监理工程师，都必须具有相当的学历，并有长期从事工程建设工作的丰富实践经验，精通技术与管理，通晓经济与法律，经权威机构考核合格并经政府主管部门登记注册，发给证书，才能取得公认的合法资格。

（二）工程建设监理的依据

（1）法律、法规；

（2）有关的技术标准；

（3）设计文件；

（4）工程承包合同。

二、工程建设监理的任务

（一）监理的一般任务

监理的主要任务是对建设项目实施"T、Q、C、C"控制：

T——工期目标控制（Time Control）；

Q——质量目标控制（Quality Control）；

C——费用目标控制（Cost Control）；

C——合同管理（Contract Administration）。

监理的首要任务是确定 T、Q、C、C 目标，然后在项目实施过程中跟踪纠偏。其中，工期目标的控制是通过一系列手段，运用运筹学、网络计划等措施，使工程项目建设工期控制在项目计划工期以内；工程质量控制主要是通过审核图纸，监督标准规范的实施，检查建筑物配件及材料、设备是否符合要求等手段加以控制；成本控制主要是通过核实已完工程量，审核修改设计和审核设计变更等加以控制。

合同管理是手段，它是进行工期控制、质量控制及成本控制的有效工具。监理工程师通过有效的合同管理，确保项目的三个目标最好实现。

另外，在工程建设的实施过程中，各种干扰因素很多，业主承担的风险也很大。为减少业主的风险，监理工程师在进行合同控制时，应分析和预测合同实施中会出现的干扰，对可能出现干扰的影响以及采取什么措施防止或排除干扰。因此，风险管理（Risk Control）也是监理工程师的一项重要任务。

（二）我国工程建设监理的任务

（1）建设前期阶段：进行建设项目的可行性研究；参与设计任务书的编制。

（2）设计阶段：提出设计要求，组织评选设计方案；协助选择勘察、设计合同并组织实施；审查设计和概（预）算。

（3）施工招标阶段：准备与发送招标文件，协助评审投标书，提出决标意见；协助建设单位与承建单位签订承包合同。

（4）施工阶段：协助建设单位与承建单位编写开工报告；确认承建单位选择的分包单位；审查承建单位提出的施工组织设计、施工技术方案和施工进度计划，提出修改意见；审查承建单位提出的材料和设备清单及其所列的规格与质量；督促、检查承建单位严格执行工程承包合同和工程技术标准；调解建设单位与承建单位之间的争议；检查工程使用的材料、构件和设备的质量，检查安全防护措施；检查工程进度和施工质量，验收分部分项工程，签署工程付款凭证；督促整理合同文件和技术档案资料；组织设计单位和施工单位进行工程竣工初步验收，提出竣工验收报告；审查工程结算。

（5）保修阶段：负责检查工程状况，鉴定质量问题责任，督促保修。

三、工程建设监理的工作内容

监理单位进行建筑工程监理活动主要控制建筑工程质量、建设工期和建筑工程投资、进行工程合同管理，协调有关单位间的工作关系。工程监理可以是对工程建设的全过程进行监理，也可以分阶段进行设计监理、施工监理等。

（一）施工准备阶段监理的主要内容

（1）协助建设单位编制工程招标文件；

（2）检查施工图设计和施工概预算；

（3）协助建设单位组织招标投标活动；

（4）协助建设单位参与材料设备订货的谈判、订货等工作；

（5）协助建设单位与中标单位商签工程承包合同。

（二）施工阶段监理的主要内容

（1）协助建设单位编写向建设行政主管部门申报开工的施工许可申请；

（2）协助确认承包单位选择的分包单位；

（3）审查承包单位编制的施工组织设计；

（4）审查承包单位施工过程中各分部、分项工程的施工准备情况，下达开工指令；

（5）审查承包单位的材料、设备采购清单；

（6）查工程使用的材料、构件、设备的规格、质量；

（7）检查施工技术措施和安全防护措施的实施情况；

（8）主持协商工程设计变更（超出委托权限的变更须报业主决定）；

（9）督促履行承包合同，主持协商合同条款的变更，调解合同双方的争议，处理索赔事项；

（10）检查工程进度和施工质量，验收分部分项工程质量，签署工程付款凭证；

（11）督促整理承包合同文件和技术档案资料；

（12）组织工程竣工预验收，提出竣工验收报告；

（13）检查工程结算。

（三）工程保修阶段监理的主要内容

在国家规定的保修期限内，负责检查工程质量状况，鉴定质量问题责任，提出处理意见，协助建设单位督促责任单位修理。

复习思考题：

1. 园林绿化建设工程质量管理体系包括哪些主要环节？

2. 建设工程各责任主体应承担怎样的质量责任和义务？

3. 园林绿化建设工程质量监督体系的机构性质、监督依据和主要职责如何？

4. 简述质量监督机构的监督工作程序与内容。

5. 简述工程建设监理的性质和依据。

6. 工程建设监理的任务主要包括哪些内容？

第三章　园林绿化施工企业的质量管理

第一节　质量体系的建立

一、园林绿化施工企业建立质量体系的意义

（1）长期、稳定地保证工程质量；

（2）评价工程质量保证能力的重要依据；

（3）提高企业信誉，有利于市场竞争；

（4）使质量管理工作往纵深发展。

二、园林绿化施工企业建立质量体系的基本原则与主要程序

（一）基本原则

（1）强调预防为主的原则；

（2）强调过程概念的原则；

（3）适应园林绿化工程特点的原则；

（4）最低风险、最佳成本、最大利益相结合的原则。

（二）主要程序

（1）组织策划；

（2）总体设计；

（3）体系建立；

（4）编制文件；

（5）实施运行。

第二节　质量管理的基础工作

一、质量教育工作

没有质量教育就没有质量。所以，要对参加项目施工的全体管理和操作人员进行质量教育。

（一）质量教育工作的任务和内容

1. 质量教育工作的重要性

没有科学文化知识和技术水平的职工队伍，不能掌握先进的工艺、先进的科学方法和

管理技术，也不能生产出质量水平很高的产品。工程质量的好坏，归根结底决定于职工队伍的技术水平，决定于各方面管理工作的水平，因此，开展质量管理，必须从提高企业和职工的素质抓起，把质量教育工作作为首要的基础工作来抓，这符合生产发展与生产工艺提高的需要。

2. 质量教育工作的主要目的

（1）通过学习法律、法规、规章，不断增强全体职工的法制观念和质量意识，牢固树立"质量第一"的思想，使全体职工真正认识到工程质量对于企业生存、发展的重要意义。

（2）学习掌握国家强制性标准、规范。规程，确保工程质量处于受控状态，保证工程质量和安全，满足使用功能需要。

（3）运用科学、先进的管理方法和技术，充分调动全体职工关心质量，参加质量管理的自觉性，通过培训使领导干部以至每个工人都了解、熟悉质量管理的基本原理和有关的统计方法。

3. 质量教育工作的内容

质量教育工作包括两个方面：一方面是增强质量意识的教育和质量管理基本知识的教育；另一方面是专业技术教育和培训。这两方面都是保证和提高工程质量不可少的教育内容。

（1）质量意识教育和质量管理知识教育

贯彻"始于教育、终于教育"的原则，把"质量第一"的职业道德教育作为全体职工的导向目标。

加强质量管理知识的宣传和普及，要从领导干部到一般干部，从老工人到新工人，从自身管理队伍到外地劳务操作人员，上上下下、反反复复地进行培训。

根据受教育的对象不同，教育的内容也各有不同的侧重点。对于企业领导或项目负责人，主要侧重于质量管理的基本理论和组织管理方面的内容。对于专业技术人员和专业管理人员，主要侧重于质量管理的理论和方法、技术和专业管理知识方面的内容。对于第一线的专业工长以及操作人员，主要加强质量管理基础知识、方法的教育。

（2）专业技术教育和培训

专业技术教育和培训是结合职工的专业工作需要所进行的技术基础教育和操作技能训练。其目的就是要使职工掌握和了解工程质量要求、工程的用途、施工生产工艺流程、岗位操作技能和检验方法等，从而提高职工的技术业务水平。

技术人员、管理人员和操作工人，要学习和学习运用新设备、新工艺、新技术、新产品的知识，提高业务水平和操作水平，以适应现代化建设的需要。对企业领导来说面临着许多新问题，需要研究解决，因此，加强技术业务培训是十分必要的。

（二）如何搞好质量教育工作

1. 有健全的教育组织部门

质量教育要从组织上、人员上加以保证。质量教育是职工教育的重要组成部分，应把质量教育当作一项主要职责，列入重要工作日程。

2. 制订教育规划和计划

质量教育是一项经常性、长期性的工作，必须统筹安排，根据职工队伍的素质状况，认真编制质量教育中长期规划和短期计划，教育的内容既要有普及性的内容，还要有深化提高的内容。根据教育对象和教育目的的不同，要分级、分类和分层施教，教育形式讲求灵活性、多样性、实效性。可以采取请进来、走出去，理论和实践相结合的多种形式，达到培训教育和生产实践同步提高的目的。

3. 有保证措施

建立职工的教育档案及定期考核制度。对职工学习的内容、考核的成绩建立卡片，并与评先、晋升和奖惩挂钩。

重视师资的配备与培养，努力提高他们的知识水平和教学水平，改善教学效果，提高教学质量。

创造较好的教学条件，如教室、教材、教具等，教材内容注意理论联系实际，能解决实际问题。

二、标准化工作

(一) 标准化的基本概念

标准化是人类社会发展到一定历史阶段人类实践的产物，是不以人的意志为转移的，是必然出现的客观过程；标准化随生产的发展而发展，但又受生产力发展水平制约，又为生产力的发展创造条件；经济的发展、科学文化的发展，是标准化向前发展的动力，而标准化又是经济技术发展的基础。

1. 标准的含义

标准（Standards）是为了取得全局的最佳效果，依据科学技术和实践经验的综合成果，在充分协商的基础上，对经济、技术和管理活动中具有多样性、相关性特征的重复性事物和概念，以特定的形式和程序颁发统一规定。

"取得全局的最佳效果"是制订标准的基本出发点。这里的效果不仅指经济效果还包括技术效果和社会效果。标准的作用和制订标准的目的正在于此，同时它又是衡量标准化活动和评价标准的重要依据。

标准产生的基础，一是科学研究的新成就，技术进步的新成果同实践中取得的先进经验相互结合，符合标准；二是上述成果和经验是经过分析、比较、选择后再加以综合的，因此，所总结的经验是带有普遍性和规律性的经验。

制订标准的领域，广义地说，包括人类生活和生产活动的一切范围；狭义地说，仅指经济技术活动范围。制订标准的对象，是上述领域中具有多样性、相关性特征的重复事物。

标准的本质特征是统一。不同级别的标准是在不同范围内进行统一；不同类型的标准是以不同角度、不同侧面进行统一。

标准的编号、印刷、格式的统一，既可保证标准编写质量，又使资料管理自动化、现代化，同时也体现了标准文件的严肃性。

2. 标准化

标准化是指以制订标准和贯彻标准为主要内容的全部活动过程。标准化具有以下特征：

（1）标准化主要是制订、贯彻标准进行而修订标准的过程。这个过程是不断循环，螺旋上升的过程。每完成一个循环，标准的水平就提高一步。

（2）标准的制订、贯彻、修订既是标准化活动的核心，也是标准化的基本任务。

（3）只有当标准在社会实践中实施以后，标准化的效果才能表现出来。

（4）随着实践经验的积累和标准化的不断深入，标准需要不断修改、不断完善、不断提高。标准化在深度上是没有止境的。

（5）标准化概念具有相对性，即标准与非标准会互相转化。

（二）标准的分类

1. 技术标准

技术标准是工程（产品）在性能、可靠性、安全性、经济性、时间性和适应性等质量特性方面应达到的标准，是对质量、规格及其检验方法所做的技术规定，也是进行施工生产、检验和评价工程质量的技术依据。技术标准有以下几种：

（1）工程质量标准、产品质量标准。是为工程（产品）的形式、尺寸、主要性能参数、质量指标、检验方法、使用、维修等方面所制订的标准。

（2）工艺标准。是为施工过程中的工艺、方法等制订的标准，如施工技术操作规程。

（3）原料、材料标准。对施工中使用的原料、材料、构配件规定的标准。其内容包括型号、规格、品种、物理化学性能、检验方法等。

（4）基础标准。在生产技术活动中最基本的，具有广泛指导意义的标准，即通用性很强的标准，如《风景园林图例图示标准》。

（5）其他标准。如计量标准、安全标准、环境保护标准等。

技术标准按适用范围和等级划分有以下几种：

① 国际标准。国际标准是国际标准化组织（ISO）所制订或推荐的标准。国际标准反映了世界各主要工业发达国家所达到的技术经济水平。随着我国改革开放的深入发展，很多企业都加快发展外向型经济，企业不可避免地要进入国际技术和经济贸易市场。采用国际标准是我国一项重要的技术经济政策。目的在于加快提高我国的技术水平和产品质量的步伐，使我国产品在国际市场上取得竞争地。国际标准化组织和我国标准化管理部门规定，国际标准的采用分为等同采用、等效采用和参照采用三种。

② 国家标准。国家标准是指对全国经济、技术发展有重大意义，必须在全国范围内统一的标准，简称"国标"。主要包括：基本原料、材料标准、产品标准；安全、环境保护标准；基础标准；通用的零件、部件、元件、器件、构件、配件和工具、量具标准；通用的试验和检验方法标准。

③ 行业标准。是指专业化产品的技术标准，也是全国性各专业范围内统一的标准，简称"行标"。这类标准由国务院各部制订、审批和发布。

④ 企业标准。凡没有制订"国标""行标"的产品或工程，都要制订企业标准。这种标准仅限于企业范围内适用的标准，简称"企标"。为了增强竞争能力，提高产品或工程质量，企业可以制订比"国标""行标"更先进的企业标准。

2. 管理标准（或称工作标准）

为保证和提高工程质量和生产经营的经济效果，合理利用和组织人力、财力、物力，要求企业各部门行使其计划、监督、指挥、控制等管理职能而制订的准则。也就是要求每个职工达到工作质量的标准。

管理工作标准包括企业规定的生产经营工作标准、管理业务标准、管理基础标准、生产班组管理等。

（三）标准化和质量管理的关系

标准化和质量管理的关系密切。标准化是质量管理的依据和基础，没有标准就没有管理，进行管理必须形成标准。进行质量管理的过程就是标准的制订、贯彻、修订的过程；而标准和标准化工作又是在质量管理过程中，按 PDCA 循环不断改进、提高、完善和发展。因而，标准是贯穿于质量管理的全过程。

进行质量管理时，要贯彻"始于标准、终于标准"的原则，力求使施工项目管理处于标准化的控制管理状态。就是将工程施工各个方面，包括技术要求、生产活动以及经营管理方法，都纳入规范，形成制度，根据这个标准组织、指挥项目全体职工的行动，处处按标准要求办事。在园林绿化工程中，对质量管理起作用的标准有：设计标准，设计规范、施工工艺标准、施工验收规范、工程质量评定标准等。没有这些标准，工程质量就不可能得以控制。

三、计量工作

（一）计量工作的任务与特点

计量工作的主要任务是统一计量单位制度，组织量值传递，保证量值的统一。做好计量工作，有利于控制施工生产工艺过程，促进施工生产技术的发展，制订和贯彻国家标准和提高工程质量。因此，计量工作是保证工程质量的重要手段和方法，亦是进行项目质量管理的一项基础工作。计量工作有以下几个特点。

1. 一致性

一是指统一国家的计量制度，要同国际上的计量制度保持协调一致。二是指统一各种单位量值，保证同类测量结果的符合一致，使生产具有社会化意义。

2. 准确性

要达到量值统一的目的，每次计量过程都必须保持一定范围内的准确可靠，即在不同的施工地点、不同时间、不同人员对同一种量值的测量结果，都具有一定程度的准确范围，足够的稳定性和复现性。测量结果既要给出明确的量值，又要给出量值误差的大小。计量的准确性是一致性的基础和前提。

3. 法制性

为实现计量单位制统一和量值统一，国家必须制定和颁发有关计量的法律、命令、条例、办法、规程、制度等，定期进行计量检定，作为计量工作必须遵守的准则。

（二）计量工作的要求

计量工作的主要要求是：配齐必需的量具和化验分析仪器；保证量具与器具的质量稳定、示值准确一致；损坏的计量器具和仪器要及时修复；根据不同情况，正确选择测定计量方法。为达到上述要求，必须抓好以下几项主要工作环节。

1. 建立计量管理机构和配备计量人员

为强化计量工作，首先要设置与企业生产相适应的统一归口的计量管理机构。计量机构应在经理或总工程师直接领导下，协同各部、各级、各施工项目，全面开展计量工作，使计量工作在组织上得到落实。

2. 建立健全计量管理制度

计量管理制度主要包括：计量工作管理制度；计量管理岗位责任制；计量器具流转制度；计量器具周期检定制度；计量器具维修保养制度；试验仪器设备检验制度；计量器具抽检制度；自制器具管理制度；计量器具损坏赔偿制度。

3. 保证计量器具与仪器的正确使用

保证计量器具与仪器的合理使用、正确操作，是计量化工作的一个重要方面。因此要对广大职工和计量人员进行爱护计量器具和仪器的教育，组织培训，使他们熟练地掌握量具及仪器的使用技能、保养技能。

4. 计量器具的检定

为确保量具及仪器的质量，对所有的计量器具及仪器都必须按照国家检定规程规定的检定项目和方式进行检定。所有计量器具及仪器必须经检定合格，具有合格证或标志，才准许投入使用或进行流转。

四、质量信息工作

（一）质量信息的概念

1. 质量信息的概念

质量信息是指反映工程质量和工程施工各环节工作质量的基本数据、原始记录以及园林绿化项目交付使用后反映出来的各种情报资料。

质量信息是质量管理不可缺少的重要依据，是改进工程质量，改善各环节工作质量的最直接的原始资料和依据，能帮助我们认识质量运动的规律性，可以对质量进行控制。

2. 质量信息的特点

（1）正确性。质量信息必须能够准确反映工程的实际情况，才能使决策者做出正确的判断，才是有用的信息。不正确的信息比没有信息更坏，错误信息和假信息，会造成经济活动的混乱，带来严重的损失。

（2）及时性。影响工程质量各方面的因素是在不断发展和变化的，必须及时而迅速地将信息反映出来，反馈过去，并及时采取措施，解决问题，才能避免不必要的损失。

（3）适用性。不同部门对质量信息的要求不同，这就要求质量信息在内容、数量、精度、格式上满足不同部门的需要。

3. 质量信息的分类

（1）按信息的来源分

有内部信息和外部信息。内部信息主要指工程施工过程中产生的产品质量和半成品质量信息。外部质量信息包括上级部门、同行业和用户的质量信息。

（2）按信息的时序分

有日常信息、突发信息。日常信息包括质量管理的日报、月报。突发信息是指施工过程或工程交付使用过程中突然发生的质量问题。

（3）按信息的功能分

有动态信息、指令信息和反馈信息。动态信息是指日常生产和经营管理中与质量有关的各种数据、资料，它来自于内部和外部。指令信息是指国家和上级机关制定的有关质量的政策、法令、标准、任务，以及企业制定的质量方针、目标、计划等。反馈信息是指执行质量指令过程中产生的偏差信息，即质量动态信息与质量指令信息比较后发生的异常情况信息。

（二）施工项目质量信息管理

为保证工程质量，应建立项目的质量信息管理系统，形成从质量信息的收集开始，经过分析、传递、处理、反馈五个环节全过程的闭路质量信息反馈系统，从而保证质量信息的流动畅通。同时，建立项目质量信息中心，负责对项目质量信息的管理、收集、分析、传递、处理、反馈工作，及时地向项目各管理部门提供准确的质量信息。

1. 质量信息的收集

质量信息的收集工作是一项经常性的工作，要求准确度高，可靠性强。其工作质量的好坏，直接影响质量管理工作的成败。

施工项目的质量信息是通过施工全过程的各个环节进行收集的，它包括：进场的原材料、半成品、成品、构配件等的质量信息收集；施工过程中分部、分项工程质量检测信息的收集；单位工程验收质量信息。

2. 质量信息的加工

为了充分发挥质量信息的作用，对原始信息必须做好整理、分类、汇总、比较等加工工作。

首先，按统一的综合整理方案、统一的表格和统一的方法对质量信息进行综合整理。其次，根据质量管理的要求，对原始质量信息进行分组、分类。

质量数据应经过审核，并将失真的数据剔除。然后可将质量信息与技术标准、质量计划、质量管理工作标准和历史资料进行比较。

在资料整理、分析、归纳的基础上，建立质量卡片、质量台账和质量档案。

3. 质量信息的传递

将加工的信息传递给使用者，形成信息流。信息传递要有合理的传递路线，既可加快信息传递速度，又为建立质量信息反馈体系奠定基础。

从加强质量信息管理的角度，由上至下进行各级管理，上至项目负责人，下至各施工班组，进行层层管理。

4. 质量信息的反馈

产品质量能否有效控制，要靠现场质量信息反馈。为使现场质量信息及时地反馈，可建立几条反馈线路。

用户对工程质量的信息，可通过座谈会、回访、发放调查表获得。将收集到的质量信息反馈至质量部门，进行分析处理、储存，并将处理后的信息传给有关负责人。

5. 质量信息的储存

将收集到的质量信息用电子计算机储存起来，以备需要的时候调用。质量信息的储存是质量分析、处理的基础工作之一。储存的质量信息既包括指导当前质量管理的实际数据，也包括历史数据的储存，这对质量分析、探索改进质量的途径十分必要。

第三节　质量责任制和质量管理制度

一、质量责任制

按照全面质量管理的观点，企业要保证工程质量，必须实行全企业、全员、全过程的质量管理。工程质量是施工单位各部门、各环节、各项工作质量的综合反映，质量保证工作的中心是认真履行各自的质量职能，所以，建立各部门、各级人员的质量责任制是十分必要的。质量责任制要目标明确，职责分明，权责一致，避免互不负责、互相推诿，贻误或影响质量保证工作。

（一）企业各级人员的质量责任制

1. 经理

（1）经理是企业质量保证的最高领导者和组织者，对本企业的工程质量负全面责任。

（2）贯彻执行国家的质量政策、方针、法律、法规，并批准本企业具体贯彻实施的办法、细则。

（3）组织有关人员制订企业质量目标计划。

（4）及时掌握全企业的工程质量动态及重要信息情报，协调各部门、各单位的质量管理工作的关系，及时组织讨论或决定重大质量决策。

（5）坚持对职工进行质量教育。组织制定或批准必要的质量奖惩政策，鼓励质量工作取得显著成绩的人员，惩罚造成重大事故的责任者，审批质量管理部门的质量奖惩意见或报告。

（6）批准企业《质量保证手册》。

（7）检查总工程师和质量保证体系的工作。

2. 总工程师

（1）总工程师执行经理质量决策意志，对质量保证负责具体组织、指导工作。

（2）对本企业质量保证工作中的技术问题负全面责任。

（3）认真组织贯彻国家各项质量政策、方针及法律、法规；组织做好有关国家标准、规范、规程、技术操作规程的贯彻执行工作；组织编定企业的工法、企业标准、工艺规程等具体措施和组织《质量保证手册》的编定与实施。

（4）组织审核本企业质量指标计划，审查批准工程施工组织设计并检查实施情况。

（5）参加组织本企业的质量工作会议，分析本企业质量工作倾向及重大质量问题的治理决策，提出技术措施和意见，组织重大质量事故的调查分析，审查批准处理实施方案。

（6）听取质量保证部门的情况汇报，有权制止任何严重影响质量决定的实施。有权制止严重违章施工的继续，乃至有权决定返工。

（7）组织推行四新技术，不断提高企业的科学管理水平。组织制订本企业新技术的运用计划并检查实施情况。

3. 质量技术管理保证部门

（1）对本企业质量保证的具体工作负全面责任。

（2）贯彻执行上级的质量政策、规定，经理、总工程师关于质量管理的意见及决策，组织企业内各项质量管理制度、规定和质量手册的实施。

（3）组织制定保证质量目标及质量指标的措施计划，并负责组织实施。

（4）组织本系统质量保证的活动，监督检查所属各部门、机构的工作质量，对发现的问题，有权处理解决。

（5）有权及时制止违犯质量管理规定的一切行为，有权提出停工要求或立即决定停工，并上报经理和总工程师。

（6）分析质量动态和综合质量信息，及时提出处理意见并上报经理和总工程师。

（7）负责组织本企业的质量检查，参加或组织质量事故的调查分析及事故处理后的复查，并及时提出对事故责任者的处理意见。

（8）执行企业质量奖惩政策，定期提出企业内质量奖惩意见。

（9）对于工程质量不合格交工或因质量保证工作失误造成严重质量问题，应负管理责任。

4. 项目负责人（工地行政负责人）

（1）项目负责人是施工单位在工程施工现场的施工组织者和质量保证工作的直接领导者，对工程质量负有直接责任。

（2）组织施工现场的质量保证活动，认真落实《质量保证手册》及技术、质量管理部门下达的各项措施要求。

（3）接受质量保证部门及检验人员的质量检查和监督，对提出的问题应认真处理或整改，并针对问题性质及工序能力调查情况进行分析，及时采取措施。

（4）组织现场有关管理人员开展自检和工序交接的质量互检活动，开展质量预控活动，督促管理人员、班组做好自检记录和施工记录等各项质量记录。

（5）加强基层管理工作，树立正确的指导思想，严格要求管理人员和操作人员按程序办事，坚持"质量第一"的思想，对违反操作规程，不按程序办事而导致工程质量低劣或造成工程质量事故应予以制止，并决定返工，承担直接责任。

（6）发生质量事故后应及时上报事故的真实情况，并及时按处理方案组织处理。

（7）组织开展有效活动（样板引路、无重大事故、消除质量通病、竣工回访等），提高工程质量。

（8）加强技术培训，不断提高管理人员和操作者的技术素质。

5. 项目技术负责人

（1）对工程项目质量负技术上的责任。

（2）依据上级质量管理的有关规定、国家标准、规程和设计图纸的要求，结合工程实际情况编制施工组织设计、施工方案以及技术交底、具体措施。

（3）贯彻执行质量保证手册有关质量控制的具体措施。

（4）对质量管理中工序失控环节，存在的质量问题，及时组织有关人员分析判断，提出解决办法和措施。

（5）有权制止不按国家标准、规范、技术措施要求和技术操作规程施工的行为，及时纠正。已造成质量问题的，提出返工意见。

（6）检查现场质量自检情况及记录的正确性及准确性。

（7）对存在的质量问题或质量事故及时上报，并提出分析意见及处理方法。

（8）组织工程的分项、分部工程质量评定，参加单位工程竣工质量评定，审查施工技术资料，做好竣工质量验收的准备。

（9）协助质量检查员开展质量检查，认真做好测量放线及材料、施工试验、隐、预检等施工记录。

6. 专业工长、施工班（组）长

（1）专业工长和施工班组长是具体操作的组织者，对施工质量负直接责任。

（2）认真执行上级各项质量管理规定、技术操作规程和技术措施要求，严格按图施工，切实保证本工序的施工质量。

（3）组织班组自检，认真做好记录和必要的标记。施工质量不合格，不得进行下道工序，否则追究相应的责任。

（4）接受技术、质检人员的监督、检查，并为检查人员提供相应的条件和数据。

（5）施工中发现使用的建筑材料、构配件有异变，及时反映，拒绝使用不合格的材料。

（6）对出现的质量问题或事故应实事求是地报告，提供真实情况和数据，以利事故的分析和处理，隐瞒或谎报，追究工长或班组长的责任。

7. 操作者

（1）施工操作人员是直接将设计付诸实现，在一定程度上，对工程质量起决定作用的责任者，应对工程质量负直接操作责任。

（2）坚持按技术操作规程、技术交底及图纸要求施工。违反要求造成质量事故的，负直接操作责任。

（3）按规定认真做好自检和必备的标记。

（4）在本岗位操作做到三不：不合格的材料、配件不使用；上道工序不合格不承接；本道工序不合格不交出。

（5）接受质检员和技术人员的监督检查。出现质量问题主动报告真实情况。

（6）参加专业技术培训，熟悉本工种的工艺操作规程，树立良好的职业道德。

8. 专职质量检查员

（1）严格按照国家标准、规范、规程进行全面监督检查，持证上岗，对管辖范围的检查工作负全面责任。

（2）严把材料检验、工序交接。隐蔽验收关，审查操作者的资格和技术熟练情况，审查分项工程评定及有关施工记录，漏检漏评或不负责任，追究其质量责任。

（3）对违反操作规程、技术措施、技术交底、设计图纸等情况，应坚持原则，立即提出或制止，可决定返修或停工，通过项目经理或行政负责人并可越级上报。

（4）负责区域内质量动态分析和事故调查分析。

（5）协助技术负责人、质量管理部门做好分项、分部工程质量验收、评定工作，做好有关工程质量记录。

（二）质量管理的主要基础工作

（1）实施质量否决权制度，进度、工期与质量发生矛盾时，能服从保证质量的要求。

（2）设立独立的质量管理机构，配备人员、经费，并赋予相应职权。

（3）加强试验室建设及管理工作，确保检测数据的准确，提高企业质量控制技术。

（4）加强质量信息渠道，为企业改进质量管理提供依据，为企业决策提供参考。

二、质量管理制度

1. 工程报建制度

建设单位在工程开工前要按《建筑法》和有关规定，办理工程报建手续，取得施工许可证，方可组织开工建设。

建设单位未取得施工许可证或者开工报告，未经批准擅自施工的，责令改正，对不符合开工条件的责令停止施工，可处以罚款。施工单位也将承担相应的法律责任。

2. 投标前评审制度

施工企业在投标或签订合同以前，经营部门应会同技术部门对标书或合同的条款进行评审，以确保本企业的施工技术、组织管理和建设资金满足合同中对质量和工期的要求。

3. 工程项目总承包负责制度

总承包单位对单位工程的全部分部、分项工程质量向建设单位负责。按有关规定进行工程分包的，总包单位对分包工程进行全面质量控制，分包单位对其分包工程施工质量向总包单位负责。《建筑法》规定：总承包单位和分包单位就分包工程对建设单位承担连带责任。禁止总承包单位将工程分包给不具备相应资质条件的单位，禁止分包单位将其承包的工程再分包。

4. 技术交底制度

施工企业应坚持以技术进步来保证施工质量的原则，技术部门应编制有针对性的施工组织设计，积极采用新工艺、新技术；针对特殊工序要编制有针对性的作业指导书。每个工种、每道工序施工前要组织进行各级技术交底，包括项目工程技术人员对工长的技术交底，工长对班组长的技术交底，班组长对作业班组的技术交底。

5. 材料进场检验制度

施工企业应建立合格材料供应商的档案，并从列入档案的供应商中采购材料。也要认真执行有关"定点认可证书"和"准用证"的规定。施工企业对其采购的建筑材料、构配件和设备的质量承担相应的责任，材料进场必须进行材料产品外观质量的检查验收和材质复核检验，不合格的不得在工程上使用。

6. 样板引路制度

施工操作要注意工序的优化、工艺的改进和工序的标准化操作，通过不断探索，积累必要的管理和操作经验，提高工序的操作水平、操作质量。每个分项工程或工种（特别是量大面广的分项工程）都要在开始大面积操作前做出示范样板；把标准实物化，统一操作要求，明确质量目标；以及向用户做出承诺。

7. 过程三检制度

实行自检、互检、交接检制度，自检要做文字记录。隐蔽工程要由项目负责人组织项目技术负责人、质量检查员、班组长做检查验收，并做出较详细的文字记录。自检合格后向建设单位和质量监督机构报告。

8. 成品保护制度

应当像重视工序的操作一样重视成品保护。项目管理人员应合理安排施工工序，减少工序的交叉作业。上下工序之间应做好交接工作，并做好记录。如下道工序的施工可能对上道工序的成品造成影响时，应征得上道工序操作人员及管理人员的同意，并避免破坏和污染，否则，造成的损失由下道工序操作及管理人员负责。

9. 质量文件记录制度

质量记录是质量责任追溯的依据，应力求真实和详尽。各类现场操作记录及材料试验记录、质量检验记录等要妥善保管，特别是各类工序接口的处理，详细记录当时的情况，理清各方责任。

10. 培训上岗制度

工程项目所有管理及操作人员应经过业务知识技能培训，并持证上岗。因无证指挥、无证操作造成工程质量不合格或出现质量事故的，除要追究直接责任者外，还要追究企业主管领导的责任。

11. 工程质量事故报告及调查制度

工程发生质量事故，施工单位要马上向当地质量监督机构和建设行政主管部门报告，并做好事故现场抢险及保护工作，建设行政主管部门要根据事故的等级逐级上报，同时按照"三不放过"的原则，负责事故的调查及处理工作。对事故上报不及时或隐瞒不报的要追究有关人员的责任。

复习思考题：

1. 简述园林绿化施工企业建立质量体系的意义。
2. 园林绿化施工企业建立质量体系的基本原则与主要程序如何？
3. 质量管理的基础工作包括哪些内容？各有何特点？
4. 什么是质量责任制？其主要责任人和基础工作包括哪些内容？
5. 简述质量管理制度的基本内容。

第四章　园林绿化工程施工阶段的质量控制

第一节　施工阶段质量控制概述

一、施工阶段质量控制的原则

（一）质量第一，顾客至上

园林绿化工程产品是一种特殊的公共产品，使用年限长，直接关系到人民生命财产的安全，必须把质量放到首要位置。顾客是每个施工企业存在的基础，企业应把理解顾客当前和未来的需求，满足顾客要求并争取超越顾客期望。

（二）以人为核心

人是质量的创造者，必须把人作为管理的动力，调动人的积极性、创造性；增强人的责任感，提高人的素质，避免人的失误；以人的工作质量保证工序质量、促进工程质量提升。

（三）以预防为主

要从对工程质量的事后检查把关，转向对工程质量的事前控制、事中控制；对产品的质量检查，转向对工作质量的检查、对工序质量的检查、对中间产品的质量检查。

（四）坚持质量标准，严格检查，一切用数据说话

质量标准是评价产品质量的尺度，数据是质量控制的基础和依据。产品的质量是否符合质量标准，必须通过严格检查，用数据说话。

（五）贯彻科学、公正、守法的职业规范

在处理问题过程中，应尊重客观事实，尊重科学，正直、公正，不持偏见；遵纪、守法，杜绝不正之风；既要坚持原则、严格要求、秉公办事，又要谦虚谨慎、实事求是。

二、施工阶段质量控制的依据

根据适用的范围及性质，施工阶段质量控制的依据大体上可以分为共同性的依据和专门技术法规性依据两类。

（一）质量管理与控制的共同性依据

共同性依据主要是指那些适用于工程项目施工阶段与质量控制有关的通用的、具有普遍指导意义和必须遵守的基本文件。包括以下几方面：

(1) 工程承包合同文件；

(2) 设计文件；

(3) 国家及政府有关部门颁布的有关质量管理方面的法律、法规性文件。

（二）质量检验与控制的专门技术法规性依据

这类依据一般是针对不同行业、不同的质量控制对象而制定的。主要有以下几类：

（1）工程项目质量检验评定标准；

（2）工程原材料、半成品和构配件质量控制方面的专门技术法规性依据；

（3）控制施工工序质量等方面的技术法规性依据；

（4）凡采用新工艺、新技术、新材料的工程，事先应进行试验，并应有权威性的技术部门的技术鉴定书及有关的质量数据、指标，在此基础上制订有关的质量标准和施工工艺规程，以此作为判断与控制质量的依据。

三、施工阶段质量控制的方法

施工阶段质量控制的方法主要是审核有关技术文件、报告或报表和直接进行现场质量检查。

（一）审核有关技术文件、报告或报表

对有关技术文件、报告或报表的审核，是项目负责人全面控制工程质量的重要手段，具体内容有：

（1）审核有关技术资质证明文件；

（2）审核开工报告；

（3）审核施工方案、施工组织设计和技术措施；

（4）审核有关材料的质量检验报告；

（5）审核反映工序质量动态的统计资料或控制图表；

（6）审核设计变更、修改设计图纸；

（7）审核工序交接检查、隐蔽工程检查、分部分项工程质量检查报告；

（8）审核有关质量缺陷或质量问题的处理报告；

（9）审核有关新工艺、新技术、新材料等的技术鉴定书；

（10）审核并签署现场有关质量技术签证、文件等。

（二）现场质量检查

（1）目测法。

（2）实测法。

第二节　影响工程质量因素的控制

在园林绿化建设工程中，影响工程质量的因素主要有"人（Man）、材料（Material）、机械（Machine）、方法（Method）和环境（Environment）"等五大方面，又称为"4M1E质量因素"。因此，事先对这五方面的因素严格予以控制，是保证建设项目工程质量的关键。

一、人的因素

人，是指直接参与工程建设的决策者、组织者、指挥者和操作者。人员的素质，即人的文化水平、技术水平、决策能力、管理能力、组织能力、作业能力、控制能力、身体素质及职业道德等，都将直接和间接地对工程质量产生不同程度的影响，所以人员素质是影

响工程质量的一个重要因素。人，作为控制的对象，避免产生失误；作为控制的动力，充分调动人的积极性，发挥人的主导作用。

为了避免人的失误，调动人的主观能动性，增强人的责任感和质量观念，达到以工作质量保工序质量、促工程质量的目的，除了加强思想教育、劳动纪律教育、职业道德教育、专业技术知识培训、健全岗位责任制、改善劳动条件、公平合理的激励外，还需根据工程项目的特点，从确保质量出发，本着适才适用、扬长避短的原则来控制人的使用。应从以下几方面来考虑人对质量的影响。

（一）领导者的素质

领导层整体的素质好，必然决策能力强，组织机构健全，管理制度完善，经营作风正派，技术措施得力，社会信誉高，实践经验丰富，善于协作配合；如此，就有利于合同执行，有利于确保质量、投资、进度、安全四大目标的控制。事实证明，领导层的整体素质，是提高工作质量和工程质量的关键。

（二）人的理论、技术水平

人的理论、技术水平直接影响工程质量水平。

（三）人的违纪违章

人的违纪违章，指人粗心大意、漫不经心、注意力不集中、不懂装懂、无知而又不虚心、不履行安全措施、安全检查不认真、随意乱扔东西、任意使用规定外的机械装置、不按规定使用防护用品、碰运气、图省事、玩忽职守、有意违章等，都必须严加教育、及时制止。

此外，应严格禁止无技术资质的人员上岗操作。总之，在使用人的问题，应从思想素质、文化素质、业务素质和身体素质等方面综合考虑，全面控制。

二、材料质量的控制

工程材料泛指构成工程实体的各类原材料、构配件、半成品等，它是工程建设的物质条件，是工程质量的基础。

（一）材料质量控制要点

在工程施工中，工程项目负责人对材料质量的控制应做好以下工作：

（1）充分掌握材料信息，优选供货商；

（2）合理组织材料供应，确保施工正常进行；

（3）合理组织材料使用，减少材料损失；

（4）加强材料检查验收，严把材料质量关。

（二）材料质量控制的内容

材料质量控制的内容主要有：

（1）材料的质量标准；

（2）材料的性能、特点；

（3）材料取样、试验方法；

（4）材料的适用范围和施工要求。

三、方法的控制

这里所指的方法控制，包含工程项目整个建设周期内所采取的技术方案、工艺流程、组织措施、检测手段、施工组织设计等的控制。

施工方案正确与否，是直接影响工程项目的进度控制、质量控制、投资控制三大目标能否顺利实现的关键。往往由于施工方案考虑不周而拖延进度，影响质量，增加投资。为此，必须结合工程实际，从技术、组织、管理、工艺、操作、经济等方面进行全面分析、综合考虑，力求方案技术可行、经济合理、工艺先进、措施得力、操作方便，有利于提高质量、加快进度、降低成本。

四、施工机械设备选用的质量控制

施工机械设备是实现施工机械化的重要物质基础，是现代化工程建设中必不可少的设施，对工程项目的施工进度和质量均有直接影响。为此，在项目施工阶段，项目负责人必须综合考虑园林绿化工程的特点、施工现场条件、机械设备性能、施工工艺和方法、施工组织与管理等各种因素制订机械设备使用方案。

（一）机械设备的选型

机械设备的选择，应本着因地制宜、因工程制宜，技术上先进、经济上合理、生产上适用、性能上可靠、使用上安全、操作上方便和维修方便等原则，使其具有工程的适用性，具有保证工程质量的可靠性，具有使用操作的方便性和安全性。如从适用性出发，正铲挖土机只适用于挖掘停机面以上的土层；反铲挖土机则适用于挖掘停机面以下的土层；而抓铲挖土机则最适宜于水中挖土。

（二）机械设备的主要性能参数

机械设备的主要性能参数是选择机械设备的依据，要能满足施工需要和保证质量的要求。如起重机械的性能参数，必须满足结构吊装中的起重量、起重高度和起重半径的要求，才能保证正常施工，不致引起安全质量事故。

（三）机械设备的使用、操作要求

合理使用机械设备，正确进行操作，是保证项目施工质量的重要环节，应贯彻"人机固定"原则，实行定机、定人、定岗位责任的"三定"制度。操作人员必须认真执行各项规章制度，严格遵守操作规程，防止出现安全质量事故。例如，起重机械，应保证安全装置（行程、高度、变幅、超负荷限位装置、其他保险装置等）齐全可靠；并要经常检查、保养、维修，使运转灵活；操作时，不准机械带"病"工作，不准超载运行，不准负荷行驶，不准猛旋转、开快车，不准斜牵重物等。如吊装大树，应事先进行吊装验算，合理地选择吊点，正确绑扎，使大树在吊装过程中保持平衡，不致因吊装受力过大而使大树遭到损害。

五、环境因素的控制

影响工程项目质量的环境因素较多，包括：工程技术环境，如工程地质、水文、气象等；工程管理环境，如质量保证体系、质量管理制度等；工程作业环境，如劳动工具、防护设施、作业面等；周边环境，如工程邻近的地下管线、建（构）筑物等。

环境因素对工程质量的影响，具有复杂而多变的特点，如气象条件就变化万千，温度、湿度、大气、暴雨、酷暑、严寒都直接影响工程质量，往往前一工序就是后一工序的环境。因此，根据工程特点和具体条件，应对影响质量的环境因素，采取有效的措施严加控制。

　　要不断改善施工现场的环境和作业环境；加强对自然环境和文物的保护；尽可能减少施工对环境的污染；健全施工现场管理制度，合理地布置，使施工现场秩序化、标准化、规范化，实现文明施工。

第三节　施工阶段质量控制任务和内容

一、施工前准备阶段的质量控制

　　项目负责人在此阶段的控制重点是做好施工准备工作。施工准备工作的内容包括：

　　(1)技术准备：包括熟悉和审查施工图纸；项目建设地点的自然条件、技术经济条件调查分析；编制施工组织设计；拟订有关试验计划；制订工程创优计划等。

　　(2)物质准备：包括材料准备；构配件、施工机具准备等。

　　(3)组织准备：包括建立项目组织机构，建立以项目经理为核心，技术负责人为主，专职质量检查员、工长、施工队班组长组成的质量管理、控制网络，对施工现场的质量职能进行合理分配，健全和落实各项管理制度，形成分工明确、责任清楚的执行机制；集结施工队伍；对施工队伍进行入场教育等。

　　(4)施工现场准备：包括控制网、水准点、标桩的测量；生产、生活临时施工设施的搭建；组织机具、材料进场；制定施工现场管理制度等。

二、施工过程中的质量控制

　　(1)建立质量控制自检系统，全面控制施工过程

　　重点是以工序质量控制为核心，设置质量控制点，进行预控，严格质量检查和加强成品保护。具体措施是工序交接有检查，质量预控有对策，施工项目有方案，技术措施有交底，图纸会审有记录，隐蔽工程有验收，设计变更有手续，质量处理有复查，成品保护有措施，质量文件有档案。

　　(2)强化质量验收，及时进行质量纠偏

　　要将影响工程质量的因素自始至终都纳入质量管理范围，强化材料、工序的自检验收，发现质量异常情况要及时采取有效措施进行质量纠偏。

三、施工过程所形成的产品质量控制

　　对完成施工过程所形成的产品的质量控制，是围绕工程验收和工程质量评定为中心进行的。具体包括检验批验收、分项工程验收、分部工程验收、项目竣工验收等不同层次的验收。

　　各层次的质量验收根据相关规定由相应的单位和人员执行。工程质量的验收均应在施工单位自行检查评定的基础上进行，参加工程施工质量验收的各方人员应具备规定的资格。隐蔽工程在隐蔽前应由施工单位通知有关单位进行验收，并应形成验收文件。涉及结构安全的试块、试件以及有关材料，应按规定进行见证取样检测。工程的观感质量应由验

收人员通过现场检查，并应共同确认。

第四节　施工工序质量的控制

工程实体的质量是在施工过程中形成的，而不是最后检验出来的。由于施工过程是由一系列相互联系与制约的工序所构成，工序是人、材料、机械设备、施工方法和环境等因素对工程质量综合起作用的过程。因此，施工过程中的质量控制是施工阶段质量控制的重点，而施工过程中的质量控制必须以工序质量控制为基础和核心。

一、工序质量控制的内容

工序质量控制的内容主要包括对工序条件的控制和对工序活动效果的控制两个方面。

（1）对工序条件的控制

对工序条件的控制就是指对于影响工序生产质量的各因素进行控制，换言之，就是要使工序活动能在良好的条件下进行，以确保工序产品的质量。

工序能力（Process Capability）是指工序的加工质量满足技术标准的能力。它是衡量工序加工内在一致性的标准。工序能力决定于五大质量因素——4M1E。工序能力的度量单位是质量特性值分布的标准差，记以 σ。通常，用 6σ 表示工序能力。工序能力指数（Process Capability Index）表示工序能力满足产品技术标准（产品规格、公差）的程度，一般记以 C_p。

（2）对工序活动效果的控制

对工序活动效果的控制主要反映在对工序产品的质量性能的特征指标的控制上。步骤如下：

① 实测：采取必要的手段进行检验。

② 分析：对检测数据进行整理，找出规律。

③ 判断：根据对数据分析的结果，对照质量标准，判断该工序是否达到质量标准。

④ 纠正或认可：如果质量不符合质量标准，应采取措施纠正；如果质量符合质量标准，则予以确认。

二、工序质量控制的实施要点

（1）确定工序质量控制计划。

（2）进行工序分析，分清主次，重点控制。

（3）对工序活动动态控制。

（4）设置工序活动的质量控制点，进行预控。

在施工生产现场中，对需要重点控制的质量特性、工程关键部位或质量薄弱环节，在一定时期内，一定条件下强化管理，使工序处于良好的控制状态，这称为"质量控制点"。

建立质量控制点的作用，在于强化工序质量管理控制，防止和减少质量问题的发生。

复习思考题:

1. 施工阶段质量控制的原则、依据和方法如何?
2. 简述施工阶段质量控制任务和内容。
3. 如何对影响工程质量五大因素实施有效的控制?
4. 简述施工工序质量的控制内容与实施要点。

第五章　园林绿化建设工程竣工验收与备案

工程竣工验收是园林绿化工程建设过程中最后一个关键环节，是全面考核工程建设成果，检查设计、施工、监理各方的工作质量和工程实体质量，确认工程能否交付业主投入使用的重要步骤。

目前，我国房屋建筑和市政基础设施工程实行的是竣工验收备案制度。

第一节　竣　工　验　收

一、园林绿化工程竣工验收的必备条件

园林绿化工程应具备下列条件和文件方可进行竣工验收：

（1）完成工程设计和合同约定的各项内容。

（2）《工程竣工验收申请表》。

（3）《工程质量评估报告》。

（4）勘察、设计文件质量检查报告。

（5）完整的技术档案和施工管理资料。

（6）建设单位已按合同约定支付工程款。

（7）施工单位签署的《工程质量保修书》。

（8）规划部门出具的规划验收合格证。

（9）公安消防、环保部门分别出具的认可文件或者准许使用文件。

（10）建设行政主管部门、行业行政主管部门及其委托的工程质量监督机构等有关部门责令整改的问题全部整改完毕。

二、竣工验收的组织

（1）工程竣工验收工作，由建设单位负责组织实施。

（2）由建设单位组织勘察、设计、施工、监理等有关单位人员和其他有关方面的专家组成验收组，负责验收工作。

（3）列入城建档案馆接收范围的工程，其竣工验收应当有城建档案馆参加。

三、竣工验收前的准备工作

（1）工程竣工后，施工单位应按照国家现行的有关验收规范、评定标准，全面检查所承建工程的质量，自评工程质量等级，填写《工程竣工验收申请表》，经该工程项目负责人、施工单位法定代表人和技术负责人签字并加盖单位公章后，提交监理单位核查，监理

单位在 5 个工作日内审核完毕，经总监理工程师签署意见后，报送建设单位。

（2）监理单位应具备完整的监理资料，并对监理的工程质量进行评估，提出《工程质量评估报告》，经总监理工程师和法人代表审核签名并加盖公章后，提交各建设单位。

（3）勘察、设计单位对勘察、设计文件及施工过程中由设计单位签署的设计变更通知书进行检查，并向建设单位提出质量检查报告。质量检查报告应经该项目勘察、设计单位负责人审核签名并加盖公章，提交各建设单位。

（4）建设单位在组织工程竣工验收前必须按国家有关规定，提请规划、公安消防、环保等部门进行专项验收，取得合格文件或准许使用文件。

（5）工程验收组制订验收方案，并在计划竣工验收 15 个工作日前将验收组成员名单、验收方案连同工程技术资料和《工程竣工验收条件审核表》提交质监机构检查，质监机构应在 7 个工作日内审查完毕。对不符合验收条件的，发出整改通知书，待整改完毕后，再行验收。对符合验收条件的，可按原计划如期进行验收。

四、竣工验收的依据

园林绿化工程竣工验收的依据包括以下几方面：
（1）建设方面的法律、行政法规、地方法规、部门规章。
（2）工程所在地建设行政主管部门、行业行政主管部门发布的规范性文件。
（3）园林绿化工程质量标准、技术规范。
（4）政府有关职能部门对该工程的批准文件。
（5）经审查批准的工程设计（含设计变更）、概（预）算文件。
（6）工程合同。

五、竣工验收的程序

（1）建设、勘察、设计、施工、监理单位分别向验收组汇报工程合同履约情况和在工程建设各个环节执行法律、法规和工程建设强制性标准情况。

（2）验收组审阅建设、勘察、设计、施工、监理单位的工程档案资料。

（3）实地查验工程质量。

（4）对工程勘察、设计、施工、监理质量做出全面评价，形成经验收组成员签署的工程竣工验收意见，由建设单位提出《工程竣工验收报告》。参与工程竣工验收的建设、勘察、设计、施工、监理等各方不能达成一致意见时，应当协商提出解决的办法，待意见一致后，重新组织工程竣工验收。

（5）列入城建档案馆接收范围的工程，建设单位应当在工程竣工验收备案后 6 个月内，向城建档案馆报送一套符合规定的工程建设档案。

六、竣工验收报告的内容

竣工验收报告的内容主要包括：工程概况，建设单位执行基本建设程序情况，对工程勘察、设计、施工、监理等方面的评价，工程竣工验收时间、程序、内容和组织形式，工程竣工验收意见等内容。

七、竣工验收的监督管理

（1）国务院建设行政主管部门负责全国工程竣工验收的监督管理工作。

（2）县级以上地方人民政府建设行政主管部门负责本行政区域内工程竣工验收的监督管理工作。

（3）县级以上地方人民政府建设行政主管部门应当委托工程质量监督机构对工程竣工验收实施监督。工程质量监督机构对工程竣工验收的有关资料、组织形式、验收程序、执行验收标准等情况实施现场监督。发现工程竣工验收有违反国家法律、法规和强制性技术标准行为或工程存在影响结构安全和严重影响使用功能的隐患的，责令整改，并将对工程竣工验收的监督情况作为工程质量监督报告的主要内容。工程质量监督机构应当在工程竣工验收之日起 5 个工作日内，向备案机关提交《工程质量监督报告》。

第二节 竣 工 验 收 备 案

一、竣工验收备案的概念

竣工验收备案是指工程竣工验收后，建设单位向工程所在地的县级以上地方人民政府建设行政主管部门（以下称"备案机关"）报送国家规定的有关文件，接受监督检查并取得备案机关收讫确认。

竣工验收备案是一种程序性的备案检查制度，是对建设工程参与各方质量行为进行规范化、制度化约束的强制性控制手段，竣工验收备案不免除参建各方的质量责任。

建设单位应当自工程竣工验收之日起 15 个工作日内，向备案机关办理备案手续。

二、竣工验收备案文件

建设单位向备案机关提交的备案文件包括以下内容：

（1）工程竣工验收备案表；

（2）竣工验收报告；

（3）施工许可证；

（4）施工图设计文件审查意见；

（5）工程竣工验收申请表；

（6）工程质量评估报告；

（7）勘察、设计质量检查报告；

（8）规划部门出具的规划验收合格证；

（9）公安消防、环保部门分别出具的认可文件或者准许使用文件；

（10）施工单位签署的工程质量保修书；

（11）验收组成员签署的工程竣工验收意见书；

（12）法规、规章规定的其他有关文件。

三、竣工验收备案程序

（1）建设单位向备案机关领取《工程竣工验收备案表》。

（2）建设单位持有由建设、勘察、设计、施工、监理单位负责人、项目负责人签名并加盖单位公章的《工程竣工验收备案表》一式四份及其他备案文件一套向备案机关申报备案。

（3）备案机关在收齐、验证备案文件后，根据《工程质量监督报告》及检查情况，15个工作日内在《工程竣工验收备案表》上签署备案意见。《工程竣工验收备案表》由建设单位、城建档案部门、质量监督机构和备案机关各存一份。

四、竣工验收备案相关处罚规定

根据建设部第78号令的规定，对竣工验收备案存在问题，有如下处罚规定：

（1）建设单位在工程竣工验收之日起15个工作日内未办理竣工验收备案的，备案机关责令限期改正，处20万元以上30万元以下罚款。

（2）建设单位将备案机关决定重新组织竣工验收的工程，在重新组织竣工验收前，擅自使用的，备案机关责令停止使用，处工程合同价款2%以上4%以下罚款。

（3）建设单位采用虚假证明文件办理竣工验收备案的，竣工验收无效，备案机关责令停止使用，重新组织竣工验收，处20万元以上30万元以下罚款；构成犯罪的，依法追究刑事责任。

复习思考题：

1. 园林绿化工程竣工验收的必备条件有哪些？
2. 竣工验收的程序和竣工验收报告的内容包括哪些内容？
3. 园林绿化工程竣工验收备案文件的基本内容如何？
4. 简述竣工验收备案的程序及相关处罚规定。

第六章　工程质量事故的处理

第一节　工程质量事故特点及分类

由于影响工程质量的因素众多且复杂多变，难免会出现某种质量事故或不同程度的质量缺陷。因此，处理好工程的质量事故，认真分析原因，总结经验教训、改进质量管理与质量保证体系，使工程质量事故减少到最低程度，是质量管理工作的一个重要内容与任务。应当重视工程质量不良可能带来的严重后果，切实加强对质量风险的分析，及早制订对策和措施，重视对质量事故的防范和处理，避免已发事故的进一步恶化和扩大。

一、工程质量事故定义和特点

（一）工程质量事故定义

凡工程产品质量没有满足某个规定的要求，就称之为质量不合格；而未满足与预期或规定用途有关的要求，称之为质量缺陷。在建设工程中通常所称的工程质量缺陷，一般是指工程不符合国家或行业现行有关技术标准、设计文件及合同中对质量的要求。质量缺陷分三种情况：一是致命缺陷，根据判断或经验，对使用、维护产品与此有关的人员可能造成危害或不安全状况的缺陷，或可能损坏最终产品的基本功能的缺陷。二是严重缺陷，是指尚未达到致命缺陷程度，但显著地降低工程预期性能的缺陷。三是轻微缺陷，是指不会显著工程产品预期性能的缺陷，或偏离标准但轻微影响产品的有效使用或操作的缺陷。

由于工程质量不合格或质量缺陷，而引发或造成一定的经济损失、工期延误或危及人的生命安全和社会正常秩序的事件，称为工程质量事故。

（二）工程质量事故特点

工程质量事故具有复杂性、严重性、可变性和多发性的特点。

1. 复杂性

园林绿化工程具有产品固定，生产过程中人和生产随着产品流动；露天作业多，环境、气候等自然条件复杂多变；所使用的材料品种、规格多、材料性能也不相同；多工种、多专业交叉施工，相互干扰大，手工操作多；工艺要求也不尽相同，施工方法各异，技术标准不一等特点。因此，影响工程质量的因素繁多，造成质量事故的原因错综复杂，即使是同一类的质量事故，而原因却可能多种多样、截然不同。这就增加了质量事故的原因和危害的分析难度，也增加了工程质量事故的判断和处理的难度。

2. 严重性

园林绿化工程是一项特殊的产品，不像一般生活用品可以报废，降低使用等级或使用档次，工程项目一旦出现质量事故，其影响较大。

3. 可变性

许多园林绿化工程的质量问题出现后，其质量状态并非稳定于发现的初始状态，而是有可能随着时间进程而不断地发展、变化。因此，在初始阶段并不严重的质量问题，如不能及时处理和纠正，有可能发展成严重的质量事故。

4. 多发性

园林绿化工程产品中，受手工操作和原材料多变等影响，有些质量事故，在各项工程中经常发生。

二、工程质量事故的分类

园林绿化工程质量事故一般可按下述不同的方法分类：

（一）按事故的性质及严重程度划分

按照住房和城乡建设部《关于做好房屋建筑和市政基础设施工程质量事故报告和调查处理工作的通知》（建质〔2010〕111号），根据工程质量事故造成的人员伤亡或者直接经济损失，工程质量事故分为4个等级：

（1）特别重大事故，是指造成30人以上死亡，或者100人以上重伤，或者1亿元以上直接经济损失的事故；

（2）重大事故，是指造成10人以上30人以下死亡，或者50人以上100人以下重伤，或者5000万元以上1亿元以下直接经济损失的事故；

（3）较大事故，是指造成3人以上10人以下死亡，或者10人以上50人以下重伤，或者1000万元以上5000万元以下直接经济损失的事故；

（4）一般事故，是指造成3人以下死亡，或者10人以下重伤，或者100万元以上1000万元以下直接经济损失的事故。

（二）按事故造成的后果区分

（1）未遂事故

发现了质量问题，经及时采取措施，未造成直接经济损失、延误工期或其他不良后果者，均属未遂事故。

（2）已遂事故

凡出现了不符合质量标准或设计要求，造成直接经济损失、工期延误或其他不良后果者，均构成已遂事故。

（三）按事故责任划分

（1）指导责任事故

指由于在工程实施指导或领导失误而造成的质量事故。

（2）操作责任事故

指在施工过程中，由于实施操作者不按规程或工艺实际操作，偷工减序、粗制滥造而造成的质量事故。

（四）按质量事故产生的原因划分

（1）技术原因引发的质量事故

是指在工程项目实施中由于设计、施工在技术上的失误而造成的质量事故。

（2）管理原因引发的质量事故

是指由于管理上的不完善或失误违反标准、违章指挥、不按设计图施工、玩忽职守、渎职而引发的质量事故。

（3）社会、经济原因引发的质量事故

是指由于社会、经济因素存在的弊端和不正之风引起建设中的错误行为，而导致出现的质量事故。

第二节 工程质量事故的报告与调查

一、工程质量事故的报告

（1）工程质量事故发生后，事故现场有关人员应当立即向工程建设单位负责人报告；工程建设单位负责人接到报告后，应于1h内向事故发生地县级以上人民政府住房和城乡建设主管部门及有关部门报告。

情况紧急时，事故现场有关人员可直接向事故发生地县级以上人民政府住房和城乡建设主管部门报告。

（2）住房和城乡建设主管部门接到事故报告后，应当依照下列规定上报事故情况，并同时通知公安、监察机关等有关部门：

1）较大、重大及特别重大事故逐级上报至国务院住房和城乡建设主管部门，一般事故逐级上报至省级人民政府住房和城乡建设主管部门，必要时可以越级上报事故情况。

2）住房和城乡建设主管部门上报事故情况，应当同时报告本级人民政府；国务院住房和城乡建设主管部门接到重大和特别重大事故的报告后，应当立即报告国务院。

3）住房和城乡建设主管部门逐级上报事故情况时，每级上报时间不得超过2h。

4）事故报告应包括下列内容：

① 事故发生的时间、地点、工程项目名称、工程各参建单位名称；

② 事故发生的简要经过、伤亡人数（包括下落不明的人数）和初步估计的直接经济损失；

③ 事故的初步原因；

④ 事故发生后采取的措施及事故控制情况；

⑤ 事故报告单位、联系人及联系方式；

⑥ 其他应当报告的情况。

5）事故报告后出现新情况，以及事故发生之日起30d内伤亡人数发生变化的，应当及时补报。

（3）事故现场保护

事故发生后，事故发生单位和事故发生地的建设行政主管部门，应当严格保护事故现场，采取有效措施抢救人员和财产，防止事故扩大。

因抢救人员，疏导交通等缘由，需要移动现场物件时，应当做出标志，绘制现场简图并做出书面记录，妥善保存现场重要痕迹、物证，有条件的应当拍照或录像。

二、工程质量事故的调查

（1）住房和城乡建设主管部门应当按照有关人民政府的授权或委托，组织或参与事故调查组对事故进行调查，并履行下列职责：

① 核实事故基本情况，包括事故发生的经过、人员伤亡情况及直接经济损失；

② 核查事故项目基本情况，包括项目履行法定建设程序情况、工程各参建单位履行职责的情况；

③ 依据国家有关法律法规和工程建设标准分析事故的直接原因和间接原因，必要时组织对事故项目进行检测鉴定和专家技术论证；

④ 认定事故的性质和事故责任；

⑤ 依照国家有关法律法规提出对事故责任单位和责任人员的处理建议；

⑥ 总结事故教训，提出防范和整改措施；

⑦ 提交事故调查报告。

（2）事故调查报告应当包括下列内容：

① 事故项目及各参建单位概况；

② 事故发生经过和事故救援情况；

③ 事故造成的人员伤亡和直接经济损失；

④ 事故项目有关质量检测报告和技术分析报告；

⑤ 事故发生的原因和事故性质；

⑥ 事故责任的认定和事故责任者的处理建议；

⑦ 事故防范和整改措施。

事故调查报告应当附具有关证据材料。事故调查组成员应当在事故调查报告上签字。

复习思考题：

1. 简述工程质量事故的特点和分类。
2. 简述工程质量事故报告的有关规定和书面内容。
3. 工程质量事故调查调查组的职责如何？
4. 简述工程质量事故调查报告的内容。

第七章 安全生产管理概述

第一节 基 本 概 念

一、安全生产、安全生产管理

(一)安全生产

安全生产(Work Safety)是指使生产过程处于避免人身伤害、设备损坏及其他不可接受的损害风险的状态。其他不可接受的损害风险通常指超出了法律、法规和规章要求,超出了方针、目标和企业规定的其他要求,超出了人们普遍接受(通常是隐含的)的要求。因此,安全与否要对照风险接受程度来判定,是一个相对的概念。

安全生产是施工项目重要的控制目标之一,也是衡量施工项目管理水平的重要标志。因此,施工项目必须把实现安全生产当作组织施工活动时的重要任务。

(二)安全生产管理

安全生产管理是施工企业生产管理的重要组成部分,是一门综合性的系统科学。安全生产管理的对象是施工生产中一切人、物、环境的状态管理与控制,安全管理是一种动态管理。

园林绿化建设工程施工项目安全生产管理,就是施工项目在施工过程中组织安全生产的全部管理活动。通过对生产因素具体的状态控制,使生产因素不安全的行为和状态减少或消除,不引发为事故。尤其是不引发使人受到伤害的事故。使施工项目效益目标的实现,得到充分保证。

二、生产安全事故、危险源

(一)事故

事故多指生产、工作上发生的意外损失或灾祸。(《现代汉语词典》)

工伤事故即因工伤亡事故,是因生产与工作发生的伤亡事故。

生产安全事故指生产经营活动中发生的造成人身伤亡或者直接经济损失的事件。

(二)危险源

危险源(Hazard)是指可能导致伤害或疾病、财产损失、工作环境破坏或这些情况组合的根源或状态。风险(Risk)是指某一特定危害性事件发生的可能性与后果的组合。危险源是引发风险的原因,风险是危险源引发的结果。根据危险源在事故发生发展中的作用把危险源分为两大类,即第一类危险源和第二类危险源。

1. 第一类危险源

可能发生意外释放的能量的载体或危险物质称作第一类危险源。能量或危险物质的意外释放是事故发生的物理本质。通常把产生能量的能量源或拥有能量的能量载体作为第一类危险源来处理。

2. 第二类危险源

造成约束、限制能量措施失效或破坏的各种不安全因素称作第二类危险源。

在生产、生活中，为了利用能量，人们制造了各种机器设备，让能量按照人们的意图在系统中流动、转换和做功，为人类服务，而这些设备设施又可以看成是限制约束能量的工具。正常情况下，生产过程中的能量或危险物质受到约束或限制，不会发生意外释放，即不会发生事故。但是，一旦这些约束或限制能量或危险物质的措施受到破坏或失效（故障），则将发生事故。第二类危险源包括人的不安全行为、物的不安全状态和管理及环境缺陷三个方面。

事故的发生是两类危险源共同作用的结果，第一类危险源是事故发生的前提，第二类危险源的出现是第一类危险源导致事故的必要条件。在事故的发生和发展过程中，两类危险源相互依存，相辅相成。第一类危险源是事故的主体，决定事故的严重程度，第二类危险源出现的难易，决定事故发生的可能性大小。

重大危险源，是指长期地或者临时地生产、搬运、使用或者储存危险物品，且危险物品的数量等于或者超过临界量的单元（包括场所和设施）。（《中华人民共和国安全生产法》）

第二节　事故致因理论

导致事故发生的原因因素是事故的致因因素。为了主动、有效地预防事故，首先必须深入了解和认识事故发生的原因。根据事故理论的研究，事故具有三种基本性质，即因果性、随机性与偶然性、潜在性与必然性，可以说每一起事故发生，尽管或多或少都存在偶然性，但却无一例外地都有着各种各样的必然性，因此，预防和避免事故的关键就在于找出事故发生的规律，识别、发现并且消除导致事故的必然原因，控制和减少偶然原因，使发生事故的可能性降低到最小。现代工业生产系统是人造系统，因此，任何事故从理论和客观上讲，都是可预防的。事故致因理论的发展经历了三个阶段：以海因里希因果连续论为代表的早期事故致因理论；以能量意外释放论为代表的二次世界大战后的事故致因理论；现代系统安全理论。

一、因果连续论

该理论认为，事故的发生不是一个孤立的事件，尽管事故发生可能在某一瞬间，却是一系列互为因果的原因事件相继发生的结果。在事故因果连锁论中，以事故为中心，事故的原因概括为三个层次：直接原因，间接原因，基本原因。

二、能量意外释放论

调查伤亡事故原因发现，大多数伤亡事故都是因为过量的能量，或干扰人体与外界正常能量交换的危险物质的意外释放引起的，并且这种过量能量或危险物质的释放都是由于人的不安全行为或物的不安全状态造成的。

三、现代系统安全理论

系统安全认为，系统中存在的危险源是事故发生的根本原因，防止事故发生就是消除、控制系统中的危险源。

（一）危险源的本质及产生原因

1. 存在能量及有害物质

企业的生产活动就是将能量及相关物质（原辅材料、包括有害物质）转化为产品的过程，因而存在能量及有害物质是不可避免的。这类危险源一般称为第一类危险源，它是危险产生的物质基础和内在原因，它一般决定了事故后果的严重程度。

能量：能量就是做功的能力，它既可以造福人类，也可以造成人员伤亡和财产损失。因而，一切产生、供给能量的能源和能量的载体在一定条件下，都可能是危险源。

有害物质：有害物质包括的工业粉尘、有毒物质、腐蚀性物质、窒息性气体等，当它们直接与人体或物体发生接触，能损伤人体的生理机能和正常代谢功能，破坏设备和物品的效能，导致人员的死亡、职业病、健康损害、财产损失或环境的破坏等。

2. 能量和有害物质失控

在生产中，能量、物质按人们的意愿在系统中流动、转换来生产产品；但同时也必须采取必要的控制措施，约束、限制这些能量及有害物质。一旦发生失控，就会发生能量、有害物质的意外释放，从而造成事故。失控也是一种危险源，被称为第二类危险源，它决定了危险源发生的外部条件和可能性大小。

（二）危险源的根源分析

危险源产生的根源来自三个方面：人的不安全行为、物的不安全状态、管理及环境缺陷。

1. 人的不安全行为

不安全行为是人表现出来的，与人的心理特征相违背的非正常行为。人在生产活动中，曾引起或可能引起事故的行为，必然是不安全行为。

人出现一次不安全行为，不一定就会发生事故，造成伤害。然而，事故，一定是不安全行为导致的。即使物的因素作用是事故的主要原因，也不能排除隐藏在不安全状态背后的人的行为失误的转换作用。

事故致因中，人的因素指个体人的行为与事故的因果关系。个体人的行为就是个体人遵循自身的生理原理而表现的行动。任何人都会由于自身与环境因素影响，对同一事故的反应、表现与行为出现差异。不同的个体人在一定动机驱动下，为了某些单纯目的，表现的行为很不一致。然而，不同的个体人都遵循同一程序，即行为起因（动机）—激励（因素影响）—目的（目标）。

人的自身因素是人的行为根据和内因。环境因素是人的行为外因，是影响人的行为的条件，甚至产生重大影响。

非理智行为在引发为事故的不安全行为中，所占比例相当大，在生产中出现的违章、违纪现象，都是非理智行为的表现，冒险蛮干则表现得尤为突出。非理智行为的产生，一般多由于侥幸、省事、逆反、凑合等心理所支配。在安全管理过程中，控制非理智行为的任务是相当重的，也是非常严肃、非常细致的一项工作。

2. 物的不安全状态

人机系统把生产过程中发挥一定作用的机械、物料、生产对象以及其他生产要素统称为物。物具有不同形式、性质的能量，有出现能量意外释放、引发事故的可能性。物的能量可能释放引起事故的状态，称为物的不安全状态。这是从能量与人的伤害间的联系所给的定义。如果从发生事故的角度，也可把物的不安全状态看作，曾引起或可能引起事故的物的状态。

在生产过程中，物的不安全状态极易出现。所有的物的不安全状态，都与人的不安全行为或人的操作、管理失误有关。往往在物的不安全状态背后，隐藏着人的不安全行为或人的失误。物的不安全状态既反映了物的自身特性，又反映了人的素质和人的决策水平。

物的不安全状态的运动轨迹，一旦与人的不安全行为的运动轨迹交叉，就是发生事故的时间与空间。因此，正确判断物的具体不安全状态，控制其发展，对预防、消除事故有直接的现实意义。

针对生产中物的不安全状态的形成与发展，在进行施工设计、工艺安排、施工组织与具体操作时，采取有效的控制措施，把物的不安全状态消除在生产活动进行之前，或引发为事故之前，是安全管理的重要任务之一。

消除生产活动中物的不安全状态，是生产活动所必需的，也是"预防为主"方针落实的需要。同时，又体现了生产组织者的素质状况和工作才能。

3. 管理及环境缺陷

管理及环境方面的缺陷对危险源产生的影响主要在于，缺陷的存在加剧了物的不安全状态和人的不安全行为的危险程度，从而诱发事故的发生。另外，它们也会直接导致事故的发生。

第三节 安全管理基本原理

一、系统原理

建设工程施工安全系统原理，即施工安全管理与投资管理、进度管理和质量管理是同时进行的，是针对整个建设工程目标系统所实施的管理活动的一个组成部分，在实施施工安全管理的同时需要满足预定的投资目标、进度目标和质量目标。因此，在施工安全管理的过程中，要协调好与投资管理、进度管理和质量管理的关系，做到四大目标管理的有机配合和相互平衡，而不能片面强调施工安全管理。

建设工程施工安全管理的系统原理还应从以下几个方面考虑：

（1）保证基本安全目标的实现。建设工程的基本安全目标关系到人民群众生命和财产安全，关系到社会稳定问题，国家有明确的相应工程建设强制性标准。因此，建设工程一经决策动工，无论投资、进度要付出多么重大的代价，都必须保证建设工程施工安全基本目标予以实现。

（2）尽可能发挥施工安全管理对投资目标、进度目标、质量目标的积极作用。

（3）确保安全目标合理并能实现。为了使安全目标合理并符合实际需要，在确定建设工程施工安全目标时，应充分考虑来自内部、外部的最可能影响到安全目标的信息、资料，包括：现有法律法规、标准规范和其他要求；施工现场危险源和重要环境因素的识别、评价和控制策划结果；可选择的施工技术方案；财务、运行和经营要求；相关方的意见，以及已建同类建设工程的数据资料等。

二、动态管理和控制原理

建设工程施工安全管理涉及施工生产活动的方方面面，涉及从开工到竣工交付的全部生产过程，涉及全部的生产时间，涉及一切变化着的生产因素，因此，建设工程施工生产活动中必须进行动态管理和控制。动态控制包括事前控制、事中控制和事后控制。

（一）事前控制

要求预先进行周密的建设工程施工安全计划，编制施工组织设计和专项施工安全方案，都必须建立在切实可行、有效实现预期安全目标的基础上，作为一种行动方案进行施工部署。施工企业应加强施工安全技术在工程施工安全管理的系统控制作用，避免造成安全预控的先天性缺陷。事前控制，其内涵包括两层意思，一是强调安全目标的计划预控，二是按工程施工安全计划进行安全生产活动前的准备工作状态的控制。

（二）事中控制

首先是对施工安全生产活动的行为约束，即对施工安全生产过程各项技术作业活动操作者在相关制度的管理下的自我行为的约束，并充分发挥其技术能力，去完成预定安全目标的作业任务；其次，是对施工安全生产活动过程和结果，来自他人的外部监控，这里包括来自企业内部安全生产管理者的检查检验和来自企业外部的监控，如工程监理单位、保险单位和政府有关安全监督管理部门等的监控。

事中控制包含自控和监控两大环节，但关键是增强安全意识，发挥操作者自我约束、自我控制的作用，即坚持安全生产标准是根本的，监控是必要时的补充。因此，施工企业组织施工生产活动时，通过监管机制和激励机制相结合的管理方法，来发挥操作者更好的自我控制能力，以达到安全控制的效果，是非常必要的。这必须通过建立和实施安全管理体系来达到。

（三）事后控制

包括对施工生产活动结果的评价认定和安全偏差的纠正。从理论上分析，计划预控过程所制订的行动方案考虑得越是周密，事中约束监控的能力越强越严格，实现预期安全目标的可能性就越大。但是，由于种种主客观原因，建设工程在施工过程中不可避免地会存在一些计划时难以预料的影响因素，包括系统因素和偶然因素，因此，当出现实际值与目标值之间超出允许偏差，产生安全隐患时，必须分析原因，采取措施纠正偏差，保持安全受控状态。

上述三大环节，不是孤立和截然分开的，它们之间构成有机的系统过程，实质上也就是 PDCA 循环具体化，并在每一次滚动循环中不断提高，达到安全管理或安全控制的持续改进。

三、安全风险管理原理

建设工程安全风险管理原理，就是通过识别与建设工程施工现场相关的所有危险源以及环境因素，评价出重大危险源与重大环境因素，并以此为基础，制订针对性的控制措施和管理方案，明确建立危险源和环境因素识别、评价和控制活动与安全管理其他各要素之间的联系，对其实施进行管理和控制。这也体现了系统的、主动的事故预防思想。建设工程安全风险管理的目的是控制和减少施工现场的施工安全风险，实现安全目标，实现事故预防。

建设工程安全风险管理是一个随施工进度而动态循环、持续改进的过程。

四、安全经济学原理

建设工程施工安全管理应遵循安全经济学原理，分析建设工程施工安全成本与建设工程安全事故率之间的关系。建设工程施工安全成本投入较低时，建设工程安全事故率就较高，反之，建设工程施工安全成本投入较高时，建设工程安全事故率就较低。为防止和减少建设工程施工安全事故，必须投入必要的安全生产资金。为此，《建设工程安全生产管理条例》明确规定了建设单位应在工程概算中确定并提供安全作业环境和安全施工措施费用；施工单位应建立和落实安全生产资金保障制，即安全生产费用必须用于施工安全防护用具及设施的采购和更新、安全施工措施的落实、安全生产条件的改善。

五、安全协调学原理

协调就是联络、结合、调和所有活动及力量，使各方配合得当，其目的是使各方协同一致，以实现预定目标。建设工程组织协调是指以一定的组织形式、手段和方法，对工程项目中产生的关系不畅进行疏通，对产生的干扰和障碍予以排除的活动。

建设工程施工安全管理应在组织机构、人员保证和资金保证等方面遵循安全协调学原理，充分发挥组织机构、人员的功能，加强对安全生产的组织协调，这有利于防止和减少施工现场安全事故的发生，实现安全目标。

第四节　安全管理基本原则

为有效地将生产因素的状态控制好，实施安全管理过程中，应正确处理五种关系，坚持六项基本管理原则。

一、正确处理五种关系

（一）安全与危险的并存

安全与危险在同一事物的运动中是相互对立、相互依赖而存在的。因为有危险，才要进行安全管理，以防止危险。安全与危险并非是等量并存、平静相处。随着事物的运动变化，安全与危险每时每刻都在变化着，进行着此消彼长的斗争。事物的状态将向斗争的胜方倾斜。可见，在事物的运动中，都不会存在绝对的安全或危险。

危险因素是客观存在于事物运动之中的，是可控的。保持生产的安全状态，必须采取多种措施，以预防为主。

（二）安全与生产的统一

生产是人类社会存在和发展的基础。如果生产中人、物、环境都处于危险状态，则生产无法顺利进行。因此，安全是生产的客观要求，当生产完全停止，安全也就失去意义。就生产的目的性来说，组织好安全生产就是对国家、人民和社会最大的负责。

生产有了安全保障，才能持续、稳定发展。生产活动中事故层出不穷，生产势必陷于混乱，甚至瘫痪状态。当生产与安全发生矛盾、危及职工生命或国家财产时，停下来整治生产活动，消除危险因素，生产形势才会变得更好。"安全第一"的提法，决非把安全摆到生产之上。忽视安全当然也是一种错误。

（三）安全与质量的包含

从广义上看，质量包含安全工作质量，安全概念也包含着质量，交互作用，互为因果。安全第一，质量第一，两个第一并不矛盾。安全第一是从保护生产因素的角度提出的，而质量第一则是从关心产品成果的角度而强调的。安全为质量服务，质量需要安全保证。生产过程丢掉哪一头，都会陷于失控状态。

（四）安全与速度的互保

生产的蛮干、乱干，在侥幸中求得的快，缺乏真实与可靠，一旦酿成不幸，非但无速度可言，反而会延误时间。

速度应以安全作为保障，安全就是速度。应追求安全加速度，竭力避免安全减速度。安全与速度成正比例关系。一味强调速度，置安全于不顾的做法是极其有害的。当速度与安全发生矛盾时，暂时减缓速度，保证安全才是正确的做法。

（五）安全与效益的兼顾

安全技术措施的实施，定会改善劳动条件，调动职工的积极性，焕发劳动热性，带来经济效益，足以使原来的投入得以补偿。从这个意义上说，安全与效益是一致的，安全促进了效益的增长。

在安全管理中，投入要适度、适当，精打细算，统筹安排。既要保证安全生产，又要经济合理，还要考虑力所能及。单纯为了省钱而忽视安全生产，或单纯追求不借资金的盲目高标准，都不可取。

二、坚持六项基本管理原则

（一）管生产同时管安全

安全寓于生产之中，并对生产发挥促进与保证作用。因此，安全与生产虽有时会出现矛盾，但从安全、生产管理的目标、目的来看，两者表现出高度的一致和完全的统一。

安全管理是生产管理的重要组成部分，安全与生产在实施过程中存在着密切的联系，存在着进行共同管理的基础。

管生产同时管安全，不仅是对各级领导人员明确安全管理责任，同时，也向一切与生产有关的机构、人员，明确了业务范围内的安全管理责任。由此可见，一切与生产有关的机构、人员、都必须参与安全管理并在管理中承担责任。认为安全管理只是安全部门的事，是一种片面的、错误的认识。

各级人员安全生产责任制度的建立，管理责任的落实，体现了管生产同时管安全的原则。

（二）坚持安全管理的目的性

安全管理的内容是对生产中的人、物、环境因素状态的管理，有效地控制人的不安全行为和物的不安全状态，消除或避免事故，达到保护劳动者的安全与健康的目的。

没有明确目的的安全管理是一种盲目行为。盲目的安全管理，劳民伤财，危险因素依然存在。

（三）坚持预防为主

进行安全管理不是处理事故，而是在生产活动中，针对生产的特点，对生产因素采取管理措施，有效地控制不安全因素的发展与扩大，把可能发生的事故，消灭在萌芽状态，以保证生产活动中人的安全与健康。

贯彻预防为主，首先要提高对生产中不安全因素的认识，端正消除不安全因素的态度，选准消除不安全因素的时机。在安排与布置生产内容时，针对施工生产中可能出现的危险因素，采取措施予以消除，是最佳选择。在生产活动过程中，经常检查，及时发现不安全因素，采取措施，明确责任，尽快地、坚决地予以消除，是安全管理应有的鲜明态度。

（四）坚持全面动态管理

安全管理不是少数人和安全机构的事，而是一切与生产有关的人共同的事。缺乏全员的参与，不会出现好的管理效果。当然，这并非否定安全管理第一责任人和安全机构的作用。生产组织者在安全管理中的作用固然重要，全员参与管理也十分重要。

安全管理涉及生产活动的方方面面，涉及从开工到竣工交付的全部生产过程，涉及全部的生产时间，涉及一切变化着的生产因素。因此，生产活动中必须坚持全员、全过程、全方位、全天候的动态安全管理。

（五）安全管理重在全过程控制

进行安全管理的目的是预防、消灭事故，防止或消除事故伤害，保护劳动者的安全与健康。在安全管理的几项主要内容中，虽然都是为了达到安全管理的目的，但是对生产因素状态的控制，与安全管理目的关系更直接，显得更为突出。因此，对生产中人的不安全行为和物的不安全状态的控制，必须看作是动态的安全管理的重点。事故的发生，是由于人的不安全行为运动轨迹与物的不安全状态运动轨迹的交叉。事故发生的原理也说明了对生产因素状态的控制，应该当作安全管理重点，而不能把约束当作安全管理的重点，因为约束缺乏强制性的手段。

（六）坚持持续改进

既然安全管理是在变化着的生产活动中的管理，是一种动态的过程。其管理就意味着是不断发展的、不断变化的，以适应变化的生产活动，消除新的危险因素。更需要不间断地摸索新的规律，总结管理、控制的办法与经验，持续改进，指导新的变化后的管理，从而不断提高安全管理水平。

第五节 安全技术措施

一、安全技术措施

针对生产过程中已知的或已出现的危险因素，采取的一切消除或控制的技术性措施，统称为安全技术措施。安全技术措施是改善生产工艺，改进生产设备，控制生产因素不安全状态，预防与消除危险因素对人产生的伤害的科学武器和有力的手段。安全技术措施包括为实现安全生产以及避免损失扩大的一切技术方法与手段，主要有防火、防毒、防爆、防洪、防尘、防雷击、防触电、防坍塌、防物体打击、防机械伤害、防起重设备滑落、防高空坠落、防交通事故、防寒、防暑、防疫、防环境污染等方面的措施。

安全技术措施重点解决具体的生产活动中的危险因素的控制，预防与消除事故危害。发生事故后，安全技术措施应迅速将重点转移到防止事故扩大，尽量减少事故损失，避免引发其他事故方面。这就是安全技术措施在安全生产中应该发挥的预防事故和减少损失两方面的作用。

安全技术措施与工程技术措施具有统一性，是不可割裂的。

二、安全技术措施的标准

安全技术措施必须针对具体的危险因素或不安全状态，以控制危险因素的生成与发生为重点，以控制效果作为评价安全技术措施的唯一标准。其具体标准有如下几个方面：

（一）防止人的失误的能力

有效防止工艺过程、操作过程导致严重后果的人的失误。

（二）控制人的失误后果的能力

出现人的失误或险情，也不致发生危险。

（三）防止故障或失误的传递能力

发生故障或失误，能够防止引发其他故障或失误，避免故障或失误的扩大。

（四）故障或失误后导致事故的难易程度

至少有两次相互独立的故障或失误同时发生，才能引发事故的保证能力。

（五）承受能量释放的能力

对偶然发生的超常能量的释放有足够的承受能力。

（六）防止能量蓄积的能力

采用限量蓄积和溢放，随时卸掉多余能量，防止能量释放造成伤害。

三、安全技术措施的优选顺序

预防是消除事故最佳的途径。针对生产过程中已知的或已出现的危险因素，根据危险因素的类型及其在事故发生发展中的作用，采取的一切消除或控制的技术性措施，统称为安全技术措施。在采取安全技术措施时，应遵循预防性措施优先选择、根治性措施优先选择、紧急性措施优先选择的原则，依次排列，以保证采取措施与落实的速度，也就是要分出轻、重、缓、急。安全技术措施的优选顺序如下：

根除危险因素→限制或减少危险因素→隔离、屏蔽、连锁→故障安全设计→减少故障或失误→校正行动。

第六节　安　全　管　理　措　施

安全管理是为施工项目实现安全生产开展的管理活动。施工现场的安全管理，重点是进行人的不安全行为与物的不安全状态的控制，落实安全管理决策与目标，以消除一切事故，避免事故伤害，减少事故损失为管理目的。

安全管理措施是安全管理的方法与手段，管理的重点是对生产各因素状态的约束与控制。根据施工生产的特点，安全管理措施带有鲜明的行业特色。

一、落实安全责任、实施责任管理

施工项目承担控制、管理施工生产进度、成本、质量、安全等目标的责任。因此，必须同时承担进行安全管理、实现安全生产的责任。

（1）建立、完善以项目经理为首的安全生产领导组织。有组织、有领导地开展安全管理活动，承担组织、领导安全生产的责任。

（2）建立各级人员安全生产责任制度，明确各级人员的安全责任。抓制度落实、抓责任落实，定期检查安全责任落实情况，及时报告。

① 项目经理是施工项目安全管理第一责任人。

② 各级职能部门、人员，在各自业务范围内，对实现安全生产的要求负责。

③ 全员承担安全生产责任，建立安全生产责任制，从经理到工人的生产系统做到纵向到底，一环不漏；各职能部门、人员的安全生产责任做到横向到边，人人负责。

（3）施工项目应通过监察部门的安全生产资质审查，并得到认可。

一切从事生产管理与操作的人员，依照其从事的生产内容，分别通过企业、施工项目的安全审查，取得安全操作认可证，持证上岗。

特种作业人员，除经企业的安全审查，还需按规定参加安全操作考核，取得监察部门核发的《安全操作合格证》，坚持"持证上岗"。

（4）施工项目负责施工生产中物的状态审验与认可，承担物的状态漏验、失控的管理责任，接受由此而出现的经济损失。

（5）一切管理、操作人员均需与施工项目签订安全协议，向施工项目做出安全保证。

（6）安全生产责任落实情况的检查，应认真、详细地记录，作为分配、补偿的原始资料之一。

二、安全教育与训练

进行安全教育与训练，能增强人的安全生产意识，提高安全生产知识，有效地防止人的不安全行为，减少人为失误。安全教育、训练是进行人的行为控制的重要方法和手段，因此，进行安全教育、训练要适时、宜人，内容合理，方式多样，形成制度。组织安全教育、训练，做到严肃、严格、严密、严谨，讲求实效。

（1）安全教育、训练的目的与方式

安全教育、训练包括知识、技能、意识三个阶段的教育。进行安全教育、训练，不仅要使操作者掌握安全生产知识，而且能正确、认真地在作业过程中表现出安全的行为。

（2）安全教育的内容随实际需要而确定

① 新工人入场前应完成三级安全教育。

② 结合施工生产的变化，适时进行安全知识教育。干什么训练什么，反复训练、分步验收。

（3）加强教育管理，增强安全教育效果

进行各种形式、不同内容的安全教育，都应把教育的时间、内容等清楚地记录在安全教育记录本或记录卡上。

三、安全检查

安全检查是发现不安全行为和不安全状态的重要途径，是消除事故隐患、落实整改措施、防止事故伤害、改善劳动条件的重要方法。

安全检查的形式有普遍检查、专业检查和季节性检查。

（1）安全检查的内容

主要是查思想、查管理、查制度、查现场、查隐患、查事故处理。

（2）安全检查的组织

① 建立安全检查制度，按制度要求的规模、时间、原则、处理全面落实。

② 成立由第一责任人为首，业务部门人员参加的安全检查组织。

③ 安全检查必须做到有计划、有目的、有准备、有整改、有总结、有处理。

（3）安全检查的方法

常用的有一般检查方法和安全检查表法。

① 一般方法，常采用看、听、嗅、问、测、验、析等方法。

② 安全检查表法。是一种原始的、初步的定性分析方法。它通过事先拟定的安全检查明细表或清单，对安全生产进行初步的诊断和控制。

（4）安全检查的形式

① 定期安全检查。各列入安全管理活动计划，有较一致时间间隔的安全检查。定期安全检查的周期，施工项目自检宜控制在 10～15d。班组必须坚持日检。季节性专业性安全检查，按规定要求确定日程。

② 突击性安全检查。指无固定检查周期，对个别部门、特殊设备、小区域的安全检查，属于突击性安全检查。

③ 特殊检查。对预料中可能会带来危险因素的，以"发现"危险因素为专题的安全检查，称为特殊安全检查。

安全检查后的整改，必须坚持"三定"和"不推不拖"，不使危险因素长期存在而危及人的安全。"三定"指的是对检查后发现的危险因素的消除态度。三定即定具体整改责任人，定解决与改正的具体措施，限定消除危险因素的整改时间。

四、作业标准化

操作者产生的不安全行为中，不知正确的操作方法，为了提速而省略了必要的操作步骤，坚持自己的操作习惯等所占比例很大。按科学的作业标准规范人的行为，有利于控制人的不安全行为，减少人的失误。

（1）制订作业标准，是实施作业标准化的首要条件。

（2）标准必须考虑到人的身体运动特点和规律，作业场地布置、使用工具设备、操作幅度等，应符合科学的要求。

五、生产技术与安全技术的统一

生产技术工作是通过完善生产工艺过程、完备生产设备、规范工艺操作，发挥技术的作用，保证生产顺利进行。包含了安全技术在保证生产顺利进行的全部职能和作用。两者的实施目标虽各有侧重，但工作目的完全统一在保证生产顺利进行、实现效益这一共同的基点上。生产技术、安全技术统一，体现了安全生产责任制的落实以及"管生产同时管安全"的管理原则的具体落实。主要表现在：

（1）施工生产进行之前，考虑产品的特点、规模、质量，生产环境、自然条件等。摸清生产人员流动规律、能源供给状况、机械设备的配置条件、需要的临时设施规模，以及物料供应、储放、运输等条件。完成生产因素的合理匹配计算，完成施工设计和现场布置。施工设计和现场布置经过审查、批准，即成为施工现场中生产因素流动与动态控制的唯一依据。

（2）施工项目中的分部、分项工程，在施工进行之前，针对工程具体情况与生产因素的流动特点，完成作业或操作方案。这将为分部、分项工程的实施，提供具体的作业或操作规范。方案完成后，为使操作人员充分理解方案的全部内容，减少实际操作中的失误，避免操作时的事故伤害，要把方案的设计思想、内容与要求，向作业人员进行充分的交底。交底既是安全知识教育的过程，同时，也确定了安全技能训练的时机和目标。

六、正确对待事故的调查与处理

事故是违背人们意愿，且又不希望发生的事件。一旦发生事故，不能以违背人们意愿为理由予以否定。关键在于对事故的发生要有正确认识，并用严肃、认真、科学、积极的态度，处理好已发生的事故，尽量减少损失。采取有效措施，避免同类事故重复发生。

（1）发生事故后，以严肃、科学的态度去认识事故，实事求是地按照规定、要求报告。不隐瞒、不虚报，不避重就轻是对待事故科学、严肃态度的表现。

（2）积极抢救负伤人员的同时，保护好事故现场，以利于调查清楚事故原因，从事故中找到生产因素控制的差距。

（3）分析事故，弄清发生过程，找出造成事故的人、物、环境状态方面的原因。分清造成事故的安全责任，总结生产因素管理方面的教训。

（4）以事故为例，召开事故分析会进行安全教育。使所有生产部位、过程中的操作人员，从事故中看到危害，激励他们的安全生产动机。从而在操作中自觉地实行安全行为，主动地消除物的不安全状态。

（5）采取预防类似事故重复发生的措施，并组织彻底的整改；使采取的预防措施完全落实。经过验收，证明危险因素已完全消除时，再恢复施工作业。

第七节　职业健康安全管理体系

一、职业健康安全管理体系概念与运行模式

职业健康安全是指影响或可能影响工作场所内的员工或其他工作人员（包括临时工和

承包方员工）、访问者或其他人员的健康安全的条件和因素。

职业健康安全管理体系是组织管理体系的一部分，用于制定和实施组织的职业健康安全方针并管理其职业健康安全风险。

职业健康安全管理体系的运行模式基于"策划-实施-检查-改进（PDCA）"的方法论。

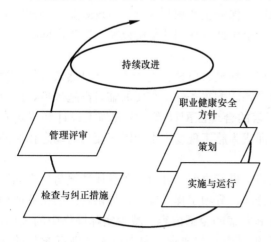

图 3-7-1　职业健康安全管理体系运行模式

职业健康安全管理体系标准——《职业健康安全管理体系要求》GB/T 28001—2011 规定了对职业健康安全管理体系的要求，旨在使组织在制定和实施其方针和目标时能够考虑到法律法规要求和职业健康安全风险信息。图 3-7-1 给出了该标准所用的方法基础。体系的成功依赖于组织各层次和职能的承诺，特别是最高管理者的承诺。这种体系使生产经营单位能够制定其职业健康安全方针，建立实现方针承诺的目标和过程，为改进体系绩效并证实其符合标准要求而采取必要的措施。该标准的总目的在于支持和促进与社会经济需求相协调的良好职业健康安全实践。

二、职业健康安全管理体系要求

生产经营单位根据要求建立、实施、保持和持续改进职业健康安全管理体系，确定如何满足这些要求，并形成文件。

（一）职业健康安全方针

生产经营单位的最高管理者应确定和批准职业健康安全方针，并确保职业健康安全方针在界定的职业健康安全管理体系范围内：

（1）适合于组织职业健康安全风险的性质和规模；

（2）包括防止人身伤害与健康损害、持续改进职业健康安全管理与职业健康安全绩效的承诺；

（3）包括至少遵守与其职业健康安全危险源有关的适用法律法规要求及组织应遵守的其他要求与承诺；

（4）为制定和评审职业健康安全目标提供框架；

（5）形成文件，付诸实施，并予以保持；

（6）传达到所有在组织控制下工作的人员，旨在使其认识到各自的职业健康安全义务；

（7）可为相关方所获取；

（8）定期评审，以确保其与组织保持相关和适宜。

（二）策划

1. 危险源辨识、风险评价和控制措施的确定

生产经营单位应建立、实施并保持程序，以便持续进行危险源辨识、风险评价和必要

控制措施的确定。

危险源辨识和风险评价的程序应考虑：

（1）常规和非常规活动；

（2）所有进入工作场所的人员（包括承包方人员和访问者）的活动；

（3）人的行为、能力和其他人为因素；

（4）已识别的源于工作场所外，能够对工作场所内组织控制下的人员的健康安全产生不利影响的危险源；在工作场所附近，由组织控制下的工作相关活动所产生的危险源；

（5）由本组织或外界所提供的工作场所的基础设施、设备和材料；

（6）组织及其活动、材料的变更，或计划的变更；

（7）职业健康安全管理体系的更改，包括临时性变更等，及其对运行、过程和活动的影响；

（8）任何与风险评价和实施必要控制措施相关的适用法律义务；

（9）对工作区域、过程、装置、机器和（或）设备、操作程序和工作组织的设计，包括其对人的能力的适应性。

生产经营单位用于危险源辨识和风险评价的方法：一是在范围、性质和时机方面进行界定，以确保其是主动的而非被动的；二是提供风险的确认、风险优先次序的区分和风险文件的形成以及适当的控制措施的运用。

对于变更管理，生产经营单位应在变更前，识别在组织内、职业健康安全管理体系中或生产经营单位活动中与该变更相关的职业健康安全危险源和职业健康安全风险。

生产经营单位应确保在确定控制措施时考虑这些评价的结果。

在确定控制措施或考虑变更现有控制措施时，应按如下顺序考虑降低风险：消除；替代；工程控制措施；标志、警告和（或）管理控制措施；个体防护装备。

生产经营单位应将危险源辨识、风险评价和控制措施的确定的结果形成文件并及时更新。

在建立、实施和保持职业健康安全管理体系时，生产经营单位应确保对职业健康安全风险和确定的控制措施能够得到考虑。

2. 法律法规和其他要求

生产经营单位应建立、实施并保持程序，以识别和获取适用于生产经营单位的法律法规和其他职业健康安全要求。

在建立、实施和保持职业健康安全管理体系时，生产经营单位应确保适用法律法规要求和组织应遵守的其他要求得到考虑。

生产经营单位应使这方面的信息处于最新状态。

生产经营单位应向在其控制下工作的人员和其他有关的相关方传达相关法律法规和其他要求的信息。

3. 目标和方案

生产经营单位应在其内部相关职能和层次建立、实施和保持形成文件的职业健康安全目标。

可行时，目标应可测量。目标应符合职业健康安全方针，包括防止人身伤害与健康损害，符合适用法律法规要求与组织应遵守的其他要求，以及持续改进的承诺。

在建立和评审目标时，生产经营单位应考虑法律法规要求和应遵守的其他要求及其职业健康安全风险。生产经营单位还应考虑其可选技术方案，财务、运行和经营要求，以及有关的相关方的观点。

生产经营单位应建立、实施和保持实现其目标的方案。方案至少应包括：为实现目标而对生产经营单位相关职能和层次的职责和权限的确定；实现目标的方法和时间表。应定期和按计划的时间间隔对方案进行评审，必要时进行调整，以确保目标得以实现。

（三）实施和运行

1. 资源、作用、职责、责任和权限

最高管理者应对职业健康安全和职业健康安全管理体系承担最终责任。

最高管理者应通过以下方式证实其承诺：

（1）确保为建立、实施、保持和改进职业健康安全管理体系提供必要的资源。资源包括人力资源和专项技能、生产经营单位基础设施、技术和财力资源。

（2）明确作用、分配职责和责任、授予权力以提供有效的职业健康安全管理；作用、职责、责任和权限应形成文件和予以沟通。

生产经营单位应任命最高管理者中的成员，承担特定的职业健康安全职责，无论他（他们）是否还负有其他方面的职责，都应明确界定如下作用和权限：

①确保按标准建立、实施和保持职业健康安全管理体系；

②确保向最高管理者提交职业健康安全管理体系绩效报告，以供评审，并为改进职业健康安全管理体系提供依据。

最高管理者中的被任命者其身份应对所有在本生产经营单位控制下工作的人员公开。

所有承担管理职责的人员，都应证实其对职业健康安全绩效持续改进的承诺。

生产经营单位应确保工作场所的人员在其能控制的领域承担职业健康安全方面的责任，包括遵守生产经营单位适用的职业健康安全要求。

2. 能力、培训和意识

生产经营单位应确保在其控制下完成对职业健康安全有影响的任务的人员都具有相应的能力，该能力应依据适当的教育、培训或经历来确定。生产经营单位应保存相关的记录。

生产经营单位应确定与职业健康安全风险及职业健康安全管理体系相关的培训需求。应提供培训或采取其他措施来满足这些需求，评价培训或所采取的措施的有效性，并保存相关记录。

生产经营单位应当建立、实施并保持程序，使在本生产经营单位控制下工作的人员意识到：

（1）他们的工作活动和行为的实际或潜在的职业健康安全后果，以及改进个人表现的职业健康安全益处；

（2）他们在实现符合职业健康安全方针、程序和职业健康安全管理体系要求，包括应急准备和响应要求方面的作用、职责和重要性；

（3）偏离规定程序的潜在后果。

培训程序应当考虑不同层次的职责、能力、语言技能和文化程度、风险。

3. 沟通、参与和协商

（1）沟通

针对其职业健康安全危险源和职业健康安全管理体系，生产经营单位应建立、实施和保持程序，用于：在生产经营单位内不同层次和职能进行内部沟通；与进入工作场所的承包方和其他访问者进行沟通；接收、记录和回应来自外部相关方的相关沟通。

（2）参与和协商

生产经营单位应建立、实施并保持程序，用于：

① 工作人员适当参与危险源辨识、风险评价和控制措施的确定；适当参与事件调查；参与职业健康安全方针和目标的制定和评审；对影响他们职业健康安全的任何变更进行协商；对职业健康安全事务发表意见。应告知工作人员关于他们的参与安排，包括谁是他们的职业健康安全事务代表。

② 与承包方就影响他们的职业健康安全的变更进行协商。

适当时，生产经营单位应确保与相关的外部相关方就有关的职业健康安全事务进行协商。

4. 文件

职业健康安全管理体系文件应包括：

（1）职业健康安全方针和目标；

（2）对职业健康安全管理体系覆盖范围的描述；

（3）对职业健康安全管理体系的主要要素及其相互作用的描述，以及相关文件的查询途径；

（4）标准所要求的文件，包括记录；

（5）生产经营单位为确保对涉及其职业健康安全风险管理过程进行有效策划、运行和控制所需的文件，包括记录。

5. 文件控制

应对标准和职业健康安全管理体系所要求的文件进行控制。生产经营单位应建立、实施并保持程序，以规定：

（1）在文件发布前进行审批，确保其充分性和适宜性；

（2）必要时对文件进行评审和更新，并重新审批；

（3）确保对文件的更改和现行修订状态做出标识；

（4）确保在使用处能得到适用文件的有关版本；

（5）确保文件字迹清楚，易于识别；

（6）确保对策划和运行职业健康安全管理体系所需的外来文件做出标识，并对其发放予以控制；

（7）防止对过期文件的非预期使用，若须保留，则应做出适当的标识。

6. 运行控制

生产经营单位应确定那些与已辨识的、需实施必要控制措施的危险源相关的运行和活动，以管理职业健康安全风险。这应包括变更管理。

对于这些运行和活动，生产经营单位应实施并保持：

（1）适合生产经营单位及其活动的运行控制措施；生产经营单位应把这些运行控制措施纳入其总体的职业健康安全管理体系之中；

（2）与采购的货物、设备和服务相关的控制措施；

（3）与进入工作场所的承包方和访问者相关的控制措施；

（4）形成文件的程序，以避免因其缺乏而可能偏离职业健康安全方针和目标；

（5）规定的运行准则，以避免因其缺乏而可能偏离职业健康安全方针和目标。

7. 应急准备和响应

生产经营单位应建立、实施并保持程序，用于：

（1）识别潜在的紧急情况；

（2）对此紧急情况做出响应。

生产经营单位应对实际的紧急情况做出响应，防止和减少相关的职业健康安全不良后果。在策划应急响应时，应考虑有关相关方的需求，如应急服务机构、相邻生产经营单位或居民。可行时，生产经营单位也应定期测试其响应紧急情况的程序，并让有关的相关方适当参与其中。应定期评审其应急准备和响应程序，必要时对其进行修订，特别是在定期测试和紧急情况发生后。

（四）检查

1. 绩效测量和监视

生产经营单位应建立、实施并保持程序，对职业健康安全绩效进行例行监视和测量。程序应规定：

（1）适合生产经营单位需要的定性和定量测量；

（2）对生产经营单位职业健康安全目标满足程度的监视；

（3）对控制措施有效性（既针对健康也针对安全）的监视；

（4）主动性绩效测量，即监视是否符合职业健康安全方案、控制措施和运行准则；

（5）被动性绩效测量，即监视健康损害、事件（包括事故、未遂事故等）和其他不良职业健康安全绩效的历史证据；

（6）对监视和测量的数据和结果的记录，以便于其后续的纠正措施和预防措施的分析。

如果测量或监视绩效需要设备，适当时，生产经营单位应建立并保持程序，对此类设备进行校准和维护。应保存校准和维护活动及其结果的记录。

2. 合规性评价

（1）为了履行遵守法律法规要求的承诺，生产经营单位应建立、实施并保持程序，以定期评价对适用法律法规的遵守情况。应保存定期评价结果的记录。

（2）生产经营单位应评价对应遵守的其他要求的遵守情况。生产经营单位应保存定期评价结果的记录。

3. 事件调查、不符合、纠正措施和预防措施

（1）事件调查

生产经营单位应建立、实施并保持程序，记录、调查和分析事件，以便：

① 确定内在的、可能导致或有助于事件发生的职业健康安全缺陷和其他因素；

② 识别对采取纠正措施的需求；

③ 识别采取预防措施的可能性；

④ 识别持续改进的可能性；

⑤ 沟通调查结果。

调查应及时开展。对任何已识别的纠正措施的需求或预防措施的机会，应依据相关要求进行处理。事件调查的结果应形成文件并予以保存。

（2）不符合、纠正措施和预防措施

生产经营单位应建立、实施并保持程序，以处理实际和潜在的不符合，并采取纠正措施和预防措施。程序应明确下述要求：

① 识别和纠正不符合，采取措施以减轻其职业健康安全后果；

② 调查不符合，确定其原因，并采取措施以避免其再度发生；

③ 评价预防不符合的措施需求，并采取适当措施，以避免不符合的发生；

④ 记录和沟通所采取的纠正措施和预防措施的结果；

⑤ 评审所采取的纠正措施和预防措施的有效性。

如果在纠正措施或预防措施中识别出新的或变化的危险源，或者对新的或变化的控制措施的需求，则程序应要求对拟定的措施在其实施前先进行风险评价。

为消除实际和潜在不符合的原因而采取的任何纠正或预防措施，应与问题的严重性相适应，并与面临的职业健康安全风险相匹配。

对因纠正措施和预防措施而引起的任何必要变化，生产经营单位应确保其体现在职业健康安全管理体系文件中。

4. 记录控制

生产经营单位应建立并保持必要的记录，用于证实符合职业健康安全管理体系要求和标准要求，以及所实现的结果。应建立、实施并保持程序，用于记录的标识、贮存、保护、检索、保留和处置。记录应保持字迹清楚，标识明确，并可追溯。

5. 内部审核

生产经营单位应确保按照计划的时间间隔对职业健康安全管理体系进行内部审核。目的是：

（1）确定职业健康安全管理体系是否符合生产经营单位对职业健康安全管理的策划安排，包括标准的要求；是否得到了正确的实施和保持；是否有效满足生产经营单位的方针和目标。

（2）向管理者报告审核结果的信息。

生产经营单位应基于生产经营单位活动的风险评价结果和以前的审核结果，策划、制订、实施和保持审核方案。应建立、实施和保持审核程序，以明确：关于策划和实施审核、报告审核结果和保存相关记录的职责、能力和要求；审核准则、范围、频次和方法的确定。

审核员的选择和审核的实施均应确保审核过程的客观性和公正性。

6. 管理评审

最高管理者应按计划的时间间隔，对生产经营单位的职业健康安全管理体系进行评审，以确保其持续适宜性、充分性和有效性。评审应包括评价改进的可能性和对职业健康安全管理体系进行修改的需求，包括对职业健康安全方针和职业健康安全目标的修改需求。应保存管理评审记录。

管理评审的输入应包括：

（1）内部审核和合规性评价的结果；

（2）参与和协商的结果；

（3）来自外部相关方的相关沟通信息，包括投诉；

（4）生产经营单位的职业健康安全绩效；

（5）目标的实现程度；

（6）事件调查、纠正措施和预防措施的状况；

（7）以前管理评审的后续措施；

（8）客观环境的变化，包括与职业健康安全有关的法律法规和其他要求的发展；

（9）改进建议。

管理评审的输出应符合生产经营单位持续改进的承诺，并应包括与如下方面可能的更改有关的任何决策和措施：职业健康安全绩效；职业健康安全方针和目标；资源；其他职业健康安全管理体系要素。管理评审的相关输出应可用于沟通和协商。

第八章　建设工程安全生产管理体制

第一节　建设工程安全生产管理体制

一、建设工程安全生产方针

安全生产方针，也称为安全生产政策，我国安全生产方针经历了一个从"生产必须安全，安全为了生产"到"安全第一、预防为主"，再到"安全第一、预防为主、综合治理"的产生和发展过程，强调在生产中要综合运用各种资源和手段做好预防工作，尽可能将事故消灭在萌芽状态之中。

"安全第一"是原则和目标，是从保护和发展生产力的角度，确立了生产与安全的关系，肯定了安全在建设工程生产活动中的重要地位。"安全第一"，就是要求所有参与工程建设的人员，包括管理者和操作人员以及对工程建设活动进行监督管理的人员都必须树立安全的观念，不能为了经济的发展而牺牲安全。当安全与生产发生矛盾时，必须先解决安全问题，在保证安全的前提下从事生产活动，也只有这样才能使生产正常进行，促进经济的发展，保持社会稳定。

"预防为主"是手段和途径，是指在工程建设活动中，根据工程建设的特点，对不同的生产要素采取相应的管理措施，有效地控制不安全因素的发展和扩大，把可能发生的事故消灭在萌芽状态，以保证生产活动中人的安全与健康。

"综合治理"是安全生产方针的基石，是安全生产工作的重心所在。要综合运用经济手段、法律手段和必要的行政手段，从发展规划、行业管理、安全投入、科技进步、经济政策、教育培训、安全立法、激励约束、企业管理、监管体制、社会监督以及追究事故责任、查处违法违纪等方面着手，解决影响制约安全生产的历史性、深层次问题，建立安全生产长效机制。

安全与生产的关系是辩证统一的关系，是一个整体。生产必须安全，安全促进生产，不能将两者对立起来。在施工过程中，必须尽一切可能为作业人员创造安全的生产环境和条件，积极消除生产中的不安全因素，防止伤亡事故的发生，使作业人员在安全的条件下进行生产；其次，安全工作必须紧紧围绕着生产活动进行，不仅要保障作业人员的生命安全，还要促进生产的发展。离开生产，安全工作就毫无实际意义。

二、建设工程安全生产管理体制

我国建设工程安全生产管理实行的是"政府统一领导、部门依法监管、企业全面负责、群众参与监督、全社会广泛支持"的管理体制。

政府统一领导，是指国务院以及县级以上地方人民政府有关部门对建设工程安全生产进行的综合和专业的管理，主要是监督有关国家建设工程安全生产法律法规和方针政策的执行情况，预防和纠正违反国家建设工程安全生产法律法规和方针政策的现象。

部门依法监管，是指各级建设行政管理部门要组织贯彻国家关于建设工程安全生产的法律法规和方针政策，依法制定建设行业安全生产的规章制度和标准规范。对建设行业的安全生产工作进行计划、组织、监督检查和考核评价，指导企业搞好建设工程安全生产工作。

企业全面负责，是指施工单位、建设单位、勘察单位、设计单位、工程监理单位及其他与建设工程安全生产有关的单位必须遵守和贯彻执行国家关于安全生产、建设工程安全生产等法律法规和方针政策的规定，建立和落实安全生产管理制度，保证建设工程安全生产，依法承担建设工程安全生产责任。

群众参与监督，是指群众组织和劳动者个人对于建设工程安全生产应负的责任。工会是代表群众的主要组织，工会有权对危害职工健康与安全的现象提出意见、进行抵制，有权越级控告，也担负着教育劳动者遵章守纪的责任。群众监督有助于建立企业的安全文化，形成"安全生产，人人有责"的局面。

全社会广泛支持，是指提高全社会的安全意识，形成全社会广泛"关注安全、关爱生命"的良好氛围。要做好建设工程安全生产管理工作，提高建设行业安全生产管理的水平，必须有政府、社会各界的广泛参与，要通过全社会的共同努力，提高安全意识，增强防范能力，大幅度地防止和减少安全事故，为我国社会经济的全面、协调、可持续发展奠定坚实的基础。

第二节 建设工程安全管理的执法主体和相应职责

政府部门对建设工程安全监管实行的是综合监督管理与建设行政主管部门监督管理相结合的监督管理模式。

一、综合监督管理部门的职责

（1）国务院负责安全生产监督管理的部门依照《中华人民共和国安全生产法》的规定，对全国建设工程安全生产工作实施综合监督管理。

（2）县级以上地方人民政府负责安全生产监督管理的部门依照《中华人民共和国安全生产法》的规定，对本行政区域内建设工程安全生产工作实施综合监督管理。

二、建设行政主管部门的职责

（1）国务院建设行政主管部门对全国的建设工程安全生产实施监督管理。

（2）县级以上地方人民政府建设行政主管部门对本行政区域内的建设工程安全生产实施监督管理。

（3）建设行政主管部门在审核发放施工许可证时，应当对建设工程是否有安全施工措施进行审查，对没有安全施工措施的，不得颁发施工许可证。

（4）县级以上人民政府负有建设工程安全生产监督管理职责的部门在各自的职责范围

内履行安全监督检查职责时，有权采取下列措施：

①　要求被检查单位提供有关建设工程安全生产的文件和资料；

②　进入被检查单位施工现场进行检查；

③　纠正施工中违反安全生产要求的行为；

④　对检查中发现的安全事故隐患，责令立即排除；重大安全事故隐患排除前或者排除过程中无法保证安全的，责令从危险区域内撤出作业人员或者暂时停止施工。

（5）建设行政主管部门或者其他有关部门可以将施工现场的监督检查委托给建设工程安全监督机构具体实施。

（6）县级以上人民政府建设行政主管部门和其他有关部门应当及时受理对建设工程生产安全事故及安全事故隐患的检举、控告和投诉。

三、建设工程安全生产监督管理

我国建设工程安全生产监督管理可概括为：瞄准"一个目标"，致力于"三个结合"，推进"五项创新"，建立"六个支撑体系"，做到"七个依靠"，实现安全生产"五个转变"。

（一）一个目标

"一个目标"就是适应全面建设小康社会的总体要求，致力于建立安全生产的长效机制，形成高效运作的安全监管体系、健全的安全生产法律法规体系和企业安全生产的自我完善和约束机制，以及全社会"关爱生命、关注生命"的舆论氛围，使重大、特大事故得到有效控制，企业安全事故总量逐年下降，实现全国建设工程安全生产状况的稳定好转。

（二）三个结合

（1）把专项整治与落实安全生产保障制度结合起来，督促企业建立预防为主、持续改进的安全生产自我约束机制。

（2）把专项整治与日常监督管理结合起来，不断完善安全生产监管机制。

（3）把专项整治与全面做好安全生产工作结合起来，致力于建立安全生产的长效机制。

（三）五项创新

1. 思维定式创新

思维定式的创新，必须转变思想，更新观念，明确定位，正确履行职责职能。要跳出习惯思维和传统套路，把主要精力放在安全生产的综合监管上来；放在监督执法上来；放在加强法规、政策的调查研究上来。要重视发挥中介组织的作用，形成政府安全生产监督管理的支撑保障和服务体系。

2. 事故防范机制创新

要把安全监管和安全监督工作的立足点始终放在防范事故上，坚持打主动仗。围绕着如何做到关口前移，有效预防各类事故，制订和实施一系列对策办法。

3. 安全生产监管手段创新

市场经济条件下政府对安全生产的监管，必须综合运用法律、经济和行政手段，进行综合治理。为此，要下决心健全和完善安全监管和监督执法机制，依法强化国家安全生产监管机构的执法主体地位，把行政执法作为基本职能，依法规范各行各业和各方面的安全生产行为；要重视发挥经济政策的导向作用，从实际出发，研究和探讨一些切实管用的经济政策，运用经济杠杆调动企业抓安全的积极性；认真贯彻执行《国务院关于特大安全事故行政责任追究的规定》（国务院 302 号令），加大各类生产安全事故特别是特大事故的行政责任追究力度，促使各级健全落实安全生产责任制。

4. 非公有制企业安全监管方式创新

要扭转安全生产被动局面，必须强化对非公有制小企业的安全监管，探索和采取得力的监管措施。

5. 安全生产科技创新

实现全国安全生产状况的根本好转，必须建立在依靠科技进步和提高劳动者素质的基础上。要适应市场经济和现代化建设的新形势、新要求，从我国国情出发，研究制定安全科技发展规划，明确安全科技攻关的主攻方向，积极推广和采用新技术、新设备、新工艺、新材料，增强安全生产的综合防御能力，提高安全监管的科技含量。

（四）六个支撑体系

1. 安全生产法律法规体系

抓住《中华人民共和国安全生产法》出台的有利时机，抓紧研究制定实施细则和各项配套法规、规章，做到在安全生产工作中，有法可依、有章可循。

2. 安全信息工程体系

这是分析安全生产形势、及时掌握安全动态、为领导决策提供科学依据的重要保障。要加快安全生产信息网络建设，疏通各种信息沟通的渠道，加强信息的统一管理，搞好安全生产数据的调度和统计，形成上下贯通、反馈快捷、客观真实的安全信息网络体系。

3. 安全技术保障体系

为了解决安全生产事故预防和事故处理方面的技术保障问题，加强对安全生产的监督和检察，必须加强安全生产的科研工作，明确安全科技攻关的主攻方向，为国家各级安全生产监管机构履行职责提供技术支撑。

4. 宣传教育体系

加强安全文化建设，构建辐射全社会的安全生产宣传网络，提高宣传教育的整体效果，努力营造全社会"关爱生命、关注安全"的舆论氛围。

5. 安全培训体系

围绕提高安全监督人员和企业经营者安全管理水平以及全民的安全文化素质，建立功能齐全的安全培训基地，逐步将培训机构、考核标准、证书管理、培训大纲、师资和教材建设等管理工作规范化、制度化。

6. 特大事故应急救援体系

要对现有的应急救援资源进行调整和优化，有选择、分区域建立若干个基地，配备必要的现代化装备，加强人员的技能训练，对特大事故能够及时实施有力的救援和处理，从而把事故损失减少到最低程度。

（五）七个依靠

（1）要依靠监管、监察系统执法人员的努力，加强沟通和协调，用足、用好现有法律规定，综合运用经济、行政、法律手段，挺直腰杆，理直气壮地加大执法力度。

（2）要依靠企业自觉遵章守法，落实企业主体责任。

（3）要依靠各个部门，密切合作，开展联合执法。

（4）要依靠地方政府，落实地方政府的监管责任。

（5）要依靠公检法等司法机关，严肃追究事故责任。

（6）要依靠纪检监察部门，严厉查处事故背后的腐败现象。

（7）要依靠社会支持和监督，借助社会压力，增加工作动力。

（六）五个转变

（1）要推进安全生产工作从人治向法治转变，依法规范，依法监管，建立和完善安全生产法制秩序。

（2）要推进安全生产工作从被动防范向源头管理转变，建立安全生产行政许可制度，严格市场准入，管住源头，防止不具备安全生产条件的单位进入生产领域。

（3）要推进安全生产工作从集中开展安全生产专项整治向规范化、经常化、制度化管理转变，建立安全生产长效管理机制。

（4）要推进安全生产工作从事后查处向强化基础转变，在各类企业普遍开展安全质量标准化活动，夯实安全生产工作基础。

（5）要推进安全生产工作从以控制伤亡事故为主向全面做好职业安全健康工作转变，把职工安全健康放在第一位。

第三节　建设工程各责任主体的安全责任

一、建设单位的安全责任

（1）建设单位应当向施工单位提供施工现场及毗邻区域内供水、排水、供电、供气、供热、通信、广播电视等地下管线资料，气象和水文观测资料，相邻建筑物和构筑物、地下工程的有关资料，并保证资料的真实、准确、完整。

（2）建设单位不得对勘察、设计、施工、工程监理等单位提出不符合建设工程安全生产法律、法规和强制性标准规定的要求，不得压缩合同约定的工期。

（3）建设单位在编制工程概算时，应当确定建设工程安全作业环境及安全施工措施所需费用。

（4）建设单位不得明示或者暗示施工单位购买、租赁、使用不符合安全施工要求的安全防护用具、机械设备、施工机具及配件、消防设施和器材。

（5）建设单位在申请领取施工许可证时，应当提供建设工程有关安全施工措施的资料。

（6）建设单位应当将拆除工程发包给具有相应资质等级的施工单位。

二、勘察、设计、工程监理及其他有关单位的安全责任

（1）勘察单位应当按照法律、法规和工程建设强制性标准进行勘察，提供的勘察文件应当真实、准确，满足建设工程安全生产的需要。勘察单位在勘察作业时，应当严格执行操作规程，采取措施保证各类管线、设施和周边建筑物、构筑物的安全。

（2）设计单位应当按照法律、法规和工程建设强制性标准进行设计，防止因设计不合理导致生产安全事故的发生。设计单位应当考虑施工安全操作和防护的需要，对涉及施工安全的重点部位和环节在设计文件中注明，并对防范生产安全事故提出指导意见。采用新结构、新材料、新工艺的建设工程和特殊结构的建设工程，设计单位应当在设计中提出保障施工作业人员安全和预防生产安全事故的措施建议。

（3）工程监理单位应当审查施工组织设计中的安全技术措施或者专项施工方案是否符合工程建设强制性标准。

（4）工程监理单位在实施监理过程中，发现存在安全事故隐患的，应当要求施工单位整改；情况严重的，应当要求施工单位暂时停止施工，并及时报告建设单位。施工单位拒不整改或者不停止施工的，工程监理单位应当及时向有关主管部门报告。

（5）工程监理单位和监理工程师应当按照法律、法规和工程建设强制性标准实施监理，并对建设工程安全生产承担监理责任。

（6）为建设工程提供机械设备和配件的单位，应当按照安全施工的要求配备齐全有效的保险、限位等安全设施和装置。出租的机械设备和施工机具及配件，应当具有生产（制造）许可证、产品合格证。出租单位应当对出租的机械设备和施工机具及配件的安全性能进行检测，在签订租赁协议时，应当出具检测合格证明。

（7）在施工现场安装、拆卸施工起重机械和整体提升脚手架、模板等自升式架设设施，必须由具有相应资质的单位承担。安装、拆卸施工起重机械和整体提升脚手架、模板等自升式架设设施，应当编制拆装方案，制订安全施工措施，并由专业技术人员现场监督。施工起重机械和整体提升脚手架、模板等自升式架设设施安装完毕后，安装单位应当自检，出具自检合格证明，并向施工单位进行安全使用说明，办理验收手续并签字。

（8）施工起重机械和整体提升脚手架、模板等自升式架设设施的使用达到国家规定的检验检测期限的，必须经具有专业资质的检验检测机构检测。经检测不合格的，不得继续使用。检验检测机构对检测合格的施工起重机械和整体提升脚手架、模板等自升式架设设施，应当出具安全合格证明文件，并对检测结果负责。

三、施工单位的安全责任

（1）施工单位从事建设工程的新建、扩建、改建和拆除等活动，应当具备国家规定的注册资本、专业技术人员、技术装备和安全生产等条件，依法取得相应等级的资质证书，并在其资质等级许可的范围内承揽工程。

（2）施工单位主要负责人依法对本单位的安全生产工作全面负责。施工单位应当建立健全安全生产责任制度和安全生产教育培训制度，制定安全生产规章制度和操作规程，保证本单位安全生产条件所需资金的投入，对所承担的建设工程进行定期和专项安全检查，并做好安全检查记录。

（3）施工单位的项目负责人应当由取得相应执业资格的人员担任，对建设工程项目的安全施工负责，落实安全生产责任制度、安全生产规章制度和操作规程，确保安全生产费用的有效使用，并根据工程的特点组织制订安全施工措施，消除安全事故隐患，及时、如实报告生产安全事故。

（4）施工单位对列入建设工程概算的安全作业环境及安全施工措施所需费用，应当用于施工安全防护用具及设施的采购和更新、安全施工措施的落实、安全生产条件的改善，不得挪作他用。

（5）施工单位应当设立安全生产管理机构，配备专职安全生产管理人员。专职安全生产管理人员负责对安全生产进行现场监督检查。发现安全事故隐患，应当及时向项目负责人和安全生产管理机构报告；对违章指挥、违章操作的，应当立即制止。

（6）建设工程实行施工总承包的，由总承包单位对施工现场的安全生产负总责。承包单位依法将建设工程分包给其他单位的，分包合同中应当明确各自的安全生产方面的权利、义务。总承包单位和分包单位对分包工程的安全生产承担连带责任。分包单位应当服从总承包单位的安全生产管理，分包单位不服从管理导致生产安全事故的，由分包单位承担主要责任。

（7）垂直运输机械作业人员、安装拆卸工、爆破作业人员、起重信号工、登高架设作业人员等特种作业人员，必须按照国家有关规定经过专门的安全作业培训，并取得特种作业操作资格证书后，方可上岗作业。

（8）施工单位应当在施工组织设计中编制安全技术措施和施工现场临时用电方案，对达到一定规模的危险性较大的分部分项工程编制专项施工方案，并附具安全验算结果，经施工单位技术负责人、总监理工程师签字后实施，由专职安全生产管理人员进行现场监督。

（9）建设工程施工前，施工单位负责项目管理的技术人员应当对有关安全施工的技术要求向施工作业班组、作业人员做出详细说明，并由双方签字确认。

（10）施工单位应当在施工现场危险部位，设置明显的安全警示标志。安全警示标志必须符合国家标准。

（11）施工单位应当根据不同施工阶段和周围环境及季节、气候的变化，在施工现场采取相应的安全施工措施。施工现场暂时停止施工的，施工单位应当做好现场防护，所需费用由责任方承担，或者按照合同约定执行。

（12）施工单位应当将施工现场的办公、生活区与作业区分开设置，并保持安全距离；办公、生活区的选址应当符合安全性要求。职工的膳食、饮水、休息场所等应当符合卫生标准。施工单位不得在尚未竣工的建筑物内设置员工集体宿舍。施工现场临时搭建的建筑物应当符合安全使用要求。施工现场使用的装配式活动房屋应当具有产品合格证。

（13）施工单位对因建设工程施工可能造成损害的毗邻建筑物、构筑物和地下管线等，应当采取专项防护措施。施工单位应当遵守有关环境保护法律、法规的规定，在施工现场采取措施，防止或者减少粉尘、废气、废水、固体废物、噪声、振动和施工照明对人和环境的危害和污染。在城市市区内的建设工程，施工单位应当对施工现场实行封闭围挡。

（14）施工单位应当在施工现场建立消防安全责任制度，确定消防安全责任人，制定用火、用电、使用易燃易爆材料等各项消防安全管理制度和操作规程，设置消防通道、消防水源，配备消防设施和灭火器材，并在施工现场入口处设置明显标志。

（15）施工单位应当向作业人员提供安全防护用具和安全防护服装，并书面告知危险岗位的操作规程和违章操作的危害。

（16）作业人员应当遵守安全施工的强制性标准、规章制度和操作规程，正确使用安全防护用具、机械设备等。

（17）供单位采购、租赁的安全防护用具、机械设备、施工机具及配件，应当具有生产（制造）许可证、产品合格证，并在进入施工现场前进行查验。施工现场的安全防护用具、机械设备、施工机具及配件必须由专人管理，定期进行检查、维修和保养，建立相应的资料档案，并按照国家有关规定及时报废。

（18）施工单位在使用施工起重机械和整体提升脚手架、模板等自升式架设设施前，应当组织有关单位进行验收，也可以委托具有相应资质的检验检测机构进行验收；使用承租的机械设备和施工机具及配件的，由施工总承包单位、分包单位、出租单位和安装单位共同进行验收。验收合格的方可使用。施工单位应当自施工起重机械和整体提升脚手架、模板等自升式架设设施验收合格之日起 30d 内，向建设行政主管部门或者其他有关部门登记。登记标志应当置于或者附着于该设备的显著位置。

（19）施工单位的主要负责人、项目负责人、专职安全生产管理人员应当经建设行政主管部门或者其他有关部门考核合格后方可任职。施工单位应当对管理人员和作业人员每年至少进行一次安全生产教育培训，其教育培训情况记入个人工作档案。安全生产教育培训考核不合格的人员，不得上岗。

（20）作业人员进入新的岗位或者新的施工现场前，应当接受安全生产教育培训。未经教育培训或者教育培训考核不合格的人员，不得上岗作业。施工单位在采用新技术、新工艺、新设备、新材料时，应当对作业人员进行相应的安全生产教育培训。

（21）施工单位应当为施工现场从事危险作业的人员办理意外伤害保险。意外伤害保险费由施工单位支付。实行施工总承包的，由总承包单位支付意外伤害保险费。意外伤害保险期限自建设工程开工之日起至竣工验收合格止。

第九章　建设工程安全生产管理法律法规制度

第一节　建设工程安全生产管理法规体系

我国政府一贯高度重视依法管理安全生产，为保护广大劳动者的安全和健康，控制和减少各类事故，提高安全生产管理水平，国家颁布了一系列安全生产法规，形成了较为完善的建设工程安全生产管理法规体系。我国建设工程安全生产管理法规分为法律、法规、规章三个层次。现行的我国建设工程安全生产管理法规如下：

一、建设工程安全生产管理法律

（一）与建设工程安全生产管理有关的主要法律

与建设工程安全生产管理有关的主要法律有《中华人民共和国安全生产法》（以下简称《安全生产法》）和《中华人民共和国建筑法》（以下简称《建筑法》）两部。这两部法律都对建设工程的安全管理做出了原则性规定，确立了一些基本的安全管理制度。

1.《安全生产法》

《安全生产法》主要规定了生产经营单位的安全生产保障、从业人员的权利和义务、安全生产的监督管理、生产安全事故的应急救援与调查处理等安全生产管理制度。

2.《建筑法》

《建筑法》规定了建筑工程安全生产管理的方针，设立了安全生产责任制度、安全技术措施制度、安全事故报告制度、意外伤害保险制度、安全报批制度等基本制度。

（二）与建设工程安全生产管理有关的其他法律

（1）《中华人民共和国消防法》

（2）《中华人民共和国劳动法》

（3）《中华人民共和国标准化法》

（4）《中华人民共和国职业病防治法》

（5）《中华人民共和国刑法》

二、建设工程安全生产管理法规

（一）行政法规

（1）《生产安全事故报告和调查处理条例》（国务院令第 493 号）

（2）《安全生产许可证条例》（国务院令第 397 号）

（3）《建设工程安全生产管理条例》（国务院令第 393 号）

（4）《特种设备安全监察条例》（国务院令第 373 号）

（5）《工伤保险条例》（国务院令第 357 号）

（6）《国务院关于特大安全事故行政责任追究的规定》（国务院令第 302 号）

（7）《企业职工伤亡事故报告和处理规定》（国务院令第 75 号）

（8）《特别重大事故调查程序暂行规定》（国务院令第 34 号）

（9）《中华人民共和国民用爆炸物品管理条例》（1984 年 1 月 6 日国务院发布）

（二）地方法规

（1）《广东省工伤保险条例》（2004 年 1 月 14 日广东省第十届人民代表大会常务委员会第八次会议修订）

（2）《广东省特种设备安全监察规定》（2003 年 5 月 28 日广东省第十届人民代表大会常务委员会第三次会议通过）

（3）《广东省安全生产条例》（广东省第九届人大常委会公告第 147 号）

三、建设工程安全生产管理规章

（一）部门规章

（1）《安全生产培训管理办法》（国家安全生产监督管理总局令第 44 号）

（2）《建设项目安全设施"三同时"监督管理办法》（国家安全生产监督管理总局令第 36 号）

（3）《安全生产事故隐患排查治理暂行规定》（国家安全生产监督管理总局第 16 号令）

（4）《生产经营单位安全培训规定》（国家安监局令第 3 号）

（5）《建筑起重机械安全监督管理规定 》（建设部令第 166 号）

（6）《建筑施工企业安全生产许可证管理规定》（建设部令第 128 号）

（7）《建筑工程施工许可管理办法》（建设部令第 71 号）

（8）《建设行政处罚程序暂行规定》（建设部令第 66 号）

（二）地方规章

《广东省重大安全事故行政责任追究规定》（广东省人民政府令第 80 号）

第二节　建设工程安全生产制度

一、安全工作基本责任制度

《建筑法》第四十四条规定："建筑施工企业必须依法加强对建筑安全生产的管理，执行安全生产责任制度，采取有效措施，防止伤亡和其他安全生产事故的发生。建筑施工企业的法定代表人对本企业的安全生产负责。"

《建设工程安全生产管理条例》第二十一条规定："施工单位主要负责人依法对本单位的安全生产工作全面负责。"

二、建筑安全生产形势分析制度

加强建筑安全生产形势分析，找出薄弱环节，进而针对薄弱环节采取有效措施控制事故发生，是安全生产工作的一个重要的工作方法，是监管工作的制度创新之一。当前，随着城镇化进程加快，工程建设领域出现了许多新特点，诸如基本建设规模逐年增大、工程的科技含量越来越高、施工难度也越来越大、工程技术风险日益突出、建设工程投资主体日趋多元化等。这些都给建筑安全生产管理工作提出了新的课题和挑战。建筑安全生产形势分析制度的建立，正是应对这种新的形势和挑战的主要措施之一。建设部《关于印发〈工程建设重大安全事故快报表单〉及填写说明的通知》（建办质〔2005〕24号）也为建筑安全生产形势分析制度提供了一个数据平台，为建筑安全生产形势分析制度的落实和实施提供了翔实、全面的数据支撑。

自2004年建立以来，建筑安全生产形势分析制度已经得到初步的应用和推广，并取得了一定的成效。

三、建筑安全生产联络员制度

建设部为了建立健全各级建设行政主管部门建筑安全工作的信息通报制度，及时了解和掌握全国各地区建筑安全生产工作情况，分析建筑安全生产形势，研究遏制重特大事故的对策和措施，指导、促进建筑安全工作的制度化和规范化，特建立全国建筑安全生产联络员制度，以加强信息通报和工作协调。

根据建设部建立全国建筑安全生产联络员制度的要求，每个省（自治区、直辖市）的联络员一人，并且是由各省级建设行政主管部门确定的负责建筑安全工作的处级干部担任。联络员日常的工作职责和工作内容主要是：收集、整理、传递本地区建筑安全生产重要信息；分析本地区建筑安全生产形势，及时反馈本地区建筑安全生产动态；督促本地区建筑安全事故快报、事故处罚等情况上报工作；提出改进本地区或者全国建筑安全生产监管工作的意见、建议；按时参加联络员会议，并向会议通报本地区安全生产形势和重点工作进展情况；向所在单位领导汇报联络员会议精神，提出贯彻落实会议精神的建议、措施。

建筑安全生产联络员制度主要包括联络员会议制度和联络员信息传递制度两方面内容。联络员会议制度要求联络员按时参加联络员会议，包括年度会议和临时会议。年度会议主要是分析全国建筑安全生产形势，总结年度工作，提出工作思路、意见和建议，研究和改进联络员工作的重大事项。当重大事故频繁发生或有重大工作需要部署时，可召开临时会议。

建筑安全生产管理工作是一个系统工程，系统的正常有效运行，有赖于信息交流的畅通，联络员制度对确保安全系统信息交流的畅通起到了十分重要的作用。联络员制度不仅是建筑安全生产工作制度上的创新，而且对于全国各地建立政府"纵向到底"的安全监管网络起到了有力的推动作用，保证了安全生产信息的及时沟通，有利于形成上下联动、齐抓共管的良好局面。建立联络员制度是抓好安全生产的有效手段，联络员要充分运用这一制度，切实履行工作职责，按时完成各项工作任务。建设部自2005年建立全国建筑安全生产联络员制度后，对于掌握各地区建筑安全生产工作情况，分析、研究安全生产形势，发挥了良好的作用。各地区要适应全国建筑安全生产联络员制度的需要，也应在本辖区内逐步建立并推行建筑安全生产联络员制度。市、县级建设主管部门也应以建筑施工企业甚至工程项目为单位设立安全生产联络员，及时收集建筑安全生产信息，强化安全生产形势分析，并确保各项建筑安全法律法规、部门规章及安全生产会议、文件要求，能够及时、准确地宣传贯彻到建筑施工企业、工程项目部和一线操作人员。

四、建筑安全生产预警制度

针对全国建筑安全生产的薄弱环节，将事故多发、死亡人数突破阶段控制指标的地区、开发区的建设工程以及拆除工程等方面作为监管重点，检查各地监管措施制定和落实情况，要求各地建立安全生产违法违规巡查制度。在节假日、汛期、冬期等施工事故多发期，根据不同时期的特点及时下发相关文件，指出当时应重点监控的环节，提出强化监管的相关要求，加强对各地安全生产工作预警提示。

五、安全生产监管责任层级监督制度

安全生产监管责任层级监督制度，就是将检查层次分为建设主管部门、建筑施工企业和工程项目三个层次，并对这三个层次的检查标准进行量化，然后将各级责任制和各项法律法规的执行落实情况作为检查重点的制度。该制度的建立将强化上级对下级的层级监督。

六、建筑安全生产重大事故约谈制度

2004 年 7 月，在长春召开的全国建筑安全生产工作会议上，建筑安全生产重大事故约谈制度首次被提出。对于发生一次死亡 10 人以上特大事故的地区，建设部领导将约见事故发生省建设主管负责人谈话，分析事故原因和安全生产形势，研究进一步措施。

众所周知，要想减少安全生产事故的发生，需要不断汲取以往发生的各种事故的教训，不断地加以整改，这是安全生产管理工作中必不可少的重要环节。而现实是一些建筑施工企业发生安全生产事故基本不是偶然性、一次性事件，而是一而再、再而三的频发或"复发"。显然，这类建筑安全生产事故的发生，都与具体的施工企业和当地的建筑主管部门的安全检查不到位、责任意识淡薄有关。约谈制度，本身针对性强，能引起被约谈单位的高度重视，使他们工作有紧迫感。更重要的是，在约谈过程中，针对具体的安全事故，可以落实具体责任人员，明晰其他人今后的责任。

建筑安全关系公共安全和利益，关系群众生命。特别是随着我国工业化和城镇化建设的发展，当前必须不断完善建筑安全生产监管体制，从制度上保障安全生产。这样的约谈制度，可以起到建筑安全生产的预警效应。

七、注册安全工程师执业资格制度

2002 年 3 月，人事部和国家安全生产监督管理局颁发了《注册安全工程师执业资格制度暂行规定》，并同时出台了《注册安全工程师执业资格认定办法》。这两个文件的出台，标志着我国注册安全工程师执业资格制度开始启动，标志着我国安全生产领域关键技术岗位的准入制度开始实施，标志着我国安全领域人才社会化评价工作开始与国际接轨。注册安全工程师执业资格制度的建立，将对我国建立安全生产监督体系和长效机制，推动安全生产形势的根本好转发挥重要作用。

2003 年 8 月，人事部和国家安全生产监督管理局又出台了《注册安全工程师执业资格考试实施办法》，确定了具体的考试办法和考试科目。2004 年 5 月，国家安全生产监督管理局又以局 12 号令的形式公布了《注册安全工程师注册管理办法》，主要规定了注册安全工程师的注册管理和执业行为要求。

实行注册安全工程师执业资格制度，是加强企业管理，特别是加强中小企业安全管理工作的需要。实行注册安全工程师执业资格制度，是在市场经济情况下，加强企业特别是中小企业安全管理工作的需要，也是安全生产工作发展的必然。

实行注册安全工程师执业资格制度，是稳定和加强安全工程专业技术人员队伍的需要。实行注册安全工程师执业资格制度后，注册安全工程师的管理是动态的。获得了安全工程师资格，并不是终身的。随着现代化建设和安全科学技术的发展，新的问题层出不穷，新的技术和新的设施、设备也不断地出现，注册安全工程师还需要不断地继续学习，参加继续教育，不断更新知识，提高业务水平，促进安全技术人员整体素质的提高。实行注册安全工程师执业资格制度后，通过相关的法规、规章，对注册安全工程师的权利、义务、责任做出明确的规定，就可以使安全生产管理队伍的建设逐步走上规范化、法制化的轨道。

实行注册安全工程师执业资格制度，是贯彻《安全生产法》，提高企业安全管理水平的迫切需要。《安全生产法》对生产经营单位设置安全机构和配备安全生产管理人员提出了明确的要求，注册安全工程师执业资格制度的实施，是贯彻《安全生产法》的一个重要举措，是加强安全生产机构建设，加强企业安全管理队伍建设，满足企业，特别是中小企业需求的一个重要措施。

八、安全生产许可证制度

根据《安全生产许可证条例》（国务院令第 397 号）、《建筑施工企业安全生产许可证管理规定》（建设部令第 128 号）规定，国家对建筑施工企业实行安全生产许可制度。建筑施工企业未取得安全生产许可证的，不得从事建筑施工活动。国务院建设主管部门负责中央管理的建筑施工企业安全生产许可证的颁发和管理。省、自治区、直辖市人民政府建设主管部门负责前述规定以外的建筑施工企业安全生产许可证的颁发和管理，并接受国务院建设主管部门的指导和监督。

安全生产许可证的有效期为 3 年。安全生产许可证有效期满需要延期的，企业应当于期满前 3 个月向原安全生产许可证颁发管理机关申请办理延期手续。企业在安全生产许可证有效期内，严格遵守有关安全生产的法律法规，未发生死亡事故的，安全生产许可证有效期届满时，经原安全生产许可证颁发管理机关同意，不再审查，安全生产许可证有效期延期 3 年。

九、施工许可证制度

《建筑法》规定了建设行政主管部门审核发放施工许可证时，对建设工程是否有安全施工措施进行审查把关。没有安全施工措施的，不得颁发施工许可证。

《建设工程安全生产管理条例》进一步明确规定了县级以上人民政府建设行政主管部门或者其他有关行政管理部门的工作人员，对没有安全施工措施的建设工程颁发施工许可证的，给予降级或者撤职的行政处分；构成犯罪的，依照刑法有关规定追究刑事责任。

十、三类人员考核任职制度

施工单位的主要负责人、项目负责人、专职安全生产管理人员应经建设行政主管部门考核合格后方可任职，考核内容主要是安全生产知识和安全管理能力。对不具备安全生产知识和安全管理能力的管理者取消其任职资格。

建筑施工企业主要负责人，是指对企业日常生产经营活动和安全生产工作全面负责、有生产经营决策权的人员，包括企业法定代表人、经理、企业分管安全生产工作的副经理等。建筑施工企业项目负责人，是指由企业法定代表人授权，负责建设工程项目管理的负责人等。建筑施工企业专职安全生产管理人员，是指在企业专职从事安全生产管理工作的人员，包括企业管理机构的负责人及其工作人员和施工现场专职安全生产管理人员。

国务院建设行政主管部门负责全国建筑施工企业管理人员安全生产的考核工作，并负责中央管理的建筑施工企业管理人员安全生产考核和发证工作。省、自治区、直辖市人民政府建设行政主管部门负责本行政区域内中央管理以外的建筑施工企业管理人员安全生产考核和发证工作。

十一、特种作业人员持证上岗制度

特种作业是指容易发生人员伤亡事故，对操作者本人、他人及周围设施的安全有重大危害的作业。特种作业人员具备的条件是：年龄满 18 岁；身体健康、无妨碍从事相应工种作业的疾病和生理缺陷；初中以上文化程度，具备相应工程的安全技术知识，参加国家规定的安全技术理论和实际操作考核并成绩合格；符合相应工种作业特点需要的其他条件。根据《建设工程安全生产管理条例》规定，垂直运输机械作业人员、起重机械安装拆卸工、爆破作业人员、起重信号工、登高架设作业人员等特种作业人员，必须按照国家有关规定经过专门的安全作业业务培训，并取得特种作业操作资格证书后，方可上岗作业。

十二、生产安全事故报告和调查处理制度

施工单位发生生产安全事故，要及时、如实向当地安全生产监督部门和建设行政管理部门等报告。实行总承包的由总包单位负责上报。

施工单位应按照《安全生产法》《建筑法》《建设工程安全生产管理条例》《生产安全事故报告和调查处理条例》《特别重大事故调查程序暂行规定》进行事故报告，涉及特种设备安全事故的，还应当按《特种设备安全监察条例》进行报告。

《安全生产法》第七十条规定："生产经营单位发生生产安全事故后，事故现场有关人员应当立即报告本单位负责人。单位负责人接到事故报告后，应当迅速采取有效措施，组织抢救，防止事故扩大，减少人员伤亡和财产损失，并按照国家有关规定立即如实报告当地负有安全生产监督管理职责的部门，不得隐瞒不报、谎报或者拖延不报，不得故意破坏事故现场、毁灭有关证据。"

《建筑法》第五十一条规定："施工中发生事故时，建筑施工企业应当采取紧急措施减少人员伤亡和事故损失，并按照国家有关规定及时向有关部门报告。"

《建设工程安全生产管理条例》第五十条规定："施工单位发生生产安全事故，应当按

照国家有关伤亡事故报告和调查处理的规定，及时、如实地向负责安全生产监督管理的部门、建设行政主管部门或者其他有关部门报告；特种设备发生事故的，还应当同时向特种设备安全监督管理部门报告。接到报告的部门应当按照国家有关规定，如实上报。"

《生产安全事故报告和调查处理条例》对生产安全事故报告和调查处理制度做了更加明确的规定。

十三、意外伤害保险制度

《建筑法》明确了意外伤害保险制度。《建设工程安全生产管理条例》进一步明确了意外伤害保险制度。意外伤害保险是法定的强制性保险，由施工单位作为投保人与保险公司订立保险合同，支付保险费，以本单位从事危险作业的人员作为被保险人，当被保险人在施工作业中发生意外伤害事故时，由保险公司依照合同约定向被保险人或者受益人支付保险金。该项保险是施工单位必须办理的，以维护施工现场从事危险作业人员的利益。

按照《建设部关于加强建筑意外伤害保险工作的指导意见》（建质〔2003〕107号）要求，对未投保的建设工程项目，建设行政主管部门不予发放施工许可证，同时，将建筑意外伤害保险作为审查企业安全生产条件的重要内容之一，并加强对施工企业建筑意外伤害保险的监督管理。

十四、危及施工安全工艺、设备、材料淘汰制度

严重危及施工安全的工艺、设备、材料是指不符合生产安全要求，极有可能导致生产安全事故发生，致使人民生命和财产遭受重大损失的工艺、设备、材料。国家对严重危及施工安全的工艺、设备、材料实行淘汰制度。具体目录由建设行政主管部门会同国务院其他有关部门制订并公布。

对于已经公布的严重危及施工安全的工艺、设备、材料，建设单位、施工单位应当严格遵守和执行，不得继续使用此类工艺、设备、材料，不得转让他人使用。

十五、专项施工方案专家论证制度

施工单位应当在施工组织设计中编制安全技术措施和施工现场临时用电方案，对下列达到一定规模的危险性较大的分部分项工程编制专项施工方案，并附具安全验算结果，经施工单位技术负责人、总监理工程师签字后实施，由专职安全生产管理人员进行现场监督，包括基坑支护与降水工程；土方开挖工程；模板工程；起重吊装工程；脚手架工程；拆除、爆破工程；国务院建设行政主管部门或者其他有关部门规定的其他危险性较大的工程。对上述所列工程中涉及深基坑、地下暗挖工程、高大模板工程的专项施工方案，施工单位还应当组织专家进行论证、审查。

十六、安全生产教育培训制度

《建筑法》规定：建筑施工企业应当建立健全劳动安全生产教育培训制度，加强对职工安全生产的教育培训；未经安全生产教育培训的人员，不得上岗作业。

施工单位的主要负责人、项目负责人、专职安全生产管理人员应当经建设行政主管部门或者其他有关部门考核合格后方可任职。施工单位应当对管理人员和作业人员每年至少

进行一次安全生产教育培训，其教育培训情况记入个人工作档案。安全生产教育培训考核不合格的人员，不得上岗。

作业人员进入新的岗位或者新的施工现场前，应当接受安全生产教育培训。未经教育培训或者教育培训考核不合格的人员，不得上岗作业。施工单位在采用新技术、新工艺、新设备、新材料时，应当对作业人员进行相应的安全生产教育培训。

第十章　施工企业安全生产管理

第一节　安全生产组织保障与管理制度

所谓组织保障主要包括两方面：一是安全生产管理机构的保障；二是安全生产管理人员的保障。安全生产管理机构指的是生产经营单位专门负责安全生产监督管理的内设机构，其工作人员都是专职安全生产管理人员。安全生产管理机构的作用是落实国家有关安全生产法律法规，组织生产经营单位内部各种安全检查活动，负责日常安全检查，及时整改各种事故隐患，监督安全生产责任制落实等等。它是生产经营单位安全生产的重要组织保证。安全生产管理人员是指在生产经营单位从事安全生产管理工作的专职或兼职人员。

《安全生产法》第十九条对生产经营单位安全生产管理机构的设置和安全生产管理人员的配备原则做出了规定："矿山、建筑施工单位和危险物品的生产、经营、储存单位，应当设置安全生产管理机构或者配备专职安全生产管理人员。前款规定以外的其他生产经营单位，从业人员超过三百人的，应当设置安全生产管理机构或者配备专职安全生产管理人员；从业人员在三百人以下的，应当配备专职或者兼职的安全生产管理人员，或者委托具有国家规定的相关专业技术资格的工程技术人员提供安全生产管理服务。生产经营单位依照前款规定委托工程技术人员提供安全生产管理服务的，保证安全生产的责任仍由本单位负责。"

施工企业安全管理法制化、规范化是一种趋势，企业只有遵循一定的工作制度，才能科学地规范安全管理和工作过程中的各种行为，实现建筑生产过程的安全。因此，建筑企业应该在国家有关安全生产法律法规和标准规范的指导下，建立起安全生产管理制度，以保证安全管理模式的正常运行。根据现有的安全生产管理制度，大致可以划分为岗位管理制度、措施管理制度、投入和供应管理制度、日常管理制度4类，具体如下：

一、岗位管理制度

（1）安全生产工作的组织制度；

（2）安全生产岗位责任制度；

（3）安全生产教育制度；

（4）安全生产岗位培训、考核、认证制度；

（5）安全生产值班制度；

（6）特种作业人员管理制度；

（7）外协单位和外协人员安全管理制度；

（8）专、兼职安全管理人员管理制度；

（9）安全生产奖惩制度。

二、措施管理制度

(1) 安全作业环境和条件管理制度；

(2) 安全施工技术措施编制和审批制度；

(3) 安全技术措施实施管理制度；

(4) 安全技术措施总结和评价制度。

三、投入和供应管理制度

(1) 安全作业环境和安全施工措施费用编制、审核、办理和使用管理制度；

(2) 劳动保护用品的购入、发放与管理制度；

(3) 特种劳动保护用品使用管理制度；

(4) 应急救援设备和物质管理制度；

(5) 机械、设备、工具和设施的供应、使用、维修、报废管理制度。

四、日常管理制度

(1) 安全生产检查和验收制度；

(2) 安全生产交接班制度；

(3) 易燃易爆品、有害化学品和危险品管理制度；

(4) 安全隐患排查、处理和整改工作情况备案制度；

(5) 异常情况、事故征兆、突然事态报告、处置和备案管理制度；

(6) 安全生产事故报告、处置、分析和备案制度；

(7) 安全生产信息资料收集与归档管理制度。

第二节　安全生产标准化

一、安全生产标准化的意义

为进一步落实企业安全生产主体责任，加强企业安全生产规范化建设，国家安全监管总局发布了《企业安全生产标准化基本规范》AQ/T 9006—2010（以下简称《基本规范》），自 2010 年 6 月 1 日起实施。《基本规范》是在总结近年安全生产监管工作经验的基础上，制订的全面规范企业安全生产工作的行业标准。《基本规范》的发布实施，对促进安全生产工作具有重要意义。

一是有利于进一步落实企业安全生产的主体责任。《基本规范》采用了国际通用的策划、实施、检查、改进动态循环的现代安全管理模式，对企业安全生产工作的组织机构、安全投入、安全管理制度、隐患排查和治理、重大危险源监控、绩效评定和持续改进等方面的内容做了具体规定，进一步明确了企业安全生产工作干什么和怎么干的问题，能够更好地引导企业落实安全生产主体责任，建立安全生产长效机制。

二是有利于进一步推进企业安全生产标准化工作。近年来，各地区按照国家安全监管总局的要求，结合本地区企业安全生产实际，在煤矿、金属非金属矿山、危险化学品、烟花爆竹等高危行业开展了安全生产标准化创建活动，加强了安全生产基础工作。《基本规范》总结了企业安全生产工作的共性特点，对"安全生产标准化"进行了规范化定义，对各行业、各领域具有广泛适用性，能够促进安全生产标准化工作在各行业的普遍开展。

三是有利于进一步促进安全生产法律法规的贯彻落实。安全生产法律法规对安全生产工作提出了原则要求，设定了各项法律制度。《基本规范》是对这些法律原则和法律制度内容的具体化和系统化，并通过运行使之成为企业的生产行为规范，从而更好地促进安全生产法律法规的贯彻落实。同时，《基本规范》要求企业对安全生产标准化工作进行自主评定和申请外部评审定级，也能增强企业贯彻落实安全生产法律法规的积极性和主动性。

安全生产标准化是指通过建立安全生产责任制，制定安全管理制度和操作规程，排查治理隐患和监控重大危险源，建立预防机制，规范生产行为，使各生产环节符合有关安全生产法律法规和标准规范的要求，人、机、物、环处于良好的生产状态，并持续改进，不断加强企业安全生产规范化建设。

企业开展安全生产标准化工作，遵循"安全第一、预防为主、综合治理"的方针，以隐患排查治理为基础，提高安全生产水平，减少事故发生，保障人身安全健康，保证生产经营活动的顺利进行。

企业安全生产标准化工作采用"策划、实施、检查、改进"动态循环的模式，依据标准的要求，结合自身特点，建立并保持安全生产标准化系统；通过自我检查、自我纠正和自我完善，建立安全绩效持续改进的安全生产长效机制。

企业安全生产标准化工作实行企业自主评定、外部评审的方式。企业应当根据标准和有关评分细则，对本企业开展安全生产标准化工作情况进行评定；自主评定后申请外部评审定级。安全生产标准化评审分为一级、二级、三级，一级为最高。安全生产监督管理部门对评审定级进行监督管理。

二、企业安全生产标准化重点内容

（一）目标

企业根据自身安全生产实际，制定总体和年度安全生产目标。按照所属基层单位和部门在生产经营中的职能，制定安全生产指标和考核办法。

（二）组织机构和职责

企业按规定设置安全生产管理机构，配备安全生产管理人员。企业主要负责人应按照安全生产法律法规赋予的职责，全面负责安全生产工作，并履行安全生产义务。

企业应建立安全生产责任制，明确各级单位、部门和人员的安全生产职责。

（三）安全生产投入

企业应建立安全生产投入保障制度，完善和改进安全生产条件，按规定提取安全费用，专项用于安全生产，并建立安全费用台账。

（四）法律法规与安全管理制度

企业应建立识别和获取适用的安全生产法律法规、标准规范的制度，明确主管部门，确定获取的渠道、方式，及时识别和获取适用的安全生产法律法规、标准规范。企业各职能部门应及时识别和获取本部门适用的安全生产法律法规、标准规范，并跟踪、掌握有关法律法规、标准规范的修订情况，及时提供给企业内负责识别和获取适用的安全生产法律法规的主管部门汇总。企业应将适用的安全生产法律法规、标准规范及其他要求及时传达给从业人员。企业应遵守安全生产法律法规、标准规范，并将相关要求及时转化为本单位的规章制度，贯彻到各项工作中。

企业应建立健全安全生产规章制度，并发放到相关工作岗位，规范从业人员的生产作业行为。企业应根据生产特点，编制岗位安全操作规程，并发放到相关岗位。企业应严格执行文件和档案管理制度，确保安全规章制度和操作规程编制、使用、评审、修订的效力。企业应建立主要安全生产过程、事件、活动、检查的安全记录档案，并加强对安全记录的有效管理。

（五）教育培训

企业应确定安全教育培训主管部门，按规定及岗位需要，定期识别安全教育培训需求，制订、实施安全教育培训计划，提供相应的资源保证。应做好安全教育培训记录，建立安全教育培训档案，实施分级管理，并对培训效果进行评估和改进。

企业应对操作岗位人员进行安全教育和生产技能培训，使其熟悉有关的安全生产规章制度和安全操作规程，并确认其能力符合岗位要求。未经安全教育培训，或培训考核不合格的从业人员，不得上岗作业。

（六）生产设备设施

企业建设项目的所有设备设施应符合有关法律法规、标准规范要求；安全设备设施应与建设项目主体工程同时设计、同时施工、同时投入生产和使用。企业应按规定对项目建议书、可行性研究、初步设计、总体开工方案、开工前安全条件确认和竣工验收等阶段进行规范管理。生产设备设施变更应执行变更管理制度，履行变更程序，并对变更的全过程进行隐患控制。

企业应对生产设备设施进行规范化管理，保证其安全运行。企业应有专人负责管理各种安全设备设施，建立台账，定期检维修。对安全设备设施应制订检维修计划。设备设施检维修前应制订方案。检维修方案应包含作业行为分析和控制措施。检维修过程中应执行隐患控制措施并进行监督检查。安全设备设施不得随意拆除、挪用或弃置不用；确因检维修拆除的，应采取临时安全措施，检维修完毕后立即复原。

设备的设计、制造、安装、使用、检测、维修、改造、拆除和报废，应符合有关法律法规、标准规范的要求。企业应执行生产设备设施到货验收和报废管理制度，应使用质量合格、设计符合要求的生产设备设施。拆除的生产设备设施应按规定进行处置。拆除的生产设备设施涉及危险物品的，须制定危险物品处置方案和应急措施，并严格按规定组织实施。

（七）作业安全

1. 生产现场管理和生产过程控制

企业应加强生产现场安全管理和生产过程的控制。对生产过程及物料、设备设施、器材、通道、作业环境等存在的隐患，应进行分析和控制。对用火作业、受限空间内作业、临时用电作业、高处作业等危险性较高的作业活动实施作业许可管理，严格履行审批手续。作业许可证应包含危害因素分析和安全措施等内容。

企业进行爆破、吊装等危险作业时，应当安排专人进行现场安全管理，确保安全规程的遵守和安全措施的落实。

2. 作业行为管理

企业应加强生产作业行为的安全管理。对作业行为隐患、设备设施使用隐患、工艺技术隐患等进行分析，采取控制措施。

3. 警示标志

企业应根据作业场所的实际情况，在有较大危险因素的作业场所和设备设施上，设置明显的安全警示标志，进行危险提示、警示，告知危险的种类、后果及应急措施等。

企业应在设备设施检维修、施工、吊装等作业现场设置警戒区域和警示标志，在检维修现场的坑、井、洼、沟、陡坡等场所设置围栏和警示标志。

4. 相关方管理

企业应执行承包商、供应商等相关方管理制度，对其资格预审、选择、服务前准备、作业过程、提供的产品、技术服务、表现评估、续用等进行管理。

企业应建立合格相关方的名录和档案，根据服务作业行为定期识别服务行为风险，并采取行之有效的控制措施。企业应对进入同一作业区的相关方进行统一安全管理。不得将项目委托给不具备相应资质或条件的相关方。企业和相关方的项目协议应明确规定双方的安全生产责任和义务。

5. 变更

企业应执行变更管理制度，对机构、人员、工艺、技术、设备设施、作业过程及环境等永久性或暂时性的变化进行有计划的控制。变更的实施应履行审批及验收程序，并对变更过程及变更所产生的隐患进行分析和控制。

（八）隐患排查和治理

1. 隐患排查

企业应组织事故隐患排查工作，对隐患进行分析评估，确定隐患等级，登记建档，及时采取有效的治理措施。

法律法规、标准规范发生变更或有新的公布，以及企业操作条件或工艺改变，新建、改建、扩建项目建设，相关方进入、撤出或改变，对事故、事件或其他信息有新的认识，组织机构发生大的调整的，应及时组织隐患排查。

2. 排查范围与方法

企业隐患排查的范围应包括所有与生产经营相关的场所、环境、人员、设备设施和活动。企业应根据安全生产的需要和特点，采用综合检查、专业检查、季节性检查、节假日检查、日常检查等方式进行隐患排查。

3. 隐患治理

企业应根据隐患排查的结果，制订隐患治理方案，对隐患及时进行治理。隐患治理方案应包括目标和任务、方法和措施、经费和物资、机构和人员、时限和要求。重大事故隐患在治理前应采取临时控制措施并制订应急预案。

隐患治理措施包括：工程技术措施、管理措施、教育措施、防护措施和应急措施。

治理完成后，应对治理情况进行验证和效果评估。

4. 预测预警

企业应根据生产经营状况及隐患排查治理情况，运用定量的安全生产预测预警技术，建立体现企业安全生产状况及发展趋势的预警指数系统。

（九）重大危险源监控

企业应依据有关标准对本单位的危险设施或场所进行重大危险源辨识与安全评估。企业应当对确认的重大危险源及时登记建档，并按规定备案。企业应建立健全重大危险源安全管理制度，制订重大危险源安全管理技术措施。

（十）职业健康

1. 职业健康管理

企业应按照法律法规、标准规范的要求，为从业人员提供符合职业健康要求的工作环境和条件，配备与职业健康保护相适应的设施、工具。企业应定期对作业场所职业危害进行检测，在检测点设置标识牌予以告知，并将检测结果存入职业健康档案。

对可能发生急性职业危害的有毒、有害工作场所，应设置报警装置，制订应急预案，配置现场急救用品、设备，设置应急撤离通道和必要的泄险区。

各种防护器具应定点存放在安全、便于取用的地方，并有专人负责保管，定期校验和维护。企业应对现场急救用品、设备和防护用品进行经常性的检维修，定期检测其性能，确保其处于正常状态。

2. 职业危害告知和警示

企业与从业人员订立劳动合同时，应将工作过程中可能产生的职业危害及其后果和防护措施如实告知从业人员，并在劳动合同中写明。

企业应采用有效的方式对从业人员及相关方进行宣传，使其了解生产过程中的职业危害、预防和应急处理措施，降低或消除危害后果。对存在严重职业危害的作业岗位，应设置警示标识和警示说明。警示说明应载明职业危害的种类、后果、预防和应急救治措施。

3. 职业危害申报

企业应按规定，及时、如实向当地主管部门申报生产过程存在的职业危害因素，并依法接受其监督。

（十一）应急救援

1. 应急机构和队伍

企业应按规定建立安全生产应急管理机构或指定专人负责安全生产应急管理工作。企业应建立与本单位安全生产特点相适应的专兼职应急救援队伍，或指定专兼职应急救援人员，并组织训练；无须建立应急救援队伍的，可与附近具备专业资质的应急救援队伍签订服务协议。

2. 应急预案

企业应按规定制订生产安全事故应急预案，并针对重点作业岗位制订应急处置方案或措施，形成安全生产应急预案体系。应急预案应根据有关规定报当地主管部门备案，并通报有关应急协作单位。应急预案应定期评审，并根据评审结果或实际情况的变化进行修订和完善。

3. 应急设施、装备、物资

企业应按规定建立应急设施，配备应急装备，储备应急物资，并进行经常性的检查、维护、保养，确保其完好、可靠。

4. 应急演练

企业应组织生产安全事故应急演练，并对演练效果进行评估。根据评估结果，修订、完善应急预案，改进应急管理工作。

5. 事故救援

企业发生事故后，应立即启动相关应急预案，积极开展事故救援。

（十二）事故报告、调查和处理

1. 事故报告

企业发生事故后，应按规定及时向上级单位、政府有关部门报告，并妥善保护事故现场及有关证据。必要时向相关单位和人员通报。

2. 事故调查和处理

企业发生事故后，应按规定成立事故调查组，明确其职责与权限，进行事故调查或配合上级部门的事故调查。

事故调查应查明事故发生的时间、经过、原因、人员伤亡情况及直接经济损失等。事故调查组应根据有关证据、资料，分析事故的直接、间接原因和事故责任，提出整改措施和处理建议，编制事故调查报告。

（十三）绩效评定和持续改进

企业应每年至少一次对本单位安全生产标准化的实施情况进行评定，验证各项安全生产制度措施的适宜性、充分性和有效性，检查安全生产工作目标、指标的完成情况。企业主要负责人应对绩效评定工作全面负责。评定工作应形成正式文件，并将结果向所有部门、所属单位和从业人员通报，作为年度考评的重要依据。企业发生死亡事故后应重新进行评定。

企业应根据安全生产标准化的评定结果和安全生产预警指数系统所反映的趋势，对安全生产目标、指标、规章制度、操作规程等进行修改完善，持续改进，不断提高安全绩效。

第三节　安全生产投入与风险抵押金

一、对安全生产投入的要求

施工企业必须建立提取安全费用制度，其应当具备的安全生产条件所必需的资金投入，由施工企业的决策机构、主要负责人或者个人经营的投资人予以保证，并对由于安全生产所必需的资金投入不足导致的后果承担责任。

为保证安全生产所需资金投入，形成企业安全生产投入的长效机制，企业安全费用的提取，要根据地区和行业的特点，分别确定提取标准，由企业自行提取，专户储存，专项用于安全生产。

《高危行业企业安全生产费用财务管理暂行办法》（财企〔2006〕478号），进一步明确了安全费用的使用范围。

（1）完善、改造和维护安全防护设备、设施支出；

（2）配备必要的应急救援器材、设备和现场作业人员安全防护物品支出；

（3）安全生产检查与评价支出；

（4）重大危险源、重大事故隐患的评估、整改、监控支出；

（5）安全技能培训及进行应急救援演练支出；

（6）其他与安全生产直接相关的支出。

二、企业安全生产风险抵押金的要求

《国务院关于进一步加强安全生产工作的决定》第十八条规定："建立企业安全生产风险抵押金制度。为强化生产经营单位的安全生产责任，各地区可结合实际，依法对矿山、道路交通运输、建筑施工、危险化学品、烟花爆竹等领域从事生产经营活动的企业，收取一定数额的安全生产风险抵押金，企业生产经营期间发生生产安全事故的，转作事故抢险救灾和善后处理所需资金。具体办法由国家安全生产监督管理部门会同财政部研究制定。"据此，财政部、国家安全生产监督管理总局、中国人民银行联合印发了《企业安全生产风险抵押金管理暂行办法》（财建〔2006〕369号）。

（一）风险抵押金存储标准

各省、自治区、直辖市、计划单列市安全生产监督管理部门（以下简称省级安全生产监督管理部门）及同级财政部门按照以下标准，结合企业正常生产经营期间的规模大小和行业特点，综合考虑产量、从业人数、销售收入等因素，确定具体存储金额：

（1）小型企业存储金额不低于人民币30万元（不含30万元）；

（2）中型企业存储金额不低于人民币100万元（不含100万元）；

（3）大型企业存储金额不低于人民币150万元（不含150万元）；

（4）特大型企业存储金额不低于人民币200万元（不含200万元）。

风险抵押金存储原则上不超过500万元。企业规模划分标准按照国家统一规定执行。

（二）风险抵押金存储要求

（1）风险抵押金由企业按时足额存储。企业不得因变更企业法定代表人或合伙人、停产整顿等情况迟（缓）存、少存或不存风险抵押金，也不得以任何形式向职工摊派风险抵押金。

（2）风险抵押金存储数额由省、市、县级安全生产监督管理部门及同级财政部门核定下达。

（3）风险抵押金实行专户管理。企业到经省级安全生产监督管理部门及同级财政部门指定的风险抵押金代理银行（以下简称代理银行）开设风险抵押金专户，并于核定通知送达后1个月内，将风险抵押金一次性存入代理银行风险抵押金专户；企业可以在本办法规定的风险抵押金使用范围内，按国家关于现金管理的规定通过该账户支取现金。

（三）风险抵押金使用规定

（1）为处理本企业生产安全事故而直接发生的抢险、救灾费用支出；

（2）为处理本企业生产安全事故善后事宜而直接发生的费用支出。

企业发生生产安全事故后产生的抢险、救灾及善后处理费用，全部由企业负担，原则上应当由企业先行支付，确实需要动用风险抵押金专户资金的，经安全生产监督管理部门及同级财政部门批准，由代理银行具体办理有关手续。

发生下列情形之一的，省、市、县级安全生产监督管理部门及同级财政部门可以根据企业生产安全事故抢险、救灾及善后处理工作需要，将风险抵押金部分或者全部转作事故抢险、救灾和善后处理所需资金；企业负责人在生产安全事故发生后逃逸的；企业在生产安全事故发生后，未在规定时间内主动承担责任，支付抢险、救灾及善后处理费用的。

（四）风险抵押金的监督管理

风险抵押金实行分级管理，由省、市、县级安全生产监督管理部门及同级财政部门按照属地原则共同负责。中央管理企业的风险抵押金，由所在地省级安全生产监督管理部门及同级财政部门确定后报国家安全生产监督管理总局及财政部备案。

企业持续生产经营期间，当年未发生生产安全事故、没有动用风险抵押金的，风险抵押金自然结转，下年不再增加存储。当年发生生产安全事故、动用风险抵押金的，省、市、县级安全生产监督管理部门及同级财政部门应当重新核定企业应存储的风险抵押金数额，并及时告知企业；企业在核定通知送达后 1 个月内按规定标准将风险抵押金补齐。

企业生产经营规模如发生较大变化，省、市、县级安全生产监督管理部门及同级财政部门应当于下年度第一季度结束前调整其风险抵押金存储数额，并按照调整后的差额通知企业补存（退还）风险抵押金。企业依法关闭、破产或者转入其他行业的，在企业提出申请，并经过省、市、县级安全生产监督管理部门及同级财政部门核准后，企业可以按照国家有关规定自主支配其风险抵押金专户结存资金。

风险抵押金应当专款专用，不得挪用。安全生产监督管理部门、同级财政部门及其工作人员有挪用风险抵押金等违反本办法及国家有关法律、法规行为的，依照国家有关规定进行处理。

国家安全生产监督管理总局颁布的《安全生产违法行为行政处罚办法》第四十二条规定："企业未按规定缴存和使用安全生产风险抵押金的，责令限期改正，提供必需的资金，并可以对生产经营单位处 1 万元以上 3 万元以下罚款，对生产经营单位的主要负责人、个人经营的投资人处 5 千元以上 1 万元以下罚款；逾期未改正的，责令生产经营单位停产停业整顿。"

第四节 建设项目安全设施"三同时"

一、"三同时"概念

生产经营单位新建、改建、扩建工程项目（以下统称建设项目）的安全设施，必须与主体工程同时设计、同时施工、同时投入生产和使用。安全设施投资应当纳入建设项目概算。

建设项目的职业病防护设施所需费用应当纳入建设项目工程预算，并与主体工程同时设计，同时施工，同时投入生产和使用。

建设项目安全设施，是指生产经营单位在生产经营活动中用于预防生产安全事故的设备、设施、装置、构（建）筑物和其他技术措施的总称。建设项目安全设施必须与主体工程同时设计、同时施工、同时投入生产和使用（以下简称"三同时"）。安全设施投资应当纳入建设项目概算。

二、监管责任

国家安全生产监督管理总局对全国建设项目安全设施"三同时"实施综合监督管理，并在国务院规定的职责范围内承担国务院及其有关主管部门审批、核准或者备案的建设项目安全设施"三同时"的监督管理。县级以上地方各级安全生产监督管理部门对本行政区域内的建设项目安全设施"三同时"实施综合监督管理，并在本级人民政府规定的职责范围内承担本级人民政府及其有关主管部门审批、核准或者备案的建设项目安全设施"三同时"的监督管理。

跨两个及两个以上行政区域的建设项目安全设施"三同时"由其共同的上一级人民政府安全生产监督管理部门实施监督管理。上一级人民政府安全生产监督管理部门根据工作需要，可以将其负责监督管理的建设项目安全设施"三同时"工作委托下一级人民政府安全生产监督管理部门实施监督管理。

三、安全条件论证与安全预评价

下列建设项目在进行可行性研究时，生产经营单位应当分别对其安全生产条件进行论证和安全预评价：

（1）非煤矿矿山建设项目；

（2）生产、储存危险化学品（包括使用长输管道输送危险化学品，下同）的建设项目；

（3）生产、储存烟花爆竹的建设项目；

（4）化工、冶金、有色、建材、机械、轻工、纺织、烟草、商贸、军工、公路、水运、轨道交通、电力等行业的国家和省级重点建设项目；

（5）法律、行政法规和国务院规定的其他建设项目。

四、安全条件论证报告的主要内容

（1）建设项目内在的危险和有害因素及对安全生产的影响；

（2）建设项目与周边设施（单位）生产、经营活动和居民生活在安全方面的相互影响；

（3）当地自然条件对建设项目安全生产的影响；

（4）其他需要论证的内容。

生产经营单位应当委托具有相应资质的安全评价机构，对其建设项目进行安全预评价，并编制安全预评价报告。建设项目安全预评价报告应当符合国家标准或者行业标准的规定。生产、储存危险化学品的建设项目安全预评价报告除符合本条第二款的规定外，还应当符合有关危险化学品建设项目的规定。

其他建设项目，生产经营单位应当对其安全生产条件和设施进行综合分析，形成书面报告，并按照本办法第五条的规定报安全生产监督管理部门备案。

五、建设项目安全设施设计审查

生产经营单位在建设项目初步设计时，应当委托有相应资质的设计单位对建设项目安全设施进行设计，编制安全专篇。安全专篇应当包括下列内容：设计依据；建设项目概述；建设项目涉及的危险、有害因素和危险、有害程度及周边环境安全分析；建筑及场地布置；重大危险源分析及检测监控；安全设施设计采取的防范措施；安全生产管理机构设置或者安全生产管理人员配备情况；从业人员教育培训情况；工艺、技术和设备、设施的先进性和可靠性分析；安全设施专项投资概算；安全预评价报告中的安全对策及建议采纳情况；预期效果以及存在的问题与建议；可能出现的事故预防及应急救援措施；法律、法规、规章、标准规定需要说明的其他事项。

建设项目安全设施设计完成后，生产经营单位应当按照规定向安全生产监督管理部门备案，并提交下列文件资料：建设项目审批、核准或者备案的文件；建设项目初步设计报告及安全专篇；建设项目安全预评价报告及相关文件资料。

安全生产监督管理部门收到申请后，对属于本部门职责范围内的，应当及时进行审查，并在收到申请后 5 个工作日内做出受理或者不予受理的决定，书面告知申请人；对不属于本部门职责范围内的，应当将有关文件资料转送有审查权的安全生产监督管理部门，并书面告知申请人。

对已经受理的建设项目安全设施设计审查申请，安全生产监督管理部门应当自受理之日起 20 个工作日内做出是否批准的决定，并书面告知申请人。20 个工作日内不能做出决定的，经本部门负责人批准，可以延长 10 个工作日，并应当将延长期限的理由书面告知申请人。

建设项目安全设施设计有下列情形之一的，不予批准，并不得开工建设：

(1) 无建设项目审批、核准或者备案文件的；

(2) 未委托具有相应资质的设计单位进行设计的；

(3) 安全预评价报告由未取得相应资质的安全评价机构编制的；

(4) 未按照有关安全生产的法律、法规、规章和国家标准或者行业标准、技术规范的规定进行设计的；

(5) 未采纳安全预评价报告中的安全对策和建议，且未做充分论证说明的；

(6) 不符合法律、行政法规规定的其他条件的。

建设项目安全设施设计审查未予批准的，生产经营单位经过整改后可以向原审查部门申请再审。

已经批准的建设项目及其安全设施设计有下列情形之一的，生产经营单位应当报原批准部门审查同意；未经审查同意的，不得开工建设：

(1) 建设项目的规模、生产工艺、原料、设备发生重大变更的；

(2) 改变安全设施设计且可能降低安全性能的；

(3) 在施工期间重新设计的。

其他建设项目安全设施设计，由生产经营单位组织审查，形成书面报告，并按照规定报安全生产监督管理部门备案。

六、施工和竣工验收

建设项目安全设施的施工应当由取得相应资质的施工单位进行，并与建设项目主体工程同时施工。施工单位应当在施工组织设计中编制安全技术措施和施工现场临时用电方案，同时对危险性较大的分部分项工程依法编制专项施工方案，并附具安全验算结果，经施工单位技术负责人、总监理工程师签字后实施。施工单位应当严格按照安全设施设计和相关施工技术标准、规范施工，并对安全设施的工程质量负责。

施工单位发现安全设施设计文件有错漏的，应当及时向生产经营单位、设计单位提出。生产经营单位、设计单位应当及时处理。施工单位发现安全设施存在重大事故隐患时，应当立即停止施工并报告生产经营单位进行整改。整改合格后，方可恢复施工。

工程监理单位应当审查施工组织设计中的安全技术措施或者专项施工方案是否符合工程建设强制性标准。工程监理单位在实施监理过程中，发现存在事故隐患的，应当要求施工单位整改；情况严重的，应当要求施工单位暂时停止施工，并及时报告生产经营单位。施工单位拒不整改或者不停止施工的，工程监理单位应当及时向有关主管部门报告。工程监理单位、监理人员应当按照法律、法规和工程建设强制性标准实施监理，并对安全设施工程的工程质量承担监理责任。

建设项目安全设施建成后，生产经营单位应当对安全设施进行检查，对发现的问题及时整改。建设项目竣工后，根据规定建设项目需要试运行（包括生产、使用，下同）的，应当在正式投入生产或者使用前进行试运行。试运行时间应当不少于30d，最长不得超过180d，国家有关部门有规定或者特殊要求的行业除外。生产、储存危险化学品的建设项目，应当在建设项目试运行前将试运行方案报负责建设项目安全许可的安全生产监督管理部门备案。

建设项目安全设施竣工或者试运行完成后，生产经营单位应当委托具有相应资质的安全评价机构对安全设施进行验收评价，并编制建设项目安全验收评价报告。建设项目安全验收评价报告应当符合国家标准或者行业标准的规定。建设项目竣工投入生产或者使用前，生产经营单位应当按照本办法第五条的规定向安全生产监督管理部门申请安全设施竣工验收，并提交下列文件资料：

（1）安全设施设计备案意见书（复印件）；

（2）施工单位的施工资质证明文件（复印件）；

（3）建设项目安全验收评价报告及其存在问题的整改确认材料；

（4）安全生产管理机构设置或者安全生产管理人员配备情况；

（5）从业人员安全教育培训及资格情况。安全设施需要试运行（生产、使用）的，还应当提供自查报告。

安全生产监督管理部门收到申请后，对属于本部门职责范围内的，应当及时审查，并在收到申请后5个工作日内做出受理或者不予受理的决定，并书面告知申请人；对不属于本部门职责范围内的，应当将有关文件资料转送有审查权的安全生产监督管理部门，并书面告知申请人。

对已经受理的建设项目安全设施竣工验收申请，安全生产监督管理部门应当自受理之日起20个工作日内做出是否合格的决定，并书面告知申请人。20个工作日内不能做出决定的，经本部门负责人批准，可以延长10个工作日，并应当将延长期限的理由书面告知申请人。

建设项目的安全设施有下列情形之一的，竣工验收不合格，并不得投入生产或者使用：

（1）未选择具有相应资质的施工单位施工的；

（2）未按照建设项目安全设施设计文件施工或者施工质量未达到建设项目安全设施设计文件要求的；

（3）建设项目安全设施的施工不符合国家有关施工技术标准的；

（4）未选择具有相应资质的安全评价机构进行安全验收评价或者安全验收评价不合格的；

（5）安全设施和安全生产条件不符合有关安全生产法律、法规、规章和国家标准或者行业标准、技术规范规定的；

（6）发现建设项目试运行期间存在事故隐患未整改的；

（7）未依法设置安全生产管理机构或者配备安全生产管理人员的；

（8）从业人员未经过安全教育培训或者不具备相应资格的；

（9）不符合法律、行政法规规定的其他条件的。

建设项目安全设施竣工验收未通过的，生产经营单位经过整改后可以向原验收部门再次申请验收。

其他建设项目安全设施竣工验收，由生产经营单位组织实施，形成书面报告，并按照本办法第五条的规定报安全生产监督管理部门备案。

生产经营单位应当按照档案管理的规定，建立建设项目安全设施"三同时"文件资料档案，并妥善保存。

建设项目安全设施未与主体工程同时设计、同时施工或者同时投入使用的，安全生产监督管理部门对与此有关的行政许可一律不予审批，同时责令生产经营单位立即停止施工、限期改正违法行为，对有关生产经营单位和人员依法给予行政处罚。

第五节　安全生产教育培训

一、对安全生产教育培训的基本要求

生产经营单位的主要负责人和安全生产管理人员必须具备与本单位所从事的生产经营活动相应的安全生产知识和管理能力。危险物品的生产、经营、储存单位以及矿山、建筑施工单位的主要负责人和安全生产管理人员，应当由有关主管部门对其安全生产知识和管理能力考核合格后方可任职。

生产经营单位应当对从业人员进行安全生产教育和培训，保证从业人员具备必要的安全生产知识，熟悉有关的安全生产规章制度和安全操作规程，掌握本岗位的安全操作技能。未经安全生产教育和培训合格的从业人员，不得上岗作业。

生产经营单位采用新工艺、新技术、新材料或者使用新设备，必须了解、掌握其安全技术特性，采取有效的安全防护措施，并对从业人员进行专门的安全生产教育和培训。

生产经营单位的特种作业人员必须按照国家有关规定经专门的安全作业培训，取得特种作业操作资格证书，方可上岗作业。特种作业人员的范围由国务院负责安全生产监督管理的部门会同国务院有关部门确定。

生产经营单位应当教育和督促从业人员严格执行本单位的安全生产规章制度和安全操作规程；并向从业人员如实告知作业场所和工作岗位存在的危险因素、防范措施以及事故应急措施。

从业人员应当接受安全生产教育和培训，掌握本职工作所需的安全生产知识，提高安全生产技能，增强事故预防和应急处理能力。

《关于生产经营单位主要负责人、安全生产管理人员及其他从业人员安全生产培训考核工作的意见》（安监管人字〔2002〕123号）、《关于特种作业人员安全技术培训考核工作的意见》（安监管人字〔2002〕124号）、《安全生产培训管理办法》（国家安全生产监督管理总局令第44号）、《生产经营单位安全培训规定》（国家安监局令第3号）等一系列政策、规章，对各类人员的安全培训内容、培训时间、考核以及安全培训机构的资质管理等做出了具体规定。

二、安全生产教育培训组织

国家安全生产监督管理总局组织、指导和监督中央管理的生产经营单位的总公司（集团公司、总厂）的主要负责人和安全生产管理人员的安全培训工作。省级安全生产监督管理部门组织、指导和监督省属生产经营单位及所辖区域内中央管理的工矿商贸生产经营单位的分公司、子公司主要负责人和安全生产管理人员的培训工作；组织、指导和监督特种作业人员的培训工作。市级、县级安全生产监督管理部门组织、指导和监督本行政区域内除中央企业、省属生产经营单位以外的其他生产经营单位的主要负责人和安全生产管理人员的安全培训工作。生产经营单位除主要负责人、安全生产管理人员、特种作业人员以外的从业人员的安全培训工作，由生产经营单位组织实施。

三、主要负责人、安全生产管理人员的安全培训

生产经营单位主要负责人和安全生产管理人员应当接受安全培训，具备与所从事的生产经营活动相适应的安全生产知识和管理能力。

生产经营单位主要负责人安全培训应当包括下列内容：

（1）国家安全生产方针、政策和有关安全生产的法律、法规、规章及标准；

（2）安全生产管理基本知识、安全生产技术、安全生产专业知识；

（3）重大危险源管理、重大事故防范、应急管理和救援组织以及事故调查处理的有关规定；

（4）职业危害及其预防措施；

（5）国内外先进的安全生产管理经验；

（6）典型事故和应急救援案例分析；

（7）其他需要培训的内容。

生产经营单位安全生产管理人员安全培训应当包括下列内容：

（1）国家安全生产方针、政策和有关安全生产的法律、法规、规章及标准；

（2）安全生产管理、安全生产技术、职业卫生等知识；

（3）伤亡事故统计、报告及职业危害的调查处理方法；

（4）应急管理、应急预案编制以及应急处置的内容和要求；

（5）国内外先进的安全生产管理经验；

（6）典型事故和应急救援案例分析；

（7）其他需要培训的内容。

生产经营单位主要负责人和安全生产管理人员初次安全培训时间不得少于 32 学时。每年再培训时间不得少于 12 学时。生产经营单位主要负责人和安全生产管理人员的安全培训必须依照安全生产监管监察部门制订的安全培训大纲实施。生产经营单位主要负责人和安全生产管理人员经安全生产监管监察部门认定的具备相应资质的培训机构培训合格后，由培训机构发给相应的培训合格证书。

四、其他从业人员的安全培训

三级安全教育培训

三级安全教育是指厂（矿）、车间（工段、区、队）、班组安全教育。

生产经营单位可以根据工作性质对其他从业人员进行安全培训，保证其具备本岗位安全操作、应急处置等知识和技能。

生产经营单位新上岗的从业人员，岗前培训时间不得少于 24 学时。

（1）厂（矿）级岗前安全培训内容应当包括：本单位安全生产情况及安全生产基本知识；本单位安全生产规章制度和劳动纪律；从业人员安全生产权利和义务；有关事故案例等。

（2）车间（工段、区、队）级岗前安全培训内容应当包括：工作环境及危险因素；所从事工种可能遭受的职业伤害和伤亡事故；所从事工种的安全职责、操作技能及强制性标准；自救互救、急救方法、疏散和现场紧急情况的处理；安全设备设施、个人防护用品的使用和维护；本车间（工段、区、队）安全生产状况及规章制度；预防事故和职业危害的措施及应注意的安全事项；有关事故案例；其他需要培训的内容。

（3）班组级岗前安全培训内容应当包括：岗位安全操作规程；岗位之间工作衔接配合的安全与职业卫生事项；有关事故案例；其他需要培训的内容。

从业人员在本生产经营单位内调整工作岗位或离岗一年以上重新上岗时，应当重新接受车间（工段、区、队）和班组级的安全培训。生产经营单位实施新工艺、新技术或者使用新设备、新材料时，应当对有关从业人员重新进行有针对性的安全培训。

生产经营单位的特种作业人员，必须按照国家有关法律、法规的规定接受专门的安全培训，经考核合格，取得特种作业操作资格证书后，方可上岗作业。

第六节　安全生产事故隐患排查治理

一、定义及分类

《安全生产事故隐患排查治理暂行规定》（国家安全生产监督管理总局令第 16 号）指出，安全生产事故隐患（以下简称事故隐患），是指生产经营单位违反安全生产法律、法规、规章、标准、规程和安全生产管理制度的规定，或者因其他因素在生产经营活动中存在可能导致事故发生的物的危险状态、人的不安全行为和管理上的缺陷。

事故隐患分为一般事故隐患和重大事故隐患。一般事故隐患，是指危害和整改难度较小，发现后能够立即整改排除的隐患。重大事故隐患，是指危害和整改难度较大，应当全部或者局部停产停业，并经过一定时间整改治理方能排除的隐患，或者因外部因素影响致使生产经营单位自身难以排除的隐患。

二、生产经营单位的职责

（1）生产经营单位应当依照法律、法规、规章、标准和规程的要求从事生产经营活动。严禁非法从事生产经营活动。

（2）生产经营单位是事故隐患排查、治理和防控的责任主体。生产经营单位应当建立健全事故隐患排查治理和建档监控等制度，逐级建立并落实从主要负责人到每个从业人员的隐患排查治理和监控责任制。

（3）生产经营单位应当保证事故隐患排查治理所需的资金，建立资金使用专项制度。

（4）生产经营单位应当定期组织安全生产管理人员、工程技术人员和其他相关人员排查本单位的事故隐患。对排查出的事故隐患，应当按照事故隐患的等级进行登记，建立事故隐患信息档案，并按照职责分工实施监控治理。

（5）生产经营单位应当建立事故隐患报告和举报奖励制度，鼓励、发动职工发现和排除事故隐患，鼓励社会公众举报。对发现、排除和举报事故隐患的有功人员，应当给予物质奖励和表彰。

（6）生产经营单位将生产经营项目、场所、设备发包、出租的，应当与承包、承租单位签订安全生产管理协议，并在协议中明确各方对事故隐患排查、治理和防控的管理职责。生产经营单位对承包、承租单位的事故隐患排查治理负有统一协调和监督管理的职责。

（7）安全监管监察部门和有关部门的监督检查人员依法履行事故隐患监督检查职责时，生产经营单位应当积极配合，不得拒绝和阻挠。

（8）生产经营单位应当每季、每年对本单位事故隐患排查治理情况进行统计分析，并分别于下一季度 15 日前和下一年 1 月 31 日前向安全监管监察部门和有关部门报送书面统计分析表。统计分析表应当由生产经营单位主要负责人签字。

对于重大事故隐患，生产经营单位除依照前款规定报送外，应当及时向安全监管监察部门和有关部门报告。重大事故隐患报告内容应当包括：隐患的现状及其产生原因；隐患的危害程度和整改难易程度分析；隐患的治理方案。

（9）对于一般事故隐患，由生产经营单位（车间、分厂、区队等）负责人或者有关人员立即组织整改。

对于重大事故隐患，由生产经营单位主要负责人组织制订并实施事故隐患治理方案。重大事故隐患治理方案应当包括以下内容：治理的目标和任务；采取的方法和措施；经费和物资的落实；负责治理的机构和人员；治理的时限和要求；安全措施和应急预案。

（10）生产经营单位在事故隐患治理过程中，应当采取相应的安全防范措施，防止事故发生。事故隐患排除前或者排除过程中无法保证安全的，应当从危险区域内撤出作业人员，并疏散可能危及的其他人员，设置警戒标志，暂时停产停业或者停止使用；对暂时难以停产或者停止使用的相关生产储存装置、设施、设备,应当加强维护和保养,防止事故发生。

(11) 生产经营单位应当加强对自然灾害的预防。对于因自然灾害可能导致事故灾难的隐患,应当按照有关法律、法规、标准和本规定的要求排查治理,采取可靠的预防措施,制订应急预案。在接到有关自然灾害预报时,应当及时向下属单位发出预警通知;发生自然灾害可能危及生产经营单位和人员安全的情况时,应当采取撤离人员、停止作业、加强监测等安全措施,并及时向当地人民政府及其有关部门报告。

(12) 地方人民政府或者安全监管监察部门及有关部门挂牌督办并责令全部或者局部停产停业治理的重大事故隐患,治理工作结束后,有条件的生产经营单位应当组织本单位的技术人员和专家对重大事故隐患的治理情况进行评估;其他生产经营单位应当委托具备相应资质的安全评价机构对重大事故隐患的治理情况进行评估。

经治理后符合安全生产条件的,生产经营单位应当向安全监管监察部门和有关部门提出恢复生产的书面申请,经安全监管监察部门和有关部门审查同意后,方可恢复生产经营。申请报告应当包括治理方案的内容、项目和安全评价机构出具的评价报告等。

三、监督管理

各级安全监管监察部门按照职责对所辖区域内生产经营单位排查治理事故隐患工作依法实施综合监督管理;各级人民政府有关部门在各自职责范围内对生产经营单位排查治理事故隐患工作依法实施监督管理。

任何单位和个人发现事故隐患,均有权向安全监管监察部门和有关部门报告。安全监管监察部门接到事故隐患报告后,应当按照职责分工立即组织核实并予以查处;发现所报告事故隐患应当由其他有关部门处理的,应当立即移送有关部门并记录备查。

安全监管监察部门应当指导、监督生产经营单位按照有关法律、法规、规章、标准和规程的要求,建立健全事故隐患排查治理等各项制度,定期组织对生产经营单位事故隐患排查治理情况开展监督检查;应当加强对重点单位的事故隐患排查治理情况的监督检查。对检查过程中发现的重大事故隐患,应当下达整改指令书,并建立信息管理台账。必要时,报告同级人民政府并对重大事故隐患实行挂牌督办。安全监管监察部门应当配合有关部门做好对生产经营单位事故隐患排查治理情况开展的监督检查,依法查处事故隐患排查治理的非法和违法行为及其责任者。安全监管监察部门发现属于其他有关部门职责范围内的重大事故隐患的,应该及时将有关资料移送有管辖权的有关部门,并记录备查。

已经取得安全生产许可证的生产经营单位,在其被挂牌督办的重大事故隐患治理结束前,安全监管监察部门应当加强监督检查。必要时,可以提请原许可证颁发机关依法暂扣其安全生产许可证。

对挂牌督办并采取全部或者局部停产停业治理的重大事故隐患,安全监管监察部门收到生产经营单位恢复生产的申请报告后,应当在 10d 内进行现场审查。审查合格的,对事故隐患进行核销,同意恢复生产经营;审查不合格的,依法责令改正或者下达停产整改指令。对整改无望或者生产经营单位拒不执行整改指令的,依法实施行政处罚;不具备安全生产条件的,依法提请县级以上人民政府按照国务院规定的权限予以关闭。

第七节　劳动防护用品管理

一、劳动防护用品分类

劳动防护用品,是指由生产经营单位为从业人员配备的,使其在劳动过程中免遭或者减轻事故伤害及职业危害的个人防护装备。

《劳动防护用品监督管理规定》(国家安全生产监督管理总局令第1号)指出,劳动防护用品分为特种劳动防护用品和一般劳动防护用品。

特种劳动防护用品是指使劳动者在劳动过程中预防或减轻严重伤害和职业危害的劳动防护用品。特种劳动防护用品目录由国家安全生产监督管理总局确定并公布;未列入目录的劳动防护用品为一般劳动防护用品。

《特种劳动防护用品安全标志实施细则》(安监总规划字〔2005〕149号)明确了特种劳动防护用品目录、安全标志管理等,并将特种劳动防护用品分为六大类:头部护具类、呼吸护具类、眼(面)护具类、防护服类、防护鞋类、防坠落护具类。

《劳动防护用品分类与代码》明确劳动防护用品分为九大类:头部防护用品、呼吸器官防护用品、眼(面)部防护用品、听觉器官防护用品、手部防护用品、足部防护用品、躯干防护用品、护肤用品、其他劳动防护用品。

二、劳动防护用品配置与使用

生产经营单位应当按照《劳动防护用品选用规则》GB 11651—2008 和国家颁发的劳动防护用品配备标准以及有关规定,为从业人员配备劳动防护用品。应当安排用于配备劳动防护用品的专项经费。生产经营单位不得以货币或者其他物品替代应当按规定配备的劳动防护用品。应当建立健全劳动防护用品的采购、验收、保管、发放、使用、报废等管理制度。不得采购和使用无安全标志的特种劳动防护用品;购买的特种劳动防护用品须经本单位的安全生产技术部门或者管理人员检查验收。

生产经营单位为从业人员提供的劳动防护用品,必须符合国家标准或者行业标准,不得超过使用期限。生产经营单位应当督促、教育从业人员正确佩戴和使用劳动防护用品。从业人员在作业过程中,必须按照安全生产规章制度和劳动防护用品使用规则,正确佩戴和使用劳动防护用品;未按规定佩戴和使用劳动防护用品的,不得上岗作业。

三、监督管理

安全生产监督管理部门依法对劳动防护用品使用情况和特种劳动防护用品安全标志进行监督检查,督促生产经营单位按照国家有关规定为从业人员配备符合国家标准或者行业标准的劳动防护用品。

安全生产监督管理部门对有下列行为之一的生产经营单位,应当依法查处:不配发劳动防护用品的;不按有关规定或者标准配发劳动防护用品的;配发无安全标志的特种劳动防护用品的;配发不合格的劳动防护用品的;配发超过使用期限的劳动防护用品的;劳动防护用品管理混乱，由此对从业人员造成事故伤害及职业危害的；生产或者经营假冒伪劣劳动防护用品和无安全标志的特种劳动防护用品的；其他违反劳动防护用品管理有关法律、法规、规章、标准的行为。

生产经营单位的从业人员有权依法向本单位提出配备所需劳动防护用品的要求；有权对本单位劳动防护用品管理的违法行为提出批评、检举、控告。

进口的一般劳动防护用品的安全防护性能不得低于我国相关标准，并向国家安全生产监督管理总局指定的特种劳动防护用品安全标志管理机构申请办理准用手续；进口的特种劳动防护用品应当按照规定取得安全标志。

第十一章 生产安全事故应急预案与事故调查处理

第一节 生产安全事故等级和分类

一、生产安全事故的分级

《生产安全事故报告和调查处理条例》规定，根据生产安全事故造成的人员伤亡或者直接经济损失，事故一般分为以下等级：

（1）特别重大事故，是指造成30人以上死亡，或者100人以上重伤（包括急性工业中毒，下同），或者1亿元以上直接经济损失的事故；

（2）重大事故，是指造成10人以上30人以下死亡，或者50人以上100人以下重伤，或者5000万元以上1亿元以下直接经济损失的事故；

（3）较大事故，是指造成3人以上10人以下死亡，或者10人以上50人以下重伤，或者1000万元以上5000万元以下直接经济损失的事故；

（4）一般事故，是指造成3人以下死亡，或者10人以下重伤，或者1000万元以下直接经济损失的事故。

二、事故的分类

（一）按事故发生的原因分类

《企业职工伤亡事故分类标准》GB 6441—1986规定，事故类别为：物体打击；车辆伤害；机器工具伤害；起重伤害；触电；淹溺；灼烫；火灾；高处坠落；坍塌；透水；放炮；火药爆炸；瓦斯爆炸；锅炉和受压容器爆炸；其他爆炸；中毒和窒息；其他伤害。

（二）按事故严重程度分类

《企业职工伤亡事故分类标准》GB 6441—1986规定，按事故严重程度分类，事故分为：

（1）轻伤事故：指只有轻伤的事故。轻伤是指损失工作日低于105d的失能伤害。

（2）重伤事故：指有重伤无死亡的事故。重伤是指相当于法定损失工作日等于和超过105d的失能伤害。

（3）死亡事故：指有死亡的事故。

第二节 生产安全事故应急预案

安全生产事故应急预案是国家安全生产应急预案体系的重要组成部分。制订事故应急预案是贯彻落实"安全第一、预防为主、综合治理"方针，规范应急管理工作，提高应对风险和防范事故的能力，保证职工安全健康和公众生命安全，最大限度地减少财产损失、环境损害和社会影响的重要措施。

一、事故应急预案体系

应急预案应形成体系，针对各级各类可能发生的事故和所有危险源制订专项应急预案和现场应急处置方案，并明确事前、事发、事中、事后的各个过程中相关部门和有关人员的职责。生产规模小、危险因素少的生产经营单位，综合应急预案和专项应急预案可以合并编写。

（一）综合应急预案

综合应急预案是从总体上阐述处理事故的应急方针、政策，应急组织结构及相关应急职责，应急行动、措施和保障等基本要求和程序，是应对各类事故的综合性文件。

（二）专项应急预案

专项应急预案是针对具体的事故类别（如煤矿瓦斯爆炸、危险化学品泄漏等事故）、危险源和应急保障而制订的计划或方案，是综合应急预案的组成部分，应按照综合应急预案的程序和要求组织制订，并作为综合应急预案的附件。专项应急预案应制订明确的救援程序和具体的应急救援措施。

（三）现场处置方案

现场处置方案是针对具体的装置、场所或设施、岗位所制订的应急处置措施。现场处置方案应具体、简单、针对性强。现场处置方案应根据风险评估及危险性控制措施逐一编制，做到事故相关人员应知应会，熟练掌握，并通过应急演练，做到迅速反应、正确处置。

二、事故应急预案编制的要求

（1）符合有关法律、法规、规章和标准的规定；

（2）结合本地区、本部门、本单位的安全生产实际情况；

（3）结合本地区、本部门、本单位的危险性分析情况；

（4）应急组织和人员的职责分工明确，并有具体的落实措施；

（5）有明确、具体的事故预防措施和应急程序，并与其应急能力相适应；

（6）有明确的应急保障措施，并能满足本地区、本部门、本单位的应急工作要求；

（7）预案基本要素齐全、完整，预案附件提供的信息准确；

（8）预案内容与相关应急预案相互衔接。

三、事故应急预案编制内容

（一）综合应急预案的主要内容

1. 总则

包括编制目的、编制依据、适用范围、应急预案体系、应急工作原则。

2. 施工单位的危险性分析

包括施工单位概况、危险源与风险分析。

3. 组织机构及职责

包括应急组织体系、指挥机构及职责。

4. 预防与预警

包括危险源监控、预警行动、信息报告与处置。

5. 应急响应

包括响应分级、响应程序、应急结束。

6. 信息发布

明确事故信息发布的部门，发布原则。事故信息应由事故现场指挥部及时准确向新闻媒体通报事故信息。

7. 后期处置

主要包括污染物处理、事故后果影响消除、生产秩序恢复、善后赔偿、抢险过程和应急救援能力评估及应急预案的修订等内容。

8. 保障措施

包括通信与信息保障、应急队伍保障、应急物资装备保障、经费保障、其他保障。

9. 培训与演练

包括培训、演练。

10. 奖惩

明确事故应急救援工作中奖励和处罚的条件和内容。

（二）专项应急预案的主要内容

1. 事故类型和危害程度分析

在危险源评估的基础上，对其可能发生的事故类型和可能发生的季节及其严重程度进行确定。

2. 应急处置基本原则

明确处置安全生产事故应当遵循的基本原则。

3. 组织机构及职责

包括应急组织体系、指挥机构及职责。

4. 预防与预警

包括危险源监控、预警行动。

5. 信息报告程序

6. 应急处置

包括响应分级、响应程序、处置措施。

7. 应急物资与装备保障

明确应急处置所需的物质与装备数量、管理和维护、正确使用等。

（三）现场处置方案的主要内容

1. 事故特征

主要包括：

（1）危险性分析，可能发生的事故类型；

（2）事故发生的区域、地点或装置的名称；

（3）事故可能发生的季节和造成的危害程度；

（4）事故前可能出现的征兆。

2. 应急组织与职责

主要包括：

（1）基层单位应急自救组织形式及人员构成情况；

（2）应急自救组织机构、人员的具体职责，应同单位或车间、班组人员工作职责紧密结合，明确相关岗位和人员的应急工作职责。

3. 应急处置

主要包括以下内容：

（1）事故应急处置程序。根据可能发生的事故类别及现场情况，明确事故报警、各项应急措施启动、应急救护人员的引导、事故扩大及同企业应急预案的衔接的程序。

（2）现场应急处置措施。针对可能发生的火灾、爆炸、危险化学品泄漏、坍塌、水患、机动车辆伤害等，从操作措施、工艺流程、现场处置、事故控制，人员救护、消防、现场恢复等方面制订明确的应急处置措施。

（3）报警电话及上级管理部门、相关应急救援单位联络方式和联系人员，事故报告的基本要求和内容。

4. 注意事项

主要包括：

（1）佩戴个人防护器具方面的注意事项；

（2）使用抢险救援器材方面的注意事项；

（3）采取救援对策或措施方面的注意事项；

（4）现场自救和互救注意事项；

（5）现场应急处置能力确认和人员安全防护等事项；

（6）应急救援结束后的注意事项；

（7）其他需要特别警示的事项。

四、事故应急预案的管理

国家安全生产监督管理总局负责应急预案的综合协调管理工作。国务院其他负有安全生产监督管理职责的部门按照各自的职责负责本行业、本领域内应急预案的管理工作。

县级以上地方各级人民政府安全生产监督管理部门负责本行政区域内应急预案的综合协调管理工作。县级以上地方各级人民政府其他负有安全生产监督管理职责的部门按照各自的职责负责辖区内本行业、本领域应急预案的管理工作。

（一）应急预案的评审

地方各级安全生产监督管理部门应当组织有关专家对本部门编制的应急预案进行审定；必要时，可以召开听证会，听取社会有关方面的意见。涉及相关部门职能或者需要有关部门配合的，应当征得有关部门同意。

矿山、建筑施工单位和易燃易爆物品、危险化学品、放射性物品等危险物品的生产、经营、储存、使用单位和中型规模以上的其他生产经营单位，应当组织专家对本单位编制的应急预案进行评审。评审应当形成书面纪要并附有专家名单。其他生产经营单位应当对本单位编制的应急预案进行论证。

参加应急预案评审的人员应当包括应急预案涉及的政府部门工作人员和有关安全生产及应急管理方面的专家。评审人员与所评审预案的生产经营单位有利害关系的，应当回避。

应急预案的评审或者论证应当注重应急预案的实用性、基本要素的完整性、预防措施的针对性、组织体系的科学性、响应程序的操作性、应急保障措施的可行性、应急预案的衔接性等内容。

生产经营单位的应急预案经评审或者论证后，由生产经营单位主要负责人签署公布。

（二）应急预案的备案

地方各级安全生产监督管理部门的应急预案，应当报同级人民政府和上一级安全生产监督管理部门备案。其他负有安全生产监督管理职责的部门的应急预案，应当抄送同级安全生产监督管理部门。

中央管理的总公司（总厂、集团公司、上市公司）的综合应急预案和专项应急预案，报国务院国有资产监督管理部门、国务院安全生产监督管理部门和国务院有关主管部门备案；其所属单位的应急预案分别抄送所在地的省、自治区、直辖市或者设区的市人民政府安全生产监督管理部门和有关主管部门备案。

其他生产经营单位中涉及实行安全生产许可的，其综合应急预案和专项应急预案，按照隶属关系报所在地县级以上地方人民政府安全生产监督管理部门和有关主管部门备案；未实行安全生产许可的，其综合应急预案和专项应急预案的备案，由省、自治区、直辖市人民政府安全生产监督管理部门确定。

生产经营单位申请应急预案备案，应当提交应急预案备案申请表、应急预案评审或者论证意见、应急预案文本及电子文档。

（三）应急预案的实施

各级安全生产监督管理部门、生产经营单位应当采取多种形式开展应急预案的宣传教育，普及生产安全事故预防、避险、自救和互救知识，提高从业人员安全意识和应急处置技能。

生产经营单位应当组织开展本单位的应急预案培训活动，使有关人员了解应急预案内容，熟悉应急职责、应急程序和岗位应急处置方案。应急预案的要点和程序应当张贴在应急地点和应急指挥场所，并设有明显的标志。

生产经营单位应当制订本单位的应急预案演练计划，根据本单位的事故预防重点，每年至少组织一次综合应急预案演练或者专项应急预案演练，每半年至少组织一次现场处置方案演练。

生产经营单位制定的应急预案应当至少每三年修订一次，预案修订情况应有记录并归档。有下列情形之一的，应急预案应当及时修订：

（1）生产经营单位因兼并、重组、转制等导致隶属关系、经营方式、法定代表人发生变化的；

（2）生产经营单位生产工艺和技术发生变化的；

（3）周围环境发生变化，形成新的重大危险源的；

（4）应急组织指挥体系或者职责已经调整的；

（5）依据的法律、法规、规章和标准发生变化的；

（6）应急预案演练评估报告要求修订的；

（7）应急预案管理部门要求修订的。

生产经营单位应当及时向有关部门或者单位报告应急预案的修订情况，并按照有关应急预案报备程序重新备案。

生产经营单位应当按照应急预案的要求配备相应的应急物资及装备，建立使用状况档案，定期检测和维护，使其处于良好状态。

生产经营单位发生事故后，应当及时启动应急预案，组织有关力量进行救援，并按照规定将事故信息及应急预案启动情况报告安全生产监督管理部门和其他负有安全生产监督管理职责的部门。

第三节　生产安全事故的报告

一、事故上报的时限和部门

事故发生后，事故现场有关人员应当立即向本单位负责人报告；单位负责人接到报告后，应当于 1h 内向事故发生地县级以上人民政府安全生产监督管理部门和负有安全生产监督管理职责的有关部门报告。情况紧急时，事故现场有关人员可以直接向事故发生地县级以上人民政府安全生产监督管理部门和负有安全生产监督管理职责的有关部门报告。

安全生产监督管理部门和负有安全生产监督管理职责的有关部门接到事故报告后，应当依照下列规定上报事故情况，并通知公安机关、劳动保障行政部门、工会和人民检察院：

（1）特别重大事故、重大事故逐级上报至国务院安全生产监督管理部门和负有安全生产监督管理职责的有关部门；

（2）较大事故逐级上报至省、自治区、直辖市人民政府安全生产监督管理部门和负有安全生产监督管理职责的有关部门；

（3）一般事故上报至设区的市级人民政府安全生产监督管理部门和负有安全生产监督管理职责的有关部门。

安全生产监督管理部门和负有安全生产监督管理职责的有关部门逐级上报事故情况，每级上报的时间不得超过 2h。事故报告后出现新情况的，应当及时补报。自事故发生之日起 30d 内，事故造成的伤亡人数发生变化的，应当及时补报。道路交通事故、火灾事故自发生之日起 7d 内，事故造成的伤亡人数发生变化的，应当及时补报。

二、事故报告的内容

报告事故应当包括下列内容：

（1）事故发生单位概况；

（2）事故发生的时间、地点以及事故现场情况；

（3）事故的简要经过；

（4）事故已经造成或者可能造成的伤亡人数（包括下落不明的人数）和初步估计的直

接经济损失；

（5）已经采取的措施；

（6）其他应当报告的情况。

第四节　生产安全事故的调查

一、事故调查组织

特别重大事故由国务院或者国务院授权有关部门组织事故调查组进行调查。重大事故、较大事故、一般事故分别由事故发生地省级人民政府、设区的市级人民政府、县级人民政府负责调查。省级人民政府、设区的市级人民政府、县级人民政府可以直接组织事故调查组进行调查，也可以授权或者委托有关部门组织事故调查组进行调查。未造成人员伤亡的一般事故，县级人民政府也可以委托事故发生单位组织事故调查组进行调查。

上级人民政府认为必要时，可以调查由下级人民政府负责调查的事故。自事故发生之日起 30d 内（道路交通事故、火灾事故自发生之日起 7d 内），因事故伤亡人数变化导致事故等级发生变化，依照本条例规定应当由上级人民政府负责调查的，上级人民政府可以另行组织事故调查组进行调查。

特别重大事故以下等级事故，事故发生地与事故发生单位不在同一个县级以上行政区域的，由事故发生地人民政府负责调查，事故发生单位所在地人民政府应当派人参加。

二、事故调查组的组成和职责

事故调查组的组成应当遵循精简、效能的原则。根据事故的具体情况，事故调查组由有关人民政府、安全生产监督管理部门、负有安全生产监督管理职责的有关部门、监察机关、公安机关以及工会派人组成，并应当邀请人民检察院派人参加。事故调查组可以聘请有关专家参与调查。

事故调查组成员应当具有事故调查所需要的知识和专长，并与所调查的事故没有直接利害关系。事故调查组组长由负责事故调查的人民政府指定。事故调查组组长主持事故调查组的工作。

事故调查组履行下列职责：

（1）查明事故发生的经过、原因、人员伤亡情况及直接经济损失；

（2）认定事故的性质和事故责任；

（3）提出对事故责任者的处理建议；

（4）总结事故教训，提出防范和整改措施；

（5）提交事故调查报告。

三、事故调查组的职权和事故发生单位的义务

事故调查组有权向有关单位和个人了解与事故有关的情况，并要求其提供相关文件、资料，有关单位和个人不得拒绝。事故发生单位的负责人和有关人员在事故调查期间不得

擅离职守，并应当随时接受事故调查组的询问，如实提供有关情况。事故调查中发现涉嫌犯罪的，事故调查组应当及时将有关材料或者其复印件移交司法机关处理。

事故调查中需要进行技术鉴定的，事故调查组应当委托具有国家规定资质的单位进行技术鉴定。必要时，事故调查组可以直接组织专家进行技术鉴定。技术鉴定所需时间不计入事故调查期限。

四、事故调查的纪律和期限

事故调查组成员在事故调查工作中应当诚信公正、恪尽职守，遵守事故调查组的纪律，保守事故调查的秘密。未经事故调查组组长允许，事故调查组成员不得擅自发布有关事故的信息。

事故调查组应当自事故发生之日起 60d 内提交事故调查报告；特殊情况下，经负责事故调查的人民政府批准，提交事故调查报告的期限可以适当延长，但延长的期限最长不超过 60d。

第五节　事　故　处　理

一、事故调查报告的批复

重大事故、较大事故、一般事故，负责事故调查的人民政府应当自收到事故调查报告之日起 15d 内做出批复；特别重大事故，30d 内做出批复，特殊情况下，批复时间可以适当延长，但延长的时间最长不超过 30d。

有关机关应当按照人民政府的批复，依照法律、行政法规规定的权限和程序，对事故发生单位和有关人员进行行政处罚，对负有事故责任的国家工作人员进行处分。事故发生单位应当按照负责事故调查的人民政府的批复，对本单位负有事故责任的人员进行处理。负有事故责任的人员涉嫌犯罪的，依法追究刑事责任。

二、防范和整改措施的落实及其监督

事故发生单位应当认真吸取事故教训，落实防范和整改措施，防止事故再次发生。防范和整改措施的落实情况应当接受工会和职工的监督。

安全生产监督管理部门和负有安全生产监督管理职责的有关部门应当对事故发生单位落实防范和整改措施的情况进行监督检查。事故处理的情况由负责事故调查的人民政府或者其授权的有关部门、机构向社会公布，依法应当保密的除外。

第十二章 文明施工与环境保护

第一节 文 明 施 工

文明施工是指建设工程施工过程中按照规定采取措施，保障作业环境、市容环境卫生质量和人员健康安全的施工活动。主要是指工程建设实施阶段中，保持施工现场良好的作业环境、卫生环境和工作秩序。有序、规范、标准、整洁、科学地开展建设施工生产活动。

一、文明施工的意义

文明施工，是现代化施工的一个重要标志，是施工企业一项基础性的管理工作，坚持文明施工有以下四个方面的重要意义：

（1）文明施工是施工企业各项管理水平的综合反映，能促进企业综合管理水平的提高；

（2）文明施工是现代化施工本身的客观要求；

（3）文明施工是企业管理的对外窗口，代表企业的形象；

（4）文明施工有利于员工的身心健康，有利于培养一支懂科学、善管理、讲文明的施工队伍，提高施工队伍的整体素质。

二、文明施工的措施

文明施工的措施分为组织管理措施和现场管理措施。

（一）组织管理措施

组织管理措施包括：健全管理组织，健全管理制度，健全管理资料，开展竞赛等。

（二）现场管理措施

现场管理措施包括：合理进行施工场地布置，现场合理利用各种色彩、安全色、安全标志等。

三、文明施工的主要内容

《建筑施工安全检查标准》JGJ 59—2011 将文明施工分为现场围挡、封闭管理、施工现场、材料堆放、现场住宿、现场防火、治安综合治理、施工现场标牌、生活设施、保健急救和社区服务 11 个方面的内容，每个方面都有具体的标准和要求。与建筑工程和市政工程相比，园林绿化建设工程的规范管理起步较晚，上述标准的执行各地差异较大。

根据园林绿化建设工程与建筑工程不同特点，园林绿化建设工程施工现场的文明施工应着重抓好以下几个问题。

（1）在市区主要路段施工的绿化工程或施工范围相对独立的园林工程，应设置围挡。围挡材料应坚固、稳定、整洁、美观。

（2）施工单位应按照施工现场平面图设置各项临时设施，并随施工不同阶段进行调整，合理布置。

（3）工地应设置连续、通畅的排水设施，防止泥浆污水外流或堵塞下水道和排水河道。

（4）进出工地的运输车辆应采取措施，防止工程客土或外运废土、垃圾飞扬洒落或流溢。

（5）主要施工部位作业点和危险区域以及主要道路口都要设有醒目的安全宣传标语或合适的安全警告牌。

（6）不设围挡的开放式施工的道路绿化工程，每一个开挖后的树穴都必须设置醒目的安全警示标志。

（7）施工现场设置围挡进行封闭管理的园林工程，必须制订消防措施，确立消防制度，合理配置灭火器材。

（8）应对工人开展卫生防病宣传教育，工地现场配备保健医药箱。

（9）禁止在施工现场焚烧塑料苗木包装袋等有毒、有害物质。

（10）夜间未经许可不得施工。

第二节　施工现场环境保护

一、环境保护的意义

（1）是保证人们身体健康的需要

搞好施工现场环境卫生，改善作业环境，能够保证施工人员身体健康，积极投入施工生产。若环境污染严重，施工人员和周围居民将直接受害。

（2）是消除外部干扰，保证施工顺利进行的需要

如果施工时不注重施工现场环境的保护和改善，造成施工扰民，容易引起工地同周围居民发生冲突，将会影响施工进度。反之，如果施工时注重施工现场环境的保护和改善，则有利于消除外部干扰，保证施工顺利进行。

（3）是国法和政府的要求，是园林绿化企业的行为准则

环境保护是我国的一项基本国策，《中华人民共和国宪法》和《中华人民共和国环境保护法》分别对环境保护有原则性规定和具体要求。再则，园林绿化工程本身就是通过创造优美的环境来造福百姓的事业，在施工中加强环境保护，园林绿化企业责无旁贷。环境保护应成为广大园林绿化企业的行为准则。

（4）是节约能源，保护人类生存环境，保证社会和企业可持续发展的需要

二、环境保护的管理措施

（1）实行环保目标责任制

　　园林绿化企业要把环保目标以责任书的形式层层分解到有关单位和个人，列入承包合同和岗位责任制，建立一支懂行的、善于管理的环保自我监控体系。工程项目负责人是工程项目环保工作的第一责任人，是施工现场环境保护的自我监控体系的领导者和责任者，要把环保业绩作为考核工程项目负责人的一项重要内容。

　　（2）加强检查和监控工作

　　对施工中易造成环境污染的部位和工序要加强检查和监控，及时采取措施消除环境污染。要将环保目标责任与文明施工现场管理一起检查、考核和奖罚。

第四篇　园林绿化工程项目合同与成本管理

第一章 园林绿化工程项目合同管理

第一节 合同管理概述

一、工程项目合同的概念

工程项目合同是指发包人与承包人之间为实施、完成并保修合同工程所订立的合同。双方当事人应当在合同中明确各自的权利义务，主要是承包人进行工程建设，发包人支付工程款。合同订立生效后双方应当严格履行。项目合同是一种诺成合同，当事人双方在合同中都有各自的权利和义务，在享受权利的同时必须履行义务。

二、建设工程项目合同的特征

建设工程合同是指承包人进行工程建设，发包人支付价款的合同。工程建设合同原为承揽合同的一种，属于完成不动产工程项目的合同。但是由于建设工程合同不同于其他工作的完成，所以建设工程合同除具有一般承揽合同的特征以外，还具有一些自己的特点：

（1）工程项目合同的承包主体只能是法人。承包人则必须具备法人资格，从事勘察、设计、施工的法人应当具备相应的资格。

（2）工程项目合同的合同标的仅限于工程的建设。

（3）国家管理的特殊性。建设工程合同因为涉及城市建设规划，标的物为工程项目，完成的建设具有不能移动的性质。因此，对合同的签订到合同的履行，资金的投放到最终的成果验收，国家都实行严格的监督和管理。

（4）工程项目合同为要式合同。所谓要式合同是指法律对合同的签订形式、方式有一定要求的合同，法律规定建设工程合同必须采用书面形式，不采用书面形式的工程项目合同一般不能有效成立，这是国家对建设工程项目进行监督管理的需要。

（5）具有计划性和程序性。虽然在市场经济的条件下，建设工程项目不像以前严格按计划订立，但是由于工程建设涉及国计民生，建设工程合同仍然具有一定的计划性。

三、工程项目合同的作用

工程项目合同是建设工程施工阶段发包人和承包人签订和履行的合同，其作用有如下几点：

1. 建设工程项目合同在施工阶段发包人和承包人的权利和义务的体现

（1）施工合同是双方行为的准则。

施工合同是建设工程发包人和承包人双方行为的准则，在建设工程承包过程中，发包人和承包人双方其一切行为和工作都以施工合同为依据。

（2）施工合同制约发包人和承包人。

（3）明确双方权利和义务。

2. 建设工程施工阶段实行监理的依据之一

建设工程施工阶段工程监理受发包人的委托，代表建设单位对工程承包人实施监督。施工合同是监理单位实施监理工作的依据之一。主要体现在：

（1）建设工程的发包人、承包人和监理人三者的关系是通过工程监理合同和施工合同确立的，监理人对工程建设的监理是以施工合同为依据，在发包人和承包人签订的施工合同中明确了监理人的职责。

（2）监理人受发包人委托，代表发包人对承包人在施工质量建设工期和建设资金使用等方面进行监理，而这些方面的内容都在施工合同中约定。

3. 建设工程施工阶段发包人和承包人利益的依据

（1）施工合同是追究违约责任的法律依据。

（2）施工合同是调解、仲裁和审理施工合同纠纷的依据。

第二节　工程项目合同的订立

一、建设工程项目合同的签订原则

建设工程项目合同的签订原则是合法性、严肃性、强制性、协作性、等价有偿性。

施工合同作为合同的一种，其订立也经过要约和承诺两个阶段。根据招标文件的要求，结合合同实施中可能发生的各种情况进行周密、充分的准备，按照"缔约过失责任制原则"保护企业的合法权利。最后，将双方协商的内容以书面合同的形式确立。

二、建设工程施工合同示范文本

（一）建设工程施工合同文本组成

早在 1999 年 12 月 24 日建设部和国家工商行政管理局联合发布了《建设工程施工合同（示范文本）》，是各类公用建筑、民用住宅、工业厂房、交通设施及线路管理的施工和设备安装的样本。自 2010 年 1 月 1 日起施行的《广东省建设工程标准施工合同》（2009年版）（以下简称《施工合同文本》），适用于我省行政区域内房屋建筑和市政基础设施工程的新建、扩建、改建。

《施工合同文本》由《协议书》《通用条款》《专用条款》三部分组成。此外，还有三个附件，三个附件分别是：附件一是《承包人承揽工程项目一览表》，附件二是《发包人供应材料设备一览表》，附件三是《工程质量保修书》。

《协议书》是《施工合同文本》中总纲领性的文件，规定了合同的当事人双方最主要的权利义务，规定了组成合同文件及合同当事人对履行合同义务的承诺，并且合同当事人在这份文件上签字盖章，因此具有很高的法律效力。

通用条款：指根据法律、法规和规章的规定以及建设工程施工的需要所订立的，通用于建设工程施工的条款。

专用条款：指合同双方当事人根据法律、法规和规章的规定，结合合同工程实际，经协商达成一致意见的条款。它是对通用条款的具体化，也是对通用条款的补充和完善。

《通用条款》和《专用条款》是双方统一意愿的体现。《专用条款》的条款号与《通用条款》相一致，但主要是空格，由当事人根据工程的具体情况予以明确或者对《通用条款》进行选择执行、补充。

《施工合同文本》的附件则是对施工合同当事人的权利义务的进一步明确，并且使得施工合同当事人的有关工作一目了然，便于执行和管理。

（二）施工合同文件的组成和解释顺序

按照合同示范文本，组成合同文件解释顺序如下：

（1）协议书；

（2）履行本合同的相关补充协议（含工程施工洽商记录、会议纪要、工程变更、现场签证、索赔和合同价款调整报告等修正文件）；

（3）中标通知书（适用于招标工程）；

（4）承包人投标文件及其附件（含评标期间的澄清文件和补充资料）（适用于招标工程）；经确认的工程量清单报价单或施工图预算书（适用于非招标工程）；

（5）专用条款；

（6）通用条款；

（7）标准、规范及有关技术文件；

（8）施工设计图纸；

（9）工程量清单；

（10）专用条款约定的其他文件。

上述合同文件是一个合同整体，彼此能相互解释，相互说明。当合同文件出现矛盾时，以上合同文件就是优先解释顺序。

需要指出的是，在业主的招标文件中通常会确定合同的主要条款，也可能会对上述解释顺序做出修改。因此，作为项目负责人应在投标时对此进行研究与评估，从而确定施工组织方案及报价策略。如若招标文件中未明确合同组成文件及其解释顺序，则该部分的内容是合同谈判的关键内容之一。

第三节　工程项目合同的履行

一、合同履行的概念

合同履行，是指合同各方当事人按照合同的规定，全面履行各自的义务，实现各自的义务，实现各自的权利，使各方的目的得以实现的行为。

二、合同履行的原则

合同履行的原则要求全面性、诚实信用、协作性、遵守法律和行政法规、尊重社会公德、不得扰乱社会经济秩序、不得损害社会公共利益。合同全面履行原则包含两个方面，即对标的（如进度、质量、成本等）的实际履行和对合同约定品种、数量、报酬等的适当履行。诚实信用是指当事人在履行合同义务时，秉承诚实、守信、善意、不滥用权利、不规避义务等原则。

三、合同的主要条款

施工合同作为合同的一种类型，履行期限长，涉及面广，其内容应涵盖《合同法》规定的主要内容，具体包括：总则、工程范围、合同主体、担保、保险与风险、工期、质量与安全、造价。

（一）总则

施工合同的总则是合同基本的规定、解析和要求，是合同的履行的基础，主要包括：定义、合同文件及解释、阅读、理解与接受、语言及适用的法律、标准与规范、施工设计图纸、通信联络、工程分包、现场查勘、招标错失的修正、投标文件的完备性、文物和地下障碍物、事故处理、交通运输、专项批准事件的签认、专利技术、联合的责任、保障、财产。

其中，工程分包是指经合同约定和发包单位认可，从工程承包人承包的工程中承包部分工程的行为。承包人按照有关规定对承包的工程进行分包是允许的（图4-1-1）。

图4-1-1 发包人、承包人、分包单位、供货商的合同关系图

（1）分包合同的签订

承包人必须自行完成建设项目（或单项、单位工程）的主要部分，其非主要部分或专业性较强的工程可分包给具有相应分包资质的分包人实施，结构和技术要求相同的群体工程，承包人应自行完成半数以上的单位工程，承包人按专用条款的约定分包所承包的部分工程，并与分包单位签订分包合同。非经发包人同意承包人不得将承包工程的任何部分分包。分包合同签订后，发包人与分包单位之间不存在直接的合同关系。分包单位应对承包人负责，承包人对发包人负责。

（2）分包合同的履行

工程分包不能解除承包人任何责任与义务。承包人应在分包场地派驻相应监督管理员，保证本合同的履行。分包单位的任何违约行为、安全事故或疏忽导致工程损害或给发包人造成其他损失，承包人承担连带责任，分包工程价款由承包人与分包单位结算。发包人未经承包人同意不得以任何名义向分包单位支付各种工程款项。

（二）工程范围

工程项目施工合同中，承包人应建设完成的工程项目和工程量，主要包括座数、结构、层数、面积、长度、高度、宽度等建设规模和结构特征。

（三）合同主体

施工合同主体是合同履行的重要内容，合同主体的具体要求、人员、联系方式、职责都有了明确的规定，对合同的履行起保障作用。合同主体内容包括：发包人、承包人、现场管理人员任命和更换、发包人代表、监理工程师、造价工程师、承包人代表、指定分包人、承包人劳务。

其中，造价工程师指发包方委派的造价工程师，不是指承包方的造价工程师。

监理工程师、承包人代表的更换必须书面通知发包人，征得同意后方可进行，具体时间和做法在合同专用条款的现场管理人员任命和更换部分明确。

（四）担保、保险与风险

合同履行过程中承发包双方都会存在风险，故明确双方的风险和规避风险的措施在合同中也应明确，以保证合同的顺利实施。此项包括：工程担保、发包人风险、承包人风险、不可抗力、保险。

1. 工程担保

包括承包人提供履约担保和发包人提供支付担保的约定，包含：担保的金额、时间、出具保函的担保人等。

（1）发包人向承包人提供支付担保，按合同约定支付工程价款及履行合同约定的其他义务。

（2）承包人向发包人提供履约担保，按合同约定履行自己的各项义务。

2. 不可抗力

不可抗力是指合同当事人不能预见、不能避免并不能克服的客观情况。建设工程施工中不可抗力包括因战争、敌对行动（无论是否宣战）、入侵、外敌行为、军事政变、恐怖主义、骚乱、暴动、空中飞行物坠落或其他非合同双方当事人责任或原因造成的罢工、停工、爆炸、火灾等，以及当地气象、地震、卫生部门规定的情形以及专用条款约定的情形。

不可抗力事件发生后，承包人应立即通知监理工程师，并在力所能及的条件下迅速采取措施，尽力减少损失。发包人应协助承包人采取措施。监理工程师认为应当暂停施工的，承包人应暂停施工。不可抗力事件结束后48h内，承包人向监理工程师通报受害情况和损失情况，并预计清理和修复费用。不可抗力事件持续发生，承包人应每隔7d向监理工程师报告一次受害情况。不可抗力事件结束后14d内，承包人向监理工程师提交清理和修复费用的正式报告和资料。

因不可抗力事件导致的费用，由合同双方当事人按照下列规定承担，并相应调整合同价款：

（1）永久工程本身的损害，已运至施工场地的材料和工程设备的损害，以及因工程损害导致第三者人员伤亡和财产损失，由发包人承担；

（2）承包人施工设备和用于合同工程的周转材料损坏以及停工损失，由承包人承担；发包人提供的施工设备损坏，由发包人承担；

（3）施工场地内的人员伤亡和财产损失及其相关费用，由合同双方当事人各自承担；

（4）停工期间，承包人应监理工程师要求照管工程的费用，由发包人承担；

（5）工程所需的清理、修复费用，由发包人承担。

因发生不可抗力事件导致工期延误的，工期相应顺延；不能按期竣工的，承包人无须为此支付任何误期赔偿费。发包人要求赶工的，承包人应采取赶工措施，赶工费用由发包人支付。

合同一方迟延履行合同发生后发生不可抗力的，不能免除相应责任。

3. 保险

双方的保险义务分担如下：

（1）工程开工前，发包人应当为建设工程和施工场地内的发包人员及第三方人员生命财产办理保险，支付保险费用。发包人可以将上述保险事项委托承包人办理，但费用由发包人承担。

（2）承包人必须为从事危险作业的职工办理意外伤害保险，并为施工场地内自有人员生命财产和施工机械设备办理保险，支付保险费用。

（3）运至施工场地内用于工程的材料和待安装设备，不论由发承包双方任何一方保管，都应由发包人（或委托承包人）办理保险，并支付保险费用。

保险事故发生时，承发包双方有责任尽力采取必要的措施，防止或者减少损失。

保险事故发生后，保险人已支付了全部保险金额，并且保险金额相等于保险价值的，受损保险标的全部权利归于保险人，保险金额低于保险值的，保险人按照保险金额与保险时此保险标的价值取得保险的部分权利。

（五）工期

包括工程进度计划和报告、开工、暂停施工和复工、工期和工期延误、加快进度、竣工日期、提前竣工和误期赔偿的条款。

1. 工程进度计划

承包人应当在专用条款约定的日期将施工组织设计（或施工方案）和进度计划提交发包人。发包人代表接到承包人提交的进度计划后，按协议条款约定的时间予以确认或提出修改意见。逾期既不确认也不提出修改意见，可视为已同意该施工组织设计（或施工方案）和进度计划。

2. 开工及延期开工

承包人应当按照协议条款约定的开工日期开始施工。承包人不能按时开工，应在不迟于协议条款约定的开工日期 7d 前，以书面形式向工程师提出延期开工的理由和要求，工程师在接到延期开工申请后的 48h 内以书面形式答复承包人。工程师在接到延期开工后 48h 内不答复，视为同意承包人的要求，工期相应顺延。因发包人的原因不能按照协议书约定的开工日期开工，工程师以书面形式通知承包人后，可推迟开工日期。承包人对延期开工的通知没有否决权，但承包人应当赔偿承包人因此造成的损失，相应顺延工期。

3. 工期延误

合同履行期间，由于下列原因造成工期延误的，承包人有权要求发包人增加由此发生的费用和（或）顺延工期，并支付合理利润。本款发生顺延的工期，由承包人提出，经监理工程师核实后由合同双方当事人协商确定；协商不能达成一致的，由监理工程师暂定，通知承包人并抄报发包人。构成争议的，由合同双方当事人按照合同争议规定处理。

（1）发包人未能按照专用条款的约定提供施工设计图纸及其他开工条件；

（2）发包人未能按照专用条款约定的时间支付工程预付款、安全文明施工费和进度款；

（3）发包人代表或施工现场发包人雇用的其他人员造成的人为因素；

（4）监理工程师未按照合同约定及时提供所需指令、回复等；

（5）工程变更（含增加合同工作内容、改变合同的任何一项工作等）；

（6）工程量增加；

（7）一周内非承包人原因停水、停电、停气造成停工累计超过 8h；

（8）不可抗力；

（9）发包人风险事件；

（10）因发包人原因导致的暂停施工；

（11）非承包人失误、违约，以及监理工程师同意的工期顺延；

（12）发包人造成工期延误的其他原因。

如果工期顺延的事件持续发生时，承包人在工期可以顺延的情况发生后 14d 内，向监理工程师发出要求工期延期的通知和提交（最终）详细资料。监理工程师应在收到承包人要求工期延期的通知和提交（最终）详细资料后 14d 内，发包人和承包人协商确定顺延工期的天数；协商不能达成一致的，由监理工程师暂定，通知承包人并抄报发包人。如果监理工程师在 14d 内未予答复，视为该工期顺延报告已经被确认。

4. 误期赔偿

在合同专用条款中，工程误期的条款有明确的规定，承包人要充分估计施工的情况，做好延期有关的工作，尽量减少误期赔偿。

（六）质量与安全

建设工程施工合同中质量条款是建设工程合同中最为重要的条款。包括质量与安全管理、质量标准、工程质量创优、工程的照管、安全文明施工、测量放线、钻孔与勘探性开挖、发包人供应材料和工程设备、承包人采购材料和工程设备、材料和工程设备的检验试验、施工设备和临时设施、工程质量检查、隐蔽工程和中间验收、重新验收和额外检查检验、工程试车、工程变更、竣工验收条件、竣工验收、缺陷责任与质量保修等条款。

1. 工程质量标准

工程质量应当达到协议书约定的质量标准，质量标准的评定以双方在专用条款中约定的国家或者专业的质量检验评定标准。发包人要求部分或全部工程质量达到约定的标准，达不到约定标准的工程部分，工程师一经发现，可要求承包人返工，承包人应当按照工程师的要求返工，直到符合约标准。因承包人的原因达不到的约定标准，由承包人承担返工费用，工期不予顺延。因发包人的原因达不到约定标准，由发包人承担返工的追加合同价款，工期顺延。

2. 安全施工

承包人按工程质量、安全及消防管理有关规定组织施工，采取严格的安全防护措施，承担由于自身的安全措施不力造成的责任和因此发生的费用。非承包人责任造成安全事故，由责任方承担责任和发生的费用。发生重大伤亡及其他安全事故，承包人应按有关规定立即上报有关部门并通知工程师，同时按政府有关部门要求处理，发生的费用由事故责任方承担。

（1）在合同工程实施、完成及保修期间，发包人承担下列责任：

1）发包人应配合承包人做好安全文明施工工作，定期对其派驻施工现场管理人员进行安全文明施工教育培训，对他们的安全负责。

2）发包人有下列行为之一或由于发包人原因造成安全事故的，由发包人承担责任，由此增加的费用和延误的工期由发包人承担；但由于承包人原因造成安全事故的，由承包人承担责任。

① 要求承包人违反安全文明施工操作规程施工的；

② 对承包人提出不符合国家、省有关安全文明施工法律法规和强制性标准规定要求的；

③ 明示或暗示承包人购买、租赁、使用不符合安全施工要求的安全防护用具、机械设备、施工机具及配件、消防设施和器材的。

3）发包人应负责赔偿下列情形造成的第三者人身伤亡和财产损失。

① 工程或工程的任何部分对土地的占用所造成的第三者财产损失；

② 由于发包人原因在施工场地及其毗邻造成的第三者人身伤亡和财产损失。

（2）在合同工程实施、完成及保修期间，承包人承担下列责任：

1）承包人应严格按照国家有关安全文明施工的标准与规范制定安全文明施工操作规程，配备必要的安全生产和劳动保护设施，加强对施工作业人员的施工安全教育培训，对他们的安全负责。

2）承包人应对合同工程的安全文明施工负责，采取有效的安全措施消除安全事故隐患，并接受和配合依法实施的监督检查。

3）承包人应加强施工作业安全管理，特别应加强经监理工程师同意并由其报发包人批准的输送电线路工程，使用易燃、易爆材料、火工器材、有毒与腐蚀性材料等危险品工程，以及爆破作业和地下工程施工等危险作业的安全管理，尽量避免人员伤亡和财产损失。

4）承包人应按监理工程师的指令制订应对灾害的紧急预案，并按预案做好安全检查，配置必要的救助物资和器材，切实保护好有关人员的人身和财产安全。

5）承包人违反本条规定或由于承包人原因造成安全事故的，由承包人承担责任，由此增加的费用和延误的工期由承包人承担；但由于发包人原因造成安全事故的，由发包人承担责任。

6）由于承包人原因在施工场地内及其毗邻造成的第三者人身伤亡和财产损失，由承包人负责赔偿。

承包人在动力设备、输电线路、地下管道、密封防震车间、易燃易爆地段以及临街交通要道附近施工时，施工开始前应向工程师提出安全保护措施，经工程师认可后实施，防护措施费由发包人承担。

实施爆破作业，在放射、毒害性环境中施工（含存储、运输、使用）及使用有毒害性、腐蚀性物品施工时，承包人应在施工前14d以书面形式通知工程师，并提出相应的安全保护措施，经工程师认可后实施，安全保护措施费用由发包人承担。

3.施工过程中的检查和返工

承包人应认真按照标准、规范和设计要求以及工程师依据合同发出的指令施工，随时接受工程师及其委派人员的检查检验。检查检验后，发现因承包人引起的质量问题而导致返工、修改的费用和责任，由承包人承担，赔偿发包人的直接损失，工期不予顺延。

4.隐蔽工程和中间验收

对中间验收，合同双方应在专用条款中约定需要进行中间验收的单项工程和部位的名称、验收时间和要求，以及发包人应提供的便利条件。

工程具备隐蔽条件和达到专用条款约定的中间验收，承包人进行自检，并在隐蔽和中间验收前48h以书面形式通知工程师验收。通知包括隐蔽和中间验收内容，验收时间和地点。承包人准备验收记录，验收合格，工程师在验收记录上签字后，承包人可进行隐蔽和继续施工。验收不合格，承包人在工程师限定的时间内修改后重新验收。

工程质量符合标准、规范和设计图纸等的要求，验收24h后，工程师不在验收记录上签字，视为工程师已经批准，承包人可进行隐蔽或者继续施工。

5. 材料设备供应

工程建设的材料设备供应的质量控制，是整个工程质量控制的基础。建筑材料、设备供应单位对其供应的产品质量负责，而材料设备的需方则根据买卖合同的规定进行质量验收。材料设备供应条款，按材料、设备的采购主体不同，可分为发包人供应材料、设备和承包人采购材料、设备。

（1）发包人供应材料设备的验收。发包人按照合同约定的材料设备种类、规格、数量、单价、质量等级和提供时间、地点的清单，向承包人提供材料设备及其产品合格证明。发包人应在其所供应的材料设备到货前24h，以书面形式通知承包人，由承包人派人与发包人共同验收，经双方共同验收后由承包人保管。发包人支付相应的保管费用。发生损坏丢失时，由承包人负责赔偿。发包人不按规定通知承包人验收，发生的损坏丢失由发包人负责。材料设备的种类、规格、质量等级等与合同约定不符的，承包人可以拒绝接受保管，并由发包人运出施工现场并重新采购。

发包人供应的材料设备进入施工现场后需要重新检验或者试验的，由承包人负责，费用由发包人负责。即使在承包人检验通过之后，如果发现材料设备有质量问题的，发包方仍应承担重新采购及拆除重建的追加合同款，并相应顺延由此延误的工期。

（2）承包人采购材料设备的验收。承包人根据专用条款的约定及设计和规范的要求采购工程需要的材料设备，并提供产品合格证明。承包人在材料设备到货24h前通知工程师验收。这是工程师的一项重要职责，工程师应当按照合同约定及设计和规范的要求进行验收。

承包人需要使用代用材料时。须经工程师认可后方可使用，由此增减的合同价款由双方以书面形式议定。

6. 竣工验收

工程具备竣工验收条件，承包人按国家工程验收有关规定，向发包人提供完整竣工资料及竣工报告。发包人在收到承包人提交的竣工报告后的28d内组织验收，并在验收后14d内予以认可或提出修改意见。验收不及格，承包人应按要求修改后再次提请发包人验收，并承担因自身原因造成修改的费用。发包人在收到承包人提交的竣工报告后的28d内不组织验收，或验收后14d内不提出修改意见，视为竣工报告已被认可。工程未经竣工验收或竣工验收未通过的，发包人不得使用。发包人强行使用的，由此发生的质量问题及其他问题，由发包人承担责任。

7. 质量保修

建设工程办理交工验收手续后，在规定的期限内，施工单位对因勘察、设计、施工、材料等原因造成的质量缺陷进行修正。

（七）造价

造价包括：资金计划和安排、工程量、工程计量和计价、暂列金额、计日工、暂估价、提前竣工奖与误期赔偿费、工程优质费、合同价款的约定与调整、后继法律法规变化事件、项目特征描述不符事件、分部分项工程量清单缺项漏项事件、工程变更事件、工程量偏差事件、费用索赔事件、现场签证事件、物价涨落事件、合同价款调整程序、支付事项、预付款、安全文明施工费、进度款、竣工结算、结算款、质量保证金、最终清算款等条款。

造价是合同的核心条款，明确规定造价的有关明细事项，对双方的最终利益实现起关键作用，其中重点注意以下几点：

1. 合同价款及调整

合同价款是建设工程合同中重要的条款，合同价款应依据中标通知书中的中标价格和非招标工程经双方商定工程预算书确定。施工合同已经生效后，发包人和承包人任一方不得擅自改变。合同价款可以按照固定价格合同、可调整价格合同、成本加酬金合同三种方式约定。可调价格合同中价款调整的范围包括：

（1）工程量的偏差；

（2）工程变更；

（3）法律及后继法律法规的变化；

（4）费用索赔事件或发包人负责的其他情况；

（5）工程造价管理机构发布的造价调整；

（6）专用条款约定的其他调整因素。

承包人应当在价款可以调整的情况发生后 14d 内，将调整原因、金额以书面形式通知工程师，工程师确认后作为追加合同价款，与工程款同期支付。工程师受到承包人通知之后 14d 内不做答复也不提出修改意见，视为该项调整已经同意。

合同约定有工程预付款的，发包人应按照合同约定的时间和数额，向承包人预付工程款，并按照合同约定的时间和比例逐次扣回。发包人不按照协议支付预付款的，承包人可在约定预付时间 7d 后向发包人发出要求预付的通知，发包人收到通知后仍不按约定预付的，承包人可在发出通知后的 7d 后停止施工，因此造成的工程延误和经济损失及额外支出均由发包人承担。

2. 工程量的确认

承包人应按照合同约定时间向工程师提交已完工程量的报告，并按照合同约定提出支付申请。工程师在收到报告后的 7d 内按设计图纸核实已完工程量（以下称计量）。并在计量前 24h 通知承包人，承包人为计量提供便利条件并派人参加。承包人不参加计量，发包人自行进行，计量结果有效，作为工程价款支付的依据。不按约定通知承包人，致使承包人不能参加计量的结果无效。

3. 预付款

预付款用于承包人为合同工程施工购置材料、工程设备、施工设备、修建临时设施以及组织施工队伍进场等所需的款项。合同双方当事人可以约定预付款，预付款金额、支付办法和抵扣方式应在专用条款中明确。预付款必须专用于合同工程，除专用条款另有约定外，预付款的最高限额为合同价款的 30%。

4. 预付款的扣回

发包人不应向承包人收取预付款的利息。预付款应从每支付期应支付给承包人的工程进度款中扣回，直到扣回的金额达到专用条款约定的预付款金额为止。造价工程师应依据专用条款约定的抵扣方式，在签发支付证书时从应支付给承包人的款项中扣回。

5. 工程款（进度）款支付

工程款可以按形象进度支付，也可以按实际完成情况支付。发包人应在双方计量确认 14d 内，向承包人支付工程款（进度款）。同期用于工程上的发包人供应材料设备的价款，以及按合约时间发包人应按比例扣回的预付款，与工程款（进度款）同期结算。合同价款调整、设计变更调整的合同价款及追加价款，应与工程款（进度款）同期调整支付。

6. 结算款

工程竣工验收报告经发包人认可后 28d 内，承包人向发包人递交竣工结算报告及完整的结算资料。工程竣工验收报告经发包人认可后 28d 内，承包人未能向发包人递交竣工决算文件及完整的结算资料，拖延工程竣工结算的，发包人要求交付永久工程，承包人应当交付；发包人不要求交付永久工程，承包人承担照管永久工程责任。

发包人在收到承包人递交的竣工结算报告及结算资料后的 28d 内进行核实，并向承包人提出核实意见（包括进一步补充资料和修改结算文件）。承包人按发包人提出的合理要求补充资料、修改竣工结算文件后，发包人经复核无误，确认后向承包人支付竣工结算款。

7. 质量保证金

建设工程办理交工验收手续后，在规定的期限内，施工单位对因勘察、设计、施工、材料等原因造成的质量缺陷进行修正。

质量保证金是用于承包人对工程质量的担保。是发包人为了保证承包人承担保修义务，按照合同约定的保修金的比例及金额。但不应超过合同价款的 3%，因承包人原因造成返修的费用，发包人在保修金内扣除。工程的质量保证期满后 14d 内，发包人应按照合同约定将剩余的保修金及利息退还给承包人。

第四节　工程项目施工合同的违约责任及争议

一、违约责任

1. 发包人的违约责任

发包人不按合同约定支付各项价款或工程师不能及时给出必要的指令、确认等，致使合同无法履行，发包人承担违约责任，赔偿因其违约给承包人造成的直接损失，延误的工期相应顺延。

2. 承包人施工违约的违约责任

承包人不能按合同工期竣工，工程质量达不到约定的质量标准，或由于承包人原因致使合同无法履行，承包人承担违约责任，赔偿因其违约给发包人造成的损失。双方应当在专用条款内约定承包人赔偿发包人损失的计算方法或者承包人应当支付违约金的数额和计算方法。

二、争议及其解决

合同当事人在履行施工合同时发生争议，可以和解或者要求合同管理及其他有关主管部门调解。和解或调解不成的，双方可以在专用条款内约定以下一种方式解决争议：

第一种解决方式：双方达成仲裁协议，向约定的仲裁委员会申请仲裁；

第二种解决方式：向有管辖权的人民法院起诉。

发生争议后，在一般情况下，双方都应继续履行合同，保持施工连续，保护好已完工程。只有出现下列情况时，当事人方可停止履行施工合同：

（1）单方违约导致合同确已无法履行，双方协议停止施工。

（2）调解要求停止施工，且为双方接受。

（3）仲裁机关要求停止施工。

（4）法院要求停止施工。

第五节 工程项目合同的解除和合同解除的支付

工程项目施工合同订立后，当事人应当按照合同的约定履行。但是，在一定条件下，合同没有履行或完全履行，当事人也可以解除合同。

一、合同的解除

1. 可以解除合同的情形

在下列情况下，施工合同可以解除：

（1）协商一致的合同解除。发包人、承包人协商一致，可以解除合同。这是在合同成立以后，履行完毕以前，双方当事人通过协商而同意终止合同关系的解除。

（2）不可抗力导致合同解除。因为不可抗力致使合同无法继续履行，发包人、承包人可以解除合同。

（3）当事人违约时合同的解除。合同当事人出现以下违约时，可以解除合同：

① 当事人不按合同约定支付工程款（进度款），双方又未达成延期付款协议，导致施工无法进行，承包人停止施工超过56d，发包人仍不支付工程款（进度款），承包人有权解除合同；

② 承包人将其承包的全部工程转包或违法分包给他人，发包人有权解除合同；

③ 合同当事人一方的其他违约致使合同无法履行，守约方可以解除合同。

2. 一方主张解除合同的程序

一方主张解除合同的，应以书面形式向另一方发出解除合同的通知，并在发出通知前7d告知对方，通知到达对方时合同解除，对解除合同有异议的，按照解决合同争议程序处理。

二、合同解除后的善后处理

合同解除后，当事人双方约定的结算和清理条款仍然有效。承包人应当妥善做好已完工程和已购材料、设备的保护和移交工作，发包人应当为承包人撤出提供必要的条件，支付以上所发生的费用，并按照合同约定支付已完工程价款。

第六节　工程项目合同的终止及其他

一、合同终止

（1）合同解除后，除合同双方当事人享有争议和解除有关规定的权利外，本合同即告终止，但不损害因一方当事人在此以前的任何违约而另一方当事人应享有的权利，也不影响合同双方当事人履行本合同结算和清算相关条款的效力。

（2）除质量保修条款外，合同双方当事人履行完本合同全部义务，发包人向承包人支付完竣工结算款，承包人向发包人交付竣工工程后，本合同即告终止。

（3）本合同的权利义务终止后，合同双方当事人仍应遵循诚实信用原则，继续履行合同约定的通知、协助、保密等义务。

二、工程项目合同的其他内容

工程项目合同的其他内容包括缴纳税费、保密要求、廉政建设、禁止转让、合同份数、合同备案。

1. 保密要求

合同双方当事人应在合同约定期限内提供保密信息。自收到对方当事人提供的保密信息之日起，合同双方当事人应履行保密义务。合同双方当事人履行保密义务，并不因本合同终止而结束。

2. 廉政建设

合同双方当事人在签订本合同时，应同时签订廉政合同，作为本合同的附件。合同双方当事人在合同履行期间应遵守国家和政府有关廉政方面的规定和要求，禁止任何腐败行为。

第七节　工程项目中的索赔

一、索赔概述

索赔是指承包商（施工单位）在合同实施过程中，对非自身原因造成的工程延期、费用增加而要求业主给予补偿损失的一种权利要求。而业主（建设单位）对于属于施工单位应承担责任造成的，且实际发生了损失，向施工单位要求赔偿，称为反索赔。

1. 索赔的分类

工程索赔贯穿在整个承包工程实施过程中，可能发生的范围比较广泛，其分类随着划分的方法、标准不同而各异，其分类见图 4-1-2。

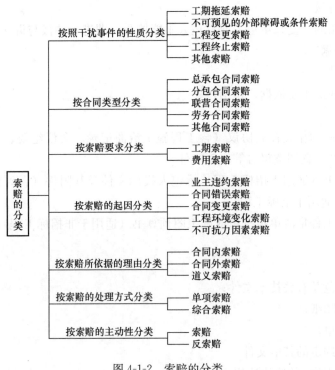

图 4-1-2 索赔的分类

2. 工程索赔的意义

（1）索赔是合同管理的重要环节。

（2）索赔有利于建设单位、施工单位双方自身素质和管理水平的提高。

（3）索赔是合同双方利益的体现。

（4）索赔是挽回成本损失的重要手段。

（5）索赔有利于国内工程建设管理和国际惯例接轨。

二、索赔及其处理

（一）索赔的程序

索赔主要程序是施工单位向建设单位提出索赔，施工单位可按下列程序以书面形式向建设单位索赔。

（1）索赔事件发生 28d 内，向工程师发出索赔意向通知；

（2）发出索赔意向通知后 28d 内，向工程师提出延长工期和（或）补偿经济损失的索赔报告及有关资料；

（3）工程师在收到施工单位送交的索赔报告及有关资料后，于 28d 内给予答复，或要求施工单位进一步补充索赔理由和证据；

（4）工程师在收到施工单位送交的索赔报告和有关资料后 28d 内未予答复或未对施工

单位做进一步要求，视为该索赔已经认可；

（5）当该索赔事件持续进行时，施工单位应当阶段性向工程师发出索赔意向，在索赔事件终了 28d 内，向工程师送交索赔的有关资料和最终索赔报告。

（6）仲裁与诉讼

工程师对索赔的答复，承包人或发包人不能接受，即进入仲裁与诉讼程序。

（二）索赔依据

（1）合同文件

文件是索赔的最主要依据，包括：

① 协议书；

② 履行本合同的相关补充协议（含工程施工洽商记录、会议纪要、工程变更、现场签证、索赔和合同价款调整报告等修正文件）；

③ 中标通知书（适用于招标工程）承包人投标文件及其附件（含评标期间的澄清文件和补充资料）（适用于招标工程）；

④ 经确认的工程量清单报价单或施工图预算书（适用于非招标工程）；

⑤ 专用条款；

⑥ 通用条款；

⑦ 标准、规范及有关技术文件；

⑧ 施工设计图纸；

⑨ 工程量清单；

⑩ 专用条款约定的其他文件。

（2）签订合同所依的法律法规

建设工程合同文件适用国家的法律和行政法规。需要明示的法律和行政法规，由双方在专用条款中约定。

（三）常见的工程索赔证据

常见的工程索赔证据主要有：

① 各种合同文件；

② 工程各种往来函件、通知、答复等；

③ 各种会谈纪要；

④ 经过发包人或者工程师批准的承包人的施工进度计划、施工方案、施工组织设计和现场实施情况记录；

⑤ 工程各项会议纪要；

⑥ 施工现场记录；

⑦ 工程有关照片和录像等；

⑧ 施工日记、备忘录等；

⑨ 工程结算资料、财务报告、财务凭证等；

⑩ 国家法律、法令、政策文件。

（四）索赔证据的基本要求

索赔证据的基本要求有：①真实性；②及时性；③全面性；④关联性；⑤有效性。

三、费用索赔

（一）费用索赔的概述

费用索赔都是以补偿实际损失为原则，实际损失包括直接损失和间接损失两个方面。

（二）索赔费用的计算原则和计算方法

1. 索赔原则

必要原则、赔偿原则、最小原则、引证原则、时限原则。

2. 索赔计算方法

（1）总费用法。计算出索赔工程的总费用，减去原合同报价，即得索赔金额。

（2）修正的总费用法。原则上与总费用法相同，对某些方面相应的修正，修正的内容主要有：一是计算索赔金额的时期仅限于受某事件影响的时段，而不是整个工期；二是只计算在该时期内受影响项目的费用，而不是全部工作项目的费用；三是不直接采用原合同报价，而是采用在该时期内如未受事件影响而完成该项目的合理费用。

（3）实际费用法。实际费用法即根据索赔事件所造成的损失或成本增加，按费用项目逐项进行分析、计算索赔金额的方法。

（三）费用索赔的计算

1. 实际费用法

该方法是按每个索赔事件所引起损失的费用项目分别计算索赔金额，然后将各费用项目的索赔值汇总，即可得到总索赔费用值。

2. 总费用法

又称总成本法，就是当发生多次索赔事件后，重新计算出该工程的实际总费用，再从这个实际总费用中减去投标报价时的估算总费用，计算出索赔余额。

3. 修正总费用法

修正的总费用法是对总费用法的改进，即在总费用计算的原则上，去掉一些不合理的因素，使其更合理。

四、工期索赔

（一）工期索赔概述

施工单位提出工期索赔的目的通常有两个，一是免去或推卸自己对已产生的工期延长的合同责任，使自己不支付或尽可能不支付工期延长的罚款；二是进行因工期延长而造成的费用损失的索赔。

（二）在工期索赔中特别应当注意的问题

1. 划清施工进度拖延的责任

因承包人的原因造成施工进度滞后，属于不可原谅的延期；只有承包人不应承担任何责任的延误，才是可原谅的延期。可原谅延期，又可细分为可原谅并给予补偿费用的延期和可原谅补偿但不给予补偿费用的延期；后者是指非承包人责任的影响并未导致施工成本的额外支出，大多属于发包人应承担风险责任事件的影响，如异常恶劣的气候条件影响的停工等。

2. 被延误的工作应是处于施工进度计划关键线路上的施工内容

若对非关键路线工作的影响时间较长，超过了该工作可用于自由支配的时间，也会导致进度计划中非关键路线转化为关键路线，其滞后将影响总工期的拖延。

（三）工期索赔的计算

工期索赔的计算主要有网络图分析、比例计算法和直接法。

1. 网络分析法

是利用进度计划的网络图分析其关键线路，如果延误的工作为关键工作，则总延误的时间为批准顺延的工期；如果延误的工作为非关键工作，当该工作由于延误超过时差限制而成为关键工作时，可以批准延误时间与时差的差值；若该工作延误后仍为非关键工作，则不存在工期索赔问题。

2. 比例计算法

对于已知部分工程的延期的时间：

工期索赔值＝受干扰部分工程的合同价/原合同总价×该受干扰部分工期拖延时间

对于已知额外增加工程量的价格：

工期索赔值＝额外增加的工程量的价格/原合同总价×原合同总工期

比例计算法简单方便，但有时不尽符合实际情况，比例计算法不适用于变更施工顺序、加速施工、删减。

3. 直接法

有时干扰事件直接发生在关键线路上或一次地发生在一个项目上，造成总工期的延误。这时可通过查询施工日志，变更指令等资料，直接将这些资料中记载的延误时间作为工期索赔值。

第二章　园林绿化工程项目成本管理

第一节　园林绿化工程项目成本管理概念

一、项目成本管理概念

施工项目成本管理，就是在完成一个工程项目过程中，对发生的成本费用支出，有组织、有系统地进行预测、计划、控制、核算、分析等一系列的科学管理工作。施工项目成本管理的目的是在预定的时间、预定的质量前提下，通过不断改善项目管理的管理工作，充分采用经济、技术组织措施和挖掘降低成本的潜力，以尽可能少的劳动耗费，实现预定的目标成本。

二、园林绿化施工项目成本管理的特点

（1）园林绿化工程的对象是有生命的植物材料。每个园林工作者必须掌握有关植物材料的不同栽植季节，植物的生态习性、植物与土壤的相互关系，以及栽植成活的其他相关原理与技术，才能完成园林施工项目，只有提高植物材料的成活率，才能有效控制成本。

（2）园林绿化施工项目成本管理是一个动态管理过程。

（3）园林绿化施工项目成本管理是一个复杂的系统工程。横向可分为：工程项目投标报价、成本预测、成本计划、统计、质量、信誉等；纵向可分为：组织、控制、核算（归集）、分析、跟踪（核实）和考核等。由此形成一个工程项目成本管理系统。

（4）施工项目成本管理的主体是项目经理部。

三、园林绿化施工项目成本管理的意义与作用

（一）施工项目成本管理是施工项目管理的核心内容

园林绿化工程施工企业施工经营管理活动的全部目的，即在于努力实现低于同行业平均成本水平，从而为企业获取最大的利润，提高企业在行业内的竞争力。项目的报价一旦确定，成本就是决定因素。因此，不注重成本管理的项目管理是本末倒置，必将成为无源之水。

（二）施工项目成本管理是衡量施工管理水平的尺度

园林绿化工程施工企业对项目经理部的绩效评价，首先是对成本管理的绩效评价；同时，它也是绩效评价最直观、最客观的尺度。

（三）施工项目成本管理是企业的活力源泉

有利于劳动者的积极性和创造性的发挥。项目成本管理（即成本责任制）与劳动者的利益和责任紧密地联系在一起，实行奖罚兑现，有利于调动职工积极性，从而达到降低成

本，提高经济效益，增强企业发展后劲之目的。

（四）施工项目成本管理有利于促进企业管理水平的提高

实行项目成本管理，各项目成本责任人（或项目经理部）与企业内部各市场所提供的人力、物力、财力等全部实行有偿使用，在内部纵向关系中形成了以工程项目经理部为中心的各部门、各单位之间的相互连接、相互协作、相互制约关系。

实行项目成本管理，扩大了项目经理部的自主权，公司由原来的直接指挥变为监督、控制、考核，这就要求公司各职能部门要有新的监测、控制手段来进行管理，从而促进公司管理工作的提高。

（五）施工项目成本管理有利于促进企业的人才培养

在实施项目成本管理过程中，工程项目成本的高低，直接反映了工程项目的综合指标，这就要求工程项目责任者要具有必备的专业技术水平和管理能力，并在实践中不断积累经验从而推动企业管理人才的培养和锻炼。

四、施工项目成本管理与企业成本管理的区别

1. 管理对象不同

施工项目成本管理的对象是具体的某一个工程项目，它只对该项目所发生的各项费用予以控制，仅对施工项目的成本进行核算。

企业成本管理对象是整个企业，它不仅包括各个项目经理部，还包括为施工生产服务的附属企业以及企业各职能部门。

2. 管理任务不同

施工项目成本管理的任务是在企业健全的成本管理责任制下，以合同的工期、优质和低耗的成本建成工程项目，完成企业下达的管理目标。

企业成本管理则是根据整个企业的现状和水平，通过对资源费用和合理调配以及生产任务的合理分派，使整个企业的成本、费用在一定时间内控制在预定计划内。

3. 管理方式不同

施工项目成本管理是在项目经理负责下的一项重要的项目管理职能，它是在施工现场进行的，与施工过程的质量、工期等各项管理是同步的，管理及时到位。

企业成本管理是指按照行政手段的管理，层次多、部门多、管理也不在现场，而是由部门参与管理，成本管理与施工过程在时间空间上分离，管理不及时、不到位、不落实。

4. 管理责任不同

施工项目成本管理是由施工项目经理全面负责的，施工项目的成本由项目经理部承包，项目的盈亏与项目经理部全体人员经济责任挂钩，因此，责任明确，管理到位。

企业成本管理是强调部门成本责任制，成本管理涉及各个职能部门和各施工单位，难以协调。因此，往往在管理上谁都有责任，但谁也不能负责，致使管理松懈，流于形式。

第二节　园林绿化工程项目成本管理基础

企业要顺利开展成本管理并实现成本管理目标，就必须做好以下工作：

（1）必须强化工程项目成本观念；

（2）加强定额和预算管理；

（3）建立和健全原始记录与统计工作；

（4）建立和健全各项与成本管理有关的责任制度。

第三节　园林绿化施工项目成本管理的内容

一、管理的内容

施工项目成本管理是园林绿化施工企业项目管理系统中的一个子系统，这一系统的具体工作内容包括：成本预测、成本决策、成本计划、成本控制、成本核算、成本分析和成本考核等。

二、管理程序

施工项目成本管理的程序是指从成本估算开始，编制成本计划，采取降低成本的措施，进行成本控制，直到成本核算与分析为止的一系列管理工作步骤。一般程序如图 4-2-1 所示。

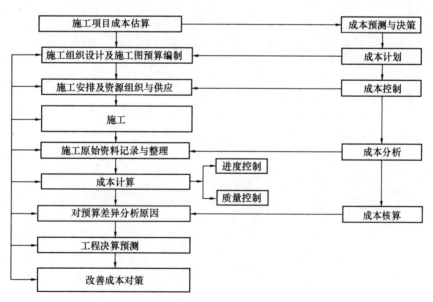

图 4-2-1　施工项目成本管理程序

三、工作范围与职责

（一）工作范围

（1）确定项目目标成本，为编制标书、确定投标价格提供依据，为中标创造条件。

（2）参与工程投标，在中标价格的基础上编制施工项目成本计划。

（3）参与建立施工项目目标成本保证体系，协调项目经理部的各有关人员的关系，互相协作，解决项目目标成本在实施过程中出现的各种问题。

（4）开展项目目标成本管理活动，使项目成本总目标落到实处，包括目标的分解、提出阶段性目标、目标的检查、目标的考核、目标的控制等。

（5）向项目经理部各有关部门提供成本控制所需要的成本信息。

（6）对成本进行预测，按项目经理要求，定期提出项目的成本预测报告，监视项目成本变化情况并及时将影响成本的重大因素向项目经理报告。

（7）计算出成本超支额，调查引起超支的原因并提出应采取的纠正措施的建议和方法。

（8）对施工项目的变更情况做出完整的记录，对替换用设计方案提出快速、准确的成本估算，并与索赔工程师商订索赔方案。

（9）对项目经理部各个部门的成本目标进行考核。

（二）主要职责

（1）必须实现实际项目成本不超过中标价格的目标，负担其风险责任。

（2）对项目成本目标进行严格的控制。

（3）对项目成本目标进行实体的考评。

（4）对项目成本目标实体考评后进行绩效奖惩。

第三章　园林绿化工程项目目标成本

第一节　园林绿化施工项目目标成本概述

一、园林绿化施工项目目标成本的定义及构成

园林绿化施工项目目标成本，即园林绿化施工企业以园林绿化施工项目作为成本核算对象的过程中，所耗费的生产资料转移价值和劳动者的必要劳动所创造的价值的货币形式。

施工项目目标成本一般由施工项目直接目标成本和间接目标成本组成。

1. 直接目标成本

主要反映工程成本的目标价值。具体来说，要对材料、人工、机械费、运费等主要支出项目加以分解并各自制定目标。

2. 间接目标成本

主要反映施工现场管理费用的目标支出数。

二、园林绿化施工项目目标成本的分类

（一）按成本控制需要，从成本发生时间来划分

根据成本管理要求，园林绿化施工项目成本可分为预算成本、计划成本和实际成本。

1. 预算成本

施工项目预算成本反映了地区园林绿化行业的平均水平。它是根据施工图纸，全国统一工程量计算规则计算出来的工程量，全国统一的园林建设工程基础定额和各地区的市场劳务价格、材料价格、机械台班价格及价差系数，并按项目所在地区相关取费的指导性费率进行计算的造价成本。

2. 计划成本

施工项目计划成本是指工程施工项目经理部根据计划期的有关资料（如工程的具体条件和施工企业为实施该项目的各技术组织措施），在实际成本发生前预先计算的成本，亦即施工企业考虑降低成本措施后的成本计划数，反映了企业在计划期内应达到的成本水平。它依据公司下达的目标利润及成本降低率，项目的预算成本，项目施工组织设计及成本降低措施，同行业同类项目的成本水平及施工定额来确定。

3. 实际成本

施工项目实际成本是施工项目在报告期内实际发生的各项生产费用的总和。它根据本项目成本资料及成本核算规定来计算。

（二）按生产费用计入成本的方法来划分

按生产费用计入成本的办法，工程成本可划分为直接成本和间接成本两种形式。

1. 直接成本

直接成本是指直接用于并能直接计入工程对象的费用。

2. 间接成本

间接成本是指非直接用于也无法直接计入工程对象，但为进行工程施工所必须发生的费用，通常是按照直接成本比例来计算。

（三）按生产费用与工程量关系来划分

按生产费用与工程量关系，可将工程成本划分为固定成本和变动成本。

1. 固定成本

固定成本是指在一定期间和一定的工程量范围内，其发生的成本额不受工程量增减变动的影响而相对固定的成本，如折旧费、大修理费、管理人员工资、办公费、照明费等。

这一成本是为了保持企业一定的生产经营条件而发生的。一般来说，对于企业的固定成本每年基本相同。但是，当工程量超过一定范围则需要增添机械设备和管理人员，此时固定成本将会发生变动。

2. 变动成本

变动成本是指发生总额随着工程量的增减变动而成正比例变动的费用，如直接用于工程的材料费、实行计量工资制的人工费等。所谓变动，也是就其总额而言，对于单位分项工程上的变动费用往往是不变的。

固定成本是维护生产能力所必需的费用，要降低单位工程量的固定费用，只有通过提高劳动生产率，增加企业总工程量数额，并降低固定成本的绝对值，而降低变动成本只能是从降低单位分项工程的消耗定额入手。

第二节　园林绿化工程项目目标成本预测

一、园林绿化施工项目目标成本预测的作用

1. 投标决策的依据

首先要对成本进行预测，通过预测，了解工程成本情况和盈亏情况，然后做出是否投标的决策。

2. 编制成本计划的基础

对施工项目成本做出科学预测，才能保证施工项目成本计划不脱离实际，切实起到控制施工项目成本的作用。

3. 成本管理的重要环节

通过成本预测，有利于及时发现问题，找出施工项目成本管理中的薄弱环节以采取措施，控制成本。

二、施工项目目标成本预测的分类与步骤

(一) 成本预测的分类

1. 按照成本预测过程分类

分为：①投标决策的成本预测；②编制计划前的成本预测；③成本计划执行中的成本预测。

2. 按照成本预测项目分类

分为：①工程项目成本预测；②单位工程成本预测；③分部工程初步预测。

3. 按照预测价格组成分类

分为：①直接成本预测；②间接成本预测。

(二) 成本预测步骤

1. 制订预测计划

预测计划的内容主要包括：组织领导及工作布置、配合的部门、时间进度、搜集材料范围等。

2. 搜集和整理预测资料

预测资料一般有纵向和横向的两个方面数据：纵向资料是施工单位各类材料的消耗及价格的历史数据，据此分析其发展趋势；横向资料是指同类施工项目的成本资料，据此分析所预测项目与同类项目的差异，并做出估计。

3. 选择预测方法

4. 分析影响成本水平的因素

施工项目成本影响因素分析如表 4-3-1 所示。

施工项目成本影响因素分析表　　　　　　　　表 4-3-1

成本构成	影响因素分析		成本预测目的	
			为中标签约	为编制成本计划
材料费（机械费）	工程量变动影响材料及机械费用量的变动	① 分部分项工程量的变动（如可能的图纸变更）； ② 采取一定的技术组织措施导致的变动	可不计此项	取减少量
		事先预测的工程量变动。如隐蔽工程、图纸未充分反映的工程量、因施工方便的临时设施工程（便道、临时给水排水设施等）	取增加量或低价中标后索赔时补偿	取减少量
	单位工程量的材料消耗（机械台班数、单耗水平）	① 某一分部、分项工程某种材料单耗的变化； ② 整个项目施工中某种材料单耗的变化； ③ 采用新材料、新技术、新工艺或替代材料使某种材料单耗的变化； ④ 科学的材料管理措施，使所有材料单耗降低	取增加值或定额值	取小于定额值
	单位材料价格（机械台班费或租赁费）	① 受经济和建筑市场形势的影响； ② 受建筑材料价格指数的影响； ③ 受大宗商品期货指数影响	按最高值调增或索赔补偿	
		使用代用材料、新材料使原定额该种材料用量降低	不计入此项	按此项调减

成本构成	影响因素分析		成本预测目的	
			为中标签约	为编制成本计划
人工费	工程量变动	影响人工费的变动		
	劳动生产率变动	① 技术培训、职业教育； ② 施工组织、劳动纪律； ③ 劳动条件改善、提高劳动效率	取定额值	
		④ 赶工期、加班、不利天气局部降低劳动生产率		
		⑤ 利用新技术、新工艺等提高全项目或局部劳动生产率		
	每工日人工费变动	① 受经济及建筑业周期影响； ② 受最低工资政策影响； ③ 受劳动力市场影响； ④ 赶工期加班工资的影响	取调增值或索赔补偿	按定额适当调整
其他直接费	二次运输费、场地清理费、检验费、试验费……	① 现场管理水平、现场客观条件； ② 施工组织设计、施工安全防护； ③ 同类工程；每平方米直接费	取所有可能项目上限值	① 取可能发生项目下限值； ② 取可控项目下限值； ③ 删去可避免值
施工间接费	职工工资、职工福利费、工程保修费……	① 项目工程规模，距离基地远近； ② 管理人员数量、临时设施搭建量； ③ 管理人员工资水平； ④ 同类工程，每平方米间接费		

5. 成本预测

根据初步的成本预测以及对成本水平变化因素预测结果，确定该施工项目的成本情况，包括人工费、材料费、机械使用费和其他直接费等。

6. 分析预测误差

成本预测是对施工项目实施之前的成本预计和推断，这往往与实施过程中及其后的实际成本有出入，而产生预测误差。

三、园林绿化施工项目目标成本预测方法

(一) 定性预测方法

定性预测是根据已掌握的信息资料和直观材料，依靠具有丰富经验和分析的内行和专家，运用主观经验，对施工项目的材料消耗、市场行情及成本等，做出性质上和程度上的推断和估计，然后把各方面的意见进行综合，作为预测成本变化的主要依据。

1. 专家会议法

专家会议法又称之为集合意见法，是将有关人员集中起来，针对预测对象，交换意见，预测工程成本。

2. 专家调查法（特尔菲法）

首先草拟调查提纲，提供背景资料，广泛征询不同专家预测意见，最后再汇总调查结果。对于调查结果，要整理出书面意见和报表。这种方法具有匿名性，费用不高，节省时

间。采用特尔菲法要比一个专家的判断预测或一组专家开会讨论得出的预测结果准确一些，一般用于较长期的预测。

（二）定量预测方法

定量预测的优点是：偏重于数量方面的分析，重视预测对象的变化程度，能做出变化程度在数量上的准确描述；将历史统计数据和客观实际资料作为预测的依据，运用数学方法进行处理分析，受主观因素的影响较少；利用现代化的计算方法，进行大量的计算工作和数据处理，求出适应工作进展的最佳数据曲线。缺点是比较机械，不易灵活掌握，对信息资料质量要求较高。

1. 近似预测法

近似预测法即以过去的类似工程作为参照，预测目前的施工项目成本。

（1）一元线性回归法

（2）指数平滑法

2. 量本利分析法

量本利分析，全称为产量成本利润分析，用于研究价格、单位变动成本和固定成本总额等因素之间的关系，这是一个简单而适用的管理技术，用于施工项目成本管理中，可以分析项目的合同价格、工程量、单位成本及总成本相互关系，为工程决策阶段提供依据。

量本利分析的因素特征包括：

（1）量

施工项目成本管理中量本利分析的量不是一般意义上单件工业产品的生产数量或销售数量，而是指一个施工项目的建筑面积或建筑体积（以 S 表示）。对于特定的施工项目，其生产量即销售量，且固定不变。

（2）成本

量本利分析是在成本划分为固定成本和变动成本的基础上发展起来的，所以进行量本利分析首先应从成本性态入手，即把成本按其产销量的关系分解为固定成本和变动成本。在施工项目成本管理中，就是把成本按是否随工程规模大小而变化划分为固定成本（以 C_1 表示）和变动成本（以 C_2 表示，这里指单位平方建筑面积变动成本）。

但是，由于变动成本变化幅度较大，而且历史资料的计算口径不同，确定 C_1 和 C_2 往往很困难。一个简便而适用的方法，是建立以 S 为自变量，C（总成本）为因变量的回归方程（$C = C_1 + C_2 \cdot S$）。通过历史工程成本数据资料（以计算期价格指数为基础）用最小二乘法计算回归系数 C_1 和 C_2。

（3）价格

不同的工程项目其单位平方价格是不相同的，但在相同的施工期间内，同结构类型的项目的单位平方价格是基本接近的。某种结构类型项目的单方价格可按实际历史数据资料计算并按物价上涨指数修正，或者和计算成本一样建立回归方程求解。

第三节　工程项目目标成本的编制和分解

编制中的关键前提是确定目标成本，是成本管理所要达到的目标，成本目标通常以项目成本总降低额和降低率来定量地表示。

1. 定额估算法

定额估算法的步骤及公式如下：

（1）根据已有的投标、预算资料，确定中标合同价与施工图预算的总价格差。

（2）根据技术组织措施计划确定技术组织措施带来的项目节约数。

（3）对施工预算未能包括的项目，包括施工有关项目和管理费用项目，参照定额加以估算。

（4）对实际成本可能明显超出或低于定额的主要子项，按实际支出水平估算出其实际与定额水平之差。

（5）充分考虑不可预见因素，工期制约因素以及风险因素，市场价格波动因素，加以试算调整，得出一综合影响系数。

目标成本降低额 ＝［（1）＋（2）－（3）±（4）］［1＋（5）］

$$目标成本降低率＝\frac{目标成本降低额}{项目的预算成本}\times 100\%$$

2. 施工预算法

施工预算法，是指主要以施工图中的工程实物量，套以施工工料消耗定额，计算工料消耗量，并进行工料汇总，然后统一以货币形式反映其施工生产消耗水平，以施工工料消耗定额计算施工耗费水平，基本是一个不变的常数。一个施工项目要实现较高的经济效益（即提高降低成本水平），就必须在这个常数基础上采取技术节约措施，以降低消耗定额的单位消耗量和降低价格等措施，来达到成本计划的目标成本水平。因此，采用施工预算法编制成本计划时，必须考虑结合技术节约措施计划，以进一步降低施工生产耗费水平。用公式表示为：

计划成本＝施工预算施工生产耗费水平－技术节约措施
（目标成本）　　　（工料消耗费用）　　　（计划节约额）

3. 技术节约措施法

技术节约措施法是指以该施工项目计划采取的技术组织措施和节约措施所能取得的经济效果为施工项目成本降低额，然后求取施工项目的计划成本的方法。用公式表示：

施工项目计划成本＝施工项目预算成本－技术节约措施计划节约额（降低成本额）

4. 成本习性法

成本习性法，是固定成本和变动成本在编制成本计划中的应用，主要按照成本习性，将成本分成固定成本和变动成本两类，以此作为计划成本。

（1）材料费。与产量有直接联系，属于变动成本。

（2）人工费。在计时工资形式下，生产工人工资属于固定成本。

（3）机械使用费。其中有些费用随产量增减而变动，如燃料、动力费，属变动成本。有些费用不随产量变动，如机械折旧费、大修理费、机修工、操作工的工资等，属于固定成本。另外还有机械的场外运输费和机械组装拆卸、替换配件、润滑擦拭等经常修理费，由于不直接用于生产，也不随产量增减成正比例变动，而是在生产能力得到充分利用，产量增长时，所分摊的费用就要少些，在产量下降时，所分摊的费用就要大一些，所以这部分费用为介于固定成本和变动成本之间的半变动成本，可按一定比例划归固定成本与变动成本。

（4）其他直接费。水、电、气等费用以及现场发生的材料二次搬运费，死亡材料补植费等属于变动成本。

（5）施工管理费。工作人员工资、生产工人辅助工资、工资附加费、办公费、差旅费、固定资产使用费、职工教育费、上级管理费等基本上属于固定成本。检验试验费、外单位管理费与产量增减有直接联系，则属于变动成本范围。此外，劳动保护费中的劳保服装费、防寒用品费，劳动部门都有规定的领用标准和使用年限，基本上属于固定成本范围。技术安全措施、保健费，大部分与产量有关，属于变动成本范围。工具用具使用费中，行政使用的家具属固定成本，工人领用工具，按规定使用年限，定期以旧换新属于固定成本，而对民工，则又属于变动成本。

在成本按习性划分为固定和变动成本后，可用下列公式计算项目计划成本：

施工项目计划成本＝施工项目变动成本总额＋施工项目固定成本总额

第四章 园林绿化工程项目成本控制

第一节 园林绿化工程项目成本控制概述

一、项目成本控制的目标与原则

（一）成本控制的目标

园林绿化施工项目成本控制的目标是降低工程成本、实现计划成本。

（二）成本控制的原则

1. 开源与节流相结合

2. 全面控制

（1）项目成本的全员控制

（2）项目成本的全过程控制

园林绿化施工项目成本全过程控制，是指在工程项目确定以后，自施工准备开始，经过工程施工，到竣工交付使用后的保修期结束。

3. 动态控制

（1）事前控制与事中控制相结合。由于施工项目具有一次性特征，特别强调项目成本的事前控制与事中控制就十分必要。

（2）施工前进行成本预测，确定目标成本，编制成本计划，制定或修订各种消耗定额和费用开支标准。

（3）施工阶段重在执行成本计划，落实降低成本的措施，实行成本目标管理。

（4）建立灵敏的成本信息反馈系统，使成本责任部门（人）能及时获得成本信息，及时纠正不利成本控制的偏差。

（5）制止不合理开支，把可能导致损失和浪费的苗头消灭在萌芽状态。

（6）竣工阶段及时进行项目成本核算与考核。

二、项目成本控制的对象和内容

1. 以施工项目成本形成的过程作为控制对象

根据对项目成本实行全面、全过程控制的具体的内容包括：

（1）在工程投标阶段，应根据工程概况和招标文件，进行项目成本的预测，提出投标决策意见；

（2）施工准备阶段，应结合设计图纸的自审、会审和其他资料，编制实施性施工组织设计，通过多方案的技术经济比较，从中选择经济合理、先进可行的施工方案，编制明细而具体的成本计划，对项目成本进行事前控制；

（3）施工阶段，以施工图预算、施工预算、劳动定额、材料消耗定额和费用开支标准等，对实际发生的成本费用进行控制；

（4）竣工交付使用及保修期阶段，应对竣工验收过程发生的费用和保修费用进行控制。

2. 以施工项目的职能部门、施工队和生产班组作为成本控制的对象

3. 以分部分项工程作为项目成本的控制对象

第二节　园林绿化工程项目成本控制种类与途径

一、成本控制的方法

施工项目成本控制的方法很多，这里重点介绍两种成本控制方法，偏差控制法和成本分析表法。

（一）偏差控制法

施工项目成本控制中的偏差控制法是在制定出计划成本的基础上，通过采用成本分析方法找出计划成本与实际成本之间的偏差和分析产生偏差的原因与变化发展趋势，进而采取措施以减少或消除不利偏差而实现目标成本的一种科学管理方法。

$$实际偏差＝实际成本－预算成本$$
$$计划偏差＝预算成本－计划成本$$
$$目标偏差＝实际成本－计划成本$$

运用偏差控制法的程序如下：

1. 找出偏差

运用偏差控制法要求在项目施工过程中定期地（每日或每周）不断地寻找和计算三种偏差，并以目标偏差为主要对象进行控制。

2. 分析偏差产生的原因

分析成本偏差产生的原因的方法常用的有因素分析法。

因素分析法是将成本偏差的原因归纳为几个相互关联的因素，然后用一定的计算方法从数值上测定各种因素对成本产生偏差程度的影响。据此得出偏差产生于何种成本费用的。可归纳如图 4-4-1 所示。

3. 纠正偏差

在明确成本控制目标，发现成本偏差，并经过成本分析找出产生偏差的原因后，必须针对偏差产生的原因及时采取措施，减少成本偏差，把成本控制在理想的开支范围之内，以保证目标成本的实现。

（二）成本分析表法

成本分析表法的分析表包括月度成本分析表和最终成本控制报告表。月度分析表又分为月度直接成本分析表和间接成本分析表。通过分析实际完成的工程量与成本之间的偏差，分析偏差产生的原因，采取措施纠正偏差，从而实现控制成本的目的。

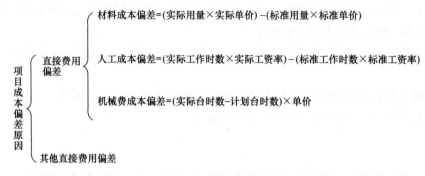

图 4-4-1　因素分析法

二、成本控制的途径

（一）以施工图预算控制成本支出

在施工项目的成本控制中，按施工图预算实行"以收定支"，或者叫"量入为出"是最有效的方法之一。

（1）人工费的控制

（2）材料费的控制

（3）施工机械使用费的控制

（二）应用成本与进度同步骤的方法控制

（1）根据预算材料耗用量确定计划材料耗用量，分析材料消耗水平和节超原因，制订节约材料措施，分别落实到班组。

（2）根据尚可使用数，联系项目施工形象进度，从总量上控制今后的材料消耗。

（3）应用成本与进度同步跟踪的方法控制分部、分项工程成本。即施工到什么阶段，就应该发生相应的成本费用。如果成本与进度不对应，就要作为"不正常"现象进行分析，找出原因，并加以纠正。

（三）加强质量管理，控制质量成本

控制质量成本，首先要从质量成本核算开始，而后是质量成本分析和质量成本控制。

1. 质量成本核算

即将施工过程中发生的质量成本费用，按照预防成本、鉴定成本、内部故障成本和外部故障成本的明细科目归集，然后计算各个时期各项质量成本的发生情况。

2. 质量成本分析

即根据质量成本核算的资料进行归纳，比较和分析共包括四个分析内容。

（1）质量成本总额的构成内容分析；

（2）质量成本总额的构成比例分析；

（3）质量成本各要素之间的比例关系分析；

（4）质量成本占预算成本的分析。

3. 质量成本控制

根据表 4-4-1 所示分析资料，对影响质量较大的关键因素，采取有效措施进行质量成本控制。

质量成本控制表　　　　　　　　　　　　　表 4-4-1

关键因素	措　施	检查人
降低返工、停工损失，将其控制在占预算成本的 1% 以内	（1）对每道工序事先进行技术质量交底； （2）加强班组技术培训； （3）设置班组质量干事，把好第一道关； （4）设置施工队技监点，负责对每道工序进行质量复检和验收； （5）建立严格的质量奖罚制度，调动班组积极性	
减少质量过剩支出	（1）施工员要严格掌握定额标准，力求在保证质量的前提下，使人工和材料消耗不超过定额水平； （2）施工员和材料员要根据设计要求和质量标准，合理使用人工和材料	
健全材料验收制度，控制劣质材料额外支出	（1）材料员在对现场绿化材料进行验收发现有病虫害，或规格不符合要求时要拒收、退货、并向供应单位索赔； （2）根据材料质量不同，合理加以利用以减少损失	
增加预防成本，强化质量意识	（1）建立从班组到施工队的质量 QC 攻关小组； （2）定期进行质量培训； （3）合理地增加质量奖励，调动职工积极性	

（四）坚持施工现场标准化，堵塞浪费漏洞

1. 优化现场平面布置与管理

（1）材料堆放合理，控制二次搬运费；

（2）保持场内交通畅顺；

（3）及时疏通排水系统。

2. 现场安全生产管理

（1）按操作规程施工；

（2）遵守机电设备的操作规程；

（3）重视消防工作和消防设施；

（4）注意卫生，预防发生食物中毒等。

（五）定期开展"三同步"检查，防止项目盈亏异常

项目经济核算的三同步就是统计核算、业务核算、会计核算"三同步"，做到完成多少产值，消耗多少资源，发生多少成本，三者同步。

（六）运用技术分析方法优选施工方案，控制成本

第五章　园林绿化施工项目成本核算

第一节　概　　述

一、园林绿化施工项目核算对象划分

成本核算对象，是指在计算工程成本中，确定归集分配的生产费用的具体对象，即生产费用承担的客体。具体的成本核算对象主要应根据企业生产的特点加以确定，同时还应考虑成本管理上的要求。

施工项目不等于成本核算对象。有时一个施工项目包括几个单位工程，需要分别核算。按照分批（订单）法原则，施工项目成本一般应以每一独立编制施工图预算的单位工程为成本核算对象，但也可以按照承包工程项目的规模、工期、结构类型、施工组织和施工现场等情况，结合成本管理要求，灵活划分成本核算对象。一般来说有以下几种划分方法：

（1）一个单位工程由几个施工单位共同施工时，各施工单位都应以同一单位工程为成本核算对象，各自核算自行完成的部分。

（2）规模大、工期长的单位工程，可以将工程划分为若干部位，以分部位的工程作为成本核算对象。

（3）同一建设项目，由同一施工单位施工，并在同一施工地点，属同一结构类型，开竣工时间相近的若干单位工程，可以合并作为一个成本核算对象。

（4）改建、扩建的零星工程，可以将开竣工时间相接近，属于同一建设项目的各个单位工程合并作为一个成本核算对象。

（5）土石方工程、绿化工程可以根据实际情况和管理需要，以一个单项工程为成本核算对象，或将同一施工地点的若干个工程量较少的单项工程合并作为一个成本核算对象。

成本核算对象确定后，各种经济、技术资料归集必须与此统一，一般不要中途变更，以免造成项目成本核算不实，结算漏账和经济责任不清的弊端。

二、园林绿化施工项目成本核算的任务

鉴于施工项目成本核算在施工项目成本管理中所处的重要地位，施工项目成本核算应完成以下基本任务：

（1）执行国家有关成本开支范围、费用开支标准、工程预算和企业施工预算、成本计划的有关规定，控制费用，促使项目合理，节约使用人力、物力和财力。这是施工项目成本核算的先决前提和首要任务。

（2）正确及时地核算施工过程中发生的各项费用，计算施工项目的实际成本。这是项

目成本核算的主体和中心任务。

（3）反映和监督施工项目成本计划的完成情况，为项目成本预测，以及参与项目施工生产、技术和经营决策提供可靠的成本报告和有关资料，促进项目改善经营管理，降低成本，提高经济效益。这是施工项目成本核算的根本目的。

三、园林绿化施工项目成本核算的原则

1. 确认原则

是指对各项经济业务中发生的成本，都必须按一定的标准和范围加以认定和记录。

2. 分期核算原则

3. 相关性原则

4. 一贯性原则

这是指企业（项目）成本核算所采用的方法应当前后一致。

5. 实际成本核算原则

这是指企业（项目）核算要采用实际成本计价。

6. 及时性原则

指企业（项目）成本的核算、结转和成本信息的提供应当在要求时期内完成。

7. 配比原则

是指营业收入与其相对应的成本、费用应当相互配合。

8. 权责发生制原则

9. 谨慎原则

是指在市场市场经济的条件下，在成本、会计核算中应当对企业（项目）可以发生的损失和费用，做出合理预计，以增强抵御风险的能力。

10. 划分收益性支出与资本性支出原则

划分收益性支出与资本性支出是指成本、会计核算应当严格区分收益性支出与资本性支出界限，以正确地计算当期损益。

11. 重要性原则

是指对于成本有重大影响的业务内容，应作为核算的重点，力求精确，而对于那些不太重要的琐碎的经济业务内容，可以相对从简处理，不要事无巨细，均做详细核算。

12. 明晰性原则

第二节　园林绿化工程项目成本核算方法

施工项目核算的具体方法是：

（1）以施工项目为核算对象，核算施工项目的全部预算成本、计划成本和实际成本，包括主体工程、辅助工程、配套工程以及管线工程等；

（2）划清各项费用开支界限，严格遵守成本开支范围；

（3）建立目标成本考核体系；

（4）加强基础工作，保证成本计算资料的质量；

（5）坚持遵循成本核算的主要程序，正确计算成本的盈亏。

其程序是：

（1）按照费用的用途和发生的地点，把本期发生和支付的各项生产费用，汇集到有关生产费用科目中；

（2）月末将归集在"辅助生产"账户的辅助生产费用，按照各受益对象的受益数量，分配并转入"工程施工""管理费用"等账户中；

（3）月末，各个施工项目凡使用自有施工机械的，应由本月成本负担的施工机械使用费用转入成本；

（4）月末，将由本月成本负担的待摊费用和预提费用转入工程成本；

（5）月末，将归集在"管理费用"中的施工管理费用，按一定的方法分配并转入施工项目成本；

（6）工程竣工（月、季末）后，结算竣工工程（月、季末已完工程）的实际成本转入"工程结算"科目借方，以资与"工程结算"科目的贷方差额结算工程成本降低额或亏损额。

第六章　园林绿化工程项目成本分析和考核

第一节　园林绿化工程项目成本分析概述

施工项目的成本分析，是指对项目成本的形成过程和影响成本升降的因素进行分析，以寻求进一步降低成本的途径。

一、园林绿化施工项目成本分析的原则

（1）要实事求是。

（2）要用数据说话。成本分析要充分利用统计核算和有关辅助记录（台账）的数据进行定量分析，应避免抽象的定性分析。因为定量分析对事物的评价更为精确，更令人信服。

（3）要注重时效。也就是成本分析及时，发现问题及时，解决问题及时。

（4）要为生产经营服务。

二、园林绿化施工项目成本分析的内容

施工项目成本分析的内容包括以下三个方面：

1. 随着项目施工的进展而进行的成本分析

（1）分部分项工程成本分析；（2）月（季）度成本分析；（3）年度成本分析；（4）竣工成本分析。

2. 按成本项目进行的成本分析

（1）人工费分析；（2）材料费分析；（3）机械使用费分析；（4）其他直接费分析；（5）间接成本分析。

3. 针对特定问题和与成本有关事项的分析

（1）成本盈亏异常分析；（2）工期成本分析；（3）资金成本分析；（4）技术组织措施节约效果分析；（5）其他有利因素和不利因素对成本影响的分析。

第二节　园林绿化施工项目成本分析的方法

一、比较法

比较法，又称"指标对比分析法"。就是通过技术经济指标的对比，检查计划的完成情况，分析产生差异的原因，进而挖掘内部潜力的方法。比较分析时，可按以下顺序：

（1）比较项目预算成本、实际成本、降低额、降低率与计划对应项目的增减变动额；

（2）比较成本各构成项目的收、支与计划数额的增减变动额；

（3）比较分项和总成本降低率与同类工程或企业先进水平的差额；

（4）比较项目包含的不同单位工程或不同参与单位的降低成本占总降低额的比例。

在比较时，应注意以下几点：

（1）要坚持可比口径，当客观因素影响到可比性时，应剔除、换算或加以说明；

（2）要对分项成本有关实物量，如材料用量、工日、机械台班等，结合计划或定额用量加以比较；

（3）要注意所依据资料的真实性，防止出现成本虚假升降。在工程进行中分析时，尤其要注意已完工程与未完施工成本的确定。

二、因素分析法

因素分析法，又称连环替代法。这种方法，可用来分析各种因素对成本形成的影响程度。在进行分析时，首先要假定众多因素中的一个因素发生了变化，而其他因素则不变，然后逐个替换，并分别比较其计算结果，以确定各个因素的变化对成本的影响程度。

因素分析法的计算步骤如下：

（1）确定分析对象（即所分析的技术经济指标），并计算出实际与计划（预算）数的差异；

（2）确定该指标是由哪几个因素组成的，并按其相互关系进行排序；

（3）以计划（预算）数为基础，将各因素的计划（预算）数相乘，作为分析替代的基数；

（4）将各个因素的实际数按照上面的排列顺序进行替换计算，并将替换后的实际数保留下来；

（5）将每次替换计算所得的结果，与前一次的计算结果相比较，两者的差异即为该因素对成本的影响程度；

（6）各个因素的影响程度之和，应与分析对象的总差异相等。

第三节　园林绿化工程项目成本考核方法

一、园林绿化工程项目成本考核的概念

施工项目成本考核，应该包括两方面的考核，即项目成本目标（降低成本目标）完成情况的考核和成本管理工作业绩的考核。这两方面的考核，都属于企业对施工项目经理部成本监督的范畴。施工项目成本考核的目的，在于贯彻落实责权相结合的原则，促进成本管理工作的健康发展，更好地完成施工项目的成本目标。

二、园林绿化施工项目成本考核的内容

施工项目的成本考核，可以分为两个层次：一是企业对项目经理的考核；二是项目经

理对所属部门、施工队和班组的考核。施工项目成本考核的内容如下：

1. 企业对项目经理的考核

（1）项目成本目标和阶段成本目标的完成情况；

（2）建立以项目经理为核心的成本管理责任制的落实情况；

（3）成本计划的编制和落实情况；

（4）对各部门、各施工队和班组责任成本的检查和考核情况；

（5）在成本管理中贯彻责任相结合原则的执行情况。

2. 项目经理对所属各部门、各施工队和班组的考核

（1）对各部门的考核内容

①本部门、本岗位责任成本的完成情况；

②本部门、本岗位成本管理责任的执行情况。

（2）对各施工队的考核内容

①对劳务合同规定的承包范围和承包内容的执行情况；

②劳务合同以外的补充收费情况；

③对班组施工任务单的管理情况，以及班组完成施工任务后的考核情况。

（3）对生产班组的考核内容（平时由施工队考核）

三、园林绿化施工项目成本考核的方法

1. 施工项目的成本考核采取评分制

具体方法为：先按考核内容评分，然后按七与三的比例加权平均。即：责任成本完成情况的评分为七，成本管理工作业绩的评分为三。

2. 施工项目的成本考核要与相关指标的完成情况相结合

具体方法为：成本考核的评分是奖罚的依据，相关指标的完成情况为奖罚的条件。也就是：在根据评分计奖的同时，还要参考相关指标的完成情况加奖或扣罚。

3. 强调项目成本的中间考核

项目成本的中间考核，可按以下两方面考虑：

（1）月度成本考核

（2）阶段成本考核

一般可分为土方地形工程、土建工程、绿化栽植工程、总体工程等，可按此分阶段进行考核。

4. 正确考核施工项目的竣工成本

施工项目的竣工成本，是在工程竣工和工程款结算的基础上编制的，它是竣工成本考核的依据。

5. 施工项目成本的奖罚

如上所述，施工项目的成本考核，可分为月度考核、阶段考核和竣工考核三种。

第七章　园林绿化工程造价管理

第一节　定　额　的　概　念

一、定额

根据一定时期的生产水平和产品的质量要求，规定出一个大多数人经过努力可以达到的合理的消耗标准，这种标准就称为定额。定额的定义可以表述为：在合理的劳动组织和合理地使用材料和机械的条件下，完成单位合格产品所消耗的资源数量标准。

二、施工定额

是直接用于工程施工管理的定额，是编制施工预算，实行内部经济核算的依据。根据施工定额，可以计算不同工程项目的人工、材料和机械台班的需用量。

施工定额由劳动定额、材料消耗定额和施工机械台班消耗定额组成。

施工定额水平是指定额规定的劳动力、材料和施工机械的消耗标准。施工定额水平的确定，必须符合平均先进的原则，也就是说，在正常的施工（生产）条件下，经过努力，多数人可以达到或超过，少数人可以接近的水平。

三、预算定额

工程预算定额是确定一定计量单位的分项工程或结构构件的人工、材料和机械台班消耗量的数量标准，是由国家及各地区编制和颁发的一种法令性指标。

（一）预算定额的作用

在建设工程中，预算定额主要作用是：

（1）预算定额是编制施工图预算的基本依据。

（2）预算定额是对设计方案进行技术经济比较，对新结构、新材料进行技术经济分析的依据。

（3）预算定额是编制施工组织设计时，确定劳动力、建筑材料、成品、半成品、设备和建筑机械需要量的标准，是施工企业进行经济核算和经济活动分析的依据。

（4）预算定额是编制概算定额的基础，同时加强预算定额的管理，对于控制和节约建设资金，降低建筑安装工程的劳动消耗，加强施工企业的计划管理和经济核算，都有重大的现实意义。

（二）预算定额与施工定额的区别和关系

（1）预算定额是以施工定额为基础编制的。预算定额是社会平均水平，即现实的平均中等生产条件、平均劳动熟练程度、平均劳动强度下，多数企业能够达到或超过，少数企业经过努力也能够达到的水平。施工定额是平均先进水平，所以确定预算定额时，水平相对要降低一些。

（2）预算定额是施工中的一般情况，而施工定额考虑的是施工的特殊情况。

（3）预算定额实际考虑的因素比施工定额多，要考虑一个幅度差，是预算定额与施工定额的重要区别。

四、概算定额

是以预算定额或综合预算定额为基础，根据通用图和标准图等资料，经过适当综合扩大编制而成的。概算定额的计量单位以体积（m^3）、面积（m^2）、长度（m）及每座小型独立构筑物计算，定额内容包括概算基价、主要材料耗用量及综合项目的组成等。

概算定额是编制初步设计概算和扩初设计概算的依据。施工企业在施工准备期间所编制的施工组织总设计或总规划的劳动力、机械和材料需用计划，也是以概算定额为依据编制的。

第二节　园林绿化工程概预算的分类

工程概预算都是确定拟建工程建设费用的文件。根据设计阶段不同，所起作用和使用的编制依据不同。工程概预算具有"三算"，即设计概算、施工图预算、竣工决算。

一、设计概算

在初步设计或扩大初步设计阶段，设计部门根据初步设计图纸、概算定额或概算指标及建筑工程费用定额等编制的建设工程投资，称为设计概算。

设计概算是初步设计文件的重要组成部分。没有设计概算，行政主管部门无法进行财政预算、拨款计划或贷款，而且施工单位不能做施工准备。设计概算是控制施工图预算、考核工程成本的依据；如果试行基本建设大包干办法，也是大包干投资的依据。

二、施工图预算

根据设计施工图、工程预算定额和国家及地方的有关规定编制的用以确定建筑安装工程费用的文件，称为施工图预算。

施工图预算是确定工程造价、实行财务监督的依据，是施工单位与建设单位签订工程施工承包合同，进行竣工结算的基础。同时，施工图预算也是施工单位进行施工准备、安排计划、组织施工活动、统计工程进度和考核建筑安装工程的依据，又是工程价款结算和办理基本建设拨款或贷款的依据。

三、竣工决算

竣工决算是反映建设项目实际造价和投资效果的文件。竣工决算包括从筹建到竣工验收的全部建设费用。由建设单位根据竣工图纸及相关资料进行编制。

四、施工预算

施工预算是根据施工图纸、施工组织设计和施工定额等资料编制的预算，是施工企业内部经济核算实行定额预算包干的依据。

第三节　园林绿化工程竣工结算与决算

一、工程竣工结算

（一）工程竣工结算及其作用

办理竣工结算的主要作用如下：

（1）是确定工程最终造价，并完结建设单位与施工单位的合同关系和经济责任的依据；

（2）为施工企业确定工程的最终收入、进行经济核算和考核工程成本提供依据；

（3）反映了建筑安装工作量和工程实物量的实际完成情况，从而为建设单位编制竣工决算提供了基础资料；

（4）是编制概算定额和概算指标及费用定额的依据之一。

（二）编制工程竣工结算书的原则和依据

工程竣工结算书是进行工程结算的主要依据，其编制原则和依据分述如下：

1. 工程竣工结算书的编制原则

其编制原则如下：

（1）编制竣工工程结算书的项目，必须是具备结算条件的项目。未完成工程或工程质量不合格的，不能结算。需要返工的，应返修并经验收合格后，才能结算。

（2）严格遵守国家和地方的有关规定，以保证建筑产品价格的统一性和准确性。

（3）坚持实事求是的原则。

2. 工程竣工结算书的编制依据

（1）工程竣工报告及工程竣工验收单；

（2）工程施工合同或施工协议书；

（3）施工图预算或成交价格及增减预算书；

（4）设计变更通知单及现场施工变更记录；

（5）地区现行的预算定额、基本建设材料预算价格、费用标准及有关规定；

（6）其他有关资料。

（三）工程竣工结算书的编制

采用施工图预算承包方式的工程，结算书是在原工程预算的基础上，加上设计变更增减项目和其他经济签证费用编制而成，所以又称为预算结算制。

采用招标投标方式的工程，其结算原则上应按中标价格（即成交价格）进行。如果在合同中规定有允许调价的条文，施工单位在工程竣工结算时，在中标价格的基础上进行调整。合同条文规定允许调价范围以外发生的非建筑企业原因造成中标价格以外的费用，建筑企业可以向招标单位提出洽商或补充合同作为结算调整价格的依据。

采用施工图预算加包干系数或平方米造价包干的工程，为了分清承发包单位之间的经济责任，发挥各自的主动性，不再办理施工过程中零星项目变动的经济洽商，在工程结算时不再办理增减调整。

采用预结算制，其工程竣工结算书的内容与施工图预算相同，其造价的组成仍然是直接费、间接费（包括其他间接费）、法定利润和施工企业营业税。编制的方法与施工图预算相同，只是在施工图预算的基础上做部分的增减调整。

二、工程竣工决算

工程竣工决算分为施工单位的竣工决算和建设单位的竣工决算两种。

施工企业内部的单位工程竣工决算，是以单位工程为对象，以单位工程竣工结算为依据，核算一个单位工程预算成本、实际成本和成本降低额，所以又称为工程竣工成本决算。通过决算，施工企业内部进行实际成本分析，反映经营效果，总结经验教训，以便提高企业经营管理水平。

建设单位竣工决算，是在新建、改建和扩建工程建设项目竣工验收后，由建设单位组织有关部门，以竣工结算等资料为基础编制的。它全面反映了竣工项目的建设成果和财务支出情况，是整个建设项目从筹建到工程全部竣工的建设费用的文件。它包括建筑工程费用、安装工程费用、设备、工器具购置费用和其他费用等。

三、工程竣工结算与工程竣工决算的区别

（1）编制单位不同，竣工结算由施工单位编制，竣工决算由建设单位编制。

（2）编制的范围不同，竣工结算以单位工程为对象编制，竣工决算以单项工程或建设项目为对象编制。

工程竣工结算是编制工程竣工决算的基础资料。

第四节　园林绿化工程造价费用组成

建筑安装工程费由直接费、间接费、利润和税金组成。

一、直接费

直接费由直接工程费用和措施费组成。

（一）直接工程费

直接工程费是指施工过程中耗费的构成工程实体的各项费用，包括人工费、材料费、施工机械使用费。

1. 人工费

人工费是指直接从事工程施工的生产工人开支的各项费用。构成人工费的要素有两个，即人工工日消耗量和人工日工资单价。

（1）人工工日消耗量。它是指在正常施工生产条件下，建筑产品安装必须消耗的某种

技术等级的人工工日数量。它由分项工程所综合的各个工序施工劳动定额（包括基本用工、其他用工两部分）组成。

（2）相应等级的日工资单价包括生产工人基本工资、工资性补贴、生产工人辅助工资、职工福利费及生产工人劳动保护费。

2. 材料费

材料费是指工程施工过程中耗用的构成工程实体的原材料、辅助材料、构配件，零件、半成品的费用和周转使用材料的摊销（或租赁）费用。内容包括：

（1）材料原价（或供应价格）。

（2）材料运杂费；

（3）运输、施工损耗费；

（4）采购及保管费；

（5）检验试验费。

材料预算价格＝（材料原价＋供销部手续费＋包装费＋运输费）×（1＋采购保管费率）－包装品回收价格

3. 施工机械使用费

施工机械使用费指按施工机械所发生的机械使用以及机械安拆费和场外运输费。施工机械台班单价由下列费用组成：

（1）折旧费：指施工机械按规定的使用的年限内，陆续收回其原值及购置资金的时间价值。

（2）大修理费：指施工机械按规定的大修理间隔台班进行必要的大修理，以恢复其正常功能所需的费用。

（3）经常修理费：指施工机械除大修理以外的各级保养和临时故障排除所需的费用。包括为保障机械正常运转所需替换设备与随机械配备工具附具的摊销和维护费用，机械运转中日常保养所需润滑与擦拭的材料费用及机械停滞期间的维护和保养费用等。

（4）安拆费及场外运费：安拆费指施工机械在现场进行安装与拆卸所需的人工、材料、机械和试运转费用以及机辅助设施的折旧、搭设、拆除等费用；场外运费指施工机械整体或分体自停放地点运至施工现场或由一施工地点运至另一施工地点的运输、装卸、辅助材料及架线等费用。

（5）人工费：指机上司机（司炉）和其他操作人员的工作日人工费及上述人员在施工机械规定的年工作台班以外的人工费。

（6）燃料动力费：指施工机械在运转作业中所消耗的燃料及水、电等。

（7）养路费及车船使用税：指施工机械按照国家和有关部门规定应缴纳的养路费、车船使用税、保险及年检费等。

（二）措施费

措施费是指为完成工程项目施工，发生于该工程施工前和施工过程中非工程实体项目的费用。

措施费包括安全防护、文明施工措施费和其他措施费。

1. 安全防护、文明施工措施项目由按子目计算的项目和按系数计算的项目两部分组成。

按子目计算的安全防护、文明施工措施项目如下：

（1）综合脚手架（含安全网）；（2）靠脚手架安全挡板和独立挡板；（3）围尼龙编织布；（4）现场围挡；（5）现场仅设置卷扬机架。

按系数计算的其他安全防护、文明施工措施项目包含以下内容：

（1）环境保护费；（2）文明施工费；（3）安全施工费；（4）临时设施费。

2. 其他措施费包含以下内容：

（1）夜间施工费；

（2）二次运输费；

（3）大型机械设备进出场费；

（4）混凝土、钢筋混凝土模板及支架；

（5）脚手架；

（6）已完工程与设备保护；

（7）施工排水、降水；

（8）垂直运输；

（9）室内空气污染测试；

（10）建筑垃圾外运；

（11）工程保修费；

（12）工程保险费；

（13）赶工措施费；

（14）预算包干费；

（15）其他费用。

二、间接费

间接费由管理费、规费组成。管理费是施工企业为组织和管理工程施工所发生的各项经营管理费用。

管理费包括的内容：

（1）管理人员工资：指管理人员的基本工资、工资性补贴、职工福利费、劳动保护费等。

（2）办公费：指企业管理办公用的文具、纸张、账表、印刷、邮电、书报、会议、水电、烧水和集体取暖（包括现场临时宿舍取暖）用煤等费用。

（3）差旅交通费：指职工因公出差，调动工作的差旅费、住勤补助费、市内交通费和误餐补助费，职工探亲路费，劳动力招募费，职工离退休、退职一次性路费，工伤人员就医路费，工地转移费以及行政管理部门使用的交通工具的油料、燃料、养路费及牌照费。

（4）固定资产使用费：指管理和试验部门及附属生产单位使用的属于固定资产的房屋、设备仪器等的折旧、大修、维修或租赁费。

（5）工具用具使用费：指管理使用的不属于固定资产的生产工具、器具、家具、交通工具和检验、试验、测验、消防用具等的购置、维修和摊销费。

（6）劳动保险费：指由企业支付离退休职工的易地安家补助费、职工退职金、六个月以上的病假人员工资、职工死亡丧葬补助费、抚恤费、按规定支付给离休干部的各项经费。

（7）工会经费：是指企业按职工工资总额计提的工会经费。

（8）职工教育经费：是指企业为职工学习先进技术和提高文化水平，按职工工资总额计取的费用。

（9）财产保险费：是指施工管理财产、车辆保险。

（10）财务费：是指企业为筹集资金而发生的各种费用。

（11）税金：是指企业按规定缴纳的房产税、车船使用税、土地使用税、印花税等。

（12）其他：包括技术转让费、技术开发费、业务招待费、绿化费、广告费、公证费、法律顾问费、审计费、咨询费等。

三、利润

是指施工企业完成所承包工程获得的盈利。

四、税金

是指国家规定的应计入建筑安装工程造价内的增值税、城市维护建设税及教育费附加等。

第五节　园林绿化工程造价的计价依据

一、计价依据

园林建筑绿化建筑工程计价依据由《园林建筑绿化工程计价办法》（以下简称计价办法）和《园林建筑绿化工程综合定额》（以下简称综合定额）组成。

园林建筑绿化工程计价办法是在《建设工程工程量清单计价规范》（以下简称计价规范）原则下编制的。

（一）计价规范的主要内容

1. 一般概念

（1）工程量清单计价方法

是指按计价规范规定的计价办法，即建设工程招标投标中，招标人按照国家规范提供工程数量，由投标人依据工程量清单自主报价的工程造价计价模式。

（2）工程量清单

是表现拟建工程的分部分项工程项目、措施项目、其他项目名称和相应数量的明细清单。工程量清单由招标人按照计价规范附录中统一的项目编码、项目名称、计量单位和工程量计算规则进行编制。

（3）工程量清单计价

是指投标人完成由招标人提供的工程量清单所需的全部费用，包括分部分项工程费、措施项目费、其他项目费和规费、税金。

工程量清单计价采用综合单价计价。综合单价是指完成规定计量单位项目所需的人工费、材料费、机械使用费、管理费、利润，并考虑风险因素等费用。

2. 计价办法

园林建筑绿化工程计价办法内容包括，建筑工程计价办法；建筑面积计算规则；建筑工程工程量清单补充项目及计算规则；建筑工程工程量清单计价指引等四部分。

(二) 综合定额

(1) 综合定额是在计价规范和《全国统一建筑工程基础定额》基础上，结合设计、施工、招标投标的实际情况，根据国家产品标准、设计、规范和施工验收规范、质量评定标准、安全操作规程编制的。

(2) 综合定额是编审标底、设计概算、施工图预算、竣工预算、调解处理工程造价纠纷、鉴定工程造价的依据；是合理确定和有效控制工程造价和衡量投标报价的合理性的基础；也作为投标报价、加强企业内部管理和核算的参考。

(3) 综合定额是完成单位工程量所需的消耗量标准，是按正常的施工条件、目前广东省建筑企业的施工机械装备程度、合理的施工工期、施工工艺、劳动组织为基础综合确定的，它反映了社会平均水平。

(4) 综合定额分为分部分项工程项目、措施项目、其他项目、规费、税金和附录六部分。分部分项工程项目和措施项目以专业工种划分，按章、节、项目、子目排列。

二、工程计价方法

(一) 工程量计算

1. 工程量计算依据

(1) 施工图纸，施工图说明，施工图纸会审记录和标准图集。

(2) 工程量计算规则。

(3) 经审定的施工组织设计或施工方案。

(4) 工程施工合同，招标文件的商务条款。

2. 工程量计算的顺序

(1) 单位工程计算顺序

①按施工顺序计算法。

②按清单项目顺序计算法。

(2) 分项工程计算顺序

①按照顺时针方向计算法。

②按"先横后竖、先上后下、先左后右"计算法。

③按图纸分项编号顺序计算法。

3. 工程量计算的步骤

(1) 根据拟建工程列出清单项目和各项目相应的工作内容或定额子目。

(2) 按规定的计量规则列出计算式。

(3) 根据施工图纸的要求，确定有关部位数据并代入计算式，对数据检查确定无误后，再进行数值计算。

(二) 工程量计算的注意事项

(1) 必须口径一致。

（2）必须按照工程量计算规则规定计算。

（3）必须按图纸计算。

（4）必须列出计算式。

（5）必须计算准确。

（6）必须与计量规则中规定的计量单位一致。

（7）必须注意计算顺序。

（8）力求分层分段计算。

（9）必须注意统筹计算。

（10）必须自我检查复核。

（三）工程量清单计价

工程量清单计价的工程造价由分部分项工程费、措施项目费、其他项目费、规费和税金组成。

1. 分部分项工程费

（1）分部分项工程量清单的综合单价

分部分项工程的综合单价包括以下内容：

① 分部分项工程主项的一个清单计量单位人、材、机、管理费、利润；

② 与该主项一个清单计量单位所组合的各项工程的人、材、机、管理费、利润；

③ 在不同条件下施工需增加的人、材、机、管理费、利润；

④ 人工、材料、机械动态价格调整与相应的管理费、利润调整。

（2）分部分项工程综合单价的计算

综合单价的计算依据是招标文件、合同条件、工程量清单。特别要注意清单对项目内容的描述，必须按描述的内容计算。综合单价除招标文件或合同约定外，结算不得调整。

投标报价的综合单价可根据招标文件的有关规定，依据发包人提供的工程量清单、施工设计图纸、施工现场情况、施工方案、企业定额及市场价格或参照综合定额，工程造价管理机构的有关规定及发布的人工、材料、机械参考价，并自行考虑风险情况等进行编制。

2. 措施项目费

措施项目费是为完成工程项目施工，发生于该工程施工前和施工过程中技术、生活、安全等方面所需的非工程实体项目费用。结算需要调整的，必须在招标文件或合同中明确。

投标报价时，措施项目费（除安全、文明措施施工费外）由编制人自行计算。措施项目费中的混凝土、钢筋混凝土模板或支架、脚手架、混凝土泵送增加费、垂直运输、施工排水、降水等措施项目费，由投标人根据企业的情况自行报价，可高可低。编制人没有计算或少计算费用，视为此费用已包括在其他费用内，额外的费用除招标文件和合同约定外，不予支付。

安全防护、文明施工措施费，不列入招标投标竞争范围，单列设立专款专用。由各市建设行政主管部门根据实际情况自行制订其计价标准和管理办法，确保足够资金用于安全生产文明施工上。

安全防护、文明施工措施由按子目计算的项目和按系数计算的项目两部分组成。

按子目计算的安全防护、文明施工措施项目如下：

（1）综合脚手架（含安全网）；

（2）靠脚手架安全挡板和独立挡板；

（3）围尼龙编织布；

（4）现场围挡；

（5）现场仅设置卷扬机。

按系数计算的其他安全防护、文明施工措施项目如下：

（1）文明施工与环境保护；

（2）临时设施；

（3）安全施工。

按子目计算的安全。防护、文明施工措施项目：按相应章节的定额子目计算。

按系数计算的安全防护、文明施工措施项目：以分部分项工程费为计算基础，园林建筑工程按 3.16％计算。绿化工程以人工费为计算基础，按 7.45％计算。

措施项目费中的临时设施、工程保险、工程保修、赶工措施、预算包干费、其他等项目费可参照表 4-7-1 自行计算。

措施项目费　　　　　　　　　　　　　　　　　表 4-7-1

序号	项目名称	计量基础	费用标准
1	临时设施	分部分项工程费	1.3％～1.6％
2	工程保险		0.02％～0.04％
3	工程保修		0.10％
4	赶工措施		0～0.80％
5	预算包干费		0～2％
6	其他费用		如：特殊工种培训等，根据工程和施工现场需要发生的其他费用，按实际发生或经批准的施工方案计算

预算包干费一般内容包括：施工雨水的排除；因地形影响造成的场内材料、器具二次运输；20m 高以下的工程用水加压措施；施工材料堆放场地的整理；水电安装后的补洞工料费；施工中的临时停水停电；日间照明施工增加费（不包括地下室和特殊工种等）。

赶工措施费是指当发包人要求的合同工期小于定额工期时，因赶工所发生的措施费用。根据发包人要求的合同工期与定额工期的比例，可参照表 4-7-2 计算。

赶工措施费　　　　　　　　　　　　　　　　　表 4-7-2

序号	合同工期/定期工程（δ）	赶工措施费率（％）
1	0.9≤δ<1	0.00
2	0.8≤δ<0.9	0.40（0.50）
3	0.7≤δ<0.8	0.80（1.00）

其他费用：如特殊工种培训费等，根据工程和施工现场需发生的其他费用，按实际发生或经批准的施工组织设计方案计算。

3. 其他项目费

其他项目一般包括：

（1）预留金

是招标人为可能发生的工程量变更而预留的金额。工程量变更主要是指工程量清单漏项、有误引起的工程量的增加和施工中设计变更引起标准提高或工程量的增加等。按预计发生数估计。

（2）材料购置费

是招标人购置材料预留的费用，按预计发生数估算。

招标人或受其委托的中介在编制工程量清单时，若由招标人自行采购材料，按照建设部《房屋建筑和市政基础设施工程施工招标文件范本》（建市〔2002〕256号）"发包人供应材料一览表"的要求提供（数量为供货量）。并在招标文件条款说明。

投标人根据发包人提供的"材料设备一览表"中的单价进行综合单价分析，进入分部分项工程量清单综合单价。在"其他项目清单计价表"中不再汇总"材料购置费"。

（3）总承包服务费

是为配合协调招标人进行工程分包和材料所需的费用。按分包合同价的0～3%计算。

（4）零星工作项目费

是完成招标人提出的工程量暂估的零星工作费用。按预计发生数估算。

（5）其他费用

如工程发生时，由编制人根据工程要求和施工现场实际情况，按实际发生或经批准的施工方案计算。

预留金、材料购置费均为估算、预测数，虽在工程投标时计入投标人的报价中，但不为投标人所有。工程结算时，应按承包人实际完成的工作量计算，剩余部分仍归招标人所有。

零星工作项目费由招标人根据拟建工程的具体情况，列出人工、材料、机械的名称、计算单位和相应数量。工程招标时工程量由招标人估算后提出。工程结算时，工程量按承包人实际完成的工作量计算，单价按承包中标时的报价不变。

4. 规费

规费是政府部门规定收取和履行社会义务的费用，是工程造价的组成部分。

规费是强制性费用，在工程计价时，必须按工程所在地规定列出规费费用名称和标准。

规费按分部分项工程费、措施项目费、其他项目费三项之和为基数计算。在工程计价中，列在税金之前，各类费用按如下规定收取。

（1）社会保险费。社会保险费由地方税务机关征收。在编制设计概算、施工图预算和最高报价值时，按3.31%计算。

（2）住房公积金。按1.28%计算。

（3）工程定额测定费。在编制设计概算、施工图预算和最高报价值时，按0.1%计算。

（4）工程排污费。工程有发生时，按0.33%计算。

（5）施工噪声排污费。按工程所在地规定的标准计算。

（6）防洪工程维护费。按工程所在地规定的标准计算。

（7）建筑意外伤害保险费。按工程所在地规定的标准计算。

以上费用计费基础均为分部分项工程费＋措施项目费＋其他项目费。

5. 税金

税金是指国家规定的应计入建筑安装工程造价内的营业税、城市维护建设税、教育费附加。

税金中的营业税、城市维护建设税、教育费附加均应按工程所在地税务机关规定的税率及其纳税方法计算。

税金按分部分项工程费、措施项目费、其他项目费（含发包人材料购置费）、规费之和为基数计算。

6. 工程量清单计价的计价程序

工程量清单计价的各项费用的计算办法及计价程序如表 4-7-3 所示。

工程量清单计价的计价程序　　　　　　　　表 4-7-3

序号	名　称	计算办法
1	分部分项工程费	Σ（清单工程量×综合单价）
2	措施项目费	按规定计算（包括利润）
3	其他项目费	按招标文件规定计算
4	规费	（1＋2＋3）×费率
5	不含税工程造价	1＋2＋3＋4
6	税金	5×税率，税率按税务部的规定计算
7	含税工程造价	5＋6

（四）定额计价方法

定额计价办法是按综合定额规定的消耗量标准，以定额基价为计算基础的计价办法。

1. 定额计价的工程造价的组成及其计取方法

定额计价的工程造价由分部分项工程费、利润、措施项目费、其他项目费、规费和税金组成。

（1）分部分项工程费

分部分项工程费是指为完成施工设计图纸所要求的，并按综合定额所规定的工程量计算规则计算的各分部分项工程量所需的费用，即：

分部分项工程费由分部分项工程费和价差两部分组成。

$$定额分部分项工程费＝Σ（工程量×子目基价）$$

工程量是指为完成施工设计图纸所要求的且按综合定额所规定的工程量计算规则计算的各分部分项工程的工程量。

综合定额中的基价是按一定材料编制的，如实际使用材料与综合定额编制所用材料不同，则基价应进行换算。

（2）价差

价差包括人工价差、材料价差和机械台班价差。

$$价差＝定额计价的编制价－综合定额价$$

（3）利润

是工程造价的组成部分，它是承包商承包工程应收取的合理酬金。工程利润的计费是以人工费为基础计算。工程利润标准按 20%～35% 计算。

（4）措施项目费

措施项目费是指为完成工程项目施工，发生于该工程施工前和施工过程中技术、生活、安全等方面所需的非工程实体项目费用。结算需要调整的，必须在招标文件或合同中明确。

投标报价时，措施项目费（除安全、文明施工措施项目费外）由编制人自行计算。编制人没有计算或少计费用，视此费用已包括在其他费用内，额外的费用除招标文件或合同约定外，不予支付。

措施项目费中的混凝土、钢筋混凝土模板或支架、脚手架、混凝土泵送增加费、垂直运输、施工排水、降水等措施项目费可按下式计算。

$$措施项目费＝\Sigma（工程量×子目基价）$$

措施其他项目是指措施项目中尚未包括的工程施工可能发生的其他措施性项目。措施其他项目费包括临时设施费、赶工措施费、总包服务费、预算包干费以及其他费用。计算方法与计算费率与工程量清单计价方法相同，但计价基础为分部分项工程费。

（5）规费、税金的内容、计费方法均与工程量清单计法相同。

2. 定额计价的计价程序

定额计价的各项费用的计算办法及计价程序如表 4-7-4 所示。

定额计价的计价程序　表 4-7-4

序号	名　称	计算方法
1	分部分项工程费	1.1＋1.2
1.1	定额分部分项工程费	Σ（工程量×子目基价）
1.2	价差	Σ[数量×（编制价－定额价）]
2	利润	人工费×利润率
3	措施项目费	按规定计算（包括价差和利润）
4	其他项目费	按有关规定计算
5	规费	(1＋2＋3＋4)×费率
6	不含税工程造价	1＋2＋3＋4＋5
7	税金	6×税率，税率按税务部门规定计算
8	含税工程造价	6＋7

（五）清单计价与定额计价的异同

清单计价和定额计价两种计价模式的比较有以下区别：

1. 项目设置

（1）综合定额的项目一般是按施工工序、工艺进行设置的，定额项目包括的工程内容一般是单一的。

（2）工程量清单项目的设置是以一个"综合实体"考虑的，"综合项目"一般包括多个子目工程内容。

2．定价原则

（1）定额计价按工程造价管理机构发布的有关规定及定额中的基价计价。

（2）清单计价按照清单的要求，企业自主报价，反映的是市场决定价格。

3．单价构成

（1）定额计价采用定额子目基价，定额子目基价只包括定额编制时期的人工费、材料费、机械费、管理费，并不包括利润和各种风险因素带来的影响。

（2）清单计价工程量清单采用综合单价。综合单价包括人工费、材料费、机械费管理费和利润，且各项费用均由投标人根据企业自身情况和考虑各种风险因素自行编制。

4．价差调整

（1）定额计价按工程承发包双方约定的价格与定额价对比，调整价差。

（2）清单计价按工程承发包双方约定的价格直接计算，除招标文件规定外，不存在价差调整的问题。

5．工程风险

（1）定额计价工程量由投标人计算和确定，价差一般可调整，故投标人一般只承担工程量计算风险。不承担材料价格风险。

（2）清单计价招标人编制工程量清单，计算工程量，数量不准确会被投标人发现并利用，招标人要承担差量的风险。投标人报价应考虑多种因素，由于单价通常不调整，故投标人要承担材料价格风险。

第六节　园林建筑绿化工程计价办法

一、计价依据

广东省园林建筑绿化建筑工程计价依据由《广东省园林建筑绿化工程计价办法》（以下简称计价办法）和《广东省园林建筑绿化工程综合定额》（以下简称综合定额）组成。

广东省园林建筑绿化工程计价办法是在《建设工程工程量清单计价规范》（以下简称计价规范）原则下编制的。

二、计价办法

1．园林建筑绿化工程计价办法

共有两种计价办法，一是工程量清单计价，另一种是定额计价。

凡国有资金投资或国有资金投资为主的大中型和须招标的小型建设工程，应执行工程量清单计价。其他建设工程可采用工程量清单计价办法或定额计价办法。在条件许可时应首先选择工程量清单计价办法，但两种计价办法不能同时使用。

2．园林绿化建设工程综合定额的适用范围

园林绿化建设工程综合定额适用于城市各类绿地的建设。园林绿化工程包括园林建筑、园林工程、园林种植工程。

（1）园林建筑工程

园林建筑工程和一般民用建筑工程相比，除了存在彼此相同的一面外，还有其自身所特有的建筑特色。园林建筑工程与建筑工程相同的章节，人工水平平均较建筑工程低5％～15％。主要材料损耗率提高50％。

园林建筑绿化工程与建筑工程有不同之处，园林建筑绿化工程综合定额，其适用范围是：全省行政区域城镇管辖范围内的园林建筑绿化新建、扩建和改建工程。

亭、台、楼、阁、廊、榭、舫、殿、堂、斋、轩、塔、坛与寺、观、庙、庵、祠、厢、苑、牌坊、景墙、景壁、景门、景窗、景柱、休息接待室、小卖部等；

（2）园林工程

① 景石、园路、溪涧、汀步、驳岸、石堤、屏风、栅栏及叠石假山、雕塑等；

② 桥、池、坎、坝、碑、泉、井、台、椅、凳、基、架、级、径及崖、窟、陵、龛、垣、沟等。

（3）园林种植工程

指城市各类绿地内应用植物的种植、迁移和保养。

三、园林建筑工程建筑面积计算规则

（一）计算建筑面积的范围

（1）单层建筑物不论其出檐层数及高度如何，均按结构外围水平面积计算建筑面积。无围护结构的，按结构柱的外围水平面积计算。

（2）多层建筑物按各层建筑面积之和计算，其首层按单层建筑物的规定计算，二层及以上楼层按外墙结构或结构柱的水平面积计算。层高在2.2m及以上者应计算全面积，层高不足2.2m者应计算1/2面积。

（3）多层建筑物的外围结构外带有围护栏杆或围护装修的挑台的建筑面积，按外围结构外边线至挑台外边线之间水平投影面积的1/2计算。

（4）亭、廊按各自然层檐口滴水线水平投影面积计算。

（5）飘台、水榭、花架按滴水线（轮廓线）水平投影面积的1/2计算。

（6）挑出墙外有盖无柱走廊、挑廊、檐廊按外墙边线至廊的外边线的投影面积1/2计算；室外楼梯按投影面积的1/2计算。

（7）有使用功能且净高在2.10m以上的深基础架空层及吊脚架空层按外围水平投影面积计算；净高在1.20～2.10m部分按1/2计算。

（二）不计算建筑面积的范围

（1）突出外墙的构件、配件、台阶、踏步等。

（2）净高在1.20m以内有使用功能的和无使用功能的深基础架空层及吊脚架空层。

（3）小桥、水池、园路、假山、牌坊等。

（三）园林建筑及其小品工程

1. 水泥构件

（1）虹梁

虹梁是常用于亭廊的装饰性钢筋混凝土弯梁（俗称虾公梁），其形状一般是⌒，截面形式有矩形、有海棠角形，尺寸比较小，一般8～10cm×12～15cm，多用于亭、廊、榭装饰。工程量按 m³ 计算。

（2）钢网亭面板

工程量钢网亭面板按图示斜面积计算，钢网亭面板子目已综合考虑脊梁、圈梁的工料在内，钢网亭面板子目按单面钢网考虑，如用双面钢网，钢网数量乘以系数 1.7，人工乘以系数 1.1。

（3）钢筋混凝土亭面板

钢筋混凝土亭面板，是指六角亭、四方亭、厅堂等屋面的现捣钢筋混凝土顶面。亭面板按斜面积乘以厚度以体积计算，所带脊梁及连系亭面板的圈梁的工程量并入亭面板计算。

2. 木构件

园林建筑工程木构件包括了门窗、大木作、小木作、木吊顶四部分：

（1）大木作

① 屋架

木屋架的全部杆件可以采用方木或圆木制作。屋架制作安装均按设计截面竣工木料以体积计算。附属于屋架上的垫木、风撑等，均应并入屋架竣工木料工程量内计算。

② 柱

③ 梁

每根梁的具体名称，依所在位置、承托檩数的多少而定，各部位梁均套用木梁定额。

④ 枋

⑤ 桁

⑥ 椽与飞椽

⑦ 斗拱

⑧ 戗角

⑨ 博风板、封檐板

木柱、木梁、枋子、桁条、椽子、戗角均按设计图示尺寸以体积计算。木斗拱以数量计算。博风板、封檐板均按设计图示尺寸以面积计算。

（2）小木作

① 古式木门窗

古色木门窗扇：按设计图示窗扇的外围以面积计算。

古色木门窗槛、框：按设计图示尺寸以体积计算。

② 古式栏杆

③ 飞来椅

④ 博古架

⑤ 跱角花、挂落

古式栏杆按设计图示尺寸以面积计算。飞来椅、博古架、跱角花、挂落按设计图示尺寸以长度计算。

⑥ 木地板、木楼梯

工程量计算按定额所示单位计算。

⑦ 木装修

工程量计算按定额所示单位计算。

⑧ 木吊顶

木吊顶包括胶合板吊顶、木方格吊顶、井口天花等项目。工程量计算按定额所示单位计算。

3. 琉璃构件

（1）琉璃瓦围墙顶

围墙瓦顶的工程量按设计图示尺寸以长度计算。

（2）琉璃珠顶

琉璃珠顶也称琉璃"金顶"或"宝顶"，是安装在亭、塔、阁顶层上的琉璃制品。工程量以数量计算。

（3）琉璃挠角

琉璃挠角也称琉璃"卷尾"，是安装在角梁端部上方的琉璃制品。工程量以数量计算。

4. 石作构件

（1）步级、地坪、石桥工程量计算

① 步级石分有级咀和无级咀，分不同厚度（即步级的高度）按水平投影面积计算。

② 石桥面分平板桥和弧形（拱形）桥，分不同桥面石材的宽度及厚度按水平投影面积计算，弧形（拱形）桥的坡度以 1：0.3 考虑。

③ 平台石、地坪石按铺石（即见光面）面积计算，其侧面及底面的级外光面加工费已综合考虑，不需另行计算。

（2）石柱、梁、柱座工程量计算

① 石柱分圆柱和不同规格的矩形柱，按设计图示尺寸以体积计算。石柱的装饰线按其长度以延长米计算，石浮雕以实际发生的雕刻"繁""简"花式图案及其加工类别另行计算。

② 石梁分矩形和鼓形，按设计图示尺寸以体积计算。

③ 石柱座又称柱顶石或鼓磴石，分不同规格的圆形柱座和矩形柱座以数量计算。

（3）石栏板、望柱工程量计算

① 石栏板分平实面栏板和镂（透）空栏板（以整块石板凿斧成通花栏板），按设计图示尺寸以体积计算。不扣除镂空、虚透、造型凹陷的体积。

② 石望柱按设计图示尺寸以体积计算。

③ 抱鼓石分不同高度以数量计算。

（4）石凳面和石凳脚分别按设计图示尺寸以体积计算。

5. 景观工程

（1）柱面塑松皮、塑竹片、塑木纹

工程量计算按设计图示尺寸以面积计算。

（2）水磨石飞来椅

工程量计算按设计图示尺寸以长度计算。

（3）景门窗

工程量计算按设计图示尺寸以长度计算。

（4）水磨石米企条

工程量计算按企条宽面设计图示尺寸以面积计算。

（5）水磨石米挂落、角花、博古架

工程量计算按设计图示尺寸以长度计算。

（6）塑松棍、塑竹、柱面塑松皮

工程量计算按设计图示尺寸以长度计算。

6. 庭园道路

（1）卵石路面；（2）抓纹路面；（3）冰裂路面；（4）瓜米石路面；（5）铺砌路面；（6）压印艺术路面；（7）机制砖路面；（8）花岗石路面；（9）广场砖路面；（10）路牙，也叫侧缘石，工程量按 m 计算。

庭园路面工程量按 m² 计算，路面基层的费用另行计算。

7. 景墙

砌景石墙工程量按设计图示尺寸以面积计算。

8. 斩假石

工程量计算按装饰工程和景观工程的工程量计算规则计算。

9. 假山与景石

堆砌石假山及布置景石、峰石预算按设计图示尺寸以估算质量计算。结算按实际质量计算。

堆砌石假山及布置景石、峰石工程质量计算见式（4-7-1）：

$$W_单 = L \times B \times H \times R \tag{4-7-1}$$

式中　$W_单$——山石单体质量；

　　　L——长度方向的平均值；

　　　B——宽度方向的平均值；

　　　H——高度方向的平均值；

　　　R——石料比重：英石 $1.5t/m^3$；黄（杂）石 $2.6t/m^3$；湖石 $2.2t/m^3$。

塑假石山的钢网铁骨架制作安装的工程量按设计图示尺寸以质量计算。

四、园林种植工程

（一）绿化苗木分类

1. 乔木

2. 灌木

3. 藤本

4. 竹类

5. 花卉

6. 地被植物

（二）绿化种植分类

1. 行道树

2. 庭园树种植

3. 绿篱

4. 观赏花坛

花坛是用来种植花卉与观叶植物的，具有一定几何形轮廓的种植床或土坛，通常以花卉或观叶植物为主的植物群体，以其绚丽的色彩，按一定的几何图形种植成华丽色彩的图案。

5. 毛毡花坛

毛毡花坛是应用低矮且耐修剪的各种不同色彩的观叶植物，组成精美鲜艳的装饰图案的花坛。花坛的表面通常修剪成平整或和缓的曲面，整个花坛好像一块华丽的地毯。

6. 混栽花坛

混栽花坛是由两种或两种以上的观花或观叶植物，栽植构成一定图案纹样的花坛。

7. 草坪

（三）园林树木的测量指标

1. 胸径

胸径是"胸高直径"的简称，系指苗木自地面至 1.3m 处的胸径。

2. 地径

系指苗木自地面处的直径。

3. 高度

4. 冠幅

5. 长度

系指攀缘植物的主茎从根部至梢头之间的长度。

6. 密度

系指单位面积内所种植苗木的数量。

7. 株行距

8. 分枝点

系指从树木主干分叉分枝的离地面距离最近的接点。

（四）工程量计算

工程量是指物理计量单位或自然计量单位表示的各个分项工程量的实物数量，在绿化工程中，按工程量计算规则栽植乔、灌木、攀缘植物、摆设花盆、树木支撑、假植、迁移、砍伐、乔灌、汽车运苗木以数量计算，栽植露地花卉、地被、片植绿篱以面积计算，绿化成活期和保存期保养以定额所示计量单位计算。

第五篇 园 林 工 程

园林工程是在一定的地域空间中，运用具有风景园林特色的工程技术手段，以园林艺术理论为指导，解决风景园林设施与景观的矛盾问题，创造优美的自然环境，保护和修复生态环境，是科学性、技术性和艺术性的完美结合。

园林工程的内容包括：土方工程、给水排水工程、水景工程、园路与广场工程、假山工程、种植工程、园林照明与电气工程和园林机械等。

园林工程与其他建筑工程或市政工程相比，有其显著特点。

1. 技术与艺术的统一性

园林工程中的建筑物、构筑物、园林建筑小品，除满足一般工程中建筑物、构筑物的结构要求外，其外在形式应同园林意境相一致，并富有美感。

2. 时代性

不同时代的园林形式，尤其是园林建筑及其小品、构筑物与当时的工程技术水平相适应。

3. 规范性

园林工程中所涉及的各项单位工程，从设计到施工均应符合我国现行的工程设计、施工规范或标准。

4. 复杂性

园林工程的复杂性主要因为：园林工程筑山理水，往往地形变化比较大，竖向设计复杂；园林工程涉及多个专业，包括古建工程、给水排水工程、假山工程、电气工程、种植工程等，施工工艺复杂，施工管理复杂。

5. 协作性

主要表现为以下几方面：一是现代园林工程本身多工种的协作；二是项目部与工程总承包单位的协作；三是项目部与项目参与单位的协作，如业主和监理方；四是与建设工程外层单位的协作，如建设工程质量监督部门、安全文明监督部门、建设行政主管部门、园林绿化行政主管部门等的协作。

园林工程建造技术是随着园林的发展而发展。在园林工程的发展过程中，我国历代园林巧匠和手工艺人在数千年的造园实践中积累了极为丰富的实践经验和理论著作。

随着现代技术的不断发展，园林工作者在园林实践的过程中，也不断地总结经验，在园林工程方面又有许多新成就。

第一章 园 林 土 方 工 程

第一节 土方施工的基本知识

一、土壤的分类

自然界的土类繁多，性质各异，依照不同的分类方式可以将土分成若干类。本篇仅介绍与园林土方工程有关的分类方式。

（一）土的工程分类

就土方工程角度而言，土壤可以有以下两种分类方式。

1. 按照土壤的坚硬程度分类

将土壤分成三类：松土、半坚土和坚土。在施工中施工技术和定额应根据具体的土壤类别来制定。土壤的组成、容重和适宜的开挖方式如表5-1-1所示。

2. 按照土壤的粒径分类：

（1）砾石；（2）沙土；（3）淤泥；（4）黏土。

（二）土壤的质地分类

我国土壤的质地分类可分为砂土、壤土和粘土三大质地组（表5-1-2），而壤土类是最适宜作为种植土的土壤类型。

土壤的工程分类 表5-1-1

类别	级别	编号	土壤的名称	天然含水量状态下土壤的平均容重（kg/m³）	使用直径30mm钻头钻入1m所需时间（min）	开挖方法工具
松土	I	1	砂	1500		用铁锹挖掘
		2	植物性土壤	1200		
		3	壤土	1600		
半坚土	II	1	黄土类粘土	1600		用锹和略用丁字镐翻松
		2	15mm 以内的中小砾石	1700		
		3	砂质粘土	1650		
		4	混有碎石与卵石的腐殖土	1750		
	III	1	稀软粘土	1800		用锹和镐局部采用撬棍开挖
		2	15～40mm 的碎石及卵石	1750		
		3	干黄土	1800		

续表

类别	级别	编号	土壤的名称	天然含水量状态下土壤的平均容重（kg/m³）	使用直径 30mm 钻头钻入 1m 所需时间（min）	开挖方法工具
坚土	IV	1	重质粘土	1950		用锹、镐、撬棍，局部采用凿子和铁锤开挖
		2	含有 50kg 以下块石的粘土块石所占体积＜10%	2000		
		3	含有重 10kg 以下块石的粗卵石	1950		
	V	1	密实黄土	1800	小于 3.5	由人工用撬棍、镐或用爆破方法开挖
		2	软泥灰岩	1900		
		3	各种不坚实的页岩	2000		
		4	石膏	2200		
	VI		岩石	7200		爆破

二、土壤的工程性质与土方施工

影响园林土方工程施工进度、质量、成本与施工安全的土壤工程性质有：土壤的容重、自然倾斜角、含水量、相对密实度和土壤的可松性等。

我国土壤质地分类　　　　　　　　　　　　表 5-1-2

质地组	土壤名称	颗粒组成（颗粒：mm）（%）		
		砂粒 0.05～1	粗粉粒 0.01～0.05	粘粒＜0.01
砂土	粗砂土	＞70	—	
	细砂土	60～70		
	面砂土	50～60		
壤土	砂粉土	＞20		
	粉土	＜20	＞40	＜30
	粉壤土	＞20	＜40	
	粘壤土	＜20	—	
	砂粘壤土	＞50		＞30
粘土	粉粘土			30～35
	壤粘土	—		35～40
	粘土			＞40

（一）土壤的容重

单位体积内天然状况下的土壤（包含粒间空隙的体积）的干重，单位为 kg/m³，容重越大越难挖掘。

（二）土壤的自然倾斜角（安息角）

土壤自然堆积，经过沉落稳定后的表面与地平面所形成的夹角，就是土壤的自然倾斜角，以 α 表示。在工程设计中，为了使工程稳定，土方工程边坡的数值应参考相应的土壤安息角来决定。土壤安息角除与土质类型密切相关外，还受到其含水量的影响。

（三）土壤的含水量

土壤含水量是土壤孔隙中的水重和土壤颗粒的比值。

土壤含水量在5％以内称干土，在30％以内称潮土，大于30％称湿土。土壤含水量过小，土质坚实，不易挖掘；含水量过大，土壤易泥泞，不利施工。含水量过大的土壤不宜做回填土之用。

（四）土壤的相对密实度

土壤的相对密实度是用来表示土壤在填筑后的密实程度。

$$土壤相对密实度=\frac{填土在最松散情况下的孔隙比+经辗压或夯实后的土壤孔隙比}{填土在最松散情况下的孔隙比+填土在最密实情况下的孔隙比}$$

孔隙比即土壤孔隙的体积与母体颗粒体积的比值。

为了使土壤达到设计要求的密实度，可以采用人力夯实和机械夯实两种，机械压实，密实度可达95％，人力夯实在87％左右。

（五）土壤的可松性

土壤经挖掘后，其原有土体松散而使体积增加的性质称为土壤的可松性。这一性质与土方工程的挖土和填土量的计算以及运输等都有很大关系。

土壤的可松性可用下列式子表示：

最初可松性系数 K_p＝开挖后土壤的松散体积 V_2／开挖前土壤的自然体积 V_1

最后可松性系数 K_p'＝运至填方区夯实后土壤体 V_3／开挖前土壤的自然体积 V_1

根据体积增加的百分比，可用下列式子表示：

最初体积增加百分比＝$(V_2-V_1)/V_1×100\%＝(K_p-1)×100\%$

最后体积增加百分比＝$(V_3-V_1)/V_1×100\%＝(K_p'-1)×100\%$

第二节　园林地形竖向设计

竖向设计是指在一块园林场地上进行垂直于水平面方向的布置与处理。作为项目施工管理人员，主要需了解园林竖向设计的表达方式及在施工图纸上应该表达的内容，以便准确了解工程的特点、计算工程量、审查工程图纸是否完善。

一、竖向设计的内容与方法

（一）竖向设计的内容

竖向设计主要是指地形地貌设计以及地物景观的高程关系的处理，包括以下六方面的内容。

1. 地形设计

2. 园路、广场、桥涵和其他铺装场地的竖向设计

竖向设计图纸上应以设计等高线表示或在断面图反映出道路（或广场）的纵横坡和坡向、道桥连接处及桥面标高。在小比例图纸上则用变坡点标高来表示园路的坡度和坡向。

寒冷地区，广场的纵坡应小于 7%，横坡不大于 2%；停车场最大坡度不大于 2.5%；一般园路的坡度不宜超过 8%。超过此值应设台阶，并要避免设置单级台阶。另外，还应设置无障碍通道。

3. 建筑和其他园林小品的高程设计

建筑和其他园林小品应标出其地坪标高及其与周围环境的高程关系，大比例图纸应标注各角点标高。

4. 与植物种植有关的高程设计

不同的植物具有不同的生活习性，有水生、湿生、旱生、岩生等区分，由于它们对水分也有不同的要求，因此，在规划时应根据不同植物种类创造不同的生活环境，设计上给予不同的标高处理。

5. 排水设计

一般规定无铺装地面的最小排水坡度为 1%，而铺装地面则为 5‰。

6. 管道综合

园中各种管道的布置，须按按照现行的设计规范，统筹安排各种管道交会时的合理高程关系，以及它们和地面上的构筑物或乔灌木等之间的高程关系。

（二）竖向设计的表达方法

竖向设计的表达方法主要有等高线法、断面法、模型法等。

1. 等高线法

一般园林测绘图都是用等高线或点标高表示的。在绘有原地形等高线的底图上用设计等高线进行地形改造或创作，在同一张图纸上就可表达原有地形、设计地形状况及公园的平面布置、各部分的高程关系。

2. 断面法

断面法就是用许多断面表示原有地形和设计地形状况的方法。

3. 模型法

模型法的优点是表现直观形象，具体；缺点是制作费工费时，投资较大，并且大模型不便搬动。

二、各类园林用地的设计要求

在园林绿地中，为了满足不同的功能及造景的需要，需要对地形进行恰到好处的处理，使得在一个园内的地形变化丰富，可以把地形划分为坡地、平地、丘陵、山地和水体五类：

（一）坡地

（1）平坡地：i 为 0～3%，应注意保证最小的排水坡度 3‰；

（2）缓坡地：i 为 3%～10%，道路、建筑不受地形限制；

（3）中坡地：i 为 10%～25%，建筑区内须设台阶，道路不宜垂直等高线布置，建筑受限制；

（4）陡坡：i 为 25%～50%（$h=1\sim3$m），道路与等高线成锐角，建筑受较大的限制；

（5）急坡地：i 为 50%～100%，道路须曲折盘旋而上，建筑设计做特殊处理；

（6）悬崖坡地：$i>100\%$，道路及梯道布置极困难，工程投资大；

（7）下陷成谷地或形成水池。

（二）平地（包括平坡地及缓坡地）

一般设计成具有多面排水坡。

（1）排水速度要求：散步草坪，介于 $1\%\sim3\%$ 较理想。花坛、种植带宜在 $0.5\%\sim2\%$ 之间；

（2）地表有铺装的硬地，宜在 $0.3\%\sim1\%$ 之间，排水坡面尽可能多向；

（3）当平地处于山坡与水体之间，可设置坡率渐变的坡度，由 30%、15%、10%、5%、3% 等，直至临水面时，则以 0.3% 的缓坡徐徐伸入水中；

（4）多个平台设计：设计位于不同标高的地形，平台以满足地坡的高差缓和变化。

（三）丘陵（即中坡地）

丘陵的坡度变化在 $10\%\sim25\%$ 之间，高差绵亘也多在 $1\sim3m$ 变化。

（四）山地

（1）土包石：以土为主；

（2）石包土：以石为主，用于筑"小山"居多。

（五）水体

水体的设计应选择地势较低或靠近水源的地方，因地制宜，因势利导。

三、地形设计的图纸表示

地形设计应是总体规划的组成部分，与风景区规划同步进行。

（1）表明地形现状保护利用与改造的工程。

（2）挖湖堆山，绘出主体轴线剖面及特殊地段处理措施，如山地冲沟、滑坡、沼泽等地段做出标示（做断面图）。

（3）图纸比例：$1:1000\sim1:200$，常用 $1:500$，重要地段工程加固方案 $1:200\sim1:100$。

第三节　土方工程量计算与调配

一、土方工程量计算方法

就要求精确程度而言，土方量的计算可分为估算和计算。在规划阶段，土方量只做毛估即可。在施工图阶段，则要求比较精确。计算土方量（体积）的方法，常用以下三类：（1）估算法；（2）断面法；（3）方格网法。

（一）估算法

此法比较简便，精度较差，多用于估算。适合于地形接近几何体的土方计算，用体积公式进行计算。

（二）断面法

断面法是以一组等距（或不等距）的相互平行的截面将拟计算的地块、地形单体（如山、溪涧、池、岛等）和土方工程（如堤、沟渠、路堑、路槽等）分截成"段"，分别计算这些"段"的体积，再将各段体积累加起来。此法的精度取决于截取断面的数量，多则精，少则粗。其计算公式如下：

$$V = (S_1 + S_2) \times L/2$$

当 $S_1 = S_2$ 时，$V = S \times L$

断面法可有垂直断面法、水平断面法（或等高面法）及与水平面成一定角度的成角断面。下面主要介绍垂直断面法。

垂直断面法适用于带状地形单体或土方工程（如带状山体、水体、沟、堤、路堑、路槽等）的土方量计算。

基本计算公式如上式。但如果 S_1 和 S_2 的面积相差较大或两相邻的断面之间的距离大于 50m 时，计算误差较大，改用以下公式运算：

$$V = L \times (S_1 + S_2 + 4S_0)/6$$

式中 S_0——中间断面面积。

S_0 的面积求法有两种：

（1）用求棱台中截面面积公式：

$$S_0 = [S_1 + S_2 + 2(S_1 \cdot S_2)1/2]/4$$

（2）用 S_1 及 S_2 各相应边的算术平均值求 S_0 的面积（图 5-1-1）。

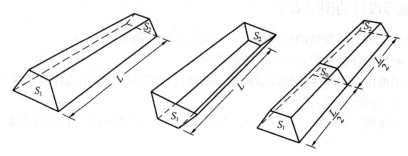

图 5-1-1 断面法

（三）方格网法

适用于各种用途的地坪、缓坡地的场地平整，就是将原来高低不平的、比较破碎的地形按设计要求整理成为平坦的具有一定坡度的场地，如：停车场、体育场、广场等等。整理这类地块的土方计算最适宜用方格网法。

目前，土方量的计算均通过计算软件进行计算，计算快速且准确。

二、土方平衡与调配

（一）土方平衡

原则是尽量在场地内进行挖方与填方量的平衡。

（二）土方调配

土方调配首先是要计算挖方与填方的量，之后绘制土方调配图，从而实现最佳的调配方案。

第四节 土方工程施工

一、施工准备

土方施工的准备工作主要包括以下几个步骤：

（一）图纸会审

作为施工方，应先检查图纸及其他设计资料是否齐全，核对图纸平面尺寸和标高的标注是否完整，有无相互矛盾的现象；掌握工程的规模、特点、工程量、质量要求以及周围环境；会审图纸，搞清地上及地下建筑物、构筑物、管线情况及其与设计图纸的关系；研究开挖程序，明确各专业工序间的配合关系、施工工期要求；并向项目部人员层层进行技术与安全交底。

（二）施工现场踏查

进行现场踏查，摸清现场地形、地貌、地质水文、河流、气象、交通状况、植被、邻近建筑、管线、地下构筑物以及其他对施工有影响的障碍物情况，了解供水、供电、通信等，以便为施工组织设计提供可靠依据。

（三）编制施工组织方案

明确施工现场的平面布置、土方开挖与填筑顺序、范围、底板标高、边坡坡度、排水沟水平位置；提出劳动力、施工机具、资金计划；深开挖还应提出支护、边坡保护和降水方案。

（四）清理场地

1. 伐除原有拟不保留树木

凡土方开挖深度不大于50cm，或填方高度较小的土方施工，现场及排水沟中的树木，必须连根拔除。

2. 拆除建筑物和地下构筑物

应遵守《建筑施工安全技术规范》的规定进行操作。

3. 其他

如果施工场地内的地面地下或水下发现有管线通过或其他异常物体时，应事先请有关部门协同查清。未搞清之前，不可施工，以免发生危险或造成损失。

（五）排水

1. 排除地面积水

为了排水畅通，排水沟的纵坡不应小于2‰，沟的边坡值1：1.5，沟底宽及沟深不小于50cm。

2. 地下水的排除

一般多采用明沟，引至集水井，并用水泵排出。

（六）定点放线

首先按照施工总平面图的要求，确定现场控制基线、轴线和水平基准点。

1. 平整场地的放线

用经纬仪将图纸上的方格测设到地面上，在每个交点处立桩木，边界上的桩木依图纸要求设置。

桩木的规格及标记方法，标出桩号（施工图方格网的编号）和施工标高（挖土用"＋"号，填土用"－"号）。

2. 自然地形的放线

首先确定堆山边界线：先在施工图上绘出方格网，再根据比例把方格网放到地上，然后把设计地形等高线和方格网的交点一一标到地面上并打桩，标明桩号和施工标高。堆山时，随着土层的升高，桩木可能被埋没，所以桩的长度应大于每层填土的高度，堆山不高于 5m 的，可用长竹竿做标高桩，在桩上把每层的标高定好，不同层可用不同颜色标志。另一种方法是分层放线，分层设置标高桩。

3. 自然型水体的放线

（1）仪器法

可以应用经纬仪、罗盘仪等进行放线。根据水体的外形轮廓，在坐标控制点将其轮廓拐点放出，并钉上木桩，然后用长绳索把这些点用圆滑的曲线连接起来，即可得到水体的轮廓线。

（2）网格法

网格法与自然地形堆山的边界线放线方法类似。

4. 狭长地形的放线

狭长地形，包括园路、土堤、沟渠等，土方放线的内容包括：

（1）确定中心线；

（2）确定边线。

（七）施工机具、物资及劳动力准备

根据施工组织方案，准备施工机具、物资及劳动力。

二、土方工程施工

土方工程施工包括挖、运、填、压四个内容。其施工方法可采用人力施工、机械化或半机械化施工。

（一）挖方与土方转运

1. 一般规定

（1）挖方边坡坡度应根据使用时间（临时或永久）、土壤种类、水文情况等确定。对于永久性场地，挖方边坡坡度应按照设计要求放坡；如无设计要求，应根据工程性质和边坡高度，结合当地实际确定。

（2）软土土坡或极易风化的软质岩石边坡，对坡脚、坡面采取保护措施，并做好坡顶、坡脚的排水，避免积水影响边坡的稳定。

（3）挖方上方边缘至土堆坡脚的距离，应根据挖方深度、边坡高度和土的类别确定。土质干燥密实时，不得小于 3m；当土质松软时，不得小于 5m。在挖方下侧弃土时，应将弃土堆表面整平且低于挖方场地标高并向外倾斜；或在弃土堆与挖方场地之间设置排水沟，防止雨水排入挖方场地。

（4）开挖土方附近不得有重物或易塌落的物体。

（5）挖方工人不得在土壁下向里挖土，以防塌方。

（6）挖方过程中应注意保护基桩、标高桩和测设龙门板。

2. 人工挖方

（1）施工者要有足够的工作面，一般平均每人应有 $4\sim6m^2$。

（2）在挖土过程中，注意观察土质情况。应有合理的边坡。必须垂直下挖的，松软的土，不得超过 0.7m，中等密度者，不得超过 1.25m，坚硬土不超过 2m，超过以上数值的需设支撑板或保留符合规定的边坡。

（3）对岩层地面进行挖方施工，一般先行爆破，再进行挖方施工，爆破施工应符合相关施工技术规范的要求。爆破施工最重要的是要确保施工安全。

（4）相邻场地、基坑开挖时，应遵循先深后浅或同时进行的施工程序。挖土应自上而下水平分段分层进行，每层厚度约 0.3m。在已有建筑物侧挖基坑（槽）应间隔分段进行，每段不超过 2m，相邻开挖应待已经挖好的槽段基础施工完成并回填夯实后进行。

（5）基坑开挖应尽量防止对地基土的扰动。基坑挖好后不能立即进行下道工序时，应预留 15～30cm 一层土不挖，待下道工序开始再挖至设计标高。

（6）在地下水位之下挖方，应在基坑（槽）四侧或两侧挖好临时排水沟和集水井，将水位降低至坑槽底 50cm 以下后，方可挖方。降水工作应持续至挖方完成为止。

3. 机械挖方

（1）机械作业之前，技术人员应向机械操作人员进行技术交底，使其了解施工现场情况和施工技术要求。熟悉现场放线情况、桩位和施工标高，做到对施工心中有数。

（2）桩点和施工放线要明显：加高桩木的高度，桩木上做醒目的标志，以引起施工人员的注意。

（3）注意保护表土：在挖湖堆山时，先用推土机将施工地段的表层熟土（耕作层）推到施工场地外围，表土作为种植用。

4. 土方转运

（1）无论何种土方运输，运输路线的组织很重要，卸土地点要明确。

（2）如果使用外来土垫地堆山，运土车辆应设专人指挥，卸土的位置要准确。

（3）人工运土一般都是短途的小搬运。

（4）运输距离较长的，最好使用机械或半机械化运输。长距离转运土方时，车厢不能装载太满，车辆在驶出工地之前应将车轮上黏着的泥土清除干净，不得在街道上洒落泥土污染环境。

5. 安全注意事项

（1）人工开挖时，两人操作间距应大于 2.5m；多台机械开挖时，挖土机械间的间距应大于 10m。在挖土机工作范围内，不得进行其他作业。挖土应自上而下，逐层进行，严禁先挖坡脚或逆坡挖土。

（2）挖土方不得在危岩、孤石下面或贴近未加固的危险建筑物（构筑物）下面进行。

（3）开挖应严格按照要求放坡，操作时应随时注意土壁的变动情况，如发现裂纹或部分坍塌现象，应先暂停施工，并进行支撑或放坡，随时注意支撑的稳固和土壁的变化。

（4）深基坑上下应先挖好阶梯或支撑靠梯，或开斜坡道，并采取防滑措施，禁止踩踏支撑上下。基坑四周应设立安全栏杆。

（二）填方施工

1. 一般要求

（1）土料要求

土料要求按照种植区域与非种植区域的填方，有不同的要求。

1）非种植区填方土料要求

① 碎石类土、砂土和爆破石渣（粒径不大于每层铺设厚度的 2/3；当用振动碾压时，不超过 3/4），可用于表面下层的填料。

② 含水量符合压实要求的黏土，可作各层填料。

③ 碎块草皮和有机质含量大于 8％的土壤，仅能用于无压实要求的填方。

④ 淤泥和淤泥质土，一般不能用作填料；但在软土或沼泽地区，经过处理含水量符合压实要求的，可用于填方中的次要部位。

⑤ 含盐量符合规定的盐渍土，一般可用作填料；但土中不得含有盐晶、盐块或含盐植物根茎。

⑥ 填充土应分层夯填或碾压密实，密实度为 0.90～0.93。

2）种植区填料要求：

① 在设计种植土层厚度以下的填土之填料，除上述⑤项的填料禁止使用外，均可使用。

② 种植土层内的填料应使用种植土，如表 5-1-2 中的壤土类土壤，并在理化性状方面符合 CJ/T 340—2016 中第 4.2.1 条对种植土壤的通用要求。种植土层厚度必须符合 CJJ 82—2012 中表 4.1.1 规定的要求。

③ 种植层内严禁使用半风化土、黏土、地下室开挖的下层土壤。

（2）基底处理

① 当填方基底为耕作土或松土时，应先将基底夯实或压实后填方。

② 当基底土壤含水量很大或属于软基底时，应根据具体情况采取排水疏干，或将淤泥挖出换土，或抛填片石、砾石、翻松掺入石灰等措施进行处理。

③ 当基底坡度小于 1/5 时，应先将斜坡挖成阶梯形，阶高 0.2～0.3m，阶宽大于 1m，然后再分层填土。

④ 种植区的基底如有不透水层，必须先清除干净。种植土层内，如基底土壤已经被污染，也应先将污染的土壤清除后，方可进行填方施工。

2. 填筑顺序

（1）先填石方，后填土方。

（2）先填底土，后填表土（种植土）。

（3）先填近处，后填远处。

3. 填筑方式

（1）大面积填方应分层填筑，一般每层 20～50cm，有条件的应层层压实。

（2）在斜坡上填土，为防止新填土方滑落，应先把土坡挖成台阶状，然后再填方，这样可保证新填土方的稳定。

（3）撵土或挑土堆山

土方的运输路线和下卸，应以设计的山头为中心结合来土方向进行安排。一般以环形线为宜。土运上山，卸在路两侧，空载的车（人）继续前行下山，不走回头路不交叉穿行。

4. 土方压实

（1）压实方法

① 人工夯实法。人工夯实的密度只能达到85%左右，且填土厚度不宜大于25cm。人力夯实可用夯、碾等工具进行。

② 机械压实法。机械压实可达到较高的土壤密实度，且压实较均匀。机械碾压可用碾压机或拖拉机带动的铁碾。

（2）铺土厚度和压实遍数

每层的铺土厚度和压实遍数据土壤的性质、设计要求和压实方法与压实机具的种类不同而异，一般应进行现场压（夯）实试验来确定。

（3）压实要求

为保证土壤的压实质量，土壤应该具有最佳含水率（表5-1-3）。如土壤过分干燥，需先洒水湿润后再压实。

各种土壤最佳含水率 表5-1-3

土壤名称	最佳含水率	土壤名称	最佳含水率
粗砂	8%~10%	粘土质砂质粘土和粘土	20%~30%
细砂和粘质砂土	10%~15%	重粘土	30%~35%
砂质粘土	6%~22%	—	

（4）压实过程中应注意

① 压实工作必须分层进行。

② 压实工作要注意均匀。

③ 压实松土时夯实工具应先轻后重。

④ 压实工作应自边缘开始逐渐向中间收拢。

⑤ 施工现场要有人指挥调度，各项工作要有专人负责，以确保工程按期按计划高质量地完成。

（三）土方工程的放坡处理

土方工程的边坡坡度以其高和水平距之比表示。

边坡坡度$=h/L=\mathrm{tg}\alpha$

工程界习惯于$1:M$表示，M是坡度系数。

$1:M=1:L/h=\mathrm{tg}\alpha$

1. 挖方放坡

在高填或深挖时，应考虑土壤各层分布的土壤性质以及同一土层中土壤所受压力的变化，根据其压力变化采取相应的边坡坡度。考虑各层土壤所受的压力不同，可按其高度分层确定边坡坡度。

2. 填土放坡

填土放坡应根据填方的高度、土壤的种类和重要性在设计中明确。

第二章　园林给水排水工程

园林绿地的给水与排水工程是城市给水排水工程的一部分。

在城镇，为了给各生产部门和居民点提供在水质、水量和水压方面均符合国家规范的用水，需要设置一系列的构筑物，从水源取水，并按用户对水质的不同要求分别进行处理，然后将水送至各用水点使用。这一系列的构筑物称为给水系统。

人们在生活中和生产上使用过的水，一般都被污染，形成大量成分复杂的污水。为了使排出的污水无害及变害为利，回收有用的物质，必须建造一系列设施对污水进行必要的处理，这些处理与排除污水的系统即排水系统。

城市中水的供、用、排三个环节就是通过给水系统和排水系统联系起来的。

第一节　园 林 给 水 工 程

一、概述

（一）园林给水工程的组成

一个完整的园林给水工程通常由取水工程、净水工程和配水工程三部分组成。

1. 取水工程

2. 净水工程

3. 配水工程

（二）园林用水的分类

园林给水工程中，水的用途大致可分为以下几类：

1. 生活用水

如餐厅、内部食堂、茶室、小卖部、消毒饮水器及卫生设备等的用水。

2. 养护用水

包括植物灌溉、动物笼舍的冲洗、喷洒用水。

3. 造景用水

各种水体以及水景工程的用水。

4. 消防用水

（三）园林用水的特点

（1）园林中用水点较分散；

（2）由于用水点分布于起伏的地形上，高程变化大；

（3）水质据用途不同可以有不同的要求；

（4）用水有高峰期和低谷期，时间可以错开；

（5）饮用水的水质不低于国家饮用水卫生标准。

二、水源与水质

（一）水源

（1）直接引用城市自来水。

（2）与河湖距离较近同时水质也较好时，可引用河湖水。

（3）地下水较丰富时，可以自行打井取水。

（4）近山园林可用山泉水。

（5）中水回用。

（二）水质

园林用水的水质，可因其用途不同分别处理。

（1）养护用水。无害于动植物、无污染即可。

（2）生活用水。必须经过严格净化和消毒，水质须符合国家饮用水卫生标准《生活饮用水卫生标准》GB 5749—2006 的要求。

（3）造景用水。珍稀水生动物栖息场所水体的水质不应低于 GB 3838—2002 地表水 Ⅱ类水质标准；城市绿地内的游泳池、戏水池内的水质应不低于 GB 12941—91 A 类水质标准；喷泉、跌水、溪流及水池内的水质应不低于 GB 12941—91 B 类水质标准；人工或自然水体内的水质应不低于 GB 12941—91 C 类水质标准。

三、给水管网的布置

公园给水管网的布置除了要了解园内用水的特点外，公园四周的给水情况也很重要，它往往影响管网的布置方式。一般市区小公园的给水可由一点引入。但对于较大型的公园，特别是地形较复杂的公园，为了节省管材，减少水头损失，有条件的最好是多点引水。

（一）给水管网布置的基本形式

（1）树枝式管网

这种布置方式较简单，省管材。适合于用水较分散的情况。但保证率差，一旦管网出现问题或需维修时，影响面较大。

（2）环状管网

当管网中的某一段出现故障时，不至于影响供水。但这种布置形式较费管材，投资较大。

（二）给水管网的布置要点

（1）干管应靠近主要供水点；

（2）干管应靠近调节设施（如高位水池或水塔），力求管线最短；

（3）在保证不受冻的情况下，干管宜随地形起伏敷设，避开复杂地形和难以施工的地段，以减少土石方工程量；

（4）干管应尽量埋设于绿地下，避免穿越或设于园路下；

（5）和其他管道按规定保持一定的距离。

（三）给水管网布置的一般规定

1. 管道埋深

冰冻地区，应埋深于冰冻线以下 40cm 处。不冻或轻冻地区，覆土深度也不小于 70cm。

2. 阀门及消防栓

给水管网的交点叫作节点，在节点上设有阀门等附件，节点处应设阀门井。阀门井除安装在支管和干管的连接处外，为了便于检修养护，要求每 500m 直线距离设一个阀门井。

配水管上安装着消防栓，按规定其间距通常为 120m，且其位置距建筑不得少于 5m，为了便于消防车补给水，离车行道不大于 2m。

四、园林喷灌系统

（一）喷灌的特点

喷灌可以提高劳动效率；节省用水，用水量仅为地面灌溉的 50％；能对植物全株进行灌溉；能保持空气湿润、清洁，有利植物的生长及游客的健康。

（二）喷灌的形式

1. 按照管道的敷设方式分类

（1）固定式：固定式系统需要大量的管材和喷头，但操作方便、节约劳力、便于实现自动化和遥控，适用于需要经常灌溉和灌溉期长的草坪、大型花坛、苗圃、花圃、庭院绿化等。

（2）半固定式：其泵站和干管固定，支管可移动。使用于大型花圃或苗圃。

（3）移动式：要求灌溉区有天然水源（池塘、江、河、湖等），其动力、水泵、管道和喷头等是可以移动的，管道等设备不必埋入地下，投资较省，机动性强，但管理劳动强度大。适用于水网地区的园林绿地、苗圃和花圃的灌溉。

以上三种形式根据具体情况可以采用一种形式，前两种也可以混合使用。

2. 按照控制方式分类

可以分为程控型灌溉系统和手动型灌溉系统两种类型。

3. 按照供水方式分类

可以分为自压型和加压型灌溉系统两种。

（三）喷灌系统的构成

一般喷灌系统由喷头、管材与管件、控制设备、过滤装置、加压设备及水源等组成。

五、园林给水管道的施工

（一）施工准备

1. 熟悉图纸和现场情况

施工前要熟悉和核对管道平面图、断面图、附属构筑物图以及有关资料，了解精度要求和施工进度安排；熟悉现场地形，找出各桩点的位置。

2. 施工放线

根据设计图纸的要求，放出管道中线，并设立桩点，表明施工标高。对每一块独立的喷灌区域，放线时先确定喷头的位置再确定管道的中线位置，拐点位置，再根据设计要求放出沟槽开挖边线以及附属设施的位置以及施工标高。

3. 设立地下管道中线测设龙门板。

（二）沟槽开挖

沟槽的宽度一般可按照管的外径两侧加 0.4m 确定。沟槽的深度应满足施工需要，一般情况下，绿地中管顶埋深 0.7m，普通道路下为 1.2m（如不足 1m 时，需要在管道外加钢套管或采取其他措施加固）。冻土地区则应在冻土线以下 0.4m。

喷灌系统管道的沟槽开挖时，除按照设计要求开挖外，还应注意槽床底部至少要有 0.2% 的坡度，以便冬季防冻时能将管内余水泄去。

（三）管道安装

室外管道安装应符合《给水排水管道工程施工及验收规范》GB 50268—2008 的规定；室内管道安装应符合《建筑给水排水及采暖工程施工质量验收规范》GB 50242—2002 的要求。

1. 聚氯乙烯（PVC）管道安装

（1）管道连接

聚氯乙烯管的连接方式有冷接法和热接法。其中，冷接法由于无须加热设备，便于现场操作，故广泛应用于绿地喷灌工程中。冷接法又分为以下三种：

① 胶合承接法。适用于管径小于 160mm 的管道连接。

② 弹性密封圈承接法。这种方法有利于解决管道因温度变化引起的伸缩问题，适用于管径 63～315mm 的管道。

③ 法兰连接法。一般用于 PVC 管道与金属管道的连接。

（2）管道加固

通常用水泥砂浆或混凝土支墩对管道的某些部位进行压实或支撑固定，以减小喷灌系统在启动、关闭或运行过程中产生的水锤和振动作用，增加管网系统的安全性。加固的位置通常是弯头、三通、变径的位置，以及间隔一定距离的直线管段。

2. 管道安装应注意事项

（1）给水管道使用钢管或钢管件时，钢管的安装、焊接、除锈、防腐应按照设计及有关规定执行。

（2）给水管道的接口工序是管道安装的关键工序，接口操作工人应经过训练，并按照操作规程操作。

（3）安装管件、闸门等，应位置准确，轴线与管道线一致，无倾斜、偏扭现象。

（4）在管道敷设过程中，应注意保持管子、管件、闸门等内部的清洁，必要时进行洗刷或消毒。

（5）当管道敷设中断或下班时，应将关口堵好，以防杂物进入。

（四）水压试验与泄水试验

1. 水压试验

（1）试压管道管段的长度一般不超过 1000m。

（2）试压前应对压力表进行检验校正；并做好排水设施，以便于试压后管内存水的排除。

（3）管道串水时，应认真进行排气。一般在管端盖堵上有排气孔；在试压管道中段，如有不能自由排气的高点，宜设置排气孔。

（4）串水后，试压管道内宜保持 0.2～0.35MPa 的水压（但不得超过工作压力）浸泡一段时间。铸铁管 1 昼夜以上；预应力混凝土管 2～3 昼夜。

（5）水压试验一般应在管身胸腔填土后进行，接口部分应根据施工质量、季节、试验压力、接口种类以及管径大小确定是否填土。

（6）试验时的水压应逐步升高水压，每次升压以 0.2MPa 为宜；每次升压后检查管道，确定无问题后再继续升压。

（7）水压试验的压力和渗水量应符合《给水排水管道工程施工及验收规范》GB 50268—2008 的规定。

（8）喷灌系统管道水压试验的压力一般为 0.35MPa，保持 2h。在 1h 内压力下降幅度小于 5%，表明管道严密性合格。

（9）喷灌管道严密性试验后，压力逐步加至设计工作压力的 1.5 倍，但不得超过管道额定工作压力，保持 2h。在 1h 内压力下降幅度小于 5%，且管道无变形，表明强度试验合格。

2. 泄水试验

泄水试验时打开所有的手动泄水阀，截断立管堵头，以免管道中出现负压，影响泄水效果。只要管道中无满管积水现象，即可认为泄水试验合格。

（五）回填土方

水压及泄水试验合格后，可进行沟槽回填。非金属喷灌管道的土方回填一般分两步进行。

1. 部分回填

部分回填是指管道以上约 100mm 范围内的回填。宜采用沙土或过筛的原土回填，管道两侧分层踏实，禁止用石头和砖砾等杂物回填，也不宜单侧回填。对于聚乙烯管（PE 软管），填土前应先对管道压力充水至接近其工作压力，以防止回填过程中管道挤压变形。

2. 全部回填

全部回填采用符合要求的原土，分层踩实。一次填土 100～150mm，直至高出地面 100mm 左右。填土到位后对沟槽进行水夯，以免绿化工程完成后出现局部下陷。

其他给水管道沟槽的回填应符合《给水排水管道工程施工及验收规范》GB 50268—2008 的规定。

（六）喷灌设备安装

1. 首部安装

包括水泵和电机设备的安装，安装应遵照操作规程操作，并符合设计要求，确保工程质量。

2. 喷头安装

喷头安装应注意以下几点：

（1）安装前应彻底清洗管道。

（2）喷头的安装高度以喷头顶部与草坪根部或灌木的修剪高度平齐为宜。

（3）喷头的安装轴线与地面垂直。如果地形坡度大于 2%，喷头的安装轴线应取铅垂线与地面垂线所形成的夹角的平分线方向，以最大限度保证喷灌的均匀度。

（4）为了避免来自喷头顶部的压力直接传给横管，造成管道断裂或喷头损坏，做好使用铰接杆或 PE 管连接管道和喷头。

（七）生活用水管道的冲洗消毒

1. 管道冲洗

（1）管道冲洗水速一般为 1～1.5m/s。

（2）放水时应先开出水闸口，再开来水闸口，并做好排气工作。

（3）冲洗时间以排水量大于管道总体积的 3 倍，并且水质外观清澈为度。

（4）放水冲洗完毕，管内存水达 24h 后，再将管内水取样化验。

2. 水管消毒

（1）管道经过冲洗后，检验水质不合格者，应用漂白粉溶液消毒。

（2）漂白粉溶液的浓度应根据水质不合格的程度而定。一般采用 100～200mg/L，即溶液内含有 25～50mg/L 的游离氯。

（3）消毒液用泵向管内压入，用闸门调节压入量，以保证管内的游离氯的含量符合要求。

（4）当管内充满消毒液后，关闭闸门，浸泡 24h 以上，然后放出，冲洗后注入自来水，闭管 24h 后再取样化验。

第二节　园林排水工程

一、园林排水的特点

（1）排水工程简单。如园林中大型水体，雨水可直接将雨水排入水体；污水也能自行处理和加以利用；也可分类直接排入城市排水系统中。

（2）排水设施常与造景相结合。如利用排水设施创造瀑布、跌水等。

（3）通常以地面排水为主，沟渠和管道排水为辅。

二、园林排水的方式

（一）地面排水

排除雨水（或雪水）应尽可能利用地面坡度，通过谷、涧、山道，就近排入园中（或园外）的水体，或附近的城市雨水管渠。

（二）利用管渠排水

园林中有各种排水构件，简单介绍如下：

1. 明沟排水

（1）土质明沟

沟的断面有 V 形和梯形两种。梯形断面一般采用 1∶2～1∶1.2。

（2）砖砌或混凝土明沟

明沟的边坡一般采用 1∶1～1∶0.75，纵坡一般采用 3‰以上，最小纵坡不得小于 2‰。

2. 管道排水

管道排水主要由管道、雨水口、雨水井和检查井等附属构筑物等组成。

（1）雨水口及雨水出口

① 雨水口

在道路上一般每隔 200m 就要设一个雨水口，并且要考虑到路旁的树木、建筑等的位置。

② 雨水出水口

（2）检查井

它通常设置在管道方向坡度和管径改变的地方。井与井之间的最大间距在管径小于 500mm 时为 50m。相邻检查井之间的管段应在一直线上。

3. 盲沟排水

暗渠渠底纵坡不应小于 5‰，只要地形等条件许可，应尽量取大些，以利尽快排除地下水。

暗沟的布置和做法：

（1）布置形式

① 自然式

园址处于山坞地形，将排水管渠设于谷底，其支管自由伸向周围的每个山洼以拦截由周围侵入园址的地下水。

② 截留式

园址四周或一侧较高，为防止园外地下水侵入园址，在地下水来向一侧设暗沟截留。

③ 篦式

地处豁谷的园址，可在谷底设干管，支管呈鱼骨状向两侧坡地伸展。

④ 耙式

此法适合于一面坡的情况，将干管埋设于坡下，支管由一侧接入，形如铁耙式。

（2）暗沟的埋深和间距

暗沟的排水量与其埋置深度和间距有关。而暗沟的埋深和间距又取决于土壤的质地。

① 暗沟的埋深

暗沟的埋置深度不宜过浅。暗沟的埋深与土壤质地的关系见表 5-2-1。

暗沟的埋深与土壤类别　　　　　　　　　　　表 5-2-1

土壤类别	埋深（m）
砂质土	1.2
壤土	1.4～1.6
粘土	1.4～1.6
泥炭土	1.7

② 支管的设计间距

暗沟支管的数量和排水量及地下水的排除速度有直接的关系。暗沟沟底纵坡不少于 5‰，只要地形等条件许可，纵坡坡地应尽可能取大些，以利地下水的排出。

三、防止地表径流冲刷地面的措施

（一）竖向设计

（1）控制地面坡度，使之不致过陡。

（2）同一坡度的坡面不宜延续过长，应该有起有伏，使地表径流不致一冲到底，形成大流速的径流。

（3）利用盘山道、谷线等拦截和组织排水。

（4）利用植被护坡，减少或防止对表土的冲蚀。

（二）工程措施

（1）"谷方"

地表径流在谷线或山洼处汇集，形成大流速径流，为了防止其对地表的冲刷，在汇水线上布置一些山石，借以减缓水流的冲力，达到降低其流速，保护地表的作用。这些山石就叫"谷方"。这些山石应具有一定体量，并深埋浅露。

（2）挡水石

为了减少雨水径流冲刷表土、损坏路基，在台阶两侧或陡坡处置石挡水，这种置石称为挡水石。

（3）护土筋

一般沿山路两侧坡度较大或边沟沟底纵坡较陡的地段敷设，用砖或其他块材成行埋置土中，使之露出地面3～5cm，每隔一定的距离（10～20cm）设置3～4道（与道路中线成一定角度）。护土筋设置的疏密取决于坡度的陡缓，坡陡多设。在山路上为防止径流冲刷，除采用上述措施外，还可在排水沟沟底用较粗糙的材料（卵石、砾石等）衬砌。

（4）出水口的"水簸箕"处理

"水簸箕"是一种敞口排水槽，槽身的加固可采用三合土、浆砌块石（或砖）或混凝土。排水槽上下口高差大的，①可在下口前端设栅栏起消力和拦污的作用；②在槽底设置"消力阶"；③槽底做成礓磜状；④在槽底砌消力块等。

（三）利用地被植物

地被植物能有效地稳固表土，所以，加强绿化是防止地表水土流失的重要手段之一。

（四）利用管渠排水

四、园林排水施工

（一）施工准备

1. 技术准备

技术准备工作包括：

（1）施工前应由设计单位进行技术交底，监理单位组织进行图纸会审。施工单位应在图纸会审前，组织项目部有关人员研究图纸，掌握工程的施工重点与难点，核对设计坐标与设计标高。

（2）现场了解地形，地上下建筑物、构筑物、地下管线、原有植被，施工场地的水文及地质、气象、对外交通状况等资料。

（3）研究合同条件，编制施工组织方案，并交监理（业主）批准。

（4）永久坐标点和水准点的交验、引入。

（5）施工放线及设立测设网。

2. 组织准备

（1）设立项目部。确定项目部的组织架构以及人员分工、管理制度。

（2）进行技术交底和安全交底。

3. 现场准备

（1）项目部临时设施的建立。包括临时办公和生活建筑物（构筑物）、水电设施。

（2）施工用水电的驳接，临时排水。

（3）临时道路的修建，设立临时机械、材料堆放场地、仓库。

4. 劳动力准备

包括按照施工组织方案组织足够的各类工种劳动力；进行技术交底和安全三级教育与培训。

5. 机械与材料准备

包括足够且合格的施工机械、机具准备；工程材料的准备等。

（二）沟槽开挖

参考本章第一节有关给水管道施工中沟槽开挖的内容。

（三）管道安装

园林排水工程通常使用的是预制混凝土管道或塑料管道，较少使用其他非金属管道。

1. 一般规定

（1）管道装卸应轻装轻放，运输时应垫稳绑牢，接口应采取保护措施。

（2）管节堆放宜选择使用方便、平整、坚实的场地；堆放时必须垫稳，堆放层高度应符合规范。

（3）起重机下管时，起重机架设的位置不得影响沟槽边坡的稳定；起重机在高压输电线附近作业与线路间的安全距离应符合当地电业管理部门的规定。

（4）沟槽地基、管基验收合格后，方可进行管道安装；安装时宜自下游开始，承口朝向施工前进方向。

（5）接口工作坑应配合管道铺设及时开挖，开挖尺寸符合规范要求。

（6）管道地基应符合设计要求。非永冻土地区，管道不得安放在冻结的地基上。

（7）新建管道与已建管道连接时，必须先核查已建管道接口高程及平面位置后，方可开挖。当已建管道平面位置及高程与设计不符时，应告知设计处理。

2. 管道安装

（1）管座分层浇筑时，管座平基混凝土抗压强度应 $5.0N/mm^2$，方可进行安管。安装时应使管节内底高程符合设计要求；调节管节中心及高程时，必须垫稳，不得发生滚动。

（2）采用混凝土管座基础时，管节中心、高程复验合格后，应及时浇筑管座混凝土。

（3）砂及砂石基础材料应振实，并与管身和承口外壁均匀接触。

（4）管道暂时不接支线的预留孔应封堵。

（5）管座基础留变形缝时，缝的位置应与柔性接口相一致。

（6）预应力、自应力混凝土管道不得截断使用。水泥砂浆抹带及接口填缝时，水泥砂浆的配合比应符合设计要求。

（四）附属构筑物施工

园林排水工程的附属构筑物主要是检查井及雨水口。其施工应符合《给水排水管道工程施工及验收规范》GB 50268—2008 相关条款的规定。

五、园林污水处理

园林污水基本上由三部分组成：一是食堂、茶室等饮食部门的污水；二是由厕所等卫生设备产生的污水；三是施肥不当造成的肥水流失。

如饮食部门污水可直接排入城市污水系统中，或设置小型污水处理设施处理污水。粪便污水处理应用化粪池，经沉淀、发酵、沉渣、流体再发酵澄清后，可排入城市管污水管，少量的直接排入偏僻的园内水体中。

第三节　园林管线工程综合

一、园林地下管线工程的种类

园林地下管线工程包括以下几类：

（一）按照压力输送方式分类

（1）重力自流沟管

也称作非压力管道，包括排水管、污水管和排水明沟等。

（2）压力管道

包括给水管道、喷灌系统管道、煤气管道、热力管道等。

（3）电力、通信管道

包括电力电缆及其管道、通信电缆及其管道、弱电管道及其线路。

（二）按照管线性质与用途分类

（1）给水管。包括灌溉给水、景观给水、消防给水、生活给水等。

（2）排水沟管。包括雨水管和污水管等。

（3）电力缆线。包括高压、中压与低压电力缆线。

（4）电信缆线。包括电话、广播、光缆等。

（5）气体管道。包括煤气、天然气、热力管道等。

二、园林管线工程综合的原则

（1）采用统一的城市坐标系统和高程系统。

（2）尽可能利用原有管线。

（3）管线平面应做到管线最短，转弯少；尽量减少管线交叉。

（4）多数管线都布置在绿化用地中。

（5）考虑以后留有发展余地。

（6）采用架空方式敷设时，不同性质的线路尽量不合杆架设；相同性质的则尽量合杆架设。

（7）一般禁止通过园桥敷设可燃、易燃管道。其他管线过桥应隐蔽、安全，不影响景观。

（8）地下管线的布置，一般是按管线的埋深，由浅至深布置：①电讯电缆；②电力电缆；③热力管道；④煤气管；⑤给水管；⑥雨水管道；⑦污水管

（9）管线的竖向综合应遵循小管让大管、有压管让自流管、临时管让永久管、新建管让已建管的原则。

（10）干管应靠近主要使用单位和连接支管较多的一侧敷设。

（11）雨水管应尽量布置在路边；地下管线一般布置在道路以外。

（12）带消防栓的给水管也应沿路敷设。

三、各种管线最小水平净距

为了保证安全，避免各种管线、建筑物和树木等之间的相互影响，便于管道施工与维护，各种管线之间距离应满足最小水平净距的规定，见表 5-2-2。

四、各种管线交叉最小垂直净距

各种地下管线垂直交叉时，应满足最小垂直净距规定见表 5-2-3。同时应符合以下原则。

（1）电讯电缆或电讯管道一般在其他管线上面通过。

（2）电力电缆一般在热力管道和电讯管缆下面，但在其他管线上面通过。

（3）热力管一般在电缆、给水、排水、煤气管上面通过。

（4）排水管道一般在其他管线下面通过。

五、地下管线最小覆土厚度

管线的埋深与管线的性质、土壤种类、冰冻深度及上部荷载情况有关，各种地下管线的最小覆土厚度见表 5-2-4。

各种管线最小水平净距（m） 表 5-2-2

管线名称	建筑物	给水管	排水管	热力管	电力电缆	通信电缆	电讯管道	乔木（中心）	灌木	地上柱杆（中心）	道路侧
建筑物	—	3.0	3.0	3.0	0.6	0.6	1.5	3.0	1.5	3.0	—
给水管	3.0	—	1.5	1.5	0.5	1.0	1.0	1.5	—	1.0	1.5
排水管	3.0	1.5	1.5	1.5	0.5	1.0	1.0	1.5	—	1.5	1.5
热力管	3.0	1.5	1.5	—	2.0	1.0	1.0	2.0	1.0	1.0	1.5
电力电缆	0.6	0.5	0.5	2.0		0.5	0.2	2.0	—	0.5	1.0
通信电缆	0.6	1.0	1.0	1.0	0.5	—	0.2	2.0	—	0.5	1.0
电讯管道	1.5	1.0	1.0	1.0	0.2	0.2		1.5	—	1.0	1.0
乔木	3.0	1.5	1.5	2.0	2.0	2.0	1.5		—	2.0	1.0
灌木	1.5	—	—	1.0				—	—	—	0.5
地上柱杆	3.0	1.0	1.5	1.0	0.5	0.5	1.0	2.0	—		0.5
道路侧石	—	1.5	1.5	1.5	1.0	1.0	1.0	1.0	0.5	0.5	—

注：净距是指管线与管线外壁之间的距离。

地下管线交叉时最小垂直净距（m）　　　　　　　　　　　表 5-2-3

埋设在下面的管线名称	安设在上面的管线名称									
	给水管	排水管	热力管	煤气管	电讯		电力电缆		明沟（沟底）	涵洞基础底
					电缆	管道	高压	低压		
	净　距									
给水管	0.15	0.15	0.15	0.15	0.50	0.15	0.50	0.50	0.50	0.15
排水管	0.15	0.15	0.15	0.15	0.50	0.15	0.50	0.50	0.50	0.15
热力管	0.15	0.15	—	0.15	0.50	0.15	0.50	0.50	0.50	0.15
煤气管	0.15	0.15	0.15	0.15	0.50	0.15	0.50	0.50	0.50	0.15
电讯电缆	0.50	0.50	0.50	0.50	0.50	0.25	0.50	0.50	0.50	0.50
电讯管道	0.15	0.15	0.15	0.15	0.25	0.15	0.25	0.25	0.50	0.25
电力电缆	0.50	0.50	0.50	0.50	0.50	0.50	0.50	0.50	0.50	0.50

地下管线的最小覆土深度规定（m）　　　　　　　　　　　表 5-2-4

管线名称	电力电缆（10kV 以下）	电讯		给水管	雨水管	污水管	
		电缆	管道			$D \leqslant 300mm$	$D \geqslant 400mm$
最小覆土厚度	0.7	0.8	混凝土管 0.8；石棉水泥管 0.7	在冻土线以下（在不冻土地区可埋设较浅）	埋设在冰冻线以下，但不小于 0.7	冰冻线以下 0.3，但不小于 0.7	冰冻线以下 0.5，但不小于 0.7

第三章 园林水景工程

第一节 水景工程概述

一、水景的作用和特点

水景是环境空间艺术创作的一个要素，可借以构成多种格局的园林景观。充分利用水流动、多变、渗透、聚散、蒸发的特性，做到动静相补，声色相衬，虚实相应，层次丰富，就可以产生特殊的艺术魅力。水池、溪涧、河湖、瀑布、喷泉等水体往往又给人以静中有动，寂中有声、以少胜多、发人联想的强烈感染力。因此，水景用于造园，有着多方面的作用和特点。

（一）水景的作用

1. 系带作用

水面具有将不同的园林空间和园林景点联系起来，而避免景观结构松散的作用；这种作用就叫作水面的系带作用，它有线形和面形两种表现形式。

2. 统一作用

许多零散的景点均以水面作为联系纽带时，水面的统一作用就成了造景最基本的作用。

3. 焦点作用

飞涌的喷泉、狂跌的瀑布等动态水景，其形态和声响很容易引起人们的注意，对人们的视线具有一种收聚的、吸引的作用。

4. 基面作用

大面积的水面视域开阔坦荡，可作为岸畔景物和水中景观的基调、底面使用。当水面不大，但水面在整个空间中仍具有面的感觉时，水面仍可作为岸畔或水中景物的基面，产生倒影，扩大和丰富空间。

（二）水景的应用特点

1. 亲和

通过贴近水面的汀步、平曲桥，跨入水中的亭、廊建筑，和又低又平的岸边等造景处理，把游人与水景的距离尽可能地缩短，水景与游人之间就体现出一种十分亲和的关系，使游人感到亲切、合意、有情调和风景宜人。

2. 延伸

园林建筑一半在岸上，一半延伸到水中；或岸边的树木采取树干向水面倾斜、树枝向水面垂落或向水心伸展的态势，都使临水之意显然。前者是向水的表面延伸，而后者却是向水上的空间延伸。

438

3. 藏幽

水体在建筑群中、在林地中或在其他环境中，都可以把源头和出水口隐藏起来。隐去源头的水面，反而可给人留下源远流长的感觉；把出水口藏起的水面，水的去向如何，也更能让人遐想。

4. 渗透

水景空间和建筑空间相互渗透，水池、溪流在建筑群中流连、穿插，给建筑群带来自然的、鲜活的气息。有了渗透，水景空间的形态更加富于变化，建筑空间的形态则更加舒敞，更加灵秀。

5. 暗示

池岸岸口向水面悬伸，让人感到水面似乎延伸到了岸口下面，这是水景的暗示作用。将庭院水体引入建筑物室内，水声、光影的渲染使人仿佛置身于水底世界，这也是水景的暗示效果。

6. 迷离

在水面空间处理中，利用水中的堤、岛、植物、建筑，与各种形态的水面相互包含与穿插，形成湖中有岛、岛中有湖，景观层次丰富的复合性水面空间。在这种空间中，水景、树景、堤景、岛景、建筑景等层层展开，不可穷尽。游人置身其中，顿觉境界相异、扑朔迷离。

7. 萦回

由蜿蜒曲折的溪流，在树林、水草地、岛屿、湖滨之间回还盘绕，突出了风景流动感。这种效果反映了水景的萦回特点。

8. 隐约

配植着疏林的堤、岛和岸边景物相互组合与相互分隔，将水景时而遮掩、时而显露、时而透出，就可以获得隐隐约约、朦朦胧胧的水景效果。

9. 隔流

对水景空间进行视线上的分隔，使水流隔而不断，似断却连。

10. 引出

庭园水池设计中，不管有无实际需要，也将池边留出一个水口，并通过一条小溪引水出园，到园外再截断。对水体的这种处理，其特点还是在尽量扩大水体的空间感，向人暗示园内水池就是源泉，暗示其流水可以通到园外很远的地方。所谓"山要有根，水要有源"的古代画理，在今天的园林水景设计中也还有应用。

11. 引入

和水的引出方法相同，但效果相反。水的引入，暗示水池的源头在园外，而且源远流长。

12. 收聚

大水面宜分，小水面宜聚。面积较小的几块水面相互聚拢，可以增强水景表现。特别是在坡地造园，由于地势所限，不能开辟很宽大的水面，就可以随着地势升降，安排几个水面高度不一样的较小水体，相互聚在一起，同样可以达到大水面的效果。

13. 沟通

分散布置的若干水体，通过渠道、溪流顺序地串联起来，构成完整的水系，这就是沟通。

14. 水幕

建筑被设置于水面之下，水流从屋顶均匀跌落，在窗前形成水幕。再配合音乐播放，则既有跌落的水幕，又有流动的音乐，室内水景别具一格。

15. 开阔

水面广阔坦荡，天光水色，烟波浩渺，有空间无限之感。这种水景效果的造成，常见的是利用天然湖泊赋予人工补景、点景，使水景完全融入环境之中。而水边景物如山、树、建筑等，看起来都比较遥远。

16. 象征

以水面为陪衬景，对水面景物给予特殊的造型处理，利用景物象形、表意、传神的作用，来象征某一方面的主题意义，使水景的内涵更深，更有想象和回味的空间。

二、水景的形式分类

（一）按照水景的表现形态划分

1. 开朗的水景

水域辽阔坦荡，水景空间开朗、宽敞，极目远望，天连着水、水连着天，天光水色，一派空明。这一类水景主要是指江、海、湖泊。

2. 闭合的水景

水域周围景物较高，向外的透视线空间仰角大于13°，常在18°左右，空间的闭合度较大。由于空间闭合，排除了周围环境对水域的影响，因此，这类水体常有平静、亲切、柔和的水景表现。

3. 幽深的水景

带状水体如河、渠、溪、涧等，当穿行在密林中、山谷中或建筑群中时，其风景的纵深感很强，水景表现出幽远、深邃的特点，环境显得平和、幽静，暗示着空间的流动和延伸。

4. 动态的水景

园林水体中湍急的流水、狂泄的瀑布、奔腾的跌水和飞涌的喷泉，就是动态感很强的水景。动态水景给园林带来了活跃的气氛和勃勃的生气。

5. 小巧的水景

一些水景形式，如无锡寄畅园的八音涧、济南的趵突泉、昆明西山的珍珠泉，以及在我国古代园林中常见的流杯池、砚池、剑池、壁泉、滴泉、假山泉等，水体面积和水量都比较小。但正因为小，才显得精巧别致、生动活泼，能够小中见大，让人感到亲切多趣。

（二）按照水景的平面设计形式划分

园林水体的平面设计形式可分为规则式、自然式和混合式三种。

1. 规则式水景

这样的水景的水体都是由规则的直线岸边和有轨迹可循的曲线岸边围成的几何图形水体。根据水体平面设计上的特点，规则式水体可分为方形系列、斜边形系列、圆形系列和混合形系列等四类形状。

2. 自然式水景

岸边的线形是自由曲线线形，由线围合成的水面形状是不规则的，有多种变异的形状，这样的水体构成的水景就是自然式水景。自然式水景主要可分宽阔形和带状形两种。

（1）宽形水体水景：一般的园林湖、池多是宽形的，即水体的长宽比值在1：1～3：1之间。

（2）带状水体水景：水体的长宽比值超过3：1时，水面呈狭长形状，这就是带状水体。

3. 混合式水景

这类水景的水体是规则式水体形状与自然式水体形状相结合的一类水景平面形式。

第二节　水体驳岸与护坡工程

一、概述

（一）驳岸和护坡的作用

驳岸是一面临水的当土墙，是支持绿地和防止岸壁坍塌的水工程构筑物。多用岸壁直墙，有明显的墙身，岸壁大于45°角。

护坡是保护坡面、防止雨水径流冲刷及湖池风浪拍击对岸坡的破坏的一种工程措施。一般在土壤斜坡45°角内时应用。护坡与驳岸的另一个区别是护坡没有明显的垂直墙身。护坡有湖池岸坡护坡，也经常用于道路和堤坝等护坡。

1. 驳岸

驳岸的作用主要有：①维系陆地与水面界线，使其保持一定的比例关系；②保护岸坡不受波浪冲刷；③增加岸线的景观层次。

2. 护坡

护坡的主要作用有：①减少地面径流或风浪冲刷，防止滑坡；②保持岸坡的稳定；③使人易于与水亲近；④利于景观的自然过渡。

（二）岸坡的层段划分与布置

1. 岸坡层段的划分

岸坡一般分三个层段，各段所受破坏因素不同，采用的防护材料及设计坡度也不同。

（1）水下层段：位于常水位下的一段，即岸坡的水下层段。这一层段主要受水的渗浸和侧向水压，其一般坡角较岸壁上部小，坡度为1：4～1：2。

（2）淹没层段：位于常水位和洪水位之间，经常被周期性地淹没，如为土坡岸，其坡度不应陡于1：2，用块石护坡则不应陡于1：1.5。如为整形石砌驳岸，因岸壁高度有限，允许做成垂直岸壁。

（3）不淹没层段：在洪水位以上，经常受波浪和风化等方面的破坏，另外水下面各段的岸坡被淘空时，也引起受害。这一层段的坡度宜采用1：1.5，如为整形石岸，可做成垂直形。

2. 岸坡的平面布置

平面图上常水位线显示水面位置。如为岸壁直墙，常水位线即为岸坡的平面轮廓线位置。园林中，整形式岸坡的岸顶应当比较低，高度一般为 30～50cm。

（三）破坏岸坡的主要因素

1. 地基不稳下沉

由于湖底地基荷载强度与岸顶荷载不相适应而造成均匀或不均匀沉陷，使岸坡出现纵向裂缝，甚至局部塌陷。在冰冻地带湖水不深的情况下，可由于冻胀而引起地基变形。如果以木桩做桩基，则桩基腐烂。在地下水位较高处则因地下水的托浮力影响地基的稳定。

2. 湖水浸渗冬季冻胀力的影响

从常水位线至湖底被常年淹没的层段，其破坏因素是湖水浸渗。我国北方天气较寒冷，因水渗入岸坡中，冻胀后便使岸坡断裂。湖面的冰冻也在冻胀力作用下，对常水位以下的岸坡产生推挤力，把岸坡向上、向外推挤；而岸壁后土壤内产生的冻胀力又将岸壁向下、向里挤压；这样，便造成岸坡的倾斜或移位。因此，在此段岸坡的结构设计中，主要应减少冻胀力对岸坡的破坏作用。

3. 风浪的冲刷与风化

常水位线以上至最高水位线之间的岸坡层段，经常受周期性淹没。随着水位上下变化，便形成对岸坡的冲刷。水位变化频繁，则使岸坡受冲蚀破坏更趋严重。在最高水位以上不被水淹没的部分，则主要受波浪的拍击、日晒和风化力的影响。

4. 岸坡顶部受压影响

岸坡顶部可因超重荷载和地面水冲刷而遭到破坏。另外，由于岸坡下部被破坏也将导致上部的连锁破坏。

二、驳岸及护坡的形式与应用

（一）驳岸的形式与应用

1. 按照驳岸的造型形式划分

可划分为 3 类，即：

（1）规则式驳岸

用块石、砖、混凝土砌筑的几何形式的岸壁。驳岸简洁明快但缺少变化，一般用于永久型驳岸，要求有较好的砌筑材料和较高的施工技术。

（2）自然式驳岸

外观无固定形状和规格的岸坡处理。自然亲切，景观效果好。

（3）混合式驳岸

规则式与自然式结合的驳岸形式。一般为毛石岸墙、自然山石岸顶。

2. 按照断面形状划分

水体岸坡的断面形状决定其外观的基本形象，据此来划分，则园林内的水体岸坡有下述几个种类。

（1）垂直岸

岸壁基本垂直于水面。在岸边用地狭窄时，或在小面积水体中，采用这种驳岸形式可节约岸边用地。在水位有涨落变化的园林水体中，这种驳岸不能适应水位的涨落，枯水期中岸口显得太高。

（2）悬挑岸

岸壁基本垂直，岸顶石向水面悬挑出一小部分，水面仿佛延伸到了岸口以下。这种驳岸适宜在广场水池、庭院水池等面积较小的、水位能够人为控制的水体中采用。

（3）斜坡岸

岸壁成斜坡状，岸边用地带比较宽阔。这种驳岸比较能适应水位的涨落变化，并且岸景比较自然。当水面比较低，岸顶比较高时，采用斜坡岸能降低岸顶，可以避免因岸口太高面引起的视觉上的不愉快。

3. 按照结构形式划分

（1）重力式驳岸

主要是依靠墙身自重来保证岸壁的稳定，并抵抗墙背的土压力。这类驳岸在北方使用较为普遍，特别是在水面辽阔、风浪较大处，一般都采用此种形式的驳岸。这种岸坡多用混凝土或毛石材料砌筑而成。

（2）后倾式驳岸

它是重力式驳岸的特殊形式，墙身后倾，受力合理，坚固耐用，工程量小，较重力式经济。一般在岸线固定、地质情况较好处可采用这种形式的驳岸。

（3）插板式驳岸

采用钢筋混凝土或木桩作支墩，加插入的钢筋混凝土板（或木板）组成这种岸坡。支墩靠横拉条和锚板连接来固定，板与支墩的连接形式分为板插入支墩和板紧靠支墩。其特点是：施工快、灵活、体积小、造价低，土体不高时尤其合适，但冲刷地段不宜用此形式。

（4）混合式驳岸

这类驳岸有两种形式。一是其上部用块石护坡，下部采用重力式块石驳岸。这是块石护坡和后倾式相混合的驳岸。具有以下特点：避免了因全部采用重力式驳岸而使施工进度慢，经济指标高，又避免了因全部采用块石护坡而不设重力式驳岸，造成护坡滩面太大的问题，同时抗冲刷效果也明显。二是桩板重力式混合驳岸。桩板作为下部结构，重力式为上部结构，组成桩板式重力驳岸。其特点是：一般多采用于湖底基础条件不好的环境。

（二）护坡的形式与应用

通常护坡有四种形式：

1. 草皮护坡

坡度在 $1:20 \sim 1:5$ 之间的湖岸缓坡可应用此类护坡。

2. 灌木护坡

适用于大水面且平缓的岸坡护坡。

3. 铺石护坡

当岸坡较陡、风浪较大或因造景需要时，可采用铺石护坡。

4. 编柳抛石护坡

近年来，有许多关于生态坡岸或护坡的报道。这些报道的生态坡岸或护坡的做法或是草坡加石坡，或是灌木加石坡，或者是几种形式的组合。但近来也有报道应用一些新材料如环保型绿化混凝土、蜂巢护垫或网箱等，结合绿化一起建造的坡岸或护坡；但新型材料的应用有一个效果的验证期，必须经过证明后才宜大规模应用。

三、水体驳岸施工

（一）砌石类驳岸施工

砌石类驳岸是在天然地基上直接砌筑的驳岸，埋设深度不大。通常是由基础、墙身和压顶三部分组成。

驳岸施工前，应对施工现场的岸线地质及影响施工开展的其他现场情况进行了解，以便制订切实可行，且能够实现工期、质量、成本及安全目标的施工方案。砌石类驳岸的现场施工程序如下。

1. 放线

根据设计的常水位线，确定驳岸的平面位置、施工标高，并在基础两侧各加宽 20cm 放线。

2. 基础开挖

通常由人工开挖，如果施工条件较好的应采用机械开挖。基础开挖时应注意按照要求放坡，必要时设立支撑（桩）板，按照规程操作。

3. 地基夯实

基础开挖符合设计要求后，进行地基夯实，使地基的密实度达到设计要求。如遇到土层松软时，需通知设计对地基采取加固措施。

4. 浇筑基础

一般为 C20 的块石混凝土或钢筋混凝土。按照设计要求的混凝土标号及钢筋配置施工。浇筑时应将块石分隔，不得相互靠紧或置于边缘。钢筋混凝土应捣实，不留空隙。

5. 砌筑岸墙

岸墙的砌筑应注意以下事项：

（1）每隔 25～30m 设置一道伸缩缝，缝宽约 3cm。缝可用板条、沥青、石棉绳、橡胶、止水带或塑料等防水材料填充，填充时应略低于墙顶，缝用水泥沙浆勾满。

（2）墙面应平整、美观；砌筑砂浆饱满，勾缝严密且基本均匀。

（3）如岸墙高差变化，则应做沉降缝，沉降缝的位置也应与伸缩缝一致。

（4）驳岸墙体应于水平方向 2～4m、垂直方向 1～2m 处预留泄水孔，口径 120mm×120mm。也可于墙后设置暗沟，填置砂石排除积水。

6. 砌筑压顶

根据设计要求砌筑压顶。如采用块石压顶，石的底部应向水中挑出 5～6cm，并使顶面高出最高水位 50cm 为宜。

（二）桩基础驳岸施工

当地基表面为松土层且下层为坚实土层或岩石时，最宜使用桩基础。

桩基础驳岸的施工与砌石类不同之处是增加了打桩。打桩的施工首先木桩的直径（尾径）符合设计要求，打入的桩均匀且垂直，桩顶基本在一个平面上。之后，桩间填充石料要密实，石料填筑完毕后用建筑砂充实。其他施工与砌石类驳岸相同。

四、水体护坡施工

(一) 铺石护坡

1. 施工程序

铺石护坡的材料有天然块石、条石或水泥预制块等，但无论何种材料，其基本的程序大致相同，即施工准备→挖下部梯形沟槽→平整坡面→铺筑垫层→铺砌石块（预制块）。

2. 注意事项

(1) 下部梯形沟槽按照设计要求开挖。

(2) 垫层的卵石或碎石要求大小基本一致，铺筑厚度均匀。

(3) 铺砌石块的顺序为由下而上，下部选用大块的石料，石块之间相贴紧密。

(二) 灌木护坡

灌木护坡的施工程序大致为：施工准备→平整坡面→种植灌木→后期养护。

(三) 草皮护坡

草皮护坡又可分为嵌草护坡和整体草皮护坡。草皮的种植可直播也可块状草皮铺设，但其施工程序基本与灌木护坡或铺设护坡相近。

第三节　湖池、溪涧、瀑布及跌水工程

一、湖池工程

(一) 人工湖施工要点

(1) 按照设计图纸、施工条件、现场情况制订可行的施工组织方案。

(2) 严格按照设计图纸确定土方量，制订土方平衡与调配方案，同时确定湖岸线、施工标高等。

(3) 考虑基底渗漏情况。好的湖底全年水量损失占水体体积的 5%～10%；一般湖底 10%～20%；较差的湖底 20%～40%。以此按照设计要求来制订施工方法及工程措施。

(4) 湖底做法因地制宜，并符合设计要求。可用灰土层湖底、防渗膜湖底或混凝土湖底。灰土湖底做法适用于大面积湖体，混凝土适用于小面积湖底。

(二) 水池的施工要点

建造水池常用的材料分为刚性材料和柔性材料两类。刚性材料以钢筋混凝土、砖、石等材料为主；柔性则有改性橡胶防水卷材类、高分子防水薄膜、膨润土复合防水垫等。一般规则式水池多采用刚性材料，而柔性材料往往被自然式水池所采用。

(1) 刚性材料水池施工

1) 施工程序

施工准备→施工放线→基坑开挖→打桩施工（如有）→池底垫层→池底结构施工→池壁结构施工→水池防水施工→池壁（顶）置石施工（如有）→水池装饰施工。

2) 施工注意事项

① 水池平面、高程的控制符合设计要求；

② 机械开挖时，应保留最后 200mm，由人工挖掘并修整，以减少机械对基底的扰动；

③ 基坑开挖后，如地基承载状况与设计有出入，则应请设计到场确定后续施工方案；

④ 结构施工应注意模板的制作、支撑符合操作规程；

⑤ 装饰施工时应注意保护防水层；

⑥ 基坑的放坡、支撑要符合要求。

（2）柔性材料水池施工

① 施工准备、基坑开挖与放线与刚性水池相同。

② 池底基层施工。将原土夯实整平，然后在原土上回填 300~500mm 的黏土压实，之后铺设柔性防水材料。当施工中遇到基底条件极差时，应建议改用刚性水池。

③ 柔性材料的铺设。铺设顺序应自标高低处开始向标高高处铺设；卷材的搭接要用专用的胶粘剂粘结；卷材底不留空气；搭接的边长之长边不得小于 80mm，短边不得小于 150mm。

如用膨润土复合防水垫，铺设方法与一般卷材类似，但卷材搭接处需满足搭接 200mm 以上，且搭接处按 0.4kg/m 铺设膨润土压边，以防渗漏。

④ 柔性水池完成后，为保护卷材不受冲刷破坏，一般在其上铺卵石或粗砂做保护。

二、溪涧工程

（一）溪与涧的异同

溪、涧都是小型的带状水体。溪与涧略有不同的是：溪的水底及两岸主要由泥土筑成，岸边多水草；涧的水底及两岸则主要由砾石和山石构成，岸边少水草。

（二）溪涧施工的要点

溪涧工程的施工与人工湖或水池的施工类似。但由于涧底底部多为刚性设计，因此施工时需注意沉降缝的设置，止水带的施工要符合操作规程。

三、瀑布与跌水工程

（一）瀑布

人造瀑布的原理是将清水提升到一定高度，然后依靠水自身的重力向下跌落。瀑布的落水口位置较高，一般都在 2m 以上。若落水口太低，就没有瀑布的气势和景观特点，就不被人叫作瀑布而常被称为是"跌水"。

1. 瀑布的构成

瀑布一般由背景、上游水源、落水口、瀑身、承水潭和下流五部分组成。

2. 瀑布的分类

（1）按瀑布跌落方式分，有直瀑、分瀑、迭瀑和滑瀑四种。

① 直瀑：即直落瀑布。这种瀑布的水流是不间断地从高处直落下，直接落入其下的池、潭水面或石面。若落在石面，就产生飞溅的水花四散洒落。直瀑的落水能够造成声响喧哗，可为园林环境增添动态水声。

② 分瀑：实际上是瀑布的分流形式，因此又叫分流瀑布。它是由一道瀑布在跌落过程中受到中间物的阻挡，一分为二，再分成两道水流继续跌落。这种瀑布的水声效果也比

较好。

③ 迭瀑：也称迭落瀑布，是由很高的瀑布分为几迭，一迭一迭地向下落。迭瀑适宜布置在比较高的陡坡坡地，其水形变化较直瀑、分瀑都大一些，水景效果的变化也多一些，但水声要稍弱一点。

④ 滑瀑：就是滑落瀑布。其水流不是从瀑布口直落而下，而是顺着一个很陡的倾斜坡面向下滑落。斜坡表面所使用的材料质地情况决定着滑瀑的水景形象。斜坡是光滑表面，则滑瀑如一层薄薄的透明纸，在阳光照射下显示出湿润感和水光的闪耀。坡面若是凸起点（或凹陷点）密布的表面，水层在滑落过程中就会激起许多水花，当阳光照射时，就像一面镶满银色珍珠的挂毯。斜坡面上的凸起点（或凹陷点）若做成有规律排列的图形纹样，则所激起的水花也可以形成相应的图形纹样。

（2）从瀑布口的设计形式来分，瀑布可有布瀑、带瀑和线瀑三种。

① 布瀑：瀑布的水像一片又宽又平的布一样飞落而下。瀑布口的形状设计为一条水平直线。

② 带瀑：从瀑布口落下的水记，组成一排水带整齐地落下。瀑布口设计为宽齿状，齿排列为直线，齿间的间距全相等。齿间的小水口宽窄一致，相互都在一条水平线上。

③ 线瀑：排线状的瀑布水流如同垂落的丝帘，这是线瀑的水景特色。线瀑的瀑布口形状，是设计为尖齿状的。尖齿排列成一条直线，齿间的小水口也呈尖底状。从一排尖底状小水口上落下的水，即呈细线形。随着瀑布水量增大，水线也会相应变粗。

3. 瀑布的设计与施工要点

瀑布形式多种多样，其结构方式也就有很多种类，但无论是哪一种瀑布，都是由水源及其动力设备、瀑布口、瀑布支座（或支架）、承水池潭、排水设施等几部分组成的。

瀑布支座形式最常见的有假山（石山）、承重墙体、金属杆件支架等。假山支座一般是以园林假山的悬崖部分来代替，给水管道可直接从石山内部引上到瀑布口。石山的崖壁不需要太平整，壁面有一些沟槽皱折最好。以砖石墙体为支座时，给水管也从墙内引上到瀑布口。

承水池或石潭的设计按一般规则式或自然式水池的设计处理。如设计为自然式石潭，则水深不小于1.2m。如是规则式水池，则可用浅池，水深可为60cm以上。瀑布的落差越大，池水应越深；落差越小，池水则可越浅。

瀑布口的设计很重要，它直接决定瀑布的水形。上面所述布瀑、带瀑和线瀑的瀑布口形状，就是一般瀑布口可以采用的形状。

在处理瀑布口形状与瀑布水形的时候，要特别认真研究瀑布落水的边沿。光滑平整的水口边沿，其瀑布就像一匹透明的玻璃片垂落而下。如果水口边沿粗糙，水流不能呈片状平滑地落下，而是散乱一团撒落下去。

（二）跌水

跌水是水景的一种常见的形式，也是一种动态的水景，从本质上讲，它是瀑布的变异类型，是落差较小的瀑布。跌水之阶梯式的落水形式，具有节奏感和韵律感。

1. 跌水的形式

跌水在园林中应用广泛，形式多样。按照落水的形态来划分，跌水可分为单级式跌水、二级式跌水、三级式跌水、多级式跌水、悬臂式跌水和陡坡式跌水等形式。

2. 跌水的设计与施工

跌水的设计应注意以下几点：

（1）跌水的布置应因地制宜，随形就势

也就是说，布置跌水首先应分析地形条件，特别是地形的高差变化情况，水量及高差情况，周围景物的布置情况以及空间状况等。

（2）根据水量及高差确定跌水的形式

通常水量大、落差大，可选择单级跌水；水量小且地形具有台阶状落差，则宜选择多级跌水。

（3）善于利用环境，综合造景

跌水的施工与瀑布的施工类似，重点是出水口的处理。

第四节　喷　泉　工　程

一、喷泉的类别与布置

从造景作用方面来讲，喷泉首先可以为园林环境提供动态水景，丰富城市景观。这种水景一般都被作为园林的重要景点来使用。

（一）喷泉的种类

喷泉有很多种类和形式，如果进行大体上的区分，可以分为如下四类：

1. 普通装饰性喷泉

是由各种普通的水花图案组成的固定喷水型喷泉。

2. 与雕塑结合的喷泉

喷泉的各种喷水花型与雕塑、水盘、观赏柱等共同组成景观。

3. 水雕塑造型

4. 自控喷泉

是利用各种电子技术，按设计程序来控制水、光、音、色的变化，从而形成变幻多姿的奇异水景。

此外，喷泉按照控制方式来分，可分为手动控制、程序控制和音响控制三类。

（二）喷泉的布置要点

在选择喷泉位置，布置喷水池周围的环境时，首先要考虑喷泉的主题与形式，所确定的主题与形式要与环境相协调，把喷泉和环境统一起来考虑，用环境渲染和烘托喷泉，以达到装饰环境的目的。或者，借助特定喷泉的艺术联想，来创造意境。

喷水池的位置一般多设于建筑广场的轴线焦点、端点和花坛群中，也可以根据环境特点，做一些喷泉小景，布置在庭院中、门口两侧、空间转折处、公共建筑的大厅内等地点，采取灵活的布置，自由地装饰室内外空间。

喷水池的形式有自然式和规则式两类。喷水的位置可居于水池中心，组成图案；也可以偏于一侧或自由地布置。其次。要根据喷泉所在地的空间尺度来确定喷水的形式、规模及喷水池的大小比例。

二、喷头与喷泉造型

(一) 常用的喷头种类

目前，国内外经常使用的喷头式样可以归结为以下几种类型：

(1) 单射流喷头；

(2) 喷雾喷头；

(3) 环形喷头；

(4) 旋转喷头；

(5) 扇形喷头；

(6) 多孔喷头；

(7) 变形喷头；

(8) 蒲公英形喷头；

(9) 吸力喷头；

(10) 组合式喷头。

(二) 喷泉的工艺流程

水源（河滨、自来水）→泵房（若压力符合要求，则可省去，也可用潜水泵直接放于池内而不用泵房）→进水管→将水引入分水槽（以便喷头等在等压下同时工作）→分水器、控制阀门（如变速电机、电磁阀等）→喷嘴→喷出各种水花图案（可辅以音乐和水下彩灯）。

三、喷泉水池的施工要点

一般喷泉水池由基础、防水层、池底、池壁和压顶等几部分组成。

(一) 施工要点

1. 基础

基础的施工应按照设计图纸的要求，进行施工放线，开挖基础。然后，夯实基础底部的素土（密实度不小于 85%）；铺设灰土层或石粉层（一般厚 30cm）；再捣制混凝土垫层（一般厚 10~15cm）。

2. 防水层

水池施工的防水工程好坏，对水池的安全使用及其寿命有直接影响。目前，水池防水材料种类繁多，按照材料分，主要有沥青类、塑料类、橡胶类、金属类、砂浆、混凝土及有机复合材料等；按照施工方法分，有防水卷材、防水涂料、防水嵌缝油膏和防水薄膜等。

施工时按照设计要求选择材料，按照防水作业的操作规程操作。

3. 池底

池底多采用钢筋混凝土结构，厚度大于 20cm；如水池容积较大，常采用双层钢筋网。施工时每隔 20m 选择水池最小断面处设变形缝（伸缩缝或防震缝），变形缝用止水带或沥青麻丝填充。每次施工必须由变形缝开始，不得在中间留施工缝或中途停止施工。

4. 池壁

池壁一般有砖砌池壁、块石池壁和钢筋混凝土池壁；壁厚视水池的大小而定。砖砌池壁一般采用标准砖、M7.5 水泥砂浆砌筑，壁厚不小于 240cm。块石池壁要求砌筑严密，勾缝紧密。混凝土池壁一般用 C20 混凝土现场浇筑。钢筋混凝土池壁厚度常用 150～200mm。施工方法与池底相似，池壁与池底伸缩缝位置要相一致。

5. 压顶

压顶常用块石或混凝土。混凝土压顶常与池壁一道浇筑；块石压顶则要求点石自然、石块大小搭配合理。

6. 其他

完整的喷水池必须设有供水管、补给水管、泄水管和溢水管以及沉沙池等。管道穿过水池池底或池壁时，必须安装止水环或设置防水套管，以防漏水。在可能产生振动的地方，也应设柔性防水套管。供水管、补给水管要安装调节阀，泄水管配单向阀门，防止反向污水倒灌入水池；溢水管无须安装阀门。

（二）水池施工应注意的问题

（1）喷水池的地基若是比较松软，或者水池位于地下构筑物（如水泵地下室）之上，则池底、池壁的做法应视具体情况，进行力学计算之后再做专门设计。

（2）池底、池壁防水层的材料，宜选用防水效果较好的卷材。

（3）水池的进水口、溢水口、泵坑等要设置在池内较隐蔽的地方。泵坑位置、穿管的位置宜靠近电源、水源。

（4）在冬季冰冻地区，各种池底、池壁的做法都要求考虑冬季排水出池，因此，水池的排水设施一定要便于人工控制。

（5）池体应尽量采用干硬性混凝土，严格控制砂石中的含泥量，以保证施工质量，防止漏透。

（6）较大水池的变形缝间距一般不宜大于 20m。水池设变形缝应从池底、池壁一直沿整体断开。

（7）变形缝止水带要选用成品，采用埋入式塑料或橡胶止水带。施工中浇筑防水混凝土时，要控制水灰比在 0.6 以内。每层浇筑均应从止水带开始，并应确保止水带位置准确，嵌接严密牢固。

（8）施工中必须加强对变形缝、施工缝、预埋件、坑槽等薄弱部位的施工管理，保证防水层的整体性和连续性。特别是在卷材的连接和止水带的配置等处，更要严格技术管理。

（9）施工中所有预埋件和外露金属材料，必须认真做好防腐防锈处理。

四、喷泉照明的施工

（一）照明类型与灯具

1. 照明类型

喷泉照明的类型根据灯具与水面的位置关系，可分为水上照明与水下照明两种方式。

2. 灯具

喷泉常用的灯具，从外观和构造来分类，可以分为灯在水中露明的简易型灯具和密闭型灯具两种。

（1）简易型灯具。这种灯具有防水设计，使用的灯泡为反射型灯泡，设置的地点仅限于人不能进入的场所。特点是小型，容易安装。

（2）密闭型灯具。特点是光源类型多样，每种灯具都限定了使用的灯。

（二）施工要点

（1）灯具选择：应密封防水并具有一定的机械强度，以抵抗水浪和意外冲击；同时，要易于清洁和检修。安装在水池内、旱喷泉内的水下灯具必须采用防触电等级为Ⅲ类、防护等级为IPX8的加压水密灯具，电压不得超过12V。

（2）水下布线：应满足水下电气设备施工相关技术规程规定；应检查线路是否破损漏电。严格遵守先通水浸没灯具，后通电；再关灯，断水的操作规程。

（3）灯光配色：一要防止多种灯光色彩叠加后得到白色光，造成局部彩色消失；二是要将透射比高的色灯（黄色、玻璃色）安装在水池边靠近游客的一侧，同时相应地调整灯对光柱照射部位，以加强表演效果。

（4）电源线安装：电源线必须使用水下电缆，且其中一根应接地，并设立漏电保护装置。

（5）旱喷泉内禁止直接使用电压超过12V的潜水泵。

第四章　园林假山工程

园林假山工程包括掇山和置石两部分。掇山是以造景游览为主要目的，充分地结合其他多方面的功能作用，以土、石等为材料，以自然山水为蓝本并加以艺术的提炼和夸张，用人工再造的山水景物的通称。置石是以山石为材料作独立性或附属性的造景布置，主要表现山石的个体美或局部的组合而不具备完整的山形。

第一节　概　　述

一、假山的功能作用

在园林中，掇山置石都是有目的的。掇山和置石有以下的一些功能作用：

(1) 作为自然山水园的主景和地形骨架；

(2) 作为划分园林空间和组织空间的手段；

(3) 作为点缀园林空间和陪衬建筑、植物的手段；

(4) 可作为驳岸、挡土墙、护坡和花台的材料；

(5) 用作室内外自然式的家具或器设。

二、假山的分类

假山的分类方法有不少，在这里根据观赏特征和取景造山两方面进行分类。

（一）观赏特征进行分类

1. 仿真型

它是指模仿真实的自然山形，塑造出峰、岩、岭、谷、洞、壑等各种形象，达到以假乱真的目的。

2. 写意型

它是以夸张处理的手法对山体的动式、山形的变异和山景的寓意等塑造出的山形。

3. 透漏型

它是指由许多透眼嵌空的奇形怪石，堆砌成可游可攀的假山，山体中洞穴孔眼密布，透漏特征明显。

4. 实用型

它是结合实际需要而做的似山非山的一种叠石工程。如庭园中的山石门、山石屏风、山石楼梯等。

（二）按环境取景造山进行分类

按具体的地理环境掇石成山，可以分为以下四类：

1. 以楼面作山

即以楼房建筑为主，用假山叠石作陪衬，强化周围环境气氛。

2. 依坡岩掇山

多与山亭建筑结合，利用土坡山丘的边岩掇石成山。

3. 水中叠石成山

在水中用山石堆叠成岛山，在山上配以建筑。

4. 点缀型小假山（置石）

在庭院中、水池边、房屋旁，用几块山石堆叠的小假山，作为环境布局的点缀。

三、假山的材料

砌筑假山所用的材料主要有山石石材和胶结材料两类。

（一）山石石材

1. 湖石

湖石是产于湖崖中，由长期沉积的粉砂及水的溶蚀作用所形成的石灰岩。颜色浅灰泛白，色调丰润柔和，质地清脆易损。湖石包括有太湖石、宜兴石、龙潭石、灵璧石、湖口石、巢湖石、房山石等。

2. 英石

产于石灰岩地区的山坡、河岸之地，是石灰岩经地表水风化溶蚀而成。颜色多为青色或黑灰色，质地坚硬，叩之铿锵。宣石也是此类。

3. 黄石

它是一种陈茶黄色的细砂岩，以其黄色而得名。质重、坚硬、形态浑厚沉实、拙重顽夯，且具有雄浑挺括之美。采下的单块的黄石多呈方形或长方墩状，节理接近于相互垂直。

4. 青石

是一种青灰色的细砂岩。形体多呈片状，有相互垂直的纹理、交叉互织斜纹，亦有水平层纹。

5. 石笋

它是水成岩沉积在地下沟中而成的各种单块石，因其石形修长呈条柱状，立地似笋而得名。常作为独立小景布置。常见种类有：白果笋、乌炭笋、慧剑等。

6. 蛋石

即大卵石。产于河床之中，经流水的冲击和相互摩擦磨去棱角而成。多作为园林的配景小品。

7. 黄蜡石

蜡质光泽，有圆光面形的墩状块石，也有呈条状的。

8. 钟乳石、水秀石

钟乳石是石灰岩经水溶解后在山洞山崖下沉淀而成的一种石灰石，质地坚硬。其形状有石钟乳、石幔、石柱、石笋、石兽、石蘑菇、石葡萄等。

水秀石是石灰岩的砂泥碎屑，随着含有碳酸钙的地表水被冲到低洼地或山崖下沉淀凝结而成。石质不硬，疏松多孔。

9. 花岗石

用于制作假山或置石的花岗石必须是经过自然风化、具有天然表面的花岗石，新采的花岗石是不能用于做假山的。和其他石材相比，花岗石虽然没有奇特的造型和精美的表面纹理，但却有朴掘浑厚的特征，使用得当，也可以收到理想的造景效果。

（二）胶结材料

是指将山石粘结起来掇石成山的一些常用粘结性材料，如水泥、石灰、砂和颜料等。粘结时拌和成砂浆，受潮部分使用水泥砂浆，水泥与砂配合比为 1：2.5～1：1.5；不受潮部分使用混合砂浆，水泥∶石灰∶砂＝1∶3∶6。

在塑山的表面和山石抹缝处理时，根据所塑的石材的不同，需要在胶结材料中加入不同的颜料。一般所用的颜料有：铁红、铬黄、铬绿、钴蓝、炭黑等。

第二节　置　石　与　掇　山

一、置石

置石用的山石材料较少，结构比较简单，对施工技术的要求也相对简单。置石布置的特点是：用石以少胜多，布置以简胜繁，石头量少质高。

（一）特置

特置山石又称为孤置山石、孤赏山石。大多由单块山石布置成为独立性的石景。

特置山石常用作入门的障景和对景，或置于廊间、亭侧、天井中间、漏窗后面、水边、路口或园路转折处。现代园林中的特置，多与花台、水池、草坪或花架等相结合来布置。

1. 特置的要点

（1）特置应选体量大、轮廓线突出、姿态多变、色彩突出的山石、颇有动势的山石。

（2）特置一般置于相对封闭的小空间，或成为局部构图中心。

（3）石头的高度与观赏距离一般介于 1：3～1：2 之间。为使视线集中，造景突出，可使用框景等造景手法，或立石于空间中心使石位于各视线的交点上，或石后面有背景衬托。

（4）特置石可采用整形的基座，也可以坐落于自然的山石面上，这种自然的基座称为"磐"。带有整形基座的山石也称为台景石。台景石一般是石纹奇异、有很高欣赏价值的天然石。

2. 特置的结构

特置在工程结构方面要求稳定和耐久，其施工的关键是掌握山石的中心线以保持山石的平衡。石榫头必须正好在石的重心线上，且榫头周边以基磐接触以受力，榫头本身不应受力，仅起定位作用。安装时榫眼中浇筑少量粘合材料即可。

（二）散置

散置即用数块大小不同的山石，按照艺术规律和法则搭配组合，或置于门侧、廊间、粉墙前，或置于坡脚、池中、岛上，或与其他造景元素组合造景，创造出多种不同的景观。

布置要点在于有聚有散、有断有续、主次分明、高低曲折、顾盼呼应、疏密有致、层次丰富。做到所谓"攒三聚五，散漫理之，有聚有散，若断若续，一脉既断，余脉又起"。

（三）对置与群置

对置即沿建筑中轴线两侧做对称位置的山石布置。群置即用数块山石互相搭配点置，组成一个群体。群置的材料要求低于对置，但重要的是要组合有致。

群置的关键手法在于一个"活"字。布置时要主从有别，宾主分明，搭配适宜；按照石之大小不等，石之高低不等和石之间距不等的原则进行布置；群置山石常与植物相结合。

（四）山石器设

山石几案宜布置在林间空地或有树庇荫的地方。山石器设可以独立布置，也可以随意设置，结合挡土墙、花台、驳岸等统一安排。

二、掇山

假山最根本的法则就是"有真为假，作假成真"。掇山要达到"虽由人作，宛自天开"的效果，就要做到以下几点：

1. 忌"对称居中"

禁忌将假山布置在规划场地正中，忌将假山主峰置于山体的中央位置。同一座山的两坡不得一样。

2. 忌"重心不稳"

要避免视觉重心和结构重心不稳。

3. 忌"杂乱无章"

山石要按照一定的脉络结合成有机的整体。

4. 忌"纹理不顺"

假山石面的皴纹线条要相互理顺。

5. 忌"铜墙铁壁"

在砌筑假山石壁时，不能砌成像墙面一样得笔直，山石之间的缝隙也不要全部填塞。

6. 忌"刀山剑树"

对相同形状相同宽度的山峰，不能重复排列过多，也不能等距离排列如刀山剑树般，排列应有疏有密。

7. 忌"鼠洞蚁穴"

假山的山洞不能太矮、太直、太窄。一般洞道高平均在 1.9m 以上，洞道平均宽在 1.5m 以上。

8. 忌"叠罗汉"

掇山不能采用方方正正的堆叠方式，应在前后左右都有错落不同的变化。

第三节 假山结构与假山掇石设计

一、假山的结构

假山就其基本结构可分为基础、中层和收顶三部分。

(一) 基础

1. 立基

立基的做法有如下几种:

(1) 桩基 (梅花桩):木桩多选用柏木桩或杉木桩,木桩顶面的直径约在 100~150mm,桩边之间的距离约为 200mm,其宽度视假山底脚的宽度而定。

做桩基必须根据气候条件及土壤条件因地制宜。除木桩外,也有灰桩和瓦砾桩,其桩的直径约为 200mm,桩长 0.6~1m。

(2) 混凝土基础:在地基较坚实的情况下用 C20 的混凝土;在地基较弱的情况下用 C20 的混凝土 (厚度要达到 500mm)。

(3) 浆砌块石基础:水中假山基础采用 M1.5 水泥砂浆砌石;陆上可用 M7.5 或 M5 水泥砂浆砌石。

(4) 灰土基础:一般比假山地面宽出约 0.5m 左右,灰槽深一般为 500~600mm。

2. 拉底

是在基础上面铺置最底层的自然石。不需要形态特别好的山石。要求有足够的强度,宜顽夯的大石。底石的材料一定要大块、坚实、耐压,不允许用风化过度的山石做拉底。

(二) 中层

所占假山体量最大、触目最多的部分。其要点除了底部石块所要求平稳外,尚需做到:

1. 接石压茬

即山石上下的衔接要求严密,避免在下层石上面闪露出一些很破碎的石面。

2. 偏侧错安

力破对称的形体,要因偏得致,错综成美。

3. 仄立避"闸"

山石可立、可蹲、可卧,但不宜像闸门板一样仄立。

4. 等分平衡

必须用数倍于"前沉"的重力稳压内侧,把前移的重心再拉回到重心上。

(三) 收顶

收顶的山石要求体量大,以便合凑收压。应选用轮廓和体量都富有特征的山石。收顶一般分峰、峦、平顶三种类型。收顶往往在逐渐合凑的中层山石顶面加以重力的镇压,使重力均匀地分层传递下去。往往用一块收顶的石块同时镇压下面几块山石。

二、假山掇石设计图

假山掇石设计图包括平面图、立面图、剖面图、效果图及假山模型。由于假山的形状不规则，在施工上允许有一定的误差。效果图、模型则是大致反映出假山的整个效果。

(一) 假山掇石的平面设计

平面设计时，应掌握以下的设计要点：

(1) 山脚线（平面轮廓线）应设计成回转自如的曲线形状，忌成为直线或直线拐角。

(2) 山脚线的凸凹曲率半径应与立面坡度相结合进行考虑。在坡度平缓处，曲率半径可以大些，在坡度陡峭处，曲率半径应小些。

(3) 据现场情况，合理地控制山脚基底面积。山脚基底所占面积越大，假山工程造价也会越高。所以，在满足山体造型和稳定的基础上，应尽量减少山脚的占地面积。

(4) 山脚平面设计的形状要保证山体的稳定安全。

(二) 假山掇石的立面设计

假山掇石的顶部基本造型有峰、峦、平顶等类型，设计时应注意不同类型的顶部的控制高程。在立面图上，以假山地面为±0.000，标注出山顶石中心点、大石顶面中心点、平台中心点、山肩最高点、谷底中心点等主要特征点控制标高。

(三) 假山掇石的剖面设计

在剖面图上要反映出假山的内部结构、所用的材料及假山的重要标高。假山的材料可以用自然石材，也可以是塑山，即假山内部用砖、废石渣或混凝土等做结构，再用彩色水泥做表面处理。剖面设计图的多少视假山结构的复杂程度而定，应反映假山内部的所有结构。

(四) 效果图及模型

根据假山的平面、立面、剖面等的设计图做效果图及模型，尽量与设计图纸吻合。

第四节 假山工程施工

一、施工准备

(一) 材料、机械及工具准备

1. 材料准备

假山施工的材料一般主要包括两大类。一是按照设计要求选定石材，与设计、业主、监理确认后按照数量准备；二是胶结材料，包括水泥、砂石等。

在材料的准备中，山石的选择尤为重要。山石材料的选择称为"相石"，相石的主要内容有：相形态、相皴纹、相质地、相色泽。

(1) 相形态

除石景所用的单峰石外，假山中所用的山石，并不要求每块都有独立完整的形态，选择山石应根据结构方面的要求和山形外貌的不同特征进行选择。一般将假山山体分为底层、中腰和收顶等三部分，山石形态可分别按这三部分的特征和要求进行选择。

1) 底层山石的选择

砌筑底层山石又称为"拉底"。拉底是在基础之上进行的，选择此部位的山石，首先要有足够的强度以保证结构的稳定性；然后对露在地面之外的山石，应选择形态顽夯、高低敦实，并具有粗犷皱纹的山石，所谓"方堆顽夯而起"，即指作为拉底之石主要是具有顽大、夯实的形态。

2）中腰层山石的选择

中腰层山石根据视线观赏效果，可分外视线以下和以上两部分。

① 视线以下部分山石

视线以下是指地面向上1.5m高以内的部分，这部分的山石只要能够用来与其他山石组合造出粗犷的沟槽线条即可，即"渐以皱纹而加"，其单个形态不必要求特好，石块体量也不需很大。

② 视线以上部分山石

视线以上部分是指假山1.5m以上的山腰部分，这部分比较引起人们的注意，应选用形态有所变异，石面有一定的皱折和孔洞等形态较好的山石。

③ 收顶部分山石的选择

在假山上部和山顶、山洞口上部以及其他较凸出的部位，应选用形态变异较大、石面皱纹较美、石身孔洞较多的山石。对于形态特别好且体量较大，具有独立观赏形态的奇石，可作为"特置"单峰石用作制造石景。对片状山石可考虑用作悬崖顶、山洞顶、石榻、石桌、石几、蹬道等。至于人们所说的"言山石之美者，俱在透漏瘦三字"，这是对湖石类之个体美而言，不是泛指所有山石，相石之形态应依不同的造型和不同结构要求进行选择。

（2）相皱纹

对于可作为掇山的山石和不可作为掇山的山石之最大区别，就是看它是否有供观赏的天然石面及其皱纹，即"石贵有皮"。

山有山皱，石有石皱，一般要求山皱的纹理脉络清楚，但石皱的纹理有脉络清楚的，也有纹理杂乱不清的。因此，在同一座假山所选的山石，最好要求为同一类石皱，这样才能使得假山在整体上显得完整协调。

（3）相质地

山石的质地在这里是指它的密度、强度和质感。外观好的山石不一定都宜掇山，风化过度的山石在受打方面就很差，不宜用在假山的主要部位。对用来作为山洞石梁、石柱和山底垫脚石的山石，必须要选用具有足够强度和密度的石料。而将强度稍差的片状石用作铺砌石级或平地。

山石的质感主要表现在粗糙或细腻、平滑或多皱。在选用山石时应将质地相同或差别不大的选用在一处，而将质地差别很大的山石选用到另一处，根据假山的不同结构和部位进行合理配用。

（4）相色泽

掇石成山也讲究山石颜色的搭配。在同一座假山中，对下部的山石，应选用较深的颜色，而对上部的山石，则选用较浅的颜色。对凹陷部位的山石用较深颜色，对凸出部位的山石则使用较浅颜色。

2. 机械及工具（机具）准备

包括吊装设备，如轻便吊车、人字吊、纹盘起重机、手动葫芦等；手用工具如琢镐、铁锤、钢钎、錾子、钢丝钳、砖刀、柳叶抹（铁抹子）等；其他还需准备麻绳、铅丝、支出杆、水桶、竹刷、扫帚、脚手、跳板等。

（二）审阅图纸与技术交底

通常假山的设计文件包括平面图、立面图、剖面图、效果图及假山模型。

首先要将假山工程设计图的意图看懂摸透，掌握山体形式和基础的结构，以便正确放样。

其次，要在业主与监理的主持下召开图纸会审会，就设计进行技术交底。

（三）定位放线

首先，为了便于放样，要在平面图上按一定的比例尺寸，依工程大小或平面布置复杂程度，采用 2m×2m 或 5m×5m 或 10m×10m 的尺寸画出方格网，以其方格与山脚轮廓线的交点作为地面放样的依据。

接着进行实地放线。在设计图方格网上，选择一个与地面有参照的可靠固定点，作为放样定位点，然后以此点为基点，按实际尺寸在地面上画出方格网；并对应图纸上的方格和山脚轮廓线的位置，放出地面上相应的白灰轮廓线。为了便于基础和土方的施工，应在不影响堆土和施工的范围内，选择便于检查基础尺寸的有关部位，如假山平面的纵横中心线、纵横方向的边端线、主要部位的控制线等位置的两端，设置龙门桩或埋地木桩，以供挖土或施工时的放样白线被挖掉后，作为测量尺寸或再次放样的基本依据点。

二、基础施工

基础的施工应根据设计要求进行，假山基础有浅基础、深基础、桩基础等。

（一）浅基础的施工

浅基础的施工程序为：原土夯实→铺筑垫层→砌筑基础。

（二）深基础的施工

深基础的施工程序为：挖土→夯实整平→铺筑垫层→砌筑基础。

（三）桩基础

桩基础的施工程序为：打桩→整理桩头→填塞桩间垫层→浇筑桩顶盖板。

三、假山山脚的施工

假山山脚是直接落在基础之上的山体底层，它的施工分为：拉底、起脚和做脚。

（一）拉底

拉底是指用山石做出假山底层山脚线的石砌层。

1. 拉底的方式

拉底的方式有满拉底和线拉底两种。

满拉底是将山脚线范围之内用山石满铺一层。这种方式适用于规模较小、山底面积不大的假山，或者有冻胀破坏的北方地区且有震动破坏的地区。

线拉底是按山脚线的周边铺砌山石，而内空部分用乱石、碎砖、泥土等填补筑实。这种方式适用于底面积较大的大型假山。

2. 拉底的技术要求

（1）底脚石应选择石质坚硬、不易风化的山石。

（2）每块山脚石必须垫平垫实，用水泥砂浆将底脚空隙灌实，不得有丝毫摇动感。

（3）各山石之间要紧密咬合，互相连接形成整体，以承托上面山体的荷载分布。

（4）拉底的边缘要错落变化，避免做成平直和浑圆形状的脚线。

（二）起脚

拉底之后，开始砌筑假山山体的首层山石层称为"起脚"。

1. 起脚边线的做法

起脚边线的做法常用的有：点脚法、连脚法和块面法。

（1）点脚法：即在山脚边线上，用山石每隔不同的距离作墩点，用片块状山石盖于其上，做成透空小洞穴。如图 5-4-1（a）所示。这种做法多用于空透型假山的山脚。

（2）连脚法：即按山脚边线连续摆砌弯弯曲曲、高低起伏的山脚石，形成整体的连线山脚线。如图 5-4-1（b）所示。这种做法各种山形都可采用。

（3）块面法：即用大块面的山石，连线摆砌成大凸大凹的山脚线，使凸出凹进部分的整体感都很强。如图 5-4-1（c）所示。这种做法多用于造型雄伟的大型山体。

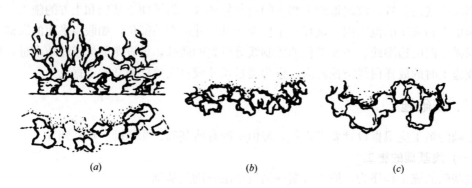

图 5-4-1 起脚边线的做法

(a) 点脚法；(b) 连脚法；(c) 块面法

2. 起脚的技术要求

（1）起脚石应选择憨厚实在、质地坚硬的山石。

（2）砌筑时先砌筑山脚线突出部位的山石，再砌筑凹进部位的山石，最后砌筑连接部位的山石。

（3）假山的起脚宜小不宜大，宜收不宜放。

（4）起脚石全部摆砌完成后，应将其空隙用碎砖石填实灌浆，或填筑泥土打实，或浇筑混凝土筑平。

（5）起脚石应选择大小相间、形态不同、高低不等的料石，使其犬牙交错，相互首尾连接。

（三）做脚

上述拉底是做山脚的轮廓，起脚是做山脚的骨干，而做脚是对山脚的装饰，即用山石装点山脚的造型称为"做脚"。

山脚造型一般是在假山山体的山势大体完成之后所进行的一种装饰，其形式有：凹进角、凸出脚、断连脚、承上脚、悬底脚和平板脚等。

1. 凹进脚

即山脚向山内凹进，可做成深浅宽窄不同的凹进，使脚坡形成直立、陡坡、缓坡等不同的坡形效果。如图 5-4-2（a）所示。

2. 凸出脚

即山脚向外凸出，同样可做成深浅宽窄不同的凸出，使脚坡形成直立、陡坡等形状。如图 5-4-2（b）所示。

3. 断连脚

将山脚向外凸出，但凸出的端部做成与起脚石似断似连的形式。如图 5-4-2（c）所示。

4. 承上脚

即对山体上方的悬垂部分，将山脚向外凸出，做成上下对应造型，以衬托山势变化，遥相呼应的效果。如图 5-4-2（d）所示。

5. 悬底脚

即在局部地方的山脚，做成低矮的悬空透孔，使之与实脚体构成虚实对比的效果。如图 5-4-2（e）所示。

6. 平板脚

即用片状、板状山石，连续铺砌在山脚边缘，做成如同山边小路，以突出假山上下的横竖对比。如图 5-4-2（f）所示。

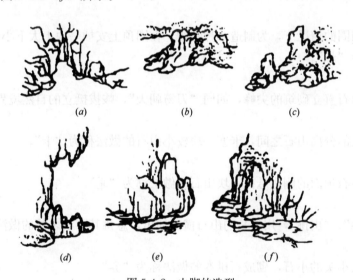

图 5-4-2　山脚的造型
（a）凹进脚；（b）凸出脚；（c）断连脚；（d）承上脚；（e）悬底脚；（f）平板脚

四、假山山体施工

假山山体是整个假山全景的主要观赏部位，根据不同的观赏类别可分为假山石景和假山水景两类。

（一）假山石景的山体施工

一座假山是由峰、峦、岭、台、壁、岩、谷、壑、洞、坝等单元结合而成，而这些单元是由各种山石按照起、承、转、合的章法组合而成，这些章法通过历代假山师傅的长期实践和总结，由北京"山子张"后裔，著名假山师傅张慰庭先生，提出了具体施工的祖传十字诀，即"安、连、接、斗、挎、拼、悬、剑，卡、垂"，以后又由他和其他同行师傅进一步发展，补充增加了五字诀，即"挑、券、撑、托、榫"。

1. 安

"安"是对稳妥安放叠置山石手法的通称。

2. 连

山石之间水平方向的相互衔接称为"连"。

3. 接

它是指山石之间的竖向衔接。

4. 斗

以两块分离的山石为底脚，做成头顶相互内靠，如同两者争斗状，并在两头顶之间安置一块连接石；或借用斗拱构件的原理，在两块底脚石上安置一块拱形山石，形成上拱下空的这种手法称为"斗"。

5. 挎

即在一块大的山石之旁，挎靠一块小山石，犹如人肩之挎包一样，称为"挎"。

6. 拼

将若干块小山石拼零为整，组成一块具有一定形状大石面的做法称为"拼"。

7. 悬

即在环形洞圈的情况下，为制造一种险峻，在圈顶上安插一块上大下小的山石使其下端悬垂吊挂称为"悬"。

8. 剑

用长条形山石直立砌筑的尖峰，如同"刀笏朝天"，峻拔挺立的自然境界称为"剑"。

9. 卡

在两块较大的分离山石之间，卡塞一块较小山石的做法称为"卡"。

10. 垂

在一较大立石顶面的侧边悬挂一块山石的做法称为"垂"。

11. 挑

挑即"悬挑"、"出挑"，用较长的山石横向伸出，悬挑其下石之外的做法。

12. 券

选择具有大小头的小石，砌成石拱券的做法称为"券"。

13. 撑

有的称为"戗"，即斜撑，是对重心不稳的山石从下面进行支撑的一种做法。

14. 托

用山石托住另一悬石或垂石的下端，称为"托"。

15. 榫

即仿照木榫做法一样，将立石下端做成榫头，插其下底磐石的榫眼内。

（二）山石水景的施工

山石水景包括：泉、瀑、潭、溪、屿，矶、岸、汀等，它们都与山石相配才能生景，山水组合，刚柔并济、动静交呈、相得益彰。在这些水景中如何布置山石，是叠置假山应注意的地方。

1. 水池的置石点缀

在水池内布置山石，要避免将山石布置在池的正中，应布置在稍偏或稍后的位置上，要突破池壁的限制，或近池壁内侧，或滚落于池壁以外伏于地上，或挎在池壁上面，以造就出怪石嶙峋的，或挎在池壁上面，以造就出怪石嶙峋的自然景观。山石的高度要与环境空间和水池的体量相称，一般与水池的长向半径相当；如在环境空旷处，其最高峰的高度约与水池长向直径相当。

水池中的山石应有主、次、配的区分。最忌用山石按几何形状做水池的边壁。

2. 山石驳岸的布置

驳岸的平面布置最忌呈几何对称形状，对一般呈不同宽度的带状溪涧，应布置成回转曲折于两池湖之间，互为对岸的岸线要有争有让，少量峡谷则对峙相争。水面要有聚散变化，分割应不均匀。旷远、深远和迷远要兼顾。

水湾的距离和转弯半径要有变化，宜堤为堤，宜岛为岛。半岛出岬，全岛环水。总之溪涧的宽窄变化，都会造成丰富的水景效果，如图 5-4-3 所示，为一般溪涧的岸线布置。

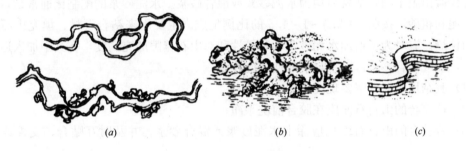

(a) (b) (c)

图 5-4-3 山石驳岸的平面与立面
(a) 带状溪涧平面；(b) 山石驳岸；(c) 整形石砌驳岸

山石驳岸的断面也要善于变化，应使其具有高低、宽窄、虚实和层次的变化，如高崖据岸、低岸贴水、直岸上下、坡岸陂陀、水岫涵虚、石矶伸水、虚洞含礁、礁石露水等。岫即不通之洞，水岫有大小、广狭、长扁之变化，造成明暗对比，使人见不到水岸相接之处而有不尽和无穷之意。

3. 汀石和石矶的布置

汀石即水中步石，在自然界为露出水面的礁石。汀石的布置要以少胜多，最忌数量多、块步均匀和间距相等之毛病。

石矶为岸边突出的山石如熨斗状平伸入水的景观，大可成岗，小仅一石。石矶布置应与岸线斜交为宜，要选用具有多水平层次的山石，以适应不同水位的景观，数量以少为贵。

4. 瀑与潭的布置

天然瀑布总在谷壑之中，因此，人工瀑布宜选在旁高中底的山谷中，瀑口两旁稍高则有谷间汇水的意味。瀑口的不同形式，可形成匹落（布瀑）、片落（带瀑）、丝落（线瀑）等三种，非山石的人工瀑口如图 5-4-4 所示，可依此选用适宜山石加以代之，即可以假乱真。

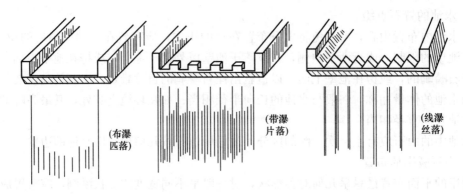

(布瀑匹落)

(带瀑片落)

(线瀑丝落)

图 5-4-4　非山石人工瀑布

（三）假山山石固定与连接的铁件

（四）山石的胶结与勾缝

1. 胶结

现代假山施工的胶结材料均为水泥砂浆或混合砂浆。水泥砂浆的配制比通常是，普通灰色水泥和粗砂，按照 1：2.5～1：1.5 的比例配成。主要用来粘合石材、填充山石缝隙和假山抹缝。有时为了增加水泥砂浆的和易性和对山石缝隙的充满度，在其中加入适量的石灰浆，配成混合砂浆。胶结材料的使用应注意：

（1）胶结用水泥砂浆要现配现用；

（2）待胶合的山石石面应在胶合前洗干净；

（3）待胶合的山石石面均应涂上水泥砂浆或混合砂浆，并及时互贴合、支撑或捆扎固定。

2. 勾缝

勾缝应注意以下事项：

（1）胶合缝应用 1：2 的水泥砂浆或混合砂浆补平填平填满。

（2）根据山石的颜色确定在勾缝的水泥砂浆中加入颜料或色料。如在湖石勾缝砂浆中加入青煤，黄石勾缝后刷铁屑卤盐，使缝在干后的颜色与山石相同。

（3）路面的勾缝不宜大于 2cm 宽。

第五节　人　工　塑　山

人工塑山是指在传统灰塑山石和假山的基础上，采用混凝土、玻璃钢、有机树脂等现代材料和石灰、砖、水泥等非石材料，经人工塑造而成的假山。塑山具有造型不受石材限制，施工工期短，见效快的优点；缺点是表面有细小裂纹，表面皱纹的变化不如自然山石丰富，使用期限相对山石较短。

一、人工塑山的类型

按照所应用的材料来分，人工塑山可以分为砖石混凝土塑山、钢筋混凝土塑山、现代非金属材料塑山。前两类也称为传统材料人工塑山，后者称为现代材料塑山或新型材料塑山。也有将人工塑山分为塑山与塑石的，事实上两者并无实质上的区别，这是前者的体量较大，更注重假山的整体效果；而后者则以块石为主体，更注重其纹理、皱纹的处理而已。

二、人工塑山施工

（一）钢筋混凝土塑山

1. 基础

根据基地的土壤承载力和山体的质量，经过计算确定其大小。施工时根据设计图纸的要求进行放线、基础开挖和基础施工。

2. 立钢骨架

包括浇筑钢筋混凝土柱梁、焊接钢骨架，捆扎造型钢筋，铺设钢筋（丝、板）网等。其中铺设钢筋（丝、板）网是塑山效果的关键分部工程。钢筋必须根据设计山形做出自然凹凸变化。钢筋（丝、板）网一定要与造型钢筋绑扎牢固，不能有浮动现象。

3. 面层批塑

现打底，即在钢筋网上抹灰两遍，材料配比为水泥＋黄（红）泥＋麻刀，其中水泥：沙为 1：2，黄泥用量为总量的 10%，麻刀适量。砂浆混合必须均匀，且随拌随用，存放时间不宜超过 1h，初凝后的砂浆不得继续使用。

4. 表面修饰

主要有两方面的工作：

（1）皱纹与质感

修饰的重点在山脚和山体的中部。山脚应表现粗犷、有人为破坏及风化的痕迹，并多有植物生长。山腰部分（一般 1.8～2.5m 处）是修饰的重点，追求皱纹的真实，强化力感和楞角，以丰富造型。山顶（高度 2.5m 以上）则不必做得太细致，可将山顶轮廓线渐收，同时色彩变浅，以增加山体的高大与真实感。

（2）着色

根据设计对石色的要求进行上色，通常上色的手法还有洒、弹、倒、甩，直接刷的效果一般不好。也可将颜料混合于灰浆中，直接在面层批塑时批塑成型。上色时应注意色彩要仿真，上部着色略浅，纹理凹陷部位着色略深；还应注意青苔和滴水痕的表现。

（3）光泽

可在石的表面涂过氧树脂或有机硅，重点部位还可以打蜡。

5. 注意事项

（1）预留种植池。种植池的大小应根据植物体量的大小确定，这些部位根据实际需要考虑增加钢筋的配置，种植池预留排水孔，排水孔的位置还应做防锈处理。

（2）养护

① 施工期间，水泥初凝后开始养护，用麻袋、草帘等材料覆盖，避免阳光直射，每隔 2～3h 洒水一次。

② 养护期不少于 15d。当气温低于 5℃时，应停止洒水并采取防冻措施。

③ 每年应对假山内部的钢骨架、一切外露的金属材料进行防锈处理。

（二）砖石塑山

首先在拟塑山石土体外缘清除杂草和松散的土体，按照设计要求修饰土体，沿土体外开沟做基础，其宽度与深度视基地的土质和塑山的高度而定；接着沿土体向上砌砖，砌筑要求与挡土墙相同，砌砖时应根据山体的形状变化而变化。再在表面抹水泥砂浆，与钢筋混凝土塑山一样修饰、着色。

（三）新型材料塑山

目前，应用于塑山的新型材料主要有玻璃纤维强化塑胶（FRP，Fiber Glass Reinforced）、玻璃纤维强化水泥（GRC，Glass Fiber Reinforced Cement）和碳纤维增强混凝土（CFRC，Carbon Fiber Reinforced Cement or Concrete）三种。

1. 新型材料塑山的优点

（1）石的造型、皴纹逼真，具有岩石坚硬润泽的质感。

（2）材料自重量轻，强度高，抗老化且耐水性强，易进行工厂化生产。施工简单、方便、快捷，造价低，可在室内外，特别适宜于屋顶花园的应用。

（3）可利用计算机进行辅助设计，结束了过去假山工程无法做到的石块定位设计的历史，使假山在制作技术和设计手段上均取得突破。

（4）可满足假山建造的山石需求，减少对山石的需求，从而有利于自然的保护。

2. GRC 材料塑山施工

GRC 塑山施工包括两大步骤，即 GRC 山石的制作与 GRC 塑山施工。

（1）GRC 假山元件的制作

GRC 假山元件的制作有两种方法，一是蓆状层积式手工生产法；二是喷吹式机械生产法。

生产过程为先制作 GRC 假山元件模型。制作模具的材料可分为软模、聚氨酯模、硅模；而硬模如钢模、铝模、GRC 模、FRP 模和石膏模等。制模时，应选择天然岩石皴纹好的部位为模本，制作模具。

之后制作 GRC 假山石块。其制作方法是将低碱水泥与一定规格的抗碱玻璃纤维以二维乱向的方式同时均匀分散地喷射于模具中，凝固后成型。在喷射时注意随吹射随压实，并在适当的位置预埋铁件。

（2）GRC 塑山施工

1）立基

按照设计定点放线，以确定地锚的位置。根据假山的大小、高矮、重量以及地基的土质情况，确定地锚的规格。山体高且大时，地锚的深度应深些，地锚之间的距离也应近一些。

2）布网

按照山体正投影的位置，焊接角铁方格网，角铁的规格应符合设计要求，方格网的规格一般为 80cm×80cm，方格网必须与地锚焊接牢固。

3）立架

根据山体高低起伏的变化，焊接立柱，柱与柱之间用斜拉角铁焊接，与基础方格网形成牢固的假山框架。

4）组装

将预制的 GRC 构件按照设计要求进行组装。组装时注意山石大小节奏、纹理精心排列组合，巧妙地接、挂、拼在一起，逐一焊接牢固，需要加固的部位，在其后背敷挂钢丝（板）网，然后浇筑混凝土，以增加其强度。

5）修饰

GRC 塑山组装后，需要进行拼接缝的修饰。这种修饰与传统的山石沟缝不同，它是对 GRC 假山石表面的艺术再处理。其技法主要有以下几点：

① 补——用与 GRC 石材颜色接近的水泥材料，补在拼接留下的缝隙中。补的时候应注意不是要把山石所有的缝隙全部封堵，转角抹圆滑，而是根据石材的纹理修补成不同形态。

② 塑——在补的基础上用同一种材料，进行小面积雕塑。以原有石材为范本，把石材的纹理接顺，如遇到石面有裂缝可以将其拉长，碰到石的断裂茬就把它接顺，使接缝与石面连接成浑然一体。

③ 刷——就是在补塑的基础上，用沾水的毛刷进行拍、压、挤、戳。利用水的不同流向，使之更接近山石表面风化肌理，从而达到以假乱真的效果。

3.FRP 材料塑山

FRP 塑山与 GRC 塑山的基本原理相似，其山石元件的制作过程大致相同，只是工艺不尽相同，这些均可根据设计以及其制作工艺说明来完成。从制作模具到成品的程序如下：

模具制作→翻制石膏→玻璃钢制作→基础和钢框架制作→玻璃钢预制件拼装→修补打磨→油漆→成品。

第五章　园路与广场工程

园路与广场是构成园林平面地形的一种要素，在园林工程设计中占有重要的地位。园桥则是园路中断处的连接构筑物，与园路有着密切的关系。

第一节　园路与广场工程概述

一、园路的功能与类别

（一）园路的功能

1. 划分和组织空间

在园林中，通常利用地形、建筑、植物、水体和道路来划分园林功能分区；但对于地形起伏不大、建筑比重小的现代园林绿地，用道路围合、分隔不同景区则是主要手段之一；同时借助园路本身在线形、轮廓和图案方面的变化，可以暗示空间的性质、景区的特点的转换以及活动形式的改变，从而起到组织空间的作用。

2. 组织交通和导游

首先园路为游人提供了安全、舒适、便利的交通条件；其次，通过园路为景点或园林空间的动态序列指明了方向，引导游人从一个景区进入到另一个景区；再次，园路还为欣赏景色提供了连续的、不同的视点，使游人感受到步移景异的效果。

3. 作为活动场地与休闲场所

在建筑小品周围、花坛、水旁和树下等处，园路往往扩宽为小型广场，或在路边安装坐凳供游人短暂休息。

4. 参与造景

（1）渲染气氛，创造意境

在中国古典园林中，利用园路铺装的花纹和材料的不同，与所要创造的意境相结合，构成独特的景点风格与意境。

（2）参与造景

通过园路的引导，将不同角度、不同方向的地形地貌、植物群落等景观画面展现在眼前，形成一系列动态画面，此时园路也参与了风景的构图；其次，园路本身的曲线、质感、色彩、纹样、尺度变化等与周围环境协调统一，也是园林中的风景要素。

（3）影响空间比例

园路的每块铺料的大小以及铺砌的形状和间距等，都直接影响园林空间的视觉比例。

（4）统一空间环境

园路设计中，其他要素会在尺度和特性上有很大差异，但在总体布局中，处于共同铺装的地面中，相互之间连成一个整体，在视觉上起到统一作用。

（5）构成空间个性

园路的铺装材料、图案及其边缘轮廓，具有构成和增强空间个性的作用，不同的铺装材料和图案造型，能形成和增强不同的空间感，如细腻感、粗犷感、宁静感、亲切感等；并且丰富独特的园路可以创造视觉趣味，增强空间的独特性和可识性。

（二）园路的类别及其应用

1. 按主要用途来分类

（1）园景路

是依山傍水的或有着优美植物景观的游览性园林道路。这种园路的交通性不突出，但是却十分适宜游人漫步游览和赏景；如风景林的林道、滨水的林荫道、山石磴道、花径、竹径、草坪路、汀步路等，都属于园景路。

（2）园林公路

以交通功能为主的通车园路，可以采用公路形式，如大型公园中的环湖公路、山地公园中的盘山公路和风景名胜区中的主干道等。园林公路的景观组成比较简单，其设计要求和工程造价都比较低一些。

（3）绿化街道

是主要分布在城市街区的绿化道路。在某些公园规则地形的局部，如在公园主要出入口的内外等，也偶尔采用这种园路形式。采用绿化街道形式，既能够突出园路的交通性，又能够满足游人散步游览和观赏园景的需要。绿化街道主要是由车行道、分车绿带和人行道绿带构成。

2. 依照园路的重要性和级别分类

（1）主园路

在风景区中又叫主干道，是贯穿风景区内所有游览区或串联公园内所有景区的起骨干主导作用的园路。主园路常作为导游线，对游人的游园活动进行有序地组织和引导；同时，它也要满足少量园务运输车辆通行的要求。

（2）次园路

又叫支路、游览道或游览大道，是宽度仅次于主园路的，联系各重要景点或风景地带的重要园路。次园路有一定的导游性，主要供游人游览观景用，一般不设计为能够通行汽车的道路。

（3）小路

即游览小道或散步小道，其宽度一般仅供1人漫步或可供2～3人并肩散步。小路的布置很灵活，平地、坡地、山地、水边、草坪上、花坛群中、屋顶花园等处，都可以铺筑小路。

3. 按筑路形式分类

（1）平道：即在平坦园地中的道路，是大多数园路的修筑形式。

（2）坡道：是在坡地上铺设的，纵坡度较大但不作为阶梯状路面的园路。

（3）石梯磴道：坡度较陡的山地上所设的阶梯状园路，称为磴道或梯道。

（4）栈道：建在绝壁陡坡、宽水窄岸处的半架空道路，即栈道。

（5）索道：主要在山地风景区，是以凌空铁索传送游人的架空道路线。

（6）缆车道：在坡度较大、坡面较长的山坡上铺设轨道，用钢缆牵引车厢运送游人，即缆车道。

（7）廊道：由长廊、长花架覆盖路面的园路，都可叫廊道。廊道一般布置在建筑庭园中。

二、园路的布局形式

一般所见的园路系统布局形式是套环式、条带式和树枝式。

（一）套环式园路系统

这种园路系统的特征是：由主园路构成一个闭合的大型环路或一个8字形的双环路，再由很多的次园路和游览小道从主园路上分出，并且相互穿插连接与闭合，又构成一些较小的环路。主园路、次园路和小路构成的环路之间，是环环相套、互通互连的关系，其中少有尽端式道路。因此，这样的道路系统可以满足游人在游览中不走回头路的愿望。套环式园路是最能适应公共园林环境，并且在实践中得到最为广泛应用的一种园路系统。

但是，在地形狭长的园林绿地中，由于受到地形的限制，套环式园路也有不易构成完整系统的遗憾之处，因此在狭长地带一般都不好采用这种园路布局形式。

（二）条带式园路系统

在地形狭长的园林绿地上，采用条带式园路系统比较合适。这种布局形式的特征是：主园路呈条带状，始端和尽端各在一方，并不闭合成环。在主路的一侧或两侧，可以穿插一些次园路和游览小道。次路和小路相互之间也可以局部地闭合成环路，但主路是怎样都不会闭合成环的。条带式园路布局不能保证游人在游园中不走回头路。所以，只有在林荫道、河滨公园等带状公共绿地中，才采用条带式园路系统。

（三）树枝式园路系统

以山谷、河谷地形为主的风景区和市郊公园，主园路一般只能布置在谷底，沿着河沟从下往上延伸。两侧山坡上的多处景点，都是从主路上分出一些支路，甚至再分出一些小路加以连接。支路和小路多数只能是尽端式道路，游人到了景点游览之后，要原路返回到主路再向上行。这种道路系统的平面形状，就像是有许多分枝的树枝一样，游人走回头路的时候很多。因此，从游览的角度看，它是游览性最差的一种园路布局形式，只有在受地形限制时，才不得已而采用这种布局。

三、园林广场的类别与作用

（一）园景广场

是将园林立面景观集中汇聚、展示在一处，并突出表现宽广的园林地面景观（如装饰地面，花坛群、水景池等）的一类园林场地。园林中常见的门景广场、纪念广场、中心花园广场、音乐广场等，都属于这类广场。园景广场一方面在园林内部留出一片开敞空间，增强了空间的艺术表现力；另一方面，它可以作为季节性的大型花卉园艺展览或盆景艺术展览等的展出场地；再一方面，它还可以作为节假日大规模人群集会活动的场所，而发挥更大的社会效益和环境效益。

（二）休闲娱乐广场

这类广场具有明确的休闲娱乐性质，在现代公共园林中是很常见的一类场地。例如，设在园林中的旱冰场、滑雪场、跑马场、射击场、高尔夫球场、赛车场、游息草坪、露天茶园、露天舞场、钓鱼区，以及附属于游泳池边的休闲铺装场地等，都是休闲场地。

（三）集散广场

设在主体性建筑前后、主路路口、园林出入口等人流频繁的重要地点，以人流集散为主要功能。这类场地除园林主要出入口的场地以外，一般面积都不很大，在设计中附属性地设置即可。

（四）停车场和回车场

主要指设在公共园林内外的汽车停放场、自行车停放场和扩宽一些路口形成的回车场地。停车场多布置在园林出入口内外，回车场则一般在园林内部适当地点灵活设置。

（五）其他场地

附属于公共园林内外的场地，还有如旅游小商品市场、花木盆栽场、餐厅杂物院、园林机具停放场等，其功能不一，形式各异，在规划设计中应分别对待。

公共园林中的道路广场与一般城市道路广场最不一样的地方，就是后者以交通性为主，而前者却以游览性和观赏性为主。因此，进一步了解园路广场的造景和美化问题，对以后进行园路广场设计是很有必要的。

第二节　园路与广场工程

一、园路的线型控制

（一）园路平面线型控制

1. 园路宽度的确定

公园中，单人散步的宽度按0.6m计算，两人并排散步的道路宽度按1.2m算，三人并排行走的道路宽度则可为1.8m或2.0m。

单车道的实际宽度可取的数值是：小汽车3.0m，中型车3.5m，大客车3.5m或3.75m（不限制行驶速度时）。非机动车的单车道宽度应为：自行车1.5m，三轮车2.0m，轮椅车1.0m，板车2.8m。

2. 园路平曲线及转弯半径控制

园林道路的平面是由直线和曲线组成的，规则式园路以直线为主，自然式园路以曲线为主。曲线形园路是由不同曲率、不同弯曲方向的多段弯道连接而成，其平面的曲线特征十分明显；在直线形园路中，其道路转弯处一般也应设计为曲线形的弯道形式。园路平面的这些曲线形式，就叫园路平曲线。构成园路平曲线的几何要素及其相互关系，参照图5-5-1所示，并可用式（5-5-1）～式（5-5-4）表达，式中：T、E、R、L、a分别为切线长、曲线外距、平曲线半径、曲线

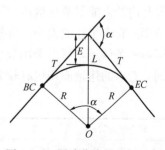

图5-5-1　园路曲线的几何要素

长和路线转折角度。

$$T = Rtga/2 \qquad (5\text{-}5\text{-}1)$$
$$E = R(Seca/2 - 1) \qquad (5\text{-}5\text{-}2)$$
$$R = Tcota/2 \qquad (5\text{-}5\text{-}3)$$
$$L = \pi Ra/180 \qquad (5\text{-}5\text{-}4)$$

（1）园路平曲线线型

在设计自然式曲线道路时，道路平曲线的形状应满足游人平缓自如转弯的习惯，弯道曲线要流畅，曲率半径要适当，不能过分弯曲，不得矫揉造作。一般情况下，园路用两条相互平行的曲线绘出，只在路口或交叉口处有所扩宽。图 5-5-2 是正确的和错误的园路平面线形示例。

（2）平曲线半径的选择

除了风景名胜区的旅游主干道之外，园林道路上汽车的行车速度都不高，多数园路都不通汽车。所以，一般园路的弯道平曲线半径都

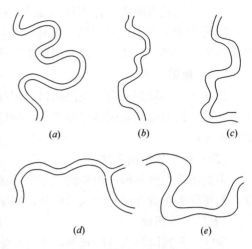

图 5-5-2　园路平面曲线线形比较
(a) 园路过分弯曲；(b) 弯曲不流畅；(c) 宽窄不一致；(d) 正确的平行曲线园路；(e) 特殊的不平行曲线园路

可以设计得比较小，只供人行的游览小路，其平曲线半径还可以更小。表 5-5-1 所列，就是设计园路时可以采用的平曲线半径参考值。

园路内侧平曲线半径参考值（单位：m）　　　　表 5-5-1

园路类型	平曲线半径（R）取值	
	一 般 情 况 下	最 小
游览小道	3.5~20.0	2.0
次园路	6.0~30.0	5.0
主园路	10.0~50.0	8.0
汽车主园路	15.0~70.0	12.0
风景区车路	18.0~100	15.0

（3）园路转弯半径的确定

园路交叉口或转弯处的平曲线半径，又叫转弯半径。确定合适的转弯半径，可以保证园林内游人能舒适地散步，园务运输车辆能够畅通无阻，也可以节约道路用地，减少工程费用。转弯半径的大小，应根据游人步行速度、车辆行驶速度及其车类型号来确定。比较困难的条件下，可以采用最小的转弯半径，见图 5-5-3。在交叉路口的弯道，转弯半径不同，弯道的用地面积也有较大差别，见表 5-5-2。

直交路口弯道的面积　　　　表 5-5-2

转弯半径（m）	2	5	8	11	14	17	20
面积（m²）	0.86	5.37	13.37	25.97	42.06	62.02	85.84

转弯半径（m）	3	6	9	12	15	18	21
面积（m²）	1.94	7.73	17.36	30.30	48.29	69.53	94.04
转弯半径（m）	4	7	10	13	16	19	22
面积（m²）	3.44	10.82	21.46	36.29	54.94	71.47	104.06

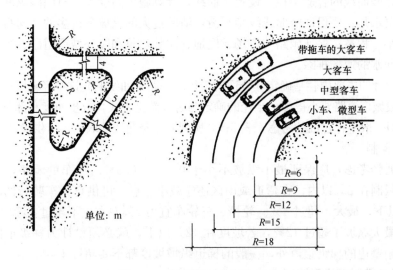

图 5-5-3　园路转弯半径的确定

（4）平曲线上的加宽

车辆在弯道处转弯时，外侧前车轮的转弯半径最大，使得车身较直线行驶时占用更宽的路面，所以，在通行汽车的转弯半径较小的风景区双车道路面及山坡急弯处，应做路面加宽处理。一般公园里的园路，通车是次要的，车速也不会很快，可以不考虑加宽。加宽值应加在弯道的内侧，增加的宽度可按表 5-5-3 选取。为使直线路段的宽度逐渐过渡到弯道处的加宽部分，在弯道与直线路段连接处可设一加宽缓和段。加宽缓和段的长度可与超高缓和段一致；在不设超高的弯道前，加宽缓和段可直接取 10m 长。

园路竖曲线最小半径建议值（单位：m）　　　　　　表 5-5-3

园路级别	风景区主干道	主园路	次园路	小路
凸形竖曲线	500~1000	200~400	100~200	<100
凹形竖曲线	500~600	100~200	70~100	<70

（二）园路纵断面线型的控制

园路纵断面线型即园路中心线在其竖向剖面上的投影形态。它随着地形的变化而呈连续的折线。在折线的交点处，为使行车平顺，需要设置一段竖曲线。

1. 线型种类

（1）直线表示路段中坡度均匀一致，坡度和坡向保持不变。

（2）竖曲线两条不同坡度的路段相交时，必然存在一个变坡点。为使车辆安全平稳通过变坡点，需用一条圆弧曲线把相邻两个不同坡度线连接，这条曲线称为竖曲线。当圆心位于竖曲线下方时，称为凸型竖曲线；反之，称为凹型竖曲线。

竖曲线的设置，使园林道路多有起伏，路景生动，视线俯仰变化，游览散步感觉舒适方便。

2. 纵断面设计要求

纵断面设计的主要内容有：确定路线各处合适的标高，设计各路段的路面纵坡及坡长，选择各处竖曲线的合适半径，设置竖曲线，计算施工高度等。对园路纵断面及竖曲线设计的基本要求是：要保证竖曲线线型平滑，清除过大的纵坡和过多的竖向折点；保持路基稳定，减小工程量；保证园路与广场、庭地、园林建筑和园外城市道路、街坊平顺地衔接；保证路面水的通畅排除。

竖曲线设计的主要内容是确定其合适的半径。园路竖曲线的允许半径范围比较大，其最小半径比一般城市道路要小得多。半径的确定与游人游览方式，散步速度和部分车辆的行驶要求相关，但一般不作过细的考虑。表 5-5-3 所列园路竖曲线的取值，可供设计中参考。

3. 坡度控制

为排水通畅考虑，应保证最小纵坡不小于 0.3%～0.5%。通车的园路，纵断面的最大坡度，宜限制在 8% 以内，在弯道或山区还应减小一点。可供自行车骑行的园路，纵坡宜在 2.5% 以下，最大不超过 4%。轮椅、三轮车宜为 2% 左右，不超过 3%。不通车的人行游览道，最大纵坡不超过 12%，若坡度在 12% 以上，就必须设计为梯级道路。除了专门设在悬崖峭壁边的梯级磴道外，一般的梯道纵坡坡度都不要超过 100%。

（三）园路横断面线型控制

1. 横向坡度

园路路面的平整度、铺路材料的种类以及路面透水性能等条件，都会影响到路面横坡坡度的设计。根据我国交通运输部的道路技术标准，路拱横坡坡度的设计参考表 5-5-4 酌情选用。

不同路面面层的横坡度　　　　　　　　　　表 5-5-4

道路类别	路面结构	横坡度（%）
人行道	砖石、板材铺砌	1.5～2.5
	砾石、卵石镶嵌面层	2.0～3.0
	沥青混凝土面层	3.0
	素土夯实面层	1.5～2.0
自行车道 广场车行路面 汽车停车场	水泥混凝土	1.5～2.0
		0.5～1.5
		0.5～1.5
车行道	水泥混凝土	1.0～1.5
	沥青混凝土	1.5～2.5
	沥青结合碎石或表面处理	2.0～2.5
	修整块料	2.0～3.0
	圆石、卵石铺砌，以及砾石、碎石或矿渣（无结合料处理）、结合料稳定土壤	2.5～3.5
	级配砂土、天然土壤、粒料稳定土壤	3.0～4.0

2. 横断面形式选择

道路的横断面分为城市型和公路型两类。城市型横断面的园路适宜绿化街道、小游园道路、林荫道等对路景要求较高的地方；一般在路边设有保护路面的路缘石；路面雨水通过路边的雨水口排入由地下暗管或暗沟组成的排水系统；路面横坡多采用双坡。公路型横断面的园路则适宜道路密度小、起伏度大、对路景要求不是特别高的地方；道路两侧一般不设路缘石，而是设置有一定宽度的路肩来保护路面；路边采用排水明沟排除雨水；路面常常是单坡与双坡混用。

园林道路路面的主体部分和通车园路的车行道，都需要做路拱设计。道路路拱基本设计形式有抛物线形、折线形、直线形和单坡形四种。

抛物线形路拱，是最常用的路拱形式。其特点是路面中部较平，愈向外侧坡度愈陡，横断路面线呈抛物线形。这种路拱对游人行走、行车和路面排水都很有利，但不适于较宽的道路以及低级的路面。设计抛物线形路拱，如图 5-5-4（a），路面各处的横坡度一般宜控制在：$i_1 \not< 0.3\%$，$i_4 \not> 5\%$，且 i 平均为 2% 左右。

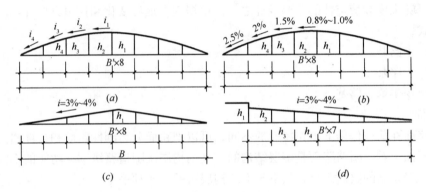

图 5-5-4　园路路拱的设计形式
（a）抛物线形；（b）折线形；（c）直线形；（d）单坡直线形

折线形路拱，系将路面做成由道路中心线向两侧逐渐增大横坡度的若干短折线组成的路拱。这种路拱的横坡度变化比较徐缓，路拱的直线较短，近似于抛物线形路拱，对排水、行人、行车也都有利，一般用于比较宽的园路。

直线形路拱，适用于 2 车道或多车道并且路面横坡坡度较小的双车道或多车道水泥混凝土路面。最简单的直线形路拱是由两条倾斜的直线所组成的。为了行人和行车方便，通常可在横坡 1.5% 的直线形路拱的中部插入两段 0.8%～1.0% 的对称连接折线，使路面中部不至于呈现屋脊形。在直线形路拱的中部也可以插入一段抛物线或圆曲线，但曲线的半径不宜小于 50m，曲线长度不小于路面总宽度的 10%。

单坡形路拱，这种路拱可以看作是以上三种路拱各取一半所得到的路拱形式，其路面单向倾斜，雨水只向道路一侧排除。在山地园林和风景区的游览道中，常常采用单坡形路拱。但这种路拱不适宜较宽的道路，道路宽度一般都不大于 9m；并且夹带泥土的雨水总是从道路较高一侧通过路面流向较低一侧，容易污染路面，所以在园林中采用这种路拱也要受到很多限制。

各种路拱的横断面线形，参见图 5-5-4 所示。

3. 弯道超高

在园路的弯道处保持道路曲线路段的中线标高不变，抬高弯道外侧路缘的标高，使这部分路面的横坡达到超高的程度，变双坡路面为单坡路面。为了使道路能较平顺地从直线段的双坡路面转变到曲线段具有超高的单坡路面，在其中插进一个坡度逐渐变化的直线路段，即插进超高缓和段。在同时需要设置超高和加宽缓和段的弯道上，缓和段的长度按超高缓和段长度定。需要说明的是，园林道路中的绝大部分弯道，都不需要设置超高和加宽，当然也就没有缓和路段。

二、园路的结构形式

（一）园路结构

从构造上看，园路是由路基和路面两大部分构成的。

1. 路基

路基是路面的基础，为园路提供一个平整的基面，承受地面上传下来的荷载，是保证路面具有足够强度和稳定性的重要条件之一。根据周围地形变化和挖填方情况，园路有三种路基形式。

（1）填土路基

（2）挖土路基

（3）半挖半填土路基

2. 路面

按照路面在荷载作用下工作特性的不同，可以把路面分为刚性路面和柔性路面两类。

从横断面上看，园路路面是多层结构的，其结构层次随道路级别、功能的不同而有一些区别。一般园路的路面部分，从下至上结构层次的分布顺序是：垫层、基层、结合层和面层。

（1）垫层

（2）基层

（3）结合层

（4）面层

3. 附属工程

（1）道牙

（2）明沟和雨水井

（3）台阶、礓磋、磴道

① 台阶：当路面坡度超过 12°时，在不通行车辆的路段上，一般都会设置台阶。台阶的长度与路面的宽度相等，每一级台阶的高度一般为 12～17cm，宽度 30～38cm，台阶本身坡度 1%～2%。一般台阶不宜连续使用，如地形许可，每 10～18 级后设一平坦地段。

② 礓磋：在坡度较大的地段，一般坡度超过 15%时，本应设立台阶，但为了能通行车辆，将斜坡做成锯齿状坡道，称为礓磋。

③ 磴道：在地形陡峭的路段，可结合地形利用露岩设置磴道。当纵向坡度大于 60%时，应做防滑处理，并设立扶手栏杆。

（4）种植池

在路边种植植物，一般应留种植池。如行道树种植池、花带、绿篱带等种植池。

（二）园路结构选择中应注意的问题

1. 因地制宜，就地取材

修建园路所需要的材料应因地制宜，就地取材。这一方面是因为尽量使用当地的建筑材料、建筑废料、工业废渣等修剪园路，可以节约资金；另一方面利用当地的材料比较容易与环境协调。

2. 尽量采用经济的结构设计

如在设计中采用薄面、强基、稳基土结构，采用这种结构形式可以使路基稳固、加大结构层强度，但减少了结构层厚度与装饰面的厚度，从而降低工程造价。

（三）常见园路的结构形式

典型园路从下至上结构层次的分布顺序是：垫层、基层、结合层和面层，但不同的园路会有所差别。

（四）园路常见病害及其原因

园路"病害"是指园路被破坏的现象。通常园路病害的病征有：裂缝、凹陷、啃边、翻浆等。

1. 裂缝与凹陷

造成这种破坏的主要原因是路基排水不良过于湿软，或基层厚度不够，强度不足或厚度不均匀，路面荷载超过路基承载力。

2. 啃边

路肩和道牙直接支撑路面，使之横向保持稳定。因此路肩与其基土必须紧密结实，并有一定坡度。否则由于雨水的侵蚀和车辆行驶时对边缘的啃蚀，使之损坏，并从边缘起向中心发展，这种现象称为啃边。

3. 翻浆

在季节性冰冻地区，地下水位高，特别是对粉沙性土基，由于土壤毛管水上升到路面下，冬季气温下降时，水分在路基下结冰，导致路面隆起。到春季土层融化，而下层尚未融化，这样使冰冻线土基变成湿软的橡皮状，路面承载力下降，这时如果车辆通过，路面下陷，邻近部分隆起，并将泥土从裂缝中挤出来，使路面破坏，这种现象叫作翻浆。

三、园路铺装

根据路面铺装材料、装饰特点和园路使用功能，可以把园路的路面铺装形式分为整体路面、块料路面（包括嵌草路面）和碎料路面三类。各类路面铺装设计的具体情况如下所述。

（一）整体路面

整体现浇铺装的路面适宜风景区通车干道，公园主园路、次园路或一些附属道路。园林铺装广场、停车场、回车场等，也常常采用整体现浇铺装。采用这种铺装的路面，主要是沥青混凝土路面和水泥混凝土路面。

1. 水泥混凝土路面

水泥混凝土路面的基层做法，可用 80～120mm 厚碎石层，或用 150～200mm 厚大块石层，在基层上面可用 30～50mm 粗砂做间层。面层则一般采用 C20 混凝土，做 120～

160mm 厚。路面每隔 10m 设伸缩缝一道。

（1）普通抹灰

是用水泥砂浆在路面表层做保护装饰层或磨耗层。水泥砂浆可采用 1∶2 或 1∶2.5 的比例，常以粗砂配制。

（2）彩色水泥抹灰

在水泥中加各种颜料，配制成彩色水泥，对路面进行抹灰，可做出彩色水泥路面。

（3）水磨石饰面

水磨石路面是一种比较高级的装饰型路面，有普通水磨石和彩色水磨石两种做法。水磨石面层的厚度一般为 10~20mm。是用水泥和彩色细石子调制成水泥石子浆，铺好面层后打磨光滑。

（4）露骨料饰面

2. 沥青混凝土路面

沥青混凝土路面，用 60~100mm 厚泥结碎石做基层，以 30~50mm 厚沥青混凝土做面层。根据沥青混凝土的骨料粒径大小，有细粒式、中粒式和粗粒式沥青混凝土可供选用。这种路面属于黑色路面，一般不用其他方法来对路面进行装饰处理。

（二）块料路面

1. 片材贴面铺装

2. 板材砌块铺装

（1）板材铺地

① 石板

② 混凝土方砖

③ 预制混凝土板

（2）粘土砖墁地

（3）预制砌块铺地

3. 嵌草砌块铺装

4. 砖石阶梯踏步

5. 混凝土踏步

6. 山石磴道

7. 攀岩天梯梯道

（三）碎料路面

1. 砖石镶嵌铺装

用砖、石子、瓦片、碗片等材料，通过镶嵌的方法，将园路的结构面层做成具有美丽图案纹样的路面，这种做法在古代被叫作"花街铺地"。

2. 卵石路面

借助卵石的不同色彩、形状、质感铺装成不同的图案，具有较强的装饰性。

四、园林广场、场地的布置

（一）园景广场

园景广场工程是公园和风景区的一个重要建设项目，它一般都被布置于园林内的适中区域或园林出入口的内外。

1. 广场平面布置

（1）平面形状

园景广场有封闭式的，也有开放式的；其平面形状多为规则的几何形，通常以长方形为主。长方形广场较易与周围地形及建筑物相协调，所以被广泛采用。正方形广场的空间方向性不强，空间形象变化少一点，因此不常被采用。从空间艺术上的要求来看，广场的长度不应大于其宽度的 3 倍；长宽比在 4∶3、3∶2 或 2∶1 之间时，艺术效果比较好。广场为圆形、椭圆形或方圆组合形也较常见，但其占用地面更大一些，用地不是很经济，在用地宽松情况下，采用这些形状的也很常见。椭圆形广场纵、横轴的长度比例，不宜超过2∶1。面积较小的园景小广场，还可以采用自然形或不规则的几何形等，其形状设计更要自由些。

（2）广场面积的确定

园林广场面积的大小主要应根据园林用地情况、广场功能的需要和园景建设的需要来确定。交通性、集会性强的广场面积应比较大；以草坪、花坛为景观主体的面积也要大一些。而单纯的门景广场、休息广场、音乐广场等，面积就可以稍小一点。广场上各功能局部的用地面积，要根据实际需要合理分配。例如：担负着节假日文艺活动和集会功能的园景广场，其人群活动所需面积可按 0.5m^2／人来计算，结果是广场大部分面积都要做成铺装地面。以主题纪念为主的广场，其路面铺装和纪念设施占用地面将在广场总面积的40％以上。以景观、绿化为主的休息广场，如花园式广场、音乐广场等，其绿化面积则应占 60％以上的用地。而公园出入口内外的门景广场，由于人、车集散，交通性较强，绿化用地就不能有很多，一般都在 10％～30％之间；其路面铺装面积则常达到 70％以上。

（3）广场功能分区

场地设计时，一般先要把广场的纵轴线、主要横轴线和广场中心确定下来。利用轴线的自然划分，把广场分成几个具有相似和对称形状的区域，然后根据路口分布和周围环境情况，赋予各区以不同的功能，成为在景观上协调统一、在功能上互有区别的各个功能区。

2. 地面装饰设计

园景广场地面设计应当坚持以下几条原则。

（1）整体性原则：即设计中虽然可以通过色块、阶台来划分广场局部地面，但是一定要以不破坏广场地面整体性为基本原则。地面铺装的材料、质地、色彩、图纹等，都要协调统一，不能有割裂现象。

（2）主导性原则：要求在地面铺装设计中，要坚持突出主体、主次分明的原则。任何地面的铺装，都要有明确的基调和主调。在所有局部区域，都必须要有一种占主导地位的铺装材料和铺装做法，必须要有一种占主导地位的图案纹样和配色方案，必须要有一种装饰主题和主要装饰手法。从全面的观点来讲，广场地面一般应以光洁质地、浅淡色调、简明图纹和平坦地形为铺装主导。

（3）简洁性原则：是要求广场地面的铺装材料、造型结构、色彩图纹的采用不要太复杂，适当简单一些，以便于施工。

（4）舒适性原则：这一原则要求，除了故意做的障碍性铺装以外，一般园景广场的地坪整理和地面铺装，都要满足游人舒适地游览散步的需要，地面要平整，地形变化处要有明显标志。路面要光而不滑，行走要安全。

3. 广场的竖向设计

竖向设计的基本原则是有利于排水，保证地面不积水。排水坡度不小于0.3%，且在坡面的下端设置雨水口、排水管或排水沟。排水坡度以0.5%～5.0%为宜，最大坡度不应超过8.0%。

（二）停车场与回车场工程

随着城市交通不断发展，游览公园和风景区需要停泊车辆的情况也会越来越多；在城市中心广场及机关单位的绿化庭院中，有时也需要设置停车场和回车场。这两类铺装地面的修筑，是园林场地设计的重要内容之一。

1. 停车场的布置要点

停车场的位置，一般设在园林大门以外，尽量布置在大门的同一侧。大门对面有足够面积时，停车场可酌情安排在对面。面临城市主干道的园林停车场，应尽可能离街道交叉口远些，以免造成交叉口处的交通混乱。停车场出入口与公园大门原则上都要分开设置。

园林停车场在空间关系上应与公园、风景区内部空间相互隔离，要尽量减少对园林内部环境的不利影响，因此，一般都应在停车场周围设置高围墙或隔离绿带。

停车场内车辆的通行路线及倒车、回车路线必须合理安排。车辆采用单方向行驶，要尽可能取消出入口处出场车辆的向左转弯。对车辆的行进和停放，要设置明确的标识加以指引。地面可绘上不同颜色的线条，来指示通道，划分车位和表明停车区段。不同大小长短的车型，最好能划分区域，按类停放，如分为大型车区、中型车区和小型微型车区等。

根据不同的园林环境和停车需要，停车场地面可以采用不同的铺装形式。

2. 车辆的停放方式

停车方式对停车场的车辆停放量和用地面积都有影响。如图5-5-5所示，车辆沿着停车场中心线、边线或道路边线停放时，有三种停放方式：

（1）平行式停车

停车方向与场地边线或道路中心线平行。采用这种停车方式的每一辆汽车，所占的地面宽度最小，因此，这是适宜路边停车场的一种方式。但是，为了车辆队列后面的车能够驶离，前后两车间的净距要求较大；因而在一定长度的停车道上，这种方式所能停放的车辆数比用其他方式少1/2～2/3。

（2）垂直式停车

车辆垂直于场地边线或道路中心线停放，每一辆汽车所占地面较宽，可达9～12m；并且车辆进出停车位均需倒车一次。但在这种停车方式下，车辆排列密

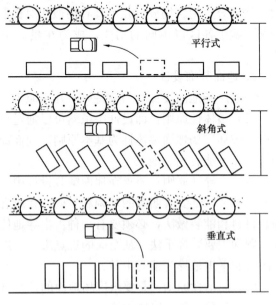

图5-5-5　车辆的三种停车方式

集，用地紧凑，所停放的车辆数也最多；一般的停车场和宽阔停车道都采用这种方式停车。

（3）斜角停车

停车方向与场地边线或道路边线成45°斜角，车辆的停放和驶离都最为方便。这种方式适宜停车时间较短、车辆随来随走的临时性停车道。由于占用地面较多，用地不经济，车辆停放量也不多，混合车种停放也不整齐，所以这种停车方式一般应用较少。

3. 回车场的布置

在风景名胜区、城市公共园林、机关单位绿地和居住区绿地中，当道路为尽端式时，为方便汽车进退、转弯和调头，需要在该道路的端头或接近墙头处设置回车场地。如果道路尽端是路口或是建筑物，那就最好利用路口或利用建筑前面预留场地加以扩宽，兼作回车场用。如是断头道路，则要单独设置回车场。参见图5-5-6，回车场的用地面积一般不小于12m×12m，即图中的 E 值应当大于12m。回车路线和回车方式不同，其回车场的最小用地面积也会有一些差别。图5-5-7是各类回车场的设计形状和尺寸示意。

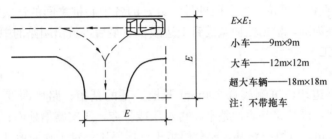

E×E：

小车——9m×9m

大车——12m×12m

超大车辆——18m×18m

注：不带拖车

图 5-5-6　回车场最小面积

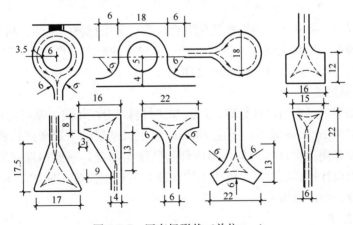

图 5-5-7　回车场形状（单位：m）

第三节　园路与广场施工

园路施工除了在基本工序和基本方法上与一般城市道路相同之外，还有一些特殊的技术要求和具体方法。而园林广场的施工，也与其他园林铺装场地大同小异。所以，园林中一般铺装场地的施工都可以参照园路和园林广场的方式方法进行。

一、园路施工

（一）施工准备

1. 技术准备

根据设计图，核对地面施工区域，确定施工程序、施工方法和工程量。勘察、清理施工现场，确认和标示地下埋设物。

2. 材料准备

确认和准备路基加固材料、路面垫层、基层材料和路面面层材料，包括碎石、块石、石灰、砂、水泥或设计所规定的预制砌块、饰面材料等。材料的规格、质量，数量以及临时堆放位置，都要确定下来。

3. 施工放线

将设计图标示的园路中心线上各编号里程桩，测设到相应的地面位置，用长 30～40cm 的小木桩垂直钉入桩位，并写明桩号。钉好的各中心桩之间的连线，即为园路的中心线。再以中心桩为准，根据路面宽度钉上边线桩，最后可放出园路的中线和边线。

（二）路基施工

1. 路槽开挖

按已定的园路边线，每侧放宽 200mm 开挖路基的基槽；路槽深度应等于路面的厚度。按设计横坡度，进行路基表面整平，再碾压或打夯，压实路槽地面；路槽的平整度允许误差不大于 20mm。对填土路基，要分层填土分层碾压；对于软弱地基，要做好加固处理。施工中注意随时检查横断面坡度和纵断面坡度。

2. 垫层施工

运入垫层材料，将灰土、砂石按比例混合。进行垫层材料的铺垫、刮平和碾压。如用灰土做垫层，铺垫一层灰土就叫一步灰土，一步灰土的夯实厚度应为 150mm；而铺填时的厚度根据土质不同，在 210～240mm 之间。

（三）路面基层施工

确认路面基层的厚度与设计标高；运入基层材料，分层填筑。基层的每层材料施工碾压厚度是：下层为 200mm 以下，上层 150mm 以下；基层的下层要进行检验性碾压。基层经碾压后，没有到达设计标高的，应该翻起已压实部分，一面摊铺材料，一面重新碾压，直到压实为设计标高的高度。施工中的接缝，应将上次施工完成的末端部分翻起来，与本次施工部分一起滚碾压实。

（四）面层施工

1. 施工准备

在完成的路面基层上，重新定点、放线，放出路面的中心线及边线，确认路面中心线、边线及各设计标高点的正确无误。设置整体现浇路面边线处的施工挡板，确定砌块路面的砌块行列数及拼装方式。面层材料运入现场。

2. 水泥混凝土面层施工

（1）若是钢筋混凝土面层，则按设计选定钢筋并编扎成网，钢筋网应在基层表面以上架离，架离高度应距混凝土面层顶面 50mm。钢筋网接近顶面设置要比在底部加筋更能保证防止表面开裂，也更便于充分捣实混凝土。

（2）按设计的材料比例，配制、浇筑、捣实混凝土，并用长 1m 以上的直尺将顶面刮平。顶面稍干一点，再用抹灰砂板抹平至设计标高。施工中要注意做出路面的横坡与纵坡。

（3）混凝土面层施工完成后，应即时开始养护。养护期应为 7d 以上，冬期施工后的养护期还应更长些。可用湿的织物、稻草、锯木粉、湿砂及塑料薄膜等覆盖在路面上进行养护。冬季寒冷，养护期中要经常用热水浇洒，要对路面保温。

（4）路面要进一步进行装饰的，可按下述的水泥路面装饰方法继续施工。不再做路面装饰的，则待混凝土面层基本硬化后，用锯割机每隔 7～9m 锯缝一道，作为路面的伸缩缝（伸缩缝也可在浇筑混凝土之前预留）。

（五）路面装饰施工

1. 水泥路面的装饰施工

水泥路面装饰的方法有很多种，要按照设计的路面铺装方式来选用合适的施工方法。常见的施工方法及其施工技术要领主要有以下一些。

（1）普通抹灰与纹样处理

用普通灰色水泥配制成 1∶2 或 1∶2.5 水泥砂浆，在混凝土面层浇筑后尚未硬化时进行抹面处理，抹面厚度为 10～15mm。当抹面层初步收水，表面稍干时，再用下面的方法进行路面纹样处理：

① 滚花；② 压纹；③ 锯纹；④ 刷纹。

（2）彩色水泥抹面装饰

水泥路面的抹面层所用水泥砂浆，可通过添加颜料而调制成彩色水泥砂浆，用这种材料可做出彩色水泥路面。彩色水泥调制中使用的颜料，需选用耐光、耐碱、不溶于水的无机矿物颜料，如红色的氧化铁红、黄色的柠檬铬黄、绿色的氧化铬绿、蓝色的钴蓝和黑色的炭黑等。

（3）彩色水磨石饰面

（4）露骨料饰面

2. 片块状材料路面施工

片块状材料做路面面层，在面层与道路基层之间所用的结合层做法有两种：一种是用湿性的水泥砂浆、石灰砂浆或混合砂浆作为结合材料，另一种是用干性的细砂、石灰粉、灰土（石灰和细土）、水泥粉砂等作为结合材料或垫层材料。

（1）湿法砌筑

用厚度为 15～25mm 的湿性结合材料，如用 1∶2.5 或 1∶3 水泥砂浆、1∶3 石灰砂浆、M2.5 混合砂浆或 1∶2 灰泥浆等，垫在路面面层混凝土板上面或垫在路面基层上面作为结合层，然后在其上砌筑片状或块状贴面层。砌块之间的结合以及表面抹缝，亦用这些结合材料。以花岗石、釉面砖、陶瓷广场砖、碎拼石片。马赛克等片状材料贴面铺地，都要采用湿法铺砌。用预制混凝土方砖、砌块或粘土砖铺地，也可以用这种砌筑方法。

（2）干法砌筑

以干性粉沙状材料，做路面面层砌块的垫层和结合层。这样的材料常见有：干砂、细砂土、1∶3 水泥干砂、1∶3 石灰干砂、3∶7 细灰土等。砌筑时，先将粉沙材料在路面基层上平铺一层，厚度是：用干砂、细土做垫层厚 30～50mm，用水泥砂、石灰砂、灰土做结合层厚 25～35mm，铺好后找平。然后按照设计的砌块、砖块拼装图案，在垫层上拼砌成路面面层。路面每拼装好一小段，就用平直的木板垫在顶面以铁锤在多处震击，使所有砌块的顶面都保持在一个平面上，这样可将路面铺装得十分平整。路面铺好后，再用干燥的细砂、水泥粉、细石灰粉等撒在路面上并扫入砌块缝隙中，使缝隙填满，最后将多余的灰砂清扫干净。以后，砌块下面的垫层材料将慢慢硬化，使面层砌块和下面的基层紧密地结合一体。适宜采用这种干法砌筑的路面材料主要有：石板、整形石块、混凝土铺路板、预制混凝土方砖和砌块等。传统古建筑庭院中的青砖铺地、金砖墁地等地面工程，也常采用干法砌筑。

3. 碎料路面施工

施工前，要根据设计的图样，准备镶嵌地面用的砖石材料。设计有精细图形的，先要在细密质地的青砖上放好大样，再细心雕刻，做好雕刻花砖，施工中可嵌入铺地图案中。要精心挑选铺地用的石子，挑选出的石子应按照不同颜色、不同大小、不同长扁形状分类堆放，铺地拼花时才能方便使用。

施工时，先要在已做好的道路基层上，铺垫一层结合材料，厚度一般可在 40～70mm 之间。垫层结合材料主要用 1∶3 石灰砂、3∶7 细灰土、1∶3 水泥砂等，用干法砌筑或湿法砌筑都可以，但干法施工更为方便一些。在铺平的松软垫层上，按照预定的图样开始镶嵌拼花。一般用立砖、小青瓦瓦片来拉出线条、纹样和图形图案，再用各色卵石、砾石镶嵌做花，或者拼成不同颜色的色块，以填充图形大面。然后，经过进一步修饰和完善图案纹样，并尽量整平铺地后，就可以定稿。定稿后的铺地地面，仍要用水泥干砂、石灰干砂撒布其上。并扫入砖石缝隙中填实。最后，除去多余的水泥石灰干砂，清扫干净；再用细孔喷壶对地面喷洒清水，稍使地面湿润即可，不能用大水冲击或使路面有水流淌。完成后，养护 7～10d。

4. 嵌草路面的铺砌

无论用预制混凝土铺路板、实心砌块、空心砌块，还是用顶面平整的乱石、整形石块或石板，都可以铺装成砌块嵌草路面。

施工时，先在整平压实的路基上铺垫一层栽培壤土做垫层。壤土要求比较肥沃，不含粗颗粒物，铺垫厚度为 100～150mm。然后在垫层上铺砌混凝土空心砌块或实心砌块，砌块缝中半填壤土，并播种草籽。

实心砌块的尺寸较大，草皮嵌种在砌块之间预留的缝中。草缝设计宽度可在 20～50mm 之间，缝中填土达砌块的 2/3 高。砌块下面如上所述用壤土做垫层并起找平作用，砌块要铺装得尽量平整。实心砌块嵌草路面上，草皮形成的纹理是线网状的。

空心砌块的尺寸较小，草皮嵌种在砌块中心预留的孔中。砌块与砌块之间不留草缝，常用水泥砂浆粘接。砌块中心孔填土亦为砌块的 2/3 高；砌块下面仍用壤土做垫层找平，使嵌草路面保持平整。空心砌块嵌草路面上，草皮呈点状而有规律地排列。要注意的是，空心砌块的设计制作，一定要保证砌块的结实坚固和不易损坏，因此其预留孔径不能太大，孔径最好不超过砌块直径的 1/3 长。

采用砌块嵌草铺装的路面，砌块和嵌草层是道路的结构面层，其下面只能有一个壤土垫层，在结构上没有基层，只有这样的路面结构才能有利于草皮的存活与生长。

（六）附属工程施工

1. 道牙施工

道牙基础宜与路床基础同时填挖碾压，以保证密度均匀，具有整体性。弯道处的道牙最好事先预制成弧形，道牙的结合层常用 2cm 厚 M5 水泥砂浆，且应安装牢固。道牙间缝隙为 1cm，用 M10 水泥砂浆勾缝。道牙背后用夯实白灰土 10cm 厚、15cm 宽保护，也可自然土夯实代替。

2. 雨水口

对于先期的雨水口，园路施工（尤其是机具压实或车辆通行）时应注意保护。一般雨水口进水箅子的上表面低于周围路面 2～5cm。

3. 排水明沟

土质排水明沟按照设计挖好后，应对沟底与边坡适当夯实。砖（或块石）砌明沟，按照设计将沟槽挖好后，充分夯实。再用 MU7.5 砖（或 80～100mm 厚块石）用 M2.5 水泥砂浆砌筑，砂浆应饱满，表面平整、光滑。

二、广场工程施工

广场工程的施工程序基本与园路工程相同。但由于广场上还往往存在着花坛、草坪、水池等地面景物，因此，它又比一般道路工程的施工内容更复杂。下面，从广场的施工准备、场地处理和地面铺装三方面来了解广场的施工问题。

（一）施工准备

1. 材料准备

准备施工机具、路面基层和面层的铺装材料，以及施工中需要的其他材料；清理施工现场。

2. 场地放线

按照广场设计图所绘施工坐标方格网，将所有坐标点测设到场地上，并打桩定点。然后以坐标桩点为准，根据广场设计图，在场地地面上放出场地的边线、主要地面设施的范围线和挖方区、填方区之间的零点线。

3. 地形复核

对照广场竖向设计图，复核场地地形。各坐标点、控制点的自然地坪标高数据有缺漏的，要在现场测量补上。

（二）场地整平与找坡

1. 挖方与填方施工

挖、填方工程量较小时，可用人力施工；工程量大时，应该进行机械化施工。预留作草坪、花坛及乔灌木种植地的区域，可暂不开挖。水池区域要同时挖到设计深度。填方区的堆填顺序，应当是先深后浅；先分层填实深处，后填浅处。每填一层就夯实一层，直到设计的标高处。挖方过程中挖出适宜栽培的肥沃土壤，要临时堆放在广场外边，以后再填入花坛、种植地中。

2. 场地整平与找坡

挖、填方工程基本完成后，对挖填出的新地面进行整理。要铲平地面，使地面平整度变化限制在 20mm 以内。根据各坐标桩标明的该点填挖高度数据和设计的坡度数据，对场地进行找坡，保证场地内各处地面都基本达到设计的坡度。土层松软的局部区域，还要做地基加固处理。

3. 竖向连接处理

根据场地周边与建筑、园路、管线等的连接条件，确定边缘地带的竖向连接方式，调整连接点的地面标高。还要确认地面排水口的位置，调整排水沟管的底部标高，使广场地面与周围地坪的连接更自然，排水、通道等方面的矛盾降至最低。

（三）地面施工

1. 基层的施工

按照设计的路面层次结构与做法进行施工，可参照前文关于园路地基与基层施工的内容，结合广场地坪面积更宽大的特点，在施工中注意基层的稳定性，确保施工质量，避免以后广场地面发生不均匀沉降的问题。

2. 面层的施工

采用整体现浇面层的区域，可把该区域划分成若干规则的地块，每一地块面积在 7m×9m～9m×10m 之间，然后一个地块一个地块地施工。地块之间的缝隙做成伸缩缝，用沥青棉纱等材料填塞。采用混凝土预制砌块铺装的，可按照本节前面有关部分进行施工。

3. 地面装饰

依照设计的图案、纹样、颜色、装饰材料等进行地面装饰性铺装，其铺装方法也可参照前文有关内容。

第六章 园林照明与电气工程

第一节 电源设备的安装与调试

园林的电源设备包括输电线路及相关设施，如电线杆及其设施、电缆沟等，以及变压装置、室内其他电源设施等。由于通常园林的供电工程多数是自变压器之后的安装工程，所以在此仅讨论变压器之后的园林照明与电气工程施工问题。

一、配电柜的安装

（一）配电柜安装程序

配电柜位置确定→基础型钢安装→配电柜位置调校→配电柜安装→接地安装→柜内线路安装。

（二）配电柜安装要求

1. 配电柜安装距离

配电柜为单列布置时，柜前通道不小于1.5m；双列布置时，柜前通道不小于2m；配电柜后通道不宜小于1m；左右两侧不小于0.8m。

2. 基础型钢安装

基础型钢安装的允许偏差符合表5-6-1的规定。基础型钢安装后，其顶部应高出抹平地面10mm；手车式成套柜应按照产品技术要求执行。基础型钢应有明显可靠的接地。

基础型钢安装的允许偏差 表5-6-1

项 目	允 许 偏 差	
	mm/m	mm/全长
直线度	<1	<5
水平度	<1	<5
位置误差及不平行度	—	<5

3. 配电柜安装

（1）配电柜及其设备与各构件间连接应牢固。

（2）配电柜的接地应牢固良好，并装有供检修用的接地连线。

（3）成套柜的安装应使机械闭锁、电气闭锁动作准确、可靠，动触头与静触头的中心线一致，触头接触紧密，二次回路辅助开关的切换接点动作准确，接触可靠，且箱内照明齐全。

二、配电箱（盘）的安装

（一）弹线定位

弹线定位应注意以下问题：

（1）配电箱（盘）的安装不会对建筑物或构筑物的结构造成影响。

（2）根据设计要求，确定配电箱（盘）的安装位置，并按照配电箱（盘）的外形尺寸进行弹线定位。

（3）配电箱的底口距离地面一般为1.5m；明装电度表板底口距离地面不得小于1.8m。在同一建筑物内，同类箱盘的高度应一致。配电箱与采暖管距离应不小于300mm，与排水管道的距离不小于200mm；与燃气管、表的距离不小于300mm。

（二）配电箱（盘）安装

1. 安装一般规定

（1）箱（盘）不得采用可燃材料制作。

（2）箱体的开孔与导管管径适配，且边缘整齐，位置正确；电源管在左边，负荷管在右边。

（3）箱（盘）内的组件齐全，接线正确且无绞结现象，配线整齐。回路编号齐全，标识正确。导线连接紧密，不伤芯线，不断股。垫圈下螺栓两侧所压导线的截面积相同，同一端子上连接的导线不多于两根，垫圈等零件齐全。

（4）配电箱（盘）内，分别设置中性线（N）和保护线（PE）汇流排，N线和PE线经汇流排配出。

（5）安装的配电箱（盘）之箱盖紧贴墙面，箱（盘）涂层完整，配电箱（盘）的垂直度允许偏差不大于1.5‰，且安装牢固。

2. 明装配电箱（盘）的安装

（1）安装程序

确定箱（盘）的位置→弹线→固定箱（盘）→导线引入→导线端头剥削→接入导线→固定导线→仪表核对安装成果→试送电→填写箱内卡片。

（2）安装要求

① 如有暗分线盒，应先将分线盒内杂物清除，然后将导线理顺，分清支路与相序。

② 如在木结构或轻钢龙骨护板墙上固定配电相（盘）时，应采取加固措施。

③ 配管在护板墙内暗敷设并有暗接线盒时，盒口应与墙面平齐；在木制护板墙处应涂防火漆进行保护。

3. 暗装配电箱的安装

配电箱内导线的安装与试送电程序与明装配电箱（盘）相同，只是配电箱本身的安装稍复杂。暗装配电箱的安装程序如下：

配电箱放入预留孔洞中→确定箱的标高并找平→水泥砂浆填实固定箱体→安装盘面、贴脸→线路安装。

如箱底与外墙平齐，应在外墙固定金属网后再做墙体抹灰，不得在箱底板上直接抹灰。

三、配电柜（箱、盘）电器安装与调试

（一）配电柜（箱、盘）电器安装

1. 电器的安装

（1）电器元件质量良好，型号、规格符合设计要求；外观完好，附件齐全，排列整齐，固定牢靠，密封良好；有相应的检验合格证。

（2）各电器应能单独拆装、更换，而不影响其他电器及导线束的固定。

（3）发热件应安装在散热良好的地方；两个发热元件之间的连接线应采用耐热导线或裸铜线套瓷管。

（4）熔断器的熔体规格、断路器的整定值应符合设计要求。

（5）切换压板应接触良好，相邻压板间应有足够的安全距离，切换时不会触及相邻的压板。对于一端带电的压板，应使在压板断开的情况下，活动端不带电。

（6）信号回路的信号灯、光字牌、按钮、电铃、电笛、事故电钟等应显示准确，工作可靠，以防干扰。

（7）盘上装有装置性设备或其他接地要求的电器，其外壳应可靠接地。

2. 端子排的安装

（1）端子排应无损坏，固定牢固，绝缘良好。

（2）端子应编排序号，端子排应便于更换并接线方便，离地面高度不宜大于350mm。

（3）强、弱电端子宜分开布置，当有困难时，应有明显标志并设有空端子隔开或设加强绝缘的隔板。

（4）正、负电源之间及经常带电的正电源与合闸或跳闸回路之间，宜有一个空端子隔开。

（5）电流回路应经过试验端子，其他需要断开的回路宜经特殊端子或试验端子，试验端子应接触良好。

（6）潮湿环境应采用防潮端子。

（7）接线端子与导线截面相匹配，不应使用小端子配大截面积导线。

3. 二次回路的电气间隙合爬电距离

（1）盘、柜内两导线间、导电体与裸露的不带电的导体间的距离，应符合表5-6-2中的规定。

允许最小电气间隙及爬电距离（mm）　　　　　　　　表5-6-2

额定电压（V）	电气间隙		爬电距离	
	额定工作电流		额定工作电流	
	≤63A	>63A	≤63A	>63A
≤60	3	5	3	5
60<U≤300	5	6	6	8
300<U≤500	8	10	10	12

（2）屏顶上小母线不相同或不同极裸露载流部分之间，裸露载流部分与未经绝缘的金属体之间，电气间隙不得小于12mm；爬电距离不得小于20mm。

4. 其他

（1）二次回路的连接件都应采用铜质制品。绝缘材料应采用自熄性阻燃材料。

（2）盘、柜的正面和背面各种电器、端子等都应标明编号、名称、用途及操作位置，其标明的字迹清晰、工整且不易褪色。

（3）盘、柜上的小母线应采用直径不小于 6mm 的铜棒或铜管，小母线两侧应标明其代号或名称及绝缘标志牌，字迹清晰、工整且不易褪色。

（二）配电箱、盘的检查与调试

（1）柜（箱）内的杂物、工具应清理出柜，并将柜体内外清扫干净。

（2）电器元件各紧固螺栓牢固，刀开关、空气开关等操作机构应灵活。

（3）开关电器的通断是否可靠，接触面的接触情况是否良好，以及辅助接点通断是否准确可靠。

（4）电工指示仪表与互感器的变化、极性连接是否可靠。

（5）熔断器的熔芯规格选用是否正确，继电器的整定值是否符合设计要求，动件是否准确可靠。

（6）母线连接应良好，其绝缘支撑件、安装件及附件应安装牢固可靠。

（7）绝缘电阻遥测，测量母线线间和对地电阻，测量二次结线间和对地电阻，应符合国家现行验收规范的要求。在测量二次回电路时，不应损坏其他半导体元件，遥测绝缘电阻时，应将其断开。

第二节　电线配管与线路施工

一、电线配管

电线可分为室内线与室外线，两类线的配管虽然有相同之处，但也有所差异。

（一）室外电缆保护管的选择

目前应用于电缆保护的管类有，钢管、铸铁管、硬质聚乙烯管、陶土管、混凝土管、石棉水泥管等。其中，铸铁管、混凝土管、陶土管、石棉水泥管用作排管，也有采用硬质聚乙烯管作为短距离排管。电缆配管应注意以下几点：

（1）电缆保护钢管或硬质聚乙烯管的内径与电缆的外径之比不得小于 1.5 倍。

（2）电缆保护管不得有穿孔、裂缝或显著凹凸不平，内壁应光滑。电缆保护管管口处应无毛刺或尖锐棱角，防止在穿电缆时划伤电缆。

（3）金属电缆保护管不得有严重锈蚀。

（4）硬质聚乙烯管因质地较脆，不应用在温度过高或过低的场所，敷设时温度不宜低于 0℃，但在使用过程中不受碰撞的情况下，可不受此限制；最高使用温度不应超过 50～60℃，在易受机械碰撞的地方也不宜使用。硬质聚乙烯管在易受机械损坏的地方和受力较大处直埋时，应采用有足够强度的管材。

（二）室内配线管的选择

1. 钢管

选择钢管作为室内配管时，应按照设计要求及环境等来选择管壁的厚度。薄壁钢管适用于干燥场所明敷或暗敷；厚壁钢管适用于潮湿、易燃、易爆或埋在地下等场所。利用钢管壁兼作地线时应选用壁厚不小于 2.5mm 的钢管。

2. 塑料管

（1）硬塑料管

硬塑料管耐腐蚀，但易变形老化，机械强度不如钢管。常用于室内或有酸、碱腐蚀介质的场所，不得在高温或易受机械损伤的场所敷设。

（2）半硬塑料管

适用于一般民用建筑的照明工程暗配敷设。当敷设于现场捣制的混凝土结构中时，应有防机械损伤的措施。

（3）波纹塑料管

适用于一般民用建筑的照明工程暗配敷设。

3. 金属软管

常用于钢管和设备的过渡连接。

4. 瓷管

在导线穿过墙壁、楼板和导线交叉敷设时，起保护作用。

二、钢、塑保护管敷设

（一）室外钢、塑保护管敷设

1. 保护管的加工

（1）钢、塑保护管管口处宜做成喇叭状，利于减少直埋管在沉降时管口处对电缆的剪切力。

（2）尽量减少弯曲，对于较大截面积的电缆不允许有弯头。每根电缆保护管的弯曲处不应超过 3 个，直角弯不应超过 2 个。

（3）电缆保护管垂直敷设时，管的弯曲度应大于 90°，避免应管内积水结冰而破坏管内电缆。

（4）保护管的弯曲处不应有裂缝和显著的凹瘪现象，弯曲处的弯偏程度不应大于管外径的 10%；弯曲半径不应小于所穿电缆的最小允许弯曲半径，电缆的最小弯曲半径应符合表 5-6-3 的规定。

电缆最小弯曲半径　　　　　　　　　　　　　　　　　表 5-6-3

电缆型式		多芯	单芯
控制电缆		$10D$	
橡皮绝缘电力电缆	无铅包、钢铠护套	$10D$	
	裸铅包护套	$15D$	
	钢铠护套	$20D$	
聚氯乙烯绝缘电力电缆		$10D$	
交联聚乙烯绝缘电力电缆		$15D$	$20D$

电缆型式			多芯	单芯
油浸纸绝缘电力电缆	铅包		30D	
	铅包	有铠甲	15D	20D
		无铠甲	20D	
自容式充油（铅）包电力电缆				20D

注：表中 D 为电缆外径。

2. 钢、塑保护管连接

（1）钢管保护管

电缆保护钢管连接时，应采用大一级短管套接或采用管接头螺纹连接。用短套管连接施工方便，采用管接头螺纹连接则较美观。管连接处短套管或带螺纹的管接头长度，不应小于电缆管外径的 2.2 倍。钢管连接时不宜直接对焊。

（2）硬质聚乙烯保护管

采用插接连接时，其插入深度宜为管子内径的 1.1～1.8 倍；并用胶合剂粘牢、密封。采用套管套接时，套管长度不应小于连接管内径的 1.5～3.0 倍，套管两端用胶合剂密封。

3. 钢保护管的接地和防腐处理

4. 保护管的敷设

（1）电缆保护管、塑管的埋设深度不应小于 0.7m，直埋电缆的埋设深度超过 1.1m 时，可以不再考虑上部压力的机械损伤，即不需要埋设电缆保护管。

（2）电缆与于铁路、公路、城市街道、厂区道路下交叉时，应敷设于坚固的保护管内，一般多采用钢保护管，埋设深度不应小于 1m，管的长度除满足路面的宽度外，保护管的两端还应伸出路基 2m，伸出排水沟 0.5m；在城市街道应伸出车道外。

（3）直埋电缆与热力管道、管沟平行或交叉敷设时，电缆应采用石棉水泥保护管保护，并采取隔热措施。电缆与热力管交叉时，敷设的保护管两端各伸出的长度不应小于 2m。

（4）电缆保护管与其他管道（水、燃气）以及直埋电缆交叉时，两端各伸出长度不应小于 1m。

（二）室内硬质塑料管敷设

（1）塑料管及配件必须是经过阻燃处理的材料制成。

（2）不应敷设于高温和易受机械损伤的场所。

（3）管与管的连接要求与室外相同。

（4）管与箱（盒）连接时，连接管外径应与箱（盒）留孔一致，管口平整、光滑，一管一孔顺直插入箱（盒），在箱（盒）内露出的长度不应小于 5mm；多根管插入箱（盒）时，插入的长度应一致，且排列间距均匀。管与箱（盒）连接应固定牢靠。

（5）安装时均宜采用相应配套的塑料制成的开关盒、接线盒等，严禁使用金属盒。

（6）塑料管及配件的敷设、安装、煨管制作，均应在原材料规定的允许环境温度下进行，其温度不宜低于 −15℃。

（7）塑料管在砖砌墙体上敷设时，必须用强度大于 M10 的水泥砂浆抹面保护，其保护层厚度不小于 15mm。

三、电缆敷设

（一）施工准备

1. 材料（设备）准备

（1）电缆应规格应符合设计要求，且质量符合国家标准。

（2）准备砖、砂，并运到电缆沟边待用。

（3）工具及施工用料的准备。

（4）电缆两端连接的电气设备应安装完毕或已经就位，敷设电缆的通道畅通无阻。

2. 电缆沟槽的准备

按照规定挖好电缆沟槽，埋置的预埋件到位，隧道、竖井等施工完毕。

3. 电缆加温

冬期施工温度低于设计要求时，电缆应先加温，并准备好保温材料，以便搬运时电缆保温用。

（二）电缆敷设

（1）电缆敷设时，不应破坏电缆沟和隧道的防水层。

（2）在三相四线制系统中使用的电力电缆，不应采用三芯电缆另加一根单芯电缆或导线，以电缆金属保护套等做中性接线方式。在三相系统中，不得将三芯电缆中的一芯接地运行。

（3）三相系统中使用的单芯电缆，应组成紧贴的正三角形排列（充油电缆及水底电缆可除外），并每隔 1m 用绑带扎牢。

（4）电缆敷设时，电缆的端头与电缆接头附近可留有备用长度。直埋电缆还应在全长上留有少量富余度，并做波浪形敷设。

（5）敷设时，电缆应从盘的上端引出，应避免电缆在支架上及地面摩擦拖拉。电缆上不得有未消除的机械损伤。

（6）油浸纸绝缘电力电缆在切断后，应将端头立即铅封；塑料绝缘电力电缆，也应有可靠的防潮封端。

（7）电缆进入电缆沟、隧道、竖井、建筑物、盘（柜）以及穿入管子时，出入口应封闭，管口应密封。

第三节　接地与避雷设施施工

建筑物的防雷也是当今建筑施工的重要单项工程。园林作为重要的公共活动场所，其中建筑物（构筑物）的防雷，不仅出于保护建筑物本身的需要，而且是以人为本，保护在其中活动的公民切身利益的需要。因此，园林建筑的防雷施工也是园林工程的一部分。

一、接地装置的安装

一般情况下，将建筑物钢筋混凝土基础内的钢筋作为防雷接地装置。当不能利用时，应围绕建筑物四周敷设成环形的人工接地装置。

（一）接地形式

接地形式有 TN 系统、TT 系统和 IT 系统三种形式。

1. TN 系统

（1）TN—S 系统：整个系统的中性线（N）和保护线（PE）是分开的。

（2）TN—C 系统：整个系统的中性线（N）和保护线（PE）是合一的。

（3）TN—C—S 系统：系统中前一部分线路中的中性线与保护线是合一的。

2. TT 系统

电力系统有一点直接接地，受电设备的外露可导电部分通过保护线接至与电力系统接地点无直接关联的接地极。

3. IT 系统

电力系统的带电部分与大地间无直接连接（或有一点经足够大的阻抗接地），受电设备的外露可导电部分通过保护线接至地极。

（二）人工接地体的安装要求

人工接地体一般采用钢管、圆钢、角钢和扁钢等，安装或埋入地下，但不应埋设在垃圾堆、炉渣和强烈腐蚀性土壤处。安装的要求如下：

1. 接地体的埋设

（1）接地体的埋设深度不应小于 0.6m。角钢及钢管接地体应垂直配置。

（2）垂直接地体的长度不应小于 2.5m，其相互之间的间距一般不应小于 5m。

（3）防雷接地的人工接地装置的接地干线埋设，经人行通道处理地深度不应小于 1m，且应采取均压措施或在其上方铺设卵石或沥青地面。

（4）接地模块顶面埋深不应小于 0.6m，接地模块间距不应小于模块长度的 3～5 倍。接地模块埋设基坑，一般为模块外形尺寸的 1.2～1.4 倍，且在开挖深度内详细记录地层情况。

（5）接地模块应垂直或水平就位，不应倾斜设置，保持与原土层接触良好。

（6）接地模块应集中引线，用干线把接地模块并联焊接成一个环路，干线的材质与接地模块焊接点的材质应相同，钢制的采用热浸镀锌扁钢，引出线不少于两处。

（7）人工接地装置或利用建筑物基础钢筋的接地装置必须在地面以上，按照设计要求位置设置测点。

（8）埋入后接地体周围要用新土夯实。

2. 接地体的连接

（1）接地体的焊接应采用搭接焊，其焊接长度应符合下列规定：

① 扁钢与扁钢搭接为扁钢宽度的 2 倍，不少于三面施焊。

② 圆钢与圆钢搭接为圆钢直径的 6 倍，双面施焊。

③ 圆钢与扁钢搭接为圆钢直径的 6 倍，双面施焊。

④ 扁钢与钢管，扁钢与角钢焊接，应紧贴角钢外侧两面，或紧贴 3/4 钢管表面，上下两侧施焊。

⑤ 除埋设在混凝土中的焊接头外，应有防腐措施。

（2）接地体与接地干线的连接，应采用可拆卸的螺栓连接点，以便测量电阻。

（3）在土壤电阻率高的地区，埋设接地体时可采用下列降低接地电阻措施：

① 在电气设备附近，有电阻率较高的土壤时，可装设引外接地体。

② 当地下较深处的土壤电阻率较高时，可采用深井式或深管式接地体。

③ 在接地坑内填入化学降阻剂，但材料应符合下列要求：对金属腐蚀性弱；水溶性成分含量低。

3. 安全要求

（1）接地装置要有足够的机械强度，接地体所用钢材的最小尺寸不得小于表5-6-4中的规定。

接地体最小允许规格　　　　　　　　表 5-6-4

种　　类		敷设位置及使用类别			
		地　　上		地　　下	
		室　内	室　外	交流电流回路	支流电流回路
圆钢直径（mm）		6	8	10	12
扁钢	截面积（mm²）	60	100	100	100
	厚度（mm）	3	4	4	6
角钢厚度（mm）		2	2.5	4	6
钢管管壁厚度（mm）		2.5	2.5	3.5	4.5

（2）接地体埋深一般为0.6~1.0m，但必须在冻土层以下。

（3）接地体宜由两根以上的钢管或角钢组成，一般将几根钢管或角钢埋设成一排或一圈，并在其上端用扁钢或圆钢连成一个整体。

（4）接地体连接要可靠，一般都用焊接，扁钢搭接长度为不小于宽度的2倍；圆钢搭接长度不小于直径的6倍。

（5）接地体与建筑物的距离应不小于1.5m，接地体与独立避雷针的接地体之间的地下距离应不小于3m，接地装置上面部分与独立避雷针的接地线之间的空间距离应不小于3~5m。

（6）接地体地下部分不得涂抹油漆。接地体和接地线安装结束后，应测量接地电阻，其阻值应符合规定要求。

（三）接地装置的安装

1. 垂直接地体

（1）垂直接地体可为∟50mm×50mm的角钢、DN50钢管或φ20mm圆钢，长度不小于2.5m。

（2）圆钢或钢管端部锯成斜口或锻造成锥形，角钢的一端加工成尖头形，尖点保持在角钢的角脊线上，两斜边对称。

（3）在接地极沟内将接地体放在沟的中心线上，垂直打入地下的深度不小于2m，顶部距离地面不小于0.6m，间距一般不小于5m。

（4）如多极接地或接地网，各接地体之间应保留2.5m以上的垂直距离，并将接地体周围填土夯实，以减少接地电阻。

（5）如接地体与连接干线在地下连接，应先焊接再填土夯实。

2. 水平接地体

(1) 材料一般用扁钢或圆钢制成。扁钢厚度不小于 4mm，截面积不小于 48mm²，圆钢的直径应不小于 8mm。

(2) 接地体的长度根据安装条件和结构形式而定，一般为几米至十几米。

(3) 将接地体水平敷设于地下，距离地面不小于 0.6m。

(4) 如多极接地或接地网，各接地体之间应保持 5m 以上的直线距离。

(四) 弱电系统接地装置的安装

1. 一般要求

(1) 各种接地体之间一般要求相距 20m 以上；在影响不大（如土壤电阻率不大于 100Ω·m）的情况下，可适当缩短到不小于 6m。

(2) 接地装置与建筑物基础之间一般应保持 3～5m 的距离。

(3) 工作接地应有两组同时并联使用，这两组间的距离要求同上。每组接地体电阻一般应相等，若不相等，也不应超过另一组的一倍，两组并联后的总电阻应符合设计要求。

2. 埋设要求

(1) 接地体应埋设在冰冻层以下，且顶部距离地面不小于 1m。

(2) 各接地网的引入线埋深应不小于 0.5m，并缠绕麻布条后浸蘸或涂抹沥青两次以上，在敷设时各引入线不宜在室外交叉。

(3) 地线引出地面或引入建筑物时，应选择不易受到机械损伤的地方，并加以适当保护。

(4) 地线在室内外各处的接头都必须使用电焊或气焊，在特殊情况下（如电缆外包皮）允许用锡焊或特种卡箍。

(5) 接地线中间必须没有接头。接地装置任何部分都不应和其他导体发生电气碰触，必要时进行绝缘保护处理。

(6) 弱电系统的接地利用建筑物的复合体，其接地线在与接地体连接点之间应与地绝缘，其接地电阻应小于 1Ω。

(7) 接地施工完毕后，应将所有填土分层回填夯实。

二、避雷装置的安装

(一) 一般规定

(1) 建筑物顶部的避雷针、避雷带等必须与顶部外露的其他金属物体连成一个整体的电气通路，且与避雷引下线连接牢固。

(2) 避雷针、避雷带的安装位置应符合设计要求，用焊接固定的焊缝应饱满无遗漏，螺栓固定的应备帽等防松零件齐全，焊接位置应刷防腐油漆。

(3) 避雷带应平整顺直，固定点支持件间距均匀、固定可靠，每个支持件应承受大于 49N 的垂直拉力。当设计无要求时，支持件间距应均匀，水平直线部分 0.5～1.5m；垂直直线部分 1.5～3m；弯曲部分 0.3～0.5m。

(二) 避雷针的安装

(1) 所有的金属件都必须镀锌，安装时应注意保护镀锌保护层。

(2) 避雷针一般安装在建筑物或电杆上，其下端必须引下线与接地体可靠连接。接地

电阻不大于 10Ω。

（3）砖木结构的房屋，可将避雷针敷设在山墙顶部或屋脊上。避雷针在砖墙内的部分约为针高的 $1/3$，插在水泥墙的部分约为针高的 $1/4\sim1/5$。

（4）在古树名木上设立避雷针时，针尖应高出树顶，并考虑树高的生长因素。

（5）避雷针的固定应牢固，并平直、垂直，且与下引线焊接牢固。

（6）避雷针的垂直安装偏差不应大于顶端针杆的直径，一般垂直偏差为 $3‰$。

（三）避雷网的安装

1. 安装要求

（1）避雷网网格的密度按照设计的要求设置，避雷线的用材、规格按照设计要求选定。

（2）避雷线弯曲处的角度不得小于 $90°$，弯曲半径不得小于圆钢直径的 10 倍。

（3）避雷线敷设应平直、牢固，与建筑物的距离应一致。平直度每 2m 检查段允许偏差为 $3‰$。

2. 安装

安装流程：调直避雷线→吊装→固定（焊接）→防锈（防腐）处理。

（四）避雷带的安装

（1）避雷带明敷时距屋顶面或女儿墙面的高度为 $100\sim200mm$，其支点间距不应大于 1.5m。在建筑物的沉降缝处应多留出 $100\sim200mm$。

（2）铝制门窗与避雷装置连接时，应安装要求甩出 300mm 铝带或镀锌扁钢两处；若宽度超过 3m 时，需要 3 处，以便进行压接或焊接。

（3）利用结构圈梁中的主筋或腰筋与预先准备好的长度约 200mm 钢筋头焊接成一个整体，并与柱筋中引下线焊接在一起。

（4）避雷带的暗敷设可敷设在建筑物表面的抹灰层内，或直接利用结构钢筋，并与暗敷设的避雷网或楼板的钢筋焊接。

（五）避雷线支架的安装

（1）避雷线支架应按照设计要求加工制作。

（2）支架的安装位置符合设计规定，安装牢固且横平竖直，支架基部处理灰浆饱满、美观，铁件应做防锈处理。

（六）引下线的敷设

（1）引下线的材质、规格以及防锈处理均按照设计要求。

（2）引下线的敷设间距、位置、路径，支持件间的间距都应符合设计要求。

（3）引下线明敷设时，弯曲处的角度不应小于 $90°$，垂直允许偏差为 $2‰$。

（七）接地装置的埋设

（1）垂直接地体间的距离与水平接地体间的距离一般为 5m，当受到地方限制时可适当减小。接地体埋设深度不应小于 0.5m；接地体应远离高温影响以及使土壤电阻率升高的高温地段。

（2）防止直击雷的接地装置，距建筑物出入口及人行道的距离不应小于 3m，否则，应采取下列措施之一：

① 水平接地体埋深不应小于 1m。

② 水平接地体局部应包以绝缘物。

③ 采用沥青碎石地面或在接地装置上面敷设 50～80mm 厚的沥青层，其宽度超过接地装置的 2m。

（3）在腐蚀性较强的土壤中，应采取镀锌等防腐措施或加大接地体截面。接地线应与水平埋设接地线的截面相同。

第四节　园林照明与灯具安装

一、园林照明方式

（一）按照明的目的划分

1. 安全照明

为确保夜间游园、观景的安全，需要在广场、园路、水边、台阶等处设置灯光。目的是让行人能够清晰地看清周围的障碍或地形高差变化，使行人夜间行路安全。此外，在墙角、屋隅、丛树之下布置适当的照明，可给人以安全感。安全照明的光线一般要求连续、均匀，并有一定的亮度。照明可以是独立的光源，也可以与其他照明结合使用，但需要注意相互之间不产生干扰。

2. 工作照明

为方便人们的夜间活动，需要充足的光线而设置的照明方式。如建筑物室内外的照明。工作照明要求所提供的光线应无眩光、少阴影，使活动不受影响。此外还应注意对光源的控制，即在需要时能够很容易地被启闭，这不仅可以节约能源，更重要的是可以在无人活动时恢复场地的幽邃和静谧。

3. 重点照明

它是为强调某些特定目标而采用的定向照明。为了让园林充满艺术韵味，夜晚可用灯光强调某些要素或细部。即选择定向灯具将光线对准目标，使之打上适当强度的光线，而让其他部位隐藏在弱光或暗色中，从而突出意欲表达的部分，以产生特殊的景观效果。重点照明需注意灯具的位置，将许多难以照亮的地方显现在灯光之下，从而产生意想不到的效果。

4. 环境照明

环境光线体现着两种含义：一是相对于重点照明的背景光；二是作为工作照明的补充光。它不是专为某一景物或某一活动而设，主要是提供一些必要亮度的附加照明，以便让人们感受到或看清周围的事物。环境照明的光线应该是柔和的，弥漫在整个空间，具有浪漫的情调。所以通常应消除特定的光源点，可利用诸如将灯光投向匀质墙面所产生的均匀、柔和的反射光，也可采用地灯、光纤、霓虹灯等，形成充斥某一特定区域的散射光。

（二）按照明的对象划分

1. 场地照明

园林中各类广场是人流聚集之所，灯光的设置应考虑人的活动特征。在广场周围选择发光效率高的高杆直射光源可以使场地内光线充足，便于人的活动。若广场范围较大，之内又不希望有灯杆的阻碍，则可根据照明的要求和所设计的灯光艺术特色，布置适当数量的地灯作为补充。场地照明通常依据工作照明或安全照明的要求来设置，在有特殊活动要求的广场上还应布置一些聚光灯之类的光源，以便在举行活动时使用。

2. 道路照明

园林道路具有多种类型，不同的园路对于灯光的要求也并不尽相似。对于园林中可能会有车辆通行的主干道和次要道路，需要根据安全照明要求，使用具有一定亮度且均匀的连续照明，以使部分车辆及行人能够准确判别路上情况。对于游憩小路则除了需要照亮路面外，还希望营造出一种幽静、祥和的氛围，因而用环境照明的手法可使其融入柔和的光线之中。采用低杆园灯的道路照明应避免直射灯光耀眼，通常可用带有遮光罩的灯具，将视平线以上的光线予以遮挡；或使用乳白灯罩，使之转化为散射光源。

3. 建筑照明

建筑一般在园林中具有主导地位，为使园林建筑优美的造型能呈现在夜空之中，过去主要采用聚光灯和探照灯，如今已普遍使用泛光照明。为了突出和显示其特殊的外形轮廓，而弱化本身的细节，通常以霓虹灯或成串的白炽灯安设于建筑的棱边，构成建筑轮廓灯，也可以用经过精确调整光线的轮廓投光灯，将需要表现的形体仅仅用光勾勒出轮廓，使其余保持在暗色中，并与后面背景分开，这对于烘托气氛具有显著的效果。建筑内的照明除使用一般的灯具外，还可选用传统的宫灯、灯笼。如古典园林中，景观与现代灯饰造型可能不能很好地协调，则更应选择具有美观造型的传统灯具。

4. 植物照明

灯光透过花木的枝叶会投射出斑驳的光影，使用隐于树丛中的低照明器可以将阴影和被照亮的花木组合在一起。特定的区域因强光的照射变得绚烂与华丽，而阴影之下又常常带有神秘的气氛。利用不同的灯光组合可以强调园中植物的质感或神秘感。

植物照明设计中最能令人感到兴奋的是一种被称作"月光效果"照明方式，这一概念源于人们对明月投洒的光亮所产生的种种幻想。灯具被安置在树枝之间，将光线投射到园路和花坛之上形成类似于为明月照射下的斑驳光影，从而引发奇妙的想象。

5. 水景照明

水体会给人带来愉悦，夜色之中用灯光照亮湖泊、水池、喷泉，则将让人体验到另一种感受。大型的喷泉使用红色、橘黄、蓝色和绿色的光线进行投射，会产生欢快的气氛；小型水池运用更为自然的光色则可使人感到亲切，但琥珀色的光会把水变黄，从而显得肮脏，可用蓝光滤光器校正，将水映射成蔚蓝色，以给人以清爽、明快的感觉。

二、园林灯具选用

（一）灯具分类

1. 按照结构分类

可分为开启型、保护式、防水式、密封型以及防爆型等五种。

2. 按照光通量在空间上的分布来分类

可分为直射型灯具、半直射型灯具、漫射型灯具、半反射型灯具、反射型灯具等五种。

直射型灯具又可分为广照型、均匀配光型、配照型、深照型和特深照型五种。

（二）灯具选用

灯具应根据使用环境条件、场地用途、光强分布、限制眩光等方面进行选择。在满足上述条件下，应选用效率高、维护检修方便、经济适用和节能、环保型的灯具。通常情况下，灯具的选用可考虑：

（1）在正常环境中，宜选用开启式灯具。

（2）在潮湿或特别潮湿的场所，可选用密封型防水等，或防水防尘密封式灯具。

（3）可按照光强分布特征选择灯具。光强分布特性常用配光曲线表示。如灯具安装高度在 6m 或以下时，可采用深照型灯具；安装高度在 6～15m 时，可采用直射型灯具；当灯具上方有需要观察的对象时，可采用漫射型灯具；对于大面积的绿地，可采用投光灯等高光强灯具。

三、灯具安装

（一）园灯安装

1. 灯杆安装

（1）安装程序

熟悉图纸→材料、人力、机械准备→定点放线→基础捣制→安装→调效。

（2）注意事项

①同一园路、广场、桥梁上的园灯的安装高度（从光源到地面）、仰角、装灯方向宜保持一致。

②园灯的定点应符合设计要求。灯杆与供电线路等空中障碍物的安全距离应符合供电有关规定。

③基础坑开挖尺寸符合设计要求，基础混凝土等级应不低于 C20，基础内电缆保护管从基础中心穿出并应超出基础平面 30～50mm。浇筑钢筋混凝土基础前必须排除坑内积水。

④灯杆的垂直偏差应小于半个杆梢，直线路段的灯杆横向位移应小于半个杆根。

⑤灯杆吊装时，应防止灯杆表面油漆或防腐装饰层的损伤；接线孔朝向应一致，且宜朝向道路或广场一侧。

2. 灯架、灯具安装

（1）安装

①按设计要求测出灯具（灯架）安装高度，并在电杆上做出记号。

②将灯具、灯架吊上灯杆，穿好抱箍或螺栓，按设计要求找好照射角度，调好平整度后，将灯架紧固好。

（2）注意事项

①采用玻璃灯罩的园灯，紧固时螺栓应受力均匀，并采用不锈钢螺栓，灯罩卡口应采用橡胶圈衬垫。

②灯具铸件表面不得有影响结构性能与外观的裂纹、砂眼、疏松气孔和夹杂物等缺陷。

3. 配接引下线

（1）每套灯具的相线应装有熔断器，且相线应接螺口灯头的中心端子。

（2）引下线与路灯干线接点距杆中心应为 400～600mm，且两侧对称一致。

（3）引线现凌空段不应有接头，长度不应超过 4m，超过时应加装固定点或使用钢管引线。

（4）导线进出灯架处应套软管塑料管，并做防水弯。

4. 试灯

全部安装完毕后，送电试灯，并对灯具的照射角度进行调整。

（二）霓虹灯安装

1. 霓虹灯管安装

2. 变压器安装

3. 霓虹等低压电路的安装

4. 霓虹灯高压线的安装

（三）景观照明灯安装

所谓景观照明是指既有照明功能，又兼有艺术装饰和美化环境功能的户外照明设施。景观照明的范围通常包括：街路照明（但不同于道路照明）、广场、公园、草坪照明、建筑立面照明、商业照明和旅游点（如海岸、码头、雕塑、喷水、溶洞等）等照明。

道路照明与景观照明不同之处是多采用庭院灯而不是路灯以免出装饰效果。景观照明采用最多的是泛光灯。投光的设置能表现建筑物或构筑物的特征，并显出建筑立体艺术感；也可用于照射乔木，使乔木显得高大、挺拔，同时有光影效果。

景观照明灯安装应注意：

（1）离开建筑物地面安装泛光灯时，为了能得到较均匀的亮度，灯与建筑物的距离 D 与建筑物 H 之比不应小于 1/10，即 $D/H > 1/10$；这种比例同样适用于乔木的泛光照明。

（2）在建筑物上安装泛光灯时，投光灯凸出建筑物的长度应为 0.7～1.0m，应使窗墙形成均匀的光影效果。

（3）安装景观照明时，应使整个建筑物或构筑物受照面的上半部分的平均亮度为下半部分的 2～4 倍。

（4）设置景观照明时，应尽量避免在顶层设立向下的投光照明，因为，投光灯要伸出墙面一段距离，不但难安装、难维护，而且影响建筑物外观立面。

（5）景观照明灯控制电源箱可安装在所在楼层配电间内，控制启闭宜由控制室或中央电脑统一控制。

第六篇　园　林　建　筑

第一章 园林建筑概述

第一节 园林建筑概念及特点

园林建筑在园林中既有使用功能，又有造景、观景功能，它和山水、植物密切配合，构成优美遐逸的园林景观。园林建筑是园林艺术的重要组成部分，园林建筑离不开园林环境，否则就会混同于其他建筑类型。园林建筑因园林的存在而存在，没有园林与风景，就谈不上"园林建筑"这一种建筑类型。

根据《园林基本术语标准》，园林是指在一定地域内运用工程技术和艺术手段，通过因地制宜地改造地形、整治水系、栽种植物、营造建筑和布置园路等方法创作而成的优美的游憩境域；园林建筑是指园林中供人游览、观赏、休憩并构成景观的建筑物或构筑物的统称。从园林的定义中可以看出：从物质的形态来看，山（地形）、水、植物和建筑是园林组成的四大要素。

园林建筑常作景点处理，既是景观，又可以用来观景。因此，除去使用功能，还有美学方面的要求。中国古代园林中的楼台亭阁，轩馆斋榭，经过设计师巧妙的构思，运用设计手法和技术处理，把功能、结构、艺术统一于一体，成为古朴典雅的园林艺术品。它的魅力，来自体量、外形、色彩、质感等因素，加之室内布置陈设古色古香，外部环境和谐统一，更强化了建筑美的艺术效果。美的建筑，美的陈设，美的环境，彼此依托而构成佳景。正如明人文震亨《长物志》之室庐所说："要须门庭雅洁，室庐清靓，亭台具旷士之怀，斋阁有幽人之致，又当种佳木怪石，陈金石图书，令居之者忘老，寓之者忘归，游之者忘倦"。过去古典园林建筑梁枋梭柱，飞檐起翘，或庄严雄伟、舒展大方，或轻巧柔美、明快活泼，不光以其形体之美为游人所欣赏，还与山水林泉相配合，共同形成独具一格的古典园林风格特色。

园林建筑不像一般的城市建筑那般庄严肃穆，体量庞大，而是采用小体量分散布置。古典园林里通常都是一个主体建筑，附以一个或几个副体建筑，中间以廊连接，形成一个建筑组合体。这种手法，既能够突出主体建筑，强化主建筑的艺术感染力，还有助于形成景观效果，将使用功能和欣赏价值，兼而有之。一般来说，园林建筑大都具有使用功能和景观创造两个方面的作用。具有一般使用功能的休息类建筑，如亭、榭、厅、轩等，或兼有交通之用的桥、廊、花架、道路等，对园林景观创造都起到积极作用，建筑在园林中往往起到了画龙点睛的重要作用。

园林建筑常通过对比、呼应、映衬、虚实等一系列艺术手法，造成充满节奏和韵律的园林空间，居中可观景，观之能入画。在总体布局上，皇家园林建筑为了体现封建帝王的威严和美学上的对称、均衡艺术效果，采用中轴线布局，主次分明，高低错落，疏朗有致。私家园林建筑往往则突破严格的中轴线格局，比较灵活，富有变化。当然，所谓自由布局，并非不讲章法，只是与严谨的中轴线格局比较而言。

第二节　园林建筑类型

园林建筑分布于园林景区之中，它既要满足居住、休息、游览的需要，又要组成园景，创造富有变化的空间环境，所以园林建筑在造型上表现出多姿多彩的面貌，类型极为丰富。园林建筑按使用功能可分为居住、文化展览、休憩游览等类型；按建筑结构和材料可分为砖、木、石、钢筋混凝土、竹等类型；按建筑形式又可分为亭、廊、榭等类型。中国传统园林建筑具有独特的风格，从建筑的形式上来分，常见的建筑物有：厅、堂、楼、阁、轩、馆、斋、室、亭、廊、榭、舫、牌楼、塔、台等。这些园林建筑常作为园中的主体建筑来布置。此处主要介绍传统的园林建筑类型。

一、厅、堂

厅、堂是园林建筑的重要类型，其特点是造型丰富，变化多样，体量较大，空间宽敞，装修精美，陈设富丽。厅、堂的名称也很多，如拙政园中的四面厅、鸳鸯厅、花厅、荷花厅，此外还有静妙堂、远香堂等。厅、堂内部一般较大，室外视野开阔，从内看出去，各种景致历历在目。

二、楼、阁

楼、阁是园林中普遍采用的一种建筑形式，两层或两层以上，体量较大，有一种飞阁崛起、层楼俨以承天的气势，是园林建筑中观赏性较强的多层建筑，在造园中起着统领环境、成为主景的作用。楼阁广泛运用于园林的景点建筑，多建在抱山衔水、景色清幽、视线开阔的地方，也有建在建筑群的中轴线上和园林的重要位置。建筑常面阔三间或五间，多面开窗，楼阁造型多为重檐歇山式、攒尖顶式或十子脊顶式，其平面形状布置常为四、六、八角形及十字形等。

三、轩、馆、斋、室

1. 轩：其特征是前檐突起，常采用卷棚形式屋顶，形态变化多端，轻快而秀丽，装修朴素大方。轩的本义有虚敞而又高举之意，其名称往往与建筑的功能和所处的位置以及建筑物的构造有关，为便于赏景，常建在地势高旷的地方，但也有傍山临水而建。现在也常有人为了表示风雅把小的房舍称作轩，在平面布置上常常与院落景色连为一体，轩在功能上可供书、画、茶、宴之用。轩在园林中有时建在明显的地方作为重要景观，有时设在幽深僻静处成为园中配景。轩的体量比楼阁、厅堂要小，布置灵活，所以常被作为景区或院落的主体建筑，成为这个景区或院落的构图中心。

2. 馆：原是取秦汉"馆驿"之意为建筑命名，如拙政园中的玲珑馆、双香仙馆等。江南园林中的"馆"，一般是休息会客的场所，馆的建筑尺寸一般不大，布置较为灵活，多自成一体，形成清幽、安静的环境氛围。

3. 斋：本来是宗教用语，被移用到造园上来，主要是取它"静心养性"的意思。他的主要特点是大都建在僻静的区域。在大型园林里，特别是皇家园林里的斋，往往和许多厅、堂、轩、馆等建筑组合在一起。这种情况下的斋，实际上已经成为一种院落。

4. 室：《说文解字》云"古者有堂，自半以前，虚之谓之堂，半以后，实之谓之室"。室在园林中多为辅助用房，体量较小，是读书、习琴、吟诗之地。

四、亭

亭是古典园林造园最精美、使用最普遍的一种建筑形式。它的特点是小巧灵活，形体多样，最具有民族风格和地方色彩，用来点缀风景也最容易出效果。亭常建于山上、水边、湖心、路旁、桥头及桥上等处，式样和大小因地制宜，造园家对它从形体设计，选址定位，建筑施工，到油饰彩绘，都作为珍品精心处理。苏州拙政园单是中园部分，就应心遂意地布置了上十座亭子，各个形体优美，选址适宜，寓意不同，无处不恰到好处，游览拙政园单是这些亭子也足以使人欣赏不已。

亭是园林建筑中不可缺少的建筑，是游人驻足休息、乘凉避雨、小憩聊天的最佳场所。亭在园林中的位置重要，往往是全园的点睛所在。当亭建于山上时，除了供登山休息、眺望风景外，同时丰富了山的轮廓。临水建亭时，尽量使亭临近水边，或飘出水面，这样不但能欣赏池中荷花、游鱼，更重要的是构成了池景的生动画面，其倒影与波光云影融成一体。亭的造型丰富多样，屋顶常采用宝顶、攒尖顶或卷棚歇山，除单檐外，还做成重檐，使园林空间艺术优美。亭除了单独设置以外，还有双亭，甚至三座或五座密集为一组的，但为数不多，在扬州瘦西湖和北京北海公园内都能见到。园林中的亭子多建在游览线上，或山峰，或水边，或林荫深处，亭子给幽雅恬静的环境增添了景色，又能诱发游人产生丰富的联想。

五、廊

廊是古典园林中最精美的建筑形式之一，主要有单廊、复廊、双层廊等多种形式，在建筑物和景点间起交通联系、遮阳避雨、分隔空间、引导游人循廊览胜的作用。廊可长可短、可直可曲，有随形而弯、依势而曲的特点，游人在其间可行可歇、可观可戏。廊按其平面布局来看，可分为直廊、曲廊、回廊三种形式，按其与环境结合的位置划分，又可分为沿墙走廊、桥廊、水廊、爬山廊等。最为壮观的是北京颐和园、北海公园等皇家园林里的廊。江南园林的廊以典雅别致见长。南京莫愁湖的回抱曲廊，苏州拙政园的水廊，扬州寄啸山庄的双层复道廊，都称得上是至美至妙的佳作。颐和园的彩绘长廊蜿蜒728m，计273间，倚山面水，东起乐寿堂，西至清晏舫，把山前沿湖的排云殿、宝云阁、听鹂馆等七座主要建筑联结到一起，构成一条风光绮丽的游览线，显示出皇家园林特有的雍容华贵气概。

六、榭

榭是建在小水面岸边紧贴水面的小型园林建筑，类似小型的画舫。临水设置的榭，体形与水面协调，其形状随环境而异，临水之面开敞，设有栏杆，可凭栏观景，例如网师园灌缨水阁、留园的清风池馆等，屋顶多为歇山式屋顶，现代园林的水榭多采用平顶形式。利用它变化多端的形体和精巧细腻的建筑风格来表现榭的美，其作用主要是供人观赏水景，同时自身也成为一道景观，在青山绿水之中立有一榭，幽趣风雅，充满了传统山水画的意境。

七、舫

舫在园林中是一种仿船形的水上建筑，船体花厅，工巧雅致，人们都喜欢叫它画舫。从一些园林舫的实例看，有的临岸贴水，如待人登临，有的伸入水中，似起锚待航，如拙政园的香洲。园林中的石舫，是在船形石基台座上，用轩、廊、楼、亭等形式建筑组合而成，形似石船，故称为"石舫"；有的石舫将其额枋梁柱进行雕龙画凤，是点缀园林的水景建筑中的一种，如颐和园的石舫。

八、牌楼

牌楼是装饰用的建筑物，多用于庙宇、陵墓、园林或街市路口等处，起标志性作用。顶部装饰分单层、双层及多层。如十三陵石牌坊、天坛圜丘坛牌坊等。

九、塔

佛塔的简称，俗名宝塔，用以藏舍利和经卷。佛寺组群中的主要建筑，对佛寺组群、城市轮廓和园林景观有重要作用。造型高耸、挺拔，往往成为园林中的重点或构图中心。形式有楼阁式、密檐式、单层塔等。如西安大雁塔、小雁塔，西湖宝俶塔，杭州六和塔等。

十、台

台是我国最早出现的建筑形式之一，用土垒筑，高耸广大，有些台上建造楼阁厅堂，布置山水景物。河北省邯郸市有一座公元前 325~299 年，战国时期赵武灵王建筑的一座丛台，也叫武灵台。现代园林里的台，主要是供游人登临观景，有的建在山岭，有的建在岸边，不同的地点有不同的景观效果。北京恭王府萃锦园里有一座高耸的湖石假山，山顶上置了一座台，名叫邀月台。"举杯邀明月，对影成三人"，造园家借用古诗的意境造台，此处可算达到了神形俱妙的程度。

第二章 园林建筑

根据《园林基本术语标准》，园林建筑（Garden Building）是指园林中供人游览、观赏、休憩并构成景观的建筑物或构筑物的统称。如本篇第一章所述，中国园林建筑具有独特的风格，从建筑的形式上来分，常见的建筑物有厅、堂、楼、阁、轩、馆、斋、室、亭、廊、榭、舫、牌楼、塔、台等类型，本章主要就常见的亭、廊、榭、舫等类型稍作探讨。

第一节 亭

亭在我国具有悠久的历史，是园林中运用最广、数量和形式最多的园林建筑形式。

一、亭的造型种类

（1）按平面形式，可分为多边形（如三、四、五、六、八边形等）、圆形、异形（如扇形、十字形）等，还有以上各类型的组合亭。

（2）按屋顶形式，有攒尖顶、歇山顶、卷棚顶、庑殿顶等，也有现代形式的平顶、蘑菇顶等形式。根据屋檐层数还可分为单檐亭、重檐亭及多重檐亭等。单檐亭显得玲珑轻巧，是最常见的一种形式。重檐亭及多重檐亭则给人以端庄稳重之感，在北方皇家园林中较多见。

（3）根据材料的不同，亭又分为木亭、石亭、竹亭等。现代园林中多用钢筋混凝土材料，由于其具有耐腐蚀性强、施工方便、可塑性大的特点，既可做成传统的攒尖顶、卷棚顶等古代形式，也可做成平顶、蘑菇顶等各种形式的亭。

（4）根据建造的位置及使用性质的不同，亭又可分为山亭、路亭、桥亭、碑亭等。这些亭具有不同的功能，但均能与其周围的环境结合，形成浑然一体的景观效果。

二、亭在园林中的作用

亭在园林中的应用最为广泛，是最常见的园林建筑，从"无园不亭"或"无亭不园"的说法可见一斑。亭在园林中通常作为主景，即某区域的"趣味中心"来处理，可用于点缀和补白，也可作为其他主体建筑的陪衬，以点联面来实现对环境的控制。

三、传统亭的构造做法

亭的形式虽然很多，屋顶作为最主要部位，也是决定亭子造型的主要因素，其构造做法是建亭的关键。传统亭子通常以木构瓦顶为主，且基本结构均大同小异。攒尖顶作法通常有三种形式：用老戗支撑灯心木、用大梁支撑灯心木和用抹（搭）角梁的做法。

1. 攒尖顶亭

亭的屋顶形式以攒尖顶为多，一般应用于正多边形和圆形平面的亭上。其构造做法因梁架构造而异，传统做法通常有"伞法""大梁法"和"抹（搭）角梁法"几种（图 6-2-1）。

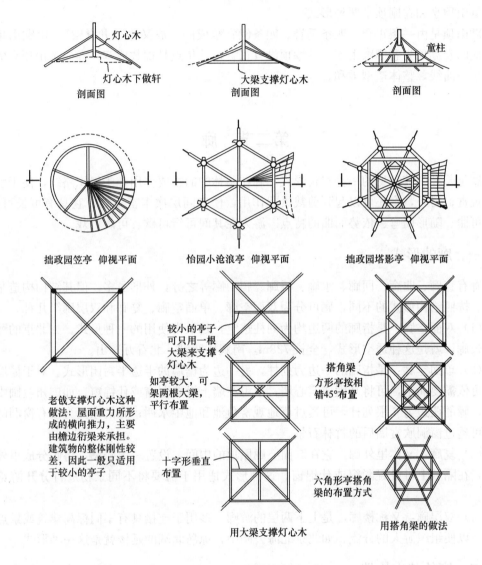

图 6-2-1 屋顶的造型

① 伞法：是用老角梁支撑雷公柱（灯心木）的做法。这种构造做法巧妙，屋面重力所形成的横向推力，主要由檐边衍梁来承担，构架系统简单，结构合理，但建筑物的整体刚性较差，因此一般只适用于体量较小的亭。

② 大梁法：是用大梁支撑雷公柱的做法。跨度较小时一般用一根大梁，施工操作方便，较大的亭用两根或数根大梁。这种做法因结构受力不太合理，比较少用。

③ 抹（搭）角梁法：是沿金檩的水平投影轴线交点的位置，在两搭交檐檩上以 45°角安放抹角梁。承托抹角梁的檐檩应预先在安放处做好承放卡槽，然后在抹角梁上安放搭交

金檩。这种做法最为常见，整个构架有一定的装饰作用，多用于有角的亭。

2. 正脊顶亭

一般应用于长方形、正方形、扇形等平面上，采用木梁架结构，做法较简单。这类亭不像攒尖顶亭那样主次方向不明显，而通常把正对着正脊的一面作为亭子的主立面。常见的有歇山顶亭和卷棚顶亭两种形式。

歇山顶是由一条正脊、四条垂脊、四条戗脊组成的，故又称"九脊殿"。由歇山顶变化而成的卷棚顶为卷棚歇山顶，卷棚顶没有正脊，其特点是檩数成双。卷棚歇山顶亭的正脊处呈一曲线，整体造型柔和。

第二节　廊

廊是园林中较常见的一种建筑形式。廊在园林中的主要作用在于组织路线，便于引导游人观赏；另外，廊还可以起到剪裁景观作用，使空间层次丰富多变。它具有可长可短、可直可曲、随形而弯、依势而曲的特点。游人在其间可行可歇、可观可戏。

一、廊的形式

廊有直廊、曲廊、回廊、水廊、桥廊、爬山廊等之分，外形虽多，但其结构构造基本一样。按照结构形式的不同，廊可分为双面空廊、单面空廊、复廊和双层廊等几种。

（1）双面空廊：是指廊的两边均为列柱透空，是最常使用的一种形式。如北京的颐和园的长廊，就是这种透空形式，全长728m，南观昆明湖，北看万寿山。

（2）单面空廊：是指廊的一边为列柱，另一边为檐墙的半透半封闭形式。对于檐墙的做法可依需要而定，可将其做成实心墙，也可在墙上设置漏窗或什锦窗。如广州兰圃中的连廊，廊的西边为6根列柱，可透过草地观赏鱼池和池中水榭；廊的东面为设有窗洞的檐墙，可透过窗洞欣赏墙后的竹林石景。

（3）复廊：又称里外廊，它在双面空廊屋顶的中间，设置一道隔墙，将廊分成里外两部分，在隔墙上可设置漏窗或什锦窗。这种形式适用于需要将不同景物进行分开游览的游园。

（4）双层廊：又称楼廊，是上下两层的游廊。多用于连接具有不同标高建筑或景点的布置，以便组织游人的分流。如北京北海公园中，琼岛北端的延楼就是这一种形式。

二、廊的基本构造

传统廊多为斜坡顶梁架，梁架上为木椽子、望板和青瓦。或用人字形木屋架、筒瓦、平瓦屋面，有时由于仰视要求，可用平顶做部分或全部掩盖，显得简洁大方。采用卷棚结顶做法在传统亭廊更是常见。

现代廊的屋顶多采用钢筋混凝土结构制成，其屋顶可采用平顶、坡顶、折板顶等，形式多样。廊内除了设置座凳等基本设施外，还常有霸王拳、挂落、雀替等装饰构件，必要时再加上油漆彩画，使廊的景观及艺术效果更加丰富。

第三节　榭

《园冶》云："榭者，借也。藉景而成者，或水边，或花畔，制亦随态。"中国传统水榭的基本形式是：一般有临水平台，一半伸入水中，平台四周围以低平的栏杆，平台上建单体建筑物，平面多为长方形，临水一侧特别开敞，有时为两层。建筑的平面形式通常为长方形，其临水一侧特别开敞，有时建筑物的四周都立着落地门窗，显得空透、畅达，屋顶常用卷棚歇山式样，檐角低平轻巧，檐下为玲珑的挂落、柱间微微弯曲的鹅颈靠椅和门窗、栏杆等都是一整套协调的木作做法。这种水榭的建筑形式，成为当时人们在水边一个重要的休息场所。

现代的水榭，有的功能上比较简单，仅供游人坐憩游赏，体形也比较简洁；有的在功能上更多样，如作为休息室、茶室、接待室时，体形上相对复杂；还有的把水榭的平台扩大成供节日演出的舞台，在平面布局上更加多变。

第四节　舫

舫（Boat House）是供游玩宴饮、观景之用的仿船造型的园林建筑。舫的基本格局与真船相似，一般分为前、中、后三部分。前半部多三面临水，船首一侧常设有平桥与岸现连，仿跳板之意。通常下部船体用石，上部船舱多用木构，四面开窗，以便远眺。船头做成敞棚，供赏景谈话之用。中舱是主要的休息、宴客场所，舱的两侧做成通长的长窗，以便坐着观时有宽广的视野。船尾多为两层，下实上虚，四面开窗，可供远眺。中舱屋顶一般做成船篷式样或两坡顶，首尾舱顶则为歇山式样，轻盈舒展，在水面上形象生动，成为园林中重要的景点。舫通常固定在水岸，虽不能动，但似船摇曳，所以也称"不系舟"。

第三章　园林建筑构造

园林建筑通常由基础、地面（楼面）、台阶与坡道（楼梯）、柱墙、门窗、屋面等几部分组成。

第一节　基础构造

一、基础

（一）基础的材料

基础的类型较多，采用的材料也不尽相同，基础所采用的材料直接影响着基础的强度、耐久性和造价。因此，正确地选择基础的材料是非常重要的。园林中常见的基础材料有以下几种：

1. 砖、石

用作基础的砖，其强度等级必须在 MU7.5 以上，砖的造价低廉，取材容易。在南方地区的中小型建筑中使用较普遍。

2. 毛石、混凝土

用作基础的毛石（片石），耐久性和抗冻性很高，但毛石基础的强度不高。用作基础的混凝土强度高，整体性和耐久性都好，便于机械化施工，是理想的基础材料。为了节约水泥用量，可以在混凝土中掺入 20%～30% 的毛石，配成毛石混凝土。

3. 钢筋混凝土

用作基础的钢筋混凝土整体性、强度、耐久性、抗冻性都很高，是基础的最理想材料。

（二）基础埋置深度的确定

基础埋置深度指的是室外地坪至基础底面的垂直距离。确定基础埋置深度需考虑以下因素：

（1）建筑物的使用性质，基础的类型和构造等。

（2）作用于地基上荷载大小与性质。建筑物高度较高时，其沉降量也较多，基础的埋置深度宜深些。

（3）工程地质与水文地质情况。一般情况下，基础底面应设置在坚实的土层上，而且应尽量浅埋，一般来讲，基础的埋深一般不能小于 0.5m。基础应设在地下水位以上，以减少特殊的防水措施，有利于施工。

（4）地基土的冰冻和融陷的影响。冻结土与非冻结土的分界线，称冰冻线。土的冻结深度主要取决于当地的气候条件。基础的埋置深度必须在该地区的冰冻线（冻结深度）以下至少 200mm。

(三) 基础的类型与构造

1. 按基础所用材料及受力特点，基础可分为刚性基础与柔性基础

刚性基础一般是指由刚性材料建造的基础。所谓刚性材料，是指抗压强度高，抗拉、抗剪强度低的材料。由这些刚性材料建造的砖、石、混凝土基础均为刚性基础。根据刚性材料受力特点，采用刚性材料做基础时其抗拉、抗弯、抗剪的强度都很低。为了保证基础不受拉力或冲切的破坏，基础必须有相应的高度。

柔性基础一般是指用钢筋混凝土建造的基础。当建筑物的荷载较大而地基承载能力较小时，如果仍采用刚性基础，由于受刚性角限制，势必导致基础底面宽度很大，埋深加大。这样造成土方工程量及材料用量都很大，不经济。如采用钢筋混凝土基础，利用钢筋承受拉力，基础不受刚性角限制，可以浅埋。

2. 按基础的构造形式分类，基础可分为条形基础、独立基础和满堂基础

条形基础是指呈单向条状的基础，也称带形基础。条形基础可用于墙下，也可用于柱下。这种基础优点是纵向整体性好，可减缓局部不均匀下沉，多用于砖混结构建筑。墙下常采用砖、毛石、混凝土、灰土、三合土等刚性条形基础。当荷载较大、地基软弱时，也采用钢筋混凝土条形基础。柱下条形基础一般采用钢筋混凝土条形基础。

上部结构为框架或单独柱子时，常用独立基础。独立基础的形式有台阶形、锥形等，用料与条形基础相同。采用钢筋混凝土独立基础时，混凝土的强度不宜低于 C20，受力筋直径不小于 8mm，间距不大于 200mm。当柱子为预制时，可采用杯形基础。

当建筑物的柱距较小，而柱作用的荷载很大，独立基础不能满足地基要求时，柱子的独立基础底面积连成一整体后才能满足地基容许承载能力，这种基础称为满堂基础。

二、基础与地基的关系

基础与地基是两个不同的两个概念。基础是建筑物的组成部分，是建筑物与土层直接接触的部分，它承受建筑物的全部荷载，并把它们传给地基。承受由基础传来的荷载而产生应力和应变的土层称地基。地基不是建筑物的组成部分。地基承受建筑物荷载而产生的应力和应变随着土层深度的增加而减少。

地基可分为天然地基和人工地基两大类。凡天然土层具有足够的承载力，不需经人工处理或加固，可直接在上面建造房屋的称天然地基。天然地基基本是呈连续整体状的岩层，或由岩石风化破碎成松散颗粒的土层。当土层的承载力较差，作为地基没有足够的坚固性和稳定性，必须对土层进行人工加固后才能在上面建造房屋，这种经过人工处理的土层，称人工地基。常用的人工加固地基的方法有压实法、换土法和桩基等。

第二节 地面与楼板构造

楼、地面是指楼层地面和底层地面。楼面在水平方向分隔建筑空间，既需要承重，又需要满足各项使用要求，地面可直接承受荷载的作用及摩擦、冲击和防止从地下上升的潮湿。

一、楼、地面的基本组成

底层地面主要由面层、垫层和基层组成。楼层地面主要由面层和基层（楼板）组成。为满足其他方面的要求，根据需要可增加相应的构造层，如找平层、防水层、防潮层、保温、隔热层、隔声层、管道敷设层等。

二、楼、地面面层的基本构造

常用的楼地面有整体地面、块料地面、木地面三种。整体地面有水泥砂浆楼地面、混凝土楼地面、现浇水磨石地面等。块料地面是指以陶瓷锦砖、瓷砖、水泥砖及水磨石板、大理石板、花岗岩板等板材铺砌的地面。木地面按构造方式不同，分为空铺、实铺和粘贴式三种。

木地板除实木材料外，目前也常用复合木地板。复合木地板是将木材高温高压下压制而成，强度高、耐磨、防水性能好，而且造价相对实木地板低。其构造采用实铺法和粘贴法均可。

第三节　台阶、坡道与楼梯构造

一、台阶与坡道

1. 室外台阶

台阶是联系室内外地坪或楼层不同标高处的踏步段。底层台阶要考虑防水。楼层台阶要注意与楼层结构的连接。底层台阶应注意室内外高差，其踏步尺寸可略宽于楼梯踏步尺寸。踏步高度经常取 100～150mm，宽度常取 300～400mm。在台阶与出入口之间，一般设有 1200～1500mm 宽的平台作为缓冲，平台的表面应做成向室外倾斜 1%～4% 的流水坡，以利排水。台阶选用的材料应具有抗冻性好且表面结实耐用的材料，如混凝土、花岗岩、缸砖等。

2. 坡道

园林建筑常采用坡道来联系及处理室内外高差。无障碍坡道的坡度一般需小于 1/20，特殊情况可采用 1/12～1/10。坡道面层可做成锯齿形或防滑条。防滑条构造可为金刚砂、水泥豆石面等。

二、楼梯

楼梯应满足通行顺畅、行走舒适、结构坚固耐久，此外还要满足防火安全、造型美观和施工方便等要求。

1. 楼梯的类型与组成

楼梯按位置分有室内楼梯和室外楼梯。楼梯按结构材料的不同，有钢筋混凝土楼梯、木楼梯、钢楼梯等。钢筋混凝土楼梯因其坚固、耐久、防火，应用普遍。

楼梯按构造形式分为直行单跑式、直行多跑式、平行双跑式、平行双分式、平行双合式、三跑式、多跑式及弧形和螺旋式等。双跑楼梯是最常用的一种。楼梯的平面形式与建筑平面有关。当楼梯间的平面为矩形时，适合用双跑楼梯；接近正方形的平面，可做成三跑或多跑楼梯；圆形平面可做成弧形或螺旋式楼梯。

楼梯由楼梯段、休息平台和栏杆扶手三部分组成。按施工方式的不同，钢筋混凝土楼梯分为现浇钢筋混凝土楼梯和预制装配式钢筋混凝土楼梯两种。现浇钢筋混凝土楼梯是在施工现场支模、绑扎钢筋和浇筑混凝土而成。这种楼梯的整体性强，但施工工序多，工期较长。按结构形式的不同，钢筋混凝土楼梯又可分为板式楼梯和梁板式楼梯两种。

2. 楼梯细部处理

(1) 踏步与面层：踏步由踏面和踢面所构成。为了增加踏步的行走舒适感，可将踏步凸出 20mm 做成凸缘或斜面。踏面常用的做法有水泥砂浆抹面、水磨石面层、花岗岩面层、缸砖面层等。踏步表面还应注意防滑处理，一般建筑常在近踏步口做防滑条或防滑包口，防滑条有金刚砂、马赛克、铜条等做法。讲究的建筑可铺地毯、防滑塑料或橡胶面。

(2) 栏杆及栏板：栏杆及栏板安装后应有足够的强度和防冲击能力。按构造做法分为空花栏杆、栏板式栏杆和组合式栏杆三种。空花栏杆一般由圆钢、方钢、钢管、不锈钢等制成，栏板式栏杆多用钢筋混凝土制作，组合式栏杆是空花栏杆和栏板组合的一种形式，空花部分多用圆钢、方钢、钢管、不锈钢等制成，栏板多用有机玻璃、钢化玻璃等制作。

(3) 扶手：扶手宽度一般为 60~80mm，高度 80~120mm。栏杆顶部的扶手一般用硬木制作，也可用钢管、硬塑料、铝合金或不锈钢管。如为栏板顶部的扶手，也可用水泥砂浆、水磨石、大理石等制作。

第四节　墙　体　构　造

一、墙体的类型与设计要求

墙体在园林建筑中起承重、围护或分隔作用，是建筑物重要的组成部分。一般墙体的重量约占房屋总重量的 40%~65%，墙体的造价约占工程总造价的 30%~40%，因此，在选择墙体的材料和构造方法时，应综合考虑建筑的使用质量、造型、结构、经济等方面的因素。

按墙体的使用材料和构造的不同分类，有实砌砖墙、空斗墙、石墙、夯土墙、组合板材墙和大型砖砌块墙等。按受力特点分，有承重墙和非承重墙两种。外横墙习惯上称山墙，外纵墙习惯上称檐墙；窗与窗、窗与门之间的墙称为窗间墙，窗洞口下部的墙称为窗下墙；屋顶上部的墙称为女儿墙。

二、砖石墙体的基本构造

1. 砖墙

一般指实体砖墙。墙体的厚度以砖长为计算单位，常用的有半砖墙（120mm）、3/4砖墙（180mm）、一砖墙（240mm）、一砖半墙（365mm）、二砖墙（490mm）等。砖墙在砌筑时要做到横平竖直，砂浆饱满，避免通缝。灰浆的厚度按8~10mm考虑。常用的砌筑方法有一顺一丁式、三顺一丁式、全顺式等。

2. 空斗墙

即用普通粘土砖侧砌或平砌结合砌筑，形成内部心的墙体称空斗墙。这种墙体在我国民间流传很久。它的砌筑方法有两种：无眠空斗墙和有眠空斗墙。侧砌的砖称为斗砖，平砌的砖称为眠砖。空斗墙与实体砖墙相比，用料省，自重轻，保温隔热好，适用于炎热、非地震区的低层民用建筑。

3. 粘土空心砖墙

粘土空心砖和普通粘土砖的烧结方法一样，有竖孔和横孔两种。竖孔空心砖用于承重墙，横孔空心砖用于非承重墙。这种粘土空心砖的竖孔虽然减少了砖的承压面积，但是砖的厚度增加，砖的承重能力比普通粘土砖略高，由于有竖向空隙，所以其保温能力有所提高。

4. 石墙

在园林建筑中，有时采用天然石料砌筑墙体。用于砌筑石墙的石材有石灰石、花岗岩石、砂石、玄武岩石等。石墙有乱石墙、整石墙两种。

① 乱石墙：这种墙体是用大小不等、形状不一，且未经雕琢的石块砌筑而成。墙面凹凸不平，表面用砂浆勾缝。由于这种墙体整体性差，故只适合于砌筑围墙或两层以下的建筑。乱石墙的厚度应不小于 150mm，常用水泥砂浆或石灰砂浆砌筑。

② 整石墙：这种墙体是用经过加工、外形规则的石块砌筑而成。整石的长度为 600～1200mm，宽 200～600mm，高 150～400mm。灰缝为 3～6mm。砌筑时常采用石灰砂浆。

5. 夯土墙：夯土墙以粘土和亚粘土为主要原料。为了提高夯土墙的强度和耐水性能，减少干裂缝，可加入适量的掺合料（如石灰、砂子、石屑、炉渣或稻草等）。夯土墙的耐水性能差，强度低，压缩变形和干缩性大，故不能作基础或放在其他易受潮的部位。

三、墙体的细部构造

墙体的细部构造一般指在墙身上的细部做法，其中包括有防潮层、散水与明沟、勒脚、窗台、过梁、变形缝等。

1. 防潮层

在墙身中设置防潮层的目的，是防止土壤中的水分沿基础墙上升，以及勒脚部位的地面水影响墙身，保护墙体免受毛细水侵蚀，因而提高建筑物的耐久性，并保持室内干燥卫生。

防潮层的位置一般应设在室内地面混凝土高度范围内，通常在室内地面标高下一皮砖，即－0.060m 标高处设置。防潮层的材料与具体做法有防水砂浆防潮层和混凝土防潮层。若水平防潮层标高处为钢筋混凝土基础圈梁或毛石砌体时，可不设水平防潮层。

2. 散水与明沟

散水指靠近勒脚下部的水平排水坡；明沟是靠近勒脚下部设置的水平排水沟。它们的作用是为了迅速排除从屋檐下滴的雨水，防止因积水渗入地基而造成建筑物的下沉。散水应大于屋檐宽 150mm 以上，且不应小于 600mm，散水向外的坡度一般在 2%～5% 左右，散水的常用材料为混凝土、砖、炉渣等。明沟是将积水通过沟引向下水道，一般在年降雨量为 900mm 以上的地区才选用。沟宽一般在 200mm 左右，沟底应有 0.5% 左右的纵坡。

明沟的材料可以是砖、混凝土等。

3.勒脚

勒脚是指外墙墙身与室外地面接近的部位。其作用是保护外墙根部免受雨水侵蚀，避免机械性损坏，保证室内干燥，提高建筑物的耐久性，同时对建筑物的立面起一定的艺术装饰效果。勒脚的高度一般为300～600mm。勒脚常采用水泥砂浆、水刷石面层或其他外墙砖面层。装修标准较高的建筑物，也可贴、挂天然石材或人造石材。

4.窗台

窗台是窗洞下部的构造，用来排除窗面上流下的雨水，防止污染墙面，并起一定的装饰作用。窗台的构造做法通常有砖砌窗台和混凝土窗台两种。

5.门窗过梁

过梁是用来支承门窗上部砖砌体和楼板层荷载的构件。其做法常用的有三种：即平拱砖过梁、钢筋砖过梁和钢筋混凝土过梁。平拱砖过梁是用竖砌的砖做成水平的拱券，故称平拱。钢筋砖过梁是在平砌的砖缝中配置适量的钢筋，形成可以承受弯矩的加筋砖砌体过梁。当门窗洞口跨度超过2m或上部有集中荷载时，需采用钢筋混凝土过梁。

6.圈梁

圈梁是沿建筑物外墙、内纵墙和部分横墙设置的连续封闭的梁。其作用是加强房屋的空间刚度和整体性，防止由于基础不均匀沉降、振动荷载等引起的墙体开裂。圈梁的构造做法有两种，即钢筋混凝土圈梁和钢筋砖圈梁。钢筋混凝土圈梁的断面高度不小于120mm，宽度可与墙体的厚度相同；钢筋砖圈梁的高度一般为4～6皮砖，宽度与墙厚同。圈梁的数量应根据房屋高度、层数、墙厚、地基条件和地震等因素确定。

7.变形缝

变形缝包括伸缩缝、沉降缝和防震缝三种。

(1)伸缩缝：即温度缝，主要是为避免温度变化引起材料的热胀冷缩导致材料开裂而设置的。一般从基础顶面开始，把建筑物的墙体、楼板层、屋顶等地面以上部分全部断开，基础部分因受温度变化影响较小，可不断开。伸缩缝的最大间距与建筑物的结构类型和房屋的屋盖类型以及有无保温层或隔热层有关，若建筑物为砖墙承重结构，楼板和屋顶为预制混凝土板，屋面有保温层和隔热层，其伸缩缝的最大间距为50m，屋面无保温层和隔热层的，其最大间距为30m。为保证伸缩缝两侧的建筑物构件能在水平方向自由伸缩，缝宽一般为20～40mm。伸缩缝的外缘内应用沥青麻丝、玻璃棉毡、泡沫塑料条等填充，外侧缝口用镀锌薄钢板盖缝或用铝合金片装饰。伸缩缝的内缘一般不填充材料，但内侧缝口一般用木盖板装修。

(2)沉降缝：沉降缝是为了防止建筑物由于不均匀沉降引起破坏而设置的缝隙。沉降缝要求从建筑物基础底面到屋顶所有的构件全部断开。沉降缝的宽度一般为50～70mm，它可兼起伸缩缝的作用，其构造与伸缩缝构造基本相同，只是调节片或盖缝板在构造上应保证两侧单元在竖向能自由沉降。

(3)防震缝：防震缝是为了防止建筑物各部分在地震时相互挤压引起破坏而设置的缝隙。防震缝应沿建筑物的全高设置，并用双墙使各部分结构封闭。基础可不断开，若与沉降缝合并考虑时，基础应断开。防震缝的宽度一般为50～100mm，其构造要求与伸缩缝相同，但不应做错口缝和企口缝，缝内不填任何材料。由于防震缝的宽度较大，构造上更应注意盖缝的牢固、防风、防水等措施。

第五节　门　窗　构　造

一、门窗作用与要求

门的作用在于出入及联系交通，窗供采光和通风之用。此外，门和窗均属围护构件，起抵御各种自然侵蚀，如风、雨、雪以及隔声方面的围护作用。同时还对建筑立面处理和室内装修产生影响。

二、门的构造

按门的材料分有木门、钢门、铝合金门、塑钢门、塑料门等；按层数分有单层门、双层门等；按开启方式分有平开门、推拉门、折叠门、转门等；按功能分有保温门、隔声门、防火门、防盗门及防辐射门等。

三、窗的构造

窗的类型很多，根据开启方式、使用材料和层数的不同，窗可以划分为以下几种：
（1）根据开启的方式，可分为平开窗、推拉窗和旋转窗等。
（2）根据材料的不同，可分为木窗、钢窗、铝合金窗和塑钢窗等。

四、阳台与雨篷构造

（一）阳台

阳台是多层建筑中室内与室外接触的平台，可供人们休息、眺望或从事家务活动，人们也可以在上面种植花草，陶冶情操，因而有人也把阳台叫作"微型花园"。阳台按其平面位置可分为凸阳台、凹阳台、半凹半凸阳台。

1. 阳台的结构形式

阳台按结构形式及施工方式分为现浇阳台与预制阳台。现浇阳台用于阳台平面较复杂处或抗震设防地区。预制阳台由于分件制作，抗震性能较差，常用于抗震设防烈度小于 7 度的地区，施工速度快，构造简单。

2. 阳台的细部构造

为了安全，在阳台临空一侧设置栏杆或栏板，同时对房屋也有一定的装饰作用。栏杆或栏板的高度应高于人体的重心，不宜小于 1.05m，但也不应超过 1.2m。栏杆指用木制或金属做成的镂空栏杆形式，金属栏杆一般由方钢、扁钢或钢管组成。栏杆与阳台板预埋件焊接，栏杆与栏杆、栏杆与扶手都采用焊接连接。

（二）雨篷

雨篷有叫雨罩，其作用主要是为了保护外门免受雨淋。较小的雨篷通常做成悬挑构件，悬挑长度一般为 1～1.5m，为了防止雨篷倾覆，应将雨篷与入口门的过梁或圈梁浇筑成一体，较大的雨篷可做成梁板式，为了使雨篷板底平整、美观，常将雨篷梁翻到上部。

雨篷顶部需做防水处理，一般抹 20mm 厚的防水砂浆，并做 1% 的坡度，最低点设排水管，排水管的设置与阳台相同。

第六节 屋 面 构 造

一、屋顶功能与类型

屋顶是房屋最上层覆盖的外围护结构，其主要功能是用以抵御自然界的风霜雨雪、太阳辐射、气温变化和外界的其他不利因素。因此，屋顶在构造上要满足防水、保温、隔热以及隔声、防火的要求。

在结构上，屋顶又是房屋上层的承重结构，它应能支承自重和作用在屋顶上的各种荷载，同时还起着对房屋上部的水平支撑作用。屋顶是建筑的重要组成部分，屋顶的形式在很大程度上影响建筑造型，所以还应注意屋顶的美观要求。

随着结构形式的变化，屋顶有多种类型。目前常见的有平屋顶、坡屋顶、折板屋顶、曲面屋顶等。

二、平屋顶构造

平屋顶的承重结构常与楼板结构相同，可采用梁、板形式。因此，平屋顶构造简单，能适合各种形状和不同大小的屋面，外观较简洁，特别是可利用屋顶上部的空间作屋顶花园、露台等，目前采用较多。

（一）平屋顶构造层次及常用材料

平屋顶的构造主要解决防水排水、保温隔热和结构支承三方面的问题。平屋顶一般由顶棚层、结构层、找坡层、隔气层、保温层、隔热层、找平层、防水层、面层和保护层等部分组成。

（二）平屋顶排水

1. 屋顶排水方式

屋顶排水可分为无组织排水和有组织排水两类。在园林建筑中，古典建筑多采用无组织排水方式，现代园林建筑中，多采用有组织排水方式。

2. 屋顶坡度的形成

平屋顶的排水坡度较小，一般在 5% 以内，形成平屋顶的坡度有两种方式，一种是材料找坡，另一种是结构找坡。

（三）平屋顶柔性防水与刚性防水

平屋顶防水是屋顶设计、施工的重要坏节，可分为柔性防水和刚性防水两种。所谓柔性防水是指所采用的防水材料有一定的柔韧性，能够随着结构的微小变化而不出现裂缝，且防水效果好。柔性防水屋面即这种柔性防水材料和胶凝材料分层粘贴组成防水层的屋面。

刚性防水屋面是以水泥砂浆或混凝土等刚性材料进一步提高密实度后，现浇成整体而成的防水层，使之具有抗渗能力，可以达到防水的目的。

三、坡屋顶构造

坡屋顶一般由承重结构层、面层和顶棚层组成。由于保温、隔热效果较好。在一些古建筑和园林建筑以及民居建筑中，使用较广。

(一) 坡屋顶的承重结构

坡屋顶的承重结构有山墙支承、屋架支承和梁架支承等。

1. 山墙支承

将檩条直接搁置在山墙上，以承受屋面荷载，这种承重结构也称为山墙搁檩条承重结构。

2. 架支承

屋架用来架设檩条，屋架搁置在房屋纵向外墙或柱上，使建筑有较大的使用空间。

3. 梁架支承

是以柱和梁形成屋架来支承檩条，并利用檩条及连系梁（枋），使整个房屋形成一个整体的骨架。在梁架支承中墙只起围护和分隔作用，不承重。

4. 椽架支承结构

椽架是由椽子和横木组成的三角形屋架，以此来承受屋面荷载。椽架的间距一般为400~1200mm，由于椽架的间距较小，用料截面也小，对房间的灵活布置较有利。适合于有阁楼的房屋。

(二) 坡屋顶的屋面构造

坡屋顶的屋面依其面层材料的不同可分为平瓦屋面、小青瓦屋面、琉璃瓦屋面、波形石棉瓦屋面等。

1. 平瓦屋面

平瓦屋面是指多片平瓦拼接而成的屋面。平瓦有粘土瓦（机平瓦）和水泥瓦两种，它是根据防水和排水要求而设计的瓦片。机平瓦需将粘土模压制成凹凸楞纹后焙烧而成，水泥瓦则需经制模浇捣而成。瓦片的尺寸一般为380~420mm长，240mm宽，50mm厚。瓦片有挂钢，可与挂瓦条挂接，防止下滑。平瓦屋面按基层构造不同分为冷滩瓦屋面、屋面板平瓦屋面、挂瓦板平瓦屋面等。

2. 青瓦屋面

小青瓦屋面在我国民居住宅和园林建筑中采用较多。小青瓦断面呈弓形，一头较窄，尺寸规格不一，宽度165~220mm。铺设方法是将瓦覆、仰铺排，仰铺成沟，覆铺成陇。盖瓦搭设底瓦约1/3左右，上、下两皮瓦搭叠长度少雨地区为搭六露四；多雨地区搭七露三。一般在木屋面板铺灰泥，灰泥上覆盖瓦。在檐口尽头处盖瓦常设有花边瓦，底瓦则铺滴水瓦。屋脊可做成各种形式。

3. 琉璃瓦屋面

通常在古代宫殿庙宇中常常采用各种颜色的琉璃瓦屋面。琉璃瓦是上釉的陶土瓦，有盖瓦与底瓦之分。盖瓦为圆筒形，称筒瓦；底瓦为弓形。铺设方法是将底瓦仰铺，两底瓦交接处覆以盖瓦。琉璃瓦的颜色有黄色、绿色、蓝色等。

4. 波形石棉瓦屋面

波形石棉瓦按材料分为水泥波形瓦、木质纤维波形瓦、埃特防火瓦、钢丝网水泥瓦、镀锌铁皮瓦、彩色钢板瓦等。瓦可直接用瓦钉钉铺在檩条上，上下接缝至少搭接 100mm，横向搭接至少一波半。瓦钉钉在波峰处，并应加设铁垫圈和毡垫或灌厚防潮油防水。屋脊要加盖瓦或用镀锌铁皮盖住。

（三）坡屋顶的节点构造

在坡屋顶中最常用的为平瓦屋面，下面的构造以平瓦屋面为例。

1. 纵墙檐口构造

建筑物屋顶在檐墙的顶部称檐口，它对墙身起保护作用，也是建筑物中的主要装饰部分。坡屋顶的檐口常做成封檐与挑檐两种形式。封檐将檐口与墙齐平或用女儿墙将檐口封住，常用于山墙檐口；后者是将檐口挑出墙外，做成露檐头或封檐头等形式。其构造与挑出长度有关。

2. 山墙檐口构造

（1）悬山挑檐：其做法是由檩条挑出山墙，用木封檐板将檩条封住，再用加麻刀的水泥砂浆抹出封山线。

（2）硬山封檐：将山墙升高超出屋面的构造做法称为硬山封檐，山墙与屋面相交处抹 1∶3 水泥砂浆或水泥石灰加麻刀砂浆泛水，或钉镀锌铁皮泛水。

3. 烟囱泛水

烟囱穿过屋顶时，按防火要求在烟囱四周，离烟囱内壁 370mm 或外墙 50mm 内不应有易燃材料，木基层不能支承在烟囱壁上，因此烟囱两侧需在上下檩条间做斜向挡木，并挑砖搁置泛水。

4. 檐沟和雨水管

在有组织排水中，檐口处常设檐沟。坡屋面多采用外排水，檐沟和雨水管可用镀锌铁皮、石棉水泥、玻璃钢等材料制作，最常用的是镀锌铁皮。

（四）坡屋顶的顶棚、保温与隔热

1. 顶棚

坡屋顶的底面是倾斜的，而且有屋架、檩、椽等构件，为了平整、美观，常在其下部做吊顶，吊顶的做法与材料与楼板下吊顶的做法相同，只是吊筋吊在屋架下弦或檩条上。

2. 保温

坡屋顶的保温层可设在屋面面层与檩条之间、吊顶搁栅之上和吊顶面层本身等部位。

3. 隔热与通风

坡屋顶的顶棚内部应有良好通风保持干燥，防止虫蛀，同时在南方地区也可通过顶棚上通风降低室内温度，起到散热的作用。坡屋顶的通风常采用以下几种做法：在山墙上设通风洞口，在檐口顶棚设置通风口，在屋面设置通风口。

第四章　园林建筑装饰

第一节　装饰艺术表现

一、艺术表现形式

在我国传统园林建筑中，装饰是艺术表现的重要手段之一。园林建筑装饰艺术是借鉴其他艺术形式而发展起来的，所以与其他艺术形式有许多相通之处。在园林中，建筑装饰艺术主要表现在塑形装饰、图案装饰、色彩装饰和陈设装饰四个方面。

1. 塑形装饰

塑形装饰是在房屋基本造型基础上进行更深一步的刻画而形成的。它主要表现在园林建筑造型和细部处理上，以增强造型艺术和空间效果的感染力。园林建筑十分注重上部轮廓线的变化，这种变化是利用各种屋顶形式、屋脊式样和封火山墙的变化来取得的。塑形装饰能够丰富建筑的天际轮廓线，使建筑的立体感更加丰富强烈，建筑的形象更加和谐优美。

2. 图案装饰

图案装饰是园林建筑常用的手法，可以说是塑形装饰的补充。图案装饰多用在墙面、檐板、门窗、挂落、栏杆、铺地等处。

园林建筑中的图案装饰以木装修为最多。仅窗棂图案就有直棂、六角、八角、网格、斜纹、龟背纹、步步锦、灯笼框等式样，有的则是多种纹饰组合在一起。雀替常用卷草、云纹，挂落常做成回纹等。粤中园林建筑的满洲窗，四周镶有菱花纹饰，框内镶彩色玻璃。隔扇、屏门通过上部镂空图案花纹格心和下部浮雕线刻裙板，形成强烈的实虚对比。室内洞罩图案花纹更是雕刻精致，常用的有乱纹、整纹、藤茎、雀梅、喜桃藤等。

3. 色彩装饰

江南园林建筑装饰很少大面积使用鲜艳的色彩，而多以材料原色或清淡的色调为主。但在建筑物的主要部位则用较为艳丽的色彩进行重点装饰点缀。岭南园林建筑常在灰暗色的屋面上，采用鲜艳夺目的屋脊装饰，以突出屋面，除了屋脊和山墙喜用较为鲜亮夺目的灰塑、嵌瓷外，山墙上为加强轮廓，常施以线饰，如用黑色边条线饰，其间画白色卷草点缀，颇醒目清新，而在大面积的白墙面上，常用艳目的花纹或线条来装饰。色彩增加了立面的变化，表现出建筑造型的节奏感。北方园林建筑施有彩画，色彩丰富和艳丽。彩画内容和题材方面，江南苏式彩画多以山水、人物、楼台、彩锦为主，徽州宅园彩画多绘飞禽走兽、山水花鸟、云气绫锦。岭南园林因气候关系不施彩画而用灰塑彩描，内容山水、人物、花鸟、彩锦都有。而粤东、闽南的园林建筑室内之梁架、神龛雕刻常用金漆饰面，室外屋顶利用琉璃、嵌瓷来装饰建筑，鲜明活泼，嵌瓷的运用是国内独一无二的手工艺术。

近代园林建筑套色玻璃画的题材也多为山水人物、飞禽花鸟，或者古钱币，彝鼎和名家书法等，刻制分阴纹阳纹，加工方法有蚀刻、车花、磨砂和吹砂等，而以蚀刻最为精美。套色玻璃画主要用在两个明暗不同的空间，如作为屏门、窗扇的格心或窗心，好像一幅幅透明的彩画。普通的套色玻璃为单色，有红绿蓝黄几种，不同颜色的玻璃常组合在一起。在岭南园林建筑的室内装修中，最有名的是"满洲窗"（类似苏州的和合窗，但构造不同），"满洲窗"一般为九格，格中为普通彩色玻璃或一幅玻璃画。套色玻璃不仅本身色彩丰富，而且透过不同色彩的玻璃，使得园中景物色调多变，产生景物"动"的变化，同是一个园景，透过套红玻璃看去，好像风和日暖，阳光照耀；而透过套蓝玻璃又会觉得阴雨绵绵，初夜来临。这种动态多变的色调，是岭南造园喜用的手法之一。

4. 陈设装饰

陈设装饰与建筑实体本身没有直接关系，主要是为了增加园林建筑室内的美观，形成某种风格和气氛。陈设装饰包括家具、灯具、屏风、楹联、匾额、书法、挂画、工艺品、古玩、盆景以及地毯、挂毯、门帘、窗帘、帷幔等装饰织物。

室内家具种类很多，有桌、椅、凳、几案、榻床等。桌子形式有方形、圆形、异形等，桌面常用不同材料镶嵌，如大理石或优质木材等。凳也有方形和圆形，多与桌子配套。异形凳形式有海棠、梅花、桃花、扇面等，凳面也有镶嵌大理石或木质的。椅是厅堂内常用的家具，椅背常嵌有各种形样的大理石，并配以葫芦、贝叶等图案雕刻。几分茶几、花几、天然几等，其形式、材料、色彩等随椅子和室内其他家具的形式而定。花几供搁置盆花用。明代家具式样简洁大方，而清代家具式样繁复、雕饰华丽。家具的材料以红木、楠木、花梨木为多，其质地坚硬，木纹细腻，光泽明亮。

二、艺术手法特点

园林建筑装饰艺术处理非常丰富，艺术手法有下列几个特点：

1. 实用与艺术相结合

建筑装饰不仅是为了艺术表现，而且尽量从实用出发，在满足功能的基础上进行艺术处理，使功能、结构、材料和艺术达到协调统一。如屋顶上加灰塑、陶塑等脊饰，可以防风、防雨；山墙增高加装饰能加强防火和防风；室内采用屏、罩、隔断等木雕装修，有利于通风采光，又能分隔空间。木雕装饰结合实用功能在建筑构件上进行雕饰，增加了建筑的精巧与美观。在园林中，雕饰与景观相结合，使园林的人工美与自然美融洽协调。根据不同的部位选用不同的材料，以充分发挥原材料的质感和工艺特色，做到物尽其用。一般来讲，建筑的外部用砖、石、陶、瓷等材料，可以不怕风吹雨淋。而在檐下或室内，则多用木、灰、泥等材料，避免潮湿和日晒，以保证构件的耐久性和色泽鲜艳。

2. 结构与审美相结合

构件进行艺术处理后，既可以显示结构的构件美，又可以将一些构件端部或连接处等难以处理的部位进行装饰，达到藏拙之效果。建筑构件的收口及搭接部位，是建筑中经常遇到的棘手问题，这种构件属于结构需要，如梁头、枋尾等，多位于构件的端部，若不加处理，确实有碍观瞻。在这些构件端部进行精美的雕刻制作，如廊下梁架的挑尖梁头做成楚尾或倒吊莲花等，以达到美观的目的。

3. 重点与一般相结合

　　园林建筑装饰既要有艺术感染力，又要符合经济节约的原则，加强艺术效果，突出重点装饰。在人们的视线最容易集中的部位，如大门入口、屋脊、檐下、照壁、墙面、栏杆、室内装修和家具等，着重进行装饰，可取得醒目的效果。

　　4. 构图形象与装饰类别相结合

　　园林建筑中，装饰类别较多，常用的有砖雕、石雕、陶塑、灰塑、木雕、彩画等。由于材料不同和制作方法的区别，在质感、韵味等方面能产生不同的艺术表现力和感染力。因此，在园林建筑中常综合运用，将我国传统的绘画、雕刻、色彩、图案、纹样以及书法、匾额、楹联等多种艺术，相互结合，灵活运用，从而达到建筑性格和美感的协调和统一，使各种装饰品种协调在同一空间内，从而相得益彰，倍觉丰富。

第二节　木雕、石雕与砖雕

一、木雕

　　木雕雕饰包括建筑梁架构件装饰、外檐装修和室内装修，是建筑结合构架及构件形状，利用木材质感进行雕刻加工，丰富建筑形象的一种雕饰门类。它在传统建筑上应用很广，使建筑与木构件紧密联系，从而使技术与审美达到和谐统一的境地。古建筑木雕，分为大木雕刻和小木雕刻。大木雕刻就是大木构件梁、枋、斗拱上花饰构件雕刻，如麻叶梁头、三幅云头、花板、雀替、云墩等。小木雕刻俗称"细木雕"，是指木装修及家具等花饰雕刻。

　　我国木雕装饰分布很广，按地区来分，可分为：（1）北方地区，以北京的宫殿、宅第、园林中的官式木雕雕饰为主，包括山西、陕西等地区；（2）江南地区，以浙江东阳、安徽徽州为代表，分布于江、浙、皖、赣一带；（3）岭南地区，以广东潮州、珠江三角洲为代表，分布在粤、闽沿海地区。这些木雕工艺精湛、技法成熟，已影响和流传到东南亚一带。

　　木雕属于细加工，其雕刻工具主要有钢丝锯、叩槌、雕刀、方凿等。各种类型、规格工具达数十种，各种工具规格小的仅一分，大的有一寸多。

　　木雕的操作过程是：（1）按用途需要选定用料；（2）由木工师傅按规格要求做好木胚；（3）由木雕艺人进行设计，画出图样，并贴于木胚上，然后按图案将需要镂空的地方用钢丝锯镂空；（4）由艺人凿出轮廓，进行精雕细刻；（5）油漆、贴金（以广东潮州木雕为代表）成为成品。

　　木雕的种类很多，基本有线雕、隐雕、浮雕、通雕、混雕、嵌雕、贴雕等，其工艺做法如下：线雕又称线刻，是木雕中最早出现也是最简单的一种做法，是一种线描凹刻的平面型层次木雕做法；隐雕也称暗雕、阴雕、凹雕，也有称为沉雕、薄雕者，是剔地做法的一种，属于凹层次的一种木雕做法；浮雕也称浅浮雕、突雕，岭南地区称为"铲花"，古称剔雕，属采地雕法，是木雕中最普遍使用的一种木雕做法；通雕也称透雕、深浮雕，岭南有的地方称为"拉花"，是一种有立体层次的木雕技法，这种雕法有玲珑剔透之感，易于表现雕饰构件两面的整体形象，工艺要求较高。

二、石雕

石雕在园林建筑中，常用于建筑物柱础、门槛、栏杆、栏板、台阶等地方。而在岭南园林建筑中还会用于建筑物的柱子及梁枋等处，也有用于凹入式大门的墙面用作贴面。

石雕是在大小已定型的石件上进行雕刻加工。其工具主要有凿、锤等，精细的石雕还有用钎、钻等，因石雕工具不多，其加工主要靠艺人技艺。石雕种类有：线刻、隐刻、减地平钑、浮雕（又称突雕）、圆雕（也称混雕、立雕）、通雕（也称透雕）等，根据不同部位而选用不同的类别。早期多使用线刻、隐刻做法，逐步发展到减地平钑，后期较多使用浮雕、圆雕以及多种雕艺的结合使用。

三、砖雕

砖雕，是用凿和木锤在砖上加工，刻出各种人物、花卉、鸟兽等图案而作为建筑上某一部位的一种装饰类别，是一种历史悠久的民间工艺形式。砖雕是模仿石雕而出现的一种雕饰类别，由于它比石雕省工、经济，刻工细腻，题材丰富，故在建筑和园林中广泛被采用。

砖雕从石雕发展而来，在表现风格上，力求生气活泼，在表现手法上，又承袭了木雕工艺。它有三个特点：

（1）既能表达石雕的刚毅质感，又能像木雕一样精细刻画，呈现出既刚柔结合又质朴清秀的风格。

（2）所用材料与建筑的墙体材料一样，都是青砖。这就使它们在色调上、施工技术上，以及建筑的整体与细部上取得高度的统一。

（3）青砖能适应于室外环境，而打磨过的青砖更有较好的抗蚀性和装饰性，既耐久，又丰富了建筑的外貌。

此外，还有一种预制花砖。这是由于构件中常出现重复性而又带有几何图案的砖块雕饰，为了避免重复劳动，减轻工艺劳动强度而出现的。由于烧制过程中预制砖坯容易变形，而且表层抗蚀性略差，所以，在制作时要细致操作，逐块雕磨整形。为此，预制花砖通常也只用于园林中的漏窗通花、牌坊翻花等精致程度要求不太高的部位，很少用于重点装饰部位。

第三节　灰塑、陶塑与泥塑

一、灰塑

灰塑在岭南园林建筑装饰中占有一定的地位，使用也比较普遍，尤其是在岭南地区。它是以白灰或贝灰为原材料做成灰膏，加上色彩，然后在建筑物上描绘或塑造成型的一种装饰类别。

灰塑的原料配制主要有白灰或贝灰、白灰或贝灰砂浆、纸筋灰、沙筋灰浆和灰膏等。灰塑中所用的颜料要求是化学稳定性好、能耐酸耐碱并容易大量制取者。通常是采用矿物颜料，如银朱、红丹、土黄、石绿、佛青、鸟烟等，并用牛胶或桃胶调制而成。灰塑包括画和批两大类。画即彩描，即在墙面上绘制山水、人物、鸟兽、花草、图案等壁画。批即灰批，即用灰塑造出各种装饰。

彩描是灰塑的一种平面表现形式，着重于用色彩"描"和"画"，主要流行于经济较差的地区，称之为"墙身画"。彩描的技法有意笔、工笔、水彩、双勾、单线等画法。彩描所使用的工具比较普遍，分为两种，一类是做底时用的，有大小不等的各种钢制或木制灰匙；另一类是绘画时用的毛笔，基本上与国画用具相同。

灰批是指有凹凸立体感的灰塑做法，分为圆雕式和浮雕式两种。圆雕式灰批又称立雕式灰批，圆雕式灰批的题材，因它使用在屋脊部位，多与厌胜和阴阳五行学说有关，如垂鱼、鸡尾、龙、水兽等。浮雕式灰批用途很广，不论门额、窗楣、山墙墙头、屋檐瓦脊等部位都能使用，而且它的处理手法多种多样。岭南有的地区不在纸筋灰中调上颜料，而将纸筋灰工序分为两道。先用二白灰浆做成粗型，凸出较大部位用铜线或铁线做骨架，然后用高质量的大白灰浆细致地塑造面层，在未干透时按需染上颜色。圆雕式灰批做法颜料和灰料混合，色调略偏灰沉，灰批的表层也粗糙，但优点是经久不变其色。浮雕式灰批做法的颜料施于表层，容易发挥其原有的色彩效果，但材料的耐久性会差一些。

二、陶塑

陶塑是用陶土塑成所需形状后，进行烧制而成的建筑装饰原构件，过去传统园林建筑中用糯米、红糖水作为粘结材料，把原构件粘结在预定的部位。现多用水泥砂浆粘结。

陶塑工艺精致、形象逼真，题材多样。陶塑的材料较粗也较重，成品主要靠烧制，实用性强。虽然屋脊也有用陶塑做脊饰，由于人们望它时视线较远，故对塑像构件只要求比较粗犷和象征而已。

陶塑材料有两类，一类是素色，即原色烧制；另一类是陶土胚在烧制前，先涂上一层釉，然后再烧制而成，称为釉陶。后者防水、防晒，且色泽鲜艳，经久耐用，但造价较贵。

陶塑的用途，一类是在屋面上作脊饰用，一类是在庭院中作漏窗、花墙、栏杆、花坛用。前者多用于寺庙、祠堂等大型园林建筑和公共性建筑中，工艺比较复杂和讲究，大多采用圆雕和通雕做法。后者多用在民居庭园或园林中，构件多为几何图案纹样拼装而成。

三、泥塑

因材料关系，通常用于室内雕塑或陈设装饰。

第四节　其他装饰艺术

一、油漆彩画

过去古建筑油漆彩画的常用材料可分为油漆、颜料、胶料、金箔和辅助材料等。

（一）油漆

1. 油漆用料

通常用大漆、桐油、亚麻籽油、苏籽油和梓油等。大漆也称国漆或生漆，是我国著名特产。大漆是由漆树汁经自然氧化，经过滤去杂质后的一种天然漆。它不溶于水，只溶于酒精、丙酮、二甲苯和汽油等有机溶剂。桐油系一种天然干性植物油，由油桐子榨取而得，呈淡黄色，结膜干燥快，涂膜坚韧、光亮、耐水、耐光、耐久性好，不溶于有机溶剂。亚麻籽油是从亚麻籽中榨得的一种干性植物油，呈淡黄色，其涂膜柔韧性好，干燥性稍次于桐油和梓油，耐久性优于桐油。但耐光、耐水等其他性能不如桐油，涂膜易泛黄，在高温干燥环境中涂膜易粉化、皂化，是调制清油的基料。苏籽油是从苏籽中榨得的另一种干性植物油，它是熬制熟桐油（光油）的基料之一。梓油是我国特产，又名青油，是由乌桕树籽仁榨得的另一种干性植物油。

2. 颜料

古建筑油漆和彩画中多用矿物和植物颜料，经特殊加工后，它们质地精良、耐久性和耐候性能好。颜料的品种繁多，过去古建筑所用的颜料根据其色系，分为白色系、红色系、黄色系、青色系、绿色系和黑色系。

3. 胶料

在油彩画兑大色时常采用的胶料有聚醋酸乙烯乳液和聚乙烯醇。聚醋酸乙烯乳液（白乳胶）呈白色胶状液体，粘结力很强。聚乙烯醇的胶结性能也较好。过去所用的胶料全是骨胶、牛皮胶、树脂胶、血料（猪血）等天然胶料。骨胶呈金黄色半透明体，无味，系用牛、马、驴等动物筋骨制成；牛皮胶系以牛、马、驴等动物的皮和筋骨制成，呈黄色半透明或透明体。骨胶的粘结性不如牛皮胶。

（二）彩画

清代彩画的造型与分类主要表现在梁枋上。常用的有和玺彩画、旋子彩画、苏式彩画三大类。

1. 和玺彩画

和玺彩画在清式彩画中是最高级的，多用于宫殿、坛庙的主殿、堂、门。和玺彩画根据所画内容不同，常分为金龙和玺、龙凤和玺和龙草和玺等。枋心藻头绘龙者，名为金龙和玺；绘龙凤者，名为龙凤和玺；绘龙和楞草者，名为龙草和玺；绘楞草者，名为楞草和玺；绘莲草者，名为莲草和玺。

2. 旋子彩画

旋子彩画因其花纹多用旋纹，故而得名，彩画主要特点是在藻头内使用了带卷涡纹的花瓣，即所谓的旋子。旋子彩画的等级仅次于和玺彩画，旋子彩画的应用范围很广，一般的官衙、庙宇主殿和宫殿、坛庙的次要殿堂都用。根据用金多少、图案内容和颜色的层次，旋子彩画又可分为金琢墨石碾玉、烟琢墨石碾玉、金线大点金、墨线大点金、金线小点金、墨线小点金及雅乌墨七种。

3. 苏式彩画

苏式彩画起源于苏州，故而得名。南方苏式彩画的内容是以锦为主，而京式苏画以山水、人物、翎毛、花卉、楼台、殿阁为主。苏式彩画一般用于住宅、园林。在高级彩画中，除了退晕，还大量采用沥粉贴金。沥粉是由胶、香灰、绿豆面、高岭土等组成的膏状物，有很好的黏着力和可塑性，干凝后十分坚硬。施于彩画可以突出轮廓线，使图案产生立体感。其上再贴以金箔，更增强了它的艺术效果。

二、嵌瓷

嵌瓷装饰在广东潮州、福建漳州、莆田等地区的宅园和园林建筑中多用之。艺人们常利用破碎瓷片作为装饰原材料，不但经济美观，而且能防止海风侵蚀，是这些地区具有独特风格的一种装饰门类。

嵌瓷装饰的操作方法有三种，即平瓷、半浮瓷、浮瓷。平瓷的工艺做法是用沙筋灰打底后，用佛青画轮廓，然后用糖灰将有色瓷片嵌配。在不需嵌瓷片的地方，则用灰浆批抹后配以色彩。因瓷面与灰面一样平，故称之为平瓷。半浮瓷的做法是用沙筋灰打底后，用佛青画轮廓，然后塑上花鸟、人物等图案浮坯，最后用糖灰嵌瓷片。浮瓷也称立体嵌瓷。是先用瓦片、碎砖、麻丝、糖灰在屋顶或墙面上塑成枝骨模胚，再用沙筋灰加糖灰进行批、塑、雕，然后用糖灰粘结彩色瓷片而成。

嵌瓷一般多用在屋脊和翼角等处，也有做在影壁墙面上的。题材方面可制成各种自然图案和人物、花卉、鸟兽等。其特点是色彩艳丽、外观洁净、经久耐用，尤其在沿海地区可以防风、防腐蚀、防雨和防晒。

第五章　园　林　小　品

根据《园林基本术语标准》，园林小品（Small Garden Ornaments）是园林中供休息、装饰、景观照明、展示和为园林管理及方便游人之用的小型设施。园林小品包括花架、棚架，景墙、景门窗，园路、铺装，园桥、汀步，水池，花坛，园林雕塑，园桌、园凳，置石，以及栏杆、指示标牌等多个其他设施。本章主要就常见的花架、棚架，景墙、景门窗，园桥、汀步、花池等常见类型稍作介绍。

第一节　花架、棚架

花架是指可攀爬植物，并提供游人遮荫、休憩和观景之用的棚架或格子架。

一、花架的形式及构造

花架是攀缘植物的棚架，消夏庇荫的场所，作为休息空间，具有亭、廊的部分功能，但与廊的不同之处在于花架没有屋顶，只有空格顶架，更能融合于环境之中。花架按上部结构受力情况可分为：

1. 简支式

多用于曲折错落的地形，由两根支柱、一根横梁组成，更显得稳定。也可做成片状花架，来分隔园林空间，划分景区或作障景之用。

2. 悬臂式

又分单挑和双挑。为突出构图中心，可环绕花坛、水池、湖面为中心布置成圆形、弧形的花架。用单、双挑悬臂式均可。悬臂式不仅可做成悬臂条式，还可以做成板式或在板上部分开孔洞做成镂空板式，以利空间光影变化和植物攀缘生长。

3. 拱门钢架式

在花廊、甬道多采用半圆拱顶或门式钢架式。人行其中，陶醉其间。材料多用钢筋、轻钢或混凝土制成。临水的花架，不仅平面可设计成流畅曲线，立面也可与水波相应设计成连续的拱形或波折式，部分有顶，部分化顶为棚，投影于地效果甚佳。

4. 组合式

在独立设置的花架上，用常绿藤蔓花木攀缠其上，组成花瓶、花屏、动物等绿化软雕塑形象，饶有情趣。在某些具有使用功能的花架与亭、廊、建筑入口、小卖部等结合时，为取得对比又统一的构图效果，常以亭、榭建筑为实，而以花架立面为虚，突出虚实变化中的协调。

二、花架的设计

1. 花架的体量及尺度

（1）花架的高度：一般控制在 2.5～2.8m，有亲切感。

（2）花架开间与进深：开间一般设计在 3～4m 之间，进深跨度常用 2.5～3.3m。

（3）花架与绿地配合：花架与绿地应相互配合，在绿化披荫长成之前，花架本身也要耐看，除借助于尺度体量比例得当外，还应重视花架构件的线脚花纹装饰，柱的截面也应尽量避免四四方方，以带圆角为宜。

2. 花架的材料及构造

（1）竹、木花架：花架全部材料均为竹料或木料构成。

（2）砖石花架：花架柱以砖块、石板、块石等砌成虚实对比或镂花均可。花架纵横梁也可用混凝土斩假石或条石制成，朴实浑厚，别具一格。

（3）钢花架：轻钢花架主要用于荫棚、单体与组合式花棚架，造型活泼自由，挺拔轻巧。

（4）混凝土花架：是使用最广泛的一种。其混凝土柱的截面控制在 150～180mm 之间。柱截面形状以类似海棠形、小八角形更为耐看。

第二节　景墙、景门窗

一、景墙

景墙在园林中有隔断、划分组织空间的作用，也具有围合、标识、衬景的功能。其本身还具有装饰、美化环境、制造气氛并获得亲切安全感等多功能作用。故高度一般控制在 2m 以下，并成为园景的一部分。园墙的建造材料，常用砖、石、竹木等。现代园林中也常用植物材料做绿篱，形成围墙。景墙的种类与构造通常有以下几种：

1. 砖墙

传统的围墙一般不设砖墩柱，靠增加墙厚来抵抗外荷。因此，当墙厚为一砖厚（240mm）时，每隔 4～5m 时必须在砖墙中浇捣混凝土小柱，以保证墙身的稳定，或用折线形平面，加强自身的抗倾覆能力。有时为构图需要，要求墙身通透，便于借景，并减少了风的横向推力。有时压顶覆以筒瓦，再通过粉刷、线条和勒脚、花窗安排、色彩和花饰、墩柱，以及在平、立面中的位置变化来创造某种设计意境。

2. 石墙

石墙在园林中的应用也十分广泛。利用石墙在园林建筑中容易获得天然的气氛。不同石材类型的石墙具有不同的性质。

3. 混凝土立柱铁栅围墙

由于这两种材料都具有很好的可塑性，现代园林中常采用混凝土和金属材料相结合，构成一种灵活、轻巧、简洁的围墙形式。

二、景门

景门在园林中主要用于联系交通，又常被用来组织对景、借景，使游人有一种别有洞天之感。

1. 景门的形式

可分为几何形、仿生形两类。

（1）几何形：圆形、横长形、直长形、多角形、复合形等。

（2）仿生形：桃、李、石榴等水果形、海棠形、葫芦、汉瓶、如意等形。

2. 景门的构造与做法

（1）门洞跨度：当门洞跨度小于 1200mm 时，洞口可整体预制安装或砖砌平拱作过梁；当大于 1200mm 时，洞顶需放钢筋混凝土门过梁或按钢筋砖过梁设计并验算。门洞高度宜大于或等于 2100mm。

（2）门洞边框：可用花岗石或灰青色方砖镶嵌，并于其上刨成挺秀的线脚，使其与白墙辉映衬托，形成素洁的色调。也可用水磨石、斩假石等饰面材料做法。

三、景窗

景窗，又称透花窗，它既可以分隔空间，又可以使空间相互渗透，达到虚中有实、实中有虚的艺术效果。景窗的形式多种多样，有长方形、六角形、八角形、三角形、圆形、扇形等，以及其他各种不规则的形式。园林中的景窗有空窗和漏窗之分。

（1）空窗：园墙上下装窗扇的窗洞孔称为空窗。既可供采光通风，又可作取景框。空窗式样多设计成为横长或直长、方形等。

（2）漏窗：在园墙空窗位置，用砖、瓦、木、混凝土预制小块花格等构成灵活多样的花纹图案窗，光影和墙外景色都"漏"得进来，此窗称为漏窗。窗下框一般离地面 1.0～1.2m，使所分隔的景区空间似隔非隔，景物似隐非隐，光影变幻点缀园景，更增添园林的意境与效果。在古典式景窗中，可以鸟兽花卉为题材，以木片竹筋为骨材，亦可以人物、故事、戏剧、小说为题材，用灰浆麻丝逐层裹塑而成；现在景窗多用扁铁、金属、有机玻璃、水泥等材料组合而成，更丰富了景窗的内容与表现形式。景窗在材料的选用上，对规则窗多用砖木、瓦等，对不规则窗则多用木、竹、铁片等制作。

第三节　园桥、汀步

一、园桥

园林中的桥一般可分为拱桥、平桥、亭桥、廊桥等几种类型。

1. 拱桥

拱桥一般用石条或砌筑成圆形券洞。券数以水面宽度而顶，有单孔、双空、三孔至数十几孔券不等。南方的拱桥比北方的更显得轻巧。拱桥的优点是能够充分发挥拱券结构的力学性能，跨越较大的跨度，坚固性也很好，券洞中还可以通船，以便水上交通。

利用钢筋混凝土构筑的园林拱桥，由于能充分利用材料的力学性能，桥体轻薄而跨度较大，桥拱的弧度也很平缓。

2. 平桥

在小水面的小空间环境中，运用木、石板搭成平桥较为常见，有单跨、多跨等不同形式。桥墩一般用石块砌筑，上面架石板或木板。平板一般跨度较小，桥身较低，临近水面，具有亲切的尺度感。梁板式石桥在平面上的变化较多，一折、二折、三折、四折……最多的有九折，"九曲桥"已成为我国园林中习用的专用名词。

3. 亭桥和廊桥

亭桥和廊桥在江浙一带的南方园林中运用最早，后来也借鉴到北方。桥上置亭、筑廊除了为了纳凉避雨、驻足休息外，还使桥的形象更为丰富。廊桥在园林中运用不多，桥体一般较长，桥上再架廊，它们在空间上的分划作用十分突出。近年来，各地用钢筋混凝土材料做廊桥，桥的跨度可以较大，更使廊桥显得舒展轻快。

二、汀步

园林水面上除了架桥之外，经常还采用"汀步"的形式来解决游人的来往交通。它的作用类似桥，但比桥更临近水面。它们常以零散的叠石、柱桩等点缀于窄而浅的水面之上，游人细心地步石平水而过，别有一番风趣。

第四节　花　　池

在现代园林中，花池是园林中不可缺少的手段之一，甚至有的在园林组景中成为组景的中心，既起点缀作用，也能增添园林气氛。花池随地形、位置、环境的不同而多种多样。按其构造做法分为可动式和固定式两种。

（1）可动式：预制装配式，可搬卸、堆叠、拼接，地形起伏还可以顺势做成台阶形跌落式。有时也便于临时集装，举行花展。

（2）固定式：多用于花坛和种植穴，一般有方形、圆形、正多边形，需要时还可拼合。为能使游人拥挤时免遭践踏，还可在种植穴上设置诸如多孔的种植穴盖板或散点湖石、砖石镶边等。同时有利于雨水下渗，利于生态平衡。

第五节　其 他 园 林 小 品

一、栏杆

栏杆一般是指在某种场合，为突出管理安全和观瞻效果，或用轻钢扁铁分格串联成栅，或用铁丝、竹木、茅苇等编成篱笆式的遮挡，以虚（漏透）围或实围成具有一定垂直面的空间。栏杆的造型和风格与所选用的材料有密切的关系。各种材料由于其质地、纹理、色彩和加工工艺等因素的不同，形成了各种不同的造型特色和风格。

栏杆按照功能大致可分为围护栏杆、靠背栏杆、示意栏杆等。

1. 围护栏杆（扶手栏杆）

这类栏杆相对较高，一般高度在 600～1200mm 左右。常设置在水边、台地边缘、盘山道两侧及庭院或绿地的边界地段。起到围护和安全防卫的作用。

2. 靠背栏杆

这类栏杆与座椅合二为一。其中座椅面高 420～450mm，靠背栏杆高 450～500mm，总高度为 900mm 左右。常设置在园亭、廊、榭的柱间，成为人们游憩中使用率较高的设施之一，如古典园林中的美人靠。现代园林中，常结合花墙、隔断、花坛边饰、树池围椅等设置形式活泼的靠背栏杆，既起到了栏杆的围护作用，形成休息、静赏的空间，又活跃了周围的环境气氛。

3. 示意栏杆

这类栏杆的主要功能是把活动内容不同的区域分隔开来，同时也可起到组织人流的作用。这类栏杆的高度一般为 200～400mm，形式以简洁、活泼为上，并与周围环境相协调。示意栏杆可设置在绿地、花坛、道路、广场等边缘，或用于保护古树名木或文物景点等。

二、园林雕塑

园林中的雕塑小品主要是指带观赏性的小品雕塑。其题材大多是人物和动、植物的形象，也有植物或山石以及抽象的几何体的形象，它们来源于生活，往往却给人以生活本身更完美的欣赏和玩味。以植物为题材的雕塑小品最常见的是塑成树桩的桌凳，塑成树干的支柱，塑成竹或木的园灯、栏杆等。也有用几何形体为题材的雕塑小品，以其简洁抽象的形体给人以美的艺术享受。

园林雕塑小品还包括那些运用艺术造型手段处理的果皮箱、饮水器等，它们虽然不属于"高雅"的雕塑艺术品，若处理得好将会增强园林环境的气氛。基座是同雕塑直接结合在一起的建筑要素，基座的处理应根据雕塑的题材和它们所存在的环境，可高可低，可有可无，甚至可以直接放在草丛和水边或水中。

三、园林桌凳

园桌、园椅、园凳等园林家具在园林中是不可缺少的组成部分。它们除具有功能作用外，还有组景点景的作用。园林家具设置的位置一般宜选择在游人需停留休息之处，以及有景可赏之处。如广场周边、林荫路旁、湖面沿岸、林荫之下、山腰休息台地等。

（一）形状及基本尺寸

由于园林家具主要用途是供游人休息，所以要求园椅、园凳形状使人入坐时感到自然舒服而不紧张。园桌、园椅、园凳是园林绿化中大量性的设施，应力求经济及注意材料的选择，应满足人们坐憩的需要，其适用程度取决于本身尺度及所放位置是否恰当。

（二）类型

园椅、园凳按照其外部造型可分为直线形、曲线形、直线加曲线形、仿生形与模拟形等几种类型。

（1）曲线形：由曲线构成的园椅、园凳。柔和丰满，线条流畅，从而取得变化多样的艺术效果。

（2）直线形：由纯直线构成的园椅、园凳。制作简单，造型简洁，下部可带有向外倾斜的脚，扩大了底脚面积，给人以稳定的感觉。

（3）直线加曲线形：由直线和曲线组合构成的园椅、园凳。有刚有柔，形神兼备，富有对比变化的完美结合。

（4）仿生形与模拟形：是从生活中遇见的某种生物形体得到启示，模拟生物构成，运用力学原理，以"拟""化"出最合理的设计，也是仿生学在造型设计中的应用。

（三）材料

制作园椅、园凳等园林家具所用的材料可分为人工材料和自然材料两类，人工材料以钢材、陶土、塑钢、钢筋混凝土、砖块等制成；自然材料多以原木、原石、竹藤等制成。所采用的材料与形式不同，丰富生动。

（四）与其他设施的协调组合

在实际应用中，园林家具应与其他设施组合成一体，和谐统一，相得益彰。

四、其他室外游戏及服务设施

为满足游人日常之需要等特殊要求，在公园、风景区等园林环境中应设置饮水台以及野餐桌、洗涤池、路标、卫生间、废物箱、垃圾筒等。对于这些小品也应认真推敲安置地点和材料、外形，真正起到物有所用。这些园林小品的制作材料可就地取材于天然材料，竹木砖石、陶瓷、混凝土、塑料、合金、铸铁等；外形分为功能型、抽象型、具象型；安置方式有金属、混凝土柱、支架等；固定方式有上、下固定或旋转、移动等。

第七篇 种 植 工 程

第一章 种植工程概述

第一节 种植工程的概念与特点

园林种植工程，包括苗木选择、起苗准备、挖掘、包装、修剪、运输（搬运）、定点、挖穴、种植、支撑、养护等一系列过程。"栽植"的狭义概念，常被理解为植物的"种植"，往往栽植工程又叫种植工程、绿化工程。广义而言，栽植包括起苗前的根与枝叶控制、掘起、修剪、包装、搬运、种植等一系列步骤。

"栽植"的广义概念应包括植物的掘起、搬运、种植这三个操作环节。将要移栽的植物，从种植地连根（裸根或带土球）起出的操作，称为掘起，或叫起苗。将起出的植株进行合理的包装，并运到栽植点的过程称为搬运。按要求将移来的植物栽植入土的操作，叫种植。如果种植后不再移动，称为"定植"；种植后经一段时间还要转移到新的地点，称为"移植"；在掘起或搬动后，由于某些原因不能及时种植，为保护植株根系、维持正常的生理活动而临时埋于土的措施，称为"假植"。

园林种植工程与其他园林建设工程相比，有其显著的特殊性。首先，这是一种以有生命的绿色植物为主要对象的工程，在施工过程中必须依照植物的生物学和生态学习性采取对应的技术措施。因此，要求施工人员具有扎实的植物学、树木学、生态学、土壤肥料学等科学知识；其二，园林种植工程中的植物种植还要在符合植物科学的基础上展现其艺术效果，往往需要施工人员在深入掌握设计师的设计意图的基础上，进行现场的再创作。而且艺术效果不仅仅是竣工当时的艺术效果，还应考虑到树木长高长大以后的艺术效果。所以，园林种植工程是一项科学与艺术并重、对施工技术人员的综合素质要求甚高的工程项目，园林种植工程质量是园林工程质量的重要标志之一。园林种植技术也是园林工程的核心技术之一，与其他的工程技术有很大的差别。

第二节 园林植物种植的原则

在园林种植工程施工过程中，应该遵循以下施工原则：

一、所有施工项目必须符合规划设计要求

园林绿化的规划与设计，都要通过园林种植工程的施工来实现；园林种植工程是把风景园林设计师的设计意图变为现实的具体工作。为了准确、充分地实现设计者所设计的美好意图，施工者在施工前必须充分熟悉设计图纸，并在图纸会审环节与设计方沟通，理解设计意图与设计要求，对图纸的纰漏和疑问提出协商和修正，并严格遵照图纸会审结果和

设计图纸进行施工。如果施工人员发现设计图纸与现场实际不符，无法按图施工或勉强施工会造成不良后果时，则应及时向有关人员提出设计变更申请。如现场发现确实是设计疏忽或设计错误需变更设计时，应及时向甲方、监理和设计部门反映。在设计变更的图纸和指令正式下达前，不可自行修改。

二、种植技术必须符合植物的生活习性

园林树木的种类繁多，特性各异。不同树种，甚至于同一树种的不同树龄或不同的育苗方式都会产生不同的特性。适地适树，就是使树木生态习性和园林栽植地生境条件相适应，使其生长健壮，充分发挥其园林功能。因此，适地适树是园林植树的基本原则。适地适树，基本有四条途径：一是选择种树。既包括以地选树，或按树选地。二是改地适树。该地某些方面不适合某树种植时，可通过人为措施（如进行深翻、换土，及日后养护管理等）来改造栽植地环境，创造条件满足其基本生态习性的要求，使其在原来不甚适应的地方进行生长。三是适地接树。即嫁接在适合该地生长的砧木上，如选用耐寒、抗旱、耐盐碱砧木，以扩大种植范围。四是适地改树。即通过引种驯化、育种等方法，改变树种某些特性，如经抗性育种等。园林树木适地适树，首先应选用乡土树种。树木移植要尽可能地选择在最适宜的种植季节施工。在不适宜的移植季节，可采取恰当的技术措施，最大限度地确保树木移植的成活率。

三、严格执行园林种植工程的技术规范和操作规程

各种行业及地方的技术规范和规程，都是前人技术经验的科学总结，也是建设、监理、施工三方应共同遵守的技术规则。作为施工技术人员应好好学习并严格遵守各种行业及地方的相关技术标准和规程。

建设部在 1999 年颁布了有关园林种植工程的第一个行业标准——《城市绿化工程施工及验收规范》CJJ/T 82—1999，对园林种植工程的土壤处理、种植穴挖掘、种植过程及工程验收等技术环节都做了详尽的规范。但由于我国幅员辽阔，气候、树种各异，很难满足各个地方对园林种植的具体要求。因此，各个省市都先后制订一系列的地方行业标准。如北京、上海、天津等城市分别编制和颁布了十余个园林行业地方标准；深圳市在 1999 年和 2001 年分别颁布了 4 个园林行业的地方标准，广东省也在 2005 年颁布了广东省两个园林行业的地方标准《城市绿地养护技术规范 DB44/T 268—2005》和《城市绿地养护质量标准 DB44/T 269—2005》。广州市在 2006 年组织了有关单位编制了园林行业的 10 个地方标准。

第三节　树木栽植成活的原理

树木栽植成活原理：栽植树木时，由于根系受到损伤，降低了对水分和营养物质的吸收能力，而地上部分仍能不断地进行蒸腾。生理平衡遭到破坏，严重时会因失水而死亡。因此，树木栽植成活的关键是及时恢复树体以水分代谢为主的生理平衡。一切利于根系迅速恢复再生能力和尽早使根系与土壤建立紧密联系及抑制地上部分蒸腾的技术措施，都有

利于提高树木栽植的成活率。同时栽植人员的技术及责任心也至关重要。一般发根能力和再生能力强的树种，幼、青年期树木及休眠期树木栽植容易成活。

影响植物栽植成活的主要因素，因树种、地区气候、栽植技术等条件的不同而异。例如柳树、榆树、泡桐、枫杨、臭椿、椴树、黄栌、印度紫檀、黄槿、假苹婆、非洲桃花心、红花紫荆、羊蹄甲和小叶榕、高山榕等种类，具有很强的再生能力和发根能力，有的如黄槿、印度紫檀、假苹婆等甚至用带有芽的枝条直接栽植也能形成新的植株，因此容易移植成活。此类树木的栽植措施可以适当简单一些，包装、运输也可简单一点，有些甚至可以裸根移植；但像串钱柳、木兰类等树种，则必须带土球移植，而且必须选择适宜的栽植时期，种植地不能积水，才能保证移植成活。树木移植最忌根部失水，最好能够随掘、随运、随栽；若苗木、树木掘起后一时未能施工种植，则应妥善假植保护，保持根系潮润，减少地上部分蒸腾失水。

因此，种植时注意保持土球的完整，对土球散的要进行处理（放生根粉、杀菌药（敌克松、多菌灵等）、树干保护等措施），同时定期对树干、树冠喷淋保湿。不论是裸根苗，还是带土球苗，栽植过程中苗木的根系（特别是吸收根）受到严重破坏，根幅和根量缩小，主动吸收水分的能力大大降低。另外，栽植后需要经过一定时间，受伤的根系才能发出较多的新根，恢复和提高吸收功能。

为保证栽植成活，必须抓住三个关键来保持和恢复树体的水分平衡。第一，在苗木挖掘、运输和栽植过程中，要严格保湿、保鲜，防止苗木过多失水；第二，栽植时期必须有利于伤口愈合和促发新根，尽快恢复吸收功能。第三，栽植时使苗木的根系与土壤紧密地接触，并在栽植后保证土壤有充足的水分供应。栽植时，如果所带枝叶较多，在根系恢复正常生长之前，应采取各种办法抑制蒸腾作用，减少树体水分蒸发。

第四节　移栽定植时期

根据树木栽植成活的原理，树木栽植应选择在生理代谢水平较低、有利于根系恢复生长和吸收、易于维持水平代谢平衡的时期。如落叶树一般在秋季落叶后至春季萌芽前移栽。在春季干旱严重又难以灌溉地区，以当地雨季栽植为好。在我国南方，土壤不冻结、空气不太干燥的地区，也可冬季植树。就大多数地区而言，春季和秋季都是适宜移栽的季节。

一、春季栽植

我国大部分地区春季是主要的植树季节。这是因为树木对温度上升的敏感性，地下部分的根系比地上部分的枝叶强，即根系活动比地上部分早，春植符合树木先生长根系、后发枝叶的物候顺序，有利于水分代谢的平衡。具肉质根的树木，如山茱萸、木兰属植物、鹅掌楸等，以春栽为好。落叶树种在芽萌动前栽完；常绿树种可稍晚，但也不宜在春芽萌动后栽植。岭南地区的常绿树种通常在春季换叶，移植常绿树也应在新芽新叶长出前抓紧进行。

二、雨季栽植

春旱地区，特别是冬旱接连春旱的地区，春季土壤水分严重不足，蒸发量又大，不是适宜的栽植季节，而以雨季栽植为宜，雨季栽植必须掌握恰当的时机，以此后有相当一段时间处于连阴雨天气为佳。华南春旱地区，雨季往往在高温月份，阴晴相间，短期下雨间有短期高温强光的日子，极易使新栽的树木水分代谢失调，必须掌握当地降雨规律和当年降雨情况，抓住稍纵即逝的连阴雨之前的时机及时组织栽植。连续多天下雨后，土壤水分过多，通气不良，栽植作业时使土壤泥泞，不利于新根恢复生长，并易引起根系腐烂，尤以土质黏重为甚，应待雨停后 2～3d，等土壤稍干后再栽植。在城市雨季植树，多用大苗和大树者，应视情况配合排水、透气、遮荫、喷雾等其他措施。

三、秋季栽植

秋季气温比土温下降快，叶片已呈老熟状态，蒸腾量较低，树体储藏的有机营养较丰富，在土层水分状态较稳定的地区，通常在越冬前根系有一个小的生长高峰，这些条件都有利于栽植初期的水分平衡和根系生长和吸收的恢复，故在秋季没有严重干旱的地区可行秋植。秋栽后根系在土温尚暖和的条件下，还能继续生长，翌春根系活动较早，成活率较高。江南栽竹在秋季 9～10 月进行，成活的竹翌春就能发生少量的笋，有利于景观的提早成型。岭南地区的 10～11 月往往有"10 月小阳春"之说，有一段炎热已去，温度适宜以及秋雨如春的时期，这段时期也是常绿树较为适宜的移植时间。

四、冬季栽植

岭南地区，特别是阳江以南的热带地区，只要冬季没有严重的干旱，冬季植树也可收到很好效果。广州地区，气温最低的 1 月份平均气温为 13.3℃，严格说来没有气候学上的冬季，故从 1 月起就可种植樟树、马尾松等常绿性深根性树种，3 月即可全面开展植树工作。但对于典型的热带树种，如棕榈植物、鸡蛋花等，则宜在 4～10 月间相对高温时栽植，尽量不要在低温季节移植。实在要在低温季节移植时，也要避开强冷空气或寒潮天气，并采取恰当的保温措施。

进行预掘处理或已进行假植处理的常绿树种，由于土球范围内已有较多的吸收根，只要采取适当的技术措施，原则上一年四季均可栽植。栽植时机则取决于树体状态，最好在营养生长的停滞期（两次生长高峰之间）进行，此时地上部分生长暂时停顿，而根系正在较快生长，栽植后容易恢复。

以上均是对起地苗而言，对于容器苗来说，由于根系在移植过程中没有受到任何损害，属于全冠、全根的整体移植，因此，容器苗的移植原则上是四季皆宜，特别是非适宜移植季节施工时，容器苗是首选的苗木，几乎不存在种植时期的问题。其实，容器苗也应该尽可能地选择最适宜的移植季节栽种，以获得最佳的移植效果和今后更好的恢复与生长。

第二章　种植工程的准备工作

承担园林绿化工程施工的单位，在接受施工任务之后，种植工程开始之前，必须做好种植工程的一切准备工作，才能保证园林种植施工的顺利进行和高质量地完成施工任务。

第一节　了　解　工　程　概　况

充分了解工程概况和设计意图，是首要的准备工作。因此，要通过与工程主管单位和设计单位适当的沟通和接触，了解清楚全部工程的详细情况和设计师的设计意图。

一、设计意图

施工技术人员要拿到有关的全部施工技术资料（包括设计图纸、文字材料、相关的图表等），看懂所有的内容，充分了解设计人员所设想的园林绿化目的及建设单位对该项目的绿化美化效果的要求。

二、工程范围和工程量

包括每个工程项目的施工范围，植树、草坪、花坛的数量和质量要求，以及相应的园林建筑工程任务，如土方、给水排水、道路、灯、椅、山石等。

三、工程施工期限

包括全部工程的开始和竣工日期，即工程的总进度，以及各个单项工程的进度或要求、各种苗木栽植完成的日期。特别应当指出的是，种植工程的进度必须以不同树种的最适栽植时期为前提，其他工作应按这一前提的轻重缓急进行合理安排。

四、工程投资情况

包括工程主管部门批准的投资数额和设计预算的定额依据，招标投标文件中的工程量清单，工程合同的工程款拨付条款等，以备编制工程施工资金预算计划。

五、施工现场的地上与地下情况

向有关部门了解地上物的处理要求、地下管线分布情况、设计部门与管线主管部门的配合情况等。特别要了解地下各种管线和电缆的分布与走向，以免发生误掘事故。

六、定点、放线的依据

了解测定标高的水准基点和测定平面位置的导线点，并以此作为定点、放线依据。如果不具备上述条件，则需和设计单位研究，确定一些固定的地上物作为定点、放线的依据。

七、工程材料来源

各项施工材料的来源渠道，其中最主要的是树苗的出圃地点、时间和质量、规格要求。

八、机械和运输条件

主要了解有关部门所能担负的机械、运输车辆的供应条件，进入施工现场的道路情况，堆放有关物料的场地等。

第二节　现　场　踏　勘

了解施工概况和设计意图之后，施工人员还必须亲赴现场进行细致的现场踏勘工作，认真了解以下情况：

一、施工现场的土质情况

认真考察施工现场的土质状况，必要时对现场的土壤进行取样检测，以便确定是否要更换或改良土壤，并估算客土量及客土来源。

二、交通状况

了解现场内外能否便利机械车辆出入通行，如果交通不便，还要考虑如何规划设置施工便道。

三、水源、电源情况

施工现场的水源水质是否符合要求，若没有水源还要考虑用打井或外引等方式解决水源问题。现场电源状况是否满足施工要求，电压、负荷等指标能否适应生活和施工用电的要求，如不能满足，则要同建设方和邻近单位协商解决。

四、各种地上物情况

如房屋、树木、农田设施、市政设施等，以及怎样办理拆迁手续与处理方式。

五、生活办公设施安排

如何安排施工期间必需的办公、生活、工具房等设施，如工地办公室、监理用房、食堂、宿舍、厕所、仓库、工具房等。

第三节　苗　木　的　准　备

种植工程的苗木准备工作，包括选苗、起苗、运苗和假植。

一、选苗

苗木质量的好坏是影响成活的重要因素之一，为提高栽植成活率和日后的景观效果，移植前必须对苗木进行严格的选择。选苗时，除根据设计文件所提出的苗木规格、树形等特殊要求外，同树种同苗龄而质量不同的苗木，栽植成活率和适应能力也有不同。因此还要注意选择根系发达、生长健壮、无病虫害、无机械损伤和树形端正的苗木。选择苗地土质中等的苗木。选择经过多次适当的移植或断根处理的苗木。一直没有移植过的实生苗，或出圃前长时间没有移植过的苗木，根系的离心生长过旺，有效土球范围内的吸收根较少，移植后代谢平衡较难建立，不易成活。选好的苗木用系绳、挂牌、喷漆等方式，做出明显标记，以免错掘。同时应多选出一定株数的苗木备用。

二、起苗

起地苗的修剪、起掘与包装的质量，则直接影响树木栽植的成活率和以后的绿化效果。起苗的包装与质量虽与苗木的原来质量有关，但与起掘与包装的操作也有直接的关系。拙劣的起掘操作，可以使原来优质的苗木，由于伤根及枝叶过多而降级，甚至在种植前后死亡。起苗质量还与土壤干湿、工具锋利程度有关。此外，起掘苗木还要考虑节约人工、包装材料、减轻运输等经济因素。具体操作时，应根据不同树种，采用适合的方法。

（一）起苗前的准备工作

1. 土壤湿度的调控

如果苗木生长地的土壤过于干燥，应提前数天灌水，使之保持适当的水分；反之，若土壤过湿，应设法排水，并等待土壤稍干，以利于起掘时的操作。总之，起苗前土壤水分需控制在最适宜起苗的不干不湿的状态，使起苗时土球不易松散。

2. 收拢树冠

对于侧枝低矮的常绿树（如雪松、南洋杉、龙柏等）和树冠庞大的灌木，特别是带刺的灌木（如花椒、蔷薇、叶子花等），为方便操作，应先用草绳或包装袋将其树冠捆拢收窄，但应注意松紧适度，不要损伤树干和枝条。

3. 准备工具与物料

准备好锋利的起掘苗木的工具，如锄头、铁铲、洞锹（钊）、修枝剪等，还要准备好合适的禾草、草绳、塑料布等包装材料。

4. 试掘

为保证苗木根系、土球规格符合要求，特别是对一些在情况不明（如土壤的质地对起苗的影响等）之地生长的苗木，在正式起苗前，应选数株进行试掘，以便发现问题，采取相应措施。掘苗的根系和土球规格，裸根苗和落叶灌木，根幅直径可按苗高的1/3左右起挖；带土球移植的常绿树，土球直径和深度可按照前述的行业规范的标准进行挖掘，标准上没有的规格可按苗木胸径的 6～10 倍（土球直径）左右起挖。

（二）起苗方法

1. 裸根起苗

适用处于休眠状态的落叶乔木、灌木和藤本和部分生长十分粗放的常绿树种，或苗圃内部抽疏调整时采用。此法操作简便，节省人力、运输及包装材料。但由于裸根起苗会损伤很多的根系，掘起后至栽植前，根部全部裸露容易造成失水干枯，根系恢复时间较长。

裸根起苗，使用锋利的起苗工具，沿苗行方向，在规定的根系规格范围（约为胸径的 6～10 倍）以外的适当之处，先挖一条沟，在沟壁下侧挖出斜槽，根据根系要求的深度切断底根，再切断其他面的侧根，若遇粗根时最好用手锯锯断，即可取出苗木。总之，起苗时切不可用手硬拔苗木，一定要保护大根不劈裂，并尽量多保留须根。此外，掘出的土壤在掘苗后，原土回填坑穴。

苗木挖完后应随即装车运走。如一时不能运走可在原地埋土假植，用湿土将根掩埋。如假植时间长，还要根据土壤的干燥程度，适量灌水，以保持土壤的湿度。

2. 带土球起苗

带土球苗有两种，一种是营养袋苗（容器苗），这类苗木从播种或扦插开始，就种在营养袋中。由于苗木根系全部在营养袋中，将苗木连同营养袋包装出圃可保存完整的根系，只要运输和栽植过程不损坏营养袋或碰碎土球，成活率一般都很高。因此小苗栽植，甚至是部分大苗也用营养袋苗。营养袋较大或育苗的营养土过于疏松的，起苗后需用绳子进行捆扎。另一种是地栽苗的带土球起苗，是将苗木的一定根系范围连土掘削成球状，用塑料薄膜、草蓆包、禾草绳或其他软材料包装、捆绑后起出。由于苗木土球范围内的须根未受损伤，并带有部分原有适合生长的土壤，移植过程水分不易损失，对成活和恢复生长有利。但带土球起苗的技术操作较复杂，需要有经验的绿化技术工人或绿化技师的操作。同时费工较多，逐株包扎耗用包装材料多，土球笨重，增加运输负担，所耗的投资大大高于裸根苗。但由于带土球苗移植的成活率较高，目前移植常绿树、生长季节移植落叶树、竹类等大多用此法起苗。

挖掘带土球苗木质量要求是：土球大小要符合相关的行业标准规格，保证土球完整不松散，外表要平整平滑；上部大而下略小；包装严密，草绳紧实不松脱，土球底部要封严不漏土。挖掘时按行业标准规定的土球规格大小，以树干为中心，划一个正圆圈。为了保证起出的土球符合规定大小，正圆圈一般应比规定的稍大几厘米。划定圆圈后，如果表层的土壤较疏松，可先将圆圈内的较为疏松的表土挖去一层，其深度以不伤表层的根群为宜。沿所划圆圈外围向下垂直挖掘，沟宽以便于操作为度，约宽 30～50cm，沟的上下宽度要基本一致。边挖修边整土球表面，操作时千万不可踩、撞土球边沿，以免伤损土球。一直挖掘到略深于规定的土球深度为止。土球四周修整完好并挖到规定的深度以后，再慢慢由底层向内掏挖泥土，称"掏底"。直径小于 50cm 的土球，可以直接将底土掏空，以便将土球抱到坑外包装，而大于 50cm 的土球，则应将底土中心保留一部分，以支持土球，以便在坑内进行包装。

（三）包装

打包之前先将缠绕、捆包的草绳用水浸泡潮湿，以增强包装材料的韧性，减少捆扎时引起脆裂和拉断。

土球直径在 50cm 以下者，可采用坑外打包法，先将一个大小合适的草席、编织布等包装材料摆放在坑边，双手抱出土球，轻放于蒲包等包装材料的正中，然后用湿草绳以树干基部为起点先做纵向捆绕，将土球连同包装材料一起包好捆紧。

土质松散以及规格较大的土球，采用坑内打包法。方法是将两个大小合适的包装材料从一边剪开直至底部中心，用其一兜底，另一盖顶，两个包装材料的接合处，捆几道草绳使包装布固定，然后用草绳纵向捆扎。

纵向捆扎法：先用浸湿的草绳在树干基部系紧并缠绕几圈固定，然后沿土球与垂直方向稍斜角（约 30°左右）捆扎，随拉随用事先准备好的木锤、砖石块敲打，边拉边敲打草绳，使草绳稍嵌入土，捆扎更加牢固。每道草绳间相隔 8cm 左右，直至把整个土球捆完。

直径超过 50cm 的土球，纵向系绳收尾后，为保护土球，还要在土球中部捆横向草绳，称"系腰绳"。方法是：另用一根草绳在土球中部紧密横绕几道，然后再上下用草绳呈斜向将纵、横向草绳串联系结起来，不使腰绳滑脱。

土球封底后，应立即出坑待运，并随即将起苗坑填平。

三、运苗

苗木运输质量，也是影响种植成活的重要环节。实践证明，"随起、随运、随栽"这一技术措施能最大限度提高移栽的成活率。

（一）装车前的检验

运苗装车前，需仔细核对苗木的种类与品种、规格、质量等，凡不符合规格要求的，应向供苗单位提出并予以更换。掘起待运苗木质量要求的最低标准，乔木质量要求：主干不得过于弯曲，无蛀干害虫。有主轴分枝（单轴分枝）的树种（如木棉等）应保留中央领导枝；树冠茂密，各方向主枝分布均匀，主枝数量、分枝高度、胸径和冠幅符合规范及设计要求；无严重损伤和病虫害。有分布均匀、良好的须根系，根际无瘤肿及其他病害，带土球的苗木，土球必须结实不散，外观完整，大小符合相关的规范要求，包装完好。灌木质量要求：灌木有短主干，分枝均匀，株形丰满，冠幅、高度等符合规范要求，枝叶无病虫害；须根良好，土球结实，外观完整，大小符合规范要求，包装完好。

（二）裸根苗的装运

（1）装运乔木时，应树根朝前，枝干向后，顺序摆放。

（2）车厢应铺垫草袋、蒲包等物，以防碰伤树根和树皮。

（3）树冠不得拖地，必要时要用绳子围拢吊起，枝干捆绳子部位先用蒲包包裹保护，以免勒伤树皮。

（4）装车不要超高，树苗不要挤压太紧。

（5）装车完毕后，用帆布或塑料薄膜将树根盖严、捆好，以减少树根失水。

（三）土球苗的装运

（1）2m 以下的苗木可竖立装运；2m 以上的苗木必须斜放或平放，土球一般朝前，枝干向后，要充分考虑车身前后重量平衡，确保车辆安全，并用木架将树冠架稳。

（2）土球直径大于 20cm 的苗木只装一层，小土球可以摆放 2～3 层。土球之间必须摆放紧密，以防摇晃。

（3）土球上面不准站人或放置重物。

（四）运输

途中押运人员要和司机配合好，经常检查帆布是否掀起。短途运苗，中途尽量不要长时间休息。长途行车，必要时根据气候、气温等情况，可对车厢增湿，尽量不要洒水淋湿枝叶，防水流入土球，造成土球松散。停车休息时应选择荫凉处停车，防止风吹日晒。高温季节要尽可能选择清晨、太阳下山以后和夜间气温较低时起运。

（五）卸车

卸车时要爱护苗木，轻拿轻放。裸根苗要顺序拿放，不准乱抽，更不能整车推下。带土球苗卸车时，不得提拉树干，而应双手抱土球轻轻放下。较大的苗木和土球卸车时，要用吊车进行卸车作业。

四、假植

苗木运到施工现场后若未能及时种植，应立即进行假植。

1. 裸根苗的假植

选择排水良好、背风雨、荫凉且不影响施工的地方，挖深、宽各 30～40cm，长度视需要而定的假植沟，短期假植可将苗木在假植沟中成束排列；长期假植，可将苗木单株排列，然后把苗木的根系和茎的基部用湿润的土壤覆盖、踩紧，使根系和土壤紧接。若土壤干燥假植后应适量灌水，但切勿过量，既保证根系潮湿，又不使土壤过于泥泞，以免影响根系呼吸作用和以后操作。

2. 带土球苗木的假植

苗木运到工地以后，如 1～2d 内不能栽完，应选择不影响施工的地方，将苗木竖立排放整齐，四周培土，树冠之间用草绳围拢；若需较长时间，土球间隙也应填土。

苗木假植期间，可根据气候等环境条件，给常绿苗木的叶面适当喷水。

第四节　施工现场的准备

施工现场的准备工作主要包括以下几个方面：

一、清理障碍物

清理障碍物是开工前必要的准备工作，其中拆迁是清理施工现场的第一步。具体主要是对施工现场内有碍施工的市政设施、房屋等进行拆除和迁移。对这些拆迁项目，事先都应调查清楚，做出恰当的处理。对于不妨碍施工的地形、树木、植被等，则要尽可能地保留利用。施工现场有古树名木和文物古迹的一定要好好保护。如在施工现场挖掘出新的文物古迹，应保护好现场，并马上报告有关部门依法处理。

二、整理施工现场

按照设计图纸进行地形整理。首先将绿化种植地段和其他地段区分开来，一般城市街道绿化的地形要比公园的简单些，主要是与四周的道路、广场的标高合理衔接，使行道树带内排水畅通。如果是采用机械整理地形，还必须搞清是否有地下管线，以免机械施工时损毁管线而造成事故和巨大损失。

如有土方工程，应先挖后填，土方尽量就地平衡，以节省投资。填方处还要分层夯实，并适当增加填土量，以防出现规则和不规则的沉降。

三、接通水源、电源，修通道路

接通水源、电源，修通道路是较大型的园林绿化工程开工的必要条件，也是施工现场准备的重要内容。对于工程量不大的绿化工程，则不一定需要专门的水源、电源和修建施工道路。应根据工程项目和现场的具体情况，综合考虑是否需要这方面的准备工作。

四、种植土的改良

如果种植地要求的土层深度范围的土壤不符合相关的标准要求，则要采取更换土壤措施，或在距标准相差不大的情况下，通过掺入有机质、酸碱调节剂来调节，使之达到规定的标准。如土壤偏酸，可掺入石灰等碱性物质来改良；如土壤偏碱，可掺入醋渣、广东产的高位偏酸泥炭等酸性有机质加以改良，也可以用硫酸亚铁、硫黄和石膏改良。

在滨海地区往往有很多盐碱滩和盐碱土的区域，这些土壤由于含盐量过高和离子的毒害，使不耐盐碱的植物生长不良甚至死亡。当土壤的含盐量高于临界值 2‰时，土壤溶液浓度过高，不耐盐碱的植物根系很难从土壤中吸收水分和营养元素，从而引起"生理缺水"和缺素症状。因此，在盐碱土上种植树木，除了选择一些适合当地气候的耐盐碱植物外，还应对盐碱土进行改良。改良的方法主要有灌淡水洗盐；深挖、隔盐和施用有机肥；用粗沙、锯末等物质进行树盘覆盖，以减少地表蒸发，阻止盐分上升等方法。

第三章　园林植物栽植技术

第一节　定点、放线

一、行道树的定点、放线

道路两侧或分车带以等距或不等距的方式栽植的树木，称为行道树。行道树要求栽植位置准确，规则式等距栽植的要求整齐划一，体现一种规则美。近年也出现自然式的配置，以自然群落为参照，追求一种自然美。两种配置方式的定点放线方法不同。规则式的定点放线相对简单：在已有道路旁定点，以路牙为依据，然后用皮尺、钢尺或测量绳定出行位，再按设计图纸的要求确定株距，每隔 10 株于株距中间钉一木桩（即不是钉在所挖穴的位置上），作为行线的控制标记和每株位置的依据，然后用白灰点标出单株位置。自然式配置的定点放线，可参照下文公园绿地的定点放线方法。

由于道路绿化与市政、交通、沿途单位、居民等关系密切，植树位置的确定，除和规划设计部门配合协商外，在定点后还应请设计人员检查核对。

二、公园绿地的定点、放线

在公园绿地中，树木常用的两种自然式配植方式，一为孤植或群落式配置，在设计图纸上标明每株树木的位置；另一种是群植，图上只标明范围，而未标明每株树的位置。公园绿地的定点、放线方法有以下三种：

（1）平板仪定点。适用范围较大、测量基点准确的绿地。即依据基点，将单株位置和片植的范围线，按设计图纸依次定出。

（2）网格法定点。适用范围大且地势平坦的绿地。按比例在设计图上和现场分别划出等距离的方格（一般常采用 20m×20m），然后按照设计图上的树位与方格的关系用皮尺定位。

（3）交会法定点。适用于范围较小、现场内建筑物或其他标记与设计图相符的绿地。以建筑物的两个特征点为依据，按图上设计的植株与两点的距离相交会定出植树位置。

不管用什么方法，定点后必须在定点的位置做出明确的标志。乔木、孤植树可钉木桩，写明树种、挖穴规格、穴号；树丛要用白灰线划出范围，线内钉上木桩写明树种、数量、穴号，然后用目测方法确定单株位置，并用灰点标明。目测定点时要注意下面三点：

（1）树种、数量和分布等要符合设计图要求。

（2）树丛内如有两个以上树种，注意树种的层次，宜中心高边缘低或呈由高渐低的倾斜的林冠线。

（3）布局注意自然，避免呆板，不宜用机械的几何图形或直线。

第二节　园林树木栽植技术

一、栽植前的准备

树木栽植过程要经过起苗、运输、定植、栽后管理四大环节。每一个环节必须进行周密的保护和及时处理，才能防止被移植的苗木失水过多。移栽的四个环节应密切配合，尽量缩短时间，最好是随起、随运、随栽，及时管理，形成流水作业。

1. 苗木准备

苗木质量的好坏直接影响栽植的质量、成活率、养护成本及绿化效果。栽植的苗（树）木来源于当地培育或从外地购进及从园林绿地或野外搜集。不论哪一种来源，栽植苗（树）木的树种、年龄和规格都应根据设计要求选定。苗木挖掘前对分枝较低、枝条长而比较柔软的苗木或冠丛直径较大的灌木应进行拢冠，以便挖苗和运输，并减少树枝的损伤和折裂。对于树干裸露、皮薄而光滑的树木，应用油漆标明方向。

为了既保证栽植成活，又减轻苗木重量和操作难度，减少栽植成本，挖掘苗木的根幅（或土球直径）和深度（或土球高度）应有一个适合的范围。乔木树种的根幅（或土球直径）一般是树木胸径的 $6\sim12$ 倍，胸径越大比例越小。深度（或土球高度）大约为根幅（或土球直径）的 $2/3$；落叶花灌木，根部直径一般为苗高的 $1/3$ 左右；分支点低的常绿苗木，土球直径一般为苗高 $1/3\sim1/2$。

应按操作规范起苗，防止伤根过多，尽量减少大根劈裂。对已经劈裂的根，应进行适当修剪补救。除肉质根树木如牡丹等应适当晾晒外，其他树种起苗后最重要的是保持根部湿润，避免风吹日晒。苗木长途运输时，应采取根部保护措施，如用湿物包裹或裸根苗蘸泥浆等。为减少常绿树枝叶水分蒸腾，可喷蒸腾抑制剂和适当疏剪枝、叶。

苗木运到施工现场如不能及时栽植，要进行假植。起苗后栽植前对苗木要进行修枝、修根、浸水、截干、埋土、贮存等处理。修枝是将苗木的枝条进行适当短截，一般对阔叶落叶树进行修枝以减少蒸腾面积，同时疏去生长位置影响树形的枝条；针叶树的地上部分一般不进行修剪，对萌芽较强的树种也可将地上部分截去，移植后可发出更强的主干。主轴分枝的树种，如尖叶杜英、木棉、美丽异木棉、南洋杉等应尽量保护或保持中央领导枝的优势，不能随意修剪。修剪以少量疏枝为主，慎用短截方法。合轴分枝的树种，如榕树、大叶榕、羊蹄甲、非洲桃花心等应在分枝高度上选择 $3\sim6$ 个的优势枝条作为一级分枝和主枝，并确保主枝分布均匀和有一定的长度。一般一级分枝至地面的距离要求 $2.5\sim3m$ 以上。移植修剪时，以疏枝为主，小心短截，确保树冠的完整和美观。并以恰当的修剪量和根系的损伤对应，留叶量过多，上下不平衡使成活率降低；留叶量过少同样对成活和恢复不利，必要时可以用摘叶代替修剪。裸根苗起苗后要进行剪根，剪短过长的根系，剪去病虫根或根系受伤的部分，主根过长也应适当剪短；带土球的苗木可将土球外边露出的较大根段的伤口剪齐，过长须根也要剪短。修根后还要对枝条进行适当修剪，减少树冠，有利于地上地下的水分平衡，使移植后顺利成活，修根、修枝后马上进行栽植。不能及时栽植的苗木，裸根苗根系泡入水中或埋入土中保存，带土球苗将土球用湿草帘覆盖或将土球用土堆围住保存。栽植前还可用根宝、生根粉、保水剂等化学药剂处理根系，使移植后能更快成活生长，同时苗木还要进行分级，将大小一致，树形完好的一批苗木分为一级，栽植在同一地块中。

2. 土壤准备

（1）整地。整地主要包括栽植地地形、地势的整理及土壤的改良。首先将绿化用地与其他用地分开，对于有混凝土的地面一定要刨除。将绿地划出后，根据本地区排水的大趋势，将绿化地块适当垫高，再整理成一定坡度，以利排水。然后在种植地范围内，对土壤进行整理。有时由于所选树木生活习性的特殊要求，要对土壤进行适当改良，若在建筑遗址、工程遗弃物、矿渣炉灰地修建绿地，需要清除渣土并根据实际采取土壤改良措施，必要时换土。对于树木定植位置上的土壤改良一般在定点挖穴后进行。

（2）栽植穴的准备。树木栽植前的栽植穴准备是改地适树，协调"地"与"树"之间相互关系，创造良好的根系生长环境，提高栽植成活率和促进树木生长的重要环节。首先通过定点放线确定栽植穴的位置，株位中心撒白灰作为标记。栽植穴的规格一般比根幅（或土球直径）和深度（或土球高度）大 20~40cm，甚至一倍；成片密植的小株灌木，可采用几何形大块浅坑。穴或槽周壁上下大体垂直，而不应成为"锅底"或"V"形。在挖穴或槽时，肥沃的表土与贫瘠的底土应分开放置，除去所有石块、瓦砾和妨碍生长的杂物。土壤贫瘠的应换上肥沃的表土或掺入适量的腐熟有机肥。

植树挖穴时要注意的事项：位置要正确；规格要适当；挖出的表土与底土分开堆放于穴边；穴的上下口大小应一致；在斜坡上挖穴、应先将斜坡整成一个小平台，然后在平台上挖穴，挖穴的深度应以坡下沿口开始计算；在新填土方处挖穴，应将穴底适当踩实；土质不好的，应加大穴的规格；挖穴时发现电缆、管道等要停止操作，及时找有关部门配合解决；挖穴时如遇上障碍物，应找设计人员协商。

在土壤通透性极差的立地上，应进行土壤改良，并采用瓦管和盲沟等排水措施。在一般情况下，可在土壤中掺入沙土或适量腐殖质改良土壤结构，增强其通透性，也可加深栽植穴，填入部分沙砾或在附近挖与栽植穴底部相通并深于栽植穴的暗井，并在栽植穴的通道内填入树枝、落叶及石砾等混合物，加强根区的地下排水。在渍水极严重的情况下，可用粗约 8cm 的瓦管铺设地下排水系统。

二、栽植

1. 配苗或散苗

对行道树和绿篱苗，栽植前要再一次按大小分级，使相邻的苗大小基本一致。按穴边木桩写明的树种配苗，"对号入座"，边散边栽。配苗后还要及时核对设计图，检查调整。

2. 栽植技术

园林树木栽植的深度必须适当，并要注意方向。栽植深度应以新土下沉后树木原来的土印与土面相平或稍低于土面为准。栽植过浅，根系容易失水干燥，抗旱性差；栽植过深，根系呼吸困难，树木生长不旺。主干较高的大树，栽植方向应保持原生长方向，以免冬季树皮被冻裂或夏季受日灼危害。若无冻害或日灼，应把树形最好的一面朝向主要观赏面。栽植时除特殊要求外，树木应垂直于东西、南北两条轴线。行列式栽植时，要求每隔10~20 株先栽好对齐用的"标杆树"。如有弯干的苗，应弯向行内，并与"标杆树"对齐，左右相差不超过树干的一半，做到整齐美观。

（1）裸根苗的栽植。苗木经过修根、修枝、浸水或化学药剂处理后就可以进行栽植。将苗木运到栽植地，根系没入水中或埋入土中存放，边栽边取苗。先比试根幅与穴的大小和深浅是否合适，并进行适当调整和修理。在穴底填些表土，堆成小丘状，至深浅适合时放苗入穴，使根系沿锥形土堆四周自然散开，保证根系舒展。具体栽植时，一般两人一组，一人扶正苗木，一人填入拍碎的湿润表土。填土约达穴深的 1/2 时轻提苗，使根自然向下舒展，然后用木棍捣实或用脚踩实。继续填土至满穴，再捣实或踩实一次，最后盖上一层土与地相平或略高，使填的土与原根颈痕相平或略高 3～5cm。有机质含量高的土壤，能有效促进苗木的根系发育，所以在栽植苗木时，一般应施入一定量的有机肥料，将表土和一定量的农家肥混匀，施入沟底或坑底作为底肥。农家肥的用量为每株树 10～20kg 为宜。埋完土后平整地面或筑土堰，便于浇水。栽植苗木时候还要注意行内苗木要对齐。前后左右都对齐为好。

（2）带土球苗的栽植。先测量或目测已挖树穴的深度与土球高度是否一致，对树穴作适当填挖调整，填土至深浅适宜时放苗入穴。在土球四周下部垫入少量的土，使树直立稳定，然后剪开包装材料，将不易腐烂的材料一律取出。为防止栽后灌水土塌树斜，填土一半时，用木棍将土球四周的松土捣实，填到满穴再捣实一次（注意不要将土球弄散），盖上一层土与地面相平或略高，最后把捆拢树冠的绳索等解开取下。容器苗必须将容器除掉后再栽植。

三、栽植后管理

1. 树木支撑

为防止大规格苗（如行道树苗）灌水后歪斜，或受大风影响成活，栽后应立支柱。常用通直的木棍、竹竿作支柱，长度以能支撑树苗的 1/3～1/2 处即可。一般用长 1.5～2m、直径 5～6cm 的支柱。可在种植时埋入，也可在种植后再打入（入土 20～30cm）。栽后打入的，要避免打在根系上和损坏土球。树体不是很高大的带土移栽树木可不立支柱。立支柱的方式有单支式、双支式、三支式、四支式和棚架式。单支法又分立支和斜支，单支柱法是用一根木棍或竹竿等，斜立于下风方向，深埋入土 30cm，支柱与树干之间用草绳隔开，并将两者捆紧。单柱斜支，应支在下风方向（面对风向）。斜支占地面积大，多用在人流稀少的地方。支柱与树干捆缚处，既要捆紧，又要防止日后摇动擦伤干皮。因此，捆绑时树干与支柱间要用草绳隔开或用草绳包裹树干后再捆。双支柱法是用两根或两根以上的木棍（或水泥制柱）在树干两侧，分别垂直钉入土中，支柱顶部捆一横档，先用草绳或轮胎皮将树干与横档隔开以防擦伤树皮，然后将树干与横档捆紧。

2. 开堰、作畦

单株树木定植后，在栽植穴的外缘用细土筑起 15～20cm 高的土埂，为开堰（树盘）。连片栽植的树木如绿篱、灌木丛、色块等可按片筑堰为作畦。作畦时保证畦内地势水平。浇水堰应拍平、踏实，以防漏水。

3. 灌水

树木定植后应立即灌水。无风天不超过一昼夜就应浇透头遍水，干旱或多风地区应连夜浇水。一般每隔 3～5d 要连灌三遍水。水量要灌透灌足。在土壤干燥、灌水困难的地方，也可填入一半土时灌足水，然后填满土，保墒。浇水时应防止冲垮水堰，每次浇水渗入后，应将歪斜树苗扶正，并对塌陷处填实土壤。

4. 封堰

第三遍水渗入后，可将土堰铲去，将土堆在树干的基部封堰。为减少地表蒸发，保持土壤湿润和防止土温变化过大，提高树木栽植的成活率，可用稻草、腐叶土或沙土覆盖树盘。

四、非适宜季节园林树木栽植技术

园林绿化施工中，有时由于特殊需要的临时任务或其他工程的影响，不能在适宜季节植树，需要采用一些措施突破植树季节。

（一）预先有计划的栽植技术

由于一些因素的影响不能适时栽植树木是预先已知的，可在适合季节起掘（挖）好苗，并运到施工现场假植养护，等待其他工程完成后立即种植和养护。

1. 起苗

由于种植时间是在非适合的生长季，为提高成活率，应预先于早春未萌芽时带土球掘（挖）好苗木，落叶树应适当重剪树冠。所带土球的大小规格可按一般大小或稍大一些。包装要比一般的加厚、加密。如果是已在去年秋季掘起假植的裸根苗，应在此时另造土球（称作"假坨"），即在地上挖一个与根系大小相应的、上大下略小的圆形底穴，将蒲包等包装材料铺于穴内，将苗根放入，使根系舒展，干于正中。分层填入细润之土并夯实（注意不要砸伤根系），直至与地面相平。将包裹材料收拢于树干捆好。然后挖出假坨，再用草绳打包。正常运输。

2. 假植

在距离施工现场较近、交通方便、有水源、地势较高、雨季不积水的地方进行假植。假植前为防天暖引起草包腐朽，要装筐保护。选用比球稍大、略高 20～30cm 的笋筐（常用竹丝、紫穗槐条和荆条所编）。土球直径超过 1m 的应改用木桶或木箱。先在筐底填些土，放土球于正中，四周分层填土并夯实，直至离筐沿还有 10cm 高时为止，并在筐边沿加土拍实做灌水堰。按每双行为一组，每组间隔 6～8m 作卡车道（每行内以当年生新稍互不相碰为株距），挖深为筐高 1/3 的假植穴。将装筐苗运来，按树种与品种、大小规格分类放入假植穴中。筐外培土至筐高 1/2，并拍实，间隔数日连浇 3 次水，适当施肥、浇水、防治病虫、雨季排水、适当疏枝、控徒长枝、去蘖等。

3. 栽植

等到施工现场可以种植时，提前将筐外所培的土扒开，停止浇水，风干土筐；发现已腐朽的应用草绳捆缚加固。吊栽时，吊绳与筐间垫块木板，以免松散土坨。入穴后，尽量取出包装物，填土夯实。经多次灌水或结合遮荫保证成活。

（二）临时需要的栽植技术

预先无计划，因特殊需要，在不适合季节栽植树木。可按照不同类别树种采取不同措施。

1. 常绿树的栽植

应选择春梢已停，2 次梢未发的树种；起苗应带较大土球。对树冠进行疏剪或摘掉部分叶片。做到随掘、随运、随栽；及时多次灌水，叶面经常喷水，晴热天气应结合遮荫。易日灼的地区，树干裸露者应用草绳进行卷干，入冬注意防寒。

2. 落叶树的栽植

最好也选春梢已停长的树种。疏掉徒长枝及花、果。对萌芽力强、生长快的乔、灌木可以重剪。最好带土球移植；如裸根移植，应尽量保留中心部位的心土。尽量缩短起（掘）苗、运输、栽植的时间，裸根根系要保持湿润。栽后要尽快促发新根，可灌溉一定浓度的（0.001％）生长素；晴热天气，树冠应遮荫或喷水。易日灼地区应用草绳卷干。应注意伤口防腐，剪后晚发的枝条越冬性能差，当年冬季应注意防寒。

五、提高树木栽植成活的技术措施

树木栽植成活的关键是保证树体以水分代谢为主的生理平衡。在栽植过程中可根据实际情况采取一些技术措施，提高栽植的成活率。

（一）根系浸水保湿或沾泥浆

裸根苗栽植前当发现根系失水时，应将植物根系放入水中浸泡 10～20h，充分吸收水分后再栽植，可有效提高成活率。小规格灌木，无论是否失水，栽植之前都应把根系浸入泥浆中均匀沾上泥浆。使根系保湿，促进成活。泥浆成分通常为过磷酸钙：黄泥：水＝2：15：80。

（二）利用人工生长剂促进根系生长愈合

树木起掘时，根系受到损伤，可用人工生长剂促进根系愈合、生长。如软包装移植大树时，可以用 ABT-1、ABT-3 号生根粉处理根部，有利于树木在移植和养护过程中迅速恢复根系的生长，促进树体的水分平衡。

（三）利用保水剂改善土壤的性状

城市的土壤随着环境的恶化，保水通气性能愈来愈差，不利于树木的成活和生长。在有条件的地方可使用保水剂改善。保水剂主要有聚丙乙烯酰胺和淀粉接枝型，颗粒多为 0.5～3cm 粒径。在北方干旱地区绿化使用，可在根系分布的有效土层中掺入 0.1％并拌匀后浇水；也可让保水剂吸足水形成饱水凝胶，以 10％～15％掺入土层中。可节水 50％～70％。

（四）树体裹干保湿增加抗性

栽植的树木通过草绳等软材料包裹枝干可以在生长期内避免强光直射树体，造成灼伤，降低干风吹袭而导致的树体水分蒸腾，储存一定量的水分使枝干保持湿润，在冬季对枝干又起到保温作用，提高树木的抗寒能力。草绳裹干，有保湿保温作用，一天早晚两次给草绳喷水，可增加树体湿度，但水量不能过多。塑料薄膜裹干有利于休眠期树体的保温保湿，但在温度上升的生长期内，因其透气性差，内部热量难以及时散发导致灼伤枝干，因此在芽萌动后，必须及时撤除。

（五）树木遮荫降温保湿

在生长季移植的树木水分蒸腾量大，易受日灼，成活率下降。因此在非适宜季节栽植的树木，条件允许应搭建荫棚以减少树木水分蒸腾。

树木移植的成活率关键在于是否适地适树和树木生长环境之间的差异程度，在此基础上可以通过带土球移植，选择有利时间移植，快速运输和防风运输树木，防止树木枝和根损伤、修枝、抹芽、遮荫、保暖等措施，减少移植树木的蒸腾作用。同时运用切根、灌水起苗、草绳或麻布包裹、栽紧、灌水、浇水、喷水、喷雾等措施对树木进行保水处理，能够促进移植树木根系的愈合和生长，以利树木的成活和生长，再经过定期的细心检查观测，及时发现问题，及时采取抢救措施，对移植树木进行防病、施肥、松土等精心护理，有利于确保树木移植成活。

第三节 大树移植技术

大树移植一般是指胸径 10～20cm 以上的大树。现行行业规范《园林绿化工程施工及验收规范》CJJ 82 提出"移植胸径 20cm 以上的落叶乔木和胸径 15cm 以上的常绿乔木称为大树移植"。一般来讲，把移植胸径 10cm 以上的大树称为"大树移植"比较合适。

一、大树移植前的准备

1. 大树的选择

选择大树时，应考虑到树木原生长条件需与定植地的自然条件相适应，尤其是土壤的酸碱性和质地、温度、湿度、光照等条件。树种不同，其生物学特性也不同，移植地的环境条件应尽量与该树种的生物学特性和生境条件相符，例如在近水的地方，樟树、柳树等都能生长良好，而若移植银杏，则可能会因烂根而很快死亡。

选择大树时，应选择生长健壮的树木，选择树冠圆满、没有感染病虫害和未受机械损伤的树木，选择近 5 年来生长在阳光充足下和根系分布正常的树木。如果根系分布不均，移植大树不仅缺乏较发达的根系系统，而且起苗操作困难、容易伤根，不易挖出完整的土球，影响大树移植的成活率。在过密的林分中，树木移植到城市后其生活环境则发生了很大变化，因缺乏森林小气候环境，难以适应，故不易成活，且树形不美观。

2. 大树移植前的技术处理

为了保证大树移植成功，需要了解大树地下部分的根系状况，有些大树的根部因地形因素往往覆盖着厚土，导致根系生长易造成不均匀的现象。要先对根部进行试探挖掘。通过试探，了解根系分布情况，以及是否适合扎土球，这决定了树木是否适合移植。有粗大直根系的大树不宜移植，生长在石块、沙砾中的大树也不宜移植，这些树木必须先进行苗圃移栽，经移栽生长良好后，方可进行移植。

为了保证大树移植成活，需要对大树进行切根，通过切根，可促进树木的须根生长，切根部位应比正常土球处小 10～20cm 为宜。切根一般在初春与秋季进行，大树切根宜分两次进行，把土球外围分成 4 份，于早春和秋季按时对角的土球外围处各向外挖 30～40cm 宽的沟，对根系用利器齐平内壁切断，伤口要平整，然后在切根外周围一圈施钙镁磷肥或过磷酸钙肥料，之后用沃土填平、踏实，从而促进树木须根的生长。对于胸径在 15cm 左右的树木可以一次完成切根，但需搭防风支架以固定树木，以防树木风吹摇动，导致新根难以生长。

为了保证大树移植成功，在大树挖掘前 2d 需灌足水，使大树的根系、树干贮存足够水分，以弥补移栽造成的根系吸水不足，而且土壤吸收充足的水分后容易挖掘，土球容易扎紧，在运输过程中也不易松散。

3. 确定大树移植的时间

移植大树的最佳时间是早春，春季会比秋、冬季好一些。早春树液开始流动并开始发芽、生长，挖掘时损伤的根系容易愈合和再生，移植后经过一年的生长，树木可顺利越冬。秋、冬季移植的大树，要经过寒冬的考验才可知伤口的愈合组织能否及时形成，是否能长出新根等。对于落叶树来说，深秋的移植效果则较好，此期间树木虽处于休眠状态，但是地下部分尚未完全停止活动，故移植时被切断的根系能在这段时间进行愈合、生根，为来年春季发芽生长创造良好的条件。

春季移植的大树较快进入生长期，对伤口的愈合、新根的生长、新芽的产生较为有利，而且树木的蒸腾还未达到最旺盛时期，因此进行带土球的移植，尽量缩短土球暴露在空气里的时间，有利于大树的成活，这时候观察大树生长状况也较容易，可及时发现问题及时补救，栽植后通过精心的养护管理，也能确保大树的成活。盛夏季节，由于树木的蒸腾量大，此时移植对大树的成活不利，必须加强修剪、遮荫，尽量减少树木的蒸腾量，并加大土球，但移植成活率相对较低。

二、大树移植的方法

1. 挖坑、设管

据移植大树规格确定坑的宽度范围和深度，一般树坑范围是移植大树胸径的 8～10 倍，深度达 80～100cm。挖坑时将表土和生土分开堆放，并把石块及建筑垃圾捡出，先在坑底铺一层碎石，最好能盖上一层沙，然后覆盖一层土，并在坑四周各取一段塑料管，一端插入碎石层，一端露在坑上沿，固定好塑料管，以利大树的根部呼吸和积水外排，等候栽植。

2. 挖树、包干

挖掘大树时要尽量保护根系，土球直径为胸径的 6～8 倍，挖到一定深度时，用利器将土球周围修整齐，树根伤口要削平，然后用草绳一圈紧挨一圈扎紧，再将树木吊起或推斜，砍断或锯断主根，做到根部土球不松不散。用草绳、麻布等材料严密包裹树干和较粗壮的分枝，减少大树在运输时损伤树干，并可贮存一定量的水分，使树干保持湿润，同时可调节枝干温度，避免强光直射和干风吹袭，减少高温和低温对枝干的伤害以及枝干的水分蒸发，以利于提高大树种植后的成活率。

3. 运输、修枝

带大土球的植株，一般要用吊车装车，卡车运输。装车时必须土球向前，树冠向后，轻轻放在车厢内。用砖头或木块将土球支稳，并用粗绳将土球牢牢捆紧于车厢，防止土球摇晃。在大树起吊、运输过程中要尽量保护枝叶和土球，装运前应标明树干的主要观赏面，并将树冠捆拢，在装运及卸车时着重保护树木的主要观赏面。在吊运时，着绳部位和吊运方法十分重要，要防止起吊后坠落和减少不必要的振动，否则将造成土球的破损，移植的成活率也会受到一定影响。装运的大树在车上要安放牢固，支撑好树干，固定好防止滚动，各支撑点要包软垫物，防止树皮和枝条损伤，要对根部、树枝、叶进行防风、保湿处理，争取当天起挖，当天运达现场，减少根系水分的损失，以提高移植成活率。苗木运到施工现场后，把有编号的大树对号入座，避免重复搬运损伤树木。卸车的操作要求与装车时大体相同。卸车后，如未能立即栽植，应将苗木立直、支稳，不可斜放或平放在地。

栽植前要对劈裂、折伤的树枝和根系进行修剪，直径 2cm 以上的锯口要整齐。全部修去树干的向内侧生长的枝条，外侧枝条的修剪则根据树种而定，如桂花、樟树需对外侧末端的枝条进行适当的修剪，修去约 30cm 长，而雪松、广玉兰则不能修剪末端枝条，只能进行适当的疏枝，保持原有的冠幅。然后对截枝的锯口进行涂抹或包扎处理，可采用石蜡对所有的锯口进行涂抹，也可用塑料袋在 4cm 以上的锯口包扎并露出外缘 3～5cm，以减少水分的蒸发，提高移植成活率。

4. 消毒、栽植

用多菌灵或代森锌对土壤和根部进行消毒，同时用生根粉 3 号溶液涂抹根系伤口，并对土球喷洒、浇灌，促进根系愈合、生根。将处理好的大树吊到树坑中央，扶正大树，选好大树的角度、朝向，达到最佳姿态后，放入坑里。用表土回填树坑内，然后在树周围施入钙镁磷或过磷酸钙肥料，再填土，当坑土填至一半时，用锄头或锄头柄捣紧、打实后再填，填土要使土球与坑土密结，打实土壤，但注意不要破坏土球，不能击打土球部位，以免弄散土球、伤到根系，影响根部吸收，同时让使原先预埋的四根塑料管上口露出土面。

5. 搭架、灌水

大树移植因树冠庞大容易被风吹倒，因此在吊索松绑前应先立即支撑固定，用钢丝线搭正三角形桩有利于树体稳定（钢丝线的支撑点应以树高的 1/2～2/3 处为好）。固定时需加垫保护层，以防损伤树皮，同时在树兜搭架树棍或毛竹桩、四角桩加以固定。大树栽植后应立即在树坑以外周围围一圈围堰，搞好树池，当天灌水，灌足灌透，并将树干上的草绳或麻布用水喷透，第 2 天再对树池覆盖一层松土，以防土壤板结。

三、大树移植后的养护

1. 喷水、控水

大树地上部分因蒸腾作用而易失水，栽后每天必须喷水保温，喷水要求细而均匀，要喷透草绳或麻布，并且能喷及地上各个部位和周围空间，为树体提供湿润的气候环境。也可用"吊盐水"的方法，即在树枝上挂若干个装满清水的盐水瓶，运用医学上吊盐水的原理，让瓶内的水慢慢滴入树体上，并定期加水，这种方法既省工又省费用。一般在抽枝发芽后，才可停止喷水或滴水。移植大树的根系吸水功能减弱，对土壤水分需求量较少，此时只要保持土壤湿润即可。土壤过湿反而影响土壤的透气性，进而抑制根系的呼吸，甚至会导致烂根死亡。浇水需根据天气情况、土壤质地情况而定，通常 10～15d 浇 1 次水。

2. 喷雾、遮荫

移植的大树在未达到正常生长时遇到高温季节，应使用全光喷雾，即在大树中心上方支起喷雾装置，喷头的高度和数量应以喷出的水雾能遮盖树冠 80% 以上范围为宜。在使用全光喷雾时要注意排水，防止种植穴积水、烂根，才能帮助大树增强抗逆能力，适应不良的环境。大树移植的初期或高温季节，要搭棚遮荫，降低棚内温度，减少树体的水分蒸发。搭棚时，遮荫度应以 70% 左右为宜，让树体接受一定的散射光，以保证树体的光合作用，以后视树木的生长情况和气候变化，再逐步去掉遮荫物，以提高大树适应环境变化的能力，提高移植大树的成活率。

3. 抹芽、保暖

移植大树在发芽时往往是整个树身全面发芽，这需要消耗大量的水分，而且生长的枝叶又短又密，不利于树木的光合作用，因此合理抹芽可以美化树木和提高移植树木的成活率，选择定向保留的枝芽，再把其他多余的枝芽全部抹掉，减少多余枝芽的呼吸作用，让其迅速生长，形成较美观的树形和良好的光照条件，促进移植大树的复壮。在冬季移植的大树因其根系尚未恢复即进入寒冬的考验，树木易被风干脱水，因此必须对树木进行保暖，即在草绳绕树干的外围，用塑料膜将树干和树兜再包一圈，起保暖保水作用，从而促进移植大树根系的早日愈合、生长。

4. 检查、抚育

移植大树后要定期对大树的生长发育情况进行检查，尤其是检查病虫害、闷根、积水等情况，可通过预埋的塑料管检查树木根部是否积水，如有积水可从塑料管中吸出或用棉花球套在钩里从塑料管中将水排出，如根部较干则可安排浇水；如叶子衰弱则应查看根系是否腐烂，如有烂要立即截除，然后用表层土重新培植，并用1%的活力素溶液浇灌。检查发现的病虫害要立即采取措施抢救，确保大树移植成活。在大树移植初期，根系吸肥能力差，宜采用根外追肥，一般半个月左右用尿素、磷酸二氢钾等配制成浓度 0.5%～1%的速效肥溶液，在早上或傍晚喷洒 1 次，做到少量多次施肥。为了保持土壤良好的透气性，有利于根系萌发，在检查中如发现土壤较黏重，则应安排松土工作，以防土壤板结，预防树木闷根，增进树木根部的生长，提高移植大树的成活率。

四、大树移植的新技术

（一）防腐促根技术

土球挖好以后，包装之前，对切断的根系伤口施用杀菌防腐的药剂，以防止伤口感染腐烂。同时施用促进根系再生的促根激素，促进不定根的发生和生长，尽快使根系恢复正常的生理功能。防腐主要防止真菌性病害对根系伤口的感染。防腐的药剂可用一些广谱性的杀菌剂，如多菌灵、百菌清、甲基托布津、根腐灵等按正常用量兑水对土球的外侧进行喷洒。超过 2cm 直径的根系切口，还应用伤口涂布剂对伤口进行涂抹和封闭。除了对土球进行 1～2 次的喷洒处理外，还应对回填在土球底部和四周的土壤进行预先的杀菌消毒，种好以后还可结合浇水用杀菌药剂进行灌根，保证杀菌的持续效果。促根可用一些促进根系生长的植物激素，如用萘乙酸（NAA）50ppm、吲哚丁酸（IBA）100～200ppm 或 ABT 生根粉等促根的激素和药剂对土球的外围和整个土球进行喷洒处理，以促进不定根的发生和生长，使根系能以较快的速度恢复吸收水分和养分的功能，从而使整株大树恢复生机。还有的应用德国技术生产的"活力素"100～120 倍灌注根系，以促进根系的恢复和生长。

（二）垫沙埋管透气管技术

对粘性土，采取大树下垫河沙的办法，垫 10～20cm 厚，同时土球放进树穴以后，不回填土而是回填河沙，在土球四周形成了一个环状的透气带，使根系的透气状况得到了极大的改善，提高了大树的移植成活率。管透气管也是提高成活率的好办法。沿土球的周边，均匀地放置 3～4 个透气管，可以用 10～20cm 直径 PVC 管，根据土球大小定直径，管长度为 1m 左右，在管周边打孔，然后用遮光网包扎住下端和周边，防止泥土进入，并让上管口高出地面 5cm。上海市在移植大树的过程中，普遍采用了透气袋技术。透气袋用塑料纱网缝制而成，直径在 12～15cm，长度在 1m 左右，袋子里充填珍珠岩，两头用绳子扎紧。土球放进树穴定位以后，回填之前，把透气袋垂直放在土球四周。一般每株大树视胸径的大小，沿土球的周边，均匀地放置 3～4 个透气袋。放的时候要特别注意，透气袋子一定要高出地面 5cm，回填时不要把透气袋埋住。雨鸟（Rain Bird）公司也研制了塑料做的透气管，直径 10cm，并在管中安置了灌溉系统，使之既可透气，也可通过灌溉系统从土球的四周进行灌水和施肥的操作。

（三）营养液滴注技术

营养液滴注技术就是在大树移植初期，在树干上的树皮扎一小孔，用类似给人打吊针的方式向树干的韧皮部缓慢地滴注营养液。这种在大树根系没有恢复正常的功能的时候，利用非根系吸收的方式向大树补充一定的营养和刺激生长的其他物质，对大树的恢复和成活有一定的促进作用。上海、南京、成都等地都有公司专门生产这些滴注的设备和营养液。

（四）使用蒸腾抑制剂

适当地抑制叶片的蒸腾作用就可以尽可能地保留多一点的叶片，有利于大树的恢复和成活。目前有些企业甚至采取了用蒸腾抑制剂完全代替修剪的整体移植技术，不剪一条枝、一片叶，完全依靠喷施蒸腾抑制剂来维持移植期间的水分代谢平衡，在岭南地区的多个树种的大树移植中取得了成功。蒸腾抑制剂有很多种类，主要是一些对叶片无害的高分子化合物。它们喷洒到叶片上能暂时地封闭气孔，抑制叶片的蒸腾作用，使根系损伤造成的水分代谢不平衡得到缓解。一段时间以后，蒸腾抑制剂就会分解或被冲刷掉。蒸腾抑制剂的喷施时要注意几点：首先是喷得均匀，要十分细致和周到，每片叶片都要喷到；二是要重点喷到叶子的背面，因为叶子的气孔主要集中在叶子背面；三是喷量要足够和适量，过少可能起不了应有的作用，过多也会产生不好的影响，使叶子气孔封闭的时间过长，不利于大树正常功能的恢复。这些问题都应该通过严密的试验而得出最佳的操作方案。

第四节　其他园林植物栽植技术

一、一、二年生草本园林植物栽植技术

一、二年生花卉对栽培管理条件的要求比较严格，在花圃中应占用土壤、灌溉和管理条件最优越的地段。

（一）整地作床（畦）

一、二年生草本园林植物，要选择光照充足、土地肥沃、地势平整、水源方便和排水良好的地块，在播种或栽植前进行整地。

1. 整地

整地质量与植物生长发育有很大关系。整地可改善土壤的理化性质，使土壤疏松透气，利于土壤保水和有机质的分解，有利于种子发芽和根系的生长。整地还具有一定的杀虫、杀菌和杀草的作用。整地深度根据花卉种类及土壤情况而定。一、二年生花卉生长期短，根系较浅，整地深度一般控制在 20～30cm。此外，整地深度还要看土壤质地，沙土

宜浅，粘土宜深。整地多在秋天进行，也可在播种或移栽前进行。整地应先将土壤翻起，使土块细碎，清除石块、瓦片、残根、断茎和杂草等，以利于种子发芽及根系生长。结合整地可施入一定的基肥，如堆肥和厩肥等，也可以同时改良土壤的酸碱性。

2. 作床（畦）

一、二年生草花的露地栽培多用苗床栽培的方式。常用的有高床和低床两种形式，与播种繁殖床相同。

（二）栽植

一、二年草本露地花卉皆为播种繁殖，其中大部分先在苗床育苗或容器育苗，经分苗和移植，最后再移至盆钵或花坛、花圃内定植。对于不宜移植的花卉，可采用直播的方法。

移植一般以春季发芽前为好。移植的方法可分为裸根移植和带土移植。裸根移植主要用于小苗和易成活的大苗。带土移植主要用于大苗。由于移植必然损伤根系，使根的吸水量下降，减少蒸腾量有利于成活。所以在无风的阴天移植最为理想。天气炎热时应在午后或傍晚阳光较弱时进行。移植时边栽植边喷水，一床全部栽植完后再进行浇水。栽植的株行距依花卉种类而异，生长快者宜稀，生长慢者宜密；株型扩张者宜稀，株型紧凑者宜密。移植与定植的株行距也有不同，移植比定植的密些。移植的具体过程如下：

1. 起苗

起苗应在土壤湿润的条件下进行，以减少起苗时根系受伤。如果土壤干燥，应在起苗前一天或数小时前充分灌水。裸根苗，用铲子将苗带土掘起，然后将根群附着的泥土轻轻抖落。注意不要拉断细根和避免长时间曝晒或风吹。带土苗，先用铲子将苗四周泥土铲开，然后从侧下方将苗掘起，尽量保持土坨完整。为保持水分平衡，起苗后可摘除一部分叶片以减少蒸腾，但不宜摘除过多。

2. 栽植

栽植的方法可分为沟植、孔植和穴植。沟植是依一定的行距开沟栽植。孔植是依一定的株行距打孔栽植。穴植是依一定的株行距挖穴栽植。裸根苗栽植时，应使根系舒展，防止根系卷曲。为使根系与土壤充分接触，覆土时用手按压泥土。按压时用力要均匀，不要用力按压茎的基部，以免压伤。带土苗栽植时，在土坨的四周填土并按压。按压时，防止将土坨压碎。栽植深度应与移植前的深度相同。栽植完毕，用喷壶充分灌水。定植大苗常采用漫灌。第一次充分灌水后，在新根未发之前不要过多灌水，否则易烂根。此外，移植后数日内应遮荫，以利苗木恢复生长。

二、多年生宿根草本园林植物栽植技术

多年生草本花卉寿命超过两年以上，一次种植可多年开花结实。多年生花卉育苗地的整地、做床、间苗、移植管理与一、二年生草花基本相同。

宿根花卉的地下部分形态正常，不发生变态，根宿存于土壤中，冬季可露地越冬。地上部分冬季枯萎，第二年春萌发新芽，亦有植株整株安全越冬的。宿根花卉生长健壮，根系比一、二年生花卉强大，入土较深，抗旱及适应不良环境的能力强。

园林应用一般是使用花圃中育出的成苗，栽植地整地深度应达 30～40cm，甚至 40～50cm，并应施入大量的有机肥，以长时期维持良好的土壤结构。应选择排水良好的土壤，

一般幼苗期喜腐殖质丰富的土壤，在第二年后则以粘质土壤为佳。定植初期加强灌溉，定植后的其他管理比较简单。为使其生长茂盛、花多、花大，最好在春季新芽抽出时追施肥料，花前和花后再各追肥一次。秋季叶枯时，可在植株四周施腐熟的厩肥或堆肥。

三、球根类植物栽植技术

球根花卉的地下部分具肥大的变态根或变态茎。植物学上称球茎、块茎、鳞茎、块根、根茎等，园林植物生产中总称为球根。

（一）整地

球根花卉对整地、施肥、松土的要求较宿根花卉高，特别对土壤的疏松度及耕作层的厚度要求较高。因此，栽培球根花卉的土壤应适当深耕（30～40cm，甚至 40～50 cm），并通过施用有机肥料、掺和其他基质材料，以改善土壤结构。栽培球根花卉施用的有机肥必须充分腐熟，否则会导致球根腐烂。磷肥对球根的充实及开花极为重要，钾肥需要量中等，氮肥不宜多施。我国一些地区土壤呈酸性反应，需施入适量的石灰加以中和。

（二）栽植

球根较大或数量较少时，可进行穴栽；球小而量多时，可开沟栽植。如果需要在栽植穴或沟中施基肥，要适当加大穴或沟的深度，撒入基肥后覆盖一层园土，然后栽植球根。

球根栽植的深度因土质、栽植目的及种类不同而有差异。粘质土壤宜浅些，疏松土壤可深些；为繁殖子球或每年都挖出来采收的宜浅，需开花多、花朵大的或准备多年采收的可深些。栽植深度一般为球高的 3 倍。但晚香玉及葱兰以覆土到球根顶部为宜，朱顶红需要将球根的 1/4～1/3 露出土面，百合类中的多数种类要求栽植深度为球高的 4 倍以上。

栽植的株行距依球根种类及植株体量大小而异，如大丽花为 60～100cm，风信子、水仙为 20～30cm，葱兰、番红花等仅为 5～8cm。

（三）注意事项

（1）球根栽植时应分离侧面的小球，将其另外栽植，以免分散养分，造成开花不良。

（2）球根花卉的多数种类吸收根少而脆嫩，折断后不能再生新根，所以球根栽植后在生长期间不宜移植。

（3）球根花卉多数叶片较少，栽培时应注意保护，避免损伤，否则影响养分的合成，不利于开花和新球的成长，也影响观赏。

（4）做切花栽培时，在满足切花长度要求的前提下，剪取时应尽量多保留植株的叶片，以滋养新球。

（5）花后及时剪除残花不让结实，以减少养分的消耗，有利于新球的充实。以收获种球为主要目的的，应及时摘除花蕾。对枝叶稀少的球根花卉，应保留花梗，利用花梗的绿色部分合成养分供新球生长。

（6）开花后正是地下新球膨大充实的时期，要加强肥水管理。

四、水生园林植物栽植技术

水生花卉是指终年生长在水中或沼泽地中草本园林观赏植物。

（一）水生花卉的类型

根据水生花卉对水分的要求，可将其分为四类：

（1）挺水花卉。根生长于泥土中，茎叶挺出水面之上。一般栽培在80cm水深以下，如荷花、千屈菜、水生鸢尾、香蒲等。

（2）浮水花卉。根生长于泥土中，叶片漂浮于水面上。一般栽培在80cm水深以下，如睡莲、王莲、芡实等。

（3）漂浮花卉。根生长于水中，植株体漂浮在水面上，可随水飘移，如凤眼莲、浮萍等。

（4）沉水花卉。根生长于泥土中，茎叶沉于水中。可净化水质或布置水下景色，如玻璃藻、莼菜、眼子菜等。

园林中常用的水生花卉为挺水花卉和浮水花卉，少量使用漂浮花卉，沉水花卉没有特殊要求，一般不栽植。

（二）生态习性

水生花卉耐旱性弱，生长期间要求有大量水分（或有饱和水的土壤）和空气。它们的根、茎和叶内有通气组织的气腔与外界互相通气，吸收氧气以供应根系需要。

绝大多数水生花卉喜欢光照充足，通风良好的环境。也有耐半荫条件的，如菖蒲、石菖蒲等。

对温度的要求因其原产地不同而不同。较耐寒的种类可在北方自然生长，以种子、球茎等形式越冬，如荷花、千屈菜、慈姑等。原产热带的水生花卉如王莲等应在温室内栽培。

水中的含氧量影响水生花卉的生长发育。大多数高等水生植物主要分布在1～2m深的水中。挺水和浮水类型常以水深60～100cm为限；近沼生类型只需20～30cm深浅水即可。流动的水利于花卉生长。栽培水生花卉的塘泥应含丰富的有机质。

（三）栽植

水生园林植物多采用分生繁殖，有时也采用播种繁殖。分栽一般在春季进行，适应性强的种类，初夏亦可分栽。水生园林植物种子成熟后应立即播种，或贮在水中，因为它们的种子干燥后极易丧失发芽能力。荷花、香蒲和水生鸢尾等少数种类也可干藏。

栽植水生花卉的池塘最好是池底有丰富的腐草烂叶沉积，并为粘质土壤。在新挖掘的池塘栽植时，必须先施入大量的肥料，如堆肥、厩肥等。盆栽用土应以塘泥等富含腐殖质土为宜。

耐寒的水生花卉直接栽在深浅合适的水边和池中，冬季不需保护。休眠期间对水的深浅要求不严。半耐寒的水生花卉栽在池中时，应在初冬结冰前提高水位，使根丛位于冰冻层以下，即可安全越冬。少量栽植时，也可掘起贮藏。或春季用缸栽植，沉入池中，秋末连缸取出，倒除积水。冬天保持缸中土壤不干，放在没有冰冻的地方即可。不耐寒的种类通常都盆栽，沉到池中，也可直接栽到池中，秋冬掘出贮藏。

有地下根茎的水生花卉，一般需在池塘内建造种植池，以防根茎四处蔓延影响设计效果。漂浮类水生花卉常随风移动，使用时要根据当地的实际情况。如需固定，可加拦网。

五、多肉浆植物栽植技术

多肉浆植物是指茎、叶肥厚多汁，具有发达储水组织的一类多年生草本花卉。多肉浆植物分布于干旱或半干旱地区，以非洲最为集中。其共同特点是具有肥厚多浆的茎或叶，或者茎叶同为多浆的营养器官。在植物学分类上分别属于 50 个不同的科，集中分布在仙人掌科、大戟科、番杏科、萝摩科、景天科、龙舌兰科、百合科、菊科八个科。这一类植物的种类繁多，如仙人掌、昙花、令箭荷花、宝石花等。

（一）生态习性

多数仙人掌类植物原产美洲。从产地生态环境类型上区分，可分为沙漠仙人掌和丛林仙人掌两类，目前室内栽培的种类绝大多数原产沙漠，如金琥。少数种类来自热带丛林，如蟹爪。沙漠仙人掌类和原产沙漠的多浆植物喜欢充足的阳光。在生长旺盛的春季和夏季应特别注意给予充足的光照。若光线不足会使植物体颜色变浅，株型非正常伸长而细弱。丛林仙人掌喜半阴环境，以散射光为宜。幼苗在生出健壮的刺以前，应避免全光照射。多浆植物幼苗较成株亦需较弱的光照。

多数仙人掌类和多浆植物生长最适温度在 20～30℃。沙漠仙人掌在生长期间保持的一定的昼夜温差在 15℃左右，有利于植物的生长。沙漠仙人掌通常 5℃以上能安全越冬，丛林仙人掌和一些多浆植物越冬温度以 12℃以上为宜。

（二）栽植

沙漠地区的土壤多由砂与石砾组成，有极好的排水、通气性能。同时土壤的氮及有机质含量也很低。因此用完全不含有机质的矿物基质，如矿渣、花岗岩碎砾、碎砖屑等栽培沙漠型多浆植物，其结果和用传统的人工混合园艺基质一样成功。矿物基质颗粒的直径以 2～16mm 为宜。

基质的 pH 一般以 5.5～6.9 最为适宜，不要超过 7.0，某些仙人掌在超过 7.2 时，很快失绿或死亡。

附生型多浆植物的基质也需要有良好的排水、透气性能，但需含丰富的有机质并常保持湿润才有利于生长。

多肉浆植物大多有生长期与休眠期交替的节律。休眠期中需水很少，甚至整个休眠期中可完全不浇水，保持土壤干燥能更安全越冬。植株在旺盛生长期要严格而有规律地给予充足的水分，原则上说一周应浇 1～2 次水，两次浇水之间应注意上次浇水后基质完全干燥再浇第二次水，不要让基质总是保持湿润状态。丛林仙人掌则应浇水稍频繁一些。

多毛及株顶端凹入的种类，浇水时不要从上部浇下，应靠近植株基部直接浇入基质为宜，以免造成植株腐烂。切忌植株根部积水造成烂根。

水质对多浆植物很重要，忌用硬水及碱性水。水质最好先测定，pH 超过 7.0 时应先人工酸化，使降至 5.5～6.9。

为使植株快速生长，生长期中可每隔 1～2 周施液肥一次，肥料宜淡，总浓度以 0.05％～0.2％为宜。施肥时不要沾在茎、叶上。休眠期不施肥，要求保持植株小巧的也应控制肥水。附生型要求较高的氮肥。

多肉浆植物原产于空气新鲜流通的开阔地带。在高温、高湿下，若空气不流通对生长不利，易生病虫害甚至腐烂。

第四章　园林树木的养护管理

园林树木养护管理包括两方面的内容，一是"养护"，根据不同园林植物的生长需要和某些特定的要求，及时对园林采取施肥、灌水、中耕除草、整形修剪、防治病虫害等技术措施；另一方面是"管理"，如看管、围护、支撑、绿地的清扫保洁等园务管理工作。

第一节　土　壤　管　理

园林树木很多是深根性植物，因此在整地、定植时要适当地深耕和挖大树穴，放足基肥。定植后管理时对重点树木还应适时深翻和追肥。除了施肥以外，土壤的日常管理还包括中耕除草和地面覆盖等措施。

一、中耕除草

对表土层的中耕，能起到松土、改善土壤的透气性、透水性和清除杂草等作用。早春中耕还可显著提高土温，有利于树木根系和土壤微生物的活动。中耕能有效调节土壤的水分状况，起到"地湿锄干，地干锄湿"的作用。中耕应在土壤不过干又不过湿时进行，才可获得最大的保墒效果。

对于园林绿地上的杂草的防除，传统的做法是按照"除早、除小、除了"的原则，早春杂草初发时抓紧时机结合中耕进行，生长季节要随见随除。在劳力紧张的情况下，使用化学除草剂也是可行的办法。常用的除草剂有：扑草净（Prometryne）、西马津（Simazine）、茅草枯（Dalpon）、除草醚（Niforfen）等。但使用除草剂时一定要注意保护好园林植物。

但是，从要大力保护生物多样性的角度出发，对于园林绿地上的杂草，不一定要像对待农田杂草一样，非斩尽杀绝不可。杂草也是生态系统中生物多样性的重要组成部分，也必然具有它的生态效益、群落效益和其他效益。如岭南地区的菊科杂草胜红蓟，是捕食螨的寄主之一，很多果园专门种植它来防治令果农头疼的红蜘蛛。因此，除了对一些生长势过强、确实有碍观瞻的杂草要及时防除以外，其余杂草我们应该宽容一些，允许它们和我们的园林植物"和平共处"。特别是草坪植物更应该以混种草坪为主，少种一些纯种草坪，管理上则以修剪为主，减少人工除杂的工作量。

二、地面覆盖与覆盖物

利用有机物和活的植物体覆盖土面，可以防止或减少水分蒸发（这一点在干旱地区尤为重要），减少地面径流，增加土壤有机质。并可调节土壤温度，减少杂草生长，有效地促进树木生长。覆盖材料以就地取材、经济实用为原则。稻草、树叶、树皮、锯屑、泥炭等均可利用。国外多用树皮打碎以后进行地面的覆盖，这种方式最近在上海、江浙一带也较为常见。上海一些新种的大树也有用陶粒进行树头的覆盖。国内更多的是用中耕除草割下的草屑、草头，覆于树盘附近，一般常在生长季节土温较高而干旱时进行覆盖。厚度以3～6cm为宜，过厚会有不利的影响。

用地被植物作为活的覆盖物是最为理想的做法，可以形成一个非常接近自然的植物群落，符合生态优先和可持续发展的原则。覆盖的植物以紧伏在地面的多年生地被植物占多数。作为园林绿地的地被植物，要求适应性强，有一定的耐荫能力，繁殖容易，与杂草的竞争力强，但与树木的矛盾不大，同时还有一定的观赏价值的植物，如葱兰、风雨花、大吴风草、铺地锦、麦冬、各种过路黄、筋骨草、玉簪、花叶玉簪、假蒌等。在地被植物的选择上除了注意色彩、形态的协调外，还要考虑植物的生长习性是否接近或互补，还有植物之间的相生相克等问题。如岭南地区常用的外来植物三裂蟛蜞菊（Wedelia Trilobata）对龙眼、叶子花等很多植物都有较强的抑制作用；北京用进口的草种覆盖于那些古柏树的树下，由于需要经常给草浇水而把古柏树"淹死"了，这些例子都是很好的教训。因此，我们在进行地被植物的配置时，一定要详加观察，小心选用。

第二节　施　肥　管　理

植物栽植后施用的肥料称追肥。在树木生长季节，根据需要施用速效或缓效肥料，促使树木生长。追肥的施用是为了补充基肥的不足和满足园林植物在不同生育期的特殊需要。在生命周期中，追肥一般在苗期、旺盛生长期、开花前后及果实膨大期间进行。在年周期中，追肥一般在开春天气转暖、园林植物生长高峰到来之前施用和秋季根生长高峰前施入；以观花为主的园林植物，可在开花前和开花后施肥。春肥以氮肥为主，以促枝叶生长；接近花芽分化时，以磷、钾肥为主。生产实践中，可通过调节施肥时期，以避开某些病虫的危害。

一、施肥方法

施肥方法主要有土壤施肥和根外追肥。土壤施肥有穴施、沟施及撒施等，具体采用什么办法，需根据园林植物的种类、肥料种类、土质等而定。

1. 穴施

在树冠正投影的外缘挖数个分布均匀的洞穴，将肥施入后，复土踏实，使与地平。这种方法操作方便省工。

2. 环状沟施

沿树冠正投影线外缘，开挖30～40cm宽的环状沟，将肥料施入沟内，上面覆土踩实，使与地平。这种方法可保证树木根系吸肥均匀，适用于青、壮龄树。

3. 放射状沟施

以树干为中心，距干不远处开始，由浅而深，挖4～6条分布均匀呈放射状的沟。沟长稍超出树冠正投影的外缘。将肥料施入沟内，上覆土踩实，使与地平。这种方法可保证树盘内的根也能吸收肥分，对壮、老龄树适用。

肥料施放后应当尽可能地进行覆盖，特别是化学肥料。有实验表明，尿素直接撒施而不覆土，其肥效仅30％左右，若入土5cm左右，肥效可达80％。追肥还应注意追肥位置的恰当，对于大多数木本园林植物而言，开沟、开穴最适合的位置是树冠垂直投影线的前后，因此处的吸收根最多。每年还应变换不同的施肥位置，使根系生长平衡。撒施主要适用于园林中的草坪和地被及小灌木。广州花农有用水浸泡饼肥一段时间，腐熟后兑水作为追肥施用的习惯。这些花生或大豆制作的饼肥多是含氮量偏高的完全肥，施在普遍缺氮的土壤中对促进植物的营养生长十分有利。园林植物也因此生长快且健壮、叶色亮绿，成品率高。

4. 根外追肥。

根外追肥也叫叶面施肥，即将尿素、硝酸铵或专用的叶面配方肥按一定比例兑水稀释后，用喷雾器喷施于叶面，直接被树叶吸收利用。施用的浓度控制在0.5‰～1‰左右。根外追肥简单易行，肥料利用率较高，肥效较快，并可避免某些肥料成分在土壤中的化学和生物固定作用，但营养元素从叶面向其他器官转移有一定的局限性，宜作为土壤施肥的一种补充。主要用于盆栽的园林植物和一些木本观花植物（结合生长调节剂一起施用）。叶面施肥还可结合一些杀菌杀虫药物混合施用，节省喷药的工时。

叶面施肥主要通过叶片上的气孔、角质层进入叶片，而后转运到树体的各器官，一般喷后15min～2h即可开始被树木吸收利用。通常幼叶由于气孔面积占比比老叶大，生理机能也较旺盛，对肥分的吸收较老叶快，叶背气孔通常比叶面多，表皮下有松散的海绵组织，细胞间隙大而多，利于渗透和吸收，因此叶面施肥实质上应喷在叶背上才利于吸收。矿质元素进入叶内的速度与其化合状态、溶液的pH值以及外界条件有关。硝态氮15min可进入叶内，氨态氮需2h；硝酸钾1h，而氯化钾只要30min；硫酸镁30min，氯化镁只需15min；通常碱性溶液中的钾渗入速度比酸性溶液的快。

喷施时间要在空气湿度较大的时候，这样可使肥液不易干燥，有利于延长叶片对肥料的吸收。因此对于气温较低的温带地区，可选择在上午10时前和下午4时后施用。而在岭南的热带和亚热带地区，应该选择在太阳下山以后施用。

二、施肥注意事项

（1）有机质肥料必须充分腐熟，这样才不致伤根，且吸收也快。同时肥料在发酵腐熟过程中的高温可杀灭害虫、病菌和杂草种子，对植物生长有益。

（2）土壤施用的化肥必须在水中完全溶解稀释后施用，肥液的浓度应控制在2‰～3‰左右，不能超过4‰。肥液不宜浇到叶片上，对灌木、地被、草坪施肥后，马上把叶片上肥液冲洗干净。

（3）要选择天气晴朗、土壤稍干燥时施肥，阴雨天由于树根吸收水分慢，不但养分不易吸收，而且肥分还会被雨水冲失，造成浪费。

（4）根外施肥以傍晚为宜，对未有根外施肥资料的树种、品种或新的肥料，需先做小规模试验确证有效无害，掌握施用的浓度、用量和方法，然后再大面积实施。

（5）城市绿地施肥需顾及市容卫生和人群健康，在选择肥料种类、决定用量、施用方法和施用时机时，应慎重考虑，特别不宜施用有强烈异味的肥料，避免引起污染和心理上的厌恶感。

第三节　水　分　管　理

　　水是植物的生命之源。水和植物的生命活动联系紧密，可以说没有水就没有生命，没有植物。首先水是绿色植物的主要组成成分，其含量约占植物鲜重的 $70\%\sim90\%$，水使细胞和组织处于紧张状态，使植株挺立；其次，水是光合作用的物质来源之一。植物含水量的多少与其生命活动强弱往往有密切的关系。在一定范围内，植物组织的代谢强度与其含水量成正相关。可知，水对植物生理活动起了决定性作用。陆生植物必须不断地从土壤中吸收水分，以保持其正常含水量。但另一方面，它的地上部分，尤其是叶子，又不可避免地通过蒸腾作用向外散失水分。蒸腾作用是植物重要的生理功能，植物通过蒸腾作用使水分和矿质营养顺利在体内运输，还可以有效地降低阳光照射下叶片温度。

　　因此植物的水分吸收与散失是一个相互依赖的过程，也正是这个过程的存在，使得植物体内的水分总是处于运动状态。吸收到体内的水分除少部分参与代谢外，绝大部分通过蒸腾散出体外。植物体内的水分平衡对于植物开枝散叶、开花结果极为重要。水分的亏缺，引致叶片量减少，净光合作用减弱，蒸腾减弱，营养积累减少，严重时造成植物叶片的萎蔫；与此同时，呼吸作用却增强，植物体温度增高，加快养分消耗。但水分过多，也不利于根系的呼吸和对水分的吸收，并由于通气不良易引致烂根。

　　园林植物的水分管理主要是植物的浇灌、排水、减少耗水和提高水的利用率等几个方面。

一、浇灌

　　要做到科学合理的浇灌，浇水时间、浇水量和浇水方法是三个重要的因素。

　　1. 浇灌方法

　　最常用的是喷灌、用胶管浇灌和用水车运水浇灌三种。在城市园林绿地中，喷灌以其经济、高效而应用得越来越广泛，特别是园林花灌木和草本。喷灌洒水面积较大而均匀，基本上不会引起地表径流，可减少对土壤的破坏；喷灌不会产生深层渗漏，可节约用水 20% 以上，对渗漏性强、保水性差的沙质土可节水 $60\%\sim70\%$；还能调节公园及绿化小区的小气候，提高了空气的湿度，降低高温、低温、干风对树木的影响；喷灌工效高，适于机械化操作；还可以配合施肥、喷药及除草剂，节省管理用工；喷灌对土地平整的要求不高，一些由于造景要求而地面变化较大的园林绿地，更适宜采用喷灌。但喷灌也有其不足之处：在风较大的情况下，难以做到灌水均匀，而且蒸发损失、地面流失都会较高；早春或夏季经常性的喷灌，对一些易感病的品种有加重白粉病和其他真菌性病害的可能。后两种浇灌方法虽然容易引起地表径流，且水的利用率较低，但由于无须预先埋设管道，操作灵活也被广泛采用。

　　2. 浇水量

　　这是一个看似简单而实际相当复杂的问题。很多书上甚至一些规范上说："根据园林植物的需水量和蒸腾量来确定"，而某一植物在某一阶段的蒸腾量，往往是一个动态的、难以测量的量。且不说这个需水量难以测量和确定，即使可以测量也没有必要完全通过人工方法百分之百满足植物的水分需要，因为这样栽培的植物是永远离不开人类照顾的婴孩，没有任何抵御自然风雨的能力。只能说，适宜的浇水量要通过适当的观察和试验，使植物在连续晴天的情况下，不因土壤缺水而出现明显的萎蔫状态。

灌水量可从土壤质地、气候和园林植物特性三方面加以考虑，并在实践中灵活掌握运用"见干见湿"和"灌饱浇透"这两个原则，目前还没有通用的定量指标。一些养护水平高的草坪，是以表土 15cm 处湿润为"度"。同量的水，做一次深灌，要比分 2～3 次浅灌维持得更久，抗旱能力更强。

3. 浇水时间

浇水时间主要取决于温度，夏季宜在清晨或傍晚浇，中午气温太高，浇水使土温骤降，抑制根系吸水，同时，蒸腾作用因表面突然冷却而骤减，造成植物体内温度高，易造成植株萎蔫。冬季的浇水时间，有些说是"适宜在中午浇水，这时温度较高，水比较容易被吸收。"这样的说法也会受到质疑，冬季的中午，气温和土温升高了，但水温因水管理在土里，往往没有升高，因此中午浇水使水温和土温的差异可能比早晨还大，更不适宜浇水。较为合理的做法是，看水温和土温的差异大小。不适宜在差异大的时候浇水，而应该在差异小的时候浇水，最好把水温和土温的差异控制在 5℃ 以下。

二、排水

园林绿地的排水，则主要是在施工时平整园地，不使坑洼或隆起，并使绿地有一定排水坡度。栽植不宜过深，雨季注意植穴底是否积水，并及时引排，一般采用明沟排水和地表排水，有条件也可暗沟排水。土质黏硬坚实的，要加深加大植穴，并在穴底设置排水管道，更换穴内的土壤，然后再种植。

1. 地表径流法

开建绿地时将地面整成一个平缓的坡度（1‰～3‰），使雨水能顺畅地排入河、湖。此法节省费用又不留痕迹，是绿地常用的排水方法。采用地表径流法应注意：坡度要严格掌握，过陡会引起水土流失，过平则易积水。

2. 明沟排水

在地面挖沟将水引导到出水口。这是最常用的方法，采用明沟排水必须全面规划，做好全园的排水系统，尤其要根据总的集水面积和可能的暴雨量，设置足够大的总排水出口和足够的排水坡度，一般明沟的排水坡度以 2‰～5‰ 为宜。小面积的草坪和花坛，可在绿地的边缘挖一深度和宽度在 6～8cm 的排水明沟进行排水。

3. 暗管（沟）排水

在地下埋设管道或用砖石砌筑暗沟，引导积水排出。此法有保持地面原貌、节约用地、便于交通的优点，但工程量较大，造价较高。在近期新建的公园和旅游景点中常采用明沟与地下管道相结合的排水系统。

第四节　树　体　保　护

在园林树木周年的养护管理中，除需要对园林树木施行土壤管理、施肥、水分管理和病虫害防治等养护管理措施外，还需要施行其他的树体保护方法，如防风害、防日灼等。

一、防风害

夏秋季一般多有强风的吹袭影响园林植物。尤其沿海地区多台风，如珠三角地区每年都有1～3个热带风暴的正面袭击或台风的环流影响，园林树木枝杈常遭风折，由于暴雨令土壤潮湿松软，更易造成树木被吹倒的现象。轻者影响树木生长，重者造成死亡，甚至还会造成人身伤亡或其他破坏事故。因此在夏季台风季节来到之前，应采取一些防风措施。如绑立支柱，疏剪树冠等。

1. 修剪树冠

对浅根性乔木或因土层浅薄，地下水位高而造成浅根的高大树木，以及生长在迎风处树冠庞大的树，应及时疏剪部分枝叶，有效地降低树体重心，减少挡风面积。

2. 培土

对于栽植过浅的树木，应及时培土，加厚土层。

3. 支撑

必要时，在下风方向立木棍或水泥柱等支撑物，但应当注意支撑物与树皮之间要垫一些柔软的东西，以防擦破树皮。

在沿海地区，台风过后，应立即派出专人调查刮倒之树木和危害交通、电讯、民房等情况，以便及时采取紧急措施。对歪倒树木应行重剪，然后扶正，用草绳卷干并立柱、加土夯实；对已连根拔起的树，视情况处理或重栽。

二、防日灼和严寒

对新栽的乔木、珍贵树种或树皮光滑较薄的树种，为防日灼、树皮晒裂，常在移栽前或冬季来临前，用草绳或麻袋卷干或于主干、主枝涂白或喷白。包扎材料一般卷到分枝点，主干较矮的树种，除主干外，还应卷一部分主枝。岭南地区在冬天低温季节栽植树木，特别是一些热带树种，如大王椰子、鸡蛋花等，也要采取防寒措施，用草绳、麻布等材料包裹树干和主枝，春季气温回暖后拆除。

三、清洗枝叶上的积尘

由于空气污染、裸露地面尘土飞扬等原因，城市树木的枝叶上，多蒙有烟尘，堵塞气孔，影响光合作用。在无雨少雨季节应定期喷水冲洗，夏秋酷热天宜早晨或傍晚进行。

四、清除危枝、危树、死树

由于树木衰老、病虫侵袭、机械损伤、人为破坏，以及其他原因，造成一些枝条或树木濒危或死亡。对那些已无可挽救，也无保留必要的枝条或树，应在尚未完全死亡之前，尽早伐除。这样可避免树对行人、交通、建筑、电线及其他设施带来危害，减少病虫潜伏与蔓延。否则会影响市容和造成危害。

应该对大树、危树、古树采取定期检查的措施。在夏季台风季节到来之前还要加强对危树、古树的检查评估，发现确有危险的危树，经过专家评定和法定程序报批以后，及时采取相应的防治病虫害、修剪、支撑、补洞、补强、伐除等措施。

应该伐除的危树、死树，伐前应调查其死亡原因；观察四周环境，仔细分析砍伐过程可能对建筑、电线、交通、行人等的安全问题，经申请报批，即可进行伐除。街道、居民院内的死树需砍伐时，应在有经验的工人参与指导下，按符合安全的程序（如先锯枝、后砍干）和措施（如吊枝落土）进行。伐后对残桩也应尽早挖掘清理，并填平地面。

五、围护、隔离

园林树木喜欢土质疏松，透气良好的环境，但因长期的人流践踏，造成土壤板结，会妨碍树木的正常生长，引起早衰；特别是根系较浅的乔灌木和一些常绿树，反应更为敏感。对这类树木在改善通气条件后，应用围篱或栅栏加以围护。但应以不妨碍观赏视线为原则。为突出主要景观，围篱要适当低些；造型和花色宜简朴，围护也可用绿篱等形式。

六、看管、巡查

为了保护树木免遭或少受人为破坏，一些重点绿地应设置看管和巡视的工作人员，其主要职责如下：

（1）看护所管绿地，进行爱护树木的宣传教育，发现破坏绿地和树木的现象，应及时劝阻和制止。

（2）与有关部门配合，协同保护树木，同时保证各市政部门（如电力、电讯、交通等）的正常工作。

（3）检查绿地和树木的有关情况，发现问题及时向上级报告，以便得到及时处理。

第五节　病虫害综合防治

一、病虫害的预测预报

周年的查虫、查病，可及时了解害虫和病原菌的种群动态，结合当年天气（温度、水分、光照）的预报，预测病虫害的发生情况，适时采取防治措施。在制定防治指标时，应尽可能放宽受害阈值，即允许植物有适当的损伤，不要动辄就以化学药剂对害虫"斩尽杀绝"，以保护天敌和生态平衡。应根据实际情况（调查和经验等）确定全园的主要害虫和主要病害。广州园林植物主要是多年生的常绿乔灌木，每年抽发新梢次数多，故以新梢害虫，如蚜虫、蛾类幼虫、介壳虫等为主，一般每年的 6～8 月是蛾类幼虫发生高峰期。对易受天牛、木蠹蛾侵害的品种，如马尾松、榕属植物、海南红豆、双荚槐、蝴蝶果等，查虫及防治工作更应及时和细致。

二、人工防治

采用冬季或开春前清洁园地、清除越冬虫蛹、修剪病虫枯枝并集中销毁、树干涂白和人工捕虫等方法防治病虫，初看似很费时，但在小面积的灌木或乔木的幼树发生病虫害，且虫口密度较小、虫体较大、迁移能力较差等情况下，防治最为有效，不但有利于保护环境，符合综合防治的生态学和社会学原则，最终也符合综合防治的经济学原则。例如，危害花叶垂榕、海南红豆的木蠹蛾幼虫往往从新枝幼嫩部分钻入枝条内部，由枝梢渐向下蛀食危害，单纯喷洒杀虫剂效果往往不理想，但若能掌握时机，及时短截修剪，即可将大量蛀入新梢顶端不久的木蠹蛾幼虫集中销毁。

三、栽培措施

病虫的发生与发展需要一定的环境条件，通过一定的栽培措施（如加强土、肥、水等管理）控制病虫害的发生和危害的方法，是最经济、最基础的防治方法。在园林中广泛应用的各种球形灌木，如九里香、大红花，由于密植以及不断短截的结果，容易造成冠内严重郁闭，致使内部相对湿度大大增加，为喜湿润环境的病虫害，如蚜虫、介壳虫等繁殖、蔓延提供了条件。但通过修剪，适当疏枝，使树冠通风透光，降低冠内相对湿度，可减少病虫害的发生。

园林植物的健壮生长有赖于及时供应肥、水，但施肥应以有机肥和含完全配方的复合肥为主，更理想的做法是按需施肥和配方施肥。若偏施氮肥令枝叶徒长而不够充实，抵抗力减弱，易发生病虫害。但施用的有机质肥料必须通过堆沤完全腐熟后合理施用，否则，不但容易烧根，也容易引致病虫（如金龟子等）危害。

四、生物防治

保护和利用有益生物，如用捕食性天敌、寄生性天敌、微生物等控制有害生物是实施IPM战略的重要措施。实践中，主要通过营造良好的环境吸引鸟类栖息，如广州很多公园采取放置人工鸟巢、种植鸟类喜食的浆果类的乡土树种等方式增加树林中的鸟类。还可以释放天敌昆虫和尽量使用微生物杀虫剂，才能不破坏自然控制的持续性。

五、化学防治

在病虫害大发生时施用化学农药迅速扑灭病虫是有效的方法。应根据病虫种类及植物习性，慎重选择药品、用药量、施药时间、次数和使用方法，尽量选择"挑治"。如对高3m以内的阴香、白兰，用乐果涂干防治介壳虫最有效；对苏铁上的蚧壳虫，用毛巾蘸煤油抹最可行。

科学来源于实践且在实践中发展。以上防治病虫害的措施都是从生产实践中总结、提炼出来，并且在生产实践中运用着。总而言之，在人工营造的园林绿地中，试图用单项措施去防治病虫害，不可能获得理想效果，需要采取综合防治的方法，并在实践中不断地总结和提高综合防治水平。

下文主要介绍岭南地区常见病虫草害的防治。

（一）常见病虫草害防治基本原则

（1）维护生态平衡，贯彻"预防为主，综合治理"的防治方针，并充分利用园林植物群落结构，贯彻生物多样性原则，利用保护、增殖天敌等防治措施，有效控制病虫为害。

（2）引进和输出种苗，必须严格遵守国家和本省、本市有关植物检疫法规和规章制度。

（3）应做好园林植物病虫害的预测预报工作，制订长期和短期的防治计划。根据病虫害的发生规律，及时做好园林植物病虫害的防治工作。防治效果应达到95％以上。

（4）加强本地区城镇行道树、街道绿地 、广场以及水陆交通要道园林植物病虫草害的防治，局部发生严重病虫草害地区必须及时治理。

（5）严禁使用剧毒、高残留和有关部门规定禁用的化学农药。化学农药的使用必须按照有关安全操作规定执行。

（二）常见病虫草害防治方法

1. 食叶害虫类

如：灰白蚕蛾、榕透翅毒蛾、斜纹夜蛾。

（1）园艺防治：清除杂草及枯枝落叶，结合园林植物的整形修剪，剪除病虫害叶。经常勤检细查，摘除枝、叶上蛹、茧、袋囊与卵块，集中处理；幼虫点、片发生为害不重时，可及时捕杀群集一起的幼虫。幼虫大龄时则因粪粒大而易发现（特别是天蛾、天蚕蛾类），可直接杀死。

（2）药剂防治：幼虫发生严重时，根据不同种类的食叶害虫，可选择下列药剂喷洒：32.5％尽胜1000～1500倍、2.5％保得乳油2000～2500倍、35％赛丹乳油1000倍、10％除尽悬浮剂、10％高效灭百可乳油1500倍液等。同时可用昆虫生长调节剂如米螨、卡死克、抑太保、病毒制剂虫瘟一号等混配或交替使用，以避免产生抗药性，提高防效。

2. 蚧壳虫类

（1）加强检疫，加强栽培管理，加强预测预报，及时防治。

（2）采用高效低毒的药剂和环保的施药方法，以保护利用天敌。在卵孵化盛期，可以喷松脂合剂，冬季用20倍液，夏季30～40倍液，或喷机油乳剂，冬季为30倍液，夏季60倍液，或以40％氧化乐果800～1000倍、20％灭扫利1500～2500倍、40％融蚧乳油1000倍、40％速扑杀1000倍＋0.1％肥皂粉或洗衣粉、99.1％加德士矿物油100～200倍或其他杀虫剂混用500～800倍喷雾防治。

3. 蚜虫、叶蝉、粉虱、木虱类

（1）成虫期挂黄板诱杀，银膜屏蔽隔离防治。

（2）较多的药剂对这类害虫都有良好的防治效果，但必须轮换使用或与增效剂混用。如可用25％阿克泰水分散粒剂、5％锐劲特悬浮剂、24％万灵水剂、10％除尽1500倍、70％艾美乐水分散粒剂10000～15000倍等喷雾防治，连续防治1～2次。蓟马及网蝽的防治药剂基本与防治这类害虫的一致。

4. 地下害虫

如：蛴螬、小地老虎。

（1）园艺防治：园林花圃地要适当深翻，适时中耕。铲除圃地及其附近的杂草、枯枝落叶，少施用堆肥、厩肥等有机肥料，也可结合灌溉杀虫。

（2）人工防治：可在花卉、草坪根部灌50％辛硫磷乳剂1000～1500倍防治，或用绿地清或米乐尔、毒死蜱拌砂，均匀地撒在受害植物地上，通过雨水或淋水溶解药物渗透到土中将蛴螬、小地老虎杀死，或用金龟子乳状杆菌防治。

5. 钻蛀性害虫。

如：天牛、木蠹蛾。

（1）园艺防治。及时剪除枯枝落叶、周边杂草。

（2）人工防治。勤查枝干，捕捉成虫，刮除卵粒、铁丝桶杀、钩杀幼虫等。

（3）冬季树干涂白。以防止成虫产卵，毒杀初孵幼虫。

（4）药剂防治。可以黄泥 10 份＋25％西维因 3 份混合均匀或用棉球浸渍 80％敌敌畏、40％氧化乐果 20～40 倍液，塞于蛀孔熏杀，并用磷化铝 1/4 片塞入蛀孔，用黄泥封孔，熏杀幼虫。也可通过树干注射药液、涂干、根部埋药等无公害防治方法毒杀幼虫。

6. 蛞蝓、蜗牛

（1）园艺防治。及时剪除枯枝落叶、周边杂草。

（2）啤酒毒液诱杀。把废啤酒盛装在浅盘内，加入少许敌百虫，于晚上置于花卉等观赏植物下面，一夜可诱杀大量的蛞蝓与蜗牛。

（3）堆鲜草诱捕。在庭园、花圃地周围堆放青草或莴苣叶，于傍晚放置，清晨则掀堆捕捉。

（4）药剂防治。在蛞蝓、蜗牛为害盛期，喷 20％蜗牛敌 800～1000 倍液或撒施 15％蜗牛粉剂；也可喷 70～100 倍的氨水、密达、梅塔、百螺敌、五氯酚钠等；此外，在花盆、圃地近苗基部土表撒施石灰粉，均具有良好的毒杀效果。

7. 螨类

（1）螨类为害初期容易被忽略，因此应做好测报工作，及时掌握虫情，及时防治。

（2）在植物冬眠期向枝干喷洒 3～5 波美度石硫合剂，喷药后能减少春季为害。

（3）在 7～8 月高温少雨、螨类繁殖迅速季节，应多给植物淋水，冲刷叶螨，减少为害。

（4）药剂防治可用：20％螨克乳油 1000～2000 倍、15％哒嗪酮乳油 2000～3000 倍、20％三氯杀螨醇 700 倍、1.8％爱福丁乳油 3000 倍等防治。尽量采取局部喷药，以保护天敌。

8. 低等真菌病害

如：疫病、立枯病、根腐病、霜霉病、枯萎病、茎腐病等。

（1）此类病害一般在低温潮湿的春秋两季发病较多，因此在春秋两季应加强预测预报。

（2）在大田上一旦发现病株必须马上拔掉销毁，用石灰、敌克松等对土壤消毒后才可补种。

（3）在播种或扦插前 1～2 个星期，应用 98％必速灭颗粒剂、32.7％斯美地水剂消毒土壤，苗期用 72.2％普力克水剂 800～1500 倍、30％土菌消水剂 1000～1500 倍淋施保护。发病期可用 72％克露 1000～1500 倍、10％科佳 800～1000 倍、20％好靓 2000～3000 倍、乙膦铝、金雷多米尔等喷雾防治。

9. 高等真菌病害

如：叶斑病、炭疽病、黑斑病、白绢病、菌核菌、褐斑病、高山榕煤污病、苏铁斑点病、美人蕉瘟病等。

（1）由于此类病害多周年可发生，因此防治主要是以预防为主。及时清理枯枝病叶，加强植物的水肥管理，提高植物抗逆性。

（2）平时可用 40％灭病威 800～1000 倍、75％百菌清 800 倍、50％多菌灵、大生 1000 倍喷雾预防防治，发病高峰期可用 10％世高水分散粒剂 1500～2000 倍、50％施保功

1000～2000 倍、25％施保克乳油 800～1500 倍喷雾防治，7～10d 喷洒一次，连续用药 3～4 次。

（3）对于一些发生与湿度密切相关的季节性病害，如白绢病、灰霉病，在雨季，应注意疏苗通风，降低空气湿度，控制病害发生和蔓延。发病期可用 40％施佳乐 1000 倍，25.5％扑海因 1500～2000 倍等防治。

10. 细菌性病害

常见如：美人蕉青枯病 、细菌性角斑病。

（1）清除侵染源，种植前对土壤、植株等进行消毒。

（2）注意防治虫害，减少细菌从伤口侵染。

（3）传统药剂有：77％可杀得可湿性粉剂 500～700 倍液、72％硫酸链霉素 3000～4000 倍液、30％氧氯化铜悬浮剂 600～800 倍液等，新型的特效药有 2％加收米液剂 400～500 倍、47％加瑞农可湿性粉剂 600～800 倍喷雾或淋施。

11. 线虫

（1）及时清除和烧毁病株。

（2）必须加强检疫，防止病株调入调出，使用无线虫的土壤、肥料及种苗。

（3）定植的土壤最好在夏日高温天气翻晒数次。

（4）药剂可用 10％福气多 0.3～0.5kg/亩、10％利满库 2kg/亩，3％米乐尔 1kg/亩等。

第六节　古树名木的养护管理

一、我国古树名木的定义

古树的定义为树龄在 100 年以上的木本植物，名木是指珍稀的，名人手植的，具有历史、文化、科学价值和纪念意义树木。

二、古树名木的养护管理

1. 切实保护和改善古树的周边环境

古树在某一环境条件下已生活了百年以上，说明这种环境条件对它是很合适的，因此不能随意改变。在其附近进行其他建设（如建厂、建房、修路、挖方、填方等），应首先考虑到是否会对古树名木有不良影响，有影响的，必须退让或采取相应的保护措施。否则一旦改变了这一局部地区的光照、土壤等环境条件，就会影响古树名木的正常生长，甚至引致死亡。

2. 养护管理措施必须符合树木自身的生物学特性

不同的古树有不同的生物学特性，在采取养护措施的时候，必须依据古树自身的生物学特性，采取相应的技术措施。如松柏类植物，土壤的自然含水量宜控制在 15％左右，超过 20％的话，根系就停止生长，超过 2d，根系就会腐烂。所以，这类树木一定要严格控制水分，雨季做好排水措施；更不能在树下种植一些需水量大的地被和灌木。北京在古松柏下面种植一些进口草种，浇水过多引致古树死亡的教训必须汲取。还有在古树下面或周围种植地被和其他伴生植物时，要充分考虑植物之间的相生相克，不能种植"相克"的植物，尽可能地种植"相生"（相互友好和促进生长的植物）的植物。

3. 改善通气条件，防止土壤板结

城市人口集中，人流量大，日久天长，造成树根周围土壤板结，隆起的根部擦伤。由于表层土变硬，隔绝内外气体交换，使透气性能减退，严重地妨碍了树根的吸收作用，进而减低了新根的生长及穿透力，致使树木早衰或死亡。应采取改善土壤通气的措施，最好于适当部位深翻，结合施有机肥，这样既有利于通气又有利于改善土壤肥力。用围栏隔离游人防止践踏等，也是防止土壤板结的重要措施。古树树冠投影范围，尽可能不要做铺装。即使是树冠投影以外的地面，实在要做铺装的时候，也要做透水透气的生态铺装。有条件的时候，在树冠边缘或适当的位置，设置 5~10 个深 1m、直径约 10cm 的透气筒，改善根系的通气状况，促进根系的更新和恢复。

4. 改善肥水条件

古树长期生活在同一地点，特别是一些城市里的和宅旁的古树，树头周围缺乏绿地和其他植物，土壤里的有机质和养分缺乏一个可持续的生物循环。因此，古树下的土壤经多年选择吸收，土壤肥力大大减退，甚至会引起某种必须元素的严重缺乏。为改善古树的生长条件，应根据树木的需要和当时的具体情况，按其物候进行适当的施肥、灌水，保证树木的正常生长。有条件时，对古树下的土壤进行定期检测，实施"按需施肥"或"配方施肥"。对于树冠顶部和外围枯梢较多的衰老树木，其吸收根系多数仅限于树冠正投影范围之内，一般在树冠半径内以距树干的 1/2~2/3 处以外进行改土、施肥、灌水等措施。

5. 防治病虫害

除年龄原因以外，古树机体的衰老相当一部分与病虫危害密切相关。对古树的保护除加强肥水管理，增强树木生长势以外，还要及时做好病虫害的预测预报工作，真正做到"预防为主，综合防治"，避免古树因受病虫侵袭致死。

6. 及时进行清除腐木和封补树洞的工作

在古树漫长的生活过程中，难免遭受一些人为的或自然的损伤。由于伤口腐蚀感染，损伤部位就会扩大蔓延，以致危及树木的生命。故此对于损伤的部位要及时采取必要的救治措施。填充树洞的材料可用麻刀灰砌补，也可用环氧树脂加水泥砂浆进行封补。先清除已腐朽的部分，并用利刀刮净，空洞的内壁涂以防腐剂。为尽量和原树皮颜色相近，可在灰泥中调色，以提高观赏价值。有些树种不适宜封填的，则以杀菌防腐的涂布剂进行涂布。

7. 复壮更新

对具潜芽且寿命长的树种，当树木枝条衰老枯梢时，可以用回缩修剪来更新。有些树种根茎处具潜芽，树木的主干腐朽之后仍然能萌蘖生长者，可将树干锯除，进行更新。但对有观赏价值的干枝，应保留，喷防水剂等维护。对无潜芽或寿命短的树种，可通过换土、修剪根系，刺激发生新根，再加强肥水管理即可很快复壮。岭南地区的榕属植物，在漫长的生活历程中，经常会发生气根取代主干的情况，可以利用这一特性，选择气根人工辅助它们下地生长，达到更新的目的。

8. 支撑保护

　　一些古树树姿奇特，枝干横生，别有情趣。但由于树冠生长不平衡，容易引起负荷不平衡，发生倾斜或倒伏的问题。古树名木树身高大者，易"树大招风"，加上树干空朽，常导致吹倒树身，造成死亡或扭裂。所以对生长不均衡树木主干，以及较长的枝杈，都应加设立支柱和于树干适当部位钉桩，以防风折。

　　9. 防雷措施

　　岭南地区夏季雷雨天气频繁，高大的古树，如木棉、秋枫、甚至榕树也常常遭受雷击。木棉遭受雷击后常造成顶枝折断，树皮开裂，有的从树顶一直裂到树干基部。因此，对于高大的古树，或虽不高大，但在所处环境高出其他树和建筑物者，宜采取防雷措施，避免雷击伤害古树。

　　10. 定期巡查

　　古树名木由于自身衰老和病虫害等原因，经常会出现朽枝断裂甚至整株倾倒，轻者会压坏房屋、汽车等财物，重者伤及人命。因此，古树名木一定要定期进行巡查和安全评估，以消除隐患。巡查可以分类进行，长势好的可以每个季度巡查一次，长势差的可以每月巡查一次。发现安全隐患时，要写出评估报告和处理建议，报绿化主管部门，依法进行处理。

　　11. 建立档案

　　对所有的古树名木，应给它们建立生长情况的档案，每年记明养护管理措施及生长情况，以供日后养护管理时参考。

第五章　园林树木的整形修剪

园林树木的整形修剪包括了整形和修剪两个方面。修剪的定义，有广义和狭义之分。狭义的修剪是指对植物的某些器官（如枝、叶、花、果等）加以疏删或短截，以达到调节生长、开花结实的目的。广义的修剪包括整形。所谓"整形"，是指用剪、锯、捆扎等手段，使植物长成栽培者所期望的特定形状，现习惯将二者都称为"整形修剪"。

第一节　整形修剪的作用与原理

一、园林树木修剪的作用

园林树木修剪是提高移植成活率、调节树体结构、促进生长平衡、消除树体隐患、恢复树木生机以及美化城市景观的重要手段。

1. 提高园林树木移植的成活率

在起苗之前或起苗时和苗木定植后对苗木适当修剪，可提高树木移植的成活率。这是因为起地苗起苗时，不可避免地会伤害和截除部分根系，造成根系对水分的吸收和叶子蒸腾水分的严重不平衡状态，必须通过地上部分适当的修剪来平衡移植期树木的水分代谢，使树木在移植时期有一个相对平衡的状态，从而促进树木的恢复和生长，提高树木移植的成活率。

2. 维护树木的健康成长

在日常养护中及时剪去树木的断枝、枯枝、病虫枝，防止害虫和病菌侵入健康组织；如危害白兰树的豹纹木蠹蛾，其老熟幼虫在被害枝条上过冬，春天（2~3月）孵化成虫。只要在春季之前及时剪除被害枝条，就可大大减少危害。危害花叶垂榕、海南红豆的木蠹蛾幼虫往往从新枝幼嫩部分钻入枝条内部，由枝梢渐向下蛀食危害，单纯喷洒杀虫剂效果往往不理想，但若能掌握时机，及时短截修剪，即可将大量蛀入新梢顶端不久的木蠹蛾幼虫集中销毁。

3. 调控树形和体量

城市园林树木的生长环境复杂，很多情况下不能像自然林的树木一样任由生长，必须通过适当的修剪进行调控。如行道树的冠幅和高度就必须通过修剪来与周边环境相协调；同一路段的行道树生长不均衡，也需要通过修剪等措施进行调节，以维持相对整齐的路树景观；快车道上空如被树冠封闭，也需要修剪来辟出一定的透光和废气散逸的通道。种在同一环境中的树木，特别是作为艺术配置的人工群落，在一定时期以后也需要通过修剪来调整不同个体之间的关系，以维持最佳的艺术配置效果。造型的树木、绿篱等，更要通过定期的修剪维持其造型和美态。

4. 均衡树势

通过修剪可调节行道树地上部分和地下部分的平衡，这在树木移植前、移植后和正常养护中都可用适当修剪来进行。还可通过修剪调节地上部分的树体平衡。由于环境的土质、光线等的关系，树木各部分的生长有时会有较大差异而产生偏冠等现象，也需要通过修剪来平衡树势。总之树冠的美态和树势的平衡都可以通过修剪来调控，根据实际需要进行去弱留强或去强扶弱的修剪操作，使树木生长健壮、树势均衡而美丽。

5. 促进开花结果

正确的修剪可使树体的养分集中于留下的枝条，新梢生长充实，大部分的短枝和营养枝成为花果枝，促进花芽分化和花芽的健康发育，从而达到花繁满树、硕果累累的观赏效果或丰收的目的。有人曾对蜡梅进行修剪试验，发现蜡梅长枝的花芽数占总芽数的23.5%，蜡梅短枝的花芽数则为总芽数的40.14%。因此在修剪中适当保留部分长枝扩大树冠外，应当尽量让蜡梅多长中短枝，使开花时满树繁花，芬芳宜人。

6. 促进更新复壮

对一些有一定年龄的树木进行强修剪，剪掉部分或全部侧枝甚至主枝，可刺激隐芽长出新枝，选留其中一些有培养前途的苗壮枝条代替原来的老枝，进而形成新的树冠，这种修剪称为更新修剪。植物生理学告诉我们，离树木基部越远的器官处于阶段发育的老龄阶段，反之则越年轻。应用这一原理，可以适时及适当地剪去部分树梢，刺激潜伏的不定芽长出新枝，代替原来衰老的枝条，促进树体的更新复壮，使树木焕发青春。

7. 保障市民和财产安全

行道树的枯枝、病虫枝、严重的不平衡树冠、过于茂密的枝条、妨碍行人和车辆通行的枝条等都要定期检查和及时进行修剪，以消除安全隐患；公园绿地的树木也要定期检查，将枯枝、病虫枝及时剪去；岭南地区的夏季常常会发生热带风暴，因此，台风季节到来之前，对高大的乔木做适当的修剪，降低树木的重心，防止树木被风刮倒，维护市民和公共财产安全。

二、整形修剪的原理

1. 顶端优势原理

植物生长通常具有顶端优势。所谓顶端优势是指一切植物及其各级枝条，从基部到顶端，其顶芽萌发的枝在生长上总是占着优势的现象。这种相关性是由于枝条顶部产生的生长素抑制了侧芽的生长，若剪除一个顶芽（或枝条的先端）就可解放临近顶芽的一大批腋芽，即除去一个枝端，可促进萌发一批生长中庸的侧枝，从而使代谢功能增强，生长速度加快，有利于花朵形成。对根系生长发育调控的原理也相类似。为此，在园林树木栽培上，常根据需要，保持或短截于饱满芽处促发强壮枝，以保护或培育领导枝、主枝、主枝延长枝和侧枝，保持自然树形，如尖叶杜英、木棉、南洋杉等树种；或通过截顶来扩大树冠和增加枝叶量，如九里香，海桐等；也可以采取打顶方法促使茉莉、含笑等多分枝、多开花。

顶端优势及其转移规律：不同树种的顶端优势各异。阔叶树的顶端优势较弱，除了杨属、黄梁木、木棉、白兰、桉树、擎天树等少量树种外，大多数阔叶树的顶端优势在生长前期就转移到附近的侧芽上，形成自然圆头形的树冠。因此，在整形修剪上多采取短截、疏枝或回缩等方法，调整主侧枝的从属关系，已达到促进树高生长和扩大树冠的目的。

花果树的修剪目的，主要是为了增加花果的数量，多采取短截一年生枝条，使生长优势集中到中下部，促进多发中短枝，使树木具备较好的树形结构和花繁果硕的效果。

一些精品的园林景观和城市的一些特殊环境的行道树，需要控制树木的一定体量，以协调环境和保证景观的构图效果，必须要短截或疏除主干或主枝，破坏其顶端优势，以达到矮化树冠、控制树形的目的。

不同树龄长势的顶端优势各异。幼龄树、生长壮旺的树的顶端优势比老树、弱树要强。因此，前者要轻剪为主，使树木迅速成形，提早开花结果。而对于老树、弱树则可适时重剪，以促进萌发新枝，增强树势，更新树冠。

顶端优势与芽位、芽向的关系。任何树种的枝条，其着生部位越高，优势就越强。因此，修剪时要注意将中心主枝附近的侧枝（竞争枝）进行短截或疏剪，以抑制侧枝势力，保证主枝的优势地位。而内向枝、直立枝的优势强于外向枝、水平枝和下垂枝。修剪时可将前者短截至瘦芽处或有二次枝处，以抑制长势。

顶端优势与剪口芽的关系。剪口芽的强弱影响顶端优势。如剪口芽是壮芽，优势就强，反之就弱。因此，幼树整形修剪时，为了迅速扩大树冠，剪口芽必须留壮芽；如为了控制该枝条或平衡树势，或为培养开花结果枝，剪口芽留弱芽，促生中短枝，才能达到抑制枝条长势和促进开花结果的目的。

2. 生长中心原理

在树木生活的不同时期，有所谓的"生长中心"，即生长最旺盛的部分，有机养分多流向该处，故可通过修剪有计划地将植物体内的养分重新分配，使分散的养分集中起来，重点供给某个生长中心。如培养高直的主干时，将生长前期的部分低矮侧枝剪除，使营养集中供应主干顶端这个生长中心，促进主干向高生长。

3. 分枝规律原理

树木在长期的自然进化过程中形成了不同的分枝规律，如主轴分枝、合轴分枝、假二叉分枝等，不同的分枝规律要运用不同的修剪方法。

（1）单轴分枝（总状分枝）。单轴分枝的树木如多数的针叶树种：雪松、龙柏、桧柏、罗汉松、湿地松、水杉、池杉、南洋杉；以及部分的阔叶树种杨树、尖叶杜英、木棉、美丽异木棉、瓜栗、小叶榄仁等，其顶芽优势极强，易形成高大通直的树干。这类树木修剪时，要保护顶芽，适当控制侧枝，促进主枝。

（2）合轴分枝（假轴分枝）。合轴分枝树木的新梢在生长末期由于顶端分生组织生长缓慢，顶芽瘦小而不充实，或到冬天干枯死亡；有的因枝顶形成花芽而停止生长，被顶端下面的侧芽取而代之。这种由于侧芽抽枝逐渐合成主枝的分枝方式称为合轴分枝。这类树木有榆树、刺槐、喜树、悬铃木、榉树、柳树、樟树、榕树、大叶榕、朴树、白兰、杜仲、国槐、石楠、紫薇、苹果、桃、梅、樱花等。这类树木的苗圃修剪，主要采取摘除顶端优势的方式，将一年生的顶枝短截，剪口留壮芽，同时疏去壮芽下的 3~4 个侧枝，如此反复数年，可培养出高干树形。

（3）假二叉分枝（二歧分枝）。树干顶梢在生长季末不能形成顶芽，而下面的侧芽又对生，在以后的生长季节内，往往两枝优势均衡，向相对方向分生侧枝的方式称为假二叉分枝。这类树木有泡桐、丁香、梓树、海南蒲桃、柚木、蓝花楹、女贞、卫矛、狗牙花、桂花等对生叶的树种。修剪上采取去掉枝顶对生芽中的一个芽，留一壮芽培养高干树形。

（4）多歧分枝。这类树种的顶芽在生长季末生长不充实，侧芽的节间短；或在顶梢形成3个或3个以上的顶芽，在下一个生长季节，顶梢能抽出3个以上的新梢同时上长，致使树干低矮。这类树种有苦楝、糖胶树、木油桐、臭椿、梧桐、夹竹桃、鸡蛋花、栀子、结香等树种。这类树在幼树整形时，可采用抹芽法或用短截主枝重新培养中心主枝的方法来培养树形。糖胶树在多歧分枝的下方常会抽出一枝或数枝的直立枝，可保留1～2枝的直立枝作为新一段的主干来培养。

分枝角度规律：主枝同中央领导枝的角度大小对生长势和开花结果都有影响。分枝角度小，则生长势强，营养生长抑制了生殖生长，形成花芽少。分枝角度大，则生长势弱，营养生长弱而促进了生殖生长，形成花芽多；角度适中，则生长相对均衡，有利于结果（果实大）。

此外，分枝角度同抗风能力也有密切的关系。分枝角度太小，容易受强风或负荷过大（如结果过多、雪压）等影响而产生劈裂。这是因为分枝角度太小时，两枝间由于加粗生长而相互挤压，不但没有充分的空间发展新组织，而且使已死亡的组织残留于两枝之间，从而降低了抗压能力；反之，分枝角度较大时，由于有充分的生长空间，两枝间的组织联系牢固，不易产生劈裂。根据这一道理，修剪时应剪除分枝角度过小的枝条，而选留分枝角度较大的枝条作为下一级的骨干枝，使树冠扩展和增加抗风能力。

4. 光能利用原理

园林树木的光合作用是植物自养的重要功能，可以通过对树冠枝条的短截，使枝条下部的芽得到萌发，增加叶片的数量，从而提高树木的光合作用效率。同时，叶片在进行光合作用积累营养物质的同时，也在进行呼吸作用消耗营养。在树冠内部、树林、树丛中的很多枝叶又互相遮盖，其受光量自外而内逐渐减少。因此，通过适当的修剪调整树体结构，剪去树冠内部的阴枝、重叠枝、交叉枝，改变有效叶幕层（光照强度在光补偿点以上）的位置，可提高树木整体的光能利用率。

5. 阶段发育原理

根据植物的生长发育阶段的研究，树木的生长发育有局限性、顺序性和不可逆性的特点，导致不同部位的器官、组织可能存在本质的区别。因此多年生的实生树越靠近根茎的部分年龄越大，阶段发育越年轻；远离根茎的部分年龄越小，阶段发育越老。因此有人说"干龄老则阶段幼；枝龄小则阶段老"。因此，无论在苗木生产过程的移植修剪和出圃时的移植修剪，或是在园林绿地的养护修剪中，都应在这理论指导下，结合树种、树龄、生长势等进行适当修剪，使树木更好地更新、成活、复壮。

6. 伤口愈合原理

树木创伤包括人工修剪和其他原因的机械损伤及自然灾害等造成的损伤。而树木腐朽和过早死亡的根源，主要是忽视早期伤口的处理，从而导致病原真菌、细菌和其他微生物的侵蚀，使树体溃烂、腐朽，树木早衰甚至死亡。因此，树木的伤口不论什么原因造成，都应尽快地对伤口进行处理，以降低病虫侵蚀危害。

树木受伤以后，在伤口处形成化学反应带，分泌一些抗菌物质和加强感染后的边界强度。然后形成隔离带，抵御病菌的侵入。而伤口附近健全细胞的细胞核便向受伤的细胞靠近，并加速细胞的分裂而在伤口的边缘形成愈伤组织，愈伤组织逐渐发展并修复和覆盖伤口。应合理地修整伤口以利于愈伤组织的生长覆盖，以及适当封涂促进愈合和阻止病虫害的侵蚀。

伤口处理包括了伤口的修整和伤口的封涂。首先是修剪操作时要尽量缩小伤口面积，避免树皮撕裂扩大伤口，减少愈伤组织覆盖伤口的难度；伤口的修整应该做到伤面光滑、轮廓匀称；大的伤口还要修成凸形球面，避免出现积水腐烂。

枯枝往往会在枝条基部形成愈合体，以抵御微生物的侵染。因此，对于枯枝的修剪，则要注意枝条自然枯死后在枝条基部形成的愈合体的位置，要在位置的外方下剪或锯，以免破坏愈合体形成的保护带。

伤口的封涂是采用一些杀菌剂、促进愈合的生长激素和一些有机的封涂物质组成，在伤口修整后进行封涂作业。消毒可用 2％～5％的硫酸铜溶液或 5 度的石硫合剂溶液消毒。也可用 10～100ppm 萘乙酸等生长激素对形成层区进行涂抹，以促进愈伤组织的形成。伤口封涂可用羊毛脂树木涂料，如 10 份羊毛脂、2 份松香和 2 份天然树胶熔解搅拌而成；或 2 份羊毛脂、1 份亚麻油和 0.25％的高锰酸钾（先用少量丙酮溶解高锰酸钾）混合而成。也可用市售的树木涂料。

7. 修剪美学原理

城市绿地中的树木首先是人类破坏大自然之后对环境所做的生态补偿，因此城市绿化要贯彻"生态优先"的原则，乔木为主、多层结构、绿量充足、配置合理等。同时，要充分发掘和表现树木的形态美、色彩美、季相美，给人以美丽舒适的感受和陶冶。因此整形修剪一定要在符合植物科学、满足绿化功能的基础上，修出美树、美花、美景，把城市绿地中的各种树木变成一道优雅、养眼、富于变化的亮丽风景线。

自然美和人工美。城市是人类破坏自然、毁林推土而建立的人类聚居之地。城市往往充斥了大量的人工建筑物。所以城市本来就不缺所谓的人工美，而是缺乏自然美，作为城市主要的自然系统的城市绿地，理应以自然美为主，尽可能减少过分刻意的人工化的东西，如规则式修剪的"球"和"篱"。整形修剪同样应该以自然式修剪为主，充分挖掘和表现植物的自然美态，使市民感受到大自然气息。

树形与尺度。首先是树木的形态。树木不同的外形给人的感受也不一样，英雄树木棉的艳红如火，柏树直插云天的高耸、庄严；村头大榕树的榕荫如盖……我们要做的是恰当地修剪，更好地表现树木本来的自然美态。顺应树木的自然树形来修剪，一来可以保持树木的本来形态，二是可以使修剪工作事半功倍。树木的外形有些可用叶子的形态来推断，这种用局部可以反映整体的方法叫"生物全息律"。如白兰的叶片是长椭圆形，对应的树形也是长椭圆形的，无论如何修剪，它都要顽强地向恢复本来树形的方向生长。

树形的比例、尺度也是应在修剪中着重考虑的美学因素。如不同的冠高比给人的感受是不同的。树木的比例和尺度除了单株树木或群体树木要有适当的比例、体量营造美感外，还要和周边的建筑、路灯的形状、体量、色彩、质感等因素协调。

此外，在进行重剪、更新修剪、去顶修剪的时候，更要综合考虑科学修剪、美学原则和市民感受等因素，不要一下整片"剃光头"，造成一片光秃秃的树桩的凄惨景象。

分枝的美感。树木的形态美包括树冠、树形、叶形叶色、花形花色、季相变化等。作为高大的乔木树种，特别是合轴分枝的阔叶树，每天给市民欣赏的还有它们分枝的美感。分枝要给人一种层次分明、主从得当，或昂然向上或潇洒飘逸的美感，不能层次混乱、主从不明，或有太多的交叉枝、平行枝、徒长枝、干萌条等，这些都要求定期修剪时根据每株树的情况给予适当的清理和重塑分枝的美感。

总之，园林树木的修剪，要求具有"科学家的头脑、艺术家的眼光、园艺师的技术"，要剪出健康美观的树形，营造舒适养眼的城市美景，成就一大批城市"美容师"。

第二节　整形修剪的方法、类型与时期

一、整形修剪的方法

整形修剪方法的选择应根据修剪整形的目的、时间（包括年周期和生命周期）而定。幼树以整形为主，对各主枝要轻剪，以求扩大树冠，迅速成型。成年树以平衡树势为主，要掌握壮枝轻剪、缓和树势、弱枝强剪、增强树势的原则。衰老树复壮更新，通常要加以重剪，使保留芽得到更多的营养而萌发壮枝。以观花为主的木本树种的修剪，必须先了解其花芽分化期、花芽位置和树种的特性后才适时修剪，以免影响花芽分化和开花。

修剪的基本方法有疏枝、短截等。

1. 疏枝

疏枝是把枝条从基部剪去的修剪办法。通过疏去过密枝、纤弱枝、病虫枝、交叉枝、徒长枝和枯枝，可减少树冠内枝条的数量，改善通风透光，增强光合作用，促进花芽分化。相较于短截，疏枝对全树起削弱生长的作用。园林中绿篱和球形等各种造型的修剪，常因短截造成枝条密生，致使树冠内干枯枝、光秃枝过多，必须配合疏剪交替应用。

当需要锯除较粗大（大于等于 10cm）的枝干时，为避免枝条劈裂，可先在确定锯口位置稍向枝基处由枝下方向上锯一切口，深度为枝干粗的 1/5～1/3（枝干越成水平方向，切口越深），然后再在上面离锯口 5cm 处向下锯断，最后修平锯口，涂以保护剂。

2. 短截

短截是指剪去枝梢一部分的修剪方法。短截有利于促进生长和更新复壮。短截可改变顶端优势的位置，故为调节、平衡枝条生长势，可采取不同强度的短截。重短截剪至枝条下部 1/5～1/4 的半饱芽处，因剪去枝条的大部分，刺激作用很大，适用于弱树、老弱枝的复壮更新；轻短截仅剪去枝条的顶部，目的是剪去枝条顶端大而壮的芽，刺激其下多数半饱芽的萌芽，分散枝条养分，促进产生多量中短枝，用于各类观赏乔木骨干枝、延长枝的培养。为使伤口的愈合容易和减少水的积留，短截剪口应离芽 5～8mm，稍倾斜。

短截与疏枝要应用得法，必须因地制宜，在实践中不断地探索和总结，不能生搬硬套，毕竟修剪和整形比栽培措施的任何一项都更讲求经验和操作技能。

3. 回缩

又称缩剪，是指短截多年生枝条。一般修剪量大，刺激较重，有更新复壮的作用。多用于枝组或骨干枝更新，以及控制树冠辅养枝等。其反应与缩剪强度、留枝强弱、伤口大小等因素有关。如缩剪时留强枝、直立枝，伤口较小，缩剪适度可促进生长；反之则抑制生长。前者多用于更新复壮，后者多用于控制树冠或辅养枝。

4. 缓放

又称长放或甩放，指对一年生枝条不做任何修剪。缓放由于没有剪口和修剪的局部刺激，缓和了枝条的生长势。枝条长放留芽多，能抽生较多枝叶，但因生长前期养分分散，有利于形成中短枝，而在生长后期可以积累较多养分，促进花芽分化和结果，因此，可使幼旺树的旺枝提早结果。营养枝长放后，增粗较快，可以调节骨干枝间的平衡。长放一般多用于长势中等的枝条。长放强旺枝，一般要配合弯枝、扭伤等，以削弱枝势。

5. 摘心（摘芽）

为使枝叶生长健壮，在树枝成长前用剪刀或手摘去当年新梢的生长点称为摘心。摘心可以抑制枝条的加长生长，防止新梢的无限制延长，促使枝条木质化，提早形成叶芽，使营养集中于下部有利于侧芽生长，增加枝数。摘心一般在生长季节进行，摘心后可以刺激下面1～2枚芽发生二次枝，从而加快幼树树冠的形成。

6. 除萌

在树木主干、主枝基部或大枝伤口附近常会萌芽长出一些嫩枝，消耗营养，影响主树体的生长，将其摘除、剪掉称为除萌。

7. 里芽外蹬

欲开张主、侧枝角度，缓和枝条生长势，通常采取里芽外蹬的技术措施：冬剪时，剪口芽留里芽（枝条上方的芽），而实际上培养的是剪口下第二芽，即枝条外方（下方）的芽。经过一年的生长，剪口下第一芽因位置高，优势强，长成直立健壮的新枝，第二芽长成的枝条角度开张，生长势缓和并处在延长枝的方向，第二年冬剪时剪去第一枝，留第二枝做延长枝。

8. 平茬

又称截干，指从地面附近全部地去掉地上枝干，利用原有的发达的根系刺激根茎附近萌芽更新的方法，多用于培养优良主干和灌木的复壮更新。

二、园林树木整形修剪的类型

园林树木的整形修剪从大的方面来分，可以分为自然形的修剪和人工造型修剪：

（1）自然形修剪：各种树木都有它的一定树形，一般说来，自然树形，能体现园林的自然美。以树木分枝习性，自然生长形成的冠形为基础，进行的修剪，叫"自然形修剪"。中干明显的树种，如雪松、南洋杉、小叶榄仁、美丽异木棉等，对中央领导枝不能截头；对于为构成庭园景色的一些单轴分枝的针叶树，不但要求保护主枝，对下部枝条也不能剪弃，只修剪扰乱树形的枝条和病虫害、枯枝、过密枝，如南洋杉、龙柏等。对观形、观叶的孤赏树，均可按此法修剪。为此，必须了解主要自然树形的类别。如悬铃木等树木，按自然生长，幼青年期也是呈圆锥形的，经定干和对主枝的修剪，可以整成杯状形。这种根据树木枝芽特性进行适当改造的修剪，有人称为"理想式整姿"，也有的称为"自然式与人工形体混合式修剪"。为简化并和果树树形分类法相一致，我们把按自然生长习性（有中干或无中干）整修成各种树形（如杯状形、开心形、中干形、多领导干形、丛球形等）的剪法，统称为自然形修剪。棕榈科植物修剪以自然树形为主。

（2）造型修剪：为了达到造型的某种特殊目的，不使树木按其自然形态生长，而是人为地将树木修剪成各种特定的形态，称"造型修剪"，又称"人工形体式修剪"。这在西方园林中应用较多，常将树木剪成各种整齐的几何形体（正方形、球形、圆锥形等）或不规则的人工体形，如鸟、兽等动物形，亭、门等绿雕形以及为绿化墙面在四向生长的枝条，整成扁平的坦壁式。造型修剪因不合树木生长习性，需经常花费人工来维持，费时费工，非特殊需要，应尽量不用。我国最常见的是绿篱的几何形体修剪，少见有绿雕塑的修剪。修剪应维持原设计的造型。

目前在我国的城市园林中，造型的修剪大有泛滥之势，过多地应用"球"和"篱"，不仅给绿地养护增加了沉重的负担，也使园林到处充斥着人工的痕迹，缺乏自然的美态；更有因修剪不当而把树木修残、修死的现象。

而园林树木整形修剪从具体手法上来分，可以有下面的修剪手法：

1. 去顶修剪

去顶修剪又称缩冠修剪或更新修剪。去掉树木的顶枝，降低树木的高度，实际上是树木中央领导干和主枝的回缩，一般用于树木生长空间受到限制的行道树、因风害而需要降低树木重心的树或老龄树木的树冠更新。去顶修剪会因为去掉正常树冠而破坏树形，伤口较大容易导致锯端枝干的严重腐朽；树干突然失去遮荫而产生日灼伤；去顶剪去的大量枝叶，减少了伤口愈合所需的养分供应；去顶后产生的大量干萌条生长势弱而且破坏树形等。都需要在进行去顶修剪时，因地制宜，周详考虑，慎重处理。

去顶修剪有两种修剪手法，另一是疏枝去顶；另一是短截去顶。短截去顶时产生的大量干萌条，应及时抹除。这些干萌条与母枝相连的仅是细小的维管束，一般长势弱而难成大器，因此短截去顶宜慎用。疏枝去顶就是剪去顶端优势强的主枝，而在剪口附近应保留不再修剪的大枝，并使这些大枝成为新树冠的主枝。

去顶修剪可适合于一些萌芽成枝力强的树种，如悬铃木、樟树、榆树、朴树、枫香、芒果、非洲桃花心、白兰、榕树、大叶榕等，但不适合松树类、荷花玉兰、玉兰等萌芽成枝能力弱的树种。

2. V 形树杈的修剪

在整形修剪中，常常需要将几个相邻生长的并以 V 形相接的大枝去掉一两个。这些 V 形相接的大杈，其木质部的实际连接点可能在树皮表面看到的结合点以下数十厘米。这样的分枝角度小的枝条很容易因风暴等外力作用下发生劈裂。因此，要及时对这些枝条进行处理，避免伤人事故。

3. 去萌修剪

树木的不定芽常常萌发出许多细嫩的枝条，这些枝条的大量存在往往是树体结构破坏、病虫侵袭和不合理修剪的象征，必须及时处理。树木进行短截去顶时会形成许多干萌条，除选取保留主要培养枝外，还可视情况需要保留一部分可以遮荫保护树皮的枝条，以后再除。

4. 病虫害控制修剪

为了防止病虫害的侵染和蔓延至健康的组织和器官，应按照病虫害的预测预报，及时进行病虫害控制修剪。如针叶树的梢霉病、槭和榆的枯萎病等都要从明显感病位置以下 7～8cm 的地方短截去掉感病的部分。如白兰树的豹纹木蠹蛾，其老熟幼虫在被害枝条上过冬，春天（2～3月）孵化成虫。只要在春季之前及时剪除被害枝条，就可大大减少危害。修剪时还要注意修剪工具的消毒，避免工具传播病害。

5. 线路修剪

主要是为了给空中管道让路，避免其相互摩擦或接近产生危险的修剪方式。在不可能改变线路位置的情况下，只能及时地对与线路有矛盾的树木进行线路修剪。

截顶修剪：树木的正上方有管线经过时截除上部树冠的修剪。

侧方修剪：树木上方一侧与线路相交时截除上部树冠的一部分的修剪。

下方修剪：线路通过树冠的中下侧时截除下部一侧树冠的修剪。

穿过式修剪：是在树冠中造成一个让管线穿过通道的修剪。

6. 老桩修剪

老桩是以前不正确的修剪或自然枯死留下的残桩。修剪时应仔细检查桩基附近的愈合情况，在愈合体外侧切掉老桩。

7. 造型修剪

造型树木要进行定期修剪，以维持设计的造型，但更重要的是使造型树木健康生长，延缓老化。在生长季节一般 15～20d 要修剪一次，但很多的修剪长期在同一位置短截，结果造型树木越剪越弱，越剪越难看，很快就老化，不得不重新种植。每次的修剪应按照不同的树种和观赏要求，比上一次提高 1～3cm，每隔一年或两年进行一次更新修剪或回缩修剪。

8. 花后修剪

春季开花的树木，其花芽往往是上一年夏天形成的。因此不宜在花芽形成后到开花前这一阶段进行修剪，最好是开花后一到两周进行修剪，促使其萌发新梢，形成第二年的花枝，如梅花、桃花、云南黄素馨等。

9. 应急修剪

台风季节前应该做好抗风修剪及支撑的工作。台风来临前，还要对可能出现问题的路段和树种检查一遍，看有否需要补剪的地方。风暴过后，要及时对吹倒吹折的树木进行应急处理。

三、园林树木整形修剪的时期

落叶树的修剪宜在落叶后或春季萌发前进行，若萌芽生长后才修剪，贮存养分分散，达不到修剪的目的；常绿树在春季有一个集中换叶期，故在寒冷已逝、新叶抽出前修剪最为适宜。

夏季是园林树木生长的旺季，枝叶繁茂，无用枝条也最多，扰乱树形，影响通风和透光，宜及时疏剪枯枝、弱枝、过密枝，重短截徒长枝，对健壮枝摘心或轻短截。秋季一般较少修剪，若未夏剪或夏剪不细致，也可补剪。

岭南地区几乎没有气候上的冬季，多数树木也没有明显的休眠期。因此，本地区冬天修剪时要根据不同的树种区别对待。一些热带和亚热带的树种，如大红花、鸡蛋花、希美丽等树种，并不适宜在低温季节修剪。在苗圃和园林绿地中可结合清园，采用疏枝方法，整理枝叶，消除病虫害枝，喷洒保护性的杀虫与杀菌剂和施肥，为来年植株生长奠定良好基础。

第三节　树木修剪技术

一、常用的修剪工具

（1）枝剪：剪截 3～4cm 以下枝条用。（2）高枝剪：剪高处细枝用。（3）手锯：锯截不大粗的枝条用。（4）刀锯：锯截较粗的枝条用。（5）油锯、快马锯：锯截粗大的枝干用。（6）小斧与板斧：砍树枝条用。（7）绿篱机、大平剪：整修绿篱用。（8）平铲：去蘖、剥芽用。（9）梯子或升降车：上树修剪用。（10）劳保用具。（11）大绳：吊树冠用。小绳：吊细枝用。（12）安全带、安全绳、安全帽、工作服、手套、胶鞋等其他劳保用具。

二、树木修剪技术

（一）树木修剪的目标

修剪目标：对幼龄期植物，以促进植物健壮生长发育为目的，以便尽快形成树冠。对壮龄期植物，以均衡树势、延长壮龄期为目的。对老龄期植物，以促进更新复壮为目的。对观花、观果植物，以促使植物保持中庸树势，利于花芽分化为目的。对造型植物，以促使植物形成所需要的形状为目的。

（二）树木修剪的操作原则与要求

修剪时应遵循"从整体到局部，由下到上，由内到外，去弱留强，去老留新"的操作原则。

一般要求：剪口平滑、整齐，不积水，不留残桩。大枝修剪应防止枝重下落，撕裂树皮。

及时剪除病虫枝、干枯枝、徒长枝、倒生枝、阴生枝。及时修剪偏冠或过密的树枝，保持均衡、通透的树冠，预防和减少台风损失。

（三）树木修剪的程序

概括起来即"一知、二看、三剪、四拿、五处理"。

一知：参加修剪工作的人员，必须知道操作规程、技术规范以及一些特殊的要求。

二看：修剪前应绕树仔细观察，对剪法做到心中有数。

三剪：一知二看以后，根据因地制宜，因树修剪的原则，做到修理修剪。

四拿：修剪后挂在树上的断枝，应随时拿下，集中在一起。

五处理：剪下的枝条应及时集中处理，以免影响市（园）容和引起病虫扩大蔓延。

（四）锯截大枝应注意的问题

对于比较粗大的枝干，进行短截或疏枝时，多用锯进行。操作比较困难，必须注意以下几个问题：

（1）锯口应平齐，防止锯口劈裂。为避免锯口劈裂，可先在确定锯口位置稍向枝基处由枝下方向上锯一切口（江南叫"打倒锯"）。切之深度为枝干粗的 1/5～1/3（枝干越成水平方向，切口就越应深一些），然后再在锯口从上向下锯断，就可以防止枝条劈裂。也可分二次锯，先确定锯口外侧 15～20cm 处按上法锯断，再在锯口处下锯，最后修平锯口，涂以保护剂。

对常绿针叶树如松等，锯除大枝时，应留 1～2cm 短桩。

（2）在建筑及架空线附近，截除大枝时，应先用绳索，将被截大枝捆吊在其他生长牢固的枝干上，待截断后慢慢松绳放下，以免砸伤行人、建筑物和下部保留的枝干。

（3）基部突然加粗的大枝，锯口不要与着生枝平齐，而应稍向外斜，以免锯口过大。

（4）欲截去分生两个大枝之一，或截去枝与着生枝粗细相近者，不要一次齐枝基截除，而保留一部分，宜交侧生分根以上的部位截去，过几年待留用枝增粗后，再将暂留枝段全部截除。

（5）较大的截口，应抹防腐剂保护，以防水分蒸发或病虫侵蚀及滋生。目前多用的调和漆效果并不好；国外有专用的伤口保护剂。

（五）树木修剪后措施

对直径大于 2cm 的剪口应进行消毒和保护处理。及时追肥，加强灌溉及病虫害防治等工作。对修剪后的病虫枝叶应集中进行无害化处理。对修剪工具进行清洗、消毒、保养。

（六）移栽的树木修剪顺序和要求

（1）高大乔木应于栽植前修剪；小苗、灌木可于栽后修剪。

（2）使用枝剪时，必须注意上、下剪口垂直用力，切忌左右扭动剪刀，以免损伤剪口。粗大枝条最好用手锯锯断，然后再修平锯口。

（3）短截枝条，剪口应选择在叶芽上方 0.3～0.5cm 处，并稍斜向背芽的一面。

（4）修剪时应先将枯枝、病虫枝、树皮劈裂枝剪去。对过长的徒长枝应加以控制。较大的剪口、锯口，应涂抹防腐剂。

三、各类树木修剪技术

（一）成片树林的修剪

修剪以自然树形为主。

（1）对于主轴明显的树种，要尽量保护中央领导枝。当出现竞争枝（双头现象），只选留一个；如果领导枝枯死折断，树高尚不足 10m 者，应于中央干上部选一强的侧生嫩枝，扶直，培养成新的中央领导枝。

（2）适时修剪主干下部侧生枝，逐步提高分枝点。分枝点的高度应根据不同树种、树龄而定。同一分枝点的高度应大体一致，而林缘分枝点应低留，使之呈现丰满的林冠线。

（3）对于一些主干很短，但树已长大，不能再培养成独干的树木，也可以把分生的主枝当作主干培养。逐年提高分枝，呈多干式。

（二）行道树的修剪

行道树以道路遮荫为主要功能，同时有卫生防护（防尘、减轻机动车废气污染等）、美化街道等作用。行道树所处的环境比较复杂，首先多与车辆交道有关系；有的受街道走向、宽窄，建筑高低所影响；在市区，尤其是老城区，与架空线多有矛盾，在所选树种合适的前提下，必须通过修剪来解决这些矛盾，达到冠大荫浓等功能效果。为便利交通车辆，行道树的分枝点一般应在 2.5～3.5m 之上。其中上有电线者，为保持适当距离，其分枝点最低不得低于 2m，主枝应呈斜上生长，下垂枝一定要保持在 2.5m 以上以防枝刮车辆郊区公路行道树，分枝点应高些，视树木长势而定，其中高大乔木的分枝点甚至可提到 4～6m 之间。同一条街的行道树，分枝点最好整齐一致；起码相邻近树木间的差别，不要太大。

保持行道树下缘线整齐，并控制下缘线高度在机动车高度以上，一般以 3.0～4.5m 为宜。保持行列树下缘线整齐，并控制下缘线高度在行人及非机动车高度以上，一般以 2.5～3.5m 为宜。疏剪过多的花序及果实，保持旺盛的营养生长。纠正偏冠的树冠，保持路段树冠冠形的一致与整齐。疏剪过密的枝丛，使植物分枝均衡，通风透光。

为解决因狭窄街道，高层建筑及地下管线等影响，所造成的街道树倾斜、偏冠，遇大风雨易倒伏带来的危险。应尽早通过适当重剪倾斜方向枝条；对另一方向枝只要不与电线、建筑有矛盾，应行轻剪，以调节生长势，能使倾斜度得到一定的纠正。

总之，行道树通过修剪，应做到：叶茂形美遮荫大，侧不妨碍不扫瓦，下不妨碍车人行，上不防碍碰架空线。

（三）灌木的修剪

（1）新植灌木的修剪。灌木裸根移植，为保证成活，一般应做强修剪。一些带土球移的珍贵灌木树种可适度轻剪。移植后的当年，如果开花太多，则会消耗养分，影响成活和生长，故应于开花前尽量剪除花芽。

（2）灌木的养护修剪。①应使丛生大枝均衡生长，使植株保持内高外低、自然丰满的圆球形。对灌丛中央枝上的小枝应疏剪；外边丛生枝及其小枝则应短截，促使多年斜生枝。②定植年代较长的灌木，如果灌丛中老枝过多时，应有计划地分批疏除老枝，培养新枝，使之生长繁茂、永葆青春。但对一些特殊需要培养成高大的大型灌木，或茎干生花的灌木（多原产热带，如紫荆等），均不在此列。③经常短截突出灌丛外的徒长枝，使灌丛保持整齐均衡。但对一些具拱形枝的树种（如连翘等），所萌生的长枝则例外。④植株上不作留种用的残花、废果，应尽量及早剪去，以免消耗养分。

（3）观花灌木的修剪时间，必须根据树木花芽分化的类型或开花类别、观果要求来进行。

①夏秋在当年生枝条上开花的灌木，如紫薇、木槿、玫瑰、月季等，其花芽当年分化当年开花，应于休眠期（花前）重剪，有利促发壮条，促使当年分化好花芽并开好花。②春季在隔年生枝条上开花的灌木（为夏秋分化型），如迎春、海棠、碧桃等，其花芽在去年夏秋分化，经一定累积的低温期于今春开花。应在开过花后 1～2 周内适度修剪。结合生产的果木，多在休眠期（花前）修剪。为使花朵开得大也可在花前适当修剪。花灌木和草本花卉必须在花芽分化前进行修剪，以免将花芽剪除；花谢后要及时剪掉残花老枝。

（四）绿篱的修剪

修剪规则式绿篱时，应保持绿篱顶部和基部的水平，做到无断层、无缺口、无光秃。修剪自然式绿篱时，幼年应以定干整形为主；成型后应以促进开花和结实为主。

主要应防止下部光秃，外表有缺陷，后期过大。绿篱的高度类型，依目前习惯拟分为：矮篱，20～25cm；中篱，50～120cm；高篱，120～160cm；绿墙，160cm 以上。绿篱修剪常用的形状：一般多用整齐的形式，最常见的圆有顶形、梯形及矩形。另外还有栏杆式、玻璃垛口式等。修剪方法：绿篱定植后，应按规定高度及形状，及时修剪，为促使干基枝叶的生长，最好将主尖截去 1/3 以上，剪口在规定高度 5～10cm 以下，这样可以保证粗大的剪口木暴露。最后通过平剪和绿篱修剪机，修剪表面枝叶，注意绿篱表面（顶部及两侧）必须剪平。

合理修剪绿篱是保证绿篱景观的重要手段。绿篱修剪的高度、次数和形式，必须根据物种、种植地段和养护目的来决定，必须采取因树修剪、随树造型的原则来提高整体的应用水平。从物种来讲，叶子花、红绒球、大红花、双荚决明、山指甲等比金叶榕、红桑高，金叶榕、红桑又比五色梅高，因为红桑、五色梅保留过高，容易出现老化现象。从种植地段来讲，斜坡上的绿篱可以有多种变化，同一条道路两边的绿篱高度和形式往往统一标准。从养护目的来讲，一般观叶绿篱在修剪时间上要求较松，基本上任何时间都可以根据景观要求进行修剪，如金叶假连翘、福建茶。变叶木、红桑、长春花等，一般在春季重剪，否则会造成植株死亡，其他季节只能少量修剪。叶子花 1.0～1.2m，不宜超过 1.2m，否则在台风来临时会全部倒下。

（五）藤本植物修剪

因多数藤本离心生长很快，基部易光秃，小苗出圃定植时，宜只留数芽重剪。吸附类（具吸盘、吸附气根者）引蔓附壁后，生长季可多短截下部枝，促发副梢填补基部空缺处。用于棚架，冬季不必下架防寒者，以疏为主。剪除根、密枝；在当地易抬梢（尚未木质化或生理干旱）者，除应种在背风向阳处外，每年萌芽时就剪除枯梢。钩刺类，习性类似灌水，可按灌木去除老枝的剪法，蔓枝一般可不剪，似情况回缩更新。

垂直绿化修剪要考虑该种类的生长发育特点，确定修剪时间和修剪程度，避免剪掉有用的叶芽、花芽和主蔓，合理修剪过密的侧蔓，控制主蔓，使覆盖均匀，以增强园林绿化美化效果。立交桥上的下垂藤蔓要及时修剪，以免妨碍交通。

（六）古树名木修剪

以保持原有树形为原则，修剪衰老枝、枯死枝、病虫枝，保持树冠通风透光。应重剪严重衰老的树冠，回缩换头，促使其萌发健壮的新枝。对严重衰老古树的树冠部分进行重度裁剪，裁剪掉衰老和干枯的枝条，以缩短树体内营养运输线，提高体液的循环速度，促发健壮的枝梢。同时对于有病腐术、过度衰老的枝条以及病虫枝条进行适当修剪，达到树冠通风通光、改善生长发育条件的目的。

第四节　树木修剪的安全措施

（1）作业人员应掌握相关专业技能。作业时应采取必要的劳动保护，工作中必须要按规定穿戴好安全帽，记好安全带、安全绳等劳保用具和用品，着衣服、袖口、裤脚均能扎紧的工作衣及胶底鞋，以免折断剪口芽及枝条、擦伤骨干枝的树皮。

（2）作业前应对修剪工具进行检查、消毒。选择适当的修剪器械和辅助工具，达到安全、高效、利于保护植物枝条的目的。

（3）每个作业组，都要选派有实践经验的老工人，担任安全质量检查员，负责安全、质量的监督、检查、技术指导及宣传教育工作。

（4）操作时思想要集中，严禁说笑打闹，上树前不准饮酒。

（5）攀登高大树木需使用梯子时，必须选用紧固的梯子，并要立稳。单面梯应用绳将上顶横档和树身捆住，人字梯的中硬直拴绳并注意开张合适角度。

（6）上树后，应系好安全带，手锯一定要拴绳套在手腕上。

（7）刮五级以上大风时，不可上树操作。

（8）作业时，应设置现场专职安全员，封闭工作区域，设立明显的路障和安全警示标志。在供电电缆及各类管线设施附近作业时，应划定保护区域，采取必要的保护措施，保障作业人员安全，防止损坏管线及设施。截除大枝时，必须由有经验的工人指挥安全操作。

（9）在行道树上修剪作业时，必须事先与交通管理部门联系，选派专人维护现场，并在来车方向的 80m 以前放置警戒标志。树上、树下要相互配合联系，以免砸伤过往行人和车辆。

（10）患有高血压、心脏病者不准上树。

（11）修剪用的操作工具必须坚固好用。不要因工具不好而影响操作，甚至误工。

（12）修剪完一株树后，不要攀跳到另一株树上，而应下树后再上另一株。

（13）在高压线附近作业时，应特别注意安全，避免触电，必要时请供电部门配合。

（14）几个人同在一树上操作时，要有专人指挥，注意协作配合，避免误伤同伴。

（15）使用高车上树修剪前，要检查好高车的各个部件；一定要支放平衡，操作过程中要派专人随时检查高车的情况，发现问题及时处理。

（16）修剪用的工具必须坚固适用。

（17）截除大枝时，必须由有经验的工人指挥安全操作。

（18）上树后必须系好安全绳，安全绳要拴在不影响操作的牢固的大树枝上，随时注意收、放。

第六章　花坛植物的种植与养护

第一节　平面花坛的种植技术

平面花坛有三种种植的方式，一是将已到初花期的容器花卉（花盆、花钵、花箱）组合在一起，构成各种平面的花卉图案。这种方式施工相对简单，工期短，但前期栽植、运输成本较高，后续管理要精细，特别是水肥的管理，和花圃里管理无太大差别。第二种方式是将已到初花期的容器花卉栽植到花坛的种植床的土壤中。这种方式前期栽植和运输成本高，施工相对复杂，但后续管理相对简易，观赏期较长，适用于绿地上布置的花坛和展期较长的花坛。第三种方式是在花坛的种植床上播种、种植球根或花卉小苗。这种方式最省成本，观赏期可从小苗开始，看着它慢慢长大和天天变化，不只是追求花卉最后的辉煌。缺点是花期不易控制，易受花坛所处环境的影响。

一、整地

栽培花卉的土壤，必须深厚、肥沃、疏松。所以栽植花坛植物以前，一定要先整地。将土壤深翻 40~50cm，挑出草根、石头及其他杂物，如土质差，则应全都换成好土。深翻的同时宜结合施用经充分腐热的有机肥料作为基肥。必要时还要做土壤蒸熏消毒的处理。为便于观赏和有利排水，花坛用地应处理成一定的坡度。

二、定点、放线

栽植前，按照设计图纸，先在地面上准确地划出花坛位置和范围的轮廓线。对于不同类型的平面花坛，可采用不同的放线方法。图案简单的规划式花坛，根据设计图纸，直接用皮尺量好实际距离，并用灰点、灰线做出明显标记。如果花坛面积较大，可用方格法放线，即在设计图纸上画好方格，按比例相应地放大到地面上即可。模纹花坛要求图案、线条准确无误，故对放线要求极为严格，可以用较粗的铅丝，按设计图纸的式样，编好图案轮廓模型，检查无误后，在花坛地面上轻轻压出清楚的线条痕迹。

三、栽植

平面花坛的施工顺序：整地—定点、放线—栽植，其栽植的顺序是：（1）单个的独立花坛，应由中心向外的顺序退栽。（2）一面坡式的花坛应由上向下栽。（3）高低不同种的花苗混栽者，应先栽高的，后栽低矮的。（4）宿根、球根花卉与一、二年生花卉混栽者，应先栽宿根花卉（或球根花卉），后栽一、二年生花卉。（5）模纹式花坛，应先栽好图案的名轮廓线，然后栽内部填充部分。（6）大型花坛、分区、分块栽植。花苗的栽植间距：以植株的高低、分蘖的多少、冠丛的大小而定，以栽后不露地面为原则，栽植尚未长成的小苗，应留出适当的空间。模纹式花坛，植株间距应适当小些。规则式的花坛，花卉植株间最好错开栽成梅花状（或叫三角形栽植）排列。一般栽植深度，以所埋之土刚好与根茎处相齐为最好。球根类花卉的栽植深度，应更加严格掌握，一般复土厚度应为球根高度的1～2倍。栽好后及时灌水。

第二节　立体花坛的种植技术

所谓立体花坛，就是用砖、木、金属或其他材料做结构，将花坛的外形布置成有一定高度的立体的花瓶、花篮及鸟、兽、建筑物等各种形状；有些时候，除栽植有花卉外，配置一些有故事内容的工艺美术品（如"天女散花"等）所构成的花坛，也属于立体花坛。

一、结构造型

立体花坛，一般都有一个或数个特定的立体外形。为使外形能较长时间的固定，就必须有牢固的结构。外形结构的制作方法是多样的。可以根据花坛设计图，先用砖木、金属等骨架材料堆砌或焊接出外形，外形的最外一层是花卉植物的土壤固定层，再用特殊的包装将特制的泥土固定，然后把各种花卉按设计要求小心种上去。也有的是把花卉用容器栽培到接近开花时，将花卉的土球取出，用网状的透气透水的包装包好，再安放到花坛上去。大型或较高的立体花坛，在造型的内部结构中，还要考虑花坛砌作完以后从内部为花卉自动喷雾、浇水等设备。

二、栽植

有土壤固定层的立体花坛，所栽植的花卉小苗从土壤包装层的缝隙中插进去；插入之前，先用铁钎子钻一小孔，插入时注意苗根要舒展。然后用土填严，并用手压实。栽植的顺序一般应由下部开始，顺序向上栽植。栽植密度应稍大一些，为克服植株（茎的背地性所引起的）向上弯曲生长现象，应及时修剪，并经常整理外形。用容器把花卉种到开花前再布置的立体花坛，就要采取包装土球或用特制的组合花坛的花钵来砌作。砌作要小心细致，既要保证满足花坛设计的艺术效果，又要不损伤花卉，使立体花坛有漂亮和持久的艺术效果。立体花坛布置好后，每天都应喷水两次；天气炎热、干旱时，应适当增多喷水的次数。所喷之水最好成雾状，避免冲刷。

第三节　花坛种植后的养护管理

一、浇水

花苗栽好后，在生长过程中要不断浇水，以补充土中水分之不足。浇水的时间、次数、灌水量则应根据气候条件及季节的变化灵活掌握。如有条件还应喷水，特别是对模纹式花坛、立体花坛，要经常进行叶面喷水。喷水时还要注意以下几方面的问题：每天浇水时间，一般应安排在上午 10 时前或下午 4 时以后。如果一天只浇一次，则应安排傍晚前后为宜；忌在中午、气温正高、阳光直射的时间浇水。每次浇水量要适度，若浇水量过大，土壤经常过湿，会造成花根腐烂。浇水时应控制流量，不可太猛，避免冲刷土壤。

二、施肥

草花所需要的肥料，主要依靠整地时所施入的基肥。在定植的生长过程中，也可根据需要，进行几次追肥。追肥时，千万注意不要污染花、叶，施肥后应及时浇水。不可使用未经充分腐熟的有机肥料，以免产生烧根现象。

三、修剪与除杂

修剪可控制花苗的植株高度，促使茎部分蘖，保证花丛茂密、健壮以及保持花坛整洁、美观。一般草花花坛，在开花时期每周剪除残花 2～3 次。模纹花坛，更应经常修剪，保持图案明显，整齐。对花坛中的球根类花卉，开花后应及时剪去花梗，消除枯枝残叶，这样可促使子球发育良好。花坛内的杂草与花苗争肥、争水，既妨碍花苗的生长，又影响观瞻。所以，发现杂草就要及时清除。另外为了保持土壤疏松，有利花苗生长，还应经常松土。杂草及残花、败叶要及时清除。

四、立支柱

生长高大以及花朵较大的植株，为防止倒伏、折断，应设立支柱。将花茎轻轻绑在支柱上，支柱的材料可用细竹竿。有些花朵多而大的植株。除立支柱外，还可用铅丝编成花盘将花朵托住。支柱和花盘都不可影响花坛的观瞻，最好涂以绿色。

五、防治病虫害

花苗生长过程中，要注意及时防止地上和地下的病虫害，由于草花植株娇嫩，所施用的农药，要掌握适当的浓度，避免发生药害。

六、补植与更换花苗

花坛内如果有缺苗现象，应及时补植，以保持花坛内的花苗完美无缺。补植花苗的品种、规格都应和花坛内的花苗一致。由于草花生长期短，为了保持花坛经常性的观赏效果，需经常做好更换花苗的工作。

第七章　草坪的施工与养护

第一节　草坪的概念与分类

草坪是指多年生低矮草本植物由天然形成或人工建植后形成的比较均匀、平整的草地植被。草坪从用途上分：游憩草坪、观赏草坪、运动场草坪、防护草坪、环保草坪；从植物的组合上分：纯种草坪、混合草坪、缀花草坪。按照草坪和树木的组合上分：空旷草坪、稀树草坪、疏林草坪、林下草坪；从规划形式上分：自然式草坪、规则式草坪；从适应的气候上分：暖地型草坪（如狗芽根、金边钝叶草、结缕草、百喜草、地毯草、假俭草等）、冷地型草坪（如早熟禾、翦股颖、黑麦草、苔草等）。

第二节　草坪的施工

一、场地整理

草坪栽植，首先按设计标高和地形整理要求，进行场地整理工作。主要操作包括障碍物的清理、松土、整平、整理、施肥等，必要时还要换土，对于有特殊要求的大面积草坪或排水不良的草坪、运动场草坪等，还应设置地下排水设施。

二、土壤的准备

草坪植物根系分布的深度一般在 20～30cm，如果土质良好，草根也可深入 1m 以上。深厚、肥沃的土壤很有利于草坪草的生长。种植草坪的土壤，厚度不少于 40cm 为宜，并需翻耕疏松。

三、排灌系统

面积不大的小型草坪一般可不考虑排灌系统。而大面积的草坪则必须考虑适当的排灌系统，这对于任何类型草坪今后的管理工作来说都是十分必要的管理设备。排灌系统的设置和安装一般在场地的整理之后、整平之前进行。

四、草坪草栽植

草坪草的栽植一般分为种子繁殖法和营养繁殖法。种子繁殖法又可分为种子直播法、植生带建植法、喷薄法等；营养繁殖法又可分为直接铺植法和播茎法等。大多数冷季型草坪草用种子直播法建坪，暖季型草坪草中的假俭草、地毯草、野牛草、普通狗牙根和结缕草也可以用种子直播法建坪。

1. 直接播种法

利用播种形成草坪，如高速公路边坡和高尔夫球场的草坪多用此法。优点是施工投资最小，实生草坪植物生命力强，缺点是易生杂草，养护管理要求较高，形成草坪的时间长。一般采用撒播法。播种后应及时喷水，水点要细密、均匀，从上向下慢慢浸透地面，并经常保持土壤潮湿，喷水不间断，表土不干燥，约经一个多月便可形成草坪。

2. 植生带建坪法

植生带是用特殊的工艺把草坪种子均匀地撒在两层无纺材料或其他材料中间而形成的布匹状的种子带，将土地整理和整平后，把植生带平铺上去，然后浇水、发芽，很快就可成坪。植生带建坪法有运输方便、种子均匀、铺砌省工、出苗快而均匀，成坪质量好，但只适合于种子播种的草坪。

3. 喷播法

喷播法是以水和浆为载体把草坪种子、纸浆或土壤、肥料、黏合剂等混合在一起，然后通过专用的喷播设备把混合浆均匀地喷到地表的一种新的草坪建植方法。喷播法具有效率高、人工省、成坪快等优点，但设备的首次投入较大。喷播法需要的设备主要由搅拌机、喷射器、原料罐和运输车组成。目前市场上的设备有 HD6003、HD9003、HD12003 和 TL30、TL90、T90、T120 等型号。喷播法的关键是草浆的配制。草浆要求无毒、无害、无污染、黏着性好、养分丰富。喷到地面能形成一定时间的耐水膜，成坪前不易被雨水和浇水冲掉。喷播时水泵将浆液压入软管，从喷头喷出。操作人员要熟练地掌握均匀、连续地喷到地面的技术。每罐喷完，应及时加入 1/4 的水，并循环空转，防止纤维等物质沉积在管道和水泵中。

4. 栽植法

栽植法也称种草法，利用草根或草茎（有分节的）直接栽植形成草坪的方法。此法操作方便，费用较低，节省损耗，管理容易，能迅速形成草坪。栽植时间自春季至秋季均可。常用点栽和条栽两种方法。点栽比较均匀，形成草坪迅速，但较费人工。栽植时两人为一组，一人负责分草并将杂草挑净，一人负责栽草。用花铲挖穴，深度和直径均为 5～7cm，株距 15～20cm，按梅花形将草根栽入穴内，用细土埋平，用花铲拍紧，顺势搂平地面，碾压后喷水。条栽法较节省人力，用草量较少，施工速度快，但草坪形成时间较慢。栽植时先挖宽深各 5～6cm 的沟，沟间相距 20～25cm，将草鞭（连根带茎）每 2～3 根一束，前后搭接埋入沟内，埋土盖严，碾压、灌水。以后要及时剔除野草。

5. 直接铺设法

直接铺设法是我国各地最常用的铺设草坪方法。直接铺设法可分为草坪卷法和草块法，这里主要介绍草块法：将草源地生长优良的草坪，按一定规格用平板铲铲起运至铺设地，在整平的场地上铺设，使之迅速形成新草坪。此法原则上各草种均适用，不受时间限制，一年四季均可施工，且铺设后立见效果，缺点是用草量大，运输成本高。岭南地区的草坪建植多采用这一方法。将选定的优良草坪，一般以 30cm×30cm 的方块状，使用薄形平板状的钢质铲，先向下垂直切 3cm 深，然后再用铲横切。草块厚度约 3cm，均匀一致，相叠缚扎装运。草块运至铺设场地后应立即铺栽。铺前场地再次拉平，再压平 1～2 次，以免铺后出现不平整或者积水等不良现象。铺栽草块时，块与块之间应留 0.5～1cm

间隙，以防干缩的草块遇水湿后膨胀，造成边缘重叠。块与块间的隙缝填入细土后碾压，并充分浇水力求湿透，2～3后天再碾压，使块与块之间平整。新铺设的块状草坪，仅碾压一两次不易压平，以后每隔一周浇水碾压一次，直到草坪完全平整。如发现部分草块下沉不平，应掀起草块用土填平重新铺平。新铺草坪必须加强管护，防止人畜车辆入内，靠近道路、路口的应设置临时性指示牌，减少和防止人为毁损。新铺的草坪返青后，施一次氮肥，每公顷尿素 120～150kg。当年冬季可适当增施堆肥土等疏松肥料，促进新铺草坪更快平整。

第三节 草坪的养护管理

草坪施工只是草坪建设的第一步，施工成坪后的草坪草要生长良好，呈现勃勃生机、整齐雅观、四季常绿、覆盖率高、杂草率低、无坑洼积水、无裸露地的效果，就必须对草坪进行良好的养护管理。草坪管护一般包括：

一、水分管理

草坪植物一般根系较浅，对地下的深层水分不像深根乔木那样去吸收。故草坪的水分管理是十分重要和不可缺少的。干旱地区或旱季和湿润地区的连续晴天必须及时为草坪补充水分。故在施工前就应查明、备好水源和供水设施，最好有喷灌设备。

新植草坪除雨季外，每周浇水 2～3 次，水量充足湿透表土 10cm 以上。夏季炎热，不在烈日当头的中午浇水，以免影响草坪植物的正常生长。生长季节若遇干旱也要浇水。

雨季一定要及时排除积水，巡查排水设施是否正常，随时用细土填平低处，及时排水。

二、施肥

草坪植物需要足够的土壤营养，才能生长良好。城市土壤多数肥力较差，尽管施工时已施基肥，但也难以长期满足需要，故每年冬季应施经粉碎的有机质肥；生长季节施用以氮肥为主磷、钾肥相配合的速效肥，氮：磷：钾一般以 5：4：3 为宜，根据草坪的实际情况确定肥料种类、施肥量和施肥方法，一般可喷施（根外追肥）也可撒施。前者是将化肥按比例加水稀释，喷洒于叶面；后者是将化肥加少量细土混匀后撒于草坪上，撒施后喷水使肥料渗入土中，水量不要过多，以免肥料流失。

三、修剪

1. 修剪目的

通过修剪可控制生长高度，使草坪植物叶质较为细小，草坪低矮，增加观赏效果；促进禾草根茎分蘖，增加草坪的密集度与平整度，一定程度上抑制、减少杂草的生长；通过多次修剪，还可以消灭某些双子叶杂草（使不结籽），保证草坪的纯度；入冬前修剪，可以延长暖地型草坪植物的绿色期。

2. 剪草工具

最好用剪草机修剪。剪草机有人力的、机动的和电动的，可根据需要和条件选用。小面积草坪也可以用镰刀或绿篱剪修剪，但效果不如剪草机剪的整齐。

3. 修剪时间

根据草坪植物的高度确定修剪的时间。一般原则是在目标高度的1.5倍时修剪，对植物根系的影响最小，即草坪的修剪应遵循1/3原则。而实际上岭南地区的草坪修剪强度和频度要根据不同草种和不同的季节而定。一天中最好在清晨草叶挺直时修剪。剪草时要按顺序进行，保持草坪的清洁整齐。剪下的草叶要清理取出他用，如作为堆肥或覆盖材料。

4. 草坪修剪注意事项

（1）修剪一定要遵循"1/3"原则（剪去草的自然高度的1/3）。如果草坪因管理不善而生长过高，则应逐渐修剪到留茬高度，而不能一次修剪到标准高度，否则会导致草坪的光合器官损失太多，光合能力减弱。与此同时还会过多地失去地上部和地下部贮藏的营养物质，使草坪变黄、变弱甚至死亡。

（2）草坪草适宜的留茬高度应按照草坪草的生理、形态学特征和使用目的来确定，以不影响草坪的正常生长发育和功能发挥为原则。一般草坪草的留茬高度为4～5cm，部分遮荫和损害较严重的草坪应留茬高一些。新播草第一次修剪一般留茬6～7cm。

（3）在温度适宜、雨量充沛的夏季，冷季型草坪草每周需修剪两次，暖季型草坪草需要经常修剪。在其他季节，因温度较低，草坪草生长变慢，冷季型草坪草每周修剪一次即可，而暖季型草坪草修剪间隔的天数也应适当增加。

（4）修剪机具的刀片一定要锋利，防止因刀片钝而使草坪刀口出现丝状现象。炎热的天气会造成丝状伤口变成白色，同时还容易感染引发草坪病害。

（5）同一草坪，每次修剪应避免同一方向修剪，要更换方向。防止同一处同一方向的多次重复修剪，否则草坪草将变得瘦弱，生长不平衡而逐渐退化。

（6）修剪完的草屑一定要及时清理干净，特别是湿度稍高时更应清理干净。因为留下的草屑利于杂草滋生，易造成病虫害感染和流行，也易使草坪通气受阻而使草坪过早退化。

（7）修剪应在露水消退以后进行，通常修剪的前一天下午不宜浇水，修剪完应间隔2～3h再浇水，防止病害的传播。

（8）修剪前最好对刀片进行消毒，特别是7、8月份病害多发季节。

（9）修剪时应避免在阳光直射下进行，如不应在炎热的正午修剪。

（10）注意剪草机的安全使用。

四、除杂草

目前我国大部分地区都是以单一草种形成的纯种草坪，因此，消除杂草便成为草坪管理中极为重要和极为繁重的一项工作。而国外多数是用多种草种经过科学搭配的混种草坪，管理上用频密的修剪进行维护，几乎没有所谓的除杂草工作。我们也应好好反思一下两种做法的优劣，通过科学研究来发展我们的混种草坪和科学的草坪管理。

危害草坪的杂草有两大类：一类为单子叶植物杂草，另一类为双子叶植物杂草。杂草危害以春、夏季最为严重。杂草的防除应掌握"除早、除小、除了"的原则，即在杂草幼小时进行彻底根除，才能收到良好的效果。

目前除杂草主要靠手工操作，人工用小刀连根挖出，但香附子等深根性的恶性杂草很难除尽。对要求特别高的草坪，若杂草太多，最好是清除原有草坪植物，喷除草剂后，再重新建植草坪。人力除草费工多，近年也试验化学除草，根据草坪植物种类、杂草种类和天气状况等因素，决定选用不同专类性的化学除草剂。

应用专类性除草剂清除草坪杂草是一条重要途径，应小面积试验后加以推广应用。施用除莠剂的关键是撒布均匀，若不匀，药量少的地方杂草仍能发生，药量多的地方草坪植物也会被杀死。为此，若用喷洒法应适当加大水量稀释，用撒施法则应加大掺细土的量。

五、草坪的管护

人口多草坪少的地方，人们喜欢在草地上娱乐和休息，加大了草坪养护管理的难度。故草坪管理首先要考虑使用该草坪的游人量，若在人流量大的地方铺设草坪，应选用耐践踏的草种如大叶油草、狗牙根等。但频繁的践踏也会使耐践踏的草种生长不良或成片死亡，严重影响覆盖度。此时，应采取分片休养的方法进行维护：对受践踏影响大的草坪用网绳围护草坪，提醒游人请勿入内，并采用栽培措施重点保养，直到草坪植物生长恢复正常才去除网绳。游人确实很多的地方，以镶草砖代替草坪。

六、草坪的更新复壮

草本植物的生命期限毕竟较短，若要尽量延长草坪使用年限，就应更新复壮。现介绍几种更新复壮法。

1. 带状更新法

结缕草等具匍匐茎分节生根的草类，可每隔 50cm 宽留一带挖除一带，并将地面整平，经 1~2 年新平整地带长满新草，再挖留下的 50cm。这样经 3~4 年就可全面更新一次。

2. 一次更新法

草坪已经衰老，可全部翻挖重新栽种。只要加强养护管理，会很快复壮。多余的草根还可作为草源供种植。

3. 草坪刺孔法

用特制的钉筒（钉长 10cm 左右），将地面扎成小洞，断其老根，洞内施入肥料，促使新根生长；也可用滚刀每隔 20cm 将草坪切一道垄，划断老根，然后施肥，达到更新复壮的目的。

4. 打孔机法

用草坪专用的草坪打孔机进行打孔，将孔内的土和老根清除，以增加土壤的透气性和新根的生长复壮。一般打孔后，及时施肥、压沙。压沙，用干净的河沙，厚度不超过 1cm。

5. 复沙培土法

岭南地区入冬前，将草坪修剪一次后，用沙或肥沃的细土在草坪上覆盖 3~5cm，以增加有效土层的厚度，并改良土壤的各项理化指标。这种办法不但可以复壮，也可使结缕草类草坪在冬季保持理想的绿色期。

七、防治病虫害

草坪植物病虫害一般不多，但有时也可能发生地下害虫及病害。如有发现，应对症下药，及时除治，避免蔓延危害。

附　　录

园林绿化建设法律法规及标准

一、法律

1.《中华人民共和国建筑法》

2.《中华人民共和国招标投标法》

3.《中华人民共和国安全生产法》

二、法规

1.《城市绿化条例》

2.《建设工程质量管理条例》

3.《安全生产许可证条例》

4.《建设工程安全生产管理条例》

5.《风景名胜区条例》

6.《中华人民共和国招标投标实施条例》

三、规章

1.《工程建设项目施工招标投标办法》

2.《建筑施工企业主要负责人、项目负责人和专职安全生产管理人员安全生产管理规定》

3.《建筑工程施工许可管理办法》

4.《建筑工程设计招标投标管理办法》

四、技术规范、标准

1.《园林绿化工程施工及验收规范》CJJ 82—2012

2.《公园设计规范》GB 51192—2016

3.《风景园林制图标准》CJJ/T 67—2015

4.《垂直绿化工程技术规范》CJJ/T 236—2015

5.《城市绿地设计规范》GB 50420—2007

6.《园林行业职业技能标准》CJJ/T 237—2016

7.《城市古树名木养护和复壮工程技术规范》GB/T 51168—2016

8.《风景园林基本术语标准》CJJ/T 91—2017

9.《建设工程项目管理规范》GB/T 50326—2017

10.《全国园林绿化养护概算定额》ZYA2（II—21—2018）

11.《城市绿地分类标准》CJJ/T 85—2017

12. 《绿化种植土壤》CJ/T 340—2016
13. 《城市绿化工程施工及验收规范》CJJ/T 82—1999
14. 《城市绿地养护技术规范》DB44/T 268—2005
15. 《城市绿地养护质量标准》DB44/T 269—2005